Grundriß der allgemeinen Botanik

Von

Karl Wetzel
o. Professor am Institut für Landwirtschaftliche Botanik der Universität Berlin

Mit 364 Abbildungen im Text
und auf 4 Tafeln

WALTER DE GRUYTER & CO. / BERLIN W 35
vormals G. J. Göschen'sche Verlagshandlung / J. Guttentag, Verlagsbuchhandlung / Georg Reimer / Karl J. Trübner / Veit & Comp.
1940

vormals G. J. Göschen'sche Verlagshandlung — J. Guttentag, Verlagsbuchhandlung — Georg Reimer — Karl J. Trübner — Veit & Comp.
Berlin W 35, Woyrschstraße 13

Archiv-Nr. 52 58 40 Printed in Germany

Druck von Metzger & Wittig in Leipzig

Meinem hochverehrten Lehrer

WILHELM RUHLAND

in Dankbarkeit

gewidmet

VORWORT

Der vorliegende „Grundriß der allgemeinen Botanik" wendet sich in erster Linie an die Studierenden der „angewandten" biologischen Wissenschaften. Wenn auch die Unterschiede zwischen angewandter und „reiner" Wissenschaft weniger im Grundsätzlichen und Methodischen als vielmehr in der Problemstellung und der Wahl der Untersuchungsobjekte liegen, so macht sich doch im Rahmen der verfügbaren Zeit eine gewisse stoffliche Beschränkung einzelner biologischer Teil- und Hilfswissenschaften im Unterricht der angewandten Biologie notwendig. Diese Einschränkung schließt die Gefahr einer Verflachung in sich, wenn sie vielerlei statt vielem übrig läßt. An die Stelle eines Grundrisses tritt dann ein Abriß, der zwar viele Begriffe, aber doch nur wenig an Vorstellung, Anschauung und Problematik zu übermitteln vermag. Das Bestreben des Verfassers ging dahin, unter Verzicht auf die eingehende Darlegung spezieller Teilgebiete, die bevorzugt die engere Fachbotanik interessieren, die verbleibenden allgemeinen biologischen Grundprobleme so eingehend zu behandeln, daß dem Studierenden die Anwendung der erworbenen Kenntnisse auf sein biologisches Spezialgebiet möglich wird. In der Zellenlehre sind die Ergebnisse der optischen Erforschung der Zelle zugunsten der physikalisch-chemischen Forschungsrichtung eingeschränkt worden. Gewebelehre und Organographie sind auf die Bedürfnisse der Physiologie abgestimmt. Die Morphologie ist weitgehend unter den Entwicklungsgedanken gestellt.

Besonderen Wert aber legte der Verfasser darauf, der Physiologie auch im gegenwärtigen Lehrbetrieb jene Stellung und Ausdehnung zu geben, die ihr in der Forschung seit langem zukommt. Die Physiologie ist das Band, das alle biologischen Teilwissenschaften verbindet und allen Zweigen der angewandten Biologie Wesentliches zu vermitteln hat. Die relative Einfachheit der Abläufe wie auch der anzuwendenden Methoden machen die Pflanzenphysiologie zur Einführung in die Gesamtphysiologie besonders geeignet. Die gerade neuerdings erkannten engen Beziehungen zur Tierphysiologie nehmen ihr durchaus den Charakter einer engeren Spezialwissenschaft.

In Verfolg der dargelegten Gesichtspunkte weicht das Lehrbuch in Anlage und Durchführung in mancherlei Hinsicht vom Herkömmlichen ab. Der Grund hierfür liegt nicht in billigem Bestreben nach gesuchter Originalität, sondern in dem Wunsch, die wissenschaftliche Botanik aus ihrer zum Teil selbstgewählten Beengung zu befreien und die Aufnahme ihrer Erkenntnisse und Ergebnisse in den allgemeinen Rahmen der angewandten biologischen Wissenschaften zu erleichtern.

Die notwendige stoffliche Begrenzung der Morphologie und Anatomie suchte Verfasser durch reichliche Illustration auszugleichen. Die Zeichnungen sind nach bewährten Vorbildern umgezeichnet oder nach Originalen neu aufgenommen. Den größten Teil dieser Arbeit hat Herr *F. Falbrede* durchgeführt. In der Durchsicht der Korrekturen und der Aufstellung des Sachregisters hat mich Frl. Dr. *R. Meißner* weitgehend unterstützt.

Berlin, im Mai 1940

Karl Wetzel

INHALT

Unterschiede zwischen Organischem und Unorganischem

Das Streben naturwissenschaftlicher Forschung geht dahin, den Bau der Naturkörper möglichst eingehend zu beschreiben, ihre Entstehung zu ermitteln und Naturvorgänge zu erklären, d. h. sie auf einfachste Gesetzmäßigkeiten zurückzuführen. Eine scheinbar scharfe Grenzlinie scheidet die Natur in die Welt des Organischen und die des Unorganischen. Soweit die erstere Lebensäußerungen zeigt, ist sie Forschungsgebiet der **Biologie,** der Wissenschaft vom Leben.

Man hat früher irrtümlicherweise angenommen, organische Stoffe, d. h. die energiehaltigen Kohlenstoffverbindungen, seien ausschließlich das Erzeugnis einer unerklärlichen Kraft, der Lebenskraft, da bis vor 100 Jahren alle Versuche, diese Stoffe auf chemischem Wege herzustellen, mißlungen waren. Auch als es *Wöhler* 1828 zum erstenmal glückte, Harnstoff, ein verbreitetes tierisches Ausscheidungsprodukt, das indessen auch im Pflanzenreich nicht ganz fehlt, aus anorganischem Ausgangsmaterial künstlich aufzubauen, schenkte man dieser grundlegenden chemischen Leistung nicht die ihr gebührende Beachtung. Erst als um die Mitte des vorigen Jahrhunderts dieser ersten Synthese eines Naturstoffes weitere folgten, streifte die organische Chemie die beengende Fessel einer veralteten Auffassung ab und ging von der Beschreibung zur Darstellung der Naturstoffe über.

Erneuten Auftrieb erhielten die **Vitalisten,** d. h. die Anhänger der Lehre vom Wirken einer mystischen Lebenskraft, durch *Pasteurs* bedeutsame Entdeckung, wonach die alkoholische Gärung einen Lebensvorgang der Hefe darstellt. Aber als es um die Jahrhundertwende *Buchner* gelang, das gärungserregende Agens, das Zymaseferment, von der lebenden Hefe abzutrennen, war grundsätzlich die Entbehrlichkeit der sogenannten Lebenskraft für den Ablauf dieses Stoffwechselvorganges erwiesen. Damit aber war eine Aussicht eröffnet, einfache Lebensvorgänge auf physikalisch-chemische Gesetzmäßigkeiten zurückzuführen. Trotz alledem ist auch heute noch die Grenze zwischen Leblosem und Lebendem nicht verwischt, noch immer bestehen grundlegende Unterschiede zwischen den beiden Welten:

1. In jedem leblosen System wird ein Gleichgewicht unter Abgabe freier Energie **(Entropie)**, der Abbau von Potentialgefällen, eine energetische Einebnung angestrebt, die schließlich zum „Wärmetod" der unorganischen Welt führt. Beispiele hierfür bieten unter anderem der Zerfall der radioaktiven Elemente wie auch die unter Energieverlust ablaufende Autolyse vorsichtig (unter Schonung der Fermente) abgetöteter Organismen. Im Gegensatz hierzu erhält der lebende Organismus dauernd Potentialdifferenzen aufrecht. Das Plasma, die lebende Substanz, ist geradezu ein System von Ungleichgewichten, zu deren Aufrechterhaltung der Organismus fortwährend Energie aufwenden muß **(Ektropie)**. Mit dem Zerfall der Ungleichgewichte erlischt das Leben. Physikalisch gesehen wirkt sich die Lebenskraft als Energie zur Erhaltung der Ungleichgewichte aus.

2. Die Vorgänge der unbelebten Natur werden von Außenbedingungen ihrer Umgebung maßgeblich bestimmt. Die Erhöhung der Temperatur wirkt z. B. auf einen chemischen Prozeß in gesetzmäßiger, eindeutig definierter Weise ein: wenn Zucker verbrannt wird, beschleunigt die Temperaturerhöhung diesen Prozeß in ganz bestimmtem Umfang. Die Atmung der Pflanze ist auch eine Zuckerverbrennung; in manchen Pflanzen wird die Atmung durch Temperaturerhöhung auch in derselben Weise wie die physikalische Verbrennung gesteigert. Es gibt aber auch gewisse frostresistente Pflanzen, die ihren Zuckervorrat bei Temperaturerhöhung entgegen den physikalischen Gesetzmäßigkeiten

zu schützen vermögen. Ganz allgemein können die Organismen ihre Lebensprozesse in einer zweckmäßigen, d. h. lebenserhaltenden Weise regulieren. In ähnlicher Weise vermag der Organismus auch die Intensität der einzelnen Lebensprozesse so aufeinander abzustimmen, daß die Erhaltung des labilen lebenden Systems, energetisch die Ektropie, gesichert bleibt. Wird diese physiologische Harmonie gestört, so verfällt der Organismus unrettbar der Selbstauflösung (Autolyse). Unsere bisherigen Forschungsergebnisse berechtigen uns indes noch nicht, in der Erhaltung des Lebens nur die Auswirkung eines sehr komplizierten physikalisch-chemischen Systems zu sehen.

3. Völlig eigenartig und eindeutig von leblosen Vorgängen abgesetzt ist auch die Art des Aufbaus des lebenden Körpers aus anorganischen und organischen Nährstoffen, die in autonomer Auswahl und unter erheblichen chemischen und energetischen Umsetzungen der körpereigenen Substanz angeglichen (assimiliert) werden (**Assimilation** im weiteren Sinne).

4. Man hat den Organismus gern mit einer Maschine oder einer weitläufigen technischen Anlage verglichen, die aus dem Rohstoff eine komplizierte Fertigware herstellt. Man könnte sich vorstellen, daß eine besonders raffiniert gebaute Anlage ohne jeglichen menschlichen Handgriff aus Rohstoffen bestimmte Fertigwaren herzustellen vermöchte. Bei hinreichend großen Reserven an Roh- und Betriebsstoffen würde schließlich die „Lebensdauer" der Maschine die Gesamtleistung bestimmen. Daß eine solche Maschine nach erfolgter betriebsstörender Abnutzung jedoch ohne richtenden Einfluß von außen her statt der bisherigen Fertigwaren nun auf einmal Maschinen ihrer eigenen Konstruktion und Leistung erzeugt, erscheint völlig ausgeschlossen. Wir kennen kein mechanisch betriebenes System, das neben einer Produktion spezifischer Erzeugnisse noch die Fähigkeit der Selbsterneuerung besitzt. Die Pflanze hat dagegen die Fähigkeit, ungünstigen Lebensbedingungen, welche ihren Fortbestand bedrohen, mit der Erzeugung neuer Organismen (**Fortpflanzung**) zu begegnen und so die Beständigkeit des Lebens zu sichern.

5. In derselben Richtung liegen die Fähigkeiten lebender Organismen, in Verlust geratene lebensnotwendige Teile zu ersetzen (**Restitution**) (Wurzelbildung bei Stecklingen; Neubildung von Sprossen aus schlafenden Augen usw.). In all dem wirkt sich eine Kraft oder Energie aus, welche die Erhaltung des Lebens anstrebt. Ihre Wirksamkeit ist indes nicht unbegrenzt, sie ist vielmehr auch an bestimmte äußere Faktoren gebunden, die jedoch für den Lebensvorgang nur Verwirklichungs-, niemals Erzeugungsfaktoren sind. Lebenskraft, Entelechie (*Driesch*), Dominanten sind Namen und Begriffe, die sachlich nichts zu erklären vermögen.

6. Besonders charakteristisch für die Organismen ist endlich ihr zellulärer Bau. Je nach der Organisationshöhe setzt sich der Organismus aus einer ± großen Zahl von Einzelzellen zusammen, die alle ein gewisses Individualleben führen, dieses aber doch wieder den Bedürfnissen des Gesamtorganismus unterordnen. Der Aufbau des Organismus erfolgt in einem von innerer Gesetzmäßigkeit und äußerer Faktoreneinwirkung bestimmten Entwicklungsgang. Dem Aufbau und der Erhaltung des Organismus (Formwechsel) dient ein autonom gesteuerter Stoffwechsel, der aufbauend der Stoffbildung (Assimilation), abbauend der Energielieferung dient. **Stoff-, Energie-** und **Formwechsel** sind mannigfaltig wechselseitig verzahnt.

Das Problem der Abgrenzung des Lebenden gegen die unbelebte Natur ist mehr als ein Streit um Begriffe, denn sie führt uns an den Ursprung des Lebensstromes zurück. Die Frage nach dem Woher des Lebens ist so alt wie die Philosophie. Die mechanistische Atomlehre *Demokrits* und *Epikurs* überließ dem Zufall die mannigfaltigste Kombination von Atomen, aus welcher die verschiedenartigsten Organe, Augen ohne Köpfe, Finger ohne Arme usw., hervorgehen sollten. Unter unzähligen Organkombinationen erwiesen sich einige als zweckmäßig, d. h. sie konnten sich selbst erhalten; so entstanden erst die Pflanzen, dann die Tiere. Auch im Mittelalter ließ man Insekten noch aus faulendem Fleisch entstehen, und Parasiten betrachtete man bis ins 19. Jahrhundert als Neubildung der Wirtspflanze. Erst *Pasteur* hat uns die Erkenntnis vermittelt, daß sich alle Organismen aus Keimen derselben Art entwickeln, Lebendes also nur von Lebendem gebildet werden kann. Über die Entstehung des Lebens selbst vermag die Biologie keine Erklärung zu geben. Die sogenannte Urzeugung ist ein logisches Postulat, keine wissenschaftlich erwiesene Tatsache. Es ist uns nicht bekannt, wie das einfachste Lebewesen aussah, und auf welche Weise es aus dem Unbelebten gebildet wurde. Sicherlich aber liegt zwischen diesem ersten lebenden System und den erhalten gebliebenen einfachsten Lebewesen eine lange Entwicklungsreihe, von der uns leider keine Zwischenglieder bekannt geworden sind. Neuerdings glaubt man in bestimmten **Viren**, das sind Krankheitserreger, deren Größe weit unterhalb der Sichtbarkeitsgrenze unserer besten optischen Instrumente liegt, Lebensträger einer unvergleichlich einfacheren Struktur gegenüber derjenigen einer Amöbe gefunden zu haben. So ist das Virus der Mosaikkrankheit ein chemisch wohl definierter Eiweißkörper, der nach wiederholter Umkristallisierung eine charakteristische Lebensfunktion beibehält, nämlich sich in den Zellen seiner Wirtspflanze zu vermehren und auszubreiten, also aus den Nährstoffen des Wirtes körpereigene Substanz aufzubauen, zu assimilieren. Da sich indes Viren nur intrazellulär zu vermehren vermögen, scheint es wahrscheinlicher, daß sie auf die Wirtszelle nur einen auf Viruseiweißbildung hingerichteten Reiz ausüben.

Die Beschreibung der Lebewesen nach Entstehung, Gestalt, Lebensweise und Verbreitung ist Aufgabe der Biologie. Die ganze Welt des Lebendigen stellt sich dem Beschauer in zwei scheinbar scharf getrennten „Reichen", dem der Tiere und dem anderen der Pflanzen, dar.

Unterschiede zwischen Pflanze und Tier

a) Das Tier

1. Die Aufnahme organischer Stoffe durch vielgestaltige Mundwerkzeuge, 2. weitgehende Gliederung des Körpers in Organe mit spezifischer Leistung, 3. die freie Ortsbewegung und in Verbindung damit die Ausbildung von Sinnesorganen zur Orientierung in dem sich erschließenden Raum, 4. vor allem aber eine der menschlichen Empfindungswelt irgendwie verwandte und verständliche Art der Reaktion auf die Außenwelt, der Besitz einer — wenn auch zum Teil wenig entwickelten — Intelligenz, das alles sind Eigenschaften und Merkmale spezifisch tierischer Eigenart.

b) Die Pflanze

Dagegen tritt uns die Pflanze im allgemeinen 1. ortsverbunden, ohne Eigenbewegungen entgegen; 2. ihre Nahrung besteht aus anorganischem Material und wird durch die freie Oberfläche der Pflanze oder einzelner Teile aufgenommen. Diese Unterschiede treten indes nur bei den höher entwickelten Formen scharf hervor, während die ersten Anfänge des Lebens sich in Formen verlieren, in denen eine derartige Differenzierung noch nicht vollzogen ist. Wir haben vielmehr untrügliche Hinweise dafür, daß Pflanzen und Tiere aus gemeinsamen Urformen hervorgegangen sind.

Die lebentragende Substanz, das **Protoplasma**, ist bei Pflanzen und Tieren von wesensgleicher Struktur, weshalb auch die wichtigsten Lebenserscheinungen ihrem Wesen nach bei Pflanze und Tier identisch sind. Selbst die bei den höher entwickelten Organismen so scharf in Erscheinung tretenden Unterschiede in der Ernährungsweise von Tier und Pflanze können sich bei niederen Formen so weit verwischen, daß ein und derselbe Organismus sich in Abhängigkeit von Außenbedingungen bald heterotroph, bald autotroph ernähren kann. Außerdem wird die Ernährungsregel auch von den pflanzlichen Parasiten und Saprophyten durchbrochen (z. B. Pilze), die wie tierische Organismen organischer Nährstoffe zum Aufbau und zur Erhaltung ihres Körpers bedürfen. Sicher aber steht fest, daß die Urformen des Lebens autotrophe, im üblichen Sprachgebrauch also pflanzliche Organismen waren.

Die Ergebnisse der vergleichenden Untersuchungen über Formbildung und Stoffwechsel sowie die Resultate der Durchforschung der Erdschichten nach erhalten gebliebenen Überresten einer im weiteren Verlauf der Erdentwicklung zum Teil wieder verschwundenen Lebenswelt lassen die grundlegende Tatsache erkennen, daß unsere heutige lebende Formenwelt sich aus einfacher gebauten Organismen in einem grandiosen **Entwicklungsgang** entfaltet hat. Diese Abstammungs- oder Deszendenztheorie ist ein Kernstück biologischer Forschung und Lehre.

Teilgebiete der Pflanzenlehre

Hunger und Krankheit sind zweifellos die ersten botanischen Lehrer der Menschheit gewesen. Nur soweit die Pflanzen Spender von Nahrung und Träger von Heilkräften waren, konnten sie das Interesse des frühzeitlichen Menschen erregen. Daran änderte sich auch prinzipiell nichts, als mit fortschreitender Kultur die mündliche Überlieferung der Pflanzenkenntnisse in den schriftlichen Darstellungen eines Theophrast festere Formen annahm. Fast 2000 Jahre später mußten die deutschen Verfasser der Kräuterbücher die Pflanzenkunde aus der Wirrnis, in die philologischer Verbalismus sie gestürzt hatte, befreien und zwar durch exakte, auf dem Wege unmittelbarer Anschauung gewonnene Pflanzenbeschreibung. Dabei wurden zwar nur die Pflanzen berücksichtigt, denen man medizinische Kräfte zuschrieb. Da man indes der Mehrzahl aller bekannten Pflanzen irgendwelche Heilkräfte beimaß, kam in den Kräuterbüchern eine, wenn auch keineswegs vollständige, so doch reichhaltige Pflanzenbeschreibung zustande. Zum Range wissenschaftlicher Bestrebungen wurden diese Bemühungen erst erhoben, als man begann, die Pflanze um ihrer selbst willen zu studieren, um die Eigengesetzlichkeit ihrer Bildungsweise und ihrer Lebensäußerungen als selbständige Probleme zu erkennen und zu untersuchen. Hier waren es zunächst 2 Fragenkomplexe, welche die ersten wissenschaftlichen Botaniker bewegten, nämlich einerseits die regionale Verbreitung der Pflanzen und andererseits ihre natürliche Verwandtschaft, die in einer äußeren Formenähnlichkeit in völliger Unabhängigkeit von der Heilwirkung ihren Ausdruck fand. Die im 17. Jahrhundert sich mehrenden regionalen Florenlisten sowie die Versuche, zunächst allerdings nur aus organisatorischen Gründen zu einem natürlichen System der Pflanzen zu gelangen, sind auf uns überkommen als Zeugnisse einer ersten wissenschaftlichen Botanik. So entwickelte sich eine rein beschreibende regionale **Pflanzengeographie**, die entweder von der Pflanze ausgehend eine möglichst genaue Festlegung der Verbreitungsgebiete (Areale) der Pflanzen zu erreichen suchte oder, mehr geographisch orientiert, den Pflanzenbestand einer natürlichen Landschaft zusammenstellte. Das Bestreben, eine übersichtliche Ordnung in die Pflanzenlisten zu bringen, beschäftigte neben anderen besonders *Linné*, der ein künstliches System der Pflanzen schuf und ein natürliches anstrebte. Dieser Zweig botanischer Wissenschaft, die **Systematik**, verfuhr zunächst ebenfalls rein beschreibend und zog zur Diagnose einer Pflanzenart in erster Linie Merkmale des äußeren Pflanzenbaus heran, dessen exakte Beschreibung bald sich zu einem besonderen Wissenschaftszweig, der **Morphologie**, entwickelte. Mit der Erfindung des Mikroskops und seiner Verbesserung wurde in zunehmendem Maß der innere Bau der Pflanze einer Betrachtung zugänglich. Die Ergebnisse dieser Forschungen sind in der **Anatomie** zusammengefaßt. Sie beschäftigt sich insbesondere mit dem Bau der mikroskopisch kleinen Elementarbausteine des Organismus, den Zellen, und ihren im Dienste einer weitgehenden Arbeitsteilung stehenden zahlreichen Formabwandlungen und Zusammenschlüssen zu Geweben (**Zellenlehre** = Zytologie und **Gewebelehre** = Histologie). Die zu einer

Funktionseinheit höherer Ordnung vereinigten Gewebe bilden die Organe. Im Gegensatz zum Tier ist die Organbildung im pflanzlichen Körper nur relativ wenig entwickelt, denn letzten Endes lassen sich alle Pflanzenorgane auf die drei morphologischen Grundformen: Wurzel, Sproß und Blatt zurückführen (**Organographie**). Im einzelnen freilich müssen diese Grundtypen unter dem Einfluß des Standorts und im Dienste spezieller Funktionen weitgehender Abwandlungen fähig sein, da die Entfaltung der Organfunktion von Außenbedingungen abhängig ist und die Anpassung des Organbaues an den Lebensraum der Pflanze notwendig macht. Die Beziehungen zwischen Organisation und Lebensweise der Pflanze einerseits, dem Standort andererseits sucht die **Ökologie** auf experimentellem Weg zu klären. Dabei muß sie allerdings auf die bedeutsamste botanische Disziplin, die **Physiologie,** zurückgreifen, deren Aufgabe darin besteht, Lebensäußerungen der Pflanze soweit als möglich auf physikalisch-chemische Grundlagen zurückzuführen, wobei sich jeder einsichtige Physiologe darüber klar ist, daß der Gesamtkomplex Leben in einer derartigen mechanistischen Auffassung niemals seine letzte Erklärung finden kann. Schon die das Leben der Pflanze erhaltende, ganzheitliche Einordnung der einzelnen physiologischen Teilprozesse, die ausgeglichene Harmonie der Lebensvorgänge und ihre Regulation machen einer exakten Erklärung heute noch scheinbar unüberwindliche Schwierigkeiten.

Unsere Vorstellung vom Wesen der Pflanze bleibt indes eine lückenhafte und einseitige, so lange sie die Plastizität der Pflanze nicht in ihren Rahmen einbezieht. Der pflanzliche Organismus ist das Ergebnis einer langreihigen stammesgeschichtlichen Entwicklung und gleichzeitig Ausgangspunkt neuer Entwicklungsreihen. Die stammesgeschichtliche Entwicklung (**Phylogenie**) spiegelt sich in ihren Grundzügen in der individuellen Entwicklung (**Ontogenie**) der Pflanze wider. „Die Ontogenie ist eine abgekürzte Wiederholung der Phylogenie" (Biogenetisches Grundgesetz). Die **Paläobotanik** gibt uns einen, wenn auch in vielen Stufen lückenhaften Begriff von der Entwicklungsgeschichte der heutigen pflanzlichen Formen. Die **Vererbungslehre** sucht einerseits an Stelle der überlebten Lamarckistischen und Darwinistischen Auffassungen die Wege und Ursachen dieser Entwicklungen aufzudecken und gleichzeitig im Vererbungsexperiment den konstitutionellen Erbbestand des Einzelindividuums festzustellen. Methodisch greift sie hierbei auf Zytologie und Physiologie zurück. Physiologie und Vererbungslehre sind die beiden tragenden Pfeiler des modernen Pflanzenbaues und daher von überragender wirtschaftlicher Bedeutung. Der jüngste Zweig botanischer Forschung ist die **Pflanzensoziologie**, welche — zunächst in überwiegend beschreibender Manier — das Zusammenleben der Pflanzen in sogenannten Lebensgemeinschaften darstellt und dieses dann als Ergebnis einer standortlichen Auslese und eines gegenseitigen Konkurrenzkampfes der in den soziologischen Einheiten zusammengeschlossenen Pflanzen zu erklären versucht.

Die Zellstruktur der Pflanze

Im Jahre 1667 machte *Robert Hooke* die grundlegende Entdeckung, daß sich der Körper der Pflanzen aus mikroskopisch kleinen, in ihrer Form den Zellen der Bienenwabe ähnelnden Elementarräumen zusammensetzt (Abb. 1). Freilich hat es fast noch 200 Jahre gedauert, bis man erkannte, daß diese sogenannten Zellen nicht nur die architektonischen Bauelemente, sondern auch die elementaren Träger des pflanzlichen Lebens darstellen. Dabei führt, wenigstens in der höher organisierten Pflanze, die einzelne Pflanzenzelle kein willkürliches und unabhängiges, individuelles Leben, sie ist vielmehr auch hinsichtlich ihrer Lebensäußerung in einen größeren Rahmen eingespannt und hat einem Ganzen, nämlich der Erhaltung des Gesamtorganismus, zu dienen. All die Millionen Zellen, die einen Organismus aufbauen, hängen gleichsam an einem unsichtbaren, aber trotzdem zwingenden Befehlsnetz, das die individuellen Lebensäußerungen der Einzelzelle auf das dem Ganzen dienliche Ausmaß reguliert. Wo sich einzelne Zellen dieser Unterordnung dem Ganzen gegenüber entziehen, gefährden sie das Leben des Organismus wie ihr eigenes (Krebs). So gleicht die höhere Pflanze einer ausgedehnten und komplizierten technischen Anlage, die wir in ihren Einzelheiten wie in ihrer Gesamtheit nur verstehen können, wenn wir Zeuge ihrer Entstehung aus kleinen Anfängen und eingeweiht in die bestimmenden Richtlinien ihrer Erbauer sind. Seit *Darwins* befreienden Darlegungen können wir mit einer an Sicherheit grenzenden Wahrscheinlichkeit annehmen, daß die kompliziert gebauten höheren Pflanzen sich aus einfachen Formen und letzten Endes aus Einzellern entwickelt haben. So müssen uns denn auch Bau und Funktion des einzelligen Organismus und der Zelle überhaupt Schlüssel zum Verständnis der höheren Pflanze werden. Diese Betrachtung wird uns zeigen, wie die Einzelzelle mit zunehmendem Zusammenschluß zum Mehrzeller ihre Unabhängigkeit und Totipotenz zugunsten einer im Gesamtinteresse liegenden Arbeitsteilung und damit baulichen und funktionellen Spezialisierung verliert.

Abb. 1. Zellstruktur des Flaschenkorkes. (Nach *Hooke*)

Die Entwicklung vom Einzeller zur vielzelligen Pflanze

Einzeller

Die **Urform**, der Prototyp des ersten einzelligen Organismus, ist sicherlich nicht erhalten geblieben. Ausgeschlossen jedoch ist es nicht, daß höher organisierte Einzeller sekundär wieder auf eine primitive Entwicklungsstufe zurückgesunken sind und so ein,

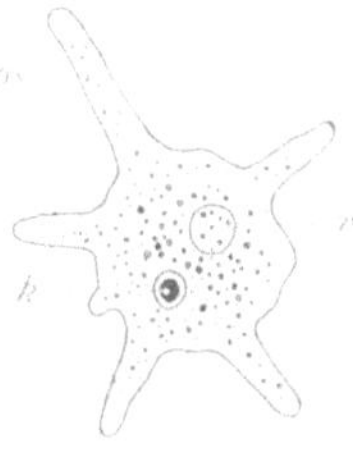

Abb. 2.

Abb. 2. Amöbe. (*ps*) Plasmaausstülpung; (*k*) Kern; (*v*) Vakuole

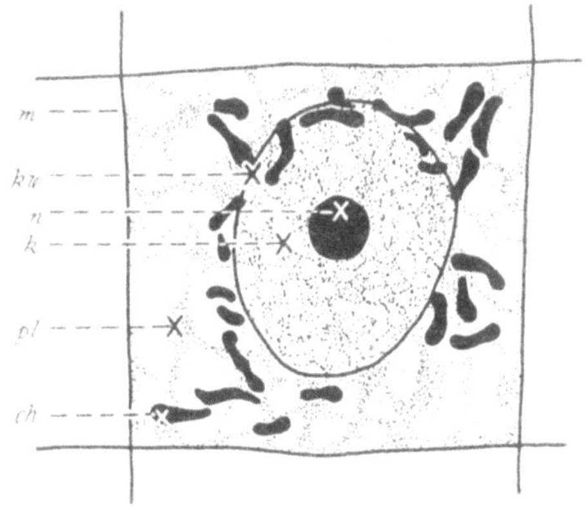

Abb. 3.

Abb. 3. Junge Zelle aus der Wurzelspitze des Hafers. (*pl*) Plasma; (*k*) Kern; (*ch*) Chromatophoren; (*n*) Kernkörperchen; (*m*) Zellwand; (*kw*) Kernwand. Vergr. 3000. (Nach *Lewitzki*)

wenn auch in Einzelheiten verzerrtes Bild der Urzelle geben. Wir haben Grund zu der Annahme, daß Zellformen, wie sie uns in den nackten Myxamöben der Schleimpilze entgegentreten, dem Urtyp der Zelle am meisten von allen bestehenden Zellformen ähneln: ein winziges Schleimklümpchen **(Protoplasma)**, das ein zentral gelegenes differenziertes tropfiges Gebilde **(Zellkern)** umschließt (Abb. 2), erweist sich in Bewegung, Nahrungsaufnahme und -abgabe sowie in der Fähigkeit zur Teilung in mehrere selbständige Individuen als Träger der Vorgänge, die wir in ihrer Gesamtheit als Leben bezeichnen. Nur in den Zellen der Spaltalgen und der Bakterien fehlt ein wohlorganisierter Zellkern. Als dritter selbständiger Zellbestandteil treten in den meisten Zellen zu Zytoplasma und Zellkern noch die **Chromatophoren**, stark lichtbrechende, im Plasma eingebettete

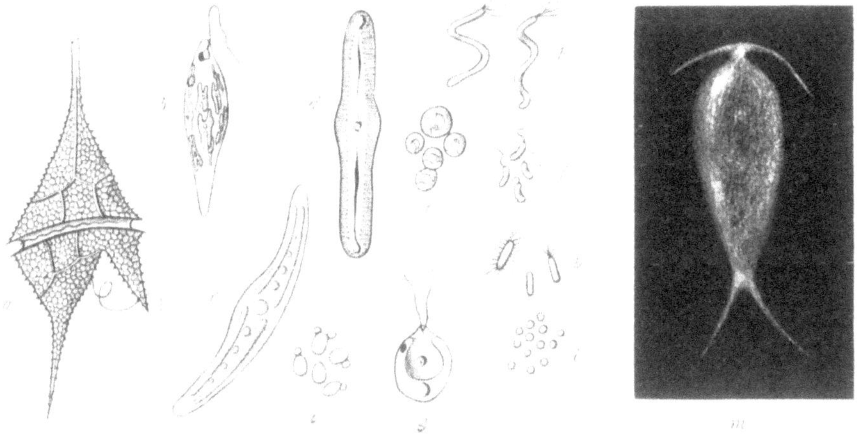

Abb. 4. Zellformen: (*a*, *b* u. *g*) Flagellaten; (*c*) Bandalge; (*d*) Kieselalge; (*e*) Hefe; (*f*) Grünalge; (*h*—*l*) Bakterien; (*m*) Bakterium, stark vergrößert

Körperchen. Diesen drei Gebilden kommt eigene Individualität zu; ihre Vermehrung erfolgt nur aus eigener Substanz (Abb. 3).

Entwicklungsgeschichtlich früh schon scheidet das Protoplasma zu eigenem Schutz eine aus chemisch ± einheitlichem Stoff bestehende Hülle, die **Zellwand**, aus. Diese ist somit kein selbständiges Zellorgan, sondern ein Produkt des Protoplasmas. Mit ihr nimmt die Zelle eine ± feste, zum Teil für die Art charakteristische Form an (Abb. 4). Im Verlauf der ontogenetischen Entwicklung der Zelle hält die Zytoplasmavermehrung mit der Größenzunahme der Zelle nicht ganz Schritt: es entstehen im Plasma zunächst kuglige, mit Flüssigkeit (Zellsaft) erfüllte Räume, die **Vakuolen**. Später verschmelzen benachbarte Vakuolen, bis schließlich ein zentraler Saftraum entsteht, der das Plasma in Form eines dünnen Belages an die Zellwand drängt (Plasmaschlauch). Gelegentlich durchziehen auch in ausgewachsenen Zellen feine Plasmafäden den Zellsaftraum. Der Kern bleibt stets im Plasma eingebettet und liegt entweder im wandständigen Plasma oder in den Plasmasträngen, niemals dagegen frei im Zellsaftraum (Abb. 5).

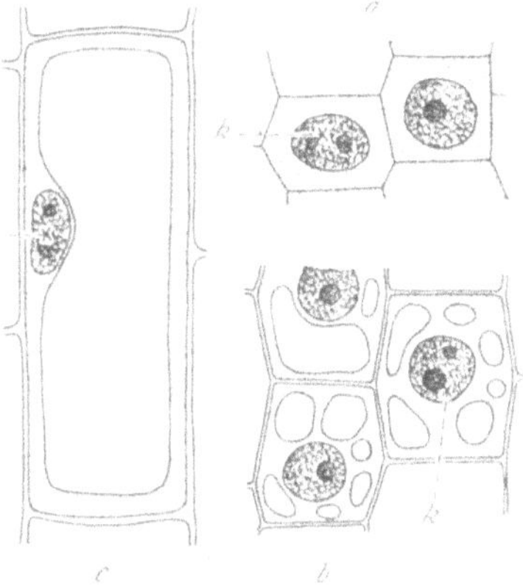

Abb. 5. Zellentwicklung. (*a*, *b*, *c*) fortschreitende Entwicklungsstadien; (*k*) Kern. (*a*) junge Zelle; (*b*) beginnende Vakuolenbildung; (*c*) ausgewachsene Zelle mit wandständigem Plasma, im Inneren Vakuole. Vergr. etwa 280

Koloniebildung

Nur die niedersten Formen blieben auf dem Stand der Einzelligkeit stehen; die fortschreitende Entwicklung drängte nach Erweiterung des Lebensraumes, damit eber auf Anpassung an neue Standortsverhältnisse. Diese Anpassung verlangte Leistungsarhöhung auf Grund immer weitergehender Arbeitsteilung, die anatomisch in fortschreitender Differenzierung zum Ausdruck kam. Diese Vorgänge vollzogen sich nicht auf der Grundlage baulicher Veränderung im einzelligen Organismus, sondern in der Form von *Wechselwirkungen benachbarter Zellen*. So erkennen wir im phylogenetischen Entwicklungsverlauf schon frühzeitig die Neigung, die Einzelzellen räumlich in die Sphäre gegenseitiger Wirkungsmöglichkeit zu bringen. Ein noch primitiver Versuch

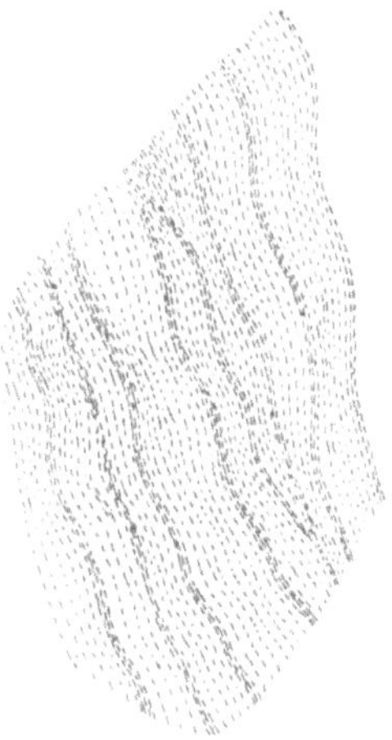

Abb. 6. Bakterien-Kahmhaut

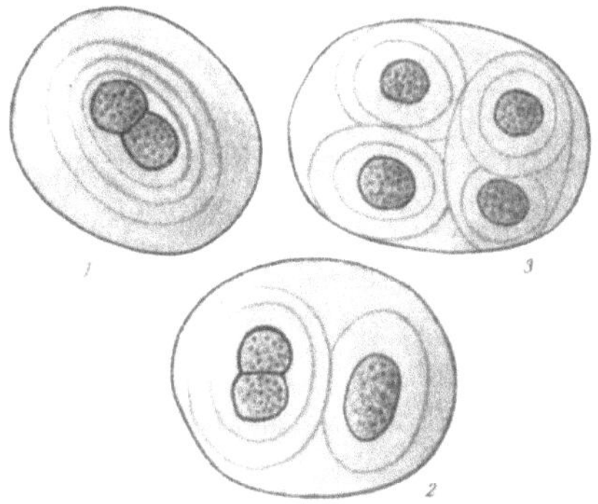

Abb. 7. Gloeocapsa. Koloniebildung

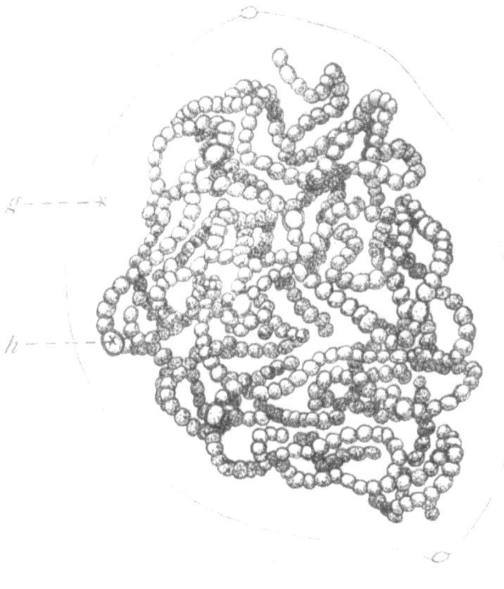

Abb. 8. Nostoc.
(*g*) Schleimhülle; (*h*) Heterozyste. Vergr. 3000

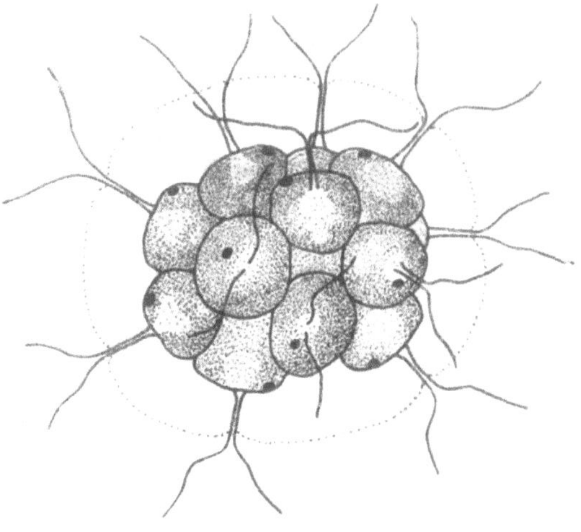

Abb. 9. Pandorina morum.
Vergr. 700. (Nach *Pringsheim*)

dieser Art führt bei den Bakterien zur Bildung von **Kahmhäuten** (Abb. 6). Auch bei den Blaualgen treten ähnliche einfache Zellvereinigungen als sogenannte **Zellkolonien** auf; dabei bleiben im einfachsten Fall die aus einer Zellteilung hervorgehenden Tochterzellen von einer gemeinsamen Schleimhülle umschlossen (Abb. 7). So bilden Kolonien von **Blaualgen** jene blaugrünen Schleimüberzüge, die in Gewächshäusern nicht selten Mauern und Blumentöpfe bedecken. Dabei sind es zu Beginn nur wenige Zellen, die in einer solchen Zellkolonie zusammengeschlossen sind. Jede Einzelzelle bewahrt hierbei ihre volle Selbständigkeit, und eine Trennung bleibt ohne schädigende Rückwirkung auf die einzelnen Zellen. Noch innerhalb der Blaualgen macht indes die Koloniebildung wesentliche Fortschritte: bei Nostoc reihen sich die aus der Teilung hervorgegangenen Zellen fadenförmig aneinander, wobei die einzelnen tonnenförmigen Zellen durch Plasmodesmen, das sind feine, die Zellwand durchsetzende Plasmafäden, in Verbindung bleiben. Einzelne Zellen (Heterozysten) schwellen hierbei stark an, verlieren den blaugrünen Farbstoff und bestimmen die Bruchstellen der Fäden in einzelne Teilstücke (Hormogonien) (Abb. 8).

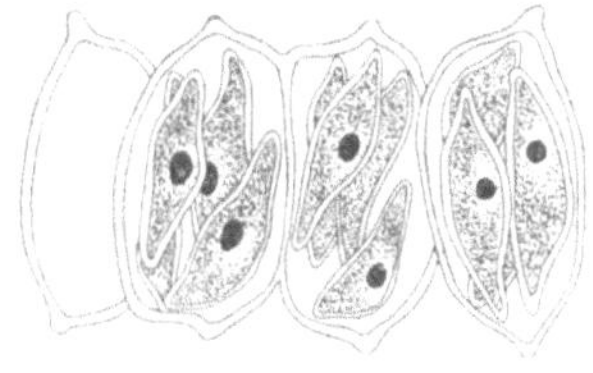

Abb. 10. Scenedesmus. Vergr. 1500. (Nach *Senn*)

Deutlicher offenbart sich eine gewisse „Verständigungsmöglichkeit" der geißeltragenden Zellen untereinander in der einheitlichen Bewegung der scheibenförmigen Zellkolonie von **Gonium**. Bei **Pandorina** (Abb. 9) erfolgt die endgültige Zellanordnung dreidimensional in einer kugelförmigen Kolonie, und auch hier ist die Geißelbewegung der Einzelzellen von einem übergeordneten Prinzip regiert. Ähnliche Koloniebildungen sind bei **Chlorococcum**, **Pediastrum** (Abb. 11), **Hydrodictyon**, **Scenedesmus** (Abb. 10) u. a. zu beobachten. Der Entwicklungsschritt von der Zellkolonie

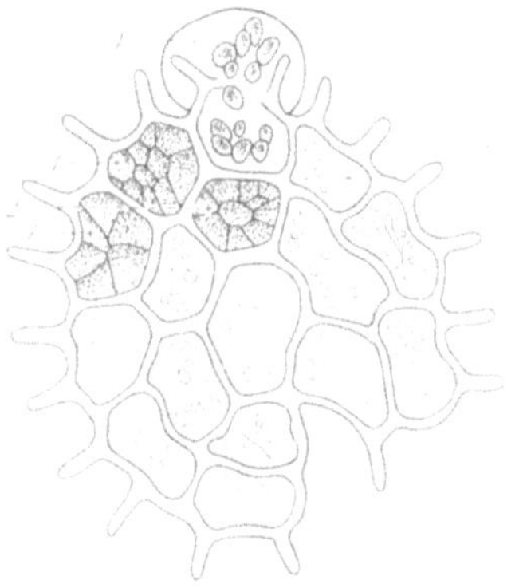

Abb. 11. Pediastrum granulatum. Mutterkolonie zerfällt in 16 Tochterkolonien. Vergr. 400. (Nach *Braun*)

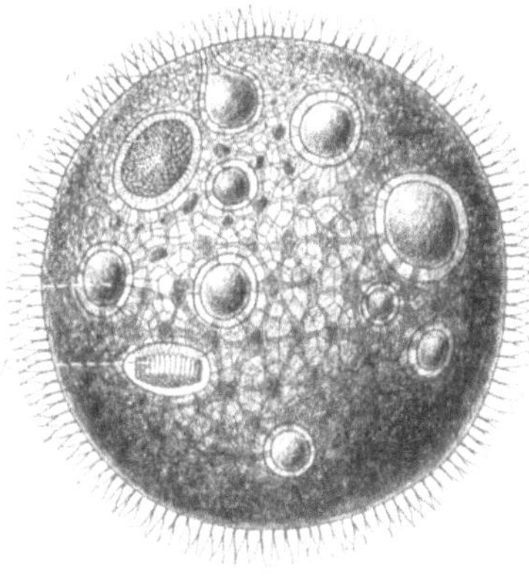

Abb. 12. Volvox globator. (*e*) Eizelle; (*sp*) Spermatozoiden. Vergr. 180. (Nach *Cohn*)

zum **Zellverband** der ganzheitlichen mehrzelligen Pflanze steht in engster Verbindung mit der ersten grundlegenden Arbeitsteilung in **Ernährungs- und Fortpflanzungsfunktion.** Träger der ersteren werden die somatischen Zellen, während die Geschlechtszellen mit der Übernahme ihrer speziellen Funktion der Fortpflanzung in ernährungsphysiologische Abhängigkeit der Somazellen geraten. Diese erhalten somit das Individuum, die Sexualzellen dagegen die Art. Damit aber wird die räumliche Vereinigung der differenzierten Zellen zu einer Voraussetzung der Entwicklung, die lose Zellkolonie geht in den festen Zellverband, der Einzeller in den mehrzelligen Organismus über. Dieser Fall tritt erstmalig bei Volvox (Abb. 12) in Erscheinung. Zahlreiche (bis 12000) geißeltragende grüne Zellen stecken in der Gallertwand einer Hohlkugel; sie ernähren und bewegen den Organismus. Zwischen ihnen liegen zerstreut grüne **Eizellen** und gelb gefärbte Zellen, deren Inhalt in zahlreiche **Spermatozoiden** aufgeteilt wird. Nach dem Zerfall der Mutterzellen werden die Spermatozoiden frei, bewegen sich nach den Eizellen hin und dringen durch die äußere Gallertschicht in das Ei-Innere ein, um die Befruchtung zu vollziehen. Diese erst macht die Eizellen entwicklungsfähig (Zygoten) und läßt sie zu einem neuen

Zellverband heranwachsen. Die somatischen Zellen des Mutterverbandes gehen nach der Sprengung desselben zugrunde. Solange es bei dieser einfachen Arbeitsteilung und Differenzierung bleibt, behält auch die somatische Zelle noch eine gewisse Selbständigkeit bei; vor allem bleibt sie teilungsfähig und vermag daher in vielen Fällen, aus dem Verband mit den geschlechtlichen Zellen herausgelöst, den Pflanzenkörper zu regenerieren. Wenn der Thallus des Lebermooses Marchantia in mehrere Stücke zerschnitten wird, so wachsen diese wieder zu ganzen Pflanzen aus. Der Organismus behält neben einer geschlechtlichen Fortpflanzung auf niederen Entwicklungsstufen eine leistungsfähige vegetative Vermehrung bei.

Mehrzeller

Immerhin führt die wechselseitige Abhängigkeit zwischen Soma- und Geschlechtszellen naturgemäß zu einer engeren Verbindung beider auch anatomisch bereits stark voneinander abweichenden Zellarten. Diese Bindung wird im Interesse der Erhaltung des Ganzen zu einer unlösbaren und leitet damit zu einer Einheit höherer Ordnung, eben der mehrzelligen Pflanze, über, in der die Einzelzelle ihre individuelle Selbständigkeit mehr und mehr einbüßt. Schon bei fadenförmiger Anordnung der Zellen (Fadenalgen) erfolgt eine Differenzierung der somatischen Zellen in teilungsunfähige **Dauerzellen** und unbeschränkt teilungsfähige **Scheitel- oder Spitzenzellen** (Abb. 13).

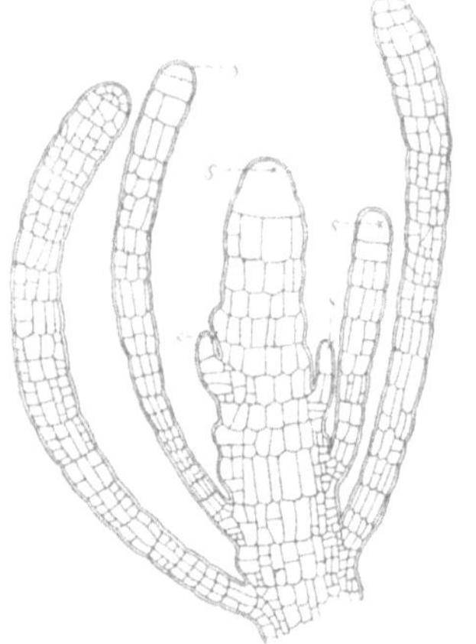

Abb. 13. Endtrieb einer Braunalge. (*s*) Spitzenzellen. Vergr. 30. (Nach *Pringsheim*)

Abb. 14. Laminaria Cloustoni. 1/3 natürl. Größe. (Nach *Oltmanns*)

Zu einer weiteren Arbeitsteilung und Differenzierung innerhalb der somatischen Zellen kommt es dann im Dienste der räumlichen Orientierung und Fixierung. So bilden Algenfäden bestimmte Zellen zu heterotrophen **Haftorganen** um, und die Ernährung obliegt den übrigen Zellen. Wird das Wachstum noch auf das den Haftorganen gegenüberliegende Ende des Zellkomplexes beschränkt, so kommt es zu einer polaren Differenzierung in Spitze und Basis der Pflanze (Abb. 14). Diesen Grad der Differenzierung kann auch übrigens der einzellige Organismus bereits erreichen. Die einzellige Meeresalge Caulerpa prolifera verankert ihren oft mehrere Quadratdezimeter großen lappigen Körper mittels fadenförmiger Rhizoiden im Meeresboden.

Schlauchalgen und Algenpilze sind durchgängig einzellige Organismen mit zum Teil erstaunlicher Architektur. Vielzelligkeit ist somit keine unentbehrliche Voraussetzung einer morphologischen Gliederung (Acetabularia, Abb. 15). Sobald jedoch die Pflanze ihr ursprüngliches Medium, das tragende Wasser, verläßt, bedarf sie zur Entfaltung einer gewissen Größenordnung einer funktionellen Spezialisierung, welche ihr anatomisches Fundament nur in einem viel- und verschiedenzelligen Organismus finden kann; ja selbst im Wasser sind die einzelligen Großformen durchaus in der Minderzahl. Anatomische Differenzierung im Dienste einer funktionellen Spezialisierung und Arbeitsteilung ist geradezu eine Voraussetzung für den entwicklungsmäßigen Fortschritt über ein Primitivstadium hinaus.

Abb. 15. Acetabularia mediterranea. Natürl. Größe. (Nach *Oltmanns*)

MORPHOLOGIE

Die Gliederung des Pflanzenkörpers als Ausdruck der Entwicklungshöhe

Das Ausmaß äußerer und innerer Gliederung ist ein Ausdruck der Entwicklungshöhe der Pflanzen. Bei den entwicklungsgeschichtlich ältesten und daher auch primitivsten Pflanzen setzt die Differenzierung relativ spät im Verlauf der individuellen Entwicklung ein. Gewöhnlich entsteht zunächst ein kaum differenziertes, vielzelliges fädiges oder lappiges Gebilde, der sogenannte **Thallus**, von dem aus dann einzelne Zellen oder Zellgruppen sich im Dienste besonderer Funktionen differenzieren (Haftzellen, Sexualorgane und Sexualzellen). Pflanzen, welche sich nicht über dieses Stadium hinaus entwickeln können, werden als **Thallophyten** bezeichnet. Zu ihnen gehören: Bakterien, Algen, Pilze und Moose.

Die höher organisierten Pflanzen durchlaufen — gleichsam in Erinnerung an ihre Abstammung — zwar diese thallophytische Entwicklung auch, aber sie bauen auf der primitiven Thallusgeneration eine zweite Entwicklungsphase auf, die zu wesentlich höherer äußerer und innerer Differenzierung und Organisation führt. Sie nimmt ihren Ausgang in den meisten Fällen von einer auf dem Thallus entstandenen, befruchteten Eizelle. Gleichsam im Bewußtsein ihrer hohen Gestaltungsaufgabe setzt die Differenzierung schon im Verlauf der ersten Zellteilungen ein. Dafür kommt es aber dann auch nicht nur zur Ausbildung einzelner differenzierter Zellen, die zu Sonderfunktionen befähigt sind. Es steigt vielmehr nicht nur die Zahl der Sonderleistungen und damit der Zellformen, sondern die Zellen schließen sich im Dienste einer einheitlichen Funktion zu Geweben zusammen, und einzelne dieser Gewebe vereinigen sich wieder zu Verbänden höherer Ordnung, den Organen. Ein derartiger kompliziert gebauter Pflanzenkörper wird als **Kormus** bezeichnet, und entsprechend gebaute Pflanzen heißen **Kormophyten.**

a) Der Thallus

Vergrößerung der Oberfläche

Formenmäßig drängt mit der Vergrößerung des Körpers die Entwicklung von der ursprünglichen Kugelform (Bakterien, Algen, Hefepilze) weg zur Bildung größerer Oberflächen, denn alle Wechselbeziehungen der behäuteten Zelle mit der Außenwelt, wie Aufnahme und Abgabe von Wasser, Gasen und gelösten Stoffen, Lichtabsorption usw., vollziehen sich durch die Zelloberfläche. Schon bei den ursprünglichen Wasserpflanzen herrschen daher oberflächenbegünstigte Formen durchaus vor. Nach der räumlichen Entfaltung lassen sich die eindimensionalen Zellfäden (Fadenalgen, Pilzhyphen, Abb. 16) von den zweidimensionalen blattartigen Zellflächen (viele Braun- und Rotalgen) unterscheiden, und nur relativ selten kommt es zur dreidimensionalen körperhaften Formbildung (Braunalge Chorda).

Demselben Prinzip der Oberflächenvergrößerung dienen auch die zum Teil reichlichen **Verzweigungen** dieser primitiven Pflanzenformen. Sogenannte falsche Verzweigungen entstehen schon bei den in einer Gallertscheide steckenden Fadenbakterien dadurch, daß ein solcher Faden entzweibricht, wonach beide Stücke weiterwachsen und von der Gallerthülle auch weiterhin zusammengehalten werden (Abb. 17).

Die echten Verzweigungen dagegen kommen auf andere Weise zustande, und zwar 1. durch Teilung der wachstumsfähigen Spitze in zwei gleichmäßig wachsende Glieder

Abb. 16.

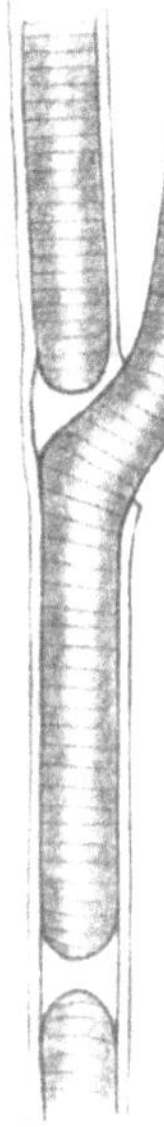

Abb. 17.

Abb. 16. Die Fadenalge Spirogyra. (*Zw*) Zellwand; (*ch*) Chromatophor; (*k*) Kern

Abb. 17. Falsche Verzweigung einer Blaualge. (*sch*) Gallertscheide; (*sa*) Seitenast

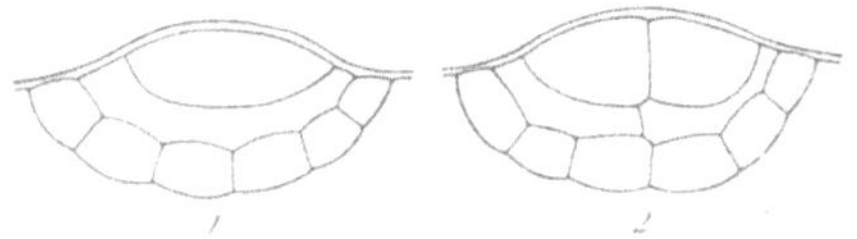

Abb. 18 a. Gabelung des Scheitels von Dictyota dichotoma. Vergr. 250. (Nach *de Wildemann*)

Abb. 18 b. Dictyota dichotoma. $^2/_3$ natürl. Größe. (Nach *Strasburger*, Lehrb.)

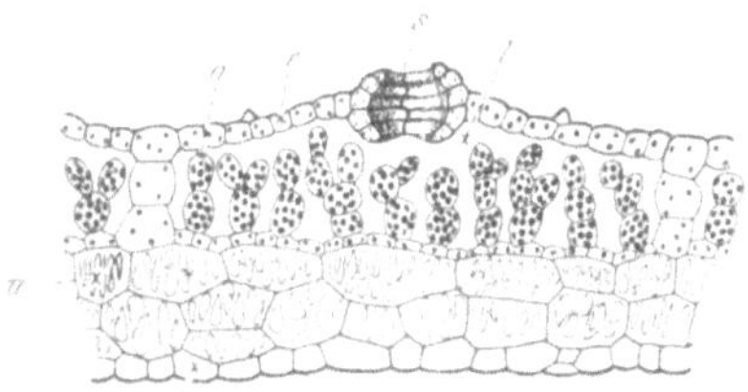

Abb. 20. Lebermoos. (*e*) Epidermis; (*s*) Luftspalte; (*l*) Luftkammer; (*a*) Assimilationsgewebe; (*w*) Speichergewebe. Vergr. 120

Abb. 19. Thallus der Rotalge Delesseria sanguinea (nach *Schenck*). (*h*) Haftorgan

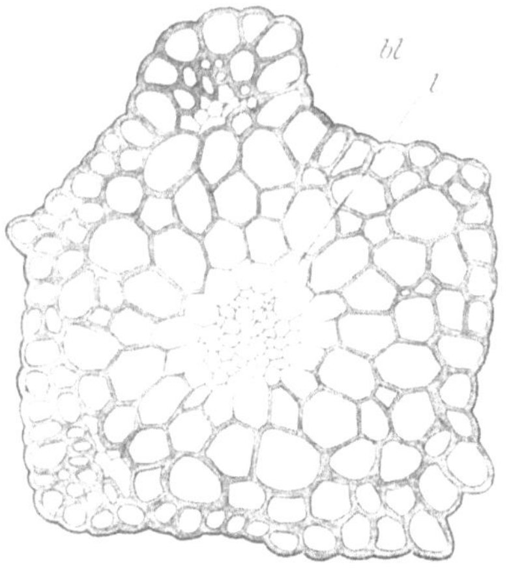

Abb. 21. Querschnitt durch ein Moosstämmchen. (*bl*, *l*) Leitgewebe

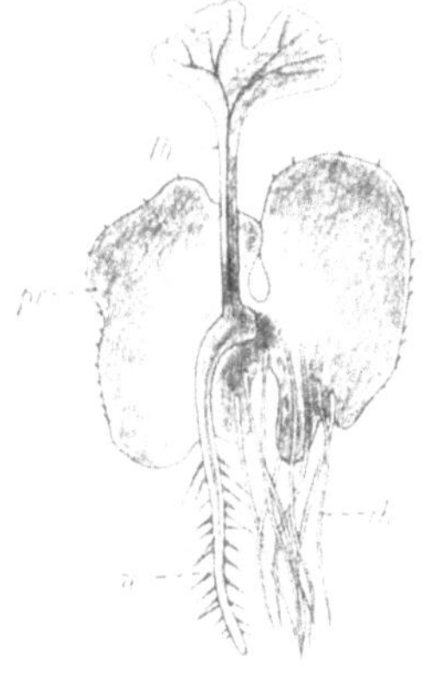

Abb. 22. Farnprothallium (*pr*) mit Rhizoiden (*rh*); (*lb*) Laubblatt; (*w*) Wurzel der Farnpflanze. Vergr. 8. (Nach *Schenck*)

(gabelige oder dichotome Verzweigung) (Abb. 18a und 18b), 2. durch Bildung seitlicher Auswuchsstellen (seitliche Verzweigung) an einem spitzenwüchsigen Organ. Wächst hierbei die primäre Spitze rascher als die sekundär gebildete seitliche, so entsteht ein sogenanntes **traubiges** oder **razemöses Verzweigungssystem**, dessen tragender Pfeiler die primäre Hauptachse (Monopodium) ist. Wird die Hauptachse von den Nebenachsen im Wachstum übertroffen, so entsteht das **doldige oder zymöse** Verzweigungssystem, in welchem jeweils ein Seitenzweig Träger der weiteren Verzweigung wird (vgl. S. 18).

Morphologische und anatomische Differenzierung

Mit der Größe der niederen Pflanzen nimmt vielfach auch ihre morphologische und anatomische Gliederung zu. Neben typischen Haftorganen weisen z. B. **Rot- und Braunalgen** stengelartige Teile auf, welche ausgebreitete blattartige Assimilationsorgane tragen, so daß Organismen entstehen, die rein äußerlich stark an die Tracht höherer Pflanzen erinnern (Abb. 19).

Damit hält freilich die anatomische Gliederung und daher auch die Leistungsfähigkeit des ganzen Gebildes in der Ausnützung der herrschenden Außenbedingungen des Standortes und in der Widerstandsfähigkeit gegen ungünstige äußere Beeinflussung nicht ganz Stand.

Mit der Entwicklung der **Moose** wagt die Pflanze erstmals in größerem Umfang den bedeutungsvollen Schritt vom ursprünglichen Wasserleben aufs Land, und in Zusammenhang damit stehen die ersten morphologischen und anatomischen Differenzierungen, die die Landpflanze vor der Wasserpflanze auszeichnen. Die Befestigung an der Unterlage und die Wasserzuleitung erfolgt noch unverändert durch Rhizoiden. Schon bei den primitiveren Lebermoosen (Abb. 20) überzieht eine derbe **Epidermis** zum Schutz gegen verderblichen Wasserverlust das oberseitige **Assimilationsgewebe** und das unterseitige **Wasserspeichergewebe**. Kompliziert gebaute Luftkammern stehen im Dienst des Gasaustausches. Bei den Laubmoosen treten dann vereinzelt die auch für die höheren Pflanzen spezifizierten Spaltöffnungen an ihre Stelle. Der Transpirationsschutz hat durch Ausbildung einer wenig wasserdurchlässigen Kutikula an Wirksamkeit gewonnen, und das Sproßinnere durchziehen bei den höchst differenzierten Formen in der Längsrichtung Stränge gestreckter dünnwandiger Zellen als Wege der **Stoff- und Wasserleitung**, die sich von den dickwandigen Elementen der **Stützstränge** auch anatomisch deutlich unterscheiden (Abb. 21). Die thallophytische Generation der Kormophyten fällt mit steigender Entwicklungshöhe einer fortschreitenden Reduktion anheim. Bei **Landfarnen** wächst das thallophytische Jugendstadium als sogenannter Vorkeim (Prothallium) zu einem noch bestenfalls pfenniggroßen, lappigen, grünen Gebilde heran (s. Abb. 22). Bei Wasserfarnen erreicht es nur mehr mikroskopische Größe, und in den Blütenpflanzen ist es schließlich auf eine oder wenige Zellen reduziert.

b) Der Kormus

Differenzierung von Sproß und Wurzel

Schon auf den allerersten Stufen der Entwicklung der befruchteten Eizelle erfolgt die Differenzierung in Sproß und Wurzel.

Der Sproß

Seine normale Ausbildung nimmt der Sproß über der Erde; hier gliedert er sich deutlich in Stengel (= Sproßachse) und Blätter. Physiologisch ist das Stengelsystem nur ein Hilfsorgan der Pflanze, um den lebenswichtigsten Ernährungsorganen, den Blättern, die hinreichende Ansatzfläche zu bieten und sie in die günstigste Lage zum Licht zu bringen. Morphologisch dagegen sind die Blätter nur spezialisierte Auswüchse der Sproßachse. Während die Blätter die hauptsächlichen Assimilations- und Transpirationsorgane der Pflanze darstellen, sind in den Stengeln die Stütz- und Leitungssysteme untergebracht.

Gelegentlich entwickeln sich Teile oder auch der ganze Stengel unterirdisch; diese der Speicherung dienenden Erdsprosse sind gewöhnlich bleiche, ± voluminöse Gebilde, die nur unscheinbare Schuppenblätter tragen (s. Sproßmetamorphosen).

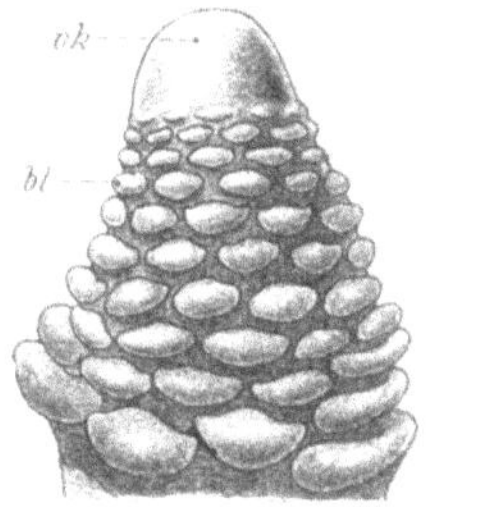

Abb. 23. Vegetationskegel von Hippuris. (*vk*) Vegetationskegel; (*bl*) Blattanlagen. (Nach *Hegi*)

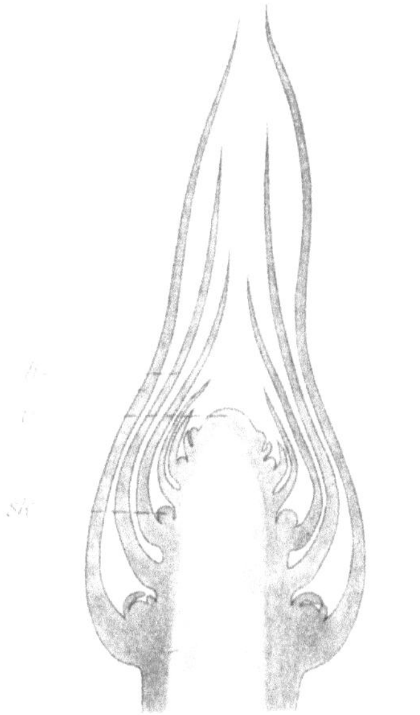

Abb. 24, *1*. Längsschnitt durch eine Knospe. (*b*) Laubblätter; (*v*) Vegetationspunkt; (*sk*) Seitenknospe

Abb. 24, *2*. Längsschnitt durch eine Zwiebel mit Hauptknospe. (*vk*) Vegetationskegel; (b_1) Stengelblätter; (*B*) Grundständige Blätter; (*s*) Zwiebelscheibe. (Nach *Troll*)

Der Vegetationspunkt.

In den meisten Fällen entwickelt der oberirdische Sproß ein weitverzweigtes Stengelsystem, das seine Vergrößerung und Erweiterung aus **Vegetationspunkten** oder Vegetationskegeln erfährt. Der primäre Vegetationskegel liegt an der Sproßspitze; wenig unterhalb derselben entstehen die Blattanlagen (Abb. 23). Sie entfalten sich in akropetaler Folge und eilen im Wachstum bald dem Sproßende voraus, wobei die Blattunterseite zunächst am stärksten gefördert wird. Daher wölben sich die einzelnen Blätter kuppelartig über die schutzbedürftige zarte Vegetationsspitze. Dieser Entwicklungszustand wird als **Knospe** (Abb. 24) bezeichnet. Später bilden sich in den Blattachseln neue Vegetationspunkte, aus denen in den allermeisten Fällen die Verzweigung des Sproßsystems ihren Ursprung nimmt.

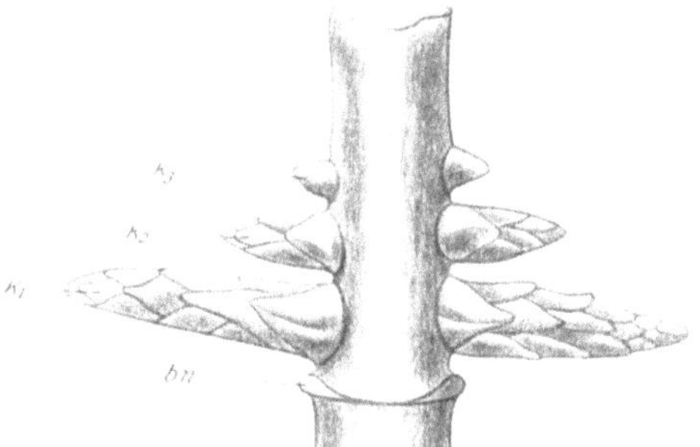

Abb. 25. Seriale Beiknospen (K_1, K_2, K_3) von Lonicera. (*bn*) Blattnarben

Abb. 26. Laterale Beiknospen (*l*) an der Zwiebel von Muscari

Die Knospe. Die Knospen entstehen schon früh als exogene Hervorwölbungen der Sproßachse, bei den Pteridophyten neben den Blatthöckern, bei den Samenpflanzen gewöhnlich in der Einzahl in der Achsel des sogenannten Tragblattes. Gelegentlich folgen auf die Anlage dieser primären Achselknospe noch weitere Knospenbildungen (sogenannte Beiknospen), die entweder über (serial) z. B. Lonicera, Robinia (Abb. 25), oder neben (lateral) der primären Achselknospe (Pfirsich, Allium- und Muscariarten, Abb. 26) liegen. Bei den krautigen Pflanzen folgt der Bildung der Knospen im allgemeinen unmittelbar ihre Entfaltung. Bei Holzgewächsen hingegen entsteht ein Großteil der Knospen im Frühsommer und verharrt bis zum kommenden Frühjahr in Ruhe. Diese sogenannten Winterknospen (Abb. 27) sind gewöhnlich durch derbe ledrige Knospenschuppen geschützt, nur selten (Schneeball) fehlen diese letzteren (nackte Knospen).

Abb. 27. Winterknospen

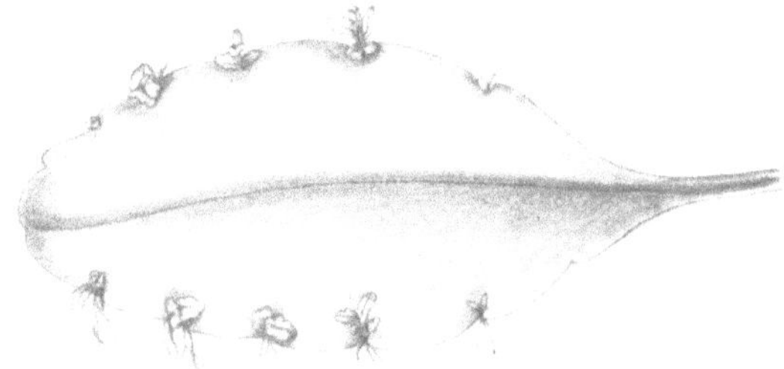

Abb. 28. Blattbürtige Jungpflänzchen auf Bryophyllum

Manche sogenannte schlafende Augen verharren sogar jahrelang in Ruhe (bei Eiche und Buche bis 100 Jahre), um unter besonders günstigen Verhältnissen, z. B. bei natürlichem Schnee- und Windbruch oder bei künstlicher Knospenverminderung (Baumschnitt), auszutreiben. Nicht selten werden solche ruhenden Augen an abgeschnittenen Sproßstücken zur Stecklingsvermehrung verwendet. Die Entfaltung der Knospen wird in erster Linie durch korrelative Beziehungen (s. S. 306) der Knospen untereinander geregelt. Im allgemeinen sind die endständigen Knospen im Austreiben begünstigt, was zur Bildung der besonderen Form der Baumkrone führt. Manche Pflanzen (Pappel, Pflaume, Rose, Rhus, Flieder) neigen stark zur Bildung von Wurzelschößlingen (Wurzelbrut). Besonders nach dem Fällen der Bäume entwickeln sich die ruhenden Adventivknospen der Wurzeln zu reichlichem Stockausschlag. Nur ausnahmsweise (z. B. bei Bryophyllum, nach Verletzung bei Begonien) entstehen Knospen auch auf Blättern (Abb. 28).

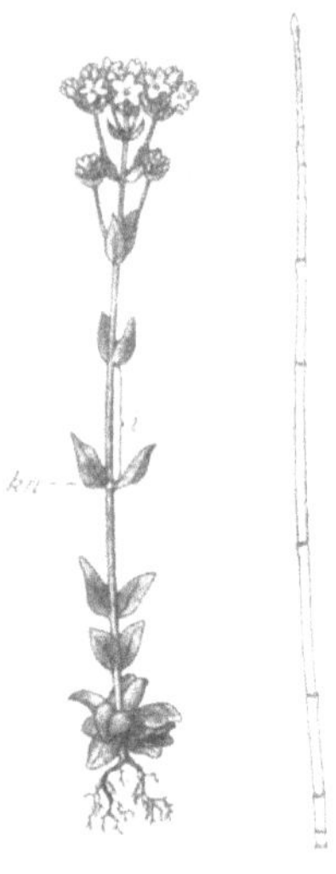

Abb. 29. Tausendgüldenkraut. (*kn*) Knoten; (*i*) Internodium. (Nach *Troll*)

Die Sproßachse. In einiger Entfernung vom Vegetationskegel beginnen sich beim Austreiben der Knospen die Zellen der Sproßachse zu strecken, wodurch sich die Blattanlagen mehr und mehr voneinander entfernen; die zwischen den Blättern sich erstreckenden Stengelstücke werden als Internodien, die Zonen der Blattansatzstellen als Nodien oder Knoten bezeichnet. Je ein Knoten mit einem Internodium macht ein Stengelglied aus. Im Knoten ist das Streckungswachstum sehr gering, in den Internodien dagegen ist es zum Teil sehr lebhaft und hält bisweilen lange Zeit an. Häufig nehmen die Internodien basalwärts zunächst an Länge erheblich zu, um dann wieder abzunehmen (Abb. 29).

Bei manchen mehrjährigen Pflanzen erfolgt die Streckung der Sproßachse erst bei der Blütenbildung bzw. sogar erst bei der Blütenentfaltung. Die vegetative Entwicklung schließt daher mit einer sehr gestauchten Sproßachse ab, an der die Blätter dicht gedrängt stehen. Diese Wuchsform wird als Rosette bezeichnet. Reichlich vertreten sind derartige Rosetten bei zweijährigen Pflanzen, besonders in der alpinen Matten- und Felsenregion (Abb. 30).

Die Verzweigung der Sproßachse. Die gestellte Aufgabe, die Blätter in möglichst günstige Beleuchtungslage zu bringen, vermag eine verzweigte Sproßachse weitergehend zu erfüllen als ein einfacher Stengel. Eine Verzweigung kann auch beim Sproß, ähnlich wie beim Thallus, durch Gabelung der Mutterachse in zwei gleichwertige Tochterachsen (gabelige Verzweigung) oder durch Entfaltung der seitlich stehenden Achselknospen (seitliche Verzweigung) entstehen; jedoch tritt die gablige Verzweigung nur noch bei bestimmten Pteridophyten auf. Eine scheinbar gablige Verzweigung kommt bei höheren Pflanzen gelegentlich dadurch zustande, daß die Endknospe zwischen zwei austreibenden Seitenknospen abstirbt (falsche Dichotomie, Mistel, Abb. 31).

Abb. 30. Rosette eines alpinen Steinbrechs (Saxifraga aizoon)

Abb. 31.
Falsche Dichotomie der Mistel. (Nach *Troll*)

Die seitliche Verzweigung ergibt je nach der relativen Wuchsfreudigkeit der Achsen verschiedener Ordnung und nach Art der Orientierung im Raum verschiedene Verzweigungssysteme. Bei Gräsern wachsen zuerst nur die untersten Achselknospen aus, so daß **Büschel** (Horste) unverzweigter Halme entstehen. Im **Strauch** bilden kräftige basale Knospen die stärksten Achsen, die indes nur von begrenzter Lebensdauer sind, so daß sich der Strauch von einem kurzen basalen Stammstück aus immer wieder erneuert und verjüngt. Auch die Seitentriebe gleicher Ordnung unterscheiden sich in manchen Fällen auffallend durch die Intensität ihres Streckungswachstums: nur ein Teil derselben zeigt erhebliche Internodienstreckung und nimmt maßgeblichen Einfluß auf die Gesamtarchitektur des Verzweigungssystems (**Langtriebe,** Abb. 32). Daneben finden sich sogenannte **Kurztriebe** mit stark gestauchten Achsen und dichter Blattfolge, die nicht selten Stellen bevorzugter Blütenbildung sind, weshalb ihre reichliche Entwicklung durch entsprechenden Baumschnitt gefördert wird. Schöne

Abb. 32. Langtriebe (*L*) und Kurztriebe (*K*) der Lärche

Beispiele für die Ausbildung von Lang- und Kurztrieben finden sich auch unter unseren heimischen Bäumen. So entwickelt die Rotbuche an den dicken Ästen häufig Kurztriebe, das sind kurze Ästchen, die mit einer Knospe abschließen. Der jährliche Zuwachs dieser Kurztriebe ist äußerst gering, und nach einem Jahrzehnt ist kaum eine Länge von wenigen Zentimetern erreicht. Die Vergrößerung der Baumkronen erfolgt im wesentlichen durch die am Ende der großen Äste befindlichen Langtriebe. Bei der Waldkiefer schließt der Kurztrieb mit zwei von einer Scheide schuppenförmiger Blätter umschlossenen Nadeln ab (Abb. 45, *10*), zwischen denen der Vegetationspunkt ruht, während die Langtriebe keine Nadeln, sondern nur braune Schuppen tragen.

Abb. 33

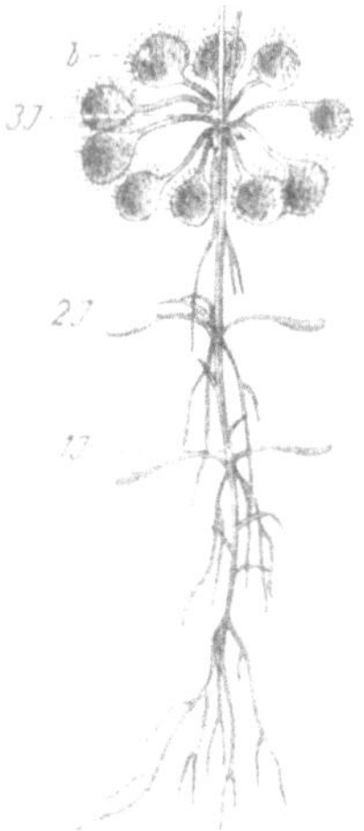

Abb. 34

Abb. 33. Wuchsformen von Sempervivum Funkii. *A* im roten Licht, *B* im natürlichen Sonnenlicht, *C* im Dunkeln zur Streckung gebrachte Pflanzen. (Nach *Klebs*)

Abb. 34. Etagenwuchs des Sonnentaus. (*1J*) Sproßgipfel des 1. Jahres; (*2J*) Sproßgipfel des 2. Jahres; (*3J*) Sproßgipfel des 3. Jahres; (*b*) Blatt

Daß das Maß der Internodienstreckung weitgehend von Außenbedingungen abhängig ist, hat *Klebs* an vielen Beispielen überzeugend darlegen können. Besonders Licht, Temperatur und Feuchtigkeit üben nach dieser Richtung einen starken morphogenetischen Einfluß aus (Abb. 33). Bei manchen Pflanzen steht die Internodienverlängerung in enger Beziehung zum Standort; so entzieht sich der Sonnentau (Drosera rotundifolia) mit Hilfe seines Etagenwuchses der drohenden Überwucherung durch das umgebende Torfmoospolster (Abb. 34).

Verzweigungssysteme. In erster Linie wird das Verzweigungssystem durch das Wuchsverhältnis von Haupt- und Nebenachsen beeinflußt. Besonders vielgestaltig treten die Verzweigungssysteme in den Blütenständen (Infloreszenzen) auf. Das sind Sprosse, deren Laubblätter entweder ganz fehlen oder als Hochblätter (Deckblätter, Brakteen) eine wesentlich einfachere Form annehmen, und deren Kurztriebe in Blüten (vgl. S. 44) umgewandelt sind. Im Gegensatz zum vegetativen Sproß kommen im Blütenstand alle Achselknospen zur Entfaltung, woraus sich die oben erwähnte Mannigfaltigkeit der Verzweigung erklärt.

1. Im **razemösen System** ist eine echte einheitliche Hauptachse (Monopodium) Trägerin des ganzen Verzweigungssystems. Gewöhnlich wächst die Hauptachse senkrecht nach oben (orthotrop), indes die Seitenäste unter bestimmtem Winkel von der Längsachse abgehen. So entsteht die Pyramidenform vieler heimischer Bäume wie Tanne,

Fichte und Lärche. Im Wurzelsystem erweist sich die Hauptachse als Pfahlwurzel, von der unter bestimmtem Winkel die Seitenwurzeln abgehen.

Nach Länge und weiterer Verzweigung der Seitenachsen unterscheidet man die folgenden razemösen Verzweigungstypen:

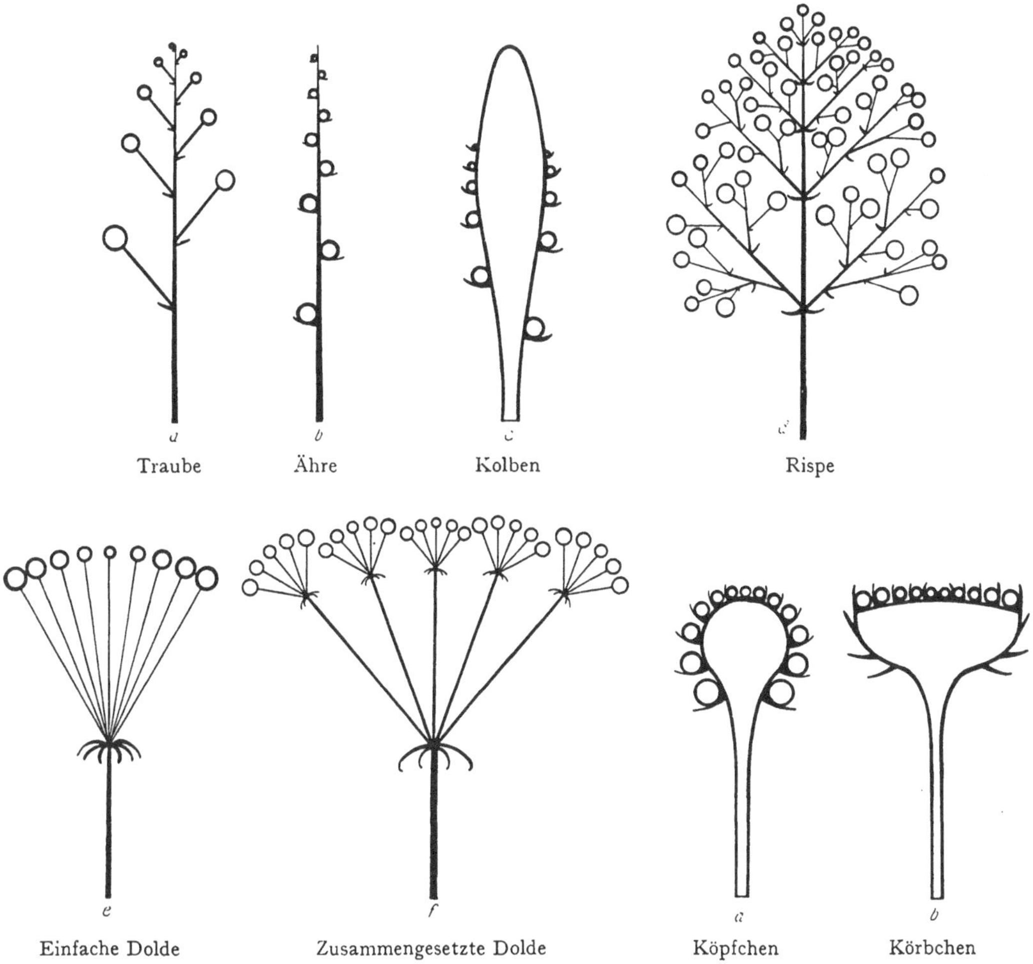

Abb. 35. Abb. 36.

Razemöse Verzweigungstypen

I. Die Hauptachse überragt deutlich die Nebenachsen.

A. Seitenachsen 1. Ordnung unverzweigt:

a) Seitenachsen gestreckt (Blüten gestielt), ihre Länge von der Basis zur Spitze der Hauptachse abnehmend: **Traube** (Abb. 35 *a*, Traubenkirsche, Hyazinthe).

b) Seitenachsen gestaucht (Blüten sitzend):

α) Hauptachse unverdickt: **Ähre** (Abb. 35 *b*, Gerste, Weizen).

β) Hauptachse keulenartig verdickt: **Kolben** (Abb. 35 *c*, Aronstab).

B. Seitenachsen 1. Ordnung verzweigt: **Rispe** (Abb. 35 *d*, Flieder, Hafer).

II. Haupt- und Nebenachsen werden etwa gleich lang.

A. Seitenachsen gestreckt (Blüten gestielt); ihre Enden mit dem der Hauptachse in gleicher Höhe liegend:

a) **Die einfache Dolde:** Die Nebenachsen (Strahlen) entspringen an einem Punkt der Hauptachse und unterscheiden sich in Länge und Gestalt nicht merklich vom überstehenden Teil der Hauptachse (Abb. 35 *e*, Primel).

b) **Die zusammengesetzte Dolde:** Nebenachsen und gewöhnlich auch die Hauptachse tragen selbst Dolden 2. Ordnung (Döldchen, Abb. 35 *f*, Doldengewächse).

B. Seitenachsen gestaucht (Blüten sitzend):

a) Hauptachse kugelförmig: **Köpfchen** (Abb. 36 *a*, Grasnelke).

b) Hauptachse zum Blütenboden verbreitert, der von zahlreichen Hüllblättern (Hüllkelch) umgeben ist: **Körbchen** (Abb. 36 *b*, Korbblütler).

2. Zymöses System. Stellen dagegen die Spitzen der Mutterachsen das Wachstum vor ihren zugehörigen Tochterachsen ein, so fehlt dem Verzweigungssystem naturgemäß eine durchgehende Hauptachse.

Übernimmt hierbei jeweils nur eine Tochterachse die Fortsetzung des Systems, so ergibt sich ein **Monochasium.** Setzt hierbei die Tochterachse jeweils die Richtung der Mutterachse fort, so entsteht ein **Sympodium** (Abb. 37) mit einer scheinbaren Hauptachse. Trotz der äußeren Ähnlichkeit zwischen Traube und Sympodium unterscheidet die Stellung des Deckblattes doch die beiden ähnlichen Systeme eindeutig. Die Verzweigungssysteme vieler einheimischer Laubbäume (Buche, Linde) sind solche Sympodien. Je nach Stellung der Tochterzweige zu ihren zugehörigen Abstammungsachsen kann das Monochasium recht unterschiedliche Verzweigungsformen ergeben. Zur Feststellung der Zweigstellung bedient man sich der folgenden Terminologie: Die Ebene, welche durch die Abstammungsachse sowie durch die Mittelrippe des Deckblattes geht, heißt Medianebene und wird bei Beobachtung in Übereinstimmung mit der Scheitelebene des Beschauers gebracht. Liegt die Nebenachse in dieser Ebene, so heißt der Raum zwischen Beschauer und Nebenachse vorn, der zwischen Neben- und (relativer) Hauptachse (= Abstammungsachse) hinten. Die Transversalebene geht durch die Hauptachse und steht senkrecht auf der Medianebene; letztere scheidet eine rechte von einer linken Seite der Transversalebene.

Abb. 37. Sympodium

I. Für die **Monochasien** ergeben sich nun die folgenden Möglichkeiten:

A. Die Seitensprosse aller Ordnungen liegen in der Medianebene.

a) Sämtliche Seitenachsen entwickeln sich jeweils hinter ihren Abstammungsachsen (**Fächel,** Abb. 38 *A*).

b) Die Seitenachsen stehen jeweils vor ihren Mutterachsen (**Sichel,** Abb. 38 *B*).

B. Die Tochterachsen liegen in der Transversalebene ihrer Abstammungsachse.

a) Entspringen sie stets nach derselben Seite, so entsteht der **Schraubel** (Abb. 38 *C*).

b) Bei wechselnder Richtung wird ein **Wickel** (Abb. 38 *D*) gebildet.

II. Setzen zwei gegenüberliegende Seitenachsen an Stelle des im Wachstum gehemmten Hauptsprosses die Verzweigung fort, so kommt es zur Bildung eines **Dichasiums** (Abb. 39). Wenn die Ebenen der Dichasien verschiedener Abstammungsordnung nicht zusammenfallen, sondern etwa je zwei aufeinanderfolgende Systeme aufeinander senkrecht stehen, so kommt es zur Bildung einer dreidimensionalen Verzweigung.

III. Ein **Pleiochasium** endlich liegt vor, wenn mehr als zwei Achsen die Verzweigung fortsetzen; aus räumlichen Gründen ist diese Verzweigung auf das Ende des Verzweigungssystems beschränkt (Euphorbia).

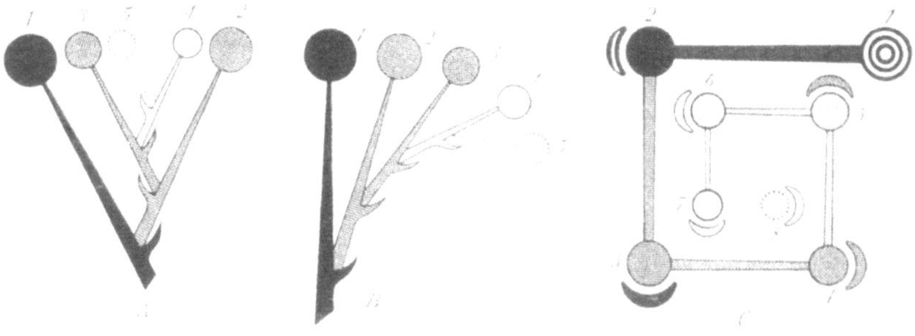

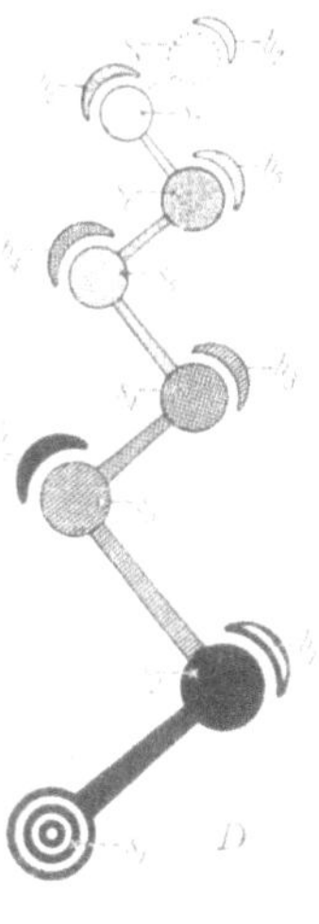

Abb. 38. *A* Fächel, *B* Sichel, *C* Schraubel: (*1*) Hauptachse; (*2*, *3*, *4*, *5*) Seitenachsen 1., 2., 3. usw. Ordnung. *D* Wickel: (s_1) Hauptachse; (s_2, s_3, s_4 usw.) Seitenachsen 1., 2., 3. usw. Ordnung; (b_1) Tragblatt der Hauptachse; (b_2, b_3, b_4 usw.) sind Tragblätter zu s_2, s_3, s_4 usw.

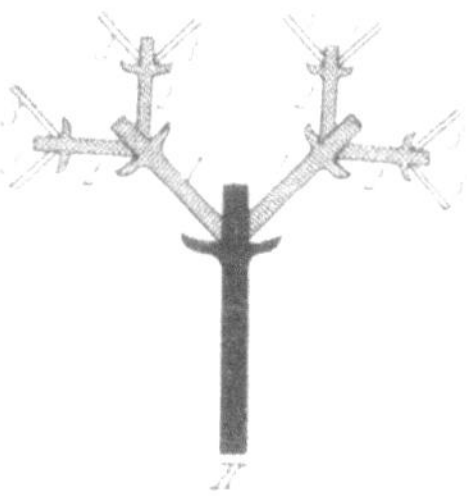

Abb. 39

Abb. 39. Dichasium. (*II*) Hauptachse; (*1*, *2*, *3*) Nebenachsen 1., 2., 3. Ordnung

Schema der Verzweigungen

- Unechte Verzweigung
  - Fadenbakterien, fadenförmige Blaualgen
- Echte Verzweigung
  - Gablige Verzweigung: Riccia fluitans, Dictyota dichotoma, einige Lycopodiaceen, fossile Pteridophyten
  - Seitliche Verzweigung
    - Razemöse Verzweigung
      - Monopodium
        - Traube, Ähre, Rispe, Dolde. usw.
    - Zymöse Verzweigung
      - Monochasium
        - Sympodium
        - Fächel
        - Sichel
        - Schraubel
        - Wickel
      - Dichasium
      - Pleiochasium

Blattstellung. Im Dienste einer optimalen Lichtausnützung hat sich an den Sproßverzweigungssystemen in Anpassung an den Standort der Pflanze eine für die Art weitgehend konstante und eigentümliche Stellung der Blätter am Sproßachsensystem herausgebildet (Blattstellung). Die Blattstellung ist bereits am Vegetationspunkt festgelegt. Entwirft man vom Vegetationskegel mit den angedeuteten Blatthöckern einen Grundriß, so erhält man ein sogenanntes Blattstellungsdiagramm (Abb. 40).

Abb. 40 *A*. Diagramm der $^2/_5$-Blattstellung

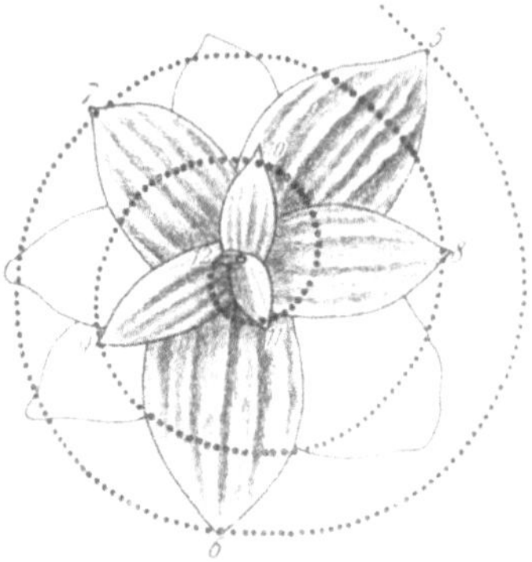

Abb. 40 *B*. Grundspirale einer Rosettenpflanze

Abb. 41 *a*. Wirtelige Blattstellung (Oleander)

Abb. 41 *b*. Dekussierte Blattstellung (Tausendgüldenkraut)

Abb. 41 *c*. Spiralige Blattstellung ($^2/_5$-Divergenz, Ficus)

Abb. 41 *d*. Zweizeilige Blattstellung (Gasteria)

1. Bei manchen Formen setzen an einem Stengelknoten mehrere Blätter auf gleicher Ebene an, in der die einzelnen Blätter gleiche Winkel gegeneinander bilden (**wirtelige** Blattstellung, Abb. 41 *a*). Je nach der Zahl der Blätter spricht man von einem 3-, 4-, 5- .... teiligen Wirtel. Entspringen nur zwei Blätter demselben Knoten, so stehen sie sich gegenüber (**gegenständig**). Sind die Ansatzstellen zweier aufeinanderfolgender Blattpaare um 90° gegeneinander verschoben, so liegt sogenannte **gekreuzte oder dekussierte** Blattstellung vor (Abb. 41 *b*).

2. Steht an jedem Knoten nur ein Blatt, so erscheint der ganze Stengel ± gleichmäßig rundum beblättert [**wechselständige** (spiralige) Blattstellung, Abb. 41 *c*]. Verbindet man die Blattansatzstellen durch eine Linie, so entsteht eine Spirale (**Grundspirale**, Abb. 42), an der nach gleichen Bruchteilen eines Umlaufes (**Divergenz**) ein Blatt steht. Die durch den Sproß und die Mittelrippen zweier aufeinanderfolgender Blätter gelegten Ebenen schließen den **Divergenzwinkel** ein. Der Teil der Grundspirale, der von einem Blatt bis zum nächsten darüberliegenden Blatt führt, heißt **Zyklus.** Bei Monokotylen herrscht die zweizeilige Blattstellung (Divergenz $^1/_2$; Divergenzwinkel 180°) vor (Abb. 41 *d*). Bei den Dikotylen findet sich am häufigsten die folgende Hauptreihe wechselständiger Blattstellung:

$$^1/_2\ ^1/_3\ ^2/_5\ ^3/_8\ ^5/_{13}\ ^8/_{21}\ ^{13}/_{34}\ \ldots\ \frac{Z_{n-2}+Z_{n-1}}{N_{n-2}+N_{n-1}}.$$

(Z = Zähler, N = Nenner der Divergenz)

Hierbei gibt der Nenner die Zahl der auf einem Zyklus liegenden Blätter, der Zähler die auf einem Zyklus vollführten Umkreisungen der Sproßachse an. Alle homolog in den einzelnen Zyklen liegenden Blätter stehen senkrecht übereinander in sogenannten Gerad-

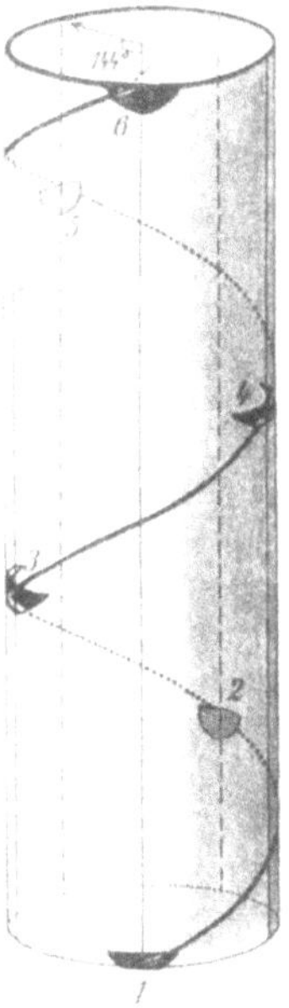

Abb. 42

Abb. 43

Abb. 42. Blattstellungsmodell. 1, 2, 3, 4, 5, 6 Ansatzstellen der Blätter; die Verbindungslinie = Grundspirale; (*1—6*) = Zyklus. Divergenz $^2/_5$. Divergenzwinkel 144°

Abb. 43. Ananasfrucht mit deutlich hervortretenden Schrägzeilen

zeilen (Orthostichen, Abb. 42). An gestauchten Sproßachsen treten daneben noch sogenannte Schrägreihen (Parastichen), gebildet von den Blättern mit geringstem seitlichen Abstand, in Erscheinung (Ananasfrucht, Abb. 43).

Beispiele für verschiedene Blattstellungssysteme:

Wirtelige Blattstellung:

gegenständig:	Nelkengewächse. Buche.
dekussiert:	Lippenblütler, Flieder, Brennessel.
wirtelig:	Wasserpest, Einbeere. Wacholder.

Spiralige Blattstellung:

$^1/_2$	Iris, Mais, Gasteria (Abb. 41 *d*).
$^1/_3$	Erle.
$^2/_5$	Weide, Himbeere, Tabak.
$^3/_8$	Kohl, Rettich, Löwenmaul.
$^5/_{13}$	Königskerze.
$^8/_{21}$	Fichtenzapfen.
$^{13}/_{34}$	Rudbeckia.

Das Blatt

Die Blätter sind nach *Sachs* im Grunde nichts als flächenartige Auswüchse des Sprosses, die dazu dienen, den gebildeten grünen Farbstoff (Chlorophyll) möglichst weitgehend dem Licht auszusetzen, um so die Bildung von Zucker und damit organischer Pflanzensubstanz überhaupt zu steigern. Sie sind im allgemeinen dorsiventral gebaut, besitzen Ober- und Unterseite, die morphologisch und anatomisch (vgl. S. 151) wesentliche Bauunterschiede zeigen.

Entwicklung. Die Blätter entwickeln sich exogen aus etwas unterhalb der Vegetationsspitze entstandenen, zunächst ungegliederten Höckern (vgl. Abb. 23), die anfangs, ähnlich dem Sproß, gefördertes Spitzenwachstum zeigen. Bald aber gehen die Zellen der Blattspitze in Dauergewebe über und stellen ihr Wachstum ein; extrem langanhaltendes Spitzenwachstum dagegen zeichnet die Farnblätter aus. Im Normalfall aber ist das Spitzenwachstum der Blätter im Gegensatz zu dem des Sprosses begrenzt. Das weitere Blattwachstum vollzieht sich in anderen Regionen des Blattes.

Im Verlauf der pflanzlichen Gesamtentwicklung haben die Blätter verschiedenartige Funktionen zu übernehmen. Hier soll nur auf die Entwicklung des normalen Laubblattes eingegangen werden. Schon frühzeitig, lange vor Beendigung des Blattwachstums, vollzieht sich die erste Blattgliederung in zwei Abschnitte, das Ober- und das Unterblatt (Abb. 44). Aus dem ersteren entwickelt sich die im einzelnen recht vielgestaltige Blattspreite, und auch der Blattstiel ist ein Bildungsprodukt des Oberblattes. Das Unterblatt dagegen liefert den Blattgrund, der vielfach gegenüber der Blattspreite wenig hervortritt, in einzelnen Fällen aber doch ansehnliche Gebilde entwickelt, z. B. die Blattscheide und die Nebenblätter.

Abb. 44. Blattentwicklung. (*o*) Oberblatt; (*g*) Blattgrund; (*v*) Vegetationskegel. (Nach *Strasburger*)

a) Das Oberblatt. Überwiegend Bildungen des Oberblattes sind die normalen Laubblätter der höheren Pflanzen, die ganz auf CO_2-Assimilation eingestellten Produktionsstellen organischer Pflanzensubstanz. Ihre wesentlichsten Teile sind:

1. **Die Blattspreite.** Während die Größe der Blattspreite selbst bei derselben Pflanzenart weitgehend von Außenbedingungen (Licht, Luftfeuchtigkeit) abhängig ist, bleibt doch die charakteristische Form im allgemeinen erhalten, so daß sie dia-

gnostisch zur Pflanzenbestimmung weitgehend herangezogen werden kann. Für die Unterteilung der Blattformen sind in erster Linie Spreitenform, Spreitengrund und Randentwicklung des Blattes von Bedeutung. Im Verhältnis zur Blattfläche ist die Randentwicklung am geringsten beim kreisförmigen Blatt. Mit zunehmender Ungleichheit der beiden Durchmesser nimmt die relative Randentwicklung zu.

Nach der Form des Gesamtumrisses (Abb. 45) unterscheidet man kreisförmig (*1*, Wassernabel), nierenförmig (*2*, Haselwurz), elliptisch (*3*, Kirschbaum), eiförmig (*4*, Birnbaum), verkehrt eiförmig (Primel), spatelförmig (*5*, Gänseblümchen), rautenförmig (*6*, Schwarzpappel), lanzettlich (*7*, *8*, Seidelbast, Weidenröschen), linealisch (*9*, Gräser), nadelförmig (*10*, Kiefer).

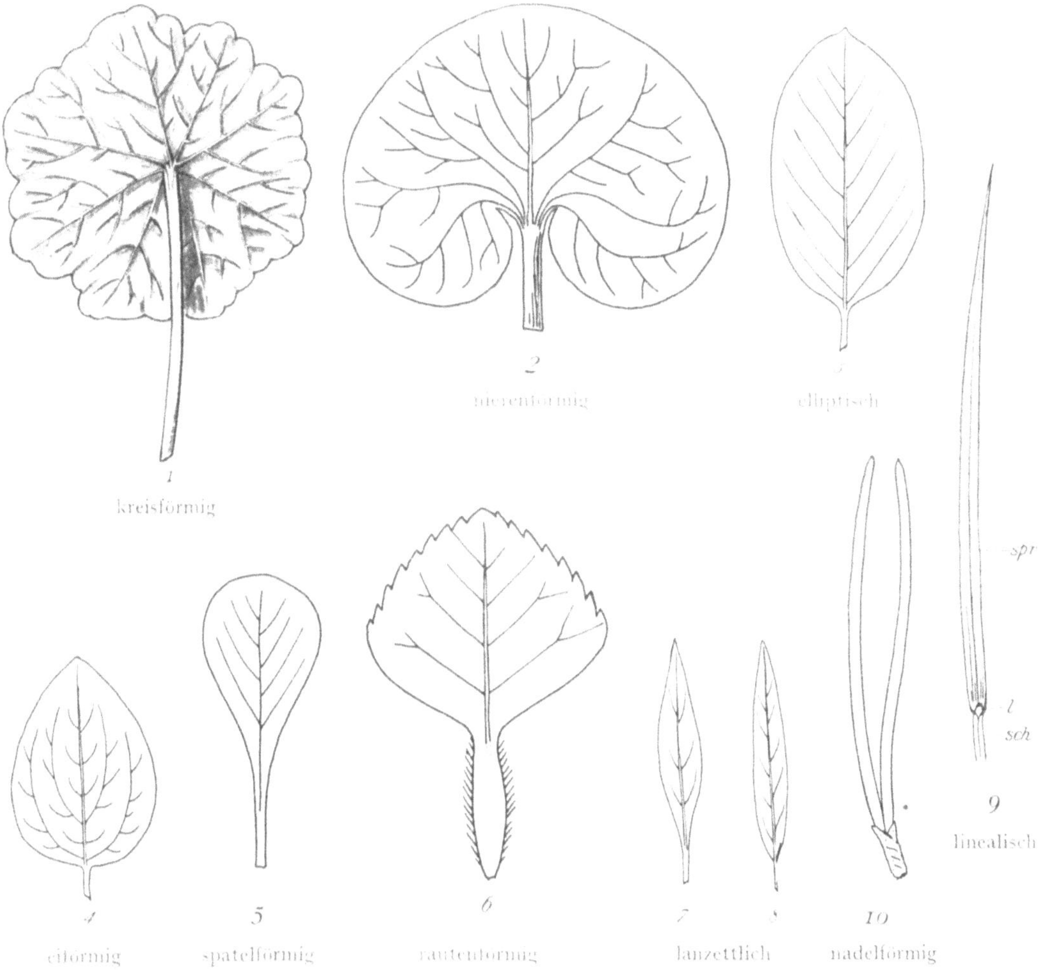

Abb. 45. Blattumriß

Nach der Gestaltung des Spreitengrundes (vgl. Abb. 46) differenziert man herzförmig (*1*, Flieder), nierenförmig (*2*, Haselwurz), pfeilförmig (*3*, Pfeilkraut), spießförmig (*4*, Melde).

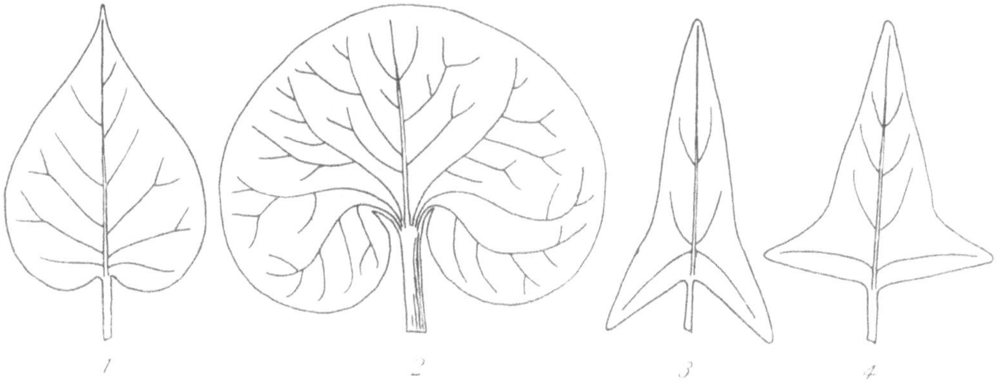

1 herzförmig 2 nierenförmig 3 pfeilförmig 4 spießförmig

Abb. 46. Spreitengrund

Nur relativ selten ist der Blattrand völlig ungegliedert (ganzrandig). Nach Art der Randzerteilung spricht man von

Geschweift: Rand nur leicht gewellt (Spinat, Abb. 47, *1*).

Gesägt: wenn die spitzen Zähne in spitzem Winkel zusammenstehen (Rose, Abb. 47, *2*).

Abb. 47, *3* zeigt ein doppelt gesägtes (Hainbuche), Abb. 47, *4* ein schrotsägeförmiges Blatt (Löwenzahn).

Beim gezähnten Blatt (Abb. 47, *5*) stoßen die Zähne in stumpfem Winkel zusammen (kleine Brennessel); die Umkehrung dieser Randkurve ergibt das gekerbte Blatt (Abb. 47, *6*, Veilchen).

Beim buchtigen Blatt (Eiche, Abb. 47, *7*), sind ein- und ausspringende Stellen des Randes gerundet.

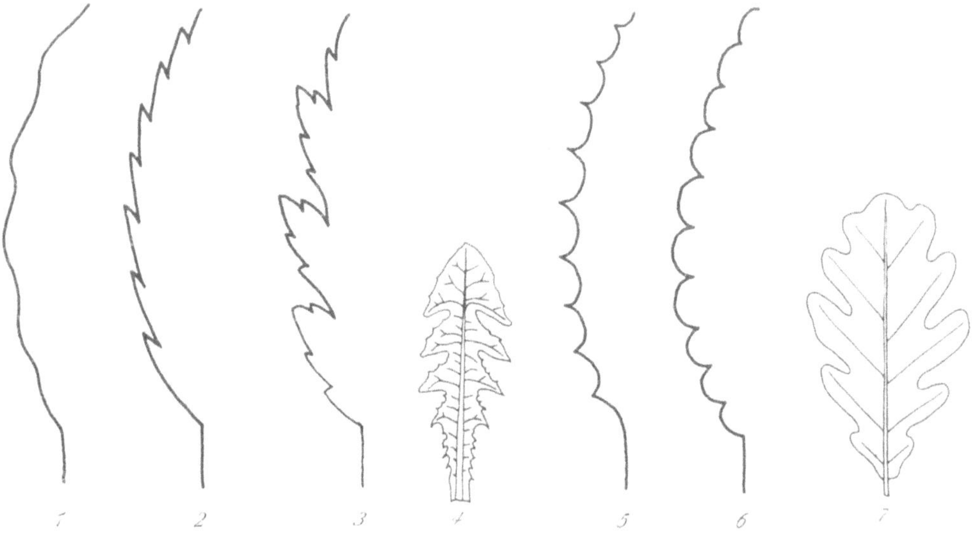

1 geschweift 2 gesägt 3 doppelt gesägt 4 schrotsägeförmig 5 gezähnt 6 gekerbt 7 gebuchtet

Abb. 47. Blattrand

Abb. 48, *1*—*9*. Zerteilung der Blattspreite
1 fiederspaltig, *2* fiederteilig, *3* fingerspaltig, *4* paarig gefiedert, *5* unpaarig gefiedert, *6* unterbrochen gefiedert, *7* mehrfach gefiedert, *8a* 3-zählig, *8b* 5-zählig, *9* fußförmig

Fiederspaltig (Abb. 48, *1*): Tiefere Einschnitte laufen von verschiedenen Stellen des Blattrandes ± parallel zueinander auf die Mittelrippe zu, ohne sie ganz zu erreichen (Raps); bleibt längs der Mittelrippe nur ein schmaler Spreitensaum erhalten, so nennt man das Blatt fiederteilig (Abb. 48, *2*, Wasserfeder). Das leierförmig fiederteilige Blatt besitzt einen vergrößerten Endlappen. Streben Spreiteneinschnitte dagegen einem Punkt des Spreitengrundes zu, so liegt ein fingerspaltiges Blatt vor (Geranium- und Hahnenfußarten, Abb. 48, *3*).

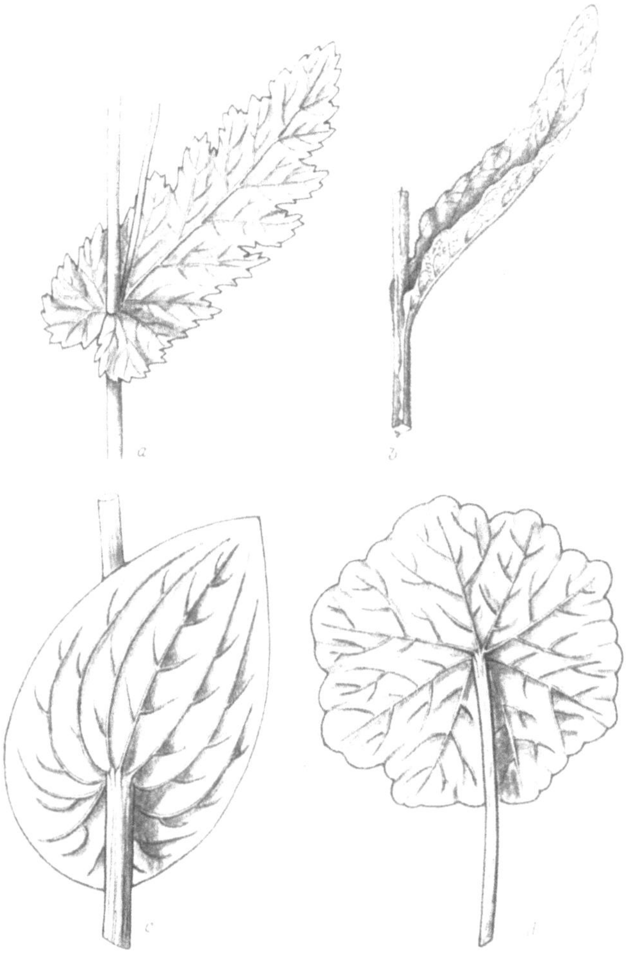

Abb. 49. *a* Stengelumfassendes Blatt; *b* am Stengel herablaufendes Blatt; *c* durchwachsenes Blatt; *d* schildförmiges Blatt

Erreichen die Einschnitte die Mittelrippe des Blattes, so entsteht ein zusammengesetztes Blatt. Je nach Art der Gliederung der Blattspreite in mehrere selbständige Teile unterscheidet man das paarig (Abb. 48, *4*, Platterbse) und unpaarig (Süßholz, Abb. 48, *5*) gefiederte, sowie das unterbrochen gefiederte Blatt (Abb. 48, *6*, Kartoffel). Sind die Fiederblättchen selbst wieder gefiedert, so entstehen die zwei- bis mehrfach gefiederten Blätter (Abb. 48, *7*, Umbelliferen).

Wie aus dem fiederteiligen Blatt durch Verlängerung der Einschnitte das gefiederte Blatt, so entsteht aus dem fingerspaltigen das handförmige Blatt: 3-zählig (Abb. 48, *8a*) beim Klee, 5-zählig (Abb. 48, *8b*) bei Fingerkräutern, 7-zählig bei der Roßkastanie.

Abb. 48, *9* zeigt das fußförmige Blatt der Nießwurz, an dem die Teilblättchen nicht von einem Punkt, sondern von einer ± senkrecht zum Blattstiel verlaufenden Linie des Spreitengrundes ausgehen.

Hinsichtlich der Ausbildung und Ansatzstelle der Blattstiele gibt es:

Sitzende Blätter (Blattstiel fehlt). Nicht selten ist dann der Spreitengrund stengelumfassend (Abb. 49*a*, Schlafmohn) oder auch am Stengel herablaufend (Abb. 49*b*, Wallwurz,), durchwachsen, wenn die Ränder des Spreitengrundes miteinander verwachsen (Abb. 49*c*, Hasenohr).

Gestielte Blätter. Gewöhnlich sitzt der Blattstiel am Spreitengrund, nur beim schildförmigen Blatt sitzt er in der Mitte der Spreite auf (Kapuzinerkresse, Wassernabel, Abb. 49*d*).

Blattrippen. Schon äußerlich ist auf den Blattspreiten ein reich verzweigtes Netzwerk von sogenannten Rippen (Nerven oder Adern) zu erkennen, die auf der Blattoberseite als seichte Vertiefungen, auf der Blattunterseite dagegen reliefartig erhaben in Erscheinung treten. Sie beherbergen das Leitungssystem des Blattes. Am stärksten ist vielfach die das Blatt in der Mediane durchziehende Rippe (Haupt- oder Mittelrippe) entwickelt. Bei den Blättern der Dikotylen setzen an der Mittelrippe netzartig sich verzweigend und anastomosierend Seitenrippen an (**netznervige Blätter**, Abb. 50*a*), während die Monokotylenblätter sich durch **Parallel-** oder **Bogennervigkeit** auszeichnen (Abb. 50*b*); die Verzweigung der Adern ist eine sehr weitgehende, so daß nur kleine Spreitenflächen (Interkostalfelder) an die Nerven angeschlossen sind.

Heterophyllie. Manche Pflanzen tragen in Abhängigkeit von der Entwicklungsphase oder auch der Umwelt Laubblätter verschiedener Gestalt (Heterophyllie). Nicht selten sind die zu Beginn der Entwicklung der Pflanze gebildeten Blätter einfacher gebaut als die Laubblätter der älteren Pflanze (**Jugendblätter** bei Acacia, Abb. 51, **Primordialblätter** der Bohne, Abb. 52*A*). Abb. 52*B* zeigt die Blattfolge eines Farns vom ganzrandigen Keimblatt bis zum gefiederten Laubblatt. Wasserpflanzen bringen öfters untergetauchte, fein zerschlitzte **Wasserblätter** neben Schwimm- oder **Luftblättern** mit einheitlicher Blattspreite zur Ausbildung (Wasserhahnenfuß, Abb. 53). Die **Sonnenblätter** des Efeu sind wesentlich einfacher in der Form als die **Schattenblätter** (Abb. 54); die rundblättrige Glockenblume entwickelt unter dem Einfluß geringer Lichtintensität rundliche, bei hoher Intensität längliche, schmale Blätter.

Abb. 50.
a Netznerviges Blatt; *b* parallelnerviges Blatt

Anisophyllie. Sind die Blätter verschiedener Flanken des Sprosses unterschiedlich in Größe oder Form ausgebildet, so spricht man von Anisophyllie (Selaginella, Abb. 55).

2. **Der Blattstiel.** Er geht in den meisten Fällen aus embryonalem Gewebe des Spreitengrundes hervor und soll das Sproßsystem in der Aufgabe, die Blätter in günstige Lichtlage zu bringen, unterstützen. Er ist daher in seiner Längenentwicklung von Form und Größe des Blattes, der Art der Blattstellung wie auch vom Verzweigungssystem des Sprosses abhängig.

Abb. 51. Keimpflanze von Acacia pycnantha. Die Zahlen geben in aufsteigender Ordnung die Reihenfolge der Blattbildung wieder; (*st*) Blattstiel. (Nach *Schenk*)

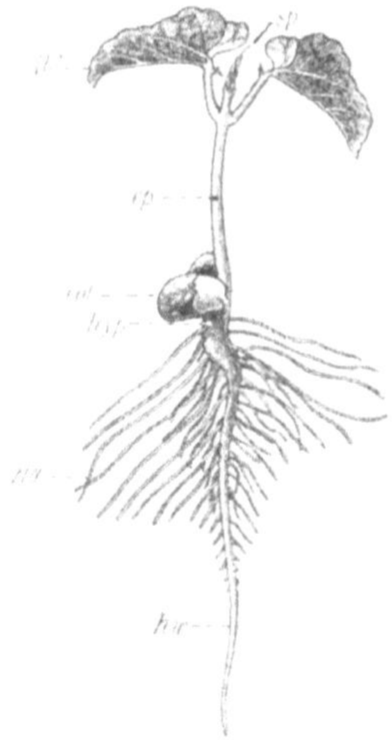

Abb. 52 *A*. Bohnenkeimling. (*lbl*) Primordialblätter

Abb. 52 *B*. Entwicklung des gefiederten Blattes aus dem einfachen ganzrandigen Blatt bei einem Farn. *a* Keimblatt; *b—f* Primärblätter; *g* Folgeblatt. (Nach *Orth*)

b) **Der Blattgrund.** Aus dem Blattgrund gehen hervor:

1. Die **Blattscheide,** die zum Teil als Knospenschutz (Abb. 56, Umbelliferen), zum Teil auch zur mechanischen Verstärkung zarter wachsender Sproßteile (Gräser) dient (Abb. 57).

Abb. 53. Wasserhahnenfuß. (*lbl*) Luftblätter; (*wbl*) Wasserblätter. (Nach *Schenck*)

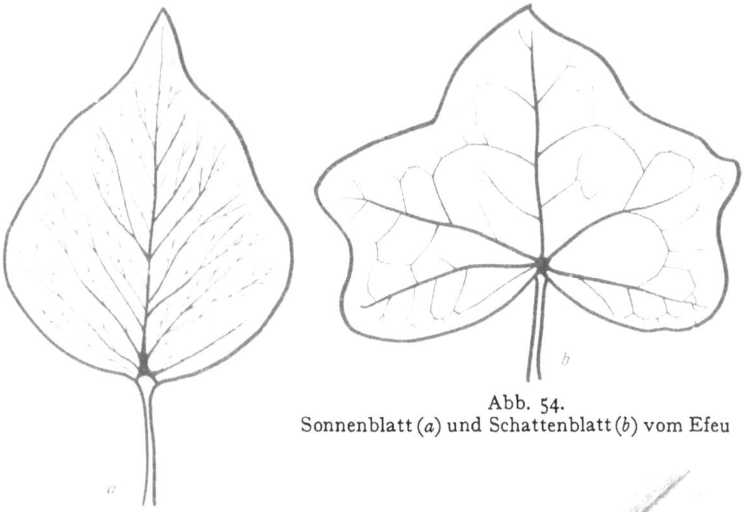

Abb. 54. Sonnenblatt (*a*) und Schattenblatt (*b*) vom Efeu

Abb. 55. Selaginellasproß

Abb. 56. (*blsch*) Blattscheide einer Doldenpflanze

Abb. 57. Grassproß. (*h*) Halm; (*spr*) Blattspreite; (*l*) Ligula; (*sch*) Blattscheide; (*k*) Knoten

2. Die **Nebenblätter,** die gewöhnlich klein (Rosaceen), manchmal aber auch ansehnlich sind, und dann als Knospenschutz dienen (Begonie, Magnolie). Gelegentlich können sie auch laubblattähnlich werden und die Blattspreiten funktionell ersetzen (Erbse, Abb. 58 u. 59). Bei den Polygonaceen und vielen Feigenarten sind sie zu einem röhrigen Gebilde, das den Sproß umfaßt (Ochrea), verwachsen; bei der Robinie sind sie in Dornen umgewandelt. Abb. 60 zeigt, wie zu Beginn der Blattentwicklung die Nebenblätter zunächst gefördert sind, dann aber bald von dem sich mächtig entfaltenden Oberblatt überflügelt werden.

3. **Niederblätter.** Die an den unterirdisch wachsenden Sproßachsen (Rhizomen, Knollen, Zwiebeln) (Abb. 61) sich entwickelnden Blattanlagen zeigen insofern Entwicklungshemmungen, als sich an ihnen nur der Blattgrund stärker zu einem farblosen schuppenartigen Niederblatt ausbildet, während das Oberblatt nicht zur Entfaltung kommt oder doch rudimentär bleibt. Im Dienst der Stoffspeicherung können diese Schuppenblätter ansehnlichere Größen (Zwiebelschuppen, Abb. 24, 2) erreichen.

Abb. 58. Erbsensproß. (*nbl*) Nebenblätter; (*bl*) Laubblatt; (*r*) Ranke; (*spr*) Sproß; (*fbl*) Fiederblättchen

Abb. 59. Nebenblätter der Rankenplatterbse. Das Oberblatt ist zur Ranke reduziert. (Nach *Schenck*)

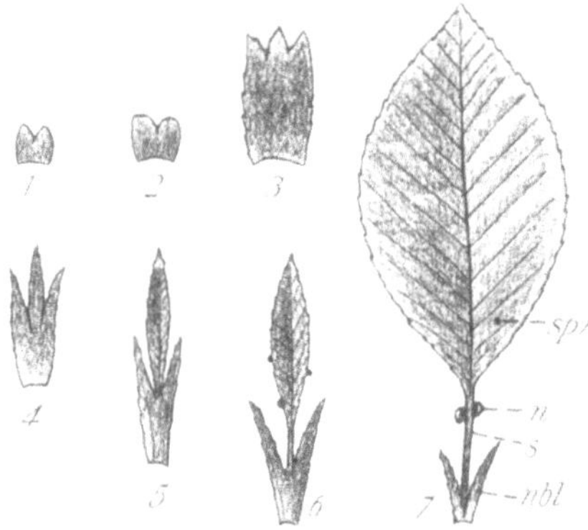

Abb. 60. Vogelkirsche. *1—3* Knospenschuppen; *4—7* Übergangsformen zum Laubblatt. (*spr*) Blattspreite; (*s*) Blattstiel; (*nbl*) Nebenblätter; (*n*) Nektarien. (Nach *Schenck*)

Abb. 61. Maiglöckchen. (*nd*) Niederblätter; (*hbl*) Hochblätter; (*lbl*) Laubblätter

Auch die äußeren, derben braunen Knospenschuppen der Holzgewächse sind Niederblätter, während die inneren Knospenhüllblätter gelegentlich eine Oberblattentwicklung zeigen und damit Übergangsformen zu Laubblättern darstellen (Abb. 62).

4. **Hochblätter.** An den Blättern der oberen Regionen der Sproßachse tritt vielfach die Ausbildung des Oberblattes gegenüber dem Blattgrund stark zurück (Abb. 63); damit verlieren sie weitgehend ihre Ernährungsfunktion. Als Deckblätter dienen sie dem Schutz der in ihrer Achse entspringenden Blüten (Abb. 61). Sie können ansehnlicher in Größe und Farbe werden, wenn sie an Stelle unscheinbarer Blütenblätter in den Dienst der Bestäubungsvermittlung treten (Schauapparat) (Aronstab, Euphorbia pulcherrima,

Bougainvillea). Auch die Kelchblätter der meisten Dikotylen und bei manchen Pflanzen auch die Blütenblätter (Hahnenfuß) sind Hochblätter.

5. **Keimblätter.** Vereinfachte Blattbildungen sind auch die Keimblätter, deren Funktion in der Speicherung von Reservestoffen besteht, um die erste heterotrophe Entwicklungsphase der Pflanze ernährungsphysiologisch zu überbrücken. Ihr Bau neigt

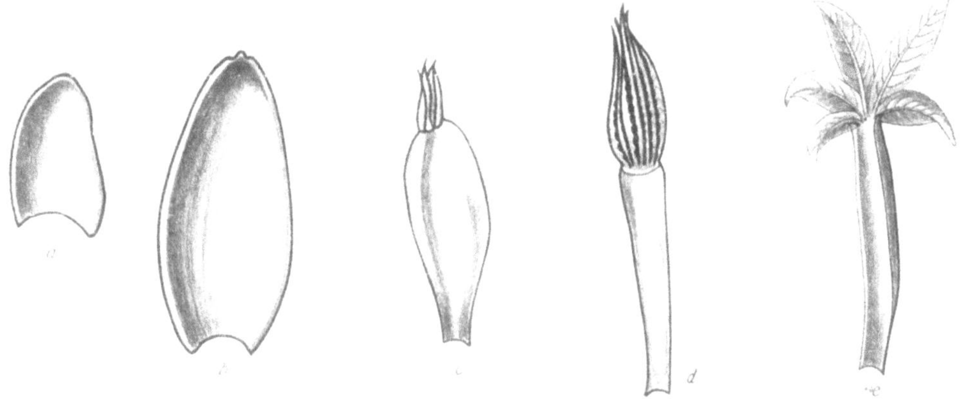

Abb. 62. Übergang von Knospenschuppen in Laubblätter bei Aesculus parviflora. (Nach *Troll*)

Abb. 63. Übergang der Laubblätter in Hochblätter bei der Nießwurz. (Nach *Schenck*)

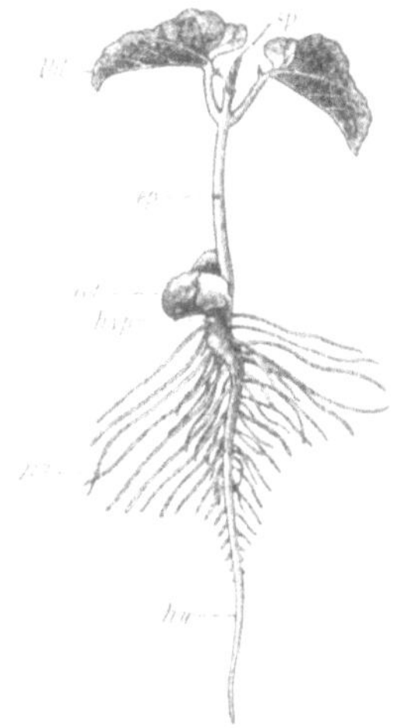

Abb. 64. Keimblätter und Jugendblätter der Bohne

daher weniger zur Flächen- als vielmehr zur räumlichen, dreidimensionalen Entwicklung. Diese Keimblätter entstehen als erste Differenzierung aus dem noch ungegliederten Sproßembryo. Nach der Zahl der zur Entwicklung kommenden Keimblätter teilt man die Samenpflanzen in die beiden obersten Gruppen der **Monokotylen** mit einem, und der **Dikotylen** mit zwei Keimblättern ein (Abb. 64 *cot*). Auf Grund von Entwicklungshemmung vereinfachte Blätter sind in manchen Fällen auch die ersten auf die Keimblätter folgenden Laubblätter, die Primär- oder Jugendblätter (Bohne, Abb. 64 *lbl*). Doch fehlt es auch nicht an Fällen, in denen die Jugendblätter komplizierter gebaut sind als die Folgeblätter (Acacia, Abb. 51).

Die Wurzel

In ihrer typischen Ausbildung ist die Wurzel der höheren Pflanzen vom Sproß durch Entstehung (vgl. S. 81), Bau, Funktion und Reaktionsweise verschieden.

Schon bei niederen Wasserpflanzen wie Grün- und Braunalgen ergab sich mit der Vergrößerung des Pflanzenkörpers die Notwendigkeit seiner festen Verankerung im Grund. Diese erfolgte zum Teil durch einfache Thallusumbildung in **Hapteren** (Macrocystis, Laminaria, Abb. 14) oder durch Ausstülpung oberflächlicher Zellen zu fadenartigen **Rhizoiden** (Moose, Farnprothallien, Abb. 22 *rh*). **Echte Wurzelbildung** zeichnet indes erst die höheren Sporophyten (Farne, Abb. 22 *w*, und Samenpflanzen) aus.

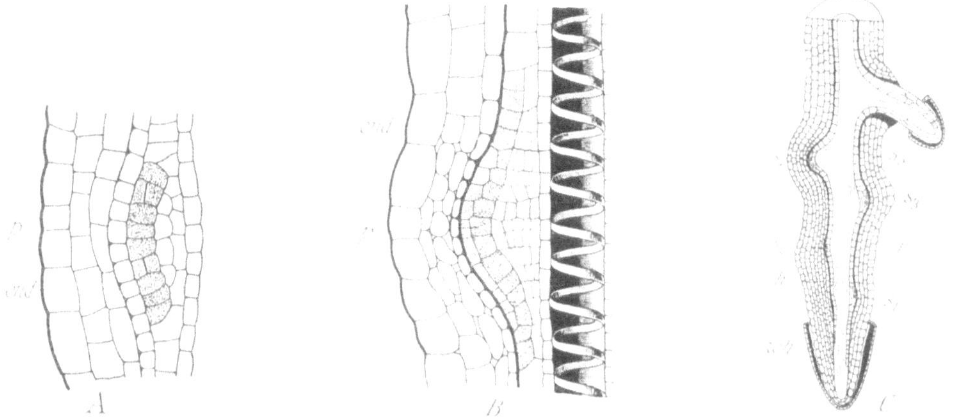

Abb. 65. Endogene Bildung der Seitenwurzeln. *A*, *B*, *C* fortschreitende Stadien. (*end*) Endodermis; (*p*) Perizykel; (*wh*) Wurzelhaube; (*r*) Wurzelrinde; (*h*) Zentralzylinder; (s_1—s_5) entstehende Seitenwurzeln

Neben der Befestigung des Sprosses dient die Wurzel vor allem dazu, die Pflanze mit dem nötigen Wasser und den zum Aufbau der Pflanze unentbehrlichen Mineralstoffen zu versorgen. Aus dieser Funktion werden ihr Verhalten gegen Licht und Schwerkraft wie auch ihre besonderen Baueigentümlichkeiten verständlich.

Bau der Wurzel. Schon wenn die Wurzelspitze aus dem Samen heraustritt, ist sie von einer schützenden Hülle, der **Wurzelhaube**, bedeckt, die alle Verletzungen auf dem Wege durch die zum Teil scharfkantigen Bodenpartikelchen abfängt und durch fortwährenden Zuwachs wieder ausgleicht. Dicht hinter der Wurzelhaube liegt das meristematische Gewebe, der **Wurzelvegetationspunkt**, dem in relativ kurzer Zone von wenigen Zentimetern die ausschließliche **Wachstums- oder Streckungszone** der Wurzel folgt. Auf die Zellstreckung folgt die Differenzierung der Gewebe, äußerlich in der Ausstülpung von Epidermiszellen zu **Wurzelhaaren** erkenntlich, kurzlebigen Gebilden, die zur Oberflächenvergrößerung der Wurzel beitragen und als zarter Flaum diese Wurzelzone bedecken. Beim Mais wurden in diesem Bezirk etwa 420 solcher dünnwandiger, einzelliger Haare pro Quadratmillimeter gezählt. Mit der fortschreitenden Verlagerung der Streckungszone wandert auch die Zone der Wurzelhaare. Indes die basalwärts stehenden Haare absterben (die Lebensdauer der Haare beträgt nur einige Tage), stülpen sich spitzenwärts neue Epidermiszellen aus. Mit den Wurzelhaaren stirbt vielfach auch die ganze **Epidermis** ab, die funktionell durch ein Korkgewebe **(Exodermis)** ersetzt wird. Naturgemäß vermag die Wurzel von hier ab kein Wasser mehr aufzunehmen. Sie dient nur mehr der Befestigung der Pflanze im Boden und der Bildung von Seitenwurzeln. Infolge der peripheren Korkbildung an der Hauptwurzel müssen die **Seitenwurzeln** im Gegensatz zu den Seitensprossen **endogen** angelegt werden. Die Wurzelrinde ist zur Zeit der Seitenwurzelbildung bereits in Dauergewebe übergegangen, das die Fähigkeit zur Neubildung von Vegetationspunkten verloren hat. Die ersten Zellteilungen zur Anlage der Seitenwurzeln spielen sich daher in einer tiefer liegenden, wenig differenzierten Schicht, dem Perizykel, ab (Abb. 65). Seitenwurzeln entstehen also im Gegensatz zu den exogenen Sprossen endogen. Die Seitenwurzelspitze durchstößt die Rindenschichten der Abstammungswurzel und entwickelt sich dann in gleicher Weise und Zonierung wie die Hauptwurzel. Im Gegensatz zur senkrecht nach unten wachsenden Hauptwurzel gehen die Seitenwurzeln unter einem bestimmten Winkel (Grenzwinkel, Abb. 66) von ihrer Abstammungsachse ab. Diese Seitenwurzeln 1. Ordnung können sich weiter verzweigen, und so kommt dann ein ± kompliziertes Wurzelsystem zustande, dessen Ausgestaltung vielfach individuelle Züge trägt. Die letzten Verzweigungen sind sehr kurz und dicht mit Saughaaren besetzt. Sie sind es vor allem, welche der Pflanze Wasser und Nährsalze zuführen (Saugwurzeln).

Form des Wurzelsystems. Viele Dikotylen und Gymnospermen entwickeln eine tiefgründige, senkrecht nach unten verlaufende **Haupt-** oder **Pfahlwurzel**, von der zahlreiche Seitenwurzeln abgehen. Solche Tiefwurzler sind Eiche, Erle, Kiefer, Tanne u.a. Der Aufbau des Wurzelsystems ist in diesem Falle nahezu ein Spiegelbild des Sproßsystems. Buche und Kernobstbäume senken gewöhnlich mehrere Hauptwurzeln **(Herzwurzeln)** in die Erde.

Abb. 66. Keimling der Sonnenblume

Bei den Flachwurzlern (Fichte, Pappel, Kartoffel) dagegen tritt die Hauptwurzel gegenüber den langen, horizontal flach unter dem Boden verlaufenden Seitenwurzeln stark zurück. Das Wurzelsystem bildet hier keine Pyramide, sondern eine flache Scheibe. Im allgemeinen siedeln sich auf flachgründigem Boden auch nur Pflanzen mit vorwiegend horizontal entwickeltem Wurzelsystem an; doch fehlt es auch auf solchen Böden nicht an Pflanzen, die durch Gesteinsrisse und Felsspalten ihre Wurzeln in die Tiefe treiben. Besonders auffallend tritt diese Befähigung bei den Bodenverhältnissen der alpinen Felstriften in Erscheinung, wo die pflanzlichen Besiedler in Anpassung an den zur Wurzelentfaltung verfügbaren Raum zur Ausbildung ausgedehnter sogenannter **Wurzeltücher** schreiten. So wurde an einem kaum spannhohen Exemplar einer Glockenblume ein Wurzeltuch von 62 cm Breite und 82 cm Länge freigelegt.

Länge des Wurzelsystems. Durch die Länge ihres Wurzelsystems zeichnen sich auch einige unserer Kulturpflanzen aus. Durchstößt schon der Weizen den Boden mehrere Meter tief mit seinen Wurzeln, so wurden bei der Luzerne gar Wurzellängen bis zu 18 m gemessen. Die Gesamtlänge der Wurzeln einer Maispflanze soll 1 km überschreiten. Ganz erstaunlich sind die Leistungen der Wüstenpflanzen hinsichtlich der Wurzelbildung. Die kleine Dornenstaude Alhagi camelorum senkt ihre Pfahlwurzel 30—40 m tief in die Erde und erreicht auf diese Weise sogar den Grundwasserspiegel. So steht in diesem Fall der niedrig strauchartigen oberirdischen Bildung ein mächtiges baumartiges Wurzelsystem gegenüber, das die oberirdische Ausbildung der meisten unserer heimischen Bäume an Länge noch übertrifft.

Sproßbürtige Wurzeln

1. **Stelzwurzeln.** Anders erfolgt die Bewurzelung der Monokotylen, wofür der Mais ein klares Beispiel liefert (Abb. 67). Der schwache Wurzelvegetationspunkt erzeugt auch nur eine schwächliche Hauptwurzel mit wenigen kurzen Seitenwurzeln, die bald das Wachstum einstellen. Dagegen verbreitert sich der Sproß mit zunehmender Länge sehr erheblich, und aus seinen Knoten entspringen **sproßbürtige Wurzeln,** die schräg abwärts in den Boden vordringen und sich dort verzweigen. Besonders die höher am Sproß angelegten Stelzwurzeln halten die Pflanze fest wie die Spannseile eines Zeltes. Bei den meisten unserer Getreidearten stirbt die Hauptwurzel frühzeitig ab, nachdem zahlreiche sproßbürtige Wurzeln reichlichen Ersatz geschaffen haben.

Durch besonders mächtige Stelzwurzeln zeichnen sich Mangrovepflanzen aus, die als Küstenbewohner tropischer Meere dem unruhigen Niveauwechsel infolge von Ebbe und Flut ausgesetzt sind (Abb. 68, Rhizophora, s. Tafel II).

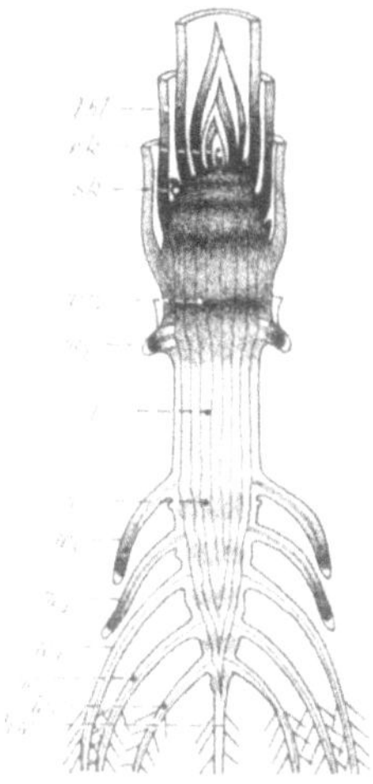

Abb. 67. Sproßbürtige Wurzeln beim Mais. (*lbl*) Laubblätter; (*ek*) Endknospe; (*sk*) Seitenknospe; (*vz*) Streckungszonen; (w_1—w_6) Seitenwurzeln; (*hw*) Hauptwurzel; (*i*) Internodium

2. **Luftwurzeln.** Manche Tropenpflanzen (Araceen, Ficusarten) zeichnen sich durch den Besitz von **Luftwurzeln** (Abb. 69, s. Tafel I) aus, die von Ästen entspringend wie Taue nach unten hängen, bis ihre Spitze den Boden erreicht, um hier nach Art echter Wurzeln unter Verzweigung in die Erde einzudringen. Im einzelnen zeigen Luftwurzeln mancherlei Besonderheiten. Bei Ficus religiosa wachsen diese Luftwurzeln sekundär in die Dicke und bilden stammartige Säulen (Stützwurzeln) in weitem Umkreis, so daß auf diese Weise Riesenbäume entstehen können (Abb. 70, s. Tafel II). Die Wurzelepidermis tropischer Orchideen und Araceen ist zu einer vielschichtigen Wurzelhülle umgebildet, welche zur Aufnahme und Speicherung oberirdisch gebotenen Wassers befähigt ist.

Ziemlich allgemein aber kann man Pflanzen zur Bildung sproßbürtiger Wurzeln zwingen, wenn man ihnen ihr normales Wurzelsystem nimmt bzw. einen Zweig von der Pflanze abtrennt und in feuchte Umgebung bringt, da sich an allen Sproßteilen schlafende Wurzelaugen befinden. Hierauf beruht die Stecklingsvermehrung, die bei manchen Pflanzen besonders leicht gelingt (Weide), während weniger reaktionsfähige Formen eines Antriebs durch zusätzliche Wuchsstoffgaben bedürfen (Obststecklinge). Besonders reichlich erfolgt vielfach die Bewurzelung aus dem Wundkallus (vgl. hierzu S. 309).

3. **Haftwurzeln.** Vollkommen eingebüßt haben ihre ernährungsphysiologische Funktion die **Haftwurzeln,** mit denen z. B. der Efeu sich an geeigneten Stützen festklammert. Neben den geschilderten Abweichungen in Bau und Funktion der Wurzel gibt es auch noch solche, in denen die Wurzel neue Funktionen übernommen und infolgedessen ihren Bau so weit verändert hat, daß man folgerichtig von Metamorphosen sprechen kann.

Metamorphosen

1. Metamorphosen der Wurzel

a) **Speicherwurzeln.** Am verbreitetsten ist die Umwandlung der Wurzel in ein **Speicherorgan** für organische Stoffe. Mit einem noch bescheidenen Anfang der Wurzelumbildung zum Reserveorgan begnügt sich der Spargel. Die Wurzeln dieser Pflanze haben zwar die typische Form beibehalten, aber in der fleischigen Wurzelrinde sind doch

Abb. 69. Orchideenluftwurzeln. (Nach *Miehe*)

Abb. 75. Tillandsia usneoides als epiphytischer „Raumparasit".
(Nach *Karsten-Schenck*)

Walter de Gruyter & Co., Berlin W 35

Abb. 68. Rhizophora mit Stelzwurzeln. (Nach *Miehe*)

Abb. 70. Ficus bengalensis: Stützwurzeln. (Nach *Miehe*)

Walter de Gruyter & Co., Berlin W 35

Abb. 72. Mangrove-Pneumatophoren. (Nach *v. Faber*)

Abb. 119. Flaschenbäume im südaustralischen Savannengebiet. (Aus *Schimper-v. Faber*)

Walter de Gruyter & Co., Berlin W 35

bereits erhebliche Mengen an Stärke und N-haltigem Reservematerial niedergelegt, das im Frühjahr in die rasch wachsenden Sprosse wandert.

Stärkere Auftreibung erfahren schon die **Wurzelknollen** vieler einheimischer Orchideen, und diejenigen der Dahlie sind bereits recht umfangreiche Inulinspeicher. Die knollig verdickte Hauptwurzel heißt **Rübe** (Zucker-, Futterrübe, Karotte).

b) Atemwurzeln. Senkrecht nach oben wachsende Wurzeln besitzen manche tropischen Sumpfpflanzen. Hier durchstoßen schlanke, kegelförmige weißliche Gebilde den Boden, und ihr weitmaschiges Gewebe dient wahrscheinlich der Versorgung der Pflanzenwurzeln mit dem nötigen, im Schlammboden nur spärlich vorhandenen Sauerstoff (**Atemwurzeln,** Abb. 71). In ähnlicher Weise wurden auch die verholzten pfahlartigen Bildungen von Mangroven (Abb. 72, Tafel III) als Atmungsorgane gedeutet.

Neuerdings hat jedoch *Troll* wahrscheinlich gemacht, daß es sich hierbei eher um Ansatzstellen für Seiten- und Saugwurzeln handelt, die infolge des stark veränderlichen Bodenniveaus der Küstenregion in wechselnden Etagen angelegt werden müssen.

Abb. 71. (*at*) Atemwurzel

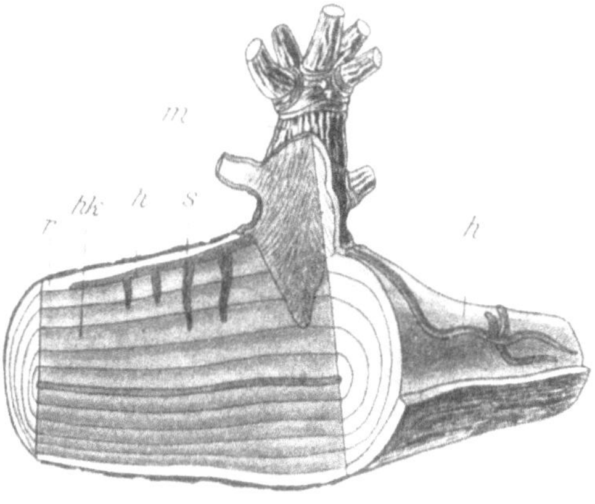

Abb. 73. Haustorienbildung der Mistel. (*m*) Mistelsproß; (*h*) Haustorien; (*hk*) Holzkörper; (*r*) Rinde; (*s*) Senker

Abb. 74. Myrmecodia. (*w*) Wurzeln; (*wd*) Wurzeldornen

c) Haustorien. Erheblich umgestaltet ist das Wurzelsystem naturgemäß bei Schmarotzern. Die halbparasitären Rhinantusarten, die unter anderem auch auf Getreide schmarotzen, treiben von einem noch voll ausgebildeten Wurzelsystem Saugorgane **(Haustorien)** in die Wurzeln der Wirtspflanzen. Die Kleeseide bildet nur mehr eine schwache Keimwurzel, die bald abstirbt. Der fädliche Sproß sucht sich eine Wirtspflanze, die er umwindet und in die er sproßbürtige Haustorien eintreibt, um sich auf diese Weise mit Wasser und Nährstoffen zu versorgen, wodurch ein bodenständiges Wurzelsystem entbehrlich wird. Die auf Bäumen keimende Mistel (Abb. 73) treibt zunächst einen Senker in das Holz der Wirtspflanze. Von diesem gehen Seitenwurzeln aus, die zwischen Holz und Rinde verlaufen und ihrerseits senkrecht zur Oberfläche sekundäre Senker ins Holz der Wirtspflanze treiben.

d) Weitere Metamorphosen. Daneben treten gelegentlich noch andersartige Wurzelmetamorphosen auf, z. B. **assimilierende,** daher grüne Wurzeln (Taeniophyllum). Bei der Ameisenpflanze Myrmecodia sterben die sproßbürtigen Wurzeln an der Spitze ab, und die basalen Teile verholzen zu **Wurzeldornen** (Abb. 74). Bei epiphytischen

Orchideen und Araceen bilden die Luftwurzeln ein dichtes korbartiges Geflecht, das als Humusbehälter dient.

Einige Ernährungsspezialisten, z. B. Coralliorrhiza und auch die epiphytische Tillandsia usneoides, die in den Tropen nicht nur als flechtenähnliche Gebilde ganze Urwaldbäume überziehen (Abb. 75, s. Tafel I), sondern sogar auf Laternenpfählen und Leitungsdrähten wachsen, besitzen keine Wurzeln. Bei der Tillandsia sind die Wurzeln als Aufnahmeorgane durch blattständige Schuppenhaare ersetzt, durch welche die Pflanze Wasser- und Nährsalze aufzunehmen vermag.

In ähnlicher Weise vermag auch das Blatt im Dienste sekundärer Funktionen Metamorphosen einzugehen.

2. Metamorphose des Blattes

Die Ausbildung von Jugendblättern läßt die Plastizität der Blattform und ihre Abhängigkeit von inneren Entwicklungsbedingungen der Pflanze erkennen. In einzelnen Fällen können auch Außenbedingungen einen entscheidenden morphogenetischen Einfluß auf die Blätter ausüben.

So entstehen beim Pfeilkraut unter dem Einfluß geringer Lichtintensitäten schmale bandförmige Blätter. Mit steigender Lichtintensität nehmen die neugebildeten Blätter zunächst eiförmige, später die typische pfeilförmige Gestalt an. Die Wiesenglockenblume entwickelt bei schwacher Beleuchtung rundliche, bei hoher Lichtintensität dagegen schmal-lanzettliche Blattspreiten.

Es kann daher nicht verwundern, daß das Blatt mit der Übernahme besonderer Funktionen einer morphologischen Metamorphose unterliegt.

Abb. 76. Lathyrus aphaca. Blattranke

Abb. 77. Rankende Blattstiele. *a* Solanum jasminoides. *b* Maurandia scandens. (Nach *Pfeffer*)

a) Blattranke. Mit fortschreitender Reduktion der Blattspreite bis auf die Mittelrippe kann diese in eine **Ranke** umgewandelt werden (Lathyrus aphaca, Cobaea scandens, Abb. 76). Auch der Blattstiel, wie Solanum jasminoides und Maurandia scandens zeigen, kann zum Ranken befähigt werden (Abb. 77).

b) Blattdornen. Zu **Dornen** werden die Blätter der Langtriebe von Berberis (Abb. 78*a*). Dieselbe Umbildung zeigen die Nebenblätter von Robinia pseudacacia (Abb. 78*b*) und einigen südamerikanischen Acacia-Arten.

c) Wasserblätter. Funktion und äußere Form von Wurzeln haben die **Wasserblätter** von Salvinia natans (Abb. 79) übernommen.

d) Phyllodien. An einigen neuholländischen Akazien sind die Blattspreiten stark reduziert, und die blattartig verbreiterten Blattstiele **(Phyllodien)** übernehmen die Funktion der Spreite. Möglicherweise leiten sich die Blätter der Monokotylen von solchen Phyllodien der Dikotylen ab.

Abb. 78 *a*. Berberis. (*bld*) Blattdornen

Abb. 78 *b*. Robinie. (*nbl*) Nebenblätter

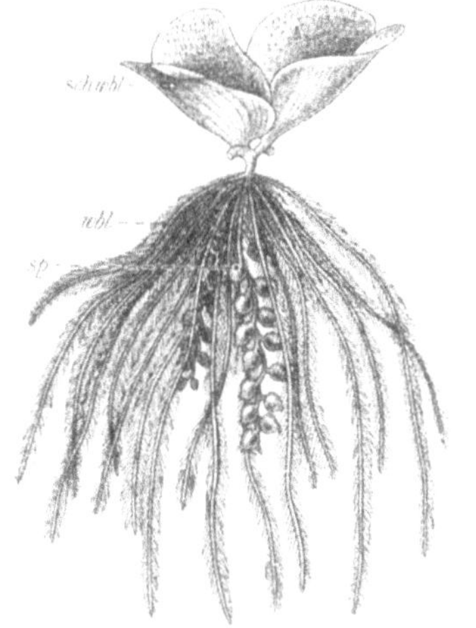

Abb. 79. Salvinia natans. (*schwbl*) Schwimmblätter; (*wbl*) Wasserblätter (*sp*) Sporokarpien

Abb. 80 *a*.

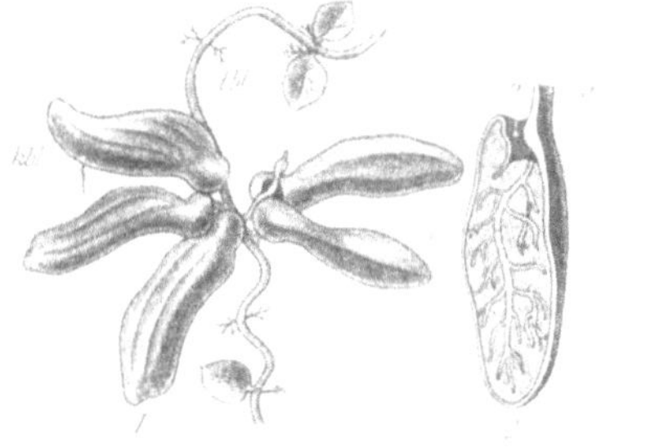

Abb. 80 *b*.

Abb. 80 *a*. Nepenthes. (*k*) Kanne; (*st*) Blattstiel; (*blgr*) Blattgrund; (*d*) Deckel

Abb. 80 *b*. Dischidia. 1: (*lbl*) Laubblätter; (*kbl*) Kannenblätter. 2: Kannenblatt aufgeschnitten. (*w*) Wurzel; (*ö*) Öffnung; (*st*) Stiel. (Nach *Schürfeld*)

e) Kannenblätter. Weitgehend spezialisiert und daher in der Form kaum noch als Blatt erkennbar sind die dem Tierfang dienenden **Kannen** des tropischen Epiphyten Nepenthes (Abb. 80 *a*). Auf den verbreiterten Blattgrund folgt der Blattstiel, an dem eine Blattspreite in Form einer krugförmigen Kanne hängt. Auch Dischidia (Abb. 80 *b*) und Sarracenia bilden derartige Kannen aus, die indes in keiner Beziehung zum Tierfang stehen. Wohl aber ist dies bei den zu **Fangblasen** metamorphosierten Blättern von Utricularia, dem Wasserschlauch unserer heimischen Gewässer, der Fall (Abb. 81).

Am bedeutungsvollsten und allgemein verbreitet von einer bestimmten Entwicklungshöhe ab ist in Verbindung mit der Ausbildung von Sporangien auf Blattspreiten die Umwandlung der Blätter in Sporophylle.

Abb. 81 *A.* Utricularia. (*bl*) Fangblasen. (Nach *Schenck*)

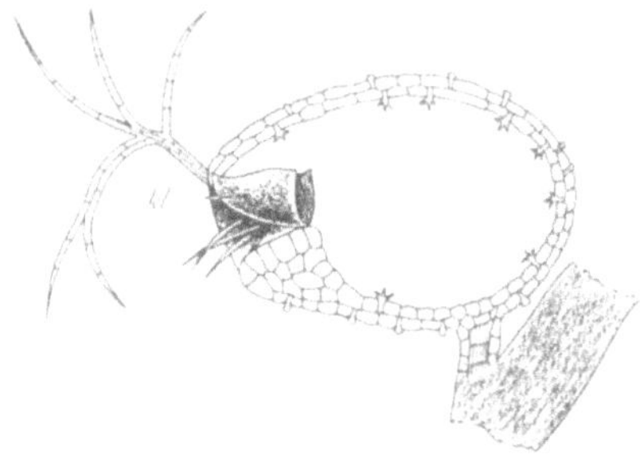

Abb. 81 *B.* Fangblase im Längsschnitt. (*kl*) Klappe. Vergr. 25. (Nach *Goebel*)

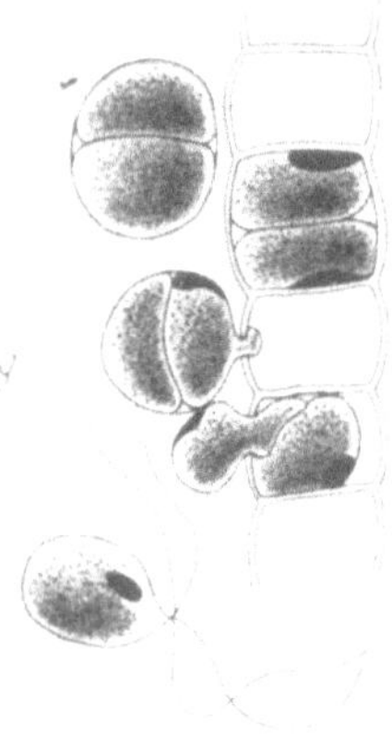

Abb. 82.

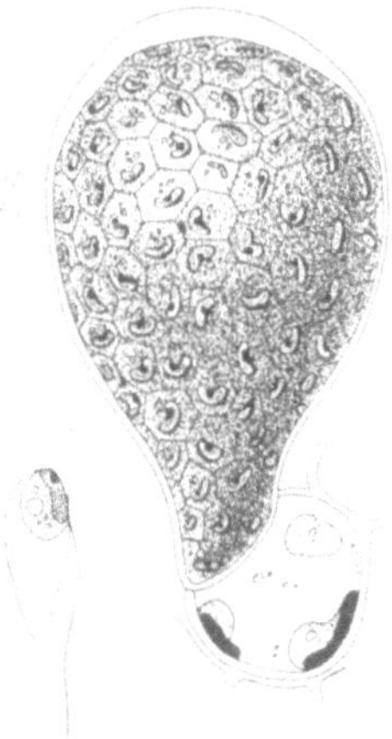

Abb. 83 *A.*

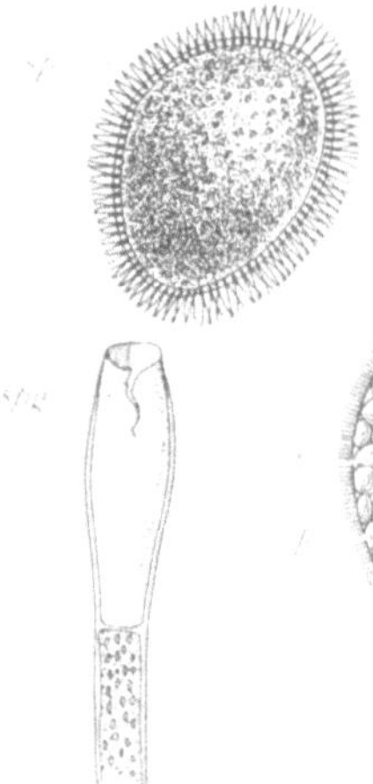

Abb. 83 *B.*

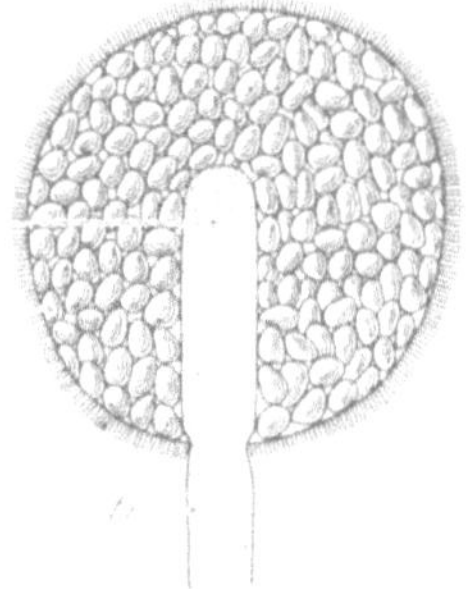

Abb. 83 *C.*

Abb. 82. Schwärmsporenbildung bei Ulothrix

Abb. 83 *A.* Sporangium einer Braunalge mit einzelner Schwärmspore. (*a*) Augenfleck; (*chr*) Chromatophor. (Nach *Kuckuck*) — Abb. 83 *B.* Vaucheria sessilis. (*sp*) Spore; (*spg*) Sporangium. (Nach *Götz*) — Abb. 83 *C.* Sporangium eines Schimmelpilzes. (*c*) Columella; (*sp*) Sporen; (*tr*) Sporangienträger

f) Sporophylle. Im Dienste einer raschen und ausgiebigen Vermehrung finden wir schon bei den entwicklungsgeschichtlich niedrigstehenden Grünalgen die bemerkenswerte Erscheinung, daß der Inhalt einer einzelnen Zelle unter Kern- und Plasmateilung in eine Anzahl kleiner, zum Teil begeißelter und beweglicher oder auch geißelloser unbeweglicher Zellen zerfällt, die nach Verlassen der Mutterzelle zu selbständigen Pflänzchen auswachsen. Diese Tochterzellen werden als **Sporen**, ihre Mutterzelle wird als **Sporangium** bezeichnet (Abb. 82).

Mit steigender Entwicklungshöhe und Differenzierung der Pflanzen rücken diese Sporangien bevorzugt an das Ende der fädig oder flächig ausgebildeten Thalli (Abb. 83). Bei niederen Pilzen entwickeln sich die Sporangien auf gesonderten Sporangienträgern (Abb. 84). Bei höheren Pilzen nehmen die Sporangien zum Teil eine eigenartige, für die Pilzgruppe charakteristische Form an. Die Moose entwickeln ihre Sporangien in den sogenannten **Mooskapseln** (Abb. 85), und bei den folgenden Pteridophyten mit ihrer Sonderung des Kormus in Sproß und Blätter rücken die Sporangien auf die Blätter. Im einfachsten Fall behalten die Blätter ihre assimilatorische Tätigkeit und ihre normale Laubblattform bei (z. B. Hirschzunge, Abb. 86 *A*). Vielfach tritt

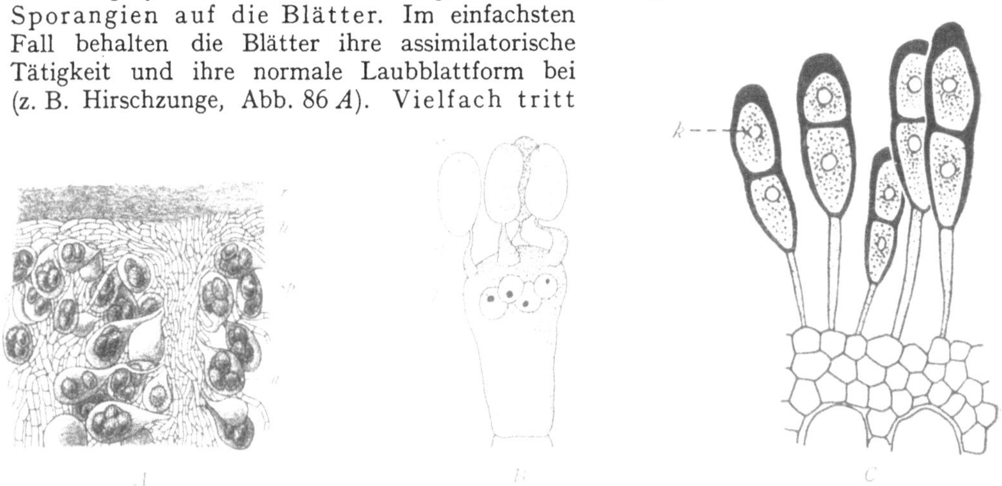

Abb. 84. Sporangien höherer Pilze. *A*: Trüffel (nach *Tulasne*); (*h*) Hyphen; (*a*) Sporangium; (*sp*) Spore; (*r*) Rinde. *B*: Hallimasch. (*sp*) Spore; (*k*) Kerne; (*st*) Sterigmen (Stielchen). (Nach *Ruhland*). *C*: Sporen eines Rostpilzes. (*k*) Kern.

aber eine Differenzierung in sporangienfreie grüne Laub- und in nicht selten ausbleichende, sporangientragende Blätter abweichender Form ein (Botrychium, Abb. 86 *C*, Equisetum).

Diese sporangientragenden Blätter werden als **Sporophylle** bezeichnet. Mit aufsteigender Entwicklung vermindert sich die auf ein Blatt entfallende Anzahl der Sporangien (Lycopodium, Abb. 86 *E*).

Schließlich setzt eine außerordentlich bedeutungsvolle geschlechtliche Differenzierung der Sporen insofern ein, als aus den größeren Sporen nur mehr Gebilde mit weiblichen, aus den kleineren solche mit männlichen Fortpflanzungsorganen entstehen. Diese geschlechtliche Differenzierung greift auch auf die Sporangien über: die großen weiblichen Sporen entstehen in sogenannten **Makrosporangien,** die kleinen männlichen Sporen in **Mikrosporangien.** Dabei drängt die Entwicklung auf die Bildung zahlreicher kleiner Mikrosporen (♂) und weniger, aber entsprechend vergrößerter Makrosporen (♀) (Selaginella (Abb. 87 *A*, *B*, *C*). Auf diesem Entwicklungsstadium wird auch die Form des Sporophylls in die geschlechtliche Differenzierung einbezogen: Makro- und Mikrosporangien entstehen getrennt voneinander auf **Makro- bzw. Mikrosporophyllen.**

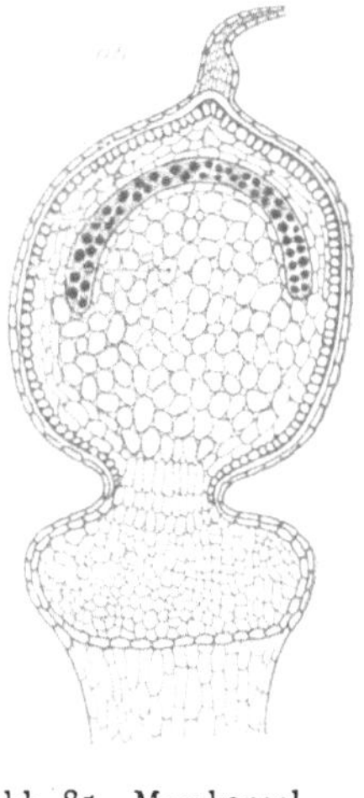

Abb. 85. Mooskapsel. (*ah*) Haube; (*w*) Kapselwand; (*sp*) Sporen; (*co*) Säule (Columella)

Bei den Samenfarnen treten drei weitere wichtige Änderungen auf:

1. Die Makrospore löst sich nach ihrer völligen Ausbildung nicht mehr vom Sporophyll ab.

2. Die Entwicklung der geschlechtlichen Generation bis zur Ausbildung der Sexualorgane vollzieht sich im Innern der geschlossenen Sporen.

3. Das Sporangium wird von becherartigen Hüllen, den Samenhäuten (Integumenten), umgeben (Lyginodendron, Abb. 88).

Abb. 86 *A*. Hirschzunge. Sporophylle mit länglichen Sori (*s*). (Nach *Schenck*)

Abb. 86 *B*. Schnitt durch einen Farnsorus. (*sp*) Sporangium; (*schl*) Schleier

Abb. 86 *C*. Botrychium lunaria. (*sp*) Sporophyll; (*l*) Laubblatt; (*spg*) Sporangien

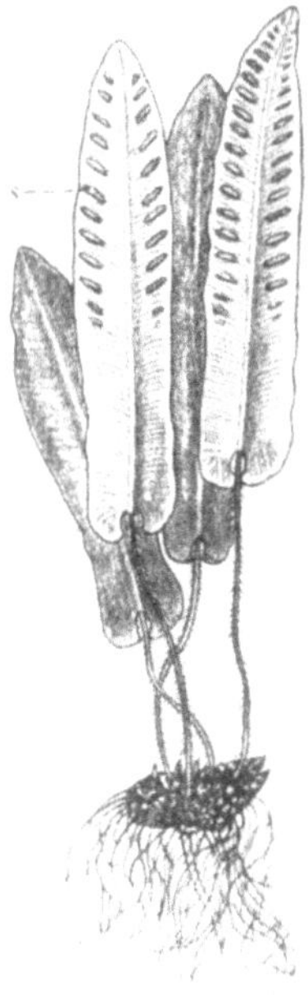

Abb. 86 *A*.

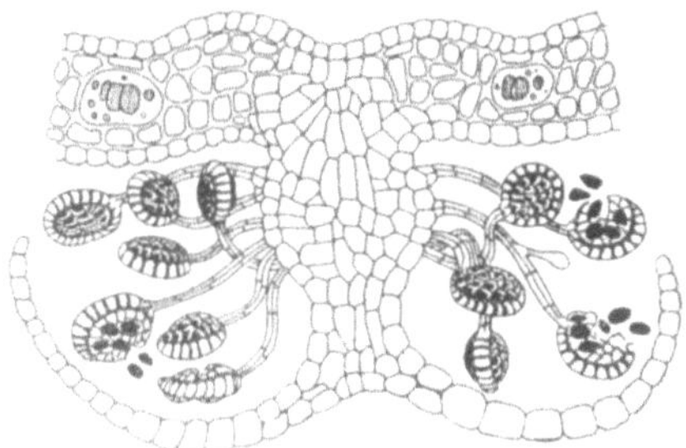

Abb. 86 *B*.

Abb. 86 *C*.

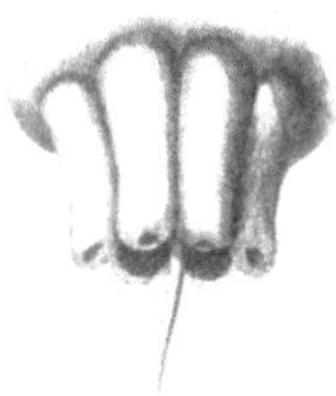

Abb. 86 *D*.

Abb. 86 *D*. Sporophyll des Schachtelhalms (Equisetum)

Abb. 86 *E*. Sporophyll des Bärlapps (Lycopodium)

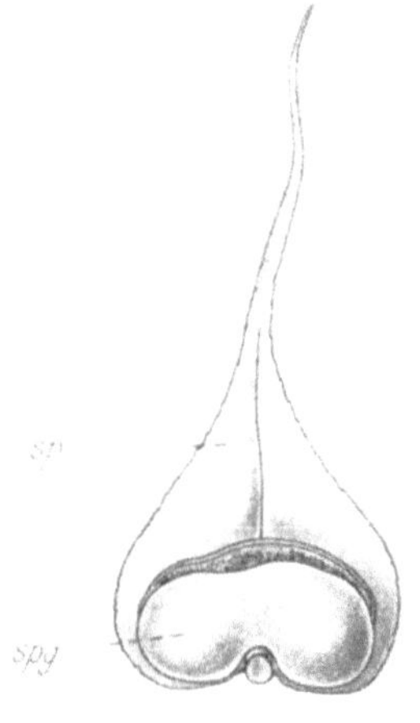

Abb. 86 *E*.

Schon bei den Pteridophyten treten die Sporophylle in besonderen fertilen Sprossen zu **Sporophyllständen** zusammen. Diese nennt man **Blüten.** So entsprechen die Sporophyllstände von Bärlapp (Abb. 93) und Equisetum (Abb. 94) der einfachsten Blüte.

Bei den Gymnospermen geht die geschlechtliche Sonderung noch einen Schritt weiter: die Mikrosporophylle treten zu **männlichen Blüten,** die Makrosporophylle zu **weiblichen Blüten** zusammen. Dabei weichen auch die Sporophyllformen der geschlechtlichen Antipoden mehr und mehr voneinander ab. Die Mikrosporophylle sind im einzelnen noch sehr mannigfaltig gestaltet (Cycadeen, Pinus, Juniperus usw., Abb. 89 *A*, 90 *A*, 95 *A*). Auch das Makrosporophyll zeigt noch recht verschiedene Formen (Cycas, Pinus, Juniperus, Abb. 89 *B*, 90 *B*, 95 *B*). Bedeutungsvoll wird das Herausrücken der Makrosporangien bei Cycadeen an den Rand des Sporophylls (Abb. 89 *B*).

Von dem Cycadeenfruchtblatt führt ein einfacher Weg zur höchsten Entwicklung des Makrosporophylls bei den Angiospermen. Das Makrosporophyll ist hier ein grünes herzlanzettförmiges Blättchen mit ± zahlreichen Makrosporangien an

Abb. 87. Sporophylle von Selaginella.
A Mikrosporophyll; *B* Makrosporophyll; *C* Makrosporangium geöffnet mit 4 Makrosporen

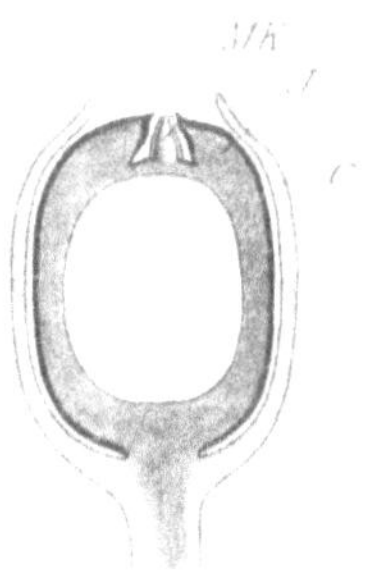

Abb. 88. Lyginodendron. (*MK*) Pollenkammer; (*J*) Integument; (*C*) Becher

Abb. 89 *A*. Mikrosporophyll von Cycas. (*sp*) Sporophyll; (*spg*) Sporangium

Abb. 89 *B*. Makrosporophyll (Fruchtblatt) von Cycas revoluta. (*sp*) Sporophyll; (*spg*) Makrosporangium

den freien Blatträndern. Im Gegensatz zu den Gymnospermen (Nacktsamige) verwachsen diese Blattränder bei den Angiospermen und schließen sich zum **Fruchtknoten** (Abb. 91 *B*) zusammen, der nun die Makrosporangien (Samenanlagen) völlig bedeckt (Bedecktsamige, Angiospermen). (Einzelheiten über den Bau der Fruchtblätter vgl. S. 48).

Auch das Mikrosporophyll macht bei den Angiospermen wesentliche Formveränderungen durch. Der basale Blatteil wird schmal, fadenförmig, zum **Filament** ausgezogen; auf dem Spitzenteil entwickeln sich vier Mikrosporangien **(Pollensäcke).** Je zwei von ihnen sind zur **Theka** vereinigt. Die beiden Theken sind durch ein längslaufendes **Konnektiv** verbunden und bilden zusammen die **Anthere.** Das Mikrosporophyll wird als **Staubblatt** (Stamen) bezeichnet, während die Mikrosporen nunmehr **Pollenkörner** genannt werden.

Abb. 90 *A.*

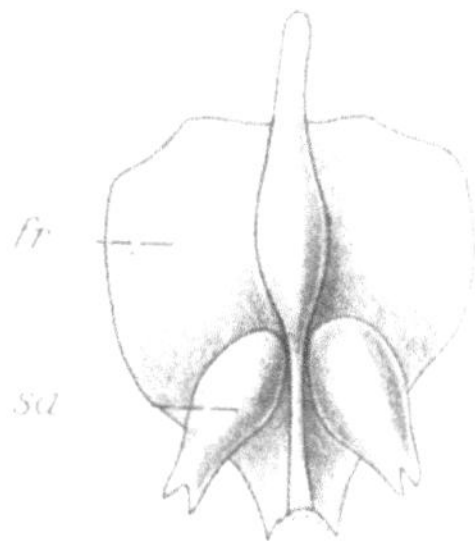

Abb. 90 *B.*

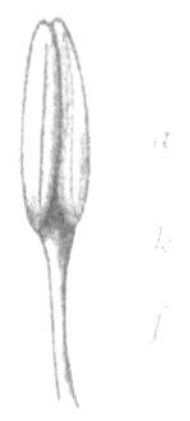

Abb. 91 *A.*

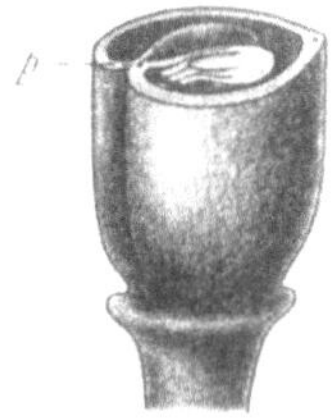

Abb. 91 *B.*

Abb. 90 *A.* Mikrosporophyll (Staubblatt der Waldkiefer). (*sp*) Sporophyll; (*ps*) Pollensack (Sporangium)

Abb. 90 *B.* Makrosporophyll (Fruchtblatt) der Waldkiefer von oben gesehen. (*fr*) Fruchtblatt; (*sa*) Samenanlagen

Abb. 91 *A.* Mikrosporophyll (Staubblatt) der Angiospermen. (*a*) Anthere; (*k*) Konnektiv; (*f*) Filament

Abb. 91 *B.* Angiospermenfruchtblatt zum Fruchtknoten geschlossen. (*p*) Ansatzstelle der Samenanlagen (Plazenta)

Bei der Reife platzen die Pollensäcke auf und entlassen die Pollenkörner, deren Weiterentwicklung sich nur auf besonderen Bestäubungsstellen des Fruchtknotens, den gewöhnlich endständigen **Narben**, vollziehen kann. Je nach Art des Pollentransports nehmen Staubblätter und Antheren recht unterschiedliche Formen an (vgl. hierzu S. 48).

3. Metamorphosen des Sprosses

Die bedeutungsvollste Sproßmetamorphose stellt die **Blüte** dar. Sie ist ein Kurztrieb, der metamorphosierte Blätter, nämlich Hochblätter und Sporophylle, trägt.

Die Blüte

Im Dienste der Ausbildung von Fortpflanzungsorganen sind sowohl Sproßachse wie auch besonders die Blätter einer weitgehenden Metamorphose unterworfen worden.

Die Sproßachse hat insofern eine grundlegende Veränderung erfahren, als sie nach Ausbildung der Blätter einer Vegetationsperiode ihr Wachstum für immer einstellt; der Sproßvegetationskegel wird beim Aufbau der jüngsten Blätter aufgebraucht. Nur ausnahmsweise bleibt er funktionstüchtig und setzt nach erfolgter Fruchtbildung das Sproßsystem fort (Ananas, Abb. 92). Die Blätter des im Wachstum begrenzten Blütensprosses haben ihren Laubblattcharakter verloren. Schon das Deckblatt, in dessen Achsel die Blüte entspringt, ist ein Hochblatt, und auch die blütenbürtigen Blätter selbst sind entweder Hochblätter oder Sporophylle. Wesentlich für die Blüte sind nur die letzteren. Entwicklungsgeschichtlich treten die ersten Blüten bereits schon bei den Pteridophyten auf.

Die primitivste Blüte dieser Art ist der Sporophyllstand des Bärlapps: an einer Sproßachse stehen in dichter Folge die kurz gestielten Sporophylle, die an der Basis ihrer Oberseite das Sporangium tragen (Abb. 86 *E* und 93). Auch die Sporophyllstände des Schachtelhalms (Abb. 94) sind nach unserer Definition Blüten. Hier haben die Sporophylle selbst schon im Dienste der Sporenbildung eine bedeutsame gestaltliche Umwandlung erfahren. Eine Weiterentwicklung in der Richtung auf den Blütenbau der höher entwickelten Pflanzen zu stellt der Sporophyllstand von Selaginella dar. Hier trägt die Blütenachse in vier Reihen gemischt Makro- und Mikrosporophylle; an der Basis der Achse befinden sich in Form von Hüllblättern einige sterile Sporophylle. Durch die geschlechtliche Differenzierung der Sporen leitet

Abb. 92.
Ananasfrucht

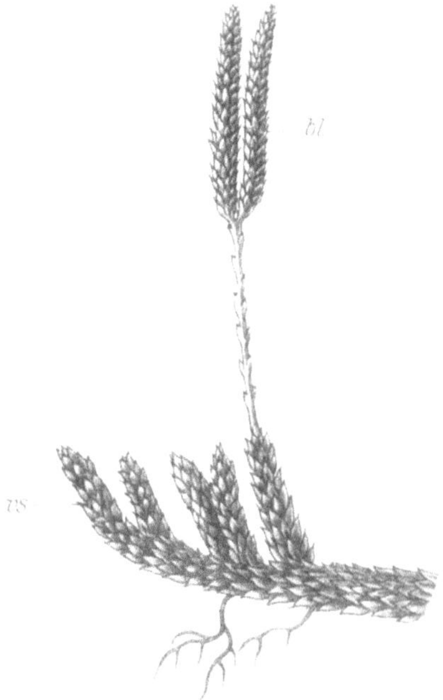

Abb. 93. Bärlapp.
(*bl*) Sporophyllstand; (*vs*) vegetative Sprosse

Abb. 94. Sporophyllstand des Schachtelhalms; (*bl*) Sporophyllstand (Blüte)

Selaginella zu den Blüten der eigentlichen Blütenpflanzen (Anthophyten) über. Diese geschlechtliche Differenzierung ist eines der wesentlichen Merkmale der höher entwickelten Blüte. Sie kompliziert die Fortpflanzung insofern, als sowohl männliche wie weibliche Sporen für sich allein unfähig zur Weiterentwicklung bis zum Sporophyten sind. Eine solche ist vielmehr erst möglich, wenn differenzierte Zellen (Sexualzellen) beider Sporengeschlechter sich vereinigen (Befruchtung vgl. S. 70 und 81). Auf die Sicherstellung der Übertragung der beweglichen Mikrosporen (Pollen) auf die Samenanlagen, die bei den höheren Formen nicht mehr das Wasser als verbindendes Medium vermittelt, sondern Wind und Tieren anheimgegeben ist, zielen die wesentlichen morphologischen Merkmale der Blüten ab.

Bei **den Gymnospermen** sind im allgemeinen Mikro- und Makrosporophylle, hier bereits als Staub- und Fruchtblätter bezeichnet, in getrennten Blüten bzw. Blütenständen untergebracht. Zur näheren Beschreibung mögen die Blütenverhältnisse des Wacholders dienen. Die männliche Blüte (Abb. 95 *A*) besitzt eine zapfenartige Gestalt; die Sproßachse trägt an ihrer Basis eine die Blütenknospe schützende Hülle steriler Blätter, die als Perianth (Blütenhülle) bezeichnet wird. Darauf folgen in spiraliger Anordnung gedrängt die Mikrosporophylle, an deren Unterseite mehrere Mikrosporangien (Pollensäcke) hängen. Die weibliche Blüte (Abb. 95 *B*) bildet ebenfalls einen kurzen Sproß mit basalen Schuppenblättern und drei endständigen Makrosporophyllen.

Bei Kiefer, Tanne, Fichte und anderen Gymnospermen entspricht der weibliche Zapfen einem Blütenstand (Abb. 96). Die Zapfenachse ist hier besetzt mit Hochblättern, den Deckschuppen, in deren Achseln die Blüten als scheinbar einsporophyllige Sprosse stehen. Die Achse des Blütensprosses ist verkürzt. Die aus der Blütenachse hervorgegangene Fruchtschuppe hat zwei ursprüngliche Sporophylle mit je einer nackten Samenanlage aufgenommen, die den um eine doppelte Hülle (Integument) bereicherten Makrosporangien der Pteridophyten entsprechen (Abb. 90). Die Gymnospermenblüte ist somit gekennzeichnet durch

Abb. 95 *A*.

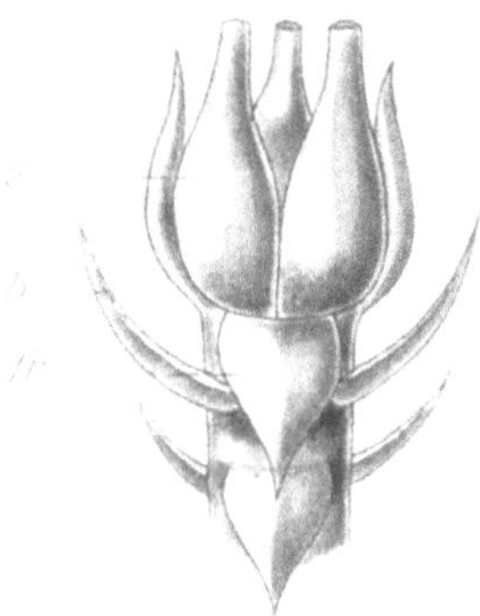

Abb. 95 *B*.

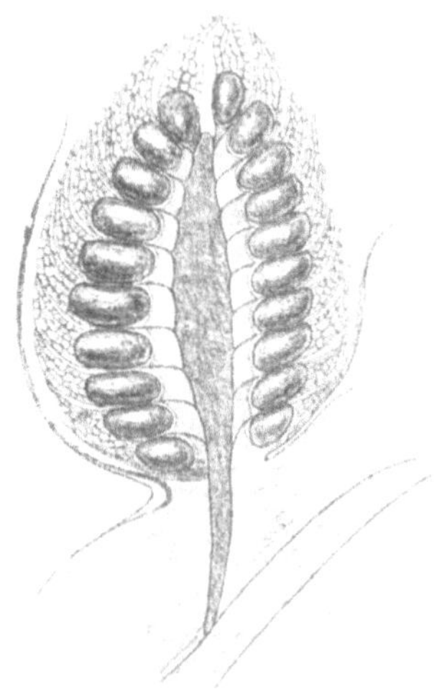

Abb. 96 *A*.

Abb. 95 *A*. Männliche Blüte des Wacholders. (*sp*) Mikrosporophyll; (*spg*) Mikrosporangium; (*sch*) Blütenhülle
Abb. 95 *B*. Weibliche Blüte des Wacholders. (*s*) Samenanlage; (*fr*) Fruchtblatt; (*b*) Blütenhüllblatt
Abb. 96 *A*. Männliche Blüte der Kiefer. An einer gestreckten Blütenachse stehen die Mikrosporophylle in spiraliger Anordnung (Nach *Strasburger*)

Abb. 96 *B*. Weiblicher Blütenstand der Fichte. (*sp*) Makrosporophyll (Fruchtschuppe)

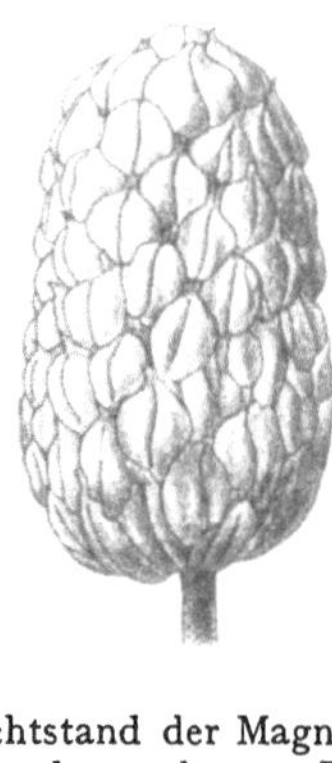

Abb. 97. Fruchtstand der Magnolie mit spiraliger Anordnung der apokarpen Fruchtknoten

1. eine verlängerte Blütenachse, 2. meist spiralige Anordnung der Sporophylle, 3. nackte Samenanlagen, 4. eine noch unscheinbare Blütenhülle (an der Basis der Blüte) und 5. Getrenntgeschlechtlichkeit.

Aber erst bei den **Angiospermen** tritt die ganze Mannigfaltigkeit des Blütenbaus mit den oft geradezu raffinierten Anpassungen an bestimmte Übertragungsweisen des Pollens in Erscheinung. Typisch für die Angiospermen ist die zwittrige Blüte, d. h. Staub- und Fruchtblätter treten an derselben Blütenachse auf. Die Blütenachse ist bei primitiven Angiospermen zum Teil noch als $\pm$ lange Sporophyllachse erhalten. So zeigen Magnolie, Myosurus u. a. noch einen zapfenförmigen Sporophyllstand, der an seiner Basis spiralig eingeordnet die Staubblätter, in höheren Lagen die Fruchtblätter trägt (Abb. 97). Höher entwickelte Formen zeigen eine fortschreitende Verkürzung der Sporophyllachse, die sich am Ende vielfach zu einem Blütenboden verbreitert, an dem die Sporophylle oft in Kreisen angeordnet sind.

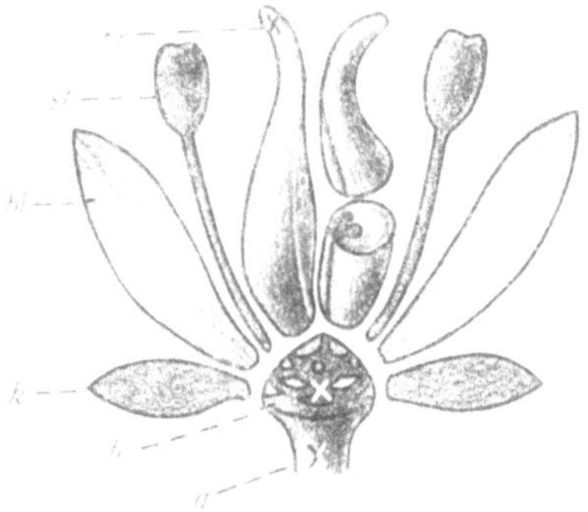

Abb. 98 *A*. Schema der Angiospermenblüte. (*a*) Blütenachse; (*b*) Blütenboden; (*k*) Kelchblätter; (*bl*) Blütenblätter; (*st*) Staubblätter; (*fr*) Fruchtblätter

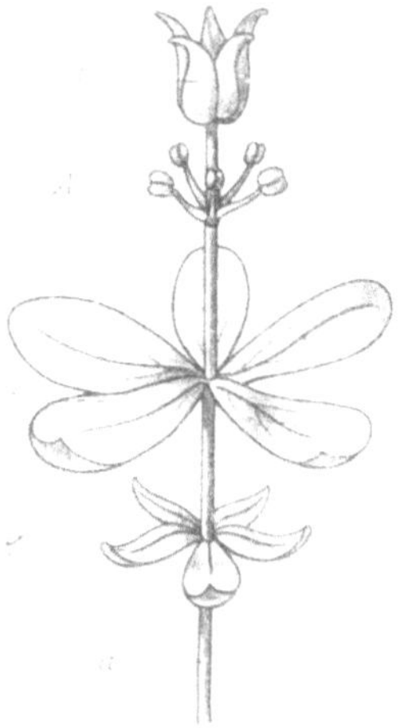

Abb. 98 *B*. Blütenschema. Blütenachse gestreckt. (*a*) Achse; (*K*) Kelch; (*C*) Blumenkrone; (*A*) Staubblattkreis; (*G*) Fruchtblattkreis (Fruchtknoten)

Als untersten Blattkreis (Abb. 98) entwickelt die Blüte den **Kelch**. Er besteht aus gewöhnlich grün gefärbten Hochblättern, deren Abstammung von Laubblättern gelegentlich noch an der Ausbildung einer reduzierten Blattspreite in Erscheinung tritt. Dem Kelch fällt im allgemeinen der Schutz der inneren Blütenorgane zu, besonders im Knospenzustand (Mohn). Seltener übernimmt der Kelch aber zur Unterstützung einer unscheinbaren Blumenkrone selbst Aussehen und Funktion eines Schauapparates (Kreuzblume, Akelei). Über dem Kelch steht ein Kranz (Krone, Corolle) von gewöhnlich lebhaft gefärbten **Blütenblättern** (Petalen), die in den meisten Fällen aus steril gewordenen Staubblättern hervorgegangen sind, wie man an gelegentlich auftretenden Übergangsformen zwischen beiden Blattypen noch deutlich erkennen kann (Abb. 99). Die lebhafte Färbung der Petalen dient in vielen Fällen der Anlockung von bestäubenden Insekten und ist daher bei entomophilen Blüten besonders auffällig. Von unerschöpflicher Mannigfaltigkeit ist die Form der Blütenblätter, die entweder alle getrennt am Blütenboden ansetzen (Choripetalen) oder wenigstens mit ihren basalen Rändern verwachsen sind (Sympetalen). In beiden Fällen haben sich einige natürliche Verwandtschaftskreise mit besonders charakteristischen Blütentypen wie die der Orchideen-, Schmetterlings- und Lippenblütler ent-

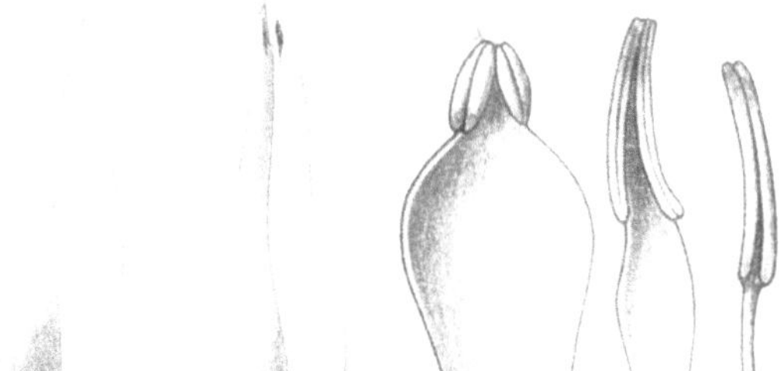

Abb. 99. Übergang von Blüten- in Staubblätter

wickelt. Bei windblütigen (anemophilen) Formen ist die Krone häufig zurückgebildet (Kätzchenblüher).

Kelch und Blumenkrone bilden das **Perianth** der Blüte. Sind die Blätter beider Kreise gleich geformt und gefärbt, so spricht man von einem **Perigon.**

Auf die Blütenblätter folgen die **Staubblattkreise** (Androeceum). Die verschiedene Verbreitungsart des Pollens hat zu mannigfachen Bauvariationen geführt. Die Abb. 100 gibt eine Vorstellung von einigen wichtigen Formen und deutet auch die verschiedenen Öffnungsmechanismen der Pollensäcke an.

Abb. 100. Staubblattformen. (*p*) Pollinium (bei Orchideen); (*k*) Klebscheibe

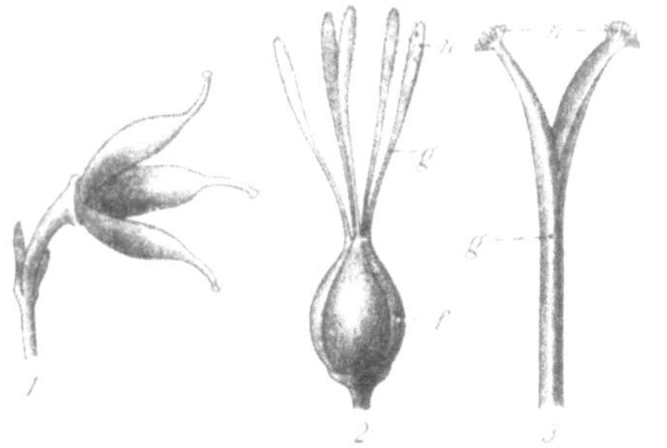

Abb. 101. Fruchtknoten. *1*: Apokarper Fruchtknoten; *2*: Coenokarper Fruchtknoten; *3*: Griffel. (*g*) Griffel; Narbe (*n*); (*f*) Fruchtknoten. (Nach *Berg* u. *Schmidt*)

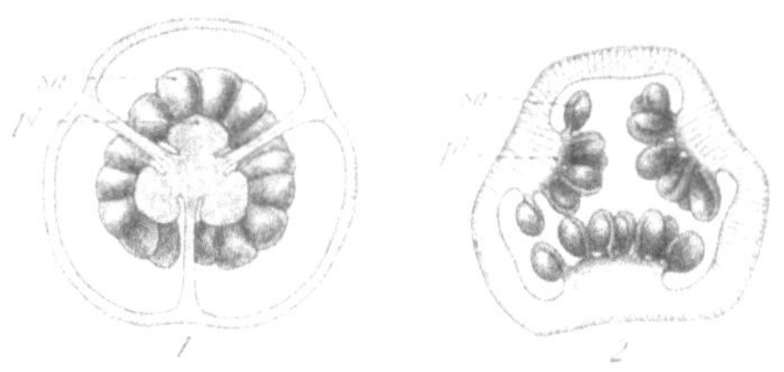

Abb. 102. Plazentation. (*pl*) Plazenta; (*sa*) Samenanlage

Verliert das Staubblatt die Fähigkeit zur Pollenbildung, so spricht man von einem Staminodium. In den gefüllten Blüten sind die Staubblätter zum Teil oder vollzählig in Blütenblätter übergegangen.

Die Fruchtblätter. Den Abschluß der zwittrigen Blüte bildet der Kranz der Fruchtblätter, das Gynaeceum. Verwachsen die Ränder desselben Fruchtblattes miteinander, so entsteht der apokarpe Fruchtknoten (Abb. 101, *1*); tritt zwischen den Rändern benachbarter Fruchtblätter Verwachsung ein, so kommt ein einheitlicher coenokarper Fruchtknoten zustande (Abb. 101, *2*). Die Samenanlagen sitzen im allgemeinen an den Blatträndern, sie liegen daher beim apokarpen Fruchtknoten in 2 Reihen entlang der Ränder- oder Bauchnaht. Die Rückennaht entspricht der Mittelrippe des Blattes und ist frei von Samenknospen. Vielfach setzen die Samenanlagen auf ± kräftigen Wucherungen des Sporophylls an, der sogenannten Plazenta. Ragen diese Plazenten nur als seichte Leisten in den zentralen Fruchtknotenraum vor, so nennt man diese Art der Verteilung der Samenanlagen parietal (wandständig) (Abb. 102, *1*).

Ihr steht die zentralwinkelständige gegenüber, die dadurch zustande kommt, daß die Karpellränder bis zur Mitte des Fruchtknotenraumes vordringen, so daß eine Fächerung des Innenraumes eintritt, wobei Plazenten und Samenanlagen nach den

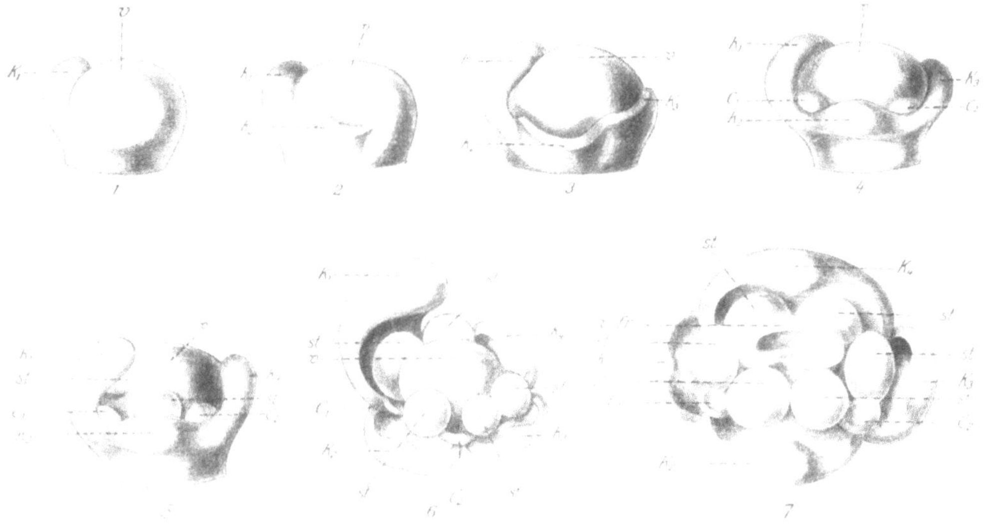

Abb. 103. Entwicklung der Blüte. (v) Sproßvegetationspunkt; (K_1 bis K_4) Kelchblätter; (C_1, C_2) Blumenblätter; (st) Staubblätter; (fr) Fruchtknoten. (Nach *Payer*.)

zentralen Winkelräumen abgedrängt werden (Abb. 102, *2*). Nach oben können die Fruchtblätter in einen sterilen Fortsatz, den Griffel, übergehen, an dessen Ende die mannigfaltig geformte Narbe, das Aufnahmeorgan für die Pollenkörner, liegt. Ihrer Funktion entsprechend ist sie an der Oberfläche mit papillösen, eine klebrige Flüssigkeit aussondernden Zellen besetzt (Abb. 101, *3*).

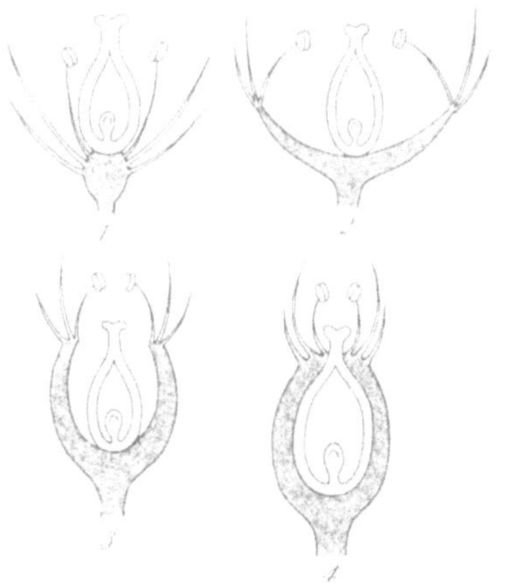

Abb. 104. Stellung des Fruchtknotens. *1*: oberständig; *2* u. *3*: mittelständig; *4*: unterständig

Die typische Angiospermenblüte baut sich somit aus 5 Kreisen oder Blattwirteln auf: Kelch, Krone, äußerer und innerer Staubblattkreis und Fruchtblattkreis (pentazyklisch). Durch Reduktion kann dieser Aufbau vereinfacht werden: so kann bald Kelch oder Kronenblattkreis, bald auch ein Staubblattkreis verschwinden (tetrazyklische Blüte). Abb. 103 zeigt die zeitliche Entwicklungsfolge der einzelnen Blütenteile.

Die Blütenachse. Hat die Blütenachse ihre ursprüngliche kegelförmige Gestalt beibehalten, so bildet der Fruchtknoten den Abschluß der Blüte nach oben, die übrigen Blattkreise der Blüte stehen unter ihm, er selbst ist oberständig. Flacht sich die Achse aber zu einem tellerförmigen Blütenboden ab, oder zeigt sie eine schüssel- oder krugförmige Vertiefung, in deren Grund der Fruchtknoten sitzt, so nennt man diesen mittelständig. Schließt sich diese Vertiefung an den oberen Rändern des Blütenbodens, so daß nur mehr Griffel und Narbe des Fruchtknotens sichtbar bleiben, so bezeichnet man diese Lage des Fruchtknotens als unterständig (Abb. 104).

Blütendiagramm. Anzahl und Bau der einzelnen Blütenorgane sowie deren Lage gegeneinander sind außerordentlich stabile und daher für die systematische Stellung der Pflanze eindeutig charakteristische Merkmale, die allen äußeren und inneren Einflüssen gegenüber weitgehend ihre Organisation beibehalten. Der Blütenbau ist daher das wichtigste systematische Merkmal einer Pflanze. Zur erleichterten Blütenübersicht bedient man sich der sogenannten Blütendiagramme, d. s. Grundrißzeichnungen der Blüten. Dabei wird die Blüte so orientiert, daß die Abstammungsachse nach oben, das Deckblatt nach unten zu liegen kommt. Abb. 105 zeigt Diagramme einer pentazyklischen Mono-(*A*) und Dikotylenblüte (*B*). Aus ihnen wird ersichtlich, daß in der Regel die Glieder der folgenden Kreise auf Lücke der vorangehenden stehen (alternieren).

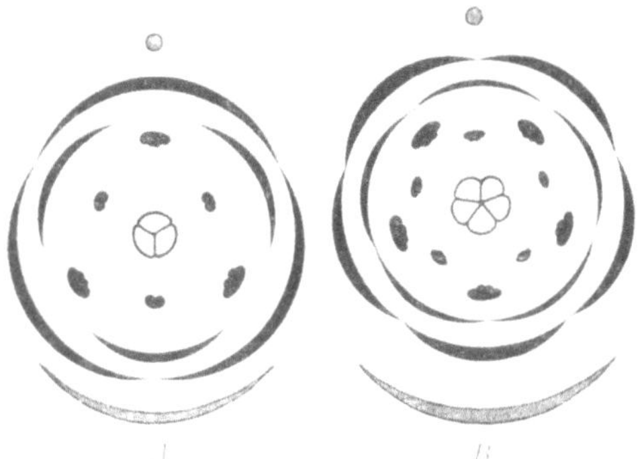

Abb. 105. Blütendiagramme. *A*. Monokotylenblüte, *B*. Dikotylenblüte

Abb. 106 *A*. Strahlige Blüte (Mohn)

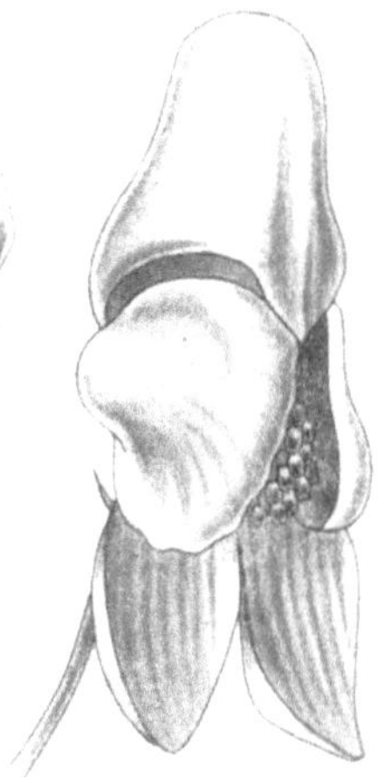

Abb. 106 *B*. Zygomorphe Blüte (Eisenhut)

Symmetrieverhältnisse. Sind jeweils alle Glieder eines Blütenkreises gleichgestaltet und gleichmäßig um die Achse verteilt, so entsteht eine regelmäßige, strahlige Blüte (aktinomorph), die mehrere Symmetrieebenen besitzt (Abb. 106*A*). Dagegen weist die zygomorphe Blüte nur mehr eine Symmetrieebene auf (Abb. 106*B*). Völlig asymmetrische Blüten sind relativ selten (Roßkastanie, Canna indica).

Blütenformel. Man bezeichnet Kelch = K; Krone = C; Perianth = P; Androeceum = A; Gynoeceum = G, wobei ( ) = verwachsen, $\overline{G}$ = unterständiger, $\underline{G}$ = oberständiger Fruchtknoten bedeutet. Zum Beispiel:

Geranium K 5 C 5 A 5 + 5 $\underline{G}$ (5).
Tulpe P 3 + 3 A 3 + 3 $\underline{G}$ (3).

Zur Charakterisierung der Blüten sind weiterhin die folgenden Merkmale bedeutungsvoll:

1. Blütenhülle fehlend: Blüte nackt (achlamydeisch).
2. Hüllblattkreis vorhanden:
   a) Blütenhülle einfach (monochlamydeisch).
   b) zwei Hüllblattkreise vorhanden: (heterochlamydeisch).
3. Staubblätter in 2 Kreisen: diplostemon (den Kronblättern opponiert: obdiplostemon).
4. Staubblätter in 1 Kreis: haplostemon.
5. Nur eine Art Sporophyll in der Blüte: eingeschlechtlich (diklin), und zwar mit Staubblättern männlich (♂), mit Fruchtknoten weiblich (♀).
6. Verschieden geschlechtliche Sporophylle in einer Blüte: zwittrig.
   Im einzelnen kann die Verteilung der verschieden geschlechtlichen Blüten sehr mannigfaltig sein:

A. Nur zweigeschlechtliche Blüten vorhanden: zwittrig.
B. Nur eingeschlechtliche Blüten treibend:
   a) Blüten beiderlei Geschlechts auf einer Pflanze: monözisch.
   b) auf einer Pflanze nur männliche oder nur weibliche Blüten: diözisch.
C. Es werden eingeschlechtliche und zwittrige Blüten gebildet (Polygamie)
   a) auf einer Pflanze:
      zwittrige und männliche Blüten: Andromonözie,
      zwittrige und weibliche Blüten: Gynämonözie.
   b) auf verschiedenen Pflanzen:
      zwittrige und männliche Pflanzen: Androdiözie,
      zwittrige und weibliche Pflanzen: Gynädiözie.

Funktionell wird eine Geschlechtertrennung auch in Zwitterblüten durch ungleichzeitige geschlechtliche Reife der Staub- und Fruchtblätter erreicht (Dichogamie).

Staubblätter reifen vor den Fruchtblättern: Protandrie (Glockenblumen).
Fruchtblätter reifen vor den Staubblättern: Protogynie (Wegerich).

7. Stellung der Fruchtknoten: ober-, mittel-, unterständig.
8. Stellung der Blätter an der Blütenachse: spiralig, wirtelig.
9. Symmetrieverhältnisse:
   aktinomorph (strahlig), zygomorph (einseitig symmetrisch), asymmetrisch (unregelmäßig).

Blütenstände

Die Blüten können einzeln an der Pflanze stehen. Schließen sie das Wachstum der Hauptachse ab, so bezeichnet man sie als **endständig** (Tulpe). Sie können aber auch seitlich in der Achsel eines Deckblattes **(achselständig)** stehen. Vielfach, besonders bei kleineren Einzelblüten, tragen ganze Verzweigungssysteme des Sprosses Blüten. Derartige **Infloreszenzen** zeichnen sich vor vegetativen Sprossen durch die gedrängte Stellung ihrer Seitenachsen, die Vereinfachung der als Deckblätter dienenden Hochblätter sowie das vollständige Austreiben aller Achselknospen (Blüten) aus. Auch hier lassen sich wieder die beiden Hauptgruppen der razemösen und zymösen Verzweigungsformen unterscheiden (vgl. S. 18ff.).

Scheinblüten. Pflanzen, die nur unscheinbare Einzelblüten entwickeln, rücken diese in manchen Fällen so zusammen, daß der Blütenstand den Eindruck einer vergrößerten Einzelblüte macht (Scheinblüte). Bei Iberis (Schleifenblume) wird das dadurch erreicht, daß die Hauptachse des traubigen Blütenstandes anfangs gestaucht bleibt, so daß die Einzelblüten in eine Ebene gelangen. Wenn dann die äußersten (untersten) Blüten zuerst aufblühen, ist wenigstens zu Beginn der Anthese das Aussehen einer Einzelblüte nachgeahmt. Vollkommener ist die Scheinblütenbildung schon bei Umbelliferen, wo einzelne Blütenblätter der Randblüten einer Dolde ungewöhnlich vergrößert werden (Coriander); Astrantia hat die Hochblätter der „Hülle" blumenblattartig vergrößert und gefärbt. Am weitesten geht die Scheinblütenbildung bei den Korbblütlern, wo die Randblüten entweder flach strahlenförmig sind (Strahlenblütler) oder die röhrigen Randblüten zu auffälligen Schauapparaten umgewandelt sind (Kornblume). Auch die Hochblätter des Hüllkelches können petaloide Gestalt annehmen (Silberdistel).

Biologie der Blüte

Mit der Entwicklung von Pollenkörnern und Samenanlagen ist die geschlechtliche Fortpflanzung noch nicht sichergestellt. Dazu bedarf es vielmehr eines Transportes von Pollenkörnern auf die Narben der Fruchtknoten. Es ist verständlich, daß Organisation und Gestalt der Blüte sich weitgehend dem Modus der Pollenübertragung angepaßt haben. Im wesentlichen sind zwei verschiedene Pollenübertragungsweisen in der Natur verwirklicht:

1. Die Übertragung erfolgt durch den Wind (**Anemophilie**).
2. Als Pollenüberträger dienen Tiere, vor allem Insekten (**Zoidophilie**).

Danach unterscheidet man **windblütige** und **tier- bzw. insektenblütige** Pflanzen. Die erste Gruppe (die anemophilen Pflanzen) zeigt eine mehr oder weniger einheitliche Typisierung der Blüte, dagegen sind die zoidophilen Blüten entsprechend der Mannigfaltigkeit der Organisation ihrer Bestäuber ungemein vielgestaltig.

Die windblütigen Pflanzen. Ausgezeichnet sind viele Pflanzen dieser Gruppe durch die außerordentlich reichliche Produktion von Blütenstaub (Pollen). Dieser ist so untergebracht, daß er leicht vom Winde ausgeschüttelt werden kann, wobei seine Leichtigkeit, zum Teil auch besondere Flugeinrichtungen (Kiefer) seine Verbreitung begünstigen. So tragen eine Anzahl unserer heimischen windblütigen Bäume (Pappel, Buche, Eiche, Hasel, Hainbuche, Birke, Nuß, Erle) schlaffe, herabhängende und daher leicht bewegliche ♂ Blütenkätzchen. Die Kiefer produziert in zapfenartigen männlichen Blütenständen eine erstaunliche Menge von Pollen (Schwefelregen). Die Gräser tragen die Antheren sehr beweglich an langen Staubfäden aufgehängt.

Die Griffel der windblütigen Pflanzen sind gewöhnlich sehr mächtig entwickelt und mit langen Fanghaaren ausgestattet (Gräser). Außerdem stehen die Samenanlagen bei unseren windblütigen Bäumen an exponierten Zweigenden, die von den Blütenstaubwolken um so leichter erreicht werden, als die Bestäubungszeit vor die Entwicklung der Blätter gerückt ist. Im allgemeinen ist eine Öffnung der Antheren an bestimmte, die Pollenverbreitung begünstigende Witterungsbedingungen (Sonnenschein, leicht austrocknende Winde) gebunden.

Die zoidophilen Pflanzen. Die ursprüngliche Bestäubungsart ist wahrscheinlich diejenige durch Tiere, besonders durch Insekten (Zoidophilie bzw. Entomophilie). Die anemophilen Blüten haben sich wahrscheinlich aus zoidophilen entwickelt.

Die Wechselbeziehungen zwischen Insekten und Blüten hat *Konrad Sprengel* im Jahre 1793 entdeckt. Danach bedeutet die ganze Blütenpracht unserer sommerlichen Wiesen und Matten nichts anderes als eine festliche Einladung zum Insektenbesuch. Die Triebfeder für den Blütenbesuch der Tiere liegt natürlich im Nahrungserwerb, sei er auf Pollen oder Honig gerichtet. Als Anlockungsmittel dienen leuchtende Farben der Blütenhüllen, besondere Saftmale, die den Weg nach dem Honigbehälter weisen, und auch mancherlei Duftstoffe. Dabei ist man bis in die neueste Zeit hinein von der naiven Auffassung ausgegangen, daß das Facettenauge der Insekten die Dinge nach Gestalt und Farbe in derselben Weise wie das menschliche Auge zu einem bleibenden Eindruck vermittle. Diese oberflächliche Annahme ist nun neuerdings durch die grundlegenden Untersuchungen *von Frischs* für die wichtigsten Bestäuber, die Bienen, korrigiert worden. Es ist experimentell erwiesen, daß die Bienen die Hauptbezirke des Spektrums wohl zu unterscheiden vermögen. Dabei haben sich die Bienen offensichtlich schon in die Arbeit geteilt, denn neben den eigentlichen Sammlern gibt es eine Spezialtruppe von Suchern, die ihre Beobachtungen den Stockgenossen in einer eigenartigen Zeichensprache mitzuteilen vermögen. Zweck des Insektenbesuches ist für die Pflanze die Bestäubung. Der Honig ist in der Pflanze so untergebracht, daß das Insekt seiner nicht habhaft werden kann, ohne eine Bestäubung zu vollziehen. Die honigausscheidenden Drüsen (Nektarien) befinden sich gewöhnlich am Grund der Blüte, so daß Staubbeutel und Narben von dem besuchenden Insekt gestreift werden müssen. In vielen Fällen wird die Wahrscheinlichkeit der Bestäubung noch dadurch erhöht, daß die Organisation der Blüte dem Bau ganz bestimmter Insekten angepaßt wird. So wird beim Erdrauch, Lerchensporn und Veilchen und auch bei manchen Orchideen ein Blütenblatt zu einem kurzen sackartigen Sporn ausgebeult. Hier können noch kurzrüßlige Insekten zum Honig gelangen. Den Bienen ist der Honig in Spornen bis zu 6,5 mm zugänglich; in längeren Spornen können ihn Hummeln noch erreichen (Akelei, Rittersporn, Orchideen). Die längsten Saugorgane besitzen Schmetterlinge, besonders Nachtfalter. Für sie stellen auch die Blumenkronröhren vom Krokus, der Wunderblume und die extrem langen Sporne mancher tropischer Orchideen keine unüberwindlichen Hindernisse dar (Abb. 107).

Abb. 107.
Langröhrige „Schwärmerblüten" des Geißblatts

Bei der einheimischen Wiesensalbei ist das Staubblatt im Dienst der Bestäubungssicherung zu einem merkwürdigen Hebelmechanismus umgewandelt: eine Theke ist fertil geblieben, das Konektiv ist staubfadenartig verlängert und bogenförmig aufgespalten. Die andere Anthere ist zum plattenartigen kurzen Hebelarm umgewandelt, der gelenkig mit dem kurzen Filament verbunden ist. Beim Einkriechen des Insekts in die Blüte senkt sich die fertile Anthere am langen Konektivast auf den Rücken des bestäubenden Tieres. Später erst wächst die Narbe aus der Oberlippe heraus und senkt sich bis an die Stelle, zu der in der jungen Blüte das Staubblatt herabgedrückt werden konnte, so daß die besuchenden Insekten zwangsläufig den Blütenstaub junger Blüten auf die Narben älterer Blüten übertragen.

Bei den Orchideen ist der Pollen nicht mehr in geschlossenem Pollenspeicher. Er ist vielmehr zu Pollenpaketen (Pollinien) zusammengeklebt, welche auf einem Stielchen mit Klebschicht ruhen, womit sie sich auf dem Kopf besuchender Insekten festsetzen. Beim Eintrocknen krümmen sie sich vornüber und stehen wie kleine Hörnchen vom Insektenkopf ab.

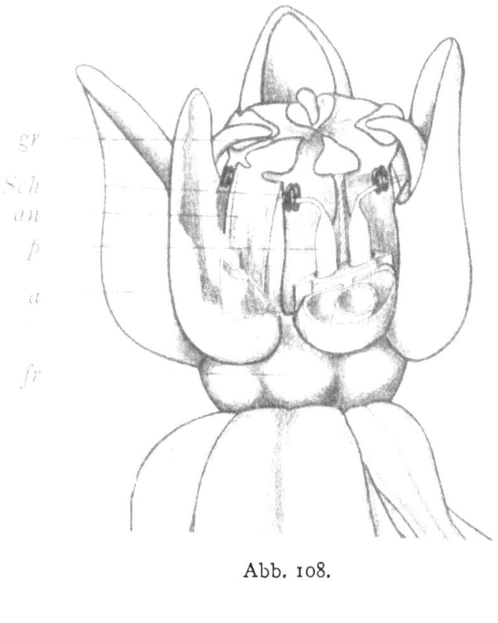

Abb. 108. Asclepiadaceenblüte. (*gr*) Griffel; (*Sch*) Schloß; (*an*) Anthere; (*p*) Pollensack; (*a*) Staubblatt; (*fr*) Fruchtknoten.
Die Blütenhülle (unten) ist zum Teil abgeschnitten

Abb. 108.

In der Asclepiadaceenblüte sind Anhängsel benachbarter Pollinien zu einem zweiteiligen Schloß verwachsen, das nach außen zwei krallenartige Fortsätze entsendet, zwischen denen eine schmale Fuge klafft. Die besuchenden Insekten suchen gerade hier in der sonst sehr glatten Blüte Halt. Dabei legen sich die Schlösser wie Fußangeln um die greifenden Insektenbeine, die beim Abflug die Pollinien aus ihren Taschen reißen und den Blütenstaub auf fremde Blüten verschleppen (Abb. 108).

Während bei Bienen hauptsächlich (jedoch nicht ausschließlich: vgl. wilder Wein) der Gesichtssinn zur Auffindung der Nahrungsquellen dient, folgen die Kotinsekten (Fliegen, Käfer) ihrem Geruchssinn auf dem Weg zu den Aasblüten. Besonders interessant sind die Verhältnisse beim Aronstab (Abb. 110).

Diese Scheinblüte besteht aus einem weißlich grünen Hochblatt (Spatha), das den eigentlichen Blütenstand zum großen Teil verschließt; nach oben ragt nur das blütenfreie Ende der Infloreszenzachse, der violett gefärbte Kolben, heraus. Im Inneren des tütenförmig zusammengefalteten Hochblattes befindet sich der fertile Teil des Blütenstandes: zu unterst die weiblichen Blüten, darüber ein Kranz von männlichen Blüten, und an der Verengungsstelle der Spatha stehen rings um die Infloreszenzachse steril gewordene ♂ Blüten in Form von Reusenhaaren, welche die durch einen harnartigen Geruch angelockten Insekten zwar in die „Kesselfalle" herein, aber nicht eher hinauskriechen lassen, als bis nach erfolgter Bestäubung die Reusenhaare abdorren.

Reizbare Staubfäden und Narbenäste. In manchen Blüten führen die Staubfäden bzw. Narbenäste sogar aktive Bewegungen aus im Dienste einer Bestäubungssicherung. Bei der Gauklerblume (Mimulus) klappen die gespreizten Narbenäste bei Berührung zusammen, so daß nach Bestäubung der Pollen vor dem Abfallen geschützt ist.

Die Filamente der Staubblätter von Berberis krümmen sich nach Berührung ihrer Basis nach innen und drücken die Antheren auf das besuchende Insekt.

Die Staubfäden der Flockenblumen verkürzen sich bei leisester Berührung, und die Fegehaare des Griffels schieben die Pollenmassen aus der Antherenröhre.

Bei der Feige und bei Yucca steht die Bestäubung in Beziehung zur Fortpflanzung bzw. Brutpflege der Pollenüberträger.

Die **Feige** entwickelt viererlei Blüten:

1. Männliche Blüten (♂). An kurzen Stielchen stehen ein Anzahl Blütenhüllblätter, auf die ein Kranz von 3—5 Staubblättern folgt.
2. Fertile weibliche Blüten (♀). In einer unscheinbar gefärbten Blütenhülle sitzt der Fruchtknoten, der in einen langen Griffel mit 2 Narbenendigungen ausläuft.
3. Sterile weibliche Blüten (♀). Sie sind äußerlich von den normalen weiblichen Blüten nicht unterschieden:
4. Gallenblüten (♀). Das sind weibliche Blüten mit kurzem, scharf gekrümmtem Griffel, ohne Narben; der Griffelkanal erweitert sich nach oben zum Trichter.

Stets finden sich diese Blüten in becherförmigen Aushöhlungen der Blütenachse zu Blütenständen vereinigt.

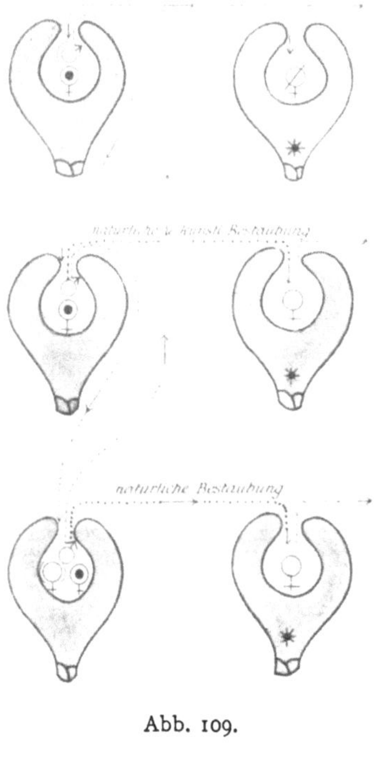

Abb. 109.

Die Kulturfeige tritt in 2 Geschlechtspflanzen auf:

1. als Wildfeige mit bevorzugt männlichen Blüten;
2. als eßbare Früchte (*) liefernde Pflanze mit weiblichen Blüten.

Die folgende Abbildung (Abb. 109) gibt die jahreszeitliche Folge von Blütenständen auf beiden verschieden geschlechtigen Pflanzen sowie den Weg der Bestäubung wieder.

Wildfeige, eßbare Feige

I. Anlage: September—Oktober.
Bestäubung: Oktober—November.
I. Reife: März—April.

II. Anlage: Februar—März.
Bestäubung: März—April.
II. Reife: Juni—Juli.

III. Anlage: Mai—Juni.
Bestäubung: Juni—Juli.
III. Reife: August—September.

Abb. 109. Jahreszeitliche Folge der Blütenentwicklung und Bestäubung bei der Feige

Einfacher sind die Verhältnisse bei Yucca. Hier legt eine Motte ihre Eier in den Fruchtknoten der Blüte. Die Entwicklung der jungen Maden geht nicht ohne Zerstörung eines Teils der Samenanlagen vor sich, der Rest entwickelt sich jedoch zu normalem Samen. Die Vanille muß in unseren Gewächshäusern künstlich bestäubt werden, weil die zur Pollenübertragung geeigneten Insekten fehlen.

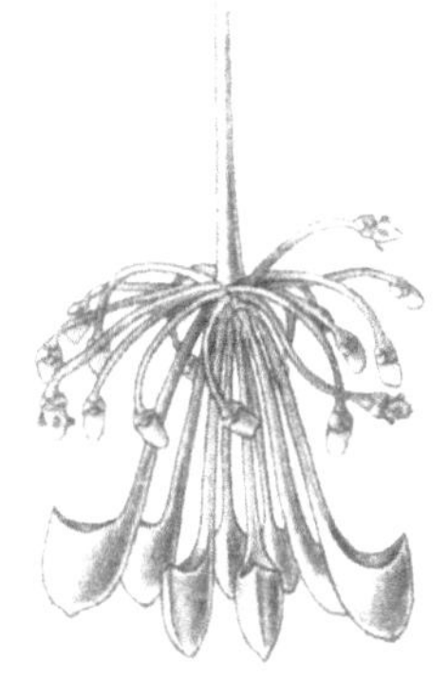

Abb. 111. Blütenstand von Marcgravia umbellata. (*h*) Honigblätter; (*bl*) Blüten

Abb. 110. Blüte des Aronstabs. (*h*) Hochblatt (Spatha); (*k*) Kolben; (*r*) Reusenhaare; (♂) männliche Blüten; (♀) weibliche Blüten

Abb. 112. Vogelblüte von Strelitzia reginae. (*g*) Griffel; (*p*) Pollen; (*r*) Griffelrinne im Blütenblatt

Abb. 112.

In den Tropen spielen auch Vögel (Kolibri) als Bestäuber eine Rolle; bei Nachtblühern betätigen sich Fledermäuse in ähnlicher Weise. Natürlich zeigen die ornithophilen Pflanzen mannigfaltige Anpassung an ihre Bestäuber.

Im tropischen Amerika fiel Forschungsreisenden auf, daß sich unter bestimmten Bäumen stets größere oder kleinere Scharen von Kolibris aufhielten. Eingehendere Beobachtung ergab dann, daß diese kleinen Vögel im Dienste der Blütenbestäubung jener Bäume stehen. Abb. 111 gibt den Blütenstand einer derartigen ornithophilen Pflanze (Marcgravia umbellata) wieder. Die Blüten dieser Liane sind kreisförmig um eine Hauptachse angeordnet, von deren Ende einige kannenförmige, honighaltige Gebilde herabhängen. Dem Inhalt dieser Kannen stellen die Kolibris nach, und wenn sie vor den Blüten schwirrend die langen Schnäbel in die Kannen tauchen, stäuben sie sich unvermeidlich mit Pollen ein, den sie auf den nächst besuchten Blütenstand übertragen. In Afrika spielen die sogenannten Honigvögel dieselbe blütenbestäubende Rolle wie die Kolibris in der neuen Welt. Hier sind es unter anderem Proteaceen, deren rotgefärbte Hochblätter am Rande Honig abscheiden. Die auffälligste Anpassung an Vogelbesuch hat wohl eine Verwandte der Banane (Strelitzia reginae) entwickelt (Abb. 112). Innerhalb dreier äußerer orange gefärbter Blütenblätter fällt vom inneren Blütenhüllkreis vor allem das untere, lebhaft blau gefärbte lippenförmige Blatt auf, dessen mittlerer Teil zu einer Rinne umgewandelt ist, in der Staubgefäße und Griffel liegen. Letzterer ragt mit seiner Narbe frei aus der Blattröhre hervor. Der flache Lippenteil dient als Anflugstelle für die Honigvögel. Die Honigdrüsen scheiden den Nektar in die Lippenröhre ab, aus welcher ihn die Vögel absaugen, gleichzeitig die Bestäubung vollziehend. Die Gemeinschaft zwischen Pflanze und Tier hat hier auch zu einer auffallend übereinstimmenden Färbung beider biologischer Partner geführt.

Bei einigen wenigen Wasserpflanzen übernimmt auch das Wasser den Pollentransport zu Griffel und Narbe hin. Eigenartige Verhältnisse haben sich unter anderen bei der Wasserpflanze Vallisneria, einer unserer bekanntesten Aquariumpflanzen, entwickelt. Die Pflanze ist einhäusig; die männlichen Blütenstände entwickeln sich unter Wasser, die weiblichen Blüten ragen mit langen spiralig gewundenen Stielen bis an die Wasseroberfläche herauf. Bei der Blütenreife lösen sich die noch geschlossenen männlichen Blüten vom Blütenstand ab, treiben an die Wasseroberfläche, wo sich bald danach ihre Blütenhülle zu einem bojenartigen Schwimmkörper öffnet, der an der Spitze zwei fertile Staubblätter trägt. Diese freischwimmenden männlichen Blüten treiben bei leichtem Wind auf die weiblichen Blüten zu und vollziehen die Bestäubung.

Autogamie — Allogamie. In der zwittrigen Blüte scheint die Bestäubung der Narbe durch blüteneigene Pollen besonders begünstigt. Aber gerade diese Selbstbestäubung (Autogamie) suchen die meisten Pflanzen zu verhindern. Für viele Pflanzen führt nämlich die Bestäubung der Narbe mit Pollen derselben Zwitterblüte oder auch nur derselben Pflanze zu mangelhaftem Samen- und Fruchtansatz im Verhältnis zu solchen Blüten, die mit fremdem Blütenstaub derselben Art bestäubt wurden (Allogamie, Fremdbestäubung). Die hierher gehörigen Pflanzen weisen daher mancherlei morphologische und biologische Einrichtungen zur Verhinderung der Selbstbestäubung auf **(Herkogamie)**. Hierher gehört unter anderem das zeitlich verschiedene Reifen bzw. Öffnen von Staubblättern und Narben (Dichogamie), die Heterostylie mit der Ausbildung von zweierlei Blüten, nämlich kurzgriffliger mit hochstehenden Antheren und langgriffliger mit tiefliegenden Staubblättern (Primel), und endlich besondere Einrichtungen, um die Narben vor eigenem Blütenstaub zu schützen.

Manche Blüten können bei Ausbleiben der Fremdbestäubung die herkogamen Schutzeinrichtungen beseitigen und die Selbstbestäubung als Ersatz der Fremdbestäubung erzwingen. In kleistogamen Blüten (Veilchen) ist die Selbstbestäubung zur Regel geworden. Die Gefahr der Selbstbestäubung wird heute ziemlich allgemein darin gesehen, daß sie zu einer Anhäufung krankhafter Anlagen (Gene) führen kann. Da naturgemäß die männlichen und weiblichen Kerne in Geschlechtszellen aus derselben Blüte bzw. derselben Pflanze ähnliche Erbsätze besitzen, so ist die Möglichkeit vorhanden, daß beiden Geschlechtszellen ein gleicher Defekt anhängt, der sich in der Zygote in gefährlicher Weise häuft und sich zum krankhaften Merkmal entwickeln kann. Aber diese Überlegenheit der Fremdbestäubung ist keine allgemein gültige Regel. Eine ganze Anzahl unserer Kulturpflanzen wie Weizen, Hafer, Gerste (eine Ausnahme macht der Roggen), Erbse usw. werden fast immer durch eigenen Pollen bestäubt und bringen trotzdem vollen Frucht- bzw. Samenertrag. Eine Befruchtung kann naturgemäß nur zwischen Pollen und Samenanlagen derselben Pflanzenart vollzogen werden. Es ist daher von größter Bedeutung, daß die Insekten zu bestimmten Zeiten bevorzugt Pflanzen derselben Art besuchen, so daß die Gewähr für eine Übertragung arteigenen Fremdpollens auf die Narbe gegeben ist.

Parthenogenese. Unabhängig vom Bestäuberbesuch haben sich jene Pflanzen gemacht, deren Eizellen sich ohne Befruchtung weiter zu entwickeln vermögen **(Parthenogenese)**. Der Löwenzahn bildet zwar weiterhin Pollen als Bienennahrung aus, obwohl seine Eizellen sich parthenogenetisch entwickeln.

Weitere Sproßmetamorphosen

In vielen unserer mehrjährigen Pflanzen wird ein Großteil der während der Vegetationsperiode produzierten Reservestoffe im Sproß untergebracht. So ist z. B. die Rinde vieler Bäume ein prall gefüllter Reservestoffspeicher. Bei den krautigen Gewächsen, deren oberirdische Teile der Winterkälte zum Opfer fallen, muß ein Teil des Sprosses in die schützende Erde zurückgezogen werden. Dabei nimmt der Sproß naturgemäß eine vom oberirdischen Sproßteil wesentlich verschiedene Form an, die bei einzelnen Pflanzen selbst wieder erheblich variiert.

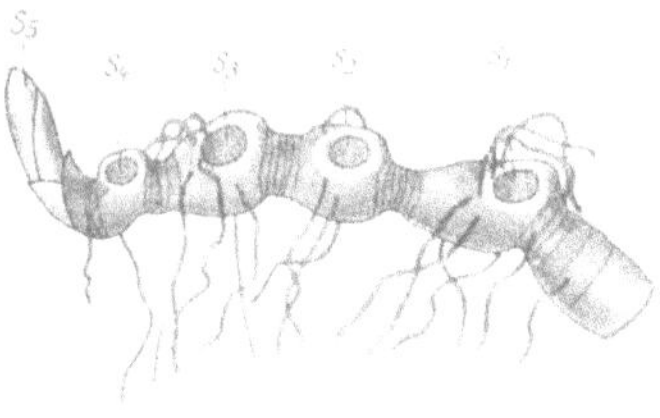

Abb. 113 *a*. Rhizom der Weißwurz. (s_1, s_2, s_3, s_4) Narben der abgestorbenen Sprosse aufeinander folgender Jahre; (s_5) eben austreibender Sproß der neuen Vegetationsperiode

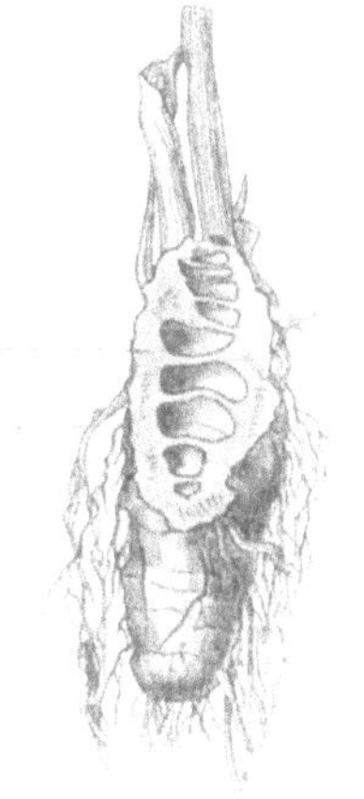

Abb. 113 *b*. Rhizom des Wasserschierlings (*rh*); (*w*) Wurzeln

Abb. 113 *c*. Ausläufer der Erdbeere. (*a*) Ausläufer; (*rh*) Rhizom; (w_1) Adventivwurzeln

a) Das Rhizom. Beispiele für die Ausbildung von Rhizomen bieten unter anderem Spargel, Iris und eine ganze Anzahl Frühjahrsblüher unseres Buchenwaldes wie Anemonen, Weißwurz (Abb. 113 *a, b*), Einbeere, Leberblümchen, Veilchen, Maiglöckchen u. a. m. Das Rhizom stellt eine oft stark verdickte, gewöhnlich horizontal verlaufende unterirdische Sproßachse mit gestauchten Internodien dar. Die Knoten tragen nur kleine schuppenförmige Blätter von gelblicher oder bräunlicher Farbe.

Bei der Weißwurz wächst die austreibende Endknospe nach oben, und das Rhizom wird in der Erde durch eine sich in die ursprüngliche Richtung der Hauptachse stellende Seitenknospe verlängert (Sympodium). Bei der Einbeere dagegen entstehen die blühenden Sprosse aus Seitenknospen, während die Hauptachse das Rhizom fortsetzt.

Strecken sich die Internodien der Rhizome, was man auch experimentell erzwingen kann, so gehen die Rhizome ohne scharfe morphologische Trennung in

b) die Ausläufer über. Immerhin tritt beim Ausläufer zugunsten der Längenentwicklung die Reservefunktion stark zurück, und außerdem drängt er an die Bodenoberfläche. Erdbeere (Abb. 113 *c*), kriechender Hahnenfuß und Günsel zeigen typische oberirdische Ausläufer. Sie entstehen als fadenförmige Seitenzweige aus der Rosette und entwickeln aus Knospen neue Tochterpflanzen, die nach Absterben des Ausläufers selbständig werden. Manche Unkräuter wie Ackerschachtelhalm, Huflattich, besonders die lästige Quecke und Giersch entwickeln ein ausgebreitetes, unterirdisch verlaufendes Ausläufersystem, das ihre Bekämpfung außerordentlich erschwert.

c) Sproßknollen. Bei der Kartoffel schwellen unter dem Einfluß der abgelagerten Reservestoffe (besonders Stärke) die Enden der unterirdischen Ausläufer (Stolonen) knollenförmig an (Abb. 114 *a*). Ihre Sproßnatur verraten diese Knollen durch den Besitz von kleinen schuppenförmigen bräunlichen Blättchen, die zwar frühzeitig abfallen, in deren Achseln sich jedoch die eingesenkten Knospen (Augen) der Kartoffel entwickeln. Bei den Kultursorten sind die Knollen auf dem Wege der Züchtung gegenüber den Stammformen erheblich vergrößert. Sie dienen in feldmäßigem Anbau auch als ausschließliches Saatgut zur vegetativen Vermehrung der Pflanzen. Beim Kohlrabi schwillt ähnlich wie beim Alpenveilchen (Abb. 114 *b*) und bei vielen epiphytischen Orchideen die gestauchte oberirdische Sproßachse zur Knolle an (Basalknolle), während am Aufbau des Rettichs unterster Sproß- und oberer Wurzelabschnitt beteiligt sind.

Abb. 114 *a*.

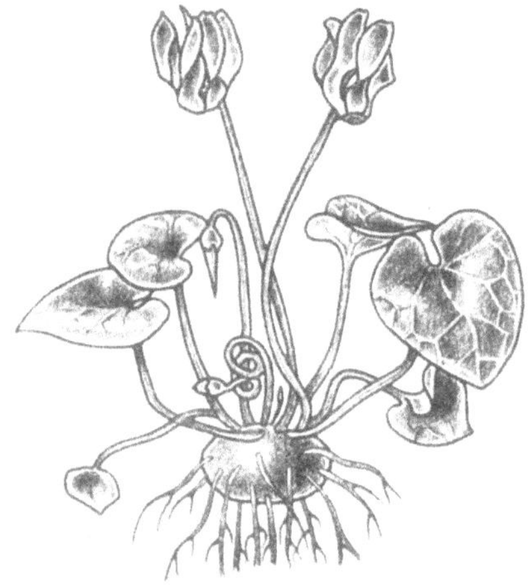

Abb. 114 *b*.

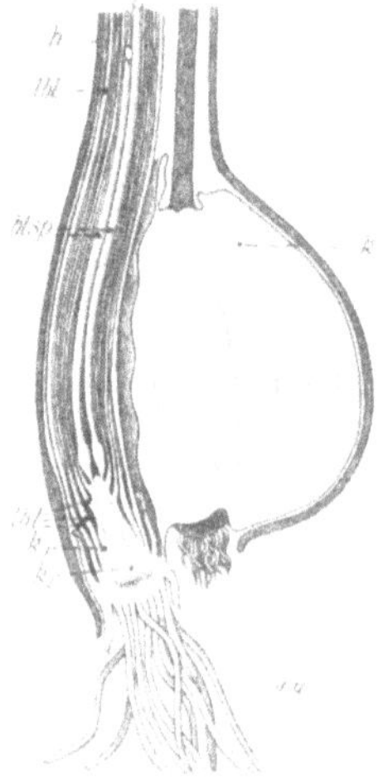

Abb. 114 *c*.

Abb. 114 *a*. Sproßknollen der Kartoffel. (*spr*) Sproß; (*st*) Stolonen; (*w*) Wurzeln; (*kn*) Knollen; (*wh*) Wurzelhals

Abb. 114 *b*. Alpenveilchen

Abb. 114 *c*. Sproßknolle der Herbstzeitlose. (*h*) Hüllblätter; (*lbl*) Laubblätter; (*blsp*) Blütensprosse; (k_1) alte Sproßknolle; (k_2) neue Sproßknolle; (k_3) Seitenknospe; (*wu*) Wurzeln

Abb. 114 *c* zeigt die Sproßknolle einer Herbstzeitlose. An der linken Seite der Hauptknolle hat sich im Verlauf des Sommers ein Seitensproß entwickelt, der bereits im Herbst die endständigen Blüten entfaltet. Im Frühjahr streckt sich das unter den Blüten liegende Internodium zum Sproß, das basale Internodium (k_2) dagegen schwillt auf Kosten von k_1 zur neuen Sproßknolle an, in deren Blattachseln dann die Knospenanlage für die nächste Vegetationsperiode entsteht (k_3).

Nicht selten nehmen die unterirdischen Sproßbildungen eine ganz bestimmte **Tiefenlage** ein. So liegen z. B. die Rhizome der Einbeere 2—5 cm, die Knollen vom Aronstab 6—12, die der Herbstzeitlose 10—16 und die Spargelrhizome 20—40 cm unter der Erde. Die Tiefenlage wird entweder durch die Wuchsrichtung der Verlängerungsknospe oder aber, wie bei Zwiebeln (vgl. Abb. 115), durch die Tätigkeit kontraktiler Wurzeln reguliert.

d) Zwiebeln. Extrem kurz wie bei den Rosetten bleibt der Sproß bei der unter der Erde sich entwickelnden Zwiebel (Abb. 116 *A* u. *B*). Er ist hier im Gegensatz zur Sproßknolle auf ein flaches tellerartiges Basalstück der Zwiebel beschränkt, den Zwiebelteller, dessen Hauptvegetationskegel zu einem Längssproß auswächst, der im allgemeinen mit einem Blütentrieb abschließt. Zwischen Blütenknospe und basaler Ansatzstelle sitzen am austreibenden Sproß die Laubblätter. Am basalen Teil des Zwiebeltellers entwickelt sich aus den Blattanlagen nur jeweils der Blattgrund zu den schuppenförmigen

Niederblättern, die, ähnlich wie die Basalteile abgestorbener Laubblätter, im Dienste einer reichlichen Stoffspeicherung fleischig anschwellen.

Auch die bräunlichen häutigen Hüllen, welche die Zwiebel nach außen abschließen, sind solche Niederblätter bzw. Laubblattbasen, die ihre Reservestoffe (besonders Zucker und lösliche organische N-Verbindungen) allerdings bereits zum Aufbau der Blütensproßanlage abgegeben haben und im wesentlichen nur mehr aus den Zellwänden der Epidermen und Reservezellen bestehen.

In den Achseln der Niederblätter bilden sich zum Ersatz für den am Ende der Vegetationsperiode absterbenden Blütensproß Seitenknospen, die sich zu **Tochterzwiebeln** entwickeln, und in Aufbau und Entfaltung der Mutterzwiebel durchaus entsprechen.

e) **Flachsprosse.** Bei starker Verringerung der Blattfläche nimmt der Sproß im Dienste der Assimilation eine $\pm$ blattartige Ausbildung an (Flachsproß, Abb. 117). Handelt es sich hierbei um Kurztriebe, so spricht man von Phyllokladien, wie sie bei Ruscusarten auftreten.

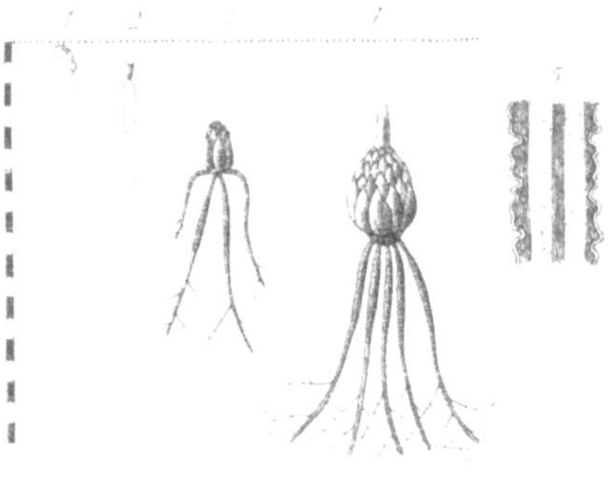

Abb. 115. Tiefenlage der Zwiebel von Lilium Martagon. (*1*) Auskeimen des Samens; (*2*) Bildung der Zwiebel; (*3*) Absinken einer älteren Zwiebel (der Knick der äußeren Wurzel gibt die Kontraktionswirkung der jüngeren inneren Wurzel zu erkennen); (*4*) Tiefenlage der ausgewachsenen Zwiebel; (*5*) Längsschnitt durch eine kontrahierte Wurzel (Nach *Rimbach*)

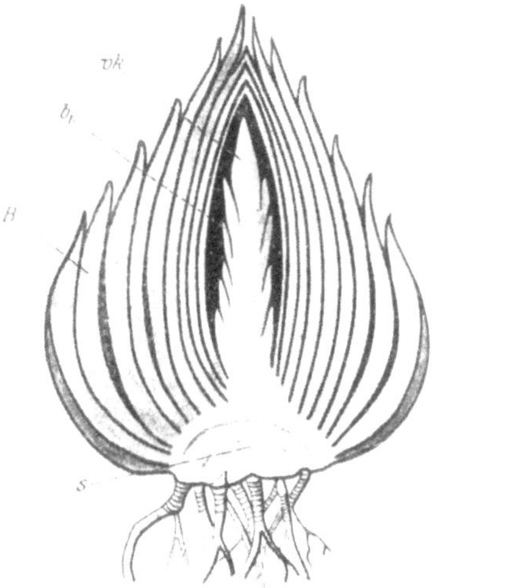

Abb. 116 *A*. Ruhende Zwiebel. (*vk*) Vegetationskegel des Sprosses; (*s*) Zwiebelteller (Sproßbasis); (b_1) Blattanlagen; (*B*) Niederblätter

Abb. 116 *B*. Zwiebel in Entwicklung. (*lbl*) Laubblätter; (*h*) Hüllblätter; (*nbl*) Niederblätter; (*blsp*) Blütensproß; (*akn*) Seitenknospe; (*t*) Sproß (Zwiebelteller)

Am Sproß der xerophytischen Sträucher stehen trockenhäutige schuppenförmige Blätter, in deren Achseln die blattähnlichen Phyllokladien entspringen. Ihre Sproßnatur kommt in der Ausbildung von Blättern und Blüten auf dem Phyllokladium zum Ausdruck (Abb. 118). Flachsprossige Langtriebe werden als Kladodien bezeichnet.

Werden zwischen die assimilierenden Schichten der Flachsprosse noch Wasserspeichergewebe eingelegt, so gehen die Flachsprosse ohne scharfe Grenze in

f) **Sukkulente Sprosse** über. Die beiden Familien der Kakteen und Euphorbiaceen und zum Teil auch der Asclepiadaceen bieten hier eine auffallende Konvergenz. Beispiele für derartige Metamorphosen sind als Anpassung an extreme Wasserverhältnisse mit oft langen Regenpausen zu deuten, denn mit zunehmendem Sukkulenzgrad bis zum tonnenförmigen Stamm nimmt die relative Größe der transpirierenden Oberfläche ab, während der relative Inhalt, d. h. das Wasserfassungsvermögen, zunimmt (Opuntia, Phyllocactus, Cereus, Tonnenbäume, Abb. 119, s. Tafel III).

Abb. 117.
Flachsprosse von Mühlenbeckia.
(*spr*) Sproß; (*lbl*) Laubblatt

Abb. 118. Ruscus aculeatus.
Phyllokladien (*ph*);
(*d*) Deckblatt; (*bl*) Blüte

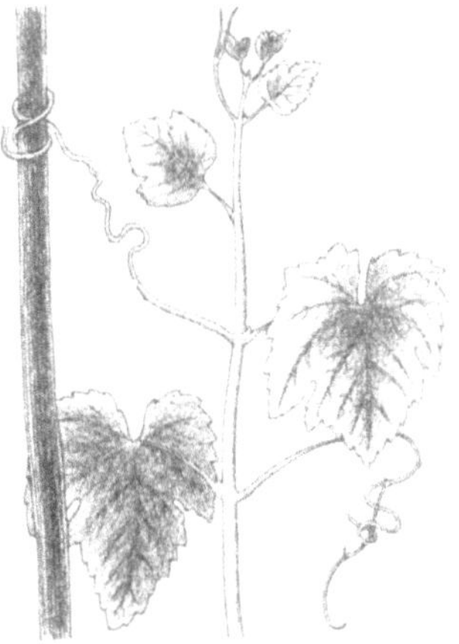

Abb. 120.
Sproßranke des Weins.
(Nach *Giesenhagen*)

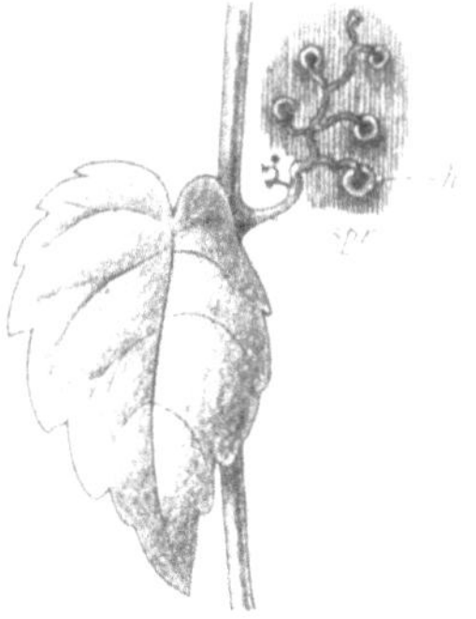

Abb. 121.

Abb. 121. Wilder Wein.
(*spr*) Sproßranke; (*h*) Haftscheibe. (Nach *Noll*)

Abb. 122.
Sproßdornen beim Schwarzdorn.
(Nach *Strasburgers* Lehrb.)

g) Sproßranken. Da, wo eine raschwüchsige Vegetation einen erbitterten Kampf um das Licht führt, finden sich stets auch sogenannte Kletterpflanzen, die sich Zeit und Baustoffe zum Aufbau eines tragfähigen Sprosses sparen und dafür am Stamm anderer Pflanzen mittels verschiedenartiger Ausbildungen emporzuklettern versuchen. Zu diesen Kletterorganen steuert der Sproß die Sproßranken bei, das sind fadenartige, zum Teil verzweigte Gebilde, die vermöge einer empfindlichen Kontaktreizbarkeit fremde Stützen umwachsen, um so der eigenen Pflanze Halt zu geben (Abb. 120, Wein). Die Rankenenden des wilden Weines sind außerdem noch mit Haftscheiben ausgestattet, die eine Befestigung an glatten Flächen ermöglichen (Abb. 121).

Die Spreizklimmer vermögen sich durch Widerhaken bildende Kurztriebe an ihrer Stütze festzuklammern (Kletterhaken). Ebenfalls von beschränkter Wuchsdauer sind die Kurztriebe, die in **Sproßdornen** übergehen, wobei sich der Vegetationspunkt zu Dauergewebe umwandelt (Schwarzdorn, Weißdorn usw., Abb. 122).

h) Brutknospen. Daß Sproßteile als sogenannte Stecklinge in vielen Fällen zur Vermehrung herangezogen werden, ist wohlbekannt. Aber auch die Natur selbst bildet gelegentlich Sprosse zu diesem besonderen Zwecke aus. So entstehen in den Achseln der Hochblätter des Blütenstandes von Polygonum viviparum (Knollenknöterich) an Stelle von Blüten knöllchenartige Seitensprosse, die bereits auf der Mutterpflanze Blättchen entwickeln, sich nach dem Abfallen bewurzeln und neue Pflanzen bilden (Viviparie). Auch beim Lauch entstehen in ähnlicher Weise „Brutknospen" in den Achseln von Hochblättern (Abb. 123).

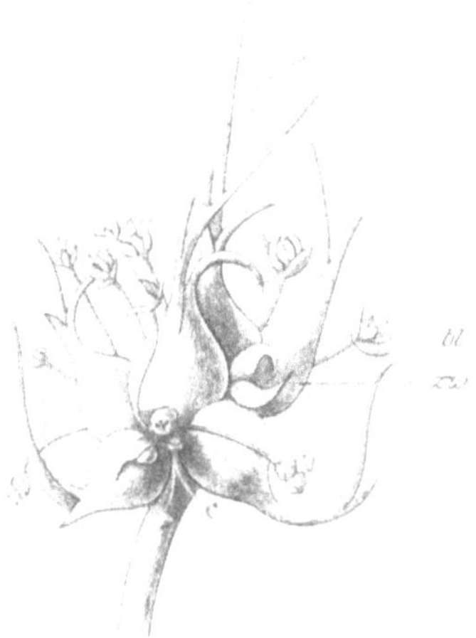

Abb. 123. Brutknospen im Blütenstand eines Lauchs. (*bl*) Blüte; (*zw*) Brutknospe. (Nach *Giesenhagen*)

Abb. 124. Dentaria bulbifera. (*zw*) Brutknospe. (Nach *Schenck*)

Ähnliche Achselknospen finden sich bei der Feigwurz (Himmelsgerste). Zwiebelartige Gebilde treten in den Achseln der Laubblätter von Dentaria bulbifera (Zwiebelzahnwurz) (Abb. 124) und einer Anzahl Lilien auf.

Bei Dioscorea bulbifera erreichen diese Knollen bis Faustgröße und sind ihres Stärkereichtums wegen als Nahrungsmittel geschätzt.

Analoge und homologe Organe

Analoge Organe. Die wechselnden äußeren Lebensbedingungen, unter denen sich die Pflanzen entwickeln, und eine erstaunliche Plastizität des inneren Erbgefüges der Pflanze schufen eine höchst mannigfaltige Gestaltung der äußeren Formen der ganzen Pflanze und ihrer Organe. Ein und dasselbe Anpassungsziel kann auf verschiedenen Wegen erreicht werden. So können Organe bestimmter spezifischer Funktion aus verschiedenen Grundorganen entwickelt werden. Organe gleicher Funktion werden als **analoge** Organe bezeichnet, so z. B.

Befestigungsorgane für den Sproß:	Schauapparat der Blüte:	Speicherorgane:
Sproßranken	Hochblätter	Rübe
Blattranken	Kelchblätter	Rhizom
Windende Blattstiele	Blumenblätter	Sproß- und Wurzelknollen
Windende Sprosse		Zwiebel
Kletterhaken		
Haftwurzeln		

Analoge Organe weisen in Anpassung an dieselbe Funktion große Formähnlichkeit auf (z. B. Sproß- und Blattranken; Sproß-, Blatt- und Wurzeldornen). In der Stellung zum Gesamtorganismus wie auch in der inneren Bauanlage zeigen sie große Verschiedenheiten.

Homologe Organe. Im Gegensatz hierzu stammen die homologen Organe phylogenetisch von demselben Grundorgan ab. Sie besitzen dieselbe Lage zum Gesamtorganismus und bei verwandten Pflanzen auch übereinstimmenden inneren Bauplan trotz äußerer Formverschiedenheit und Funktion.

Sproßorgane:	**Blattorgane:**	**Wurzelorgane:**
Rhizom	Keimblätter	Wurzelknollen
Ausläufer	Blattranken	Rüben
Sproßknolle	Blattdornen	Atemwurzeln
Zwiebel	Kannenblätter	Stelzwurzeln
Blüte	Kelchblätter	Luftwurzeln
Sproßranken	Blumenblätter	Wurzeldornen
Sproßdornen	Staubblätter	Haustorien
Knospen	Fruchtblätter	

Lebensformen

Nur die einjährigen Pflanzen schließen innerhalb einer Vegetationsperiode ihren Lebenszyklus von der Samenkeimung bis zur neuen Samenbildung ab. Aber gerade die pflanzlichen Großformen können den Aufbau ihrer Pflanzenkörper nicht alljährlich wieder völlig neu beginnen, sondern sie müssen die Leistung des Vorjahres weiterführen. Das aber setzt eine Erhaltung des Pflanzenkörpers über ungünstige Jahreszeiten voraus. In den gemäßigten und kalten Zonen ist die kritische Jahreszeit der Winter, in den Subtropengebieten die regenfreie Zeit. Nach Art der Überwindung solch vegetationsfeindlicher Zeiten kann man besonders nach der Lage der überlebenden Organe bestimmte Lebensformen unterscheiden. Ihr besonderer Bau ist der Ausdruck einer Anpassung an die das Leben begrenzenden Faktoren des Standortes.

1. Am wenigsten geschützt sind die sogenannten **Luftpflanzen,** deren Überdauerungsknopsen ziemlich frei allen Unbilden der Witterung ausgesetzt sind. Hierher gehören die Bäume und Sträucher. Die Knospenschuppen schützen den Vegetationspunkt gegen niedere Temperatur und Wasserverlust nur in beschränktem Umfang. Daher halten sich in unserem Gebiet nur Bäume, welche physiologisch durch eine erhebliche Frostresistenz geschützt sind. Das Hauptverbreitungsgebiet dieser Lebensform aber liegt in den Tropen.

2. Die **Zwergpflanzen** erheben ihre Knospen nicht über 25 cm in den Luftraum. Diese bodennahe Lage kann auf verschiedene Weise erreicht werden.

a) Der ganze Zwergstrauch überdauert die ungünstige Periode (Calluna, Vacciniumarten).

b) Ein oberer krautiger Teil der Pflanze stirbt ab und nur der untere verholzte Rest überwintert (Quendel, Lavendel).

c) Der Sproß neigt sich passiv infolge der eigenen Schwere zum Boden (Veilchen, Hainmiere, Gundermann).

d) Der Sproß ist aktiv plagiotrop (Sonnenröschen, Pfennigkraut, Echter Ehrenpreis, Hufeisenklee).

3. **Oberflächenpflanzen.** Die wichtigste Gruppe für das gemäßigte Klimagebiet, die Hälfte unserer heimischen Pflanzen, zeigt diese Überwinterungsform. Ein winterlicher Gang durch Wald und Wiese erweckt den Eindruck, als ob der größte Teil der Bodenflora völlig abgestorben wäre.

Die Wiese erscheint braun von den abgestorbenen Grasblättern, im Wald deckt eine Laubschicht alles Leben zu. Wirklich abgestorbene Pflanzen lassen sich im allgemeinen leicht vom Boden abheben, da das Wurzelsystem mit abstirbt. Auffallend ist, daß viele scheinbar toten Pflanzen durch ein gesundes Wurzelsystem mit dem Boden fest verhaftet bleiben. Eine nähere Untersuchung zeigt dann, daß solche Pflanzen mindestens noch lebende Knospen besitzen. Diese liegen dicht an der Erdoberfläche, werden also bereits

Abb. 125. Die Lebensformen von *Raunkiaer* in schematischer Darstellung. Die schwarzen Pflanzenteile überwintern, die anderen sterben im Herbst ab. 1. Luftpflanzen; 2a und 2b. Zwergpflanzen; 3. erdnahe Pflanzen (a: Rosettenpflanze, b: Halbrosettenpflanze, c: Pflanze ohne Rosetten); 4a und 4b. Erdpflanzen; 5. einjährige Pflanzen

durch das eigene absterbende Blatt- und Stengelmaterial geschützt. Auch die leichteste Schneedecke ist ihnen bereits ein hinreichender Schutz gegen Kälte und austrocknende Winde. Dabei lassen sich folgende Typen unterscheiden:

a) Die gesamten oberirdischen Teile sterben bis auf die bodennahen Knospen ab. Diese liegen dicht über oder unter der Bodenoberfläche (Johanniskraut, Rittersporn, Artemisia, Seifenkraut usw.).

b) Es bleiben mehr oder weniger dicht gestellte basale Blätter winterhart, und die überdauernden Knospen stehen dann in den Blattachseln oder am Ende von Ausläufern (Hahnenfuß, Odermennig, Schafgarbe, Gräser, Günsel).

c) Rosettenpflanzen. Eine dichte Blattrosette bleibt erhalten und überwintert (Fingerhut, Königskerze u. a. zweijährige Pflanzen). Bei Rubus-Arten stirbt der fruchtende zweijährige Sproß ab, und es überwintert der einjährige aus Basalknospen entstehende Trieb.

4. **Erdpflanzen.** Die oberirdischen Organe sterben völlig ab. Die Überwinterung erfolgt

a) durch Rhizome (Anemone, Weißwurz, Spargel),
b) durch Stengelknollen (Kartoffel, Herbstzeitlose, Krokus),
c) durch Wurzeln: Rüben, Wurzelknollen (Orchideen).
d) durch Zwiebeln (Tulpen, Hyazinthen). Hier ist der Sproß bereits im Herbst vorgebildet und bedarf im Frühjahr nur ganz kurzer Vegetationszeit zur Entfaltung und zum Abschluß des Lebenszyklus bis zur Samenbildung. In diese Gruppe gehört die Mehrzahl der typischen Steppenpflanzen.

5. **Einjährige Pflanzen.** Sie treten bei uns stark zurück. Am häufigsten erscheinen sie als Unkräuter in gutem Ackerboden, als Kulturpflanzen (Sommergetreide, Mohn, Lein, Gemüsepflanzen wie Salat, Gurke usw.) unter Schutz und Pflege des Menschen oder als Ruderalpflanzen. Die Sommerannuellen keimen im Frühjahr aus und sterben im Herbst ab, die Winterannuellen dagegen treiben im Herbst schon eine kleine Rosette, die winterhart ist und im Frühjahr den Blütensproß treibt. Manche überwintern auch in der voll entwickelten Form wie z. B. die Vogelmiere, Brennessel, Taubnesselarten, Kreuzkraut, Ehrenpreis u. a.

Jede dieser Lebensformen ist ganz bestimmten Standortsverhältnissen, besonders klimatischen Verhältnissen angepaßt. Daher ist das Verhältnis der einzelnen Lebensformen für jedes klimatische Gebiet ein ganz bestimmtes und charakteristisches (**biologisches Spektrum**).

	Luftpflanzen %	Zwerg-pflanzen %	Oberflächen-pflanzen %	Erdpflanzen %	Einjährige Pflanzen %
Tropische Zone	61	6	12	5	16
Wüstenzone	12	21	20	5	42
Mittelmeerzone	12	6	29	11	42
Gemäßigte Zone	7	3	50	22	18
Arktische Zone	1	22	60	15	2

Die Fortpflanzung

Auch das Leben der Pflanze ist nicht unbegrenzt. Früher oder später wird jedes Gewächs einem natürlichen oder auch gewaltsamen Tod (Nutzpflanzen) anheimfallen. Um eine Pflanzenart vor dem Aussterben zu schützen, ist daher eine Verjüngung von Pflanzenteilen nötig, die nicht mit in die natürliche Alterskatastrophe hereingerissen werden. Ausreichend für die Arterhaltung wird im Hinblick auf die unsicheren Entwicklungsbedingungen eine solche Verjüngung nur dann, wenn sie gleichzeitig mit einer Vermehrung verbunden ist.

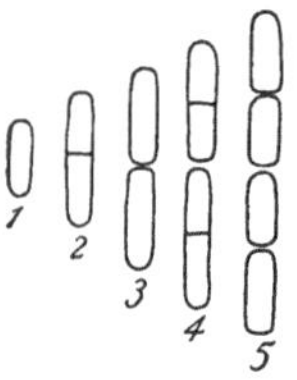

Abb. 126. Bakterienteilung

Bei den niedersten, vor allem bei einzelligen pflanzlichen Formen, bei Bakterien und Spaltalgen sowie bei einer Reihe von Flagellaten, erfolgt die Fortpflanzung durch einfache **Zellteilung** mit nachfolgender Trennung der beiden Zellen, die nun selbständige Individuen werden (Abb. 126). Die Entwicklungsbedingungen schon für die niedersten Organismen sind niemals stetig. Immer wieder werden zwischen Zeiten günstiger Lebensbedingungen solche eingeschaltet sein, die ein normales Leben und auch die Entwicklung neuer Individuen ausschließen: Der natürliche Nährboden der Bakterien und Pilze erschöpft sich, der von Algen bewohnte Wassertümpel trocknet aus, Temperatur und Feuchtigkeitsverhältnisse gestalten sich zeitweise ungünstig. In solchen Zeiten müssen die Lebensvorgänge und -äußerungen auf ein Minimum eingeschränkt werden, es bilden sich sogenannte **Dauerformen** der Pflanzen. Im einfachsten Fall von Einzellern zieht sich das Plasma zusammen und umgibt sich mit einer neuen derben Membran (Dauerspore, Abb. 127). Unseren Blicken verborgen hat sich aber in einer Art Umschmelzung des Plasmas das Wesentliche vollzogen, was nun dem Lebensträger gegenüber ungünstigen Lebensbedingungen eine erhöhte Resistenz verleiht. Gleichzeitig aber sind diese Dauerformen ihrer Kleinheit wegen zur **Verbreitung** und damit auch zur Auffindung günstiger Lebensbedingungen besonders geeignet. Zellvermehrung und Zellverbreitung zusammen erst gewährleisten die Fortpflanzung der Art.

Bei den mehrzelligen Pflanzen tritt an Stelle der einfachen Zellteilung als Fortpflanzungsmodus allgemein die **Keimbildung:** Der Zellinhalt zerfällt in eine Anzahl von einzelligen Keimen (Sporen), die sich entweder direkt, jede Spore für sich allein, zu einer neuen Pflanze entwickeln **(ungeschlechtliche Fortpflanzung)**, oder aber jeder Keim ist für sich allein nicht entwicklungsfähig, und erst aus dem Verschmelzungsprodukt (Zygote) zweier morphologisch oder physiologisch unterschiedlicher, stets einzelliger Keime (Geschlechtszellen) kann sich eine neue Pflanze entwickeln **(geschlechtliche Fortpflanzung).**

Die ungeschlechtliche Fortpflanzung

Formen der ungeschlechtlichen Vermehrung:

1. **Zellteilung.** (Bakterien, Kieselalgen, Desmidiaceen, Flagellaten) (Abb. 126).
2. **Keimbildung.**
   a) Einzellige Keime (Sporen).
      α) Exosporen. Einzelne Zellen lösen sich aus dem Zellverband und nehmen Keimnatur an (Brandsporen der Brandpilze), oder endständige Zellen werden abgeschnürt, z. B. die Konidien bei Pilzen (Konidien von Phytophthora und Pinselschimmel; Äcidiosporen, Abb. 128*A* u. *B*).

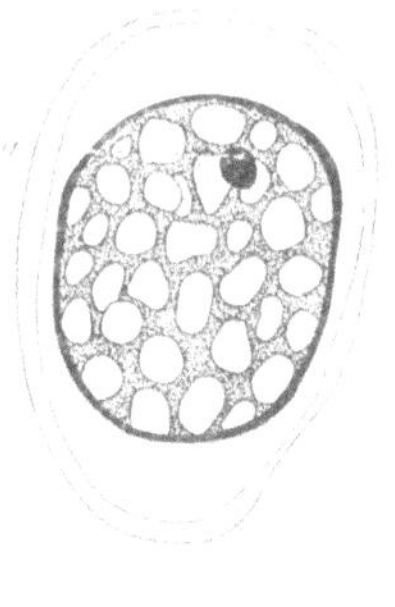

Abb. 127. Dauerspore von Euglena gracilis. Vergr. etwa 1000. (Nach *Zumstein*)

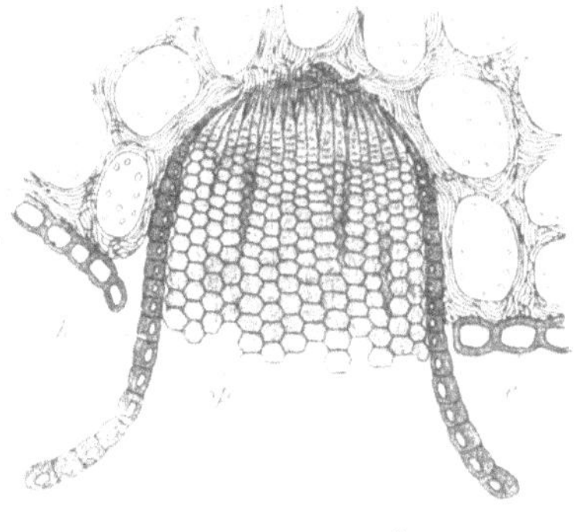

Abb. 128 *A*. Exosporen. Äcidiosporenbildung eines Rostpilzes. (*e*) Blattepidermis; (*m*) Pilzhyphen; (*h*) Hülle des Äcidiums; (*sp*) Äcidiosporen

Abb. 128 *B*. Pinselschimmel: Konidienbildung. (Nach *Kny*)

β) Endosporen. Die Sporen entstehen innerhalb besonderer Zellen (Abb. 129*A* u. *D*) oder höher organisierter Behälter (Sporangien, Abb. 129*B* u. *C*, 130 *A* u. *B*). Bei niederen, das Wasser bewohnenden Formen sind die Sporen gewöhnlich begeißelt und beweglich (Zoosporen, Abb. 129*B* u. *C*), bei landbewohnenden Pflanzen dagegen von resistenter derber Hülle umgeben und nur passiv beweglich (Aplanosporen, Abb. 129*D*).

Endosporen

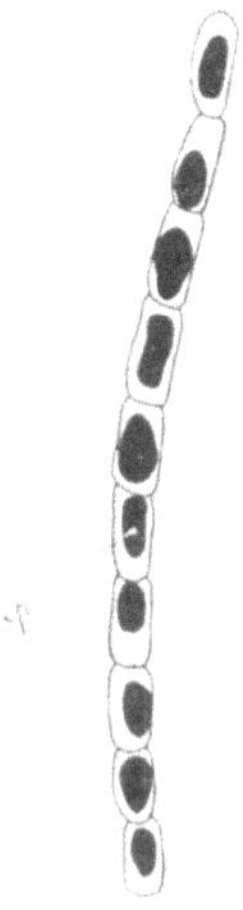

Abb. 129 *A*.

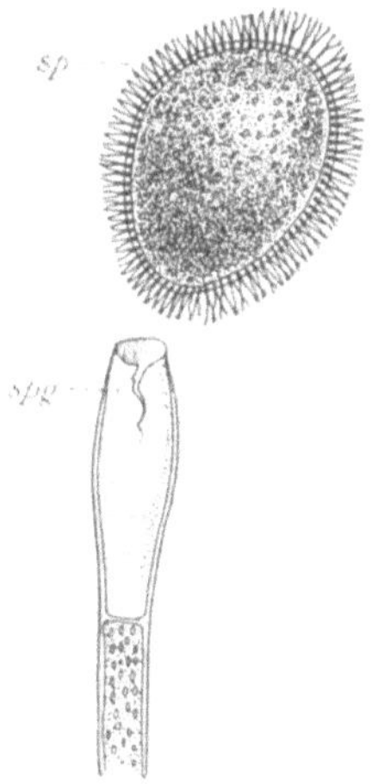

Abb. 129 *B*.

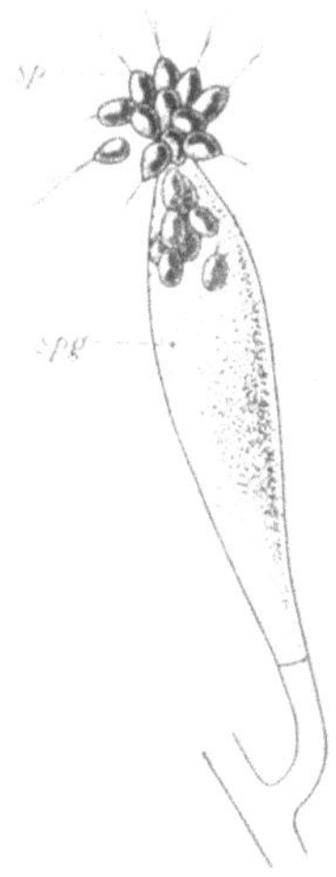

Abb. 129 *C*.

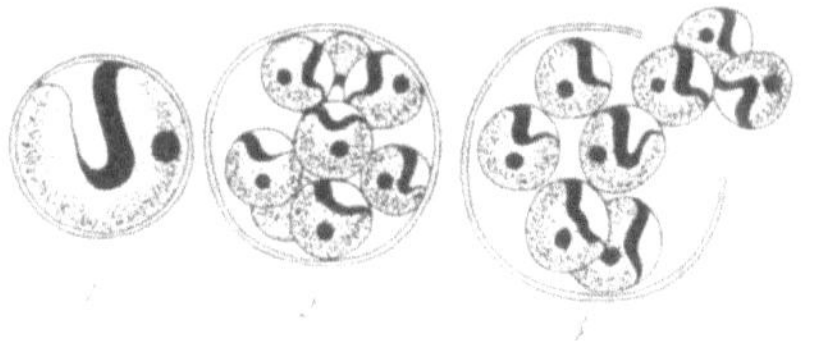

Abb. 129 *D*

Abb. 129 *D*. Aplanosporenbildung bei Chlorella vulgaris. *1* Sporenmutterzelle; *2* Teilung in 8 Aplanosporen; *3* Öffnung der Sporenmutterzelle. (Nach *Grintzesco*)

Abb. 129 *C*. Schwärmsporenbildung des Algenpilzes Saprolegnia mixta. (*spg*) Sporangium; (*sp*) Sporen

Abb. 129 *B*. Schwärmspore (*sp*) und Sporangium (*spg*) der Schlauchalge Vaucheria. (Nach *Strasburger*)

Abb. 129 *A*. Endosporen beim Heubazillus; (*sp*) Sporen

Die Sporangien der Moose und Farne sind komplizierte Gebilde, die außer den Wandzellen aus peripherem Nährgewebe (Tapetenschicht) und zentralem Sporenbildungsgewebe (Archespor) bestehen (Abb. 130 *A*, *B*).

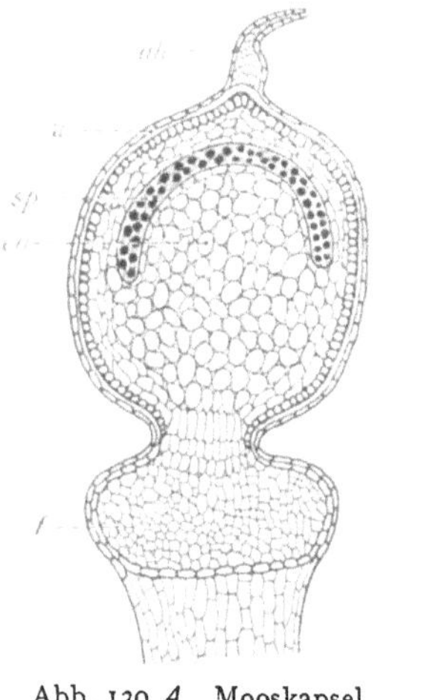

Abb. 130 *A*. Mooskapsel. (*ah*) Archegoniumhals (Haube); (*w*) Wand; (*sp*) Sporen; (*co*) Säulchen (Columella); (*f*) Fuß. (Nach *Schimper*)

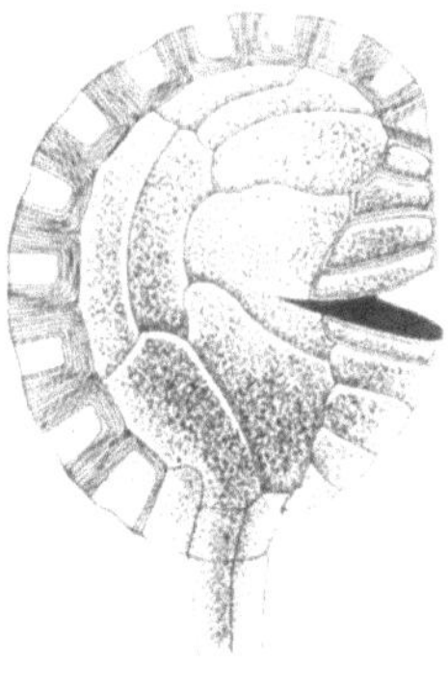

Abb. 130 *B*. Farnsporangium

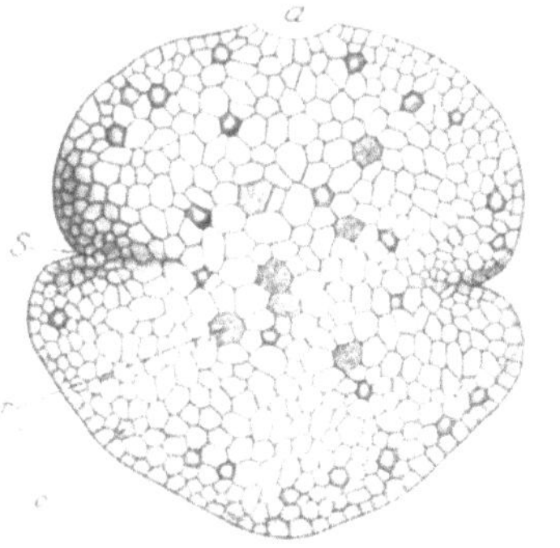

Abb. 131. Brutkörper von Marchantia polymorpha. (*a*) Ansatzstelle; (*S*) Scheitel; (*r*) Rhizoidzelle; (*o*) Ölzelle

b) Mehrzellige Keime. Im Hinblick auf ihre Organisationshöhe unterscheidet man:

α) wenig gegliederte Brutkörper, wie sie z. B. in den Brutbechern eines Lebermooses (Marchantia) gebildet werden (Abb. 131).

β) Hochorganisierte und differenzierte Gebilde. Brutknospen, Brutzwiebel, die Überwinterungsknospen vieler Wasserpflanzen, Stengel- und Wurzelknollen (Kartoffel, Dahlie), auch Ausläufer (Erdbeere), Rhizome (Einbeere), ja alle Sproß- und Wurzelstücke, die ausgebildete oder schlafende Vegetationspunkte (Augen) besitzen, können nach Ablösung von der Mutterpflanze neue selbständige Tochterpflanzen zur Entwicklung bringen.

Die geschlechtliche Fortpflanzung

Bei den niederen Organismen gibt es von der ungeschlechtlichen zur geschlechtlichen Fortpflanzung gewissermaßen gleitende Übergänge. Auch bei der sexuellen Fortpflanzung kommt es zunächst noch zur Ausbildung von freibeweglichen Keimen, die in Organisation, Gestalt und Größe den Zoosporen durchaus ähnlich sein können, sich von ihnen funktionell jedoch dadurch unterscheiden, daß sie zur Weiterentwicklung der Vereinigung mit einem Partner bedürfen (Kopulation). Diese kopulationsbedürftigen Keime werden als **Gameten** bezeichnet. Ihr entwicklungsfähiges Kopulationsprodukt ist die **Zygote.** Am Anfang dieser für die phyllogenetische Entwicklung ungemein bedeutungsvollen Erscheinung der sexuellen Fortpflanzung steht also die Ausbildung von äußerlich einheitlich gestalteten Gameten (**Isogameten,** Abb. 132 *A*), die ähnlich wie die Sporen durch Teilung von Kern und Plasma einer Zelle oder in spezialisierten Behältern, den **Gametangien,** die den Sporangien durchaus homolog sind, gewöhnlich in größerer Zahl entstehen.

Aber schon bei Algen und Pilzen kommt es zu einer fortschreitenden Differenzierung von zweierlei Gameten (**Anisogamie,** Abb. 132 *B*), den größeren, ihre Beweglichkeit mehr und mehr einbüßenden weiblichen und den kleineren, sehr beweglichen männlichen Gameten. Beide Gametengeschlechter entstehen getrennt in differenzierten Gametangien. Hat der weibliche Gamet seine aktive Bewegungsfähigkeit verloren, so wird er als **Ei,** seine Mutterzelle als **Oogonium** bezeichnet, während die äußerst kleinen und beweglichen männlichen Gameten **Spermien** (Spermatozoide) und ihre Bildungsstätten **Antheridien** heißen (Abb. 132 *C*—*F*). Die Spermien suchen, durch chemische vom Ei ausgehende Einflüsse geleitet, dieses auf. Die Kopulation findet bei frei schwimmenden Eiern im gemeinsamen wässerigen Medium, bei festsitzenden Eiern im Oogonium statt, in das die Spermien durch vorgebildete Öffnungen eindringen. Die Zygote keimt entweder sofort oder nach Ablauf eines Ruhestadiums zur neuen Pflanze aus.

A. Isogameten (*s*) von Ulothrix. (Nach *Lind*)

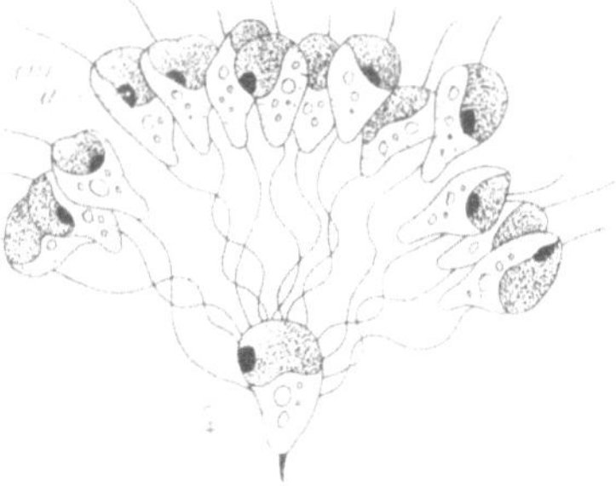

B. Anisogameten der Braunalge Ectocarpus siliculosus. (Nach *Oltmanns*)

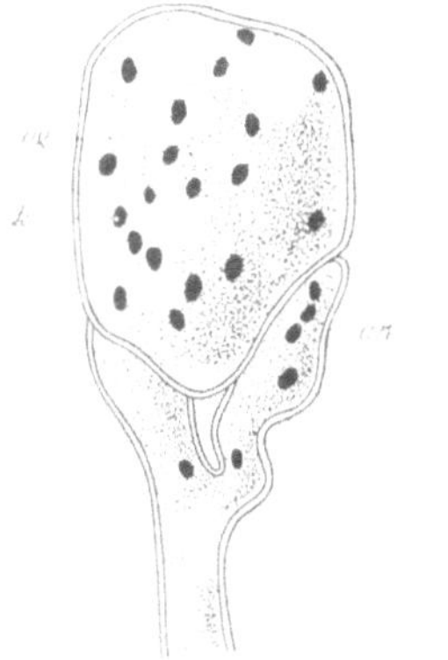

C. Peronospora parasitica. Vielkerniges Oogonium (*og*); (*k*) Kern; (*an*) Antheridium. Vergr. 666. (Nach *Wager*)

Abb. 132 *A*—*C*. Gameten

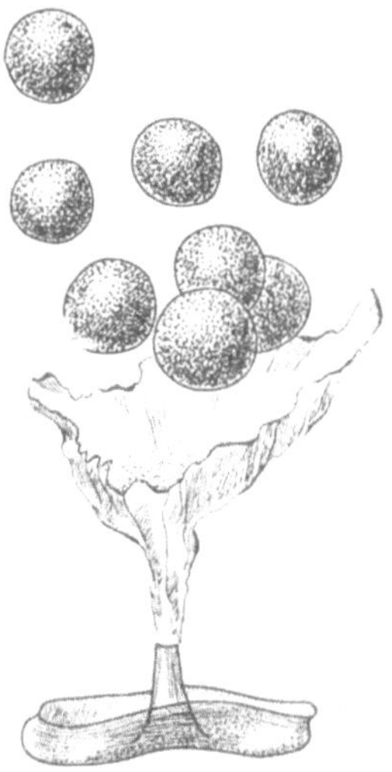

D. Eier von Fucus. (Nach *Truret*)

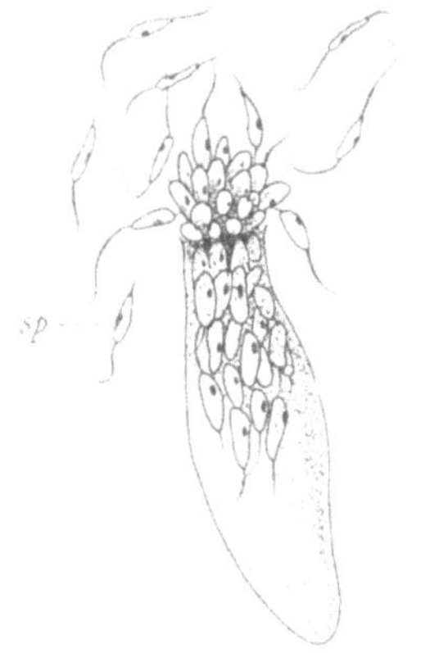

E. Antheridium von Fucus. (*sp*) Spermatozoid. (Nach *Truret*)

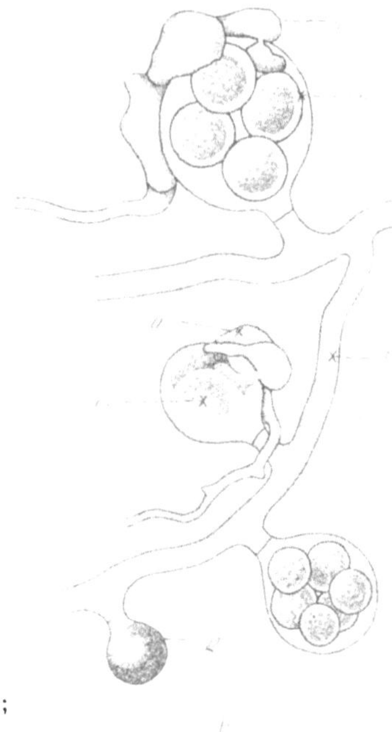

F. Saprolegnia mixta. (*g*) junges Oogonium; (o_1 u. o_2) Eier; (*a*) Antheridium; (*h*) Hyphe. (Nach *Klebs*)

Abb. 132 *D—F*. Gameten

Die Sexualität

Über die Ursachen der sexuellen Differenzierung haben uns erst Untersuchungen aus der neuesten Zeit eingehender unterrichtet. Die Sexualität ist bestimmt durch spezifische **Geschlechtsstoffe,** deren Bildung von Realisatoren ausgeht, die in den Chromosomen lokalisiert sind. Jede Pflanze besitzt zwei Realisatoren; der eine erzeugt den männlichen, der andere den weiblichen Geschlechtsstoff. Jeder Gamet enthält beide Realisatoren und daher auch beide Geschlechtsstoffe, er ist also **bisexuell.** Welches Geschlecht nun im Gameten verwirklicht wird, hängt nur von dem mengenmäßigen Verhältnis der beiden Geschlechtsstoffe ab: Im weiblichen Gamet herrscht der weibliche Sexualstoff (f) vor, im männlichen Gameten der männliche Sexualstoff (m). Im Fall eines Flagellaten (Chlamydomonas) sind beide Sexualstoffe bekannt geworden:

der weibliche Geschlechtsstoff ist cis-Crocetindimethylester,

der männliche Geschlechtsstoff ist trans-Crocetindimethylester.

Zur Kopulation können nur solche Gameten kommen, die einen bestimmten **Minimalunterschied** im Verhältnis von f : m überschreiten. Dieses Verhältnis schwankt noch in weiten Grenzen innerhalb der Gameten desselben Geschlechts.

Weibliche Gameten:

			f : m
sehr starke Weibchen		(IV)	95 : 5
starke	,,	(III)	85 : 15
mittelstarke	,,	(II)	75 : 25
schwache	,,	(I)	65 : 35

Männliche Gameten:

		f : m
schwache Männchen	(1)	35 : 65
mittelstarke „	(2)	25 : 75
starke „	(3)	15 : 85
sehr starke „	(4)	5 : 95

Die folgende Tabelle gibt die Kopulationsmöglichkeiten zwischen den 8 Gametensorten wieder:

	IV	III	II	I	1	2	3	4
IV	o	o	+	++	+++	+++	+++	+++
III	o	o	o	+	+++	+++	+++	+++
II	+	o	o	o	+++	+++	+++	+++
I	++	+	o	o	++	+++	+++	+++
1	+++	+++	+++	++	o	o	+	++
2	+++	+++	+++	+++	o	o	o	+
3	+++	+++	+++	+++	+	o	o	o
4	+++	+++	+++	+++	++	+	o	o

o bedeutet keine Kopulation; die Anzahl der Kreuze gibt ein Maß für die Kopulationsfreudigkeit.

Hieraus ist zu ersehen, daß sowohl männliche wie weibliche Gameten unter sich kopulieren können, so fern nur das Verhältnis f : m hinreichend verschieden ist. Die Sexualität ist somit ein relativer Begriff, der durch quantitative, nicht durch qualitative Unterschiede bedingt ist.

Neuerdings ist *R. Kuhn* und *F. Moewus* eine weitergehende Analyse der am Kopulationsvorgang direkt und indirekt beteiligten Stoffe geglückt. Physiologisch gehen dem eigentlichen Kopulationsprozeß bestimmte vorbereitende Prozesse voraus, und der ganze Kopulationsablauf stellt eine sehr komplexe Kettenreaktion dar. Es ist nun bewunderswert, wie die Pflanze durch den engen chemischen Zusammenhang aller an den Einzelprozessen beteiligten Wirkungsstoffe die Einheitlichkeit des Gesamtvorgangs wieder sicherstellt.

In den Einzelakten des gesamten Befruchtungsschauspiels treten „Anlockungsstoffe", „Beweglichkeitsstoffe", „Kopulationsstoffe", „Agglutinierungsstoffe" u. a. in Tätigkeit. Wesentlich ist nun, daß alle diese Stoffe chemisch aufs engste verknüpft sind; man bezeichnet sie als „Gamone". Daneben spielen die geschlechtsbestimmenden Stoffe (Termone) eine bedeutsame Rolle. Und auch zwischen diesen beiden Gruppen besteht enge chemische Verwandtschaft.

Im Dunkeln entsteht in allen Zellen als gemeinsame Vorstufe das Protocrocin (I). Unter Sauerstoffaufnahme können die beiden Seitengruppen als Pikrocrocin (V) abgespalten werden. Dieser Körper wirkt als „Gynotermon", d. h. er verleiht allen Zellen der benutzten Algenkultur weiblichen Charakter. Der Rest vom Protocrocin, das Crocin selbst (II), macht unter anaeroben Bedingungen alle Gameten beweglich (Beweglichkeitsstoff).

Spaltet man vom Crocin noch die beiden seitlichen Disaccharide (Gentiobiose) ab, so bleibt das Crocetin übrig, das methyliert (III) den Anlockungsstoff zur Kopulation liefert, wobei im ♀ Gameten die cis-, im ♂ Gameten die trans-Form überwiegt. Die restliche Gentiobiose (IV) vermag unter aeroben Bedingungen die Gameten beweglich zu machen. Löst man vom Pikrocrocin endlich den Zucker ab, so bleibt das Safranal übrig (VI), das als Androtermon wirkt, d. h. allen Zellen ♂ Charakter verleiht (vgl. Tabelle S. 71).

Ob diese Stoffe mit den natürlichen Befruchtungstermonen identisch sind, bleibt noch abzuwarten. Sicherlich aber sind sie ihnen wirkungsgleich und auch chemisch nahe verwandt.

Bei vielen niederen Tieren ist die Gemischtgeschlechtlichkeit der Gameten weit verbreitet. Hier entscheiden vielfach innere und äußere Entwicklungsfaktoren über die endgültige Geschlechtsbestimmung, und zwar über die Bildung geschlechtsbestimmender Stoffe (Termone) hinweg. In höheren Pflanzen ist die geschlechtliche Bestimmung wohl im wesentlichen genetisch festgelegt, und eine Abwandlung des Geschlechts kann dann nur mehr über eine Änderung am Chromosomenbau gehen. Derartige Eingriffe sind schon in verschiedenen Fällen mit Erfolg durchgeführt worden.

Die Befruchtung

Nach der Kopulation der beiden verschieden geschlechtigen Gameten vereinigen sich nicht nur deren Plasmakörper **(Plasmogamie)**, sondern das wesentlichste Moment der Befruchtung liegt vielmehr in einer Verschmelzung der beiden Sexualkerne zum **Zygotenkern.** Diese letztere Verschmelzung ist jedoch keine vollständige. Von größter Bedeutung ist die Tatsache, daß die **Chromosomen** (vgl. S. 108 u. 109) der Kerne und damit ihr Erbgefüge (Genom) unvermischt bleiben. Die Folge davon ist, daß der Zygotenkern im Gegensatz zum haploiden Gametenkern die doppelte Anzahl von Chromosomen (diploid), und zwar je einen Satz männlicher und einen Satz weiblicher Chromosomen besitzt, wobei sich die Chromosomen je paarweise gleichen und entsprechen (homologe Chromosomen). Aber auch die aus dem Zygotenkern sich entwickelnde Pflanze besteht ausschließlich aus diploiden Zellen. Sollen die Gameten der neuen Pflanze wieder haploid sein, und das ist notwendig, wenn in der künftigen Zygote nicht mehr als je ein Satz väterlicher und ein Satz mütterlicher Chromosomen vereinigt werden sollen, so muß vor der Gametenbildung jeweils eine Reduktion der Chromosomenzahl eintreten. Diese erfolgt stets in Verbindung mit einer Kern- und Zellteilung **(Reduktionsteilung)**. Näheres vgl. S. 109ff. Die entstehenden Tochterkerne besitzen nach erfolgter Reduktionsteilung nur mehr die einfache Chromosomenzahl.

Auf die Reduktionsteilung folgt gewöhnlich unmittelbar eine typische Teilung, so daß aus der diploiden Mutterzelle mindestens vier haploide Urkernzellen **(Tetrade)** entstehen (Reifeteilungen). Für den Ablauf des gesamten Lebenszyklus einer Pflanze ist es nun von entscheidender Bedeutung, an welcher Stelle der Entwicklung die Reduktionsteilung stattfindet. Das ist bei den einzelnen Pflanzen recht unterschiedlich. Im einfachsten Fall ist schon die erste Teilung der Zygote eine Reduktionsteilung (vgl. Abb. 134, *1*). Sie kann aber auch weit hinausgeschoben sein und erst in der Gametenmutterzelle, also unmittelbar vor der Gametenbildung, erfolgen.

Die Reduktionsteilung erzeugt, wie bereits erwähnt, haploide Kerne, und alles Gewebe, das aus der Tetrade der Reduktionsteilung hervorgeht, ist haploid. Erst die **Kopulation**, d. i. die Vereinigung zweier Gameten, beendet die haploide Entwicklungsphase. Der **Haplont** reicht also von der Reduktionsteilung bis zur Kopulation. Das aus der befruchteten Eizelle sich entwickelnde Gewebe ist bis zum Eintritt der Reduktionsteilung diploid **(Diplont)**. So ist karyologisch, das heißt nach Bau und Inhalt des Zellkerns, jede kopulationsbefähigte Pflanze in zwei Entwicklungsphasen getrennt,

1. in eine haploide von der Reduktionsteilung bis zur Kopulation (Haplont),
2. in eine diploide von der Kopulation bis zur Reduktionsteilung (Diplont).

Chemischer Zusammenhang zwischen den Befruchtungsstoffen (Gamonen) und Determinierungsstoffen (Termonen) bei Chlamydomonas

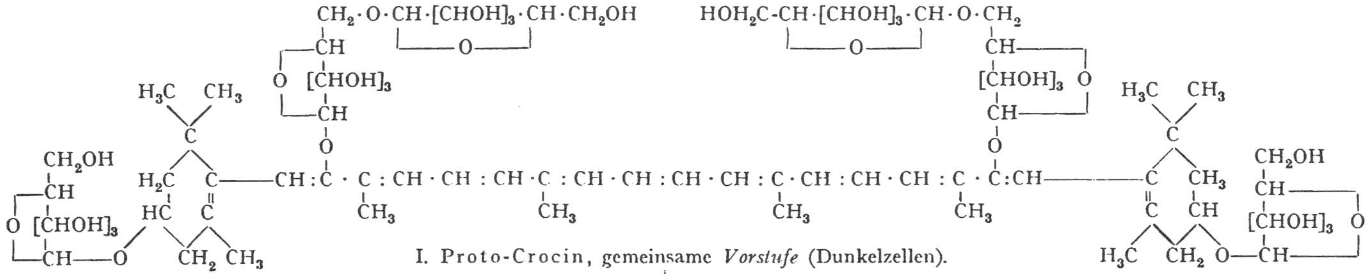

I. Proto-Crocin, gemeinsame *Vorstufe* (Dunkelzellen).

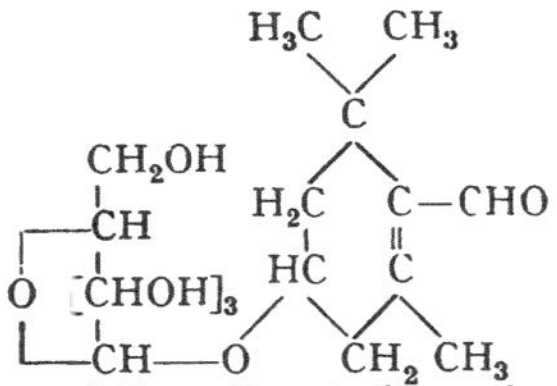

V. Pikro-Crocin* macht alle Zellen der synoica-Kultur *weiblich* (Gynotermon). Grenze der Wirksamkeit: 10^6 Molekel je Zelle.

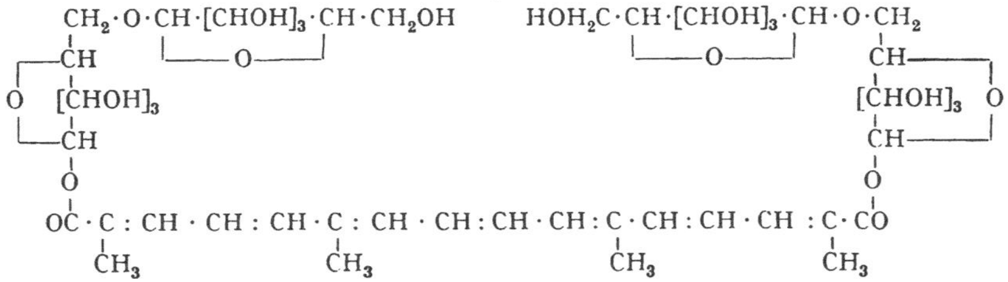

II. Crocin, macht die ♂- und ♀-Zellen unter *anaeroben* Bedingungen *beweglich*. Grenze der Wirksamkeit: 1 Molekel Crocin je Dunkelzelle.

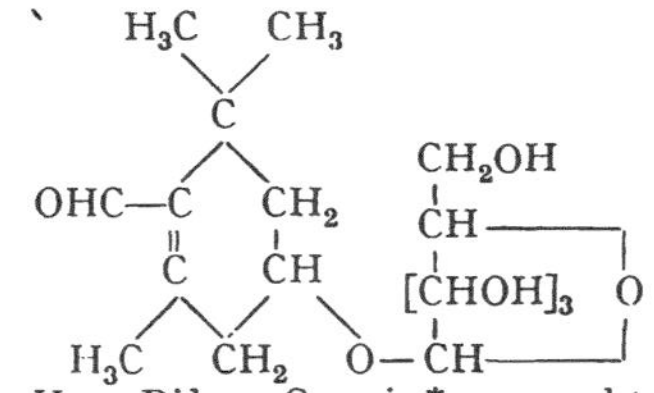

V. Pikro-Crocin* macht alle Zellen der synoica-Kultur *weiblich* (Gynotermon). Grenze der Wirksamkeit: 10^6 Molekel je Zelle.

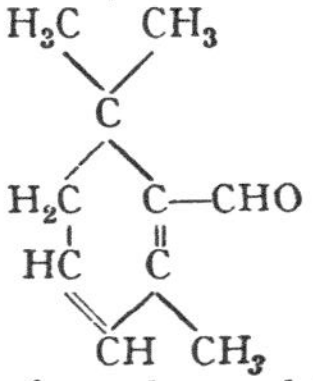

VI. Safranal, macht alle synoica-Zellen *männlich* (Androtermon). Grenze der Wirksamkeit: 10 Molekel je Zelle.

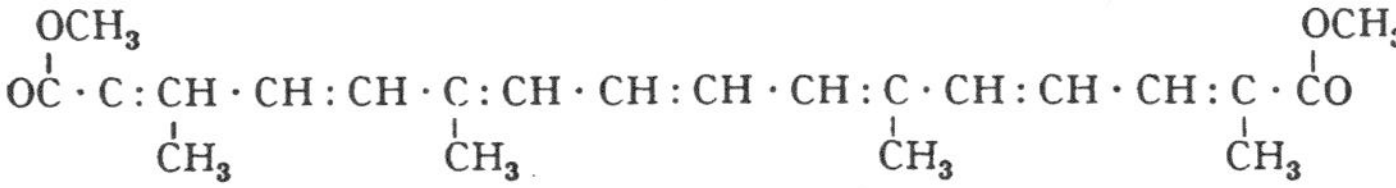

III. *cis*- und *trans*-Crocetin-dimethylester, bewirken die zur Kopulation führende Anlockung von ♂- und ♀-Gameten. Grenze der Wirksamkeit: 10^4 *Molekel je Gamet.*

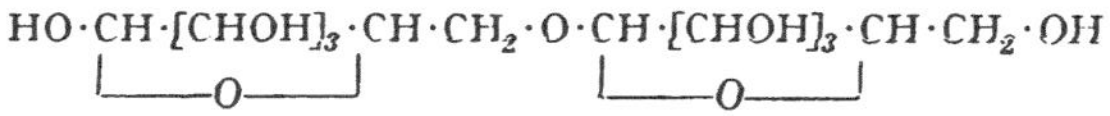

IV. Gentiobiose (2 Molekel) macht die ♂- und ♀-Zellen unter *aeroben* Bedingungen beweglich (chemotaktisch 100-mal wirksamer als *d*-Glucose).

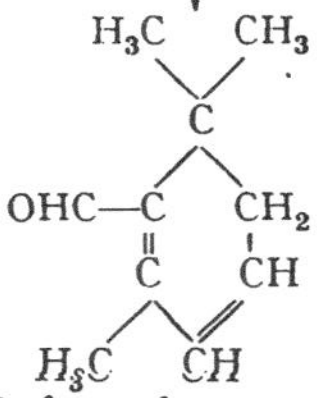

VI. Safranal, macht alle synoica-Zellen *männlich* (Androtermon). Grenze der Wirksamkeit: 10 Molekel je Zelle.

Man bezeichnet den regelmäßigen Wechsel haploider und diploider Generationen als **Kernphasenwechsel.** Die Größe des Anteils beider Phasen am Gesamtaufbau der Pflanze ist sehr verschieden, wie aus Beispielen noch klar gemacht werden soll.

Begrifflich und sachlich scharf zu trennen von diesem Kernphasenwechsel ist der Wechsel in der Art der Fortpflanzung. Man bezeichnet das regelmäßige Abwechseln von ungeschlechtlicher und geschlechtlicher Fortpflanzung im Rahmen der Gesamtentwicklung eines Individuums als **Generationswechsel.** Dabei bauen Sporen oder ihnen homologe Gebilde in ungeschlechtlicher Weise eine erste Entwicklungsphase der Pflanze auf, die mit der Bildung von Sexualorganen und Gameten abschließt (Gametophyt). Die zweite Entwicklungsphase beginnt mit der Gametenvereinigung zur Zygote, die ihrerseits in zahlreichen Teilungsschritten nun die zweite Entwicklungsgeneration aufbaut, welche mit der Bildung von Sporen endigt (Sporophyt). Es entsteht also der Gametophyt aus der ungeschlechtlichen Vermehrung über die Sporenkeimung, der Sporophyt im Anschluß an die geschlechtliche Fortpflanzung aus der Zygotenkeimung.

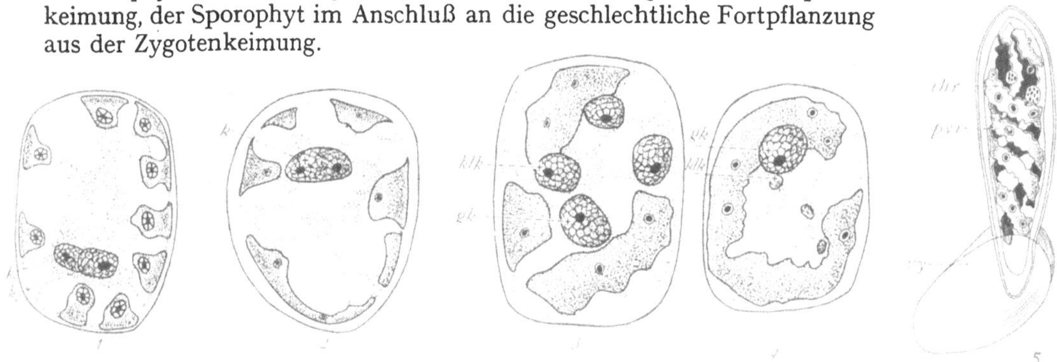

Abb. 133. Kopulationsvorgang und Keimung der Zygote bei der Alge Spirogyra longata.
1: Gametenkerne (k_1 und k_2); *2*: Zygotenkern (*k*); *3* u. *4*: Die aus der Reduktions- u. folgenden Äquationsteilung hervorgehenden Tochterkerne; (*gk*) Großkern, (*klk*) Kleinkerne); *5*: Keimung der Zygote. Zygotenhülle (*zy*); einzelliger Keimling mit Chromatophoren (*chr*) und Stärkebildungsherden (*pyr*) Pyrenoid. (Nach *Tröndle*)

Gestaltswechsel. Auch gestaltlich vollzieht sich wenigstens bei den höheren Pflanzen die Gesamtentwicklung der Pflanzen gewöhnlich in deutlich unterscheidbaren Rhythmen. So treten z. B. beim Moos drei gestaltlich differenzierte Phasen in Erscheinung: das Protonema, das Moospflänzchen und die Mooskapsel (vgl. Abb. 134, *5* u. 137). Beim Farn sind es nur zwei morphologische Phasen: Vorkeim (Prothallium) und Farnpflanze (vgl. Abb. 134, *6* u. 138). Kernphasen-, Generations- und Gestaltswechsel erscheinen in vielen Fällen in bestimmter Weise miteinander gekoppelt. Aber hierbei handelt es sich nur um Parallelerscheinungen und keineswegs um kausale Beziehungen.

So ist die Reduktion der Chromosomenzahl weder die Ursache für die Ausbildung der morphologischen Besonderheit noch diejenige für die Ausbildung kopulationsbedürftiger Gameten. Es gibt, wenn auch nur in Ausnahmefällen, sowohl diploide Gametophyten (Prothallien) wie auch haploide Sporophyten. Andererseits bedingt der Kernphasenwechsel auch nicht immer eine morphologische Differenzierung. So sind bei verschiedenen Algen (Cladophora) die haploide und die diploide Phase bis auf die Gameten bzw. Sporen im Habitus völlig gleich, und wenn eine gestaltliche Differenzierung eingetreten ist, kann selbst innerhalb enger verwandtschaftlicher Grenzen der einen und der anderen Kernphase die größere und höher organisierte Pflanzenform zukommen (vgl. Cutleria und Laminaria).

Beispiele für den Kernphasen-, Gestalts- und Generationswechsel sollen an Hand der ontogenetischen Entwicklung der wichtigsten Pflanzengruppen gezeigt werden. Einen Kernphasenwechsel muß notgedrungen jeder Organismus mit geschlechtlicher Vermehrung aufweisen, denn stets muß eine Reduktionsteilung für die Konstanz der Chromosomenzahl sorgen.

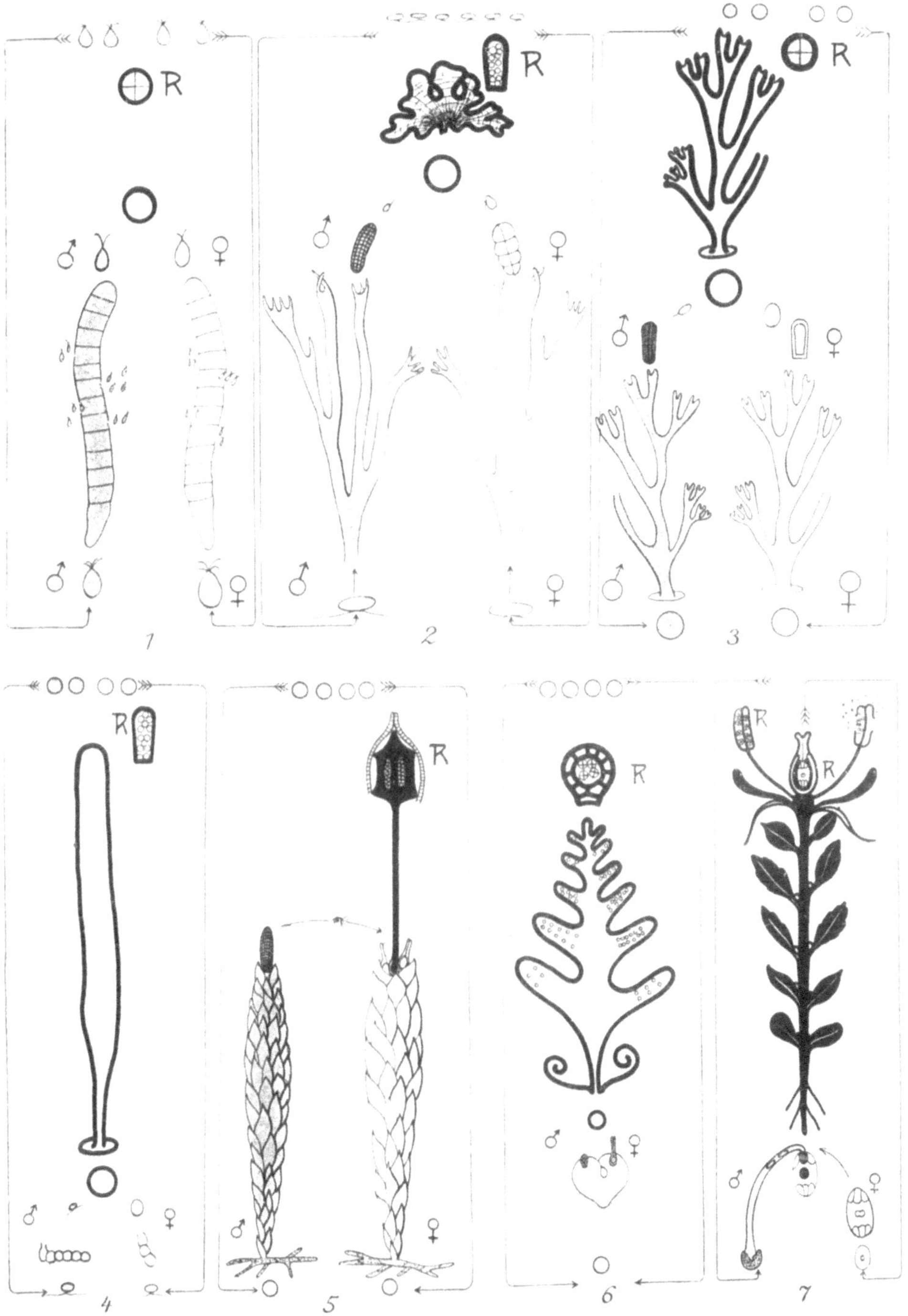

Abb. 134. Generationswechsel, Kernphasenwechsel und Gestaltswechsel mit fortschreitender Entwicklungshöhe der Pflanzen.
Schwach ausgezogen = Gametophyt (schraffiert ♂, weiß ♀), kräftig ausgezeichnet = Sporophyt; *R* = Reduktionsteilung; ○ Zygote.
1 Ulothrix; *2* Cutleria; *3* Dictyota; *4* Laminaria; *5* Moos; *6* Farn; *7* Blütenpflanze. (Nach *Harder*)

Beispiele von Kernphasen-, Generations- und Gestaltswechsel mit fortschreitender Entwicklungshöhe der Pflanzen

I. Thallophyten

1. **Der ursprüngliche Typus** des Generationswechsels ist wohl bei Ulothrix (Abb. 134, *1*), Vaucheria und anderen Grünalgen verwirklicht. Hier ist bereits die erste Kernteilung der auskeimenden Zygote eine Reduktionsteilung, so daß die Pflanze ihre Gesamtentwicklung als Haplont durchläuft. Sporen und Gameten treten am gleichen Individuum auf. Die Sporophytengeneration ist auf die ungekeimte Zygote beschränkt.

2. Bei **höher organisierten Grünalgen** wie auch bei **zahlreichen Braunalgen** ist die Reduktionsteilung hinausgeschoben worden. Die Zygote keimt ohne Reduktionsteilung und entwickelt eine diploide Pflanze. Auf dieser entstehen Sporen (Sporophyt). Dieser Sporenbildungsprozeß wird durch eine Reduktionsteilung eingeleitet, wobei es zu einer geschlechtlichen Differenzierung der Sporen kommen kann.

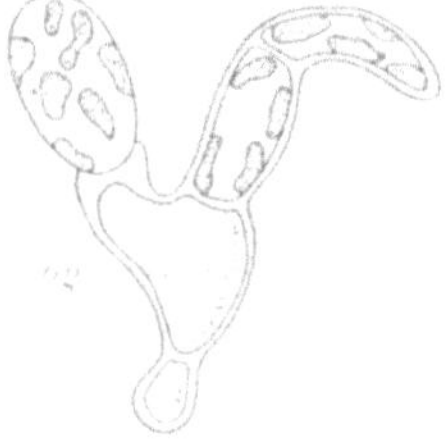

Abb. 135 *A*. Laminaria digitata. Weiblicher Gametophyt. (*og*) Oogonium; (*e*) Eizelle. Vergr. etwa 300. (Nach *Kylin*)

Abb. 135 *B*. Laminaria. Sporophyt

Aus den geschlechtlich differenzierten Sporen entstehen dann weibliche und männliche haploide Gametophyten, welche in Gametangien die Gameten bilden. Kernphasen- und Generationswechsel sind hier also gekoppelt, da der Sporophyt stets diploid, der Gametophyt regelmäßig haploid ist. Die Reduktionsteilung scheidet in solchen Fällen auch die beiden Generationen, die im einfachsten Fall noch gleichgestaltet sind.

Eine **gestaltliche Differenzierung** der beiden Generationen setzt bei manchen **Braunalgen** ein. Bei Cutleria (Abb. 134, *2*) ist der Gametophyt eine ansehnliche aufrechte, gabelig verzweigte Pflanze, der Sporophyt dagegen ein kleines krustenförmiges Gebilde. Umgekehrt ist bei Laminaria der Gametophyt auf einen winzigen Zwergrasen reduziert, während der Sporophyt gewaltige Ausmaße und hohe morphologische und anatomische Gliederung annehmen kann (Abb. 134, *4*, 135 *A*, *B*). Auch hier kommt es im Anschluß an die Reduktionsteilung zu einer geschlechtlichen Differenzierung der Sporen.

3. Verläuft auch die Sporenbildung noch ohne Reduktionsteilung, wird die letztere vielmehr bis zur Gametenbildung hinausgeschoben, so sind die Gameten die einzigen haploiden Zellen im ganzen Entwicklungszyklus der Pflanze **(Fucus)**.

4. Bei den **niederen Pilzen** kann man von einem regelmäßigen Generationswechsel nicht mehr reden, da hier die Art der Fortpflanzung nicht von inneren Entwicklungsgesetzen, sondern von äußeren Bedingungen (besonders der Ernährung) bestimmt

werden. So bildet z. B. Saprolegnia, ein Fäulnispilz, unter günstigen Ernährungsbedingungen Sporen, bei Erschöpfung der verfügbaren Nahrung dagegen Gameten. Bei den **höheren Pilzen** ist die erste Teilung der Zygote stets eine Reduktionsteilung, so daß ein Diplont hier gar nicht mehr in Erscheinung treten kann. Dagegen ist ein Kernphasenwechsel — wenn auch in versteckter Form — noch vorhanden.

II. Archegoniaten

Eine regelmäßige Erscheinung wird der Generationswechsel dagegen bei den Archegoniaten, das sind Pflanzen, bei welchen die geschlechtliche Differenzierung der Gameten und Gametangien weitere Fortschritte gemacht hat. Die männlichen Gameten werden in großer Zahl als sogenannte Spermatozoiden in charakteristisch gebauten Antheridien (Abb. 136 *A*) gebildet, während die weiblichen Gameten (Eizellen) stets in der Einzahl in mehrzelligen, flaschenähnlichen Gametangien, den Archegonien (Abb. 136 *B* u. *C*), entstehen. Bei den Archegoniaten sind Generations- und Kernphasenwechsel in der Regel verknüpft.

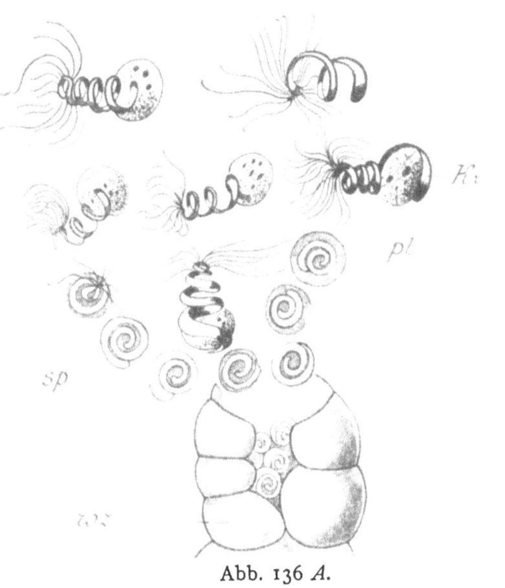

Abb. 136 *A*.

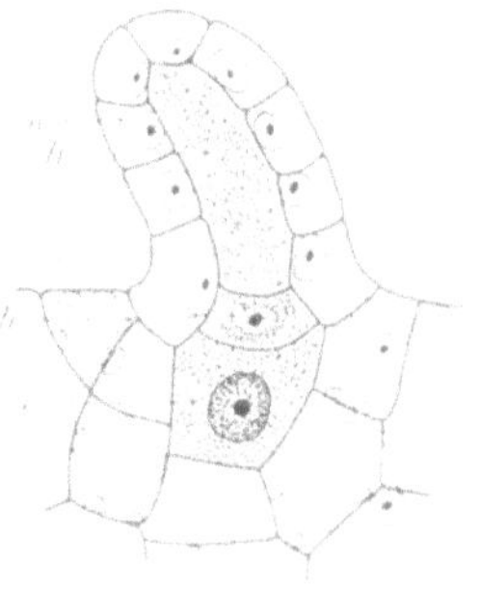

Abb. 136 *B*.

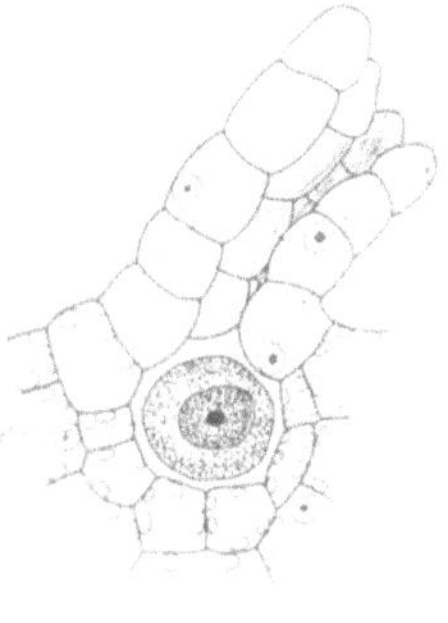

Abb. 136 *C*.

Abb. 136 *A*. Sich öffnendes Farnantheridium. (*sp*) Spermatozoiden; (*Kz*) Spermatozoidzelle; (*pl*) Restplasma der Spermatozoidbildungszelle; (*wz*) Wandzellen

Abb. 136 *B* u. *C*. Archegonium des Tüpfelfarns. *B* geschlossen: (*w*) Wand; (*h*) Halskanalzelle; (*b*) Bauchkanalzelle; (*e*) Eizelle. *C* geöffnet. Vergr. 240. (Nach *Strasburger*)

1. **Moose.** Aus den haploiden Sporen entwickelt sich ein fadenförmiger Vorkeim, das Protonema (Abb. 137 *A*). Ohne Kernphasenwechsel vollzieht sich auf dem Vorkeim ein Gestaltswechsel, indem aus Endzellen der Seitenfäden durch gesetzmäßig verlaufende Zellteilungen einige Knospen entstehen, die sich zu den bekannten Moospflänzchen entwickeln. Auf diesen erst werden die Antheridien und Archegonien mit Spermatozoiden und Eizellen gebildet. Bis hierher reicht der haploide Gametophyt (Abb. 137 *B*, *C*).

Die befruchtete Eizelle eines Archegons wächst ohne Reduktionsteilung zur Mooskapsel heran; diese stellt daher den Sporophyten dar. In der Mooskapsel differenziert sich ein zentrales Gewebe, das Archespor, welches die Sporenmutterzellen liefert. Jede dieser letzteren entwickelt vier Tochterzellen, die Sporen. Die erste Sporenmutterzellenteilung ist eine Reduktionsteilung, so daß die Sporen haploid werden. Die sporophytische Entwicklung reicht also von der befruchteten

Eizelle bis zur ersten Teilung der Sporenmutterzelle. Die auskeimenden Sporen liefern dann wieder das Protonema usw. Der Sporophyt führt kein selbständiges Dasein mehr, sondern lebt parasitisch auf dem Gametophyten (Abb. 134, 5).

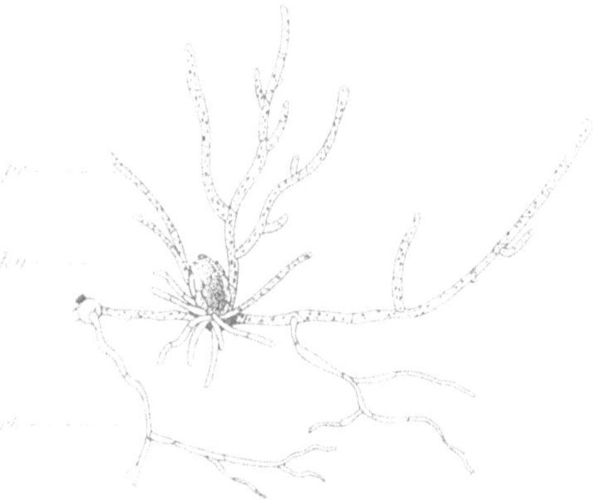

Abb. 137 *A.*

Abb. 137 *B.*

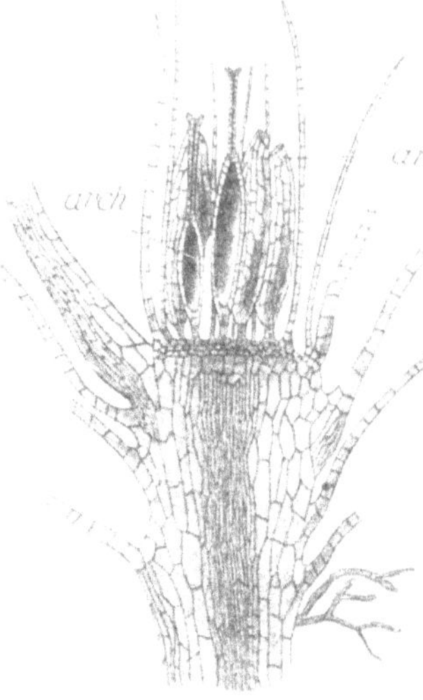

Abb. 137 *C.*

Abb. 137 *A.* Moosprotonema. (*kn*) Knospe; (*rh*) Rhizom; (*pr*) Protonema
Abb. 137 *B.* Moospflänzchen. (*h*) Haube; (*ka*) Kapsel; (*st*) Stiel (Seta); (*rh*) Rhizoiden
Abb. 137 *C.* Spitze eines Moospflänzchens mit Archegonien (*arch*) und Antheridien (*an*)

2. Farne. Auch bei den Farnen entsteht aus der keimenden Spore zunächst ein haploides Prothallium, das auf seiner Unterseite die Antheridien und Archegonien entwickelt (Gametophyt) (Abb. 138 u. 134, *6*). Aus der befruchteten Eizelle entsteht ein in Wurzel und Sproß gegliederter Keimling (Embryo), der zur Farnpflanze auswächst (Abb. 138 *B*), auf deren Blättern dann die Entwicklung der Sporen sich vollzieht. Diese entstehen in Sporangien, die gehäuft in sogenannten Sori zusammenstehen (Abb. 138 *C*). Die Sporangien entwickeln ihre Sporen ebenfalls aus zentral gelegenen Sporenmutterzellen, deren erste Teilung eine Reduktionsteilung ist.

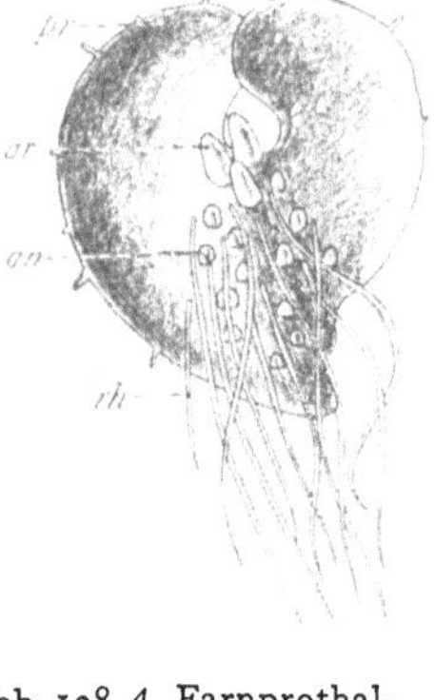

Abb. 138 *A.* Farnprothallium (*pr*). (*ar*) Archegonien; (*an*) Antheridien; (*rh*) Rhizoiden. (Nach *Schenck*)

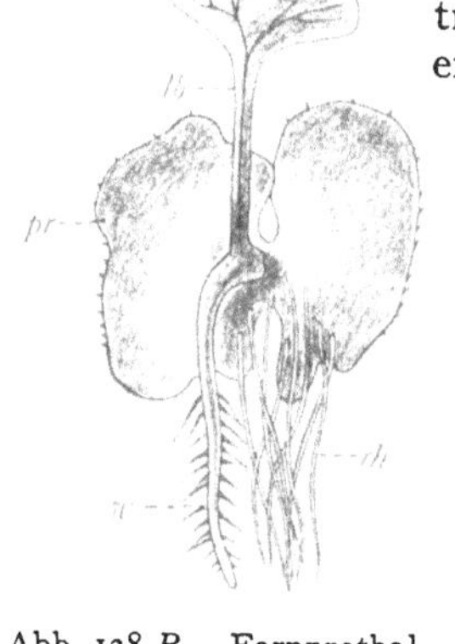

Abb. 138 *B.* Farnprothallium (*pr*) mit junger Farnpflanze. (*lb*) Laubblatt; (*w*) Wurzel; (*rh*) Rhizome. (Nach *Schenck*)

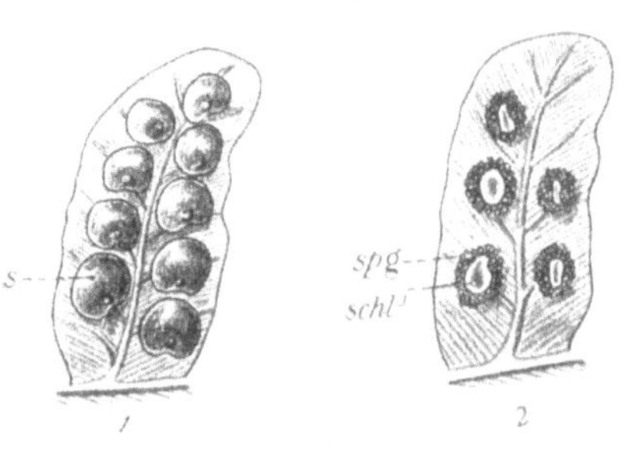

Abb. 138 *C.* Fiederbättchen eines Farns mit Sori (*s*)
1 Sori geschlossen
2 Sporangien (*spg*) unter dem Schleier (*sch*) hervorragend

Der Sporophyt umgreift hier wie bei den Moosen das Stadium von der befruchteten Eizelle bis zur Sporenbildung.

Im Gegensatz zu den Moosen tritt der Gametophyt bei den Farnen stark zurück. Diese Neigung verstärkt sich mit steigender Entwicklungshöhe schließlich so weit, daß der Gametophyt seine Selbständigkeit vollständig einbüßt und mehr und mehr die Rolle eines kleinen Organs an dem sich mächtig entfaltenden Sporophyten zugewiesen bekommt. Natürlich nähert sich auch diese Entwicklung nur schrittweise dem geschilderten Endzustand.

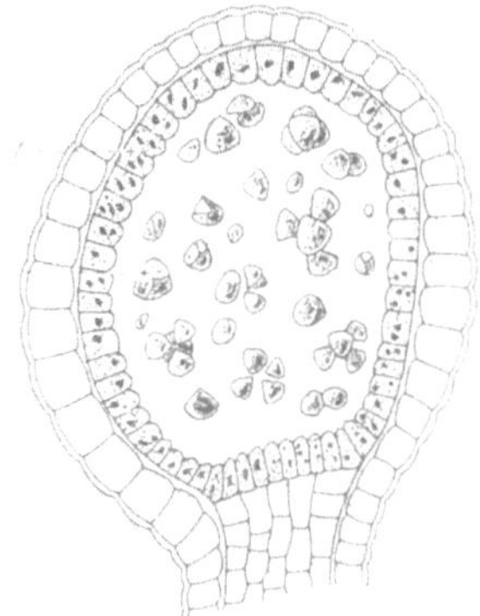

Abb. 139 *A*. Selaginella. Mikrosporangium. (*mi*) Mikrosporen; (*t*) Tapetenschicht. (Nach *Sachs*)

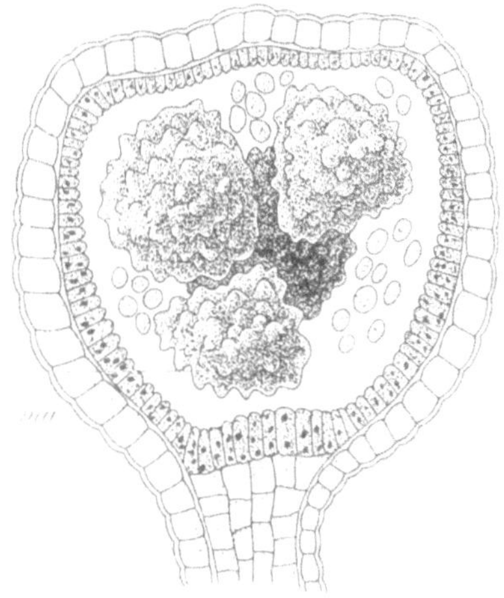

Abb. 139 *B*. Selaginella. Makrosporangium. (*ma*) Makrospore. (Nach *Sachs*)

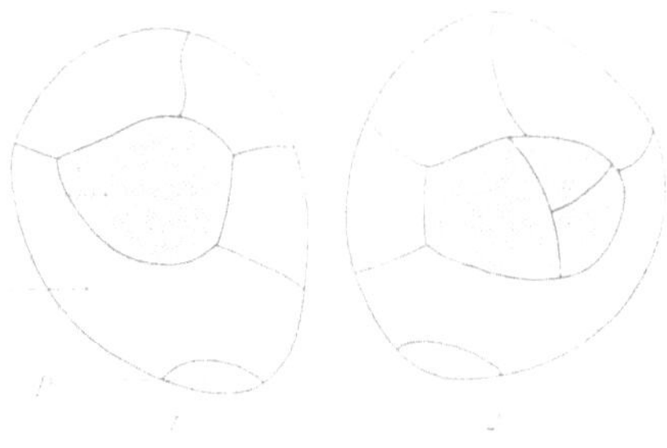

Abb. 140 *A*. Selaginella. Mikrosporenkeimung. (*s*) spermatogene Zelle; (*w*) Wandzelle; (*p*) Prothalliumzelle

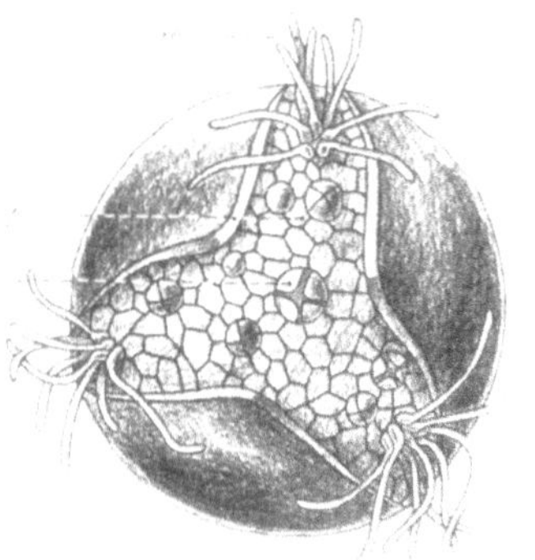

Abb. 140 *B*. Selaginella. Makrosporenkeimung. (*ar*) Archegonium; (*pr*) Prothallium; (*rh*) Rhizoiden. (Nach *Belajeff*)

Eine starke Reduktion erfährt der Vorkeim bereits beim Bärlapp. Hier entwickelt sich aus den Sporen zunächst nur ein 5zelliger Keimling, der zu seiner Weiterentwicklung der Symbiose eines Pilzes nach Art der endotrophen Mykorrhiza (vgl. S. 247) bedarf. Aber auch unter dieser Beihilfe erreicht der saprophytisch lebende Vorkeim nur Stecknadelkopfgröße. Lange Zeit war diese unterirdisch lebende gametophytische Generation ihrer Kleinheit wegen den Forschern verborgen geblieben.

Ein weiterer entscheidender Schritt in der Zurückdrängung der Gametophytenphase erfolgte mit der Verlegung der Vorkeimbildung in das Innere der Spore. Diese keimt sozusagen nicht mehr nach außen, sondern nach innen.

Das ist bereits bei **Selaginella** verwirklicht. Diese Pflanze entwickelt zweierlei Sporangien: in den Mikrosporangien entstehen zahlreiche Mikrosporen (Abb. 139 *A*), während die Zahl der Makrosporen auf 4 pro Makrosporangium beschränkt ist (Abb. 139 *B*).

Mikrosporenkeimung. Die Mikrospore keimt bei geschlossen bleibender Wand. Zunächst wird an einem Pol eine linsenförmige Zelle abgeschnürt. Diese stellt das ganze Prothallium dar. Der Rest der Mikrospore bildet darauf sterile wandständige und spermatogene Zentralzellen, in denen die Spermatozoiden gebildet werden, die nach Aufplatzen der Wand ins Freie gelangen (Abb. 140 *A*).

Makrosporenkeimung. Der primäre Sporenkern teilt sich in zahlreiche Tochterkerne, die ein vielzelliges Gewebe, das weibliche Prothallium, bilden. Am Scheitel des Prothalliums entstehen einige wenige Archegonien. Hiernach platzt die Sporenwand auf und die Befruchtung kann vollzogen werden. Die Zygote wächst ohne Reduktionsteilung zum Keimling und zur grünen Pflanze heran. Das Gametenstadium ist hier also bereits in die Spore selbst hinein verlegt (Abb. 140 *B*).

III. Samenpflanzen (Spermatophyten)

Physiologisch bedeutungsvoll ist die Tatsache, daß der Vorkeim vollkommen heterotroph geworden ist, sich also aus den in der Spore gespeicherten Reserven ernähren muß. Das bringt besonders für die Makrospore neue Aufgaben mit sich, da sie den jungen Embryo zu versorgen hat. Hieraus wird es verständlich, daß schließlich bei den höchstentwickelten Pflanzengruppen die Makrospore bis zum Aufbau des Embryos in Verbindung mit dem Sporophyten bleibt, wodurch alle Ernährungsschwierigkeiten behoben werden. So wird die Makrospore der Samenpflanzen für die ganze Dauer ihrer Keimung von der festsitzenden **Samenanlage** umschlossen, auf welche nun zur Befruchtung die Mikrospore (Pollen) übertragen werden muß (Bestäubung).

1. **Gymnospermen.** a) Die Makrosporen. In der Samenanlage (Abb. 141) entspricht der Nucellus dem Makrosporangium der Pteridophyten. Er ist von zwei Hüllen, den Integumenten, umgeben, die am einen Ende einen offenen Kanal zum Nucellusscheitel freilassen (Mikropyle). In der Mitte des Nucellus liegt das sporogene Gewebe. Es bildet nur eine einzige entwicklungsfähige Makrospore aus, die gewissermaßen nach innen keimt: Zellkern und Plasma teilen sich fortlaufend und erfüllen so die Makrospore unter mächtiger Ausweitung derselben mit kleinzelligem Prothalliumgewebe, das in Scheitelnähe einige Archegonien ausbildet, die aus mächtiger Eizelle und verkümmertem Halsteil bestehen.

b) Die Mikrosporen (Pollenkörner) entstehen aus dem sporogenen Gewebe der Mikrosporangien (Pollensäcke) in Tetraden aus den Sporenmutterzellen. Die erste Teilung der Sporenmutterzelle ist eine Reduktionsteilung. Im Pollenkorn vollziehen sich nun Kernteilungen und Zellbildung, die denen bei der Keimung der Pteridophytenmikrosporen homolog sind. Im einfachsten Fall teilt sich der Mikrosporenkern und bildet eine oder mehrere wandständige Prothalliumzellen (Abb. 142). Diese scheiden nach dem Zellinneren zu eine Antheridiumzelle ab, aus der schließlich zwei generative Zellen entstehen, welche den Spermatozoiden der Farne homolog sind. (Den entwicklungsgeschichtlichen Anschluß an diese bilden die bewimperten und noch frei beweglichen Spermatozoiden der Cycadeen.) Während dieser Entwicklung wird der Pollen auf die Samenanlage befördert (Bestäubung), wonach das Pollenkorn einen Pollenschlauch treibt, durch den die generativen Zellen bzw. Kerne dann den Weg in die Archegonien und zur Eizelle gewiesen erhalten. Da die inneren Keimungsvorgänge in der Makrospore nicht immer gleichzeitig mit denen im Pollenkorn abgeschlossen sind, sondern vielfach erst viel später beendet werden, liegt bei den Koniferen zwischen Bestäubung und Befruchtung eine wechselnde Zeitspanne von wenigen Wochen bis zu einem Jahr und mehr. Aus der befruchteten Eizelle entwickelt sich dann ein vielzelliger Embryo, dessen Aufbau vom primären Nährgewebe des Nucellus gespeist wird.

2. **Angiospermen.** a) Mikrosporen. In den Pollensäcken der Antheren (vgl. S. 44) entstehen in ähnlicher Weise wie bei den Gymnospermen die Pollenkörner (Mikrosporen). Schon vor dem Ausstäuben teilt sich der Pollenkern, und es wird eine wandständige uhrglasförmige Zelle (Antheridiumzelle) an der Pollenwand angelagert (Abb. 143). Diese löst sich später los und liegt zur Zeit der Pollenübertragung als spindelförmiges Gebilde neben dem Kern der vegetativen Pollenzelle. Auf der Narbe

des Fruchtknotens treibt das Pollenkorn einen Pollenschlauch. Die Antheridiumzelle teilt sich in zwei generative Zellen, die in den Pollenschlauch einwandern, an dessen Spitze der vegetative Pollenkern liegt, der das Spitzenwachstum des Schlauches reguliert.

Abb. 141. Samenanlage der Gymnospermen (Kiefer). (*p*) Pollenkörner; (*ps*) Pollenschläuche; (*g*) generative Kerne; (*b*) Bauchkanalzelle des Archegoniums; (*e*) Eizelle des Archegoniums; (*i*) Integument. (Nach *Strasburger*)

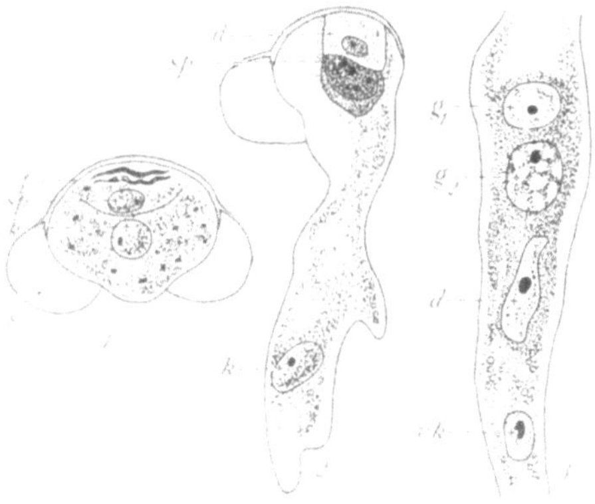

Abb. 142. Mikrosporenkeimung der Gymnospermen. *1* = Pollenkorn. (*s*) Luftsäcke; (*p*) Prothalliumzellen; (*sp*) Antheridiumzelle; (*vk*) vegetativer Kern. *2* = Keimung des Pollenkorns. (*d*) Stielzelle; (*sp*) spermatogene Zelle; (*vk*) vegetativer Kern. *3* = späteres Stadium der Pollenkeimung. (g_1 u. g_2) generative Kerne; (*d*) Stielzelle; (*vk*) vegetativer Kern. (Nach *Coulter* u. *Chamberlain*)

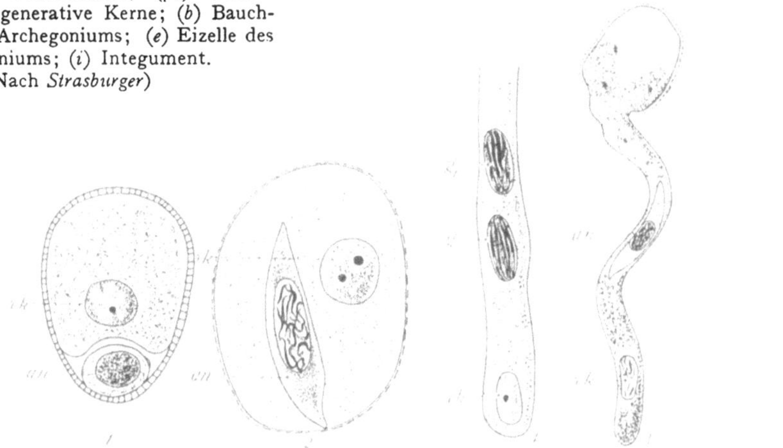

Abb. 143. Mikrosporenkeimung bei den Angiospermen (Lilium Martagon). (*an*) Antheridiumzelle; (g_1 u. g_2) generative Kerne; (*vk*) vegetativer Kern. (Nach *Strasburger*)

b) Die Samenanlage. Auch bei den Angiospermen (Abb. 144) entspricht der Nucellus dem Makrosporangium der Pteridophyten. Er ist wie bei den Gymnospermen von becherförmigen Hüllen, einem äußeren und einem inneren Integument, umschlossen und nur durch die Mikropyle von außen her zugänglich. Der Nucellusgrund wird als Chalaza bezeichnet. Mit dem Fruchtblatt ist die Samenanlage durch das Stielchen (Funiculus) verwachsen (Ansatzstelle = Placenta).

Die Lage des Nucellus zum Stiel kann verschieden sein:

a) Der Nucellus liegt gerade in der Richtung des Stielchens (atrop) (Abb. 145, *1*).

b) Der Nucellus ist gerade, aber umgewendet, so daß die Mikropyle zur Ansatzstelle des Stielchens am Fruchtblatt sieht (anatrop) (Abb. 145, *2*).

c) Der Nucellus ist S-förmig gekrümmt (campylotrop) (Abb. 145, *3*).

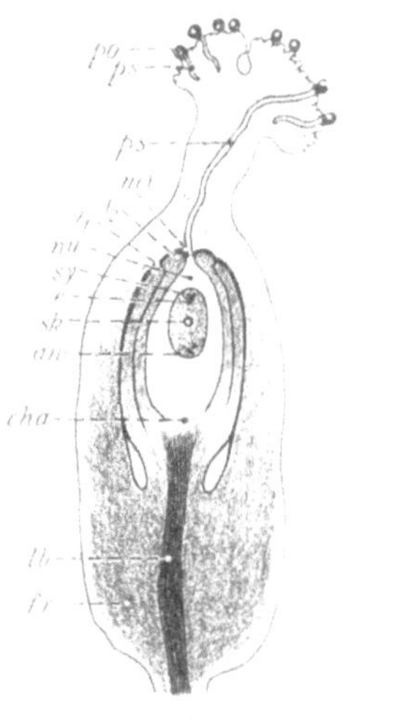

Abb. 144. Samenanlage bei Angiospermen. (*po*) Pollenkörner; (*ps*) Pollenschläuche; (*mi*) Mikropyle; (i_1) äußeres, (i_2) inneres Integument; (*nu*) Nucellus; (*sy*) Schwesterzelle; (*e*) Eizelle; (*sk*) sekundärer Embryosackkern; (*an*) Antipoden; (*cha*) Chalaza; (*lb*) Leitbündel; (*fr*) Fruchtknotenwand. (Nach *Schenck*)

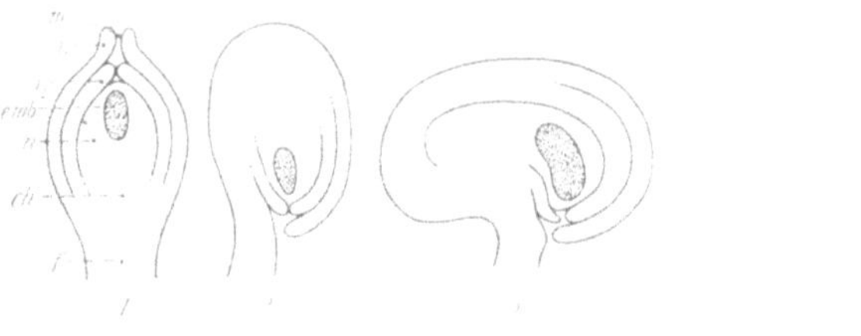

Abb. 145. Samenanlagen. *1* = atrop (aufrecht); *2* = anatrop (hängend); *3* = campylotrop (gekrümmt). (*m*) Mikropyle; (i_1) äußeres (i_2) inneres Integument; (*emb*) Embryosack; (*ch*) Chalaza; (*f*) Fuß (Funiculus)

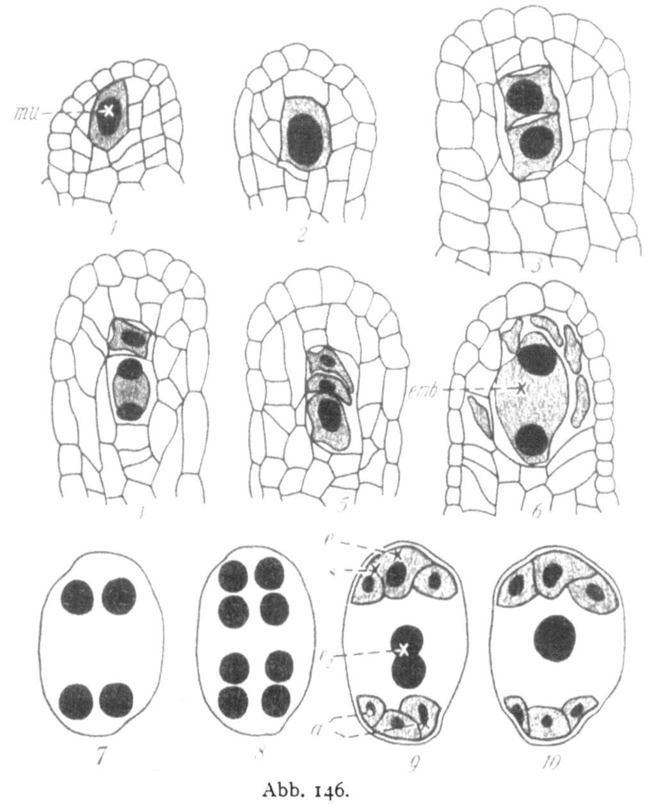

Abb. 146.

Abb. 146. Bildung des Embryosacks (*1*—*5*), Keimung des Embryosacks (*6*—*10*). (*mu*) Embryosackmutterzelle; (*emb*) Embryosack; (*e*) Eizelle; (*s*) Schwesterzellen; (e_2) sekundärer Embryosackkern; (*a*) Antipoden

Der Nucellus bringt nur eine Sporenmutterzelle zur Entwicklung. Von den ursprünglich vier Makrosporen entwickelt sich nur eine einzige zum Embryosack. Bei der inneren Keimung des Embryosacks teilt sich der primäre Embryosackkern in drei Teilungsschritten (Sporenkeimung) zu insgesamt acht Kernen, wobei die erste dieser Teilungen eine Reduktionsteilung ist (Abb. 146). Je drei Kerne wandern nach den entgegengesetzten Polen des Embryosacks und umgeben sich unter Zellbildung mit Plasma. Die beiden restlichen Kerne verschmelzen in der Mitte des Embryosacks zum diploiden sekundären Embryosackkern. Die an dem der Chalaza zugekehrten Embryosackende angelagerten Zellen (Antipoden oder Gegenfüßlerinnen) entsprechen dem Prothallium der Farne, die der Mikropyle zu gelegenen Zellen stellen den Eiapparat dar. Von ihnen ist nur die mittlere Zelle (Eizelle) fertil, die beiden seitlichen Gehilfinnen vermitteln den Eintritt der generativen Pollenkerne in den Embryosack.

Die Befruchtung. Der Pollenschlauch wächst von der Narbe durch den Griffelkanal und weiter durch die Mikropyle herein, durchstößt die oberen Nucelluszellen, zerstört die Gehilfinnenzellen, und nun vereinigt sich der eine generative Kern mit dem Eikern zum diploiden Zygotenkern, während der zweite generative Pollenkern mit dem sekundären Embryosackkern zum triploiden Endospermkern verschmilzt. Von den beiden befruchteten Kernen entwickelt sich zunächst der Endospermkern. Unter zahlreichen Zellteilungen liefert er das sekundäre Nährgewebe (sekundäres Prothallium), dann erst erfolgen die ersten Teilungen des Zygotenkerns zum Aufbau des Keimlings (Embryo).

Bei den Angiospermen findet also doppelte Befruchtung statt. Die Prothalliumbildung ist zunächst auf die drei Antipoden beschränkt. Sie findet eine Fortsetzung erst nach Befruchtung des sekundären Embryosackkerns in der Bildung des sekundären Nährgewebes (fraktionierte Endospermbildung).

Embryoentwicklung. Die befruchtete Eizelle wächst zunächst zu einem fadenartigen Gebilde, dem Vorkeim, aus, der nur aus einer Reihe von wenigen Zellen besteht. Die eine Endzelle des Vorkeims schwillt im weiteren Verlauf der Entwicklung stark an (Abb. 147), ohne sich weiter zu teilen. Die andere Endzelle dagegen erfährt zunächst eine Teilung in der Längsrichtung des Fadens.

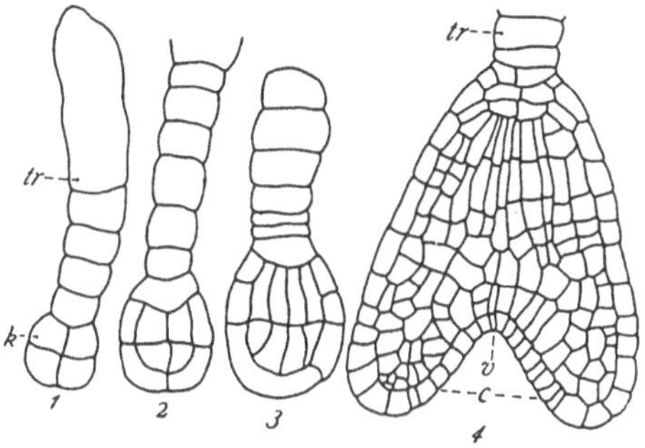

Abb. 147. Embryoentwicklung vom Hirtentäschelkraut. *1*: (*k*) Keimkugel; (*tr*) Keimträger. *2* u. *3*: weitere Teilungen in der Keimkugel. *4*: (*c*) Kotyledonen; (*v*) Vegetationspunkt. (Nach *Hanstein*)

Ihr folgt eine dazu verlaufende Querteilung. Hierbei schwillt dieser endständige 4-teilige Zellkomplex kugelig an (Keimkugel). Aus ihm entsteht im weiteren Entwicklungsverlauf der ganze Keimling (Embryo), während der Rest des Vorkeims als sogenannter Keimträger dient. Die erste Querteilung der Keimkugel scheidet bereits Sproß und Wurzelgewebe voneinander. Die beiden endständigen Zellen bauen durch weitere Zellteilung den Sproß, die dem Keimträger zugekehrten Zellen die Wurzel auf. Am Sproßteil differenzieren sich zuerst die Keimblätter (vgl. S. 33), zwischen denen ein Nest von Zellen ihren meristematischen Charakter beibehält (Sproßvegetationspunkt). Das aus den Wurzelmutterzellen hervorgehende Gewebe läßt schon in der äußeren zylindrischen Form und der längsreihigen Anordnung seiner Zellen ein vom Sproß grundlegend verschiedenes Bauprinzip ahnen. Nahe am distalen Ende verbleibt auch hier ein Rest rein meristematischer Zellen, der Vegetationspunkt der Wurzel.

Das haploide Entwicklungsstadium umfaßt somit bei den Angiospermen nur die Phase von der Tetradenteilung der Sporenmutterzellen bis zur Befruchtung. Der Gametophyt ist also auf das Pollenkorn bzw. die innere Keimung (Reifung) des primären Embryosacks beschränkt. Die ganze übrige Entwicklung der Angiospermen spielt sich am Sporophyten ab.

Gelegentlich tritt keine Gametenkopulation mehr ein, nämlich wenn die unbefruchtete Eizelle sich entwickeln kann (Parthenogenese) oder wenn nicht die

Eizelle, sondern andere Zellen, etwa Gehilfinnen oder Antipoden bzw. Zellen des Nucellus oder der Integumente den Embryo aufbauen (Apogamie) (Abb. 148 *A* u. *B*).

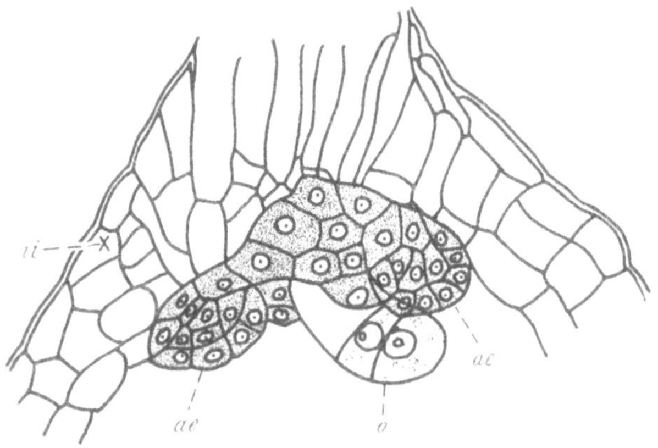

Abb. 148 *A*. Funkia ovata. Aus dem Nucellusscheitel entstehen neben dem Embryo aus der Eizelle (*o*) noch Adventivembryonen (*ae*); (*ii*) inneres Integument; dunkel schraffiert sind die Nucelluszellen. (Nach *Strasburger*)

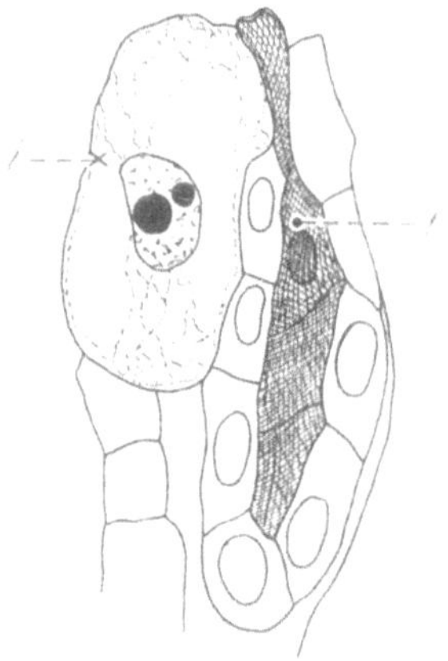

Abb. 148 *B*. Hieracium flagellare. Entstehung des Embryosacks aus einer Integumentzelle (*i*). Die Makrosporentetrade (*t*) ist desorganisiert. (Nach *Rosenberg*)

Die Abb. 149 gibt in schematischer Form den normalen Entwicklungszyklus einer höheren Pflanze wieder.

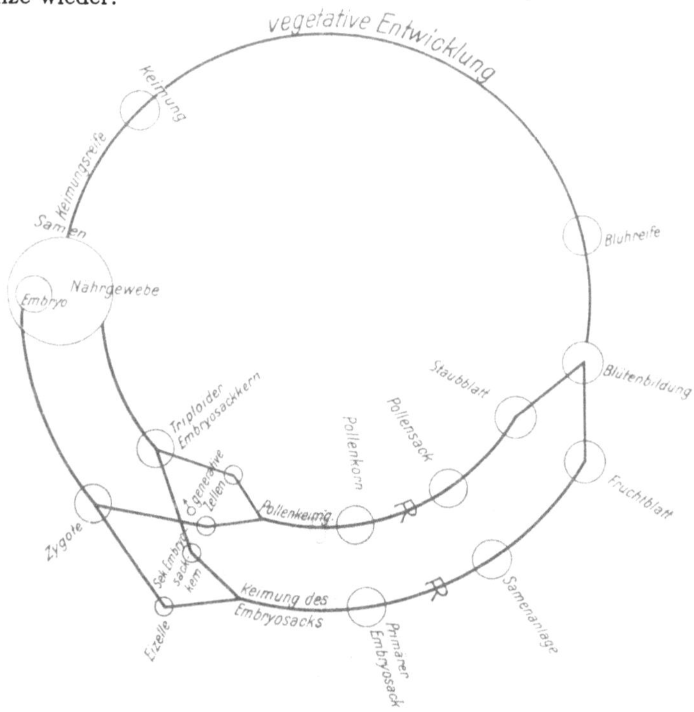

Abb. 149. Entwicklungszyklus der Samenpflanzen. Die Entwicklung vom Samen bis zur Blütenbildung wird als vegetative Phase, diejenige von der Blüte bis zur Samenbildung als reproduktive Phase bezeichnet. R = Reduktionsteilung

Die physiologischen Bedingungen der verschiedenen Fortpflanzungsweisen

Lange Zeit hat man den Generationswechsel für eine Erscheinung gehalten, die ihre Ursache in einem umwandelbaren inneren Entwicklungsrhythmus habe. Die experimentelle Erforschung dieses Problems hat aber ergeben, daß die Fortpflanzungsart in vielen Fällen durch die Ernährungslage des Organismus entschieden wird. So teilen sich viele Algen bei reichlicher Zufuhr von Mineralsalzen dauernd vegetativ, während sie bei Drosselung der Mineralstoffzufuhr (besonders unter günstigen Lichtverhältnissen) zur Gametenbildung übergehen.

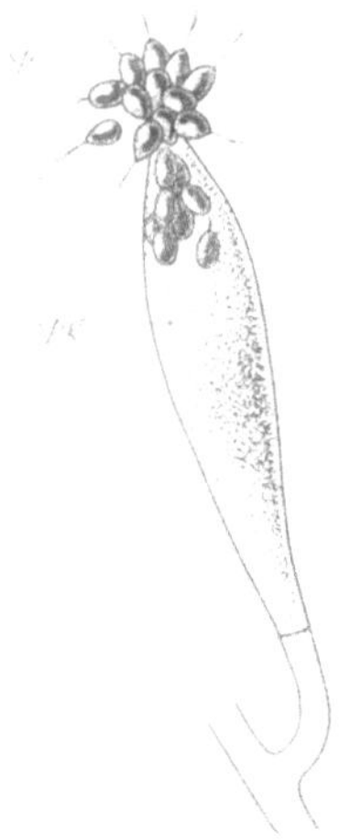

Abb. 150 *A*.
Sporangium von Saprolegnia (*spg*); Schwärmsporen (*sp*)

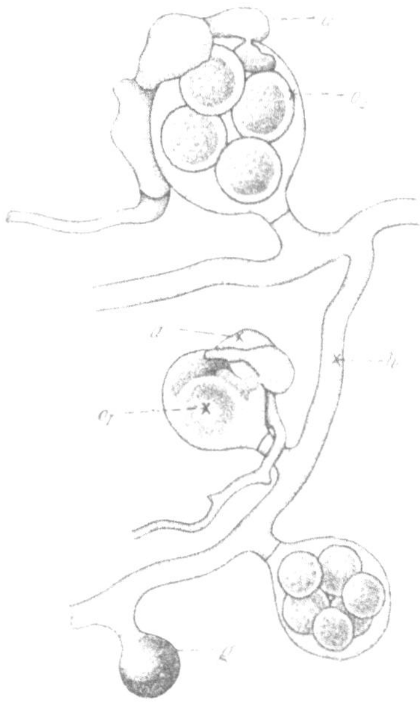

Abb. 150 *B*.
Gametangien von Saprolegnia. (*a*) Antheridium; (o_1 u. o_2) Oogonien; (*h*) Pilzhyphe; (*g*) junges Oogonium

Der Algenpilz Saprolegnia, der sich auf dem Körper ins Wasser gefallener Insekten entwickelt, bildet in unmittelbarer Nähe des Nährsubstrats zunächst ein **Myzel**, dessen Hyphen später an ihrem Ende **Sporangien** mit zahlreichen Schwärmsporen (Abb. 150 *A*) ausbilden. Bei sich verschärfender Nährstoffknappheit geht dann der Pilz zur Ausbildung der **Gametangien** über (Abb. 150 *B*). Mit Hilfe entsprechender Variation künstlicher Nährböden kann man alle drei Entwicklungsformen: Myzelwachstum, Sporen- und Gametenbildung willkürlich erzeugen und auch die zeitliche Aufeinanderfolge der einzelnen Entwicklungsphasen beliebig variieren.

In ähnlicher Weise ist aber auch der Übergang vom rein **vegetativen Wachstum** der höheren Pflanze zur **Blütenbildung** weitgehend von Außenfaktoren bzw. von der durch Außenfaktoren beeinflußten Ernährungslage der Pflanzen bestimmt. Zwar erweckt die jahreszeitliche Periodizität der Pflanzenentwicklung zunächst den Eindruck eines unabänderlichen Rhythmus, aber *Klebs* und *Vöchting* haben die Wirkung der Außenfaktoren auf den Ablauf der Entwicklung auch bei Blütenpflanzen klar herausstellen können. Am besten sind diese Einflüsse bei einer Dachwurzart (**Sempervivum Funkii**) untersucht (Abb. 151):

a) Bei dauernd reichlicher Nährstoffzufuhr, günstiger Beleuchtung und Vermeidung tiefer Temperaturen wächst die Pflanze jahreweis rein vegetativ, ohne zur Blütenbildung zu kommen.

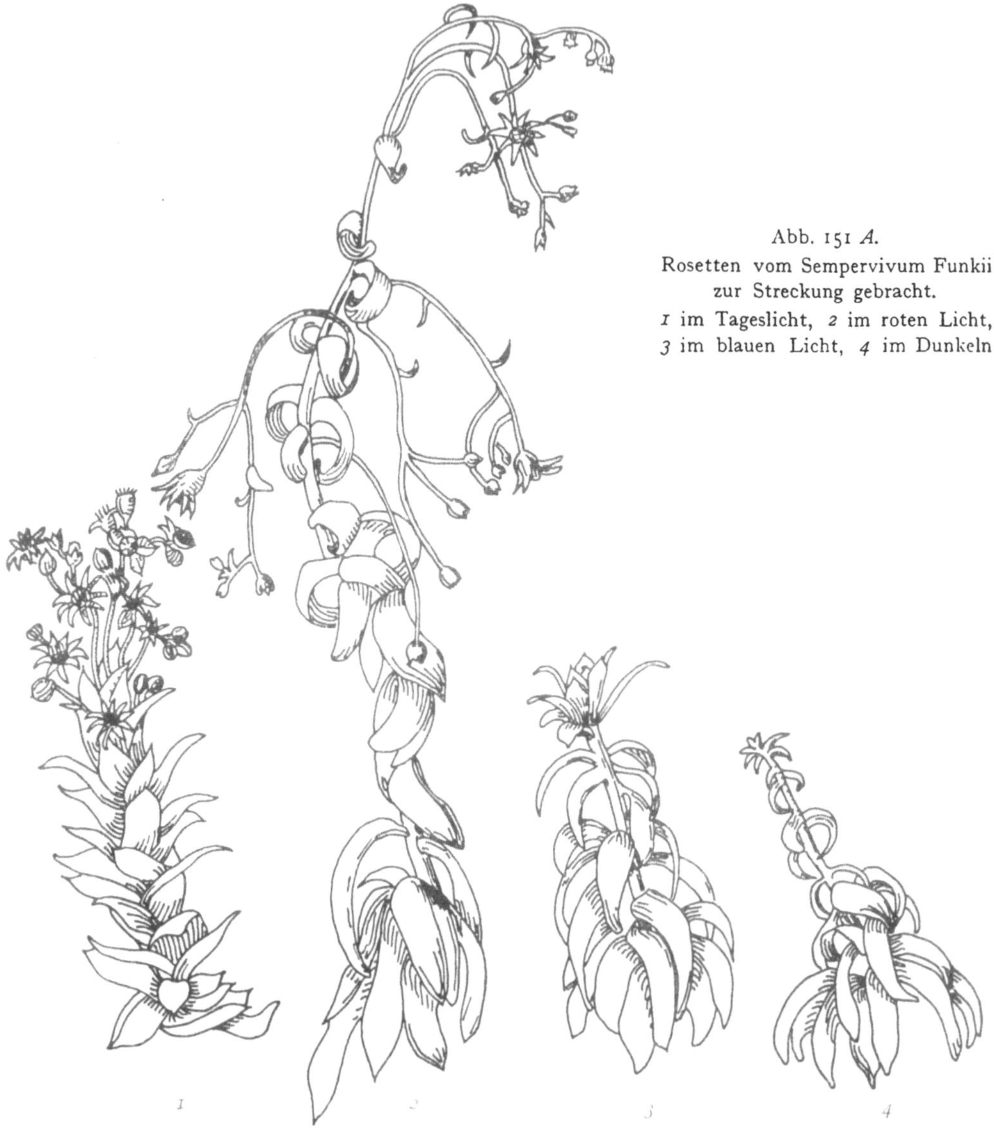

Abb. 151 *A*.
Rosetten vom Sempervivum Funkii zur Streckung gebracht.
1 im Tageslicht, *2* im roten Licht, *3* im blauen Licht, *4* im Dunkeln

Abb. 151 *A*.

b) Unter natürlichen Bedingungen erlangen viele Pflanzen schon im Herbst die sogenannte Blühreife, d. h. sie schreiten im Frühjahr nach Überwindung der winterlichen Ruheperiode unter günstigen Lichtbedingungen zur Blütenbildung. Hält man dagegen die im Herbst blühreif gewordenen Pflanzen den Winter über warm und feucht, so wird die Blühreife wieder vernichtet und im Frühjahr entwickeln sich rein vegetative Sprosse. In ähnlicher Weise vermag kurzwelliges (blaues) Licht die Blühreife zu vernichten (Abb. 151 A_3), während rotes Licht zur Blütenbildung und Entfaltung führt (Abb. 151 A_2).

Ein anderes Beispiel für die Wirkung der Außenfaktoren auf den Entwicklungsablauf der Pflanze bietet die **Zuckerrübe**. Unter normalen Bedingungen bildet die Pflanze im ersten Jahr eine Blattrosette mit der verdickten Wurzel (Rübe); im zweiten Jahr entwickelt die letztere dann den Blütensproß. Hält man dagegen die beblätterte Rübe den Winter über bei 15—20°, so wächst sie im folgenden Frühjahr rein vegetativ weiter. In vielen einjährigen Pflanzen wird über die Blühreife und damit über den zeitlichen Eintritt der Blütenbildung schon sehr früh, oft kurz nach der Keimung entschieden.

Keimstimmung. a) Temperaturnachwirkung. Wenn man eben gekeimte Samen oder auch einige Tage alte Keimlinge relativ niederen Temperaturen von wenigen Graden über dem Gefrierpunkt aussetzt, wird die vegetative Entwicklungsperiode zum Teil stark abgekürzt. Die so behandelte Pflanze gelangt erheblich früher zur Blütenbildung als unbehandelte Kontrollpflanzen. Auf diese Weise gelingt es, den zeitlichen Entwicklungsablauf der Pflanze von der Samenkeimung bis zur erneuten Samenbildung beträchtlich abzukürzen.

b) Photoperiodische Nachwirkung. Neben der Temperatur spielt auch das Licht hierbei eine entscheidende Rolle, insofern, als die Dauer der täglichen Belichtungszeit des Keimlings den Eintritt des Blühtermins stark beeinflußt (photoperiodische Nachwirkung). Die meisten unserer einheimischen Kulturpflanzen beschleunigen ihre Entwicklung, wenn ihre Keimlinge in einen täglichen Lichtgenuß von mehr als 12 Stunden gesetzt werden **(Langtagpflanzen)**, dagegen sind die tropischen Pflanzen in der Mehrzahl sogenannte **Kurztagpflanzen**, die rascher zur Blüte gelangen, wenn ihre

Abb. 151 *B*. Rosetten von Sempervivum Funkii zur Streckung gebracht.
1 nach 5 Tagen, *2* nach 4 Tagen, *3* nach 3 Tagen, *4* nach 2 Tagen Dauerbeleuchtung.
(Nach *Klebs*)

Keimpflanzen unter nur 8—10-stündiger täglicher Beleuchtung aufgewachsen sind. Die Entscheidung über den Blüheintritt fällt also bereits im zarten Keimlingsalter und wird vor allem durch Außenfaktoren (Temperatur und Licht) bestimmt.

Früher suchte man den Anstoß zur Blütenbildung in einem starken Überwiegen der Kohlehydrate über die Mineralstoffe, besonders über den Stickstoff in der Pflanze. Neuerdings ist man geneigt, die Blütenbildung als Wirkung besonderer **blütenbildender Stoffe** (Hormone) zu betrachten. Dafür sprechen einige bedeutsame Hinweise:

1. Blatt- und Sproßstecklinge blühender Mutterpflanzen gelangen früher zur Blütenbildung als Ableger von nichtblühenden Pflanzen.

2. Pfropfreiser von Bilsenkrautpflanzen, die normalerweise im ersten Jahr nicht zum Blühen kommen, auf blühende Pflanzen aufgepfropft, entwickeln bereits im ersten Jahr Blüten.

3. Pfropfreiser nichtblühender Rassen des Löwenmauls auf Unterlagen blühender Rassen aufgesetzt, kommen ebenfalls zum Blühen.

Über die Natur dieser vermuteten blütenbildenden Stoffe ist noch nichts Näheres bekannt; mit tierischen Sexualhormonen scheinen sie nicht identisch zu sein (vgl. hierzu S. 304).

Bedeutung des Generationswechsels

Am Anfang des Generationswechsels steht die geschlechtliche Differenzierung, also die ungleiche Lokalisierung von Sexualhormonen beim Zerfall der Mutterzelle in Keime. Bei gleicher Verteilung entstehen Sporen, bei ungleicher dagegen Gameten. Die Ausbildung von Sexualhormonen ist zweifellos an bestimmte Gene bzw. an bestimmte Chromosomen gebunden. Bei völlig gleichartiger Verteilung dieser Träger der sexuellen Determinierung werden asexuelle Keime (Sporen), bei ungleicher Verteilung dagegen sexuell differenzierte Keime (Gameten) gebildet. Die phylogenetische Vorstufe des Generationswechsels ist das Nebeneinanderbestehen beider Keimbildungsformen, die beide wahrscheinlich durch Ernährungsbedingungen ausgelöst werden. Später erst treten beide Keimbildungsvorgänge in regelmäßigem Wechsel auf. Eine Notwendigkeit einer solchen Verknüpfung aber erkennen wir erst bei den Formen, bei denen Kernphasen- und Generationswechsel gekoppelt sind. Das ist bei den Archegoniaten allgemein der Fall.

Die Bedeutung des Generationswechsels hat man zunächst in einer angeblich verjüngenden Wirkung der Befruchtung sehen wollen. Inzwischen aber ist klar geworden, daß es möglich ist, unter Ausschaltung der geschlechtlichen Vermehrung Organismen durch rein vegetative Vermehrung durch Tausende von Generationen hindurch zu erhalten. Auch ein Großteil unserer Nutzpflanzen (Kartoffel, Banane, Wein, Weiden, Zuckerrohr usw.) werden seit Jahrhunderten ohne Anzeichen der Entartung rein vegetativ vermehrt. Viele Frühjahrsblüher wie Schneeglöckchen, Feigwurz, Anemone u. a. vermehren sich sogar unter natürlichen Verhältnissen fast ausschließlich vegetativ. So müssen wir zunächst noch die Erscheinung des Generationswechsels als Tatsache hinnehmen, die nur phylogenetisch, nicht aber physiologisch verständlich erscheint.

Altern und Tod

Das Alter der Pflanzen. Das Alter, das die Pflanzen unter natürlichen Bedingungen erreichen, läßt sich in den meisten Fällen durch günstige und streng kontrollierte Kulturmaßnahmen noch erheblich steigern. In vielen Fällen schließt der jahresperiodische Witterungswechsel das Leben der Pflanzen. Algen und Pilze, die in der freien Natur nur ein Alter von wenigen Monaten erreichen, lassen sich in Kulturen jahrelang am Leben erhalten. Daneben gibt es aber auch Formen, deren Alter durch innere Bedingungen begrenzt wird. So sterben die **einjährigen** Pflanzen nach der Fruchtreife ab. In manchen Fällen kommt es dabei im Verlauf eines einzigen Sommers sogar zur Ausbildung mehrerer Generationen (Bingelkraut, Hungerblümchen, efeublättriger Ehrenpreis usw.). Hier wirkt sich offensichtlich die Befruchtung als begrenzend für das Leben der Pflanzen aus; das Blühen und Fruchten ist für diese Pflanzen eine „tödliche Krankheit". Die **zweijährigen** Pflanzen vollenden ihren

Lebenszyklus in einer zweijährigen Entwicklung: das erste Jahr bringt die vegetative Entwicklung, die mit der Ausbildung von Reserveorganen (Rübe, Rettich, Kohlrabi usw.) abschließt, im zweiten Jahr erlebt dann die Pflanze die Blüten- und Fruchtbildung. Die Agave braucht in ihrer mexikanischen Heimat etwa 10 Jahre, in Europa 40—100 Jahre zur Entwicklung der Blüte. Aber in all diesen Fällen läßt sich der frühe Tod der Pflanze durch Verhinderung der Blütenbildung hinausschieben, selbst einjährige Pflanzen können unter geeigneten Bedingungen, allerdings ohne Blütenbildung, viele Jahre erhalten bleiben.

Wesentlich höher ist das Alter von Sträuchern und Bäumen. Beispiele: Heidelbeere 25 Jahre, Heidekraut 42 Jahre, Rhododendron 88 Jahre, Magnolie 100 Jahre, Weinstock 130 Jahre, Efeu, Rosen, Wacholder, Kiefer, Fichten 300—400 Jahre, Buchen und Linden bis 900 Jahre, Eichen über 1000 Jahre, Eibe 2000—3000 Jahre, Mammutbaum 4000 Jahre, Drachenbaum von Teneriffa und Wasserzypresse von Thule werden auf etwa 6000 Jahre geschätzt.

Das Altern der Zelle. Die Ursache für das Absterben dieser Pflanzen liegt — abgesehen von den von außen her bedingten Katastrophen — vielfach in einer Störung der Gesamtharmonie der einzelnen Teile; Stecklinge alter Pflanzen wachsen denn auch unvermindert weiter.

Gibt es nun neben diesen indirekten Alterserscheinungen auch ein direktes Altern von Zellen? Erfahrungsgemäß halten sich embryonale Zellen unbegrenzte Zeit, sofern sie nur die Möglichkeit zu Wachstum und Teilung besitzen. Anders dagegen liegen die Verhältnisse bei den Dauerzellen. Hier scheint vor allem das Ausmaß der Differenzierung maßgeblich für die Lebensdauer der Zelle zu sein. Steinzellen, Fasern, Tracheen sind Zellen, deren Differenzierung schließlich unvermeidbar zum Tode führt. Diese Tatsache legt nun verschiedene Fragen nahe:

1. Ist entwicklungsmäßige Progression (Differenzierung) zwangsläufig mit einem Altern der Zelle verbunden?

2. Beruht die ewige Jugend meristematischer Zellen auf ihrer Fähigkeit zur Zellteilung? Ist diese letztere also ein Mittel zur Verjüngung der Zelle?

Verhindert man Hefe- und Algenzellen an der Teilung, so wachsen sie unter Umständen zu Riesenzellen aus, die jedoch bald zugrunde gehen. Ursache dieses vorzeitigen Todes ist nicht die verhinderte Teilung, sondern offensichtlich nur die mit steigender Zellgröße zunehmende Unfähigkeit der Ausstoßung giftiger Stoffwechselprodukte. So konnten z. B. Amöben, an denen täglich Amputationen vorgenommen wurden, 130 Tage ohne Teilungen am Leben erhalten bleiben. Auch Algen und Wasserpolypen stellten bei gedrosselter Ernährung Zellteilungen ein, ohne dadurch geschädigt zu werden. Aus diesen Versuchen erhellt, daß nicht die Zellteilung, sondern das Zellwachstum Altern und natürlichen Tod der Zelle verhindern. Ob auch das Wachstum als Mittel der Verhinderung des Alterns ersetzbar ist, bleibt eine offene Frage. *Hartmann* ist der Auffassung, daß man ebenso wie die Zellteilung auch das Wachstum von der Zelle ausschließen kann, ohne sie altern und sterben zu lassen.

Das Geheimnis der Erhaltung des individuellen Lebens liegt nach diesem Biologen vielmehr darin, Assimilation und Abbau jederzeit genau im Gleichgewicht zu halten, was bisher nur in der wachsenden bzw. sich teilenden Zelle erreicht wurde.

Der natürliche Zelltod. Wenn wir die irreversible Differenzierung schon als Altersprozeß auffassen, so bleibt die Frage noch offen, ob diese Art von Altern unvermeidbar zum Tode führen muß, d. h. ob in solchen differenzierten Zellen eine zunehmende Strukturänderung stattfindet, die schließlich zu Erschöpfung und Tod führt. Selbst im menschlichen Organismus gibt es Zellen, die ohne Teilung und Wachstum über 100 Jahre alt werden und wahrscheinlich noch viel älter würden, wenn sie nicht in die Katastrophe des Individualtodes hinein gerissen würden. Es ist daher wahrscheinlich, daß der Tod der Zellen nicht aus inneren Ursachen der Entwicklung heraus erfolgen muß, sondern daß er die Folge von Störungen ist, die von außen her an die Einzelzelle herangetragen werden. Funktionelle Erschöpfung von alten Zellen ist zwar häufig beobachtet worden, aber eine solche Ruhezeit kann auch periodisch auftreten und steht daher in keiner direkten Beziehung zum Problem des Zellalterns und des natürlichen Zelltodes.

Vom Zelltod ist der Individualtod streng zu trennen. Ein solcher tritt nach *Hartmann* bei allen wesentlichen Änderungen der individuellen Struktur ein. Wenn also aus Sporenmutterzellen Sporen gebildet werden, so verschwindet schon bei einfachen Zellteilungen das Mutterindividuum. Die Tochterzellen setzen zwar das Leben der Art, nicht aber dasjenige des Individuums fort. Es wird dann allerdings schwer sein, die Grenzen zwischen Ruhezuständen, Entwicklungsphasen und Individualtod zu ziehen. Stirbt die Raupe, wenn sie sich verpuppt, und gibt die Puppe ihr individuelles Leben auf, wenn ihr der Schmetterling entschlüpft? Ist nicht jeder gealterte Organismus in Struktur und Reaktionsweise ein gegenüber seinem Jugendzustand weitgehend verändertes System? Was verbindet den älteren Menschen mit seiner Jugend außer der Erinnerung und der Verantwortlichkeit?

Der Samen

Aus der Samenanlage entwickelt sich nach erfolgter Befruchtung auf der Mutterpflanze der Samen. Er setzt sich zusammen aus:

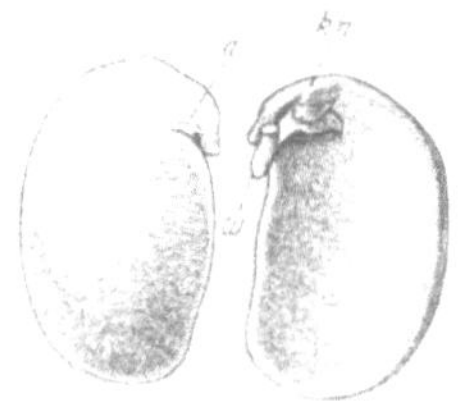

Abb. 152. Samen der Bohne. (*a*) Keimblatt; (*kn*) Knospe; (*w*) Würzelchen. (Nach *Troll*)

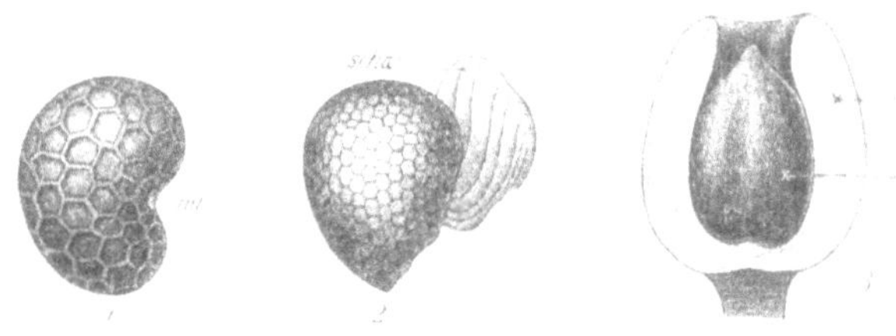

Abb. 153, *1—3*. *1* Mohnsamen. (*na*) Nabel. *2* Samen des Lerchensporns. (*schw*) Nabelschwiele. *3* Samen der Eibe. (*ar*) Arillus (Samenmantel); (*fr*) Samen

1. **Dem Embryo,** der aus der befruchteten Eizelle entsteht (Abb. 152).

2. **Dem sekundären Nährgewebe,** das vom befruchteten sekundären Embryosackkern aufgebaut wird (Endosperm). In manchen Fällen bleibt auch noch ein Rest des ursprünglichen Nucellusgewebes erhalten (Perisperm). Gewöhnlich wird dieses Gewebe allerdings beim Aufbau des sekundären Endosperms aufgebraucht. Die Zellen des letzteren sind dicht mit **Reservestoffen** gefüllt. Je nach der chemischen Beschaffenheit derselben unterscheidet man Öl- (Kruziferen, Mohn, Lein, Sonnenblume, Rizinus, Nuß, Haselnuß), Stärke- (Getreide, Buchweizen) und Eiweißsamen (Leguminosen, besonders Lupine).

3. **Der Samenschale,** die aus dem oder den Integumenten gebildet wird, wobei die letzteren durch Verdickung, Verholzung oder auch Verkorkung ihrer Zellen dem umschlossenen Gewebe einen wirksamen Schutz geben. Die Epidermis der Samenschale zeigt mancherlei besondere Ausbildungen in Form von Schleimzellen, Haaren, Borsten und dergleichen, die in Beziehung zur ersten Wasseraufnahme, zur Verbreitung oder auch zur Befestigung am Boden dienen. Vielfach ist die Samenschale mehr oder weniger lebhaft gefärbt. Diese Färbung und auch spezifische in der Samenschale enthaltene Stoffe stehen in Beziehung zur Keimung und zum Lichteinfluß auf die Keimung (vgl. S. 296).

Die Ansatzstelle des Stielchens ist als **Nabel** (Hylum) vielfach noch erkennbar (Abb. 153, *1*). Fleischige, vielfach auffällig gefärbte Auswüchse an der Samenschale bzw. dem Stielchen stehen in Zusammenhang mit der Verbreitung durch Tiere, denen diese Bildungen als Nahrung dienen (**Samenmantel** der Eibe, Abb. 153, *2*, **Nabelschwiele** des Lerchensporns, des Veilchens und des Schöllkrauts, Abb. 153, *3*).

Der Keimling

Mit der Wasseraufnahme des Samens beginnt die Streckung des Keimlings; sein Würzelchen **(Radicula)** durchstößt an der Mikropyle die Samenschale, um sich in die Erde zu senken. Die Bewegung und endgültige Lage der Keimblätter ist von der Wachstumsintensität des zwischen Wurzel und Keimblättern liegenden Stammstückes (**Hypokotyl)** abhängig. Streckt sich dieses sehr stark, so zieht es die Keimblätter mit aus der Samenschale heraus an die Oberfläche (epigäische Keimung) (Sonnenblume, Abb. 154; Kürbis, Rettich); nicht selten ziehen dabei die Kotyledonen die Samenschale mit aus dem Boden, um sie dann abzuwerfen. Gelegentlich aber bleibt die Samenschale auch bis zur völligen Entleerung der Kotyledonen wie eine Schutzkappe übergestülpt (Rizinus). Verbleibt das Hypokotyl dagegen sehr kurz, so wächst die Stammknospe zwischen den von der Samenschale umhüllten Keimblättern nach oben durch (hypogäische Keimung von Eiche, Erbse, Kastanie, Nuß). Mit dem Auswachsen der Stammknospe streckt sich auch der über den Kotyledonen liegende Sproßteil, das **Epikotyl** (Abb. 155).

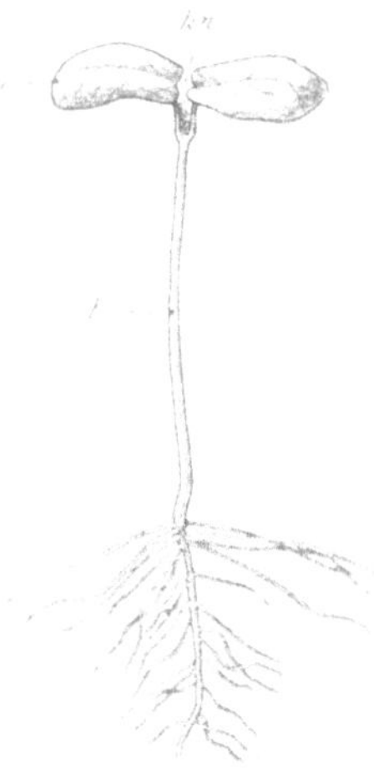

Abb. 154.

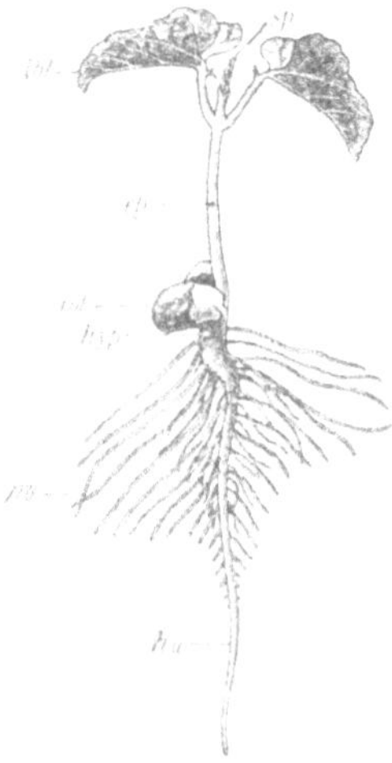

Abb. 155.

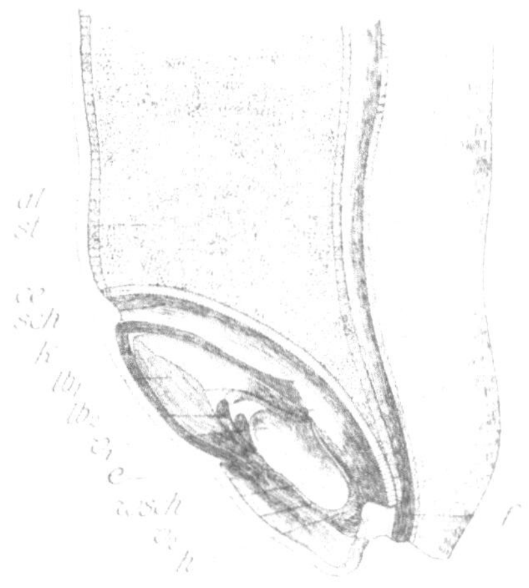

Abb. 156.

Abb. 154. Epigaische Keimung der Sonnenblume. (*kn*) Knospe; (*co*) Keimblatt; (*h*) Hypokotyl

Abb. 155. Hypogäische Keimung der Bohne. (*hw*) Hauptwurzel; (*nw*) Nebenwurzeln; (*hyp*) Hypokotyl; (*cot*) Kotyledonen; (*ep*) Epikotyl; (*lb*) Laubblatt; (*sp*) Sproßknospe

Abb. 156. Schnitt durch das Weizenkorn. Links unten der Embryo: (*h*) Wurzelhaube; (v_2) Wurzelvegetationspunkt; (*wsch*) Wurzelscheide; (*e*) Epiblast; (v_1) Sproßvegetationspunkt; (lb_1 u. lb_2) Laubblätter; (*k*) Koleoptile; (*sch*) Schildchen mit Zylinderepithel (*ce*). Nährgewebe: (*al*) Aleuronschicht; (*st*) Stärkeschicht; (*f*) Furche. (Nach *Strasburger*)

Bei den **Monokotylen** (z. B. den Gräsern) bleibt das Hypokotyl kurz, nur ein Teil des Keimblattes, nämlich die Scheide **(Koleoptile)**, wächst in Form eines oben zugespitzten Zylinders aus dem Samen nach oben, während dem basalen Teil der Keimblätter, dem **Schildchen,** die Aufgabe zufällt, die Verbindung zwischen Nährgewebe und Keimling herzustellen (Abb. 156).

Die Koleoptile umschließt schützend die geknickten Laubblätter und den Sproßvegetationspunkt **(Plumula).** Die von einer **Wurzelscheide** umgebene und von einer **Wurzelhaube** geschützte Primärwurzel dringt durch die Mikropyle in die Erde ein.

Die Frucht

Es ist wohl verständlich, daß als Folge der Befruchtung und der damit verknüpften Samenentwicklung auch das tragende und ernährende Organ der Samenanlage, das **Frucht-**

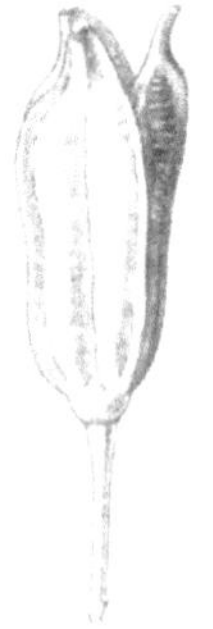

Tulpe (septicid)

Veilchen (loculicid). (*k*) Kelch; (*fbl*) Fruchtblatt; (*sa*) Samen

Löwenmaul (poricid). (*g*) Griffel; (*p*) Pore; (*k*) Kelch

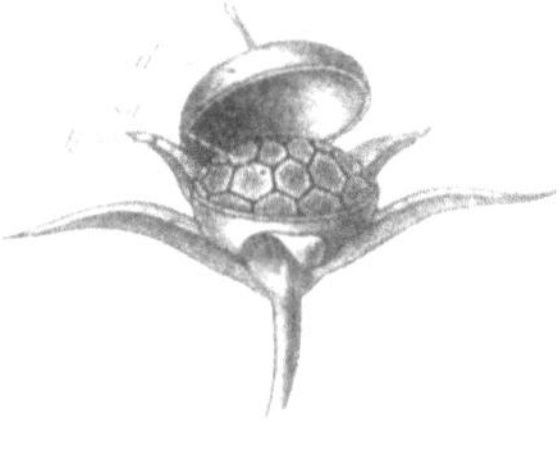

Ackergauchheil (Deckelkapsel). (*d*) Deckel; (*sa*) Samen; (*k*) Kelch

Balgfrucht des Eisenhuts

Hülse des Blasenstrauchs

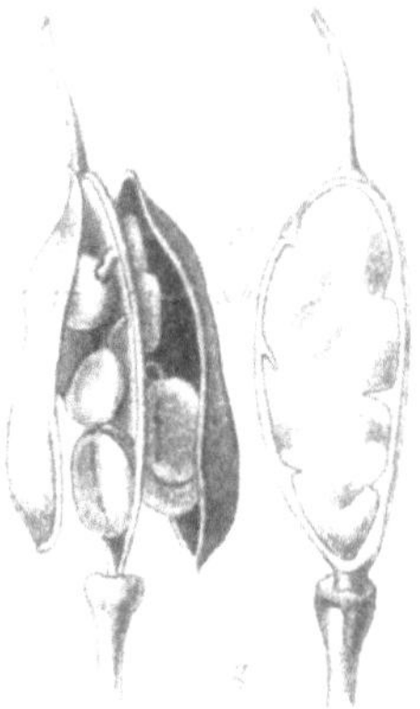

Schötchen vom Silberblatt. (*sa*) Samen; (*pl*) Placenta; (*fbl*) Fruchtblatt; (*sch*) falsche Scheidewand. (Nach *Hegi*)

Abb. 157. Kapselfrüchte

blatt (Sporophyll) bzw. bei den Angiospermen der **Fruchtknoten,** einen neuen Wachstumsimpuls erhält, der in nicht allzu seltenen Fällen auch noch dem Blütenboden und den Kelchblättern mitgeteilt wird. Man bezeichnet das ganze aus dem Fruchtknoten hervorgehende Gebilde als **Frucht.** In ihr bleiben die Samen bis zur Reife eingeschlossen. Beim **oberständigen** Fruchtknoten wird die Fruchtknotenwand durch die Fruchtblätter (Karpelle) gebildet; beim **unterständigen** Fruchtknoten ist am Aufbau der Wandschichten auch noch die ausgehöhlte Blütenachse mitbeteiligt. Die endgültige Ausgestaltung der

Fruchtknotenwand, des sogenannten **Perikarps**, gibt einen brauchbaren Einteilungsgrund der Früchte ab. Vielfach ist das Perikarp gegliedert in eine äußere **(Exokarp)**, eine mittlere **(Mesokarp)** und eine innere **(Endokarp)** Schicht.

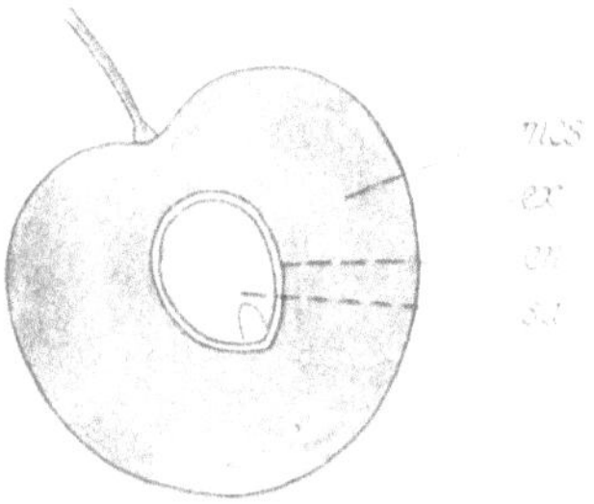

Steinfrucht. Schnitt durch eine Kirsche. (*ex*) Exokarp; (*mes*) Mesokarp; (*en*) Endokarp; (*sa*) Samen

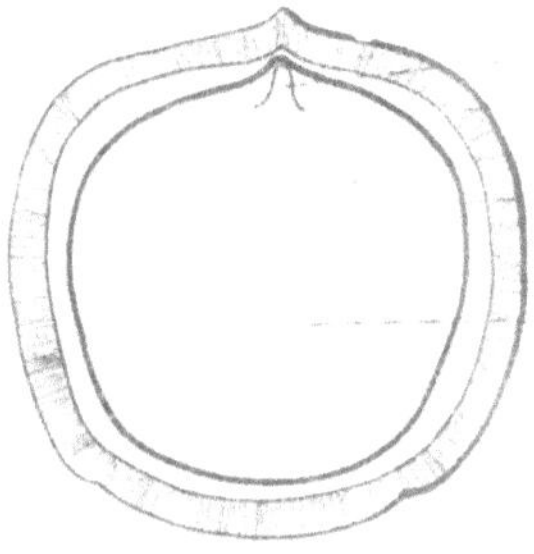

Schnitt durch die Haselnuß. (*r*) Würzelchen; (*fr*) Fruchtschale; (*s*) Samenschale; (*c*) Nährgewebe. (Nach *Firbas*)

Teilfrüchte der Malve. (Nach *Hegi*)

Sammelfrucht der Himbeere. (*g*) Griffel; (*fr*) Früchtchen; (*stbl*) Staubblätter; (*k*) Kelch

Maulbeere. (*g*) Griffel; (*fr*) Einzelfrucht

Ananas — Fruchtstand

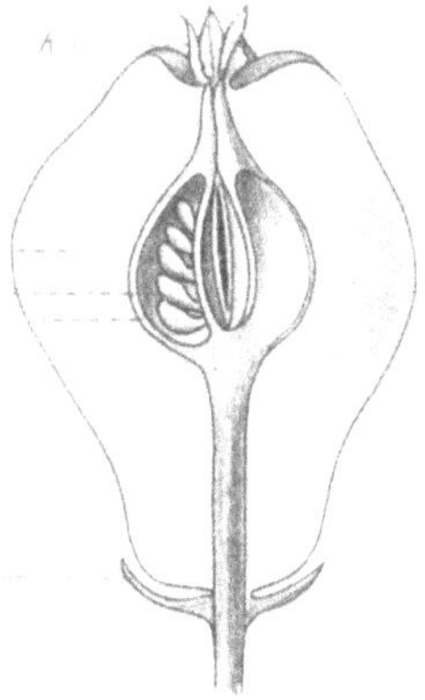

Schnitt durch die Scheinfrucht der Quitte. (*k*) Kelch; (*a*) fleischige Blütenachse; (*b*) Fruchtblatt; (*c*) Samen; (*lb*) Laubblätter. (Nach *Hegi*)

Scheinfrüchte

Abb. 158.

Der unübersehbaren Baumannigfaltigkeit der Fruchtblätter bzw. Fruchtknoten entspricht eine ebensolche der Früchte. Es lassen sich aus der Vielgestaltigkeit nur einige wenige besonders typische Gruppen herausgreifen (Abb. 157).

1. Kapselfrüchte. Perikarp trockenhäutig, bei der Reife sich öffnend:

a) Öffnung entlang der Karpellränder: septicid (Tulpe).
b) Öffnung entlang der Mittellinie der Karpelle: loculicid (Veilchen).
c) Öffnung durch mehrere Löcher: poricid (Löwenmaul).

d) Öffnung durch Ablösen eines Deckels: Deckelkapsel (Ackergauchheil).
e) Fruchtknoten besteht nur aus einem Karpell (apokarper Fruchtknoten).
  α) Öffnung längs der Karpellränder (Bauchnaht): Balgfrucht (Ranunculaceen).
  β) Öffnung längs der Karpellränder und der Mittellinie des Karpells: Hülse (Leguminosen).
f) Fruchtknoten besteht aus zwei Karpellen, zwischen denen eine durch Gewebswucherung entstandene falsche Scheidewand ausgespannt ist.
  α) Frucht mehr als 3mal so lang wie breit: Schote (Senf).
  β) Frucht höchstens 3mal so lang als breit: Schötchen (Silberblatt).

2. **Schließfrüchte.** Bei der Reife sich nicht öffnend (Abb. 158):
a) Perikarp in allen Schichten fleischig: Beere (Heidelbeere, Kürbis).
b) Exokarp häutig, Mesokarp fleischig, Endokarp hartschalig: Steinfrucht (Kirsche, Pflaume).
c) Perikarp hart: Nuß (Haselnuß, Sonnenblume, Linde; nicht aber die Walnuß, die eine Steinfrucht darstellt).
d) Perikarp häutig:
  α) Mit der Samenschale verwachsen: Karyopse (Gräser).
  β) Mit der Samenschale nicht verwachsen: Achäne (Korbblütler).
e) Die einzelnen Fruchtblätter des Fruchtknotens lösen sich voneinander bei der Reife. So entstehen Teilfrüchte oder Spaltfrüchte (Umbelliferen, Malven).
f) In einer Blüte stehen zahlreiche apokarpe Fruchtknoten (Himbeere, Erdbeere), die bei der Reife in einer Sammelfrucht vereinigt sind.
g) Nehmen Fruchtstände Gestalt einer Einzelfrucht an (Feige, Maulbeere, Ananas), so entsteht eine Scheinfrucht. Dieselbe Bezeichnung gebraucht man für Früchte, an deren Aufbau außerhalb des Fruchtknotens liegende Teile maßgeblich beteiligt sind (Quitte).

Verbreitung der Samen und Früchte

Die Samenproduktion ist bei vielen Pflanzen eine erstaunlich große. Ein einziger Stock der Wegerauke produziert pro Jahr durchschnittlich 3/4 Millionen Samen, der Tabak bringt es noch auf etwa 360000, und das Hirtentäschelkraut streut alljährlich zum Leidwesen der Gärtner etwa 64000 Samen aus. Nun nützt aber diese imponierende Samenmenge wenig zur Erhaltung der Art, wenn der Same ausschließlich am Wuchsort der Mutterpflanze niederfällt. Zwar würde ein dichtgestelltes Heer von Keimlingen entstehen, die aber zum allergrößten Teil infolge Licht-, Raum- und Nährstoffmangels wieder zugrunde gingen. Dieser Gefahr begegnet die Pflanze durch Ausbildung besonderer Hilfsmittel zur Verbreitung der Samen auf weite Strecken. Die Pflanze sendet gleichsam wahllos ihre Sendboten über weite Flächen aus und überläßt es dem Zufall und der großen Zahl der Samen, besiedlungsfähige Stellen zu besetzen.

Einrichtungen zur Verbreitung des Samens. Auffällig und in der Wirkung leicht zu beobachten sind Einrichtungen der Frucht, welche den Samen mit ziemlicher Gewalt **ausschleudern.** Das unsere Wälder neuerdings stark besiedelnde Springkraut (Abb. 159, *8*) bringt die reifen Früchte bei leiser Berührung zum Platzen. An heißen Tagen hört man das Platzen der Hülsen des Erbsenstrauches recht vernehmlich. Die Spritzgurke schleudert im Augenblick der Fruchtablösung vom Stiel Samen und Flüssigkeit aus. Die aktive Schleuderweite ist besonders bei größeren Samen recht ansehnlich und erreicht bei den 3 cm langen Samen der Bauhinia bis zu 18 m. Viele

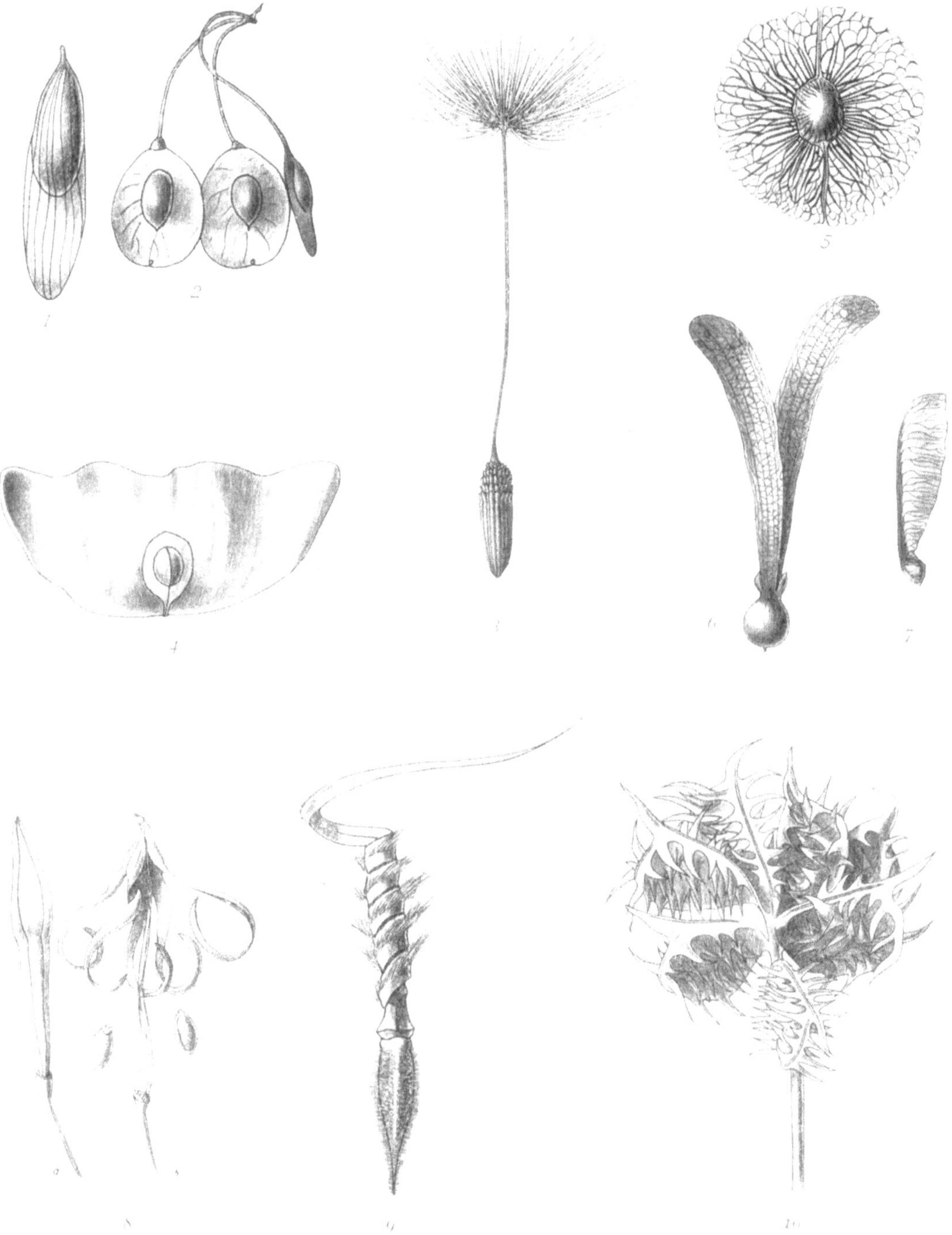

Abb. 159. Einrichtungen zur Verbreitung von Samen und Früchten. *1* Esche, *2* und *5* Ulme, *3* Löwenzahn, *4* Zanonia javanica ($^1/_2$ nat. Größe), *6* Dipterocarpus, 7 Ahorn, *8* Springkraut (*a* geschlossen, *b* geöffnet), *9* Springfrucht des Reiherschnabels, *10* Ackerhahnenfuß

Kapselfrüchte stehen auf elastischen Fruchtstielen. Bei starkem Wind werden die Samen aus der Frucht herausgeschleudert und von der Luftströmung mitgerissen. Nicht selten besitzen die Samen, zum Teil auch die ganzen Früchte, bestimmte **Flugeinrichtungen**, von denen eine Auswahl in Abb. 159, *1—7* zusammengestellt ist.

In anderen Fällen sorgen Schleuderbewegungen und hygroskopische Torsionen für eine Verbreitung der Samen und Früchte (Abb. 159, *8* u. *9*). Vgl. auch S. 328.

Durch die Bildung von lufthaltigem, leichtem Gewebe erlangen Samen und Früchte von Wasser- und Küstenpflanzen **Schwimmfähigkeit.** So ist das faserige Mesokarp für die Kokosnuß eine tragende Schwimmhülle, während das steinharte Endokarp die Frucht vor Beschädigung in der bewegten Brandungszone schützt.

Das **Fruchtfleisch** oder auch mancherlei **fleischige Anhängsel** (vgl. S. 88) des Samens (Samenmantel und -schwiele) sind Anlockungsmittel für die Samen verbreitenden Vögel (Holunder, Eibe, Mistel, Evonymus) und auch für Insekten (Ameisen).

Weniger freiwillig ist diejenige Verbreitung von Früchten durch Tiere, welche durch besondere **Anhaftungsmittel** (Abb. 159, *10*) bedingt ist (Hundszunge, Klette, Klebkraut usw.). Daß auch der Mensch ungewollt eine nicht unbedeutende Rolle bei der Verbreitung von Pflanzensamen und Früchten spielt, erhellt am auffälligsten aus der reichen Liste der zum Teil sogar aus Übersee auf den üblichen Handelswegen sich ausbreitenden eingewanderten Unkräuter (Adventivpflanzen) (Nachtkerze, strahlenlose Kamille, Wasserpest, Franzosenkraut usw.).

Eine Vorstellung von der Samenverbreitung gewinnt man leicht aus der spontanen Besiedlung von frisch gerodeten Flächen z. B. Waldkahlschlägen, auf denen besonders in den ersten Jahren das ganze fliegende Heer der Pflanzensamen zur Entfaltung kommt.

DER ANATOMISCHE BAU DER PFLANZE

Die Zellenlehre

Bau der Zelle. Die Entdeckung der Zelle als Elementarbaustein pflanzlicher Gewebe wurde, wie eingangs erwähnt, am Flaschenkork, also an totem Material gemacht. Es ist daher nicht verwunderlich, daß *Hooke* auch nur die toten Bestandteile der Zelle beschrieb, nämlich die Zellwände. Erst um die Mitte des vorigen Jahrhunderts hat man erkannt,

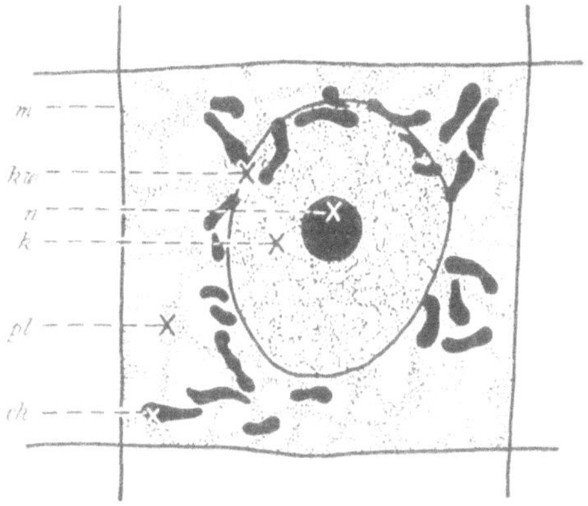

Abb. 160. Embryonale Zelle aus der Wurzelspitze des Hafers. (*m*) Zellwand; (*kw*) Kernwand; (*n*) Nucleolus; (*k*) Kern; (*pl*) Plasma; (*ch*) Chromatophoren. Vergr. etwa 3000. (Nach *Lewitzki*)

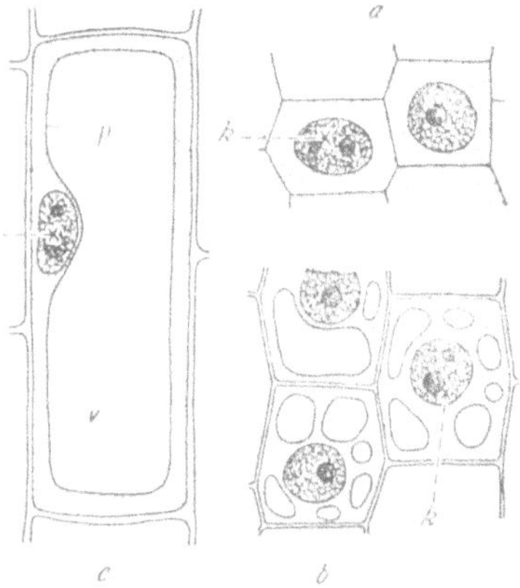

Abb. 161. Zellentwicklung. *a*, *b*, *c* fortschreitende Entwicklungsstadien. (*k*) Kern; (*p*) Plasma; (*v*) Vakuole. Vergr. 280

daß die Zellwand nicht das Wesentliche der Zelle, sondern nur ein Gehäuse darstellt, das den lebenden Zelleib **(Protoplasten)** schützend umschließt. Der Träger des Lebens und damit auch der Stoff- und Formbildner in der Pflanze ist das **Protoplasma,** eine von größeren und kleinen Einschlüssen durchsetzte zähe „Flüssigkeit", die niemals fehlt, wo sich auch noch so primitives Leben regt. Wir dürfen annehmen, daß alle übrigen Bestandteile des Zelleibes aus dieser Substanz gebildet worden sind, auch dann, wenn sie uns jetzt in der Zelle als selbständige **Organellen,** wie Zellkern und Chromatophoren, entgegentreten. Die Abb. 160 stellt eine Zelle aus der Wurzelspitze des Hafers dar und gibt einen Überblick über die wesentlichen mikroskopisch erkennbaren Formbestandteile des Protoplasten. In der Zellmitte liegt ein hier auffallend großer kugliger **Zellkern,** der das stark lichtbrechende Kernkörperchen, den **Nucleolus,** einschließt. Im restlichen **Zytoplasma,** einer zähen trüben Masse, fallen vor allem die charakteristisch geformten Chromatophoren auf. Eine dünne, straff gespannte **Zellwand** grenzt die Zelle gegen die Nachbarzellen ab. In dieser Form tritt uns die Zelle nur in dem noch jungen Gewebe der Vegetationskegel entgegen. Im Verlauf der Zellstreckung kann die Plasmavermehrung mit dem Zellwachstum nicht Schritt halten; es entstehen im Plasma kleine mit Flüssigkeit erfüllte Bläschen, die **Vakuolen,** die später zu größeren Flüssigkeitsräumen zusammenfließen (vgl. Abb. 161). Die Folge hiervon ist, daß das Plasma in einen wandständigen Belag und zentrale Lamellen oder Fäden zerlegt wird. Endzustand einer derartigen Entwicklung ist schließlich eine einheitliche zentrale **Vakuole** (Zellsaftraum) und ein wandständiges Protoplasma (Protoplasmaschlauch), das den Zellkern und die Chromatophoren einschließt. Man kann diese Entwicklung der Zellstruktur leicht an Längsschnitten durch Sproß- und Wurzelspitzen verfolgen. Doch gibt es auch ausgewachsene Zellen, in denen der Saftraum dauernd von Plasmasträngen durchzogen bleibt (Abb. 162), wenn auch das Bild sich infolge Einschmelzung und Neubildung von Fäden fortlaufend ändert.

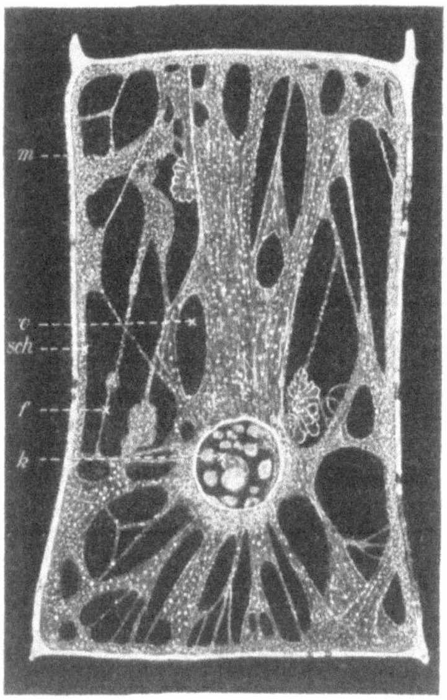

Abb. 162. Zelle aus einem Kürbishaar. (*m*) Zellwand; (*k*) Kern; (*sch*) wandständiger Plasmaschlauch; (*v*) Vakuole; (*f*) Plasmastrang. (Nach *Heidenhain*)

Die Zellgröße. Die Zellgröße schwankt innerhalb weiter Grenzen. Die Größe mancher Bakterien liegt bereits an der unteren Grenze des mikroskopisch Erkennbaren (0,2 μ).

Aber auch nach oben hin sind die Grenzen der möglichen Zellgrößen weit hinausgeschoben. Selbst wenn wir von den vielkernigen, aber ungekammerten Formen der Schlauchalgen und Algenpilze absehen, können die Faserzellen mancher Pflanzen doch die Länge von mehreren Zentimetern (Flachs) annehmen. Die Ramiefaser wird sogar 20 cm und darüber lang, und ebenso lang werden die Gerbstoffzellen im Holundermark. Die Milchröhren wachsen zu meterlangen Schläuchen aus. Hier liegt indes gestaltliche Anpassung an spezialisierte Funktionen vor. Im allgemeinen gehen die Zellen der höheren Pflanzen über ein gewisses Mittelmaß selten erheblich hinaus. Auf einen Sproßquerschnitt von Arundo donax wurden die folgenden Zelldurchmesser festgestellt:

Epidermiszellen	0,01 mm
Zellen des Sklerenchymrings . .	0,02 ,,
Parenchymzelle	0,045—0,075 ,,
Siebröhre	0,015 ,,
Geleitzelle	0,005 ,,
Trachee	0,09 ,,
Ringtracheide	0,015 ,,
Fasertracheide	0,008 ,,

Nur ein gutes Auge kann in einzelnen Fällen die Zellen eben noch als gesonderte Gebilde wahrnehmen (Epidermis der Zwiebelschuppe, isolierte Zellen mürber Äpfel usw.). In den meisten Fällen eröffnet uns erst das Mikroskop den Blick in die Zellstruktur der Pflanzen.

Form der Zellen. Vom Formenreichtum der Einzeller gibt die Zusammenstellung in Abb. 4 nur eine matte Vorstellung. Dagegen ist die Gestalt der Gewebe aufbauenden Zellen der höheren Pflanzen ziemlich eintönig. Von den isodiametrischen, kugeligen, würfelförmigen oder polyedrischen **Parenchymzellen** unterscheiden sich die **Prosenchymzellen,** bei denen das Zellwachstum bevorzugt längs einer Achse verläuft, so daß mehr oder weniger langgestreckte, in den Enden vielfach zugespitzte Zellen entstehen. In jedem Fall bestimmt die Zellwand die Gestalt der Zelle.

A. Das Zytoplasma

Aus der Vielgestaltigkeit der pflanzlichen Erscheinungsformen und aus der Mannigfaltigkeit ihrer Lebensäußerung müssen wir schließen, daß der Former und Träger dieses Lebens, das Zytoplasma, eine außerordentlich kompliziert strukturierte Substanz sein muß. Mit Hilfe unserer optischen Methoden ist allerdings davon wenig zu erkennen. Eine gewisse Schichtung ist insofern zu beobachten, als der äußerste wandständige Plasmabelag gewöhnlich optisch so gut wie leer ist, also das Bild einer hyalinen, zähen Flüssigkeit darbietet **(Hyaloplasma)**, während in den tieferen Schichten in diese Grundsubstanz geformte, körnige Bestandteile eingelagert sind (Körnerplasma). Diese sogenannten **Mikrosomen** sind stofflich sicherlich recht verschiedener Natur: neben Fett- und Eiweißtröpfchen, kleinen, mit Flüssigkeit erfüllten Vakuolen, finden sich noch sogenannte **Chondriosomen,** das sind geformte Kügelchen, Stäbchen, kleine Hanteln, deren Natur und Bedeutung zur Zeit wenig geklärt ist. Aber diese Strukturelemente haben für die Gestaltung des Lebens wenig zu sagen. Die im fixierten Plasma beobachteten Strukturen kommen dem lebenden Plasma nicht in gleicher Weise zu. Sie sind sicher zum Teil Kunstprodukte, die mehr über das physikalisch-chemische Verhalten der Plasmakomponenten gegenüber dem Fixierungsmittel als über natürliche Strukturen aussagen. Jene mehr oder weniger hypothetischen lebentragenden Strukturen des Plasmas sind optisch nicht mehr erkennbar, sie müssen vielmehr aus dem physikalisch-chemischen Verhalten des Plasmas erschlossen werden. Damit aber kommt einer physikalisch-chemischen Analyse des Plasmas für die Erklärung der Lebensprozesse eine ungleich größere Bedeutung als der optischen Analyse zu.

Zur Chemie des Plasmas. Als Untersuchungsmaterial diente u. a. wandfreies Plasma, wie es in den Plasmodien der Schleimpilze vorliegt. Mengenmäßig übertrifft das Wasser alle übrigen Bestandteile im Plasma (75—96%). Von der Trockensubstanz des Plasmas gibt die Analyse eines Schleimpilzes die folgende Übersicht:

Analyse des Protoplasmas von Lycogala epidendron (nach *Kiesel*)

Gehalt in Trockensubstanz	Plasmodien	Unreife Fruchtkörper
Eiweiß (außer Plastine) einschl. Nucleoproteide	18,37	18,19
Plastin (individueller Eiweißkörper)	11,96	16,91
Nucleinsäure	+	+
N-haltige Extraktstoffe	5,20	4,30
Öl-Lezithine	37,51	33,22
Cholesterine	1,16	1,31
Äther- und alkohollösliche Best. (Lipoide)	0,66	2,39
Polyzyklischer Alkohol	0,26	0,21
Harzartige Substanzen	4,29	9,04
Unbekannte Lipoide	1,20	2,29
Flüchtige Säuren	0,26	0,14
Reduzierende Kohlehydrate	0,53	0,46
Nichtreduzierende Kohlehydrate	10,06	11,06
Glykogen	13,10	5,98
Myxoglucosan	1,79	4,87
Unbekannte Substanzen	2,65	2,15

Ob die chemische Analyse die plasmatischen Stoffe unverändert erfaßt hat, ist nicht sicher. Auch gibt die Analyse keinen Aufschluß darüber, welche dieser Stoffe zum Leben unentbehrlich sind. Man neigt der Annahme zu, daß kein einzelner Stoff alleiniger Träger des Lebens ist, daß vielmehr ein wohlgeordnetes System dieser Stoffe von bestimmter physikalisch-chemischer Beschaffenheit den Ablauf der Lebensäußerungen ermöglicht. Dafür spricht auch die Tatsache, daß zur Entwicklung der Pflanzen eine ganze Anzahl von Elementen unentbehrlich sind, so daß der Mangel eines einzigen solchen Elementes bereits den Tod der Zellen herbeiführt.

Die Plasmastruktur. Wenn wir die Pflanzensubstanz einer chemischen Analyse unterwerfen, werden wir durch die ungeheure Zahl verschiedener Pflanzenstoffe aufs höchste überrascht. Die Biochemie hat im Laufe der Zeit eine große Zahl von Pflanzenstoffen bestimmt, deren Beschreibung ein mehrbändiges Werk füllen. Dabei ist die biochemische Erforschung noch durchaus nicht abgeschlossen, und alljährlich wird die Zahl der Pflanzenstoffe weiterhin vermehrt. Wenn auch manche dieser Pflanzenstoffe in bestimmten spezialisierten Zellen entstehen, so bleibt doch noch eine unübersehbare Reihe von biochemischen Stoffen, die in jeder Zelle gebildet werden können und dort auch in bestimmter Menge und Reihenfolge aufgebaut werden. Wie im Laboratorium setzt auch in der Zelle die Synthese verschiedener Stoffe verschiedene, getrennte Bildungsstätten voraus. Der Chemiker würde eine Anlage von unabschätzbarer Ausdehnung brauchen, um mit Hilfe von hochgespannter Energie alle diese Stoffe zu synthetisieren. Der Pflanze steht nur ein Raum von Zellgröße, also mikroskopischem Ausmaß, zur Verfügung. Dieser Raum muß also ungemein differenziert und gegliedert sein. Aus langjähriger Beobachtung wurde die Erfahrung abgeleitet, daß diese Stoffsynthesen zum größten Teil im Plasma sich abspielen. Dieses muß also eine ungewöhnlich reiche Gliederung bzw. Struktur besitzen.

Wir nennen ein System homogen, wenn alle beliebig herausgegriffenen Teilstücke gleichartige Zusammensetzung zeigen; ist das nicht der Fall, so liegt ein heterogenes Gemisch vor. Die Erkennung der Struktur eines Systems hängt natürlich von dem Auflösungsvermögen der zur Anwendung gebrachten Untersuchungsapparaturen ab. Das unbewaffnete Auge des Fliegers sieht eine Wiese als homogenen grünen, den Acker als braunen Farbfleck. Fein gemahlenes Mehl möchten wir, auch aus der Nähe besehen, homogen nennen; aber die Lupe und noch mehr das Mikroskop enthüllen die Heterogenität des Gemisches. Besitzen alle Teile des Gemisches in bezug auf das für uns sichtbare Licht gleiche optische Eigenschaften, so erscheint dieses Gemisch optisch leer, und wir werden auch mikroskopisch die Heterogenität nicht mehr erkennen. Dasselbe ist der Fall, wenn die Teilchengröße unter die Grenze der Auflösbarkeit der mikroskopischen Optik herabsinkt (0,15 μ). Im Ultramikroskop sind Teilchen noch bis zu 0,006 μ erkennbar zu machen (submikroskopisch). Unterhalb dieser Teilchengröße versagen die besten optischen Hilfsmittel (amikroskopisch). Aber die Strukturelemente hören bei dieser Größenordnung nicht auf. Vielmehr beginnt die Welt der Molekularstruktur, d. h. der eigentliche Feinbau der Stoffe und Systeme, erst weit unterhalb dieser Grenzen. Im Elektronenmikroskop scheint ein modernes Gerät gefunden zu sein, das die Sichtbarkeitsgrenze bis ins Gebiet der molekularen Größenordnung zu verschieben vermag. Die folgende Tabelle gibt eine Übersicht über die verschiedenen Größenreihen und die zu ihrer Erforschung angewandten Untersuchungsmittel.

Morphologische Hierarchie	Untersuchungsmittel	Maßstäbe	Größenordnung
Organlehre	Auge, Lupe	Millimetermaß	0,1 mm
Gewebelehre	Mikroskop	Mikrometer	1 μ
Zellenlehre	Immersions-Ultramikroskop	Wellenlänge des benutzten Lichtes	0,1 μ
Feinbaulehre	Polarisationsmikroskop	Bruchteile der Wellenlänge des Lichtes	0,1 μ
Molekülbaulehre	Röntgenstrahlen	Wellenlänge der Röntgenstrahlen	1 Å
Atombaulehre	Elektronenstrahlen	Wellenlänge der elektrischen Strahlen	1 Å

(nach *Frey-Wyßling*)

Wie bereits erwähnt, stellt sich das Plasma im Mikroskop als homogene Grundsubstanz dar, in welche allerlei geformte Bestandteile, die Plastiden, Mikrosomen, Chondriosomen, Fett-Eiweißtröpfchen, Gerbstoffvakuolen usw., eingestreut sein können. Diese Formbestandteile können aber auch fehlen, ohne daß das Plasma eine wesentliche Eigenschaft und Fähigkeit dadurch verliert.

Physikalische Chemie des Plasmas. Das Protoplasma zeigt gewisse physikalische Eigenschaften einer Flüssigkeit:

1. Seine Teile sind leicht gegeneinander verschiebbar. Ein unmittelbarer Hinweis hierfür ist die besonders nach Verletzung oder nach Zugabe von Aminosäuren (Histidin) einsetzende oder sich verstärkende Bewegung des Plasmas in den Zellen (Protoplasmaströmung). Dabei bleibt die äußerste an die Zellwand grenzende Plasmaschicht von der Bewegung unberührt; in den tieferen Lagen werden die Plasmaeinschlüsse (Zellkern, Chromatophoren, Mikrosomen usw.) durch das strömende Plasma mitgerissen. In den Zellen mit ausschließlich wandständigem Plasmaschlauch kreist das Plasma in einheitlicher Richtung (Rotation). Durchziehen Plasmafäden die Vakuole, so ist die Bewegungsrichtung in benachbarten Fäden, ja sogar in beiden Flanken der stärkeren Fäden völlig unabhängig (Zirkulation). Die biologische Bedeutung dieser auffälligen Massenströmung ist noch nicht mit Sicherheit festgestellt. Für den Stofftransport scheint sie keine bedeutsame Rolle zu spielen.
2. Die schwärmenden Moleküle versetzen auch die größeren sichtbaren Einschlüsse (Körnchen) in lebhafte unregelmäßige Bewegung (*Brown*sche Molekularbewegung). Eine solche Molekularbewegung ist nur in Flüssigkeiten möglich.
3. Isolierte Plasmateile runden sich im Wasser zur Kugel ab und vermögen miteinander zu verschmelzen.

Alles das sind $\pm$ typische Flüssigkeitsmerkmale.

Der Charakter einer Flüssigkeit ist vor allem durch ihren inneren Widerstand gegen Teilchenverschiebung, die Viskosität, gekennzeichnet. Je größer diese ist, um so zähflüssiger wird die Substanz; man hat Plasmaviskositäten von 2—18fachem Betrag derjenigen des Wassers gemessen. Das wasserarme Plasma der Samen verliert in vielen Fällen seinen Flüssigkeitscharakter und nimmt Eigenschaften der festen Körper (Elastizität) an.

Die Eigenschaften von Flüssigkeiten sind aber auch weitgehend von der Größe der in ihnen gelösten Teilchen abhängig.

Echte und kolloidale Lösungen

In echten Lösungen sind die gelösten Stoffe in so feiner Verteilung vorhanden, daß sie selbst mit den stärksten optischen Hilfsmitteln nicht mehr als gesonderte Teilchen neben dem Lösungsmittel wahrgenommen werden können. Die Adsorption des Lösungsmittels an die Moleküle des gelösten Stoffes ist größer als die gegenseitige Anziehung der Moleküle. Infolgedessen drängt sich das Lösungsmittel überall zwischen die Moleküle und bringt die Stoffe zu molekulardisperser Verteilung. Dabei bezeichnet man das Lösungsmittel als Dispersionsmittel und den gelösten Stoff als disperse Phase.

Bringt man jedoch z. B. Eisenoxyd in Wasser, so bleiben größere Molekülgruppen in Verbindung, da die Affinität des Wassers zu dem Eisenoxyd geringer ist als die eigenen molekularen Anziehungskräfte. Das Eisenoxyd bleibt relativ grob zerteilt. Man nennt ein derartiges System eine Suspension oder eine Aufschwemmung. Echte Lösungen und Suspensionen unterscheiden sich somit durch die Größe ihrer dispergierten Teilchen.

Teilchengröße in Suspensionen über 0,15 μ (also mikroskopisch sichtbar);

Teilchengröße in echten Lösungen: Molekülgröße $<$ 0,001 μ (also amikroskopisch).

Zwischen beiden Systemen liegen solche mit Teilchengrößen von 0,001—0,15 μ (in den meisten Fällen submikroskopisch, also durch das Ultramikroskop erkennbar). Systeme mit Teilchen dieser Größenordnung heißen **kolloidale Lösungen.** Die Teilchen der kolloidalen Lösung sind entweder sehr große Einzelmoleküle (Eiweiß) oder Molekülaggregate. Von den echten Lösungen unterscheiden sie sich auch in ihrem Verhalten: sie besitzen leimartige Konsistenz, kristallisieren im allgemeinen nicht und gehen nur sehr langsam oder gar nicht durch feinporige Membranen hindurch. Daher ist die Dialyse ein Mittel, um echt gelöste Teilchen von kolloidal gelösten zu trennen. Nicht immer ist es möglich, in kolloidalen Lösungen die gelösten Teilchen noch gesondert als solche zu erkennen; derartige Systeme nennt man dann mikroheterogene

Systeme. So erscheint eine kolloidale Eisenhydroxydlösung völlig homogen und klar, obwohl ihre Teilchen nicht molekulardispers sind, wie die Dialyse sofort zeigt. Durchfallendes Licht erfährt Zerstreuung auf den Teilchen und erzeugt den Tyndalleffekt. Engt man derartige „Scheinlösungen" immer weiter ein, so fällt schließlich die disperse Phase aus, und gibt man erneut Wasser zu, so ist der Niederschlag nicht wieder in Lösung zu bringen, denn dazu ist die Affinität des Wassers zum Eisenhydroxyd zu klein (hydrophobe = wasserscheue Kolloide). Ganz anders verhält sich eine kolloidale Eiweißlösung beim Eintrocknen. Mit zunehmendem Wasserverlust erstarrt die Lösung gallertartig; das Sol ist in ein Gel übergegangen, indem es keine freie Beweglichkeit der Eiweißteilchen mehr gibt. Schließlich trocknet dieses Gel zu einer harten, hornartigen Masse ein. Gibt man zu dieser jedoch erneut Wasser, so entsteht zunächst wieder ein Gel und zuletzt das ursprüngliche Sol mit unveränderten Eigenschaften. Die Affinität des Wassers zum Eiweiß bringt dieses wieder in kolloidale Lösung (hydrophile = wasserliebende Kolloide). Für die Physiologie spielen diese hydrophilen Kolloide eine außerordentlich bedeutsame Rolle, denn die im Plasma auftretenden Eiweißstoffe, Lezithine, Gummiarten usw. sind derartige hydrophile Kolloide. Das Plasma selbst ist ein Mischkolloid hydrophilen Charakters.

An solche hydrophile Kolloidteilchen lagern sich Wassermoleküle an (Hydratation). Diese Wasseranziehung kommt auf elektrischem Wege zustande. Im Wassermolekül sind die + geladenen H-Atome räumlich von dem negativ geladenen O-Atom getrennt (Abb. 163). Im elektrischen Feld verhält sich das Wassermolekül daher wie ein kleiner Magnet: es besitzt Dipolcharakter. Auch das Kolloidteilchen kann bestimmte Ladung haben, und danach richten sich die Wasserdipole zum Teilchen. Im unelektrischen (isoelektrischen) Teilchen sind die elektrischen Ladungen zwar ebenfalls nicht ganz gleichmäßig verteilt. Deshalb können sie noch eine, wenn auch schwache Wasserbindung bewirken. Diese wird bei einseitiger Ladung freilich erheblich stärker, wodurch die Wasserhüllen um geladene Teilchen merklich an Ausdehnung gewinnen.

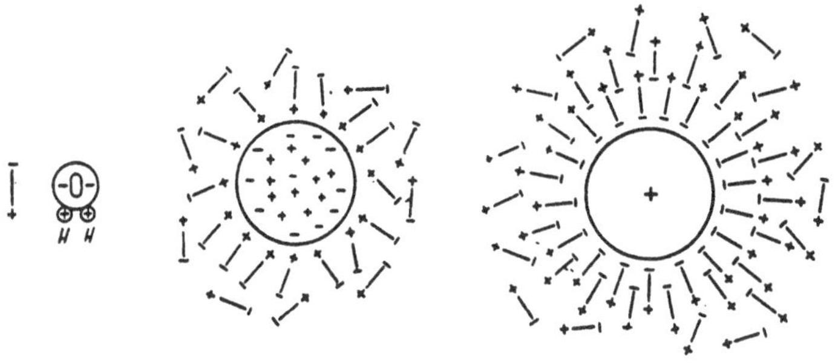

Abb. 163 *A*. Abb. 163 *B*. Schwache Wasserhülle Abb. 163 *C*. Starke Wasserhülle

Abb. 163 *A*. Modell des Wassermoleküls und Dipolschema
Abb. 163 *B*. Hydratation eines isoelektrischen Kolloidteilchens
Abb. 163 *C*. Hydratation eines geladenen Kolloidteilchens (nach *Pallmann*, 1931)

Die Größe dieser Wasserhüllen bestimmt den Quellungsgrad hydrophiler Kolloide. Das in Wasserhüllen festgehaltene Wasser wird als Quellungswasser bezeichnet im Gegensatz zu dem frei beweglichen Wasser. Die Größe der Wasserhüllen an Kolloiden ist, wie erwähnt, von der Ladungsstärke der letzteren abhängig. Im unelektrischen Zustand ist die Wasserbindungskraft sehr gering. Infolgedessen nehmen auch die hydrophilen Kolloide in diesem Zustand weitgehend hydrophoben Charakter und hydrophobe Eigenschaften an: sie neigen zu Zusammenballung und Ausflockung. Auch das freie Wasser beeinflußt die Eigenschaften des kolloiden Systems: ist viel freies Wasser vorhanden, so bleiben die dispersen Teilchen frei beweglich, das System stellt ein Sol mit Flüssigkeitseigenschaften dar; schwindet das freie Wasser, so treten die Teilchen (ohne Ausflockung, da Wasserhüllen unversehrt vorhanden) zu einem Gerüst zusammen, so daß das System Eigenschaften fester Körper annimmt (Elastizität).

Tritt statt reinem Wasser eine Salzlösung zu diesen hydrophilen Kolloiden, so beeinflussen die Salzionen aus oben dargelegten Gründen den Quellungsgrad, d. h. die Größe der Wasserhüllen der kolloiden Teilchen. Die Ionen besitzen einen bestimmten Ionenradius und eine Wasserhülle bestimmter, für die Ionenart charakteristischer Ausdehnung (Abb. 164).

Ionenwirkungen auf Plasmakolloide

Ionenradien

	Li	Na	K	NH_4	Rb	Cs
Ohne Wasserhülle	0,78	0,98	1,33	1,45	1,46	1,66 Å
Mit Wasserhülle	3,66	2,81	1,88	1,89	1,81	1,80 Å
Anzahl H_2O Mol. pro Ion	10,0	4,3	0,9	0,8	0,5	0,2

Nehmen wir an, das Plasmateilchen selbst sei negativ geladen und von einer Wasserhülle umgeben, so kommt das positiv geladene Cs-Ion wegen seines kleinen Wassermantels näher als die anderen Kationen an die Kolloidladung heran, neutralisiert die Ladung und zerstört damit die Wasserhülle. Mit abnehmender Wasserhülle der gegensinnig zum Teilchen geladenen Ionen steigt somit deren entquellende (dehydratisierende) Wirkung an. Für die eben erwähnten Ionen ergibt sich daraus die folgende Entquellungsreihe:

Kationenreihe.

a) Dehydratisierungsreihe: $Cs^{\cdot} > Rb^{\cdot} > K^{\cdot} > Na^{\cdot} > Li^{\cdot}$ und damit die

b) Quellungsreihe: $Li^{\cdot} > Na^{\cdot} > K^{\cdot} > Rb^{\cdot} > Cs^{\cdot}$ (lyotrope Reihe).

Besitzt das Kolloidteilchen dagegen positive Ladung, so wirken die Kationen nur indirekt auf die Ladung und Wasserhüllen des Teilchens ein durch die Anziehung, mit der sie die negativ geladenen Anionen festhalten und damit den Ladungsaustausch der letz-

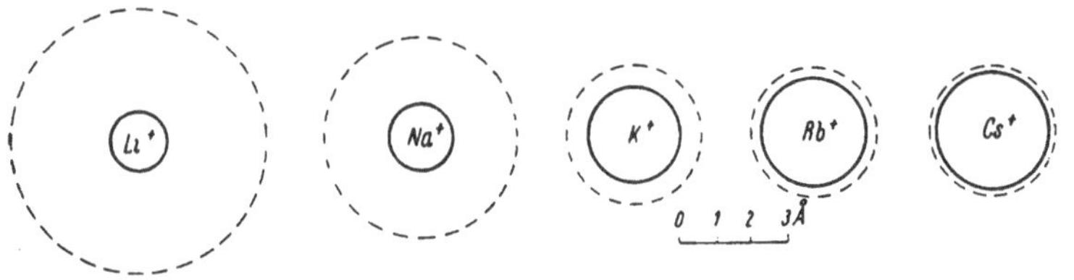

Abb. 164. Ionen der Alkalireihe. Hydratationshülle punktiert (nach *Frey-Wyßling*)

teren mit dem Kolloid erschweren. Die Anziehungskräfte zwischen Anion und Kation sinken mit der Dicke des Wassermantels, der zwischen ihre Ladungen geschaltet ist, und damit steigt die Reaktionsfähigkeit (d. h. Entquellung) eines bestimmten Anions mit dem + geladenen Kolloid. Aus der Dicke der Kationen-Wasserhüllen ergibt sich daher bei positiver Eigenladung des Teilchens folgende

Entquellungsreihe: $Li^{\cdot} > Na^{\cdot} > K^{\cdot} > Rb^{\cdot} > Cs^{\cdot}$,

d. h., die lyotrope Ionenreihe hat eine Umkehr erfahren. Stärker als Kationen wirken die gegensinnig geladenen Anionen auf die + geladenen Kolloide. Nach der quellenden Wirkung ordnen sich die Anionen ebenfalls in eine lyotrope Reihe:

Anionenreihe: $OH' > CNS' > J' > NO_3' > Br' > Cl' >$ Azetat'.

Natürlich spielen auch die Wertigkeiten der Ionen eine Rolle bei der Quellung bzw. Entquellung der Teilchen. Mit der Wertigkeit, d. h. mit der damit verbundenen erhöhten elektrischen Ladung, steigt auch die entquellende Wirkung der gegensinnig geladenen Teilchen.

Quellungsreihen:

a) Kationenreihe, wirksam auf Teilchen mit negativer Ladung
$Li^{\cdot} > Na^{\cdot} > K^{\cdot} > NH_4^{\cdot} > Ca^{\cdot\cdot} > Mg^{\cdot\cdot} > Zn^{\cdot\cdot} > Al^{\cdot\cdot\cdot} > Hg^{\cdot} > Ag^{\cdot}$.

b) Anionenreihe, wirksam auf Teilchen mit positiver Ladung:
$CNS' > J' > NO_3' > Br' > Cl' >$ Azetat' $> SO_4'' >$ Tartrat'' $>$ Citrat'''.

Befindet sich ein Kolloid in einem Ionengemisch, so entspricht der Quellungsgrad dieses Kolloids der Resultante aus den einzelnen Ionenwirkungskomponenten. Der quellenden Wirkung der am Anfang der Quellungsreihen stehenden Ionen wirkt der entquellende Einfluß der endständigen Ionen entgegen (Ionenantagonismus). Umgekehrt kann ein bestimmter Quellungsgrad der Kolloide nur in Gegenwart einer ganz bestimmten Ionenmischung erreicht werden. Da nun das Plasma zum Ablauf seiner Lebensprozesse eines ganz bestimmten Quellungsgrades bedarf, kann es nur in einem bestimmten Ionengemisch (Ionengleichgewicht) lebensfähig bleiben. Lösungen von derartig geeignetem Ionengehalt nennt man physiologisch ausgeglichene oder balancierte Lösungen. Alle geeigneten Nährlösungen (vgl. S. 200ff.) sind solche balancierte Lösungen.

Abhängigkeit der Ladung der Plasmakolloide von der H˙-Konzentration

Welche Faktoren bestimmen nun die Eigenladung im Plasmakolloidteilchen? Von den auf S. 97 genannten chemischen Plasmabestandteilchen sollen hier nur die Eiweiße näher betrachtet werden.

Eiweißchemie. Das Eiweißmolekül entsteht durch Verknüpfung der Aminosäuren, deren saure COOH-Gruppen mit den basischen NH_2-Gruppen amidartig zu einer gebrochenen Kette zusammentreten.

1. *Aminosäuren:*
   Monoaminosäure: R—$CHNH_2$—COOH.
   Aminodikarbonsäure: COOH—R—$CHNH_2$—COOH.
   Diaminosäure: NH_2CH_2—R—$CHNH_2$—COOH.

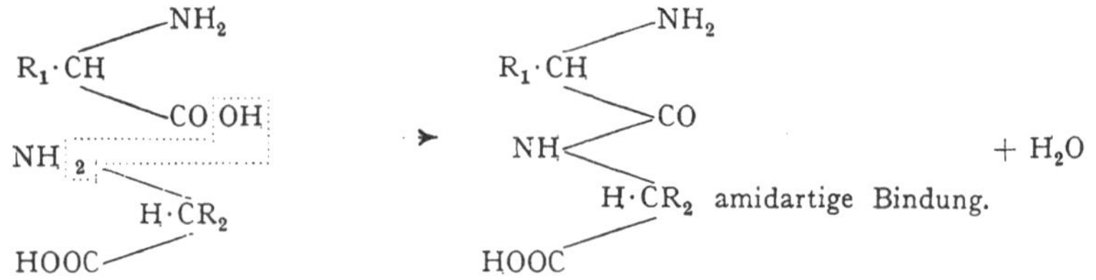

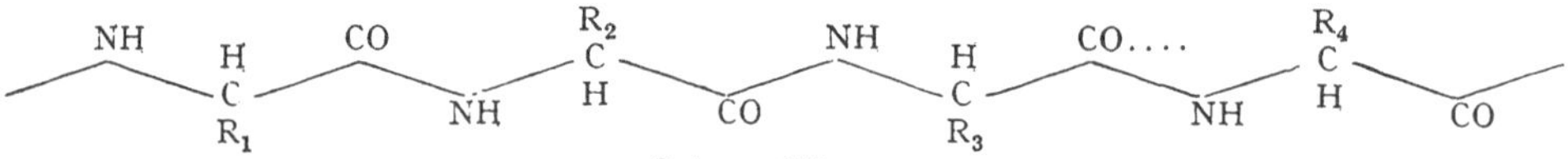

Polypeptidkette.

Wie seine Bausteine, die Aminosäuren, ist auch jedes Eiweißmolekül ein *amphoterer* Körper, d. h. er nimmt in stark saurer Lösung Basen-, in stark alkalischer Lösung dagegen Säurecharakter an. Diese amphotere Eigenschaft geht auf zwei Gruppen im Eiweißmolekül zurück, nämlich auf die saure COOH- und die basische NH_2-Gruppe. Die erstere spaltet leicht H˙ ab, die letztere dagegen nach Wasseraufnahme OH-Ionen. In saurer Lösung wird die Dissoziation von H˙ verringert, diejenige von OH′ dagegen begünstigt. Damit ändern sich aber auch die Ladungsverhältnisse des Eiweißmoleküls.

Saure Gruppe		Basische Gruppe	
RCOOH	$RCOO^- \; H^+$	RNH_3OH	$RNH_3^+ \; OH^-$
unelektrisch	dissoziiert	unelektrisch	dissoziiert

Starkes Abdissoziieren von H˙ bedingt daher negative, erhöhte Abspaltung von OH′ dagegen positive Eigenladung des amphoteren Stoffes. In stark saurer Lösung besitzt das Eiweißmolekül (wegen Behinderung der Abdissoziierung von H˙ und erhöhter OH′-Abspaltung) daher positive, in stark alkalischer Lösung (bei Begünstigung der Abdissoziierung von H˙) dagegen negative Eigenladung. Bei ganz bestimmter — für jeden Eiweißkörper charakteristischer — Reaktion entspricht die Zahl der abdissoziierten H˙ derjenigen der OH′, und dann ist das Eiweiß unelektrisch. Das ist im sogenannten *isoelektrischen* Punkt (IEP) des Eiweißes der Fall. Dabei treten wichtige physikalische Änderungen des Eiweißes ein: die Quellung erreicht ein Minimum, die Wasserhüllen verringern sich sehr erheblich, das Eiweiß neigt zum Ausflocken (isolabil). Nur bestimmte Eiweißkörper sind auch im IEP stabil (isostabile Eiweiße).

In einer Reaktion, die saurer ist, als dem IEP des Eiweißes entspricht, ist dieses daher *positiv* geladen, in weniger saurer Lösung dagegen besitzt es *negative* Eigenladung.

H˙ und OH′ beeinflussen nicht nur die Quellung des Plasmaeiweißes, sondern sie bestimmen über die Eigenladung des Eiweißes hinweg auch die Quellungswirkung der übrigen Ionen. Damit aber ist auch der Aggregatzustand stark der Reaktion unterworfen: Quellung bedingt dicke Wasserhüllen und freie Beweglichkeit der Teilchen (*Sol*), Entquellung führt zur Zusammenballung der Teilchen zu faden-, netz- oder wabenartigen Verbänden, zwischen deren Maschen freies Wasser eingelagert ist. Die freie Beweglichkeit der Teilchen hört dann auf, das Sol erstarrt zum *Gel* und nimmt damit neue physikalische Eigenschaften, z. B. die der Elastizität, an.

Wenn auf S. 99 die *Flüssigkeitseigenschaften* des Plasmas zusammengestellt wurden, so darf nicht verschwiegen werden, daß es auch an Hinweisen für eine *feste Struktur des Plasmas* nicht fehlt:

a) Die Viskosität des Plasmas nimmt bei Druckerhöhung ab, was für Gele typisch ist, bei Flüssigkeiten dagegen nicht eintritt.

b) Das Plasma kann zu Fäden ausgezogen werden, die eine gewisse Elastizität besitzen, eine Eigenschaft, die echten Lösungen völlig abgeht.

Das Plasma besitzt also gleichzeitig Eigenschaften von Flüssigkeiten und festen Stoffen (halbfestes System). Entgegen älteren Theorien (Emulsions-, Körnchen-, Wabenstruktur) schreibt man neuerdings dem Plasma eine Gerüststruktur zu, weil sie allein eine Erklärung für die vielseitigen chemischen Leistungen des Protoplasmas zu geben vermag. Dieses Gerüst ist nach *Frey-Wyssling* freilich von einer Größenordnung, die weit unter dem mikroskopischen Auflösungsvermögen der besten Optik liegt. Wahrscheinlich handelt es sich hierbei um ein Gerüstwerk, das im wesentlichen aus Eiweißmolekülen aufgebaut ist.

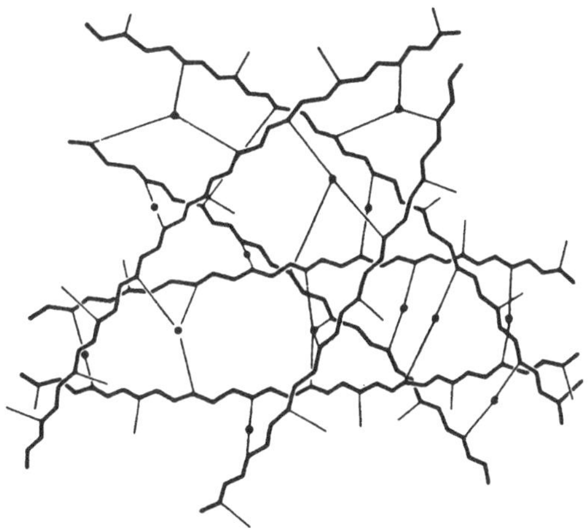

Abb. 165. Schema der molekularen Plasmastruktur. • = Haftpunkte. (Nach *Frey-Wyßling*)

Wie die Tabelle auf S. 97 nachweist, sind von allen Bauelementen des Plasmas die Eiweißkörper mengenmäßig am stärksten vertreten.

Molekularstruktur des Protoplasmas. *Frey-Wyßling* entwirft das folgende theoretische Bild von der Molekularstruktur des Plasmas: Die Ketten der Eiweißstoffe können außerordentlich vielgliedrig werden und nehmen dann die Form von Fadenmolekülen an. Solche Moleküle können nun an reaktionsfähigen End- und Seitengruppen (Haftpunkte, Abb. 165) mit anderen Fadenmolekülen zu einem räumlichen Gerüstwerk zusammentreten, während die Einordnung in ein Kristallgitter und damit die Kristallisation durch die ungleichen Seitengruppen behindert wird. So entsteht im Plasma ein feines Netzwerk aus Eiweißmolekülen, das natürlich mikroskopisch nicht zu erkennen ist, aber trotzdem die Strukturgrundlage des Protoplasmas ausmacht. An diesem Gerüst spielen sich die wichtigsten physiologischen Prozesse ab, und zwar sind vor allem die freien End- und Seitengruppen der Fadenmoleküle (Abb. 167) Schauplatz des physiologischen Geschehens. Die Steuerung des Stoffwechsels hängt daher weitgehend von der Natur dieser freien Seitengruppen ab. Das Eiweißmolekül zeichnet sich durch einen ungeheuren Reichtum an verschiedenen solchen Seitenketten aus (Abb. 166).

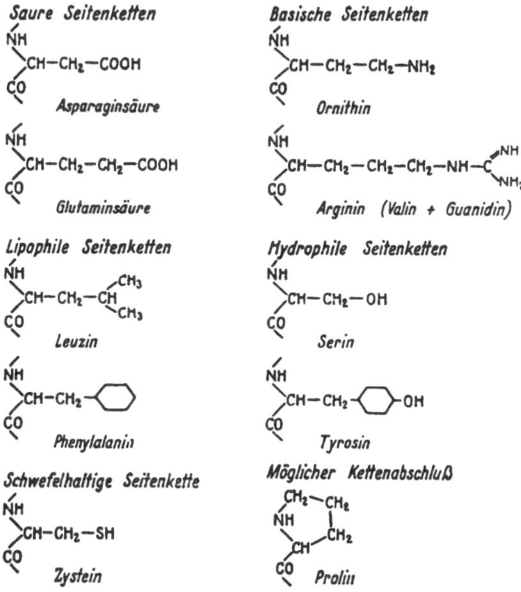

Abb. 166. Seitenketten *R* der Polypeptidketten

Bild eines Eiweißfadenmoleküls

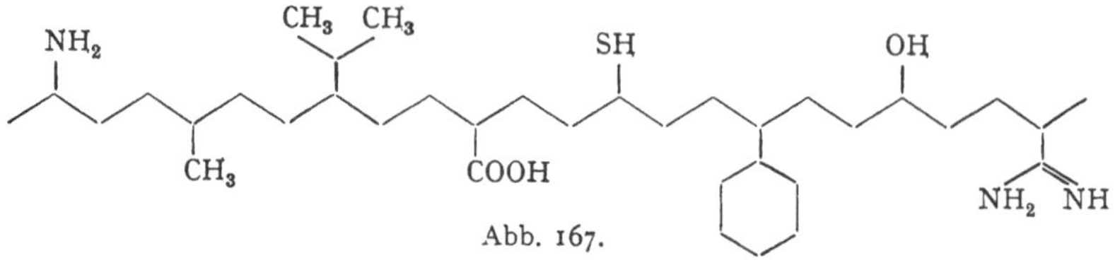

Abb. 167.

Lipophile und hydrophile Gruppen.

Die Seitengruppen verhalten sich dem Wasser gegenüber recht unterschiedlich. Die einen ziehen die Wassermoleküle stark an (hydrophil), bilden dichte Wasserhüllen und sind daher wasserlöslich. Andere Gruppen stoßen die Wassermoleküle ab, sie sind wasserscheu (hydrophob). In ähnlicher Weise verschieden verhalten sich die Gruppen dem Fett gegenüber (lipophil und lipophob). Im allgemeinen sind Hydrophilie und Lipophobie und umgekehrt vergesellschaftet. Außerdem kann man beobachten, daß diese Eigenschaften in gestuften Ausmaßen einzelnen Gruppen zukommen.

hydrophile (lipophobe) Gruppen (↓ abnehmende Hydrophilie)	lipophile (hydrophobe) Gruppen (↑ zunehmende Lipophilie)
—COOH-Säure	$-CH_3$-Methyl
—OH-Alkohol	$-CH_2$ } -Methylen
—COH-Aldehyd	$=CH_2$ } -Methylen
—CO-Keton	$-C_2H_5$-Äthyl
$-NH_2$-Amino	$-C_nH_{2n+1}$-Alkyl
$-CONH_2$-Amido	$-C_5$-H_8-Isopren
—SH-Sulfhydril	$-C_6H_5$-Phenyl

An den Seitengruppen können sich die folgenden Reaktionen abspielen:

1. Lipoidanlagerung an lipophile Seitengruppen. Lipophilen Charakter besitzen Stoffe wie Fette, Wachse, Kautschuk, Harze. Sie sind wasserunlöslich. Die wichtigsten lipophilen Stoffe sind die Fette; sie sind Ester von Glyzerin und Fettsäuren.

$$\begin{array}{lcl l l}
CH_3\cdot(CH_2)_x\cdot COOH & & OHCH_2 & & CH_3\cdot(CH_2)_xCOO\cdot CH_2 \\
CH_3\cdot(CH_2)_y\cdot COOH & + & OHCH & \longrightarrow & CH_3\cdot(CH_2)_yCOO\cdot CH + 3\,H_2O \\
CH_3\cdot(CH_2)_z\cdot COOH & & OHCH_2 & & CH_3\cdot(CH_2)_zCOO\cdot CH_2 \\
\text{Fettsäuren} & & \text{Glyzerin} & & \text{Fett (Triglyzerid)}
\end{array}$$

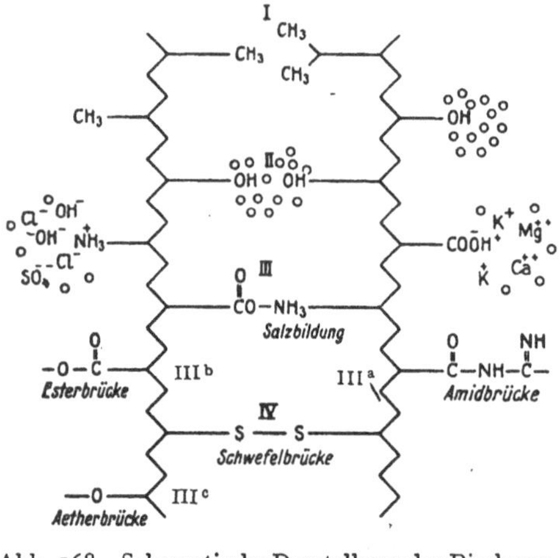

Abb. 168. Schematische Darstellung der Bindungsmöglichkeiten zwischen benachbarten Polypeptidketten im Zytoplasma: O = Wassermolekül. (Nach *Frey-Wyßling*)

Die Fette sind durchaus hydrophob und lagern sich daher ausschließlich an lipophile Gruppen an (I).

2. Anlagerung von Wassermolekülen an hydrophile Gruppen. Sie sind die Ursache der Quellung und bestimmen den Quellungsgrad (II).

3. Salzbildung an —COOH und $-NH_2$-Gruppen. Wirkung auf die Quellung in Abhängigkeit von der $H^{\cdot}$-Konzentration der Umgebung und damit von der Ladung der Seitengruppen (III).

4. Valenzverbindungen unter Wasseraustritt [Äther- (IIIc), Ester- (IIIb), Amidbrücken (IIIa)]. Ihre Knüpfung und Lösung erfolgt unter Mitwirkung von Fermenten, das sind biogene Katalysatoren, welche die Reaktionen beschleunigen.

5. Schwefel- und Methylenbrücken (IV). Knüpfung erfolgt durch Oxydation, Spaltung durch Reduktion. Daher sind diese Brücken vom Redoxpotential (r_H) abhängig.

$$RC—SH + H\cdot S—CR_1 \xrightarrow{-H_2} R\cdot C—S—S—CR_1 + 2H$$

Schwefelbrücke

$$R\cdot CH_3 + H_3C\cdot R_1 \xrightarrow{-H_2} R\cdot CH_2—CH_2\cdot R_1 + 2H$$

Methylenbrücke

Bei letzteren Reaktionen wirken bereits reduzierende und oxydierende (also desmolytische) Fermente mit.

Zusammenfassung. Das Plasma besitzt eine Molekularstruktur, dessen Träger ein aus Eiweißfadenmolekülen aufgebautes Gerüstwerk darstellt. Zwischen den Maschen dieses Netzwerkes befindet sich eine Interstitialsubstanz von kolloidalem Charakter, deren disperse Phase aus Lipoiden, Reserveeiweiß und anderen organischen Substanzen besteht, während das Dispersionsmittel zum Teil frei bewegliches Wasser ist. Die physiologischen Reaktionen spielen sich im wesentlichen an den freien Seitenketten der Eiweißmoleküle ab. Ein gewisser Quellungszustand sowie ein bestimmtes Gleichgewicht zwischen besetzten und freien Seitengruppen sind Voraussetzung für eine normale Reaktionsfähigkeit des Plasmas. Wird dem Plasma zuviel Wasser entzogen, dann treten die Fadenmoleküle zu dicken Mizellen zusammen und vergröbern dadurch die Struktur in unerträglicher Weise. Sind alle Seitengruppen abgedeckt, wird das Gerüst völlig reaktionsträge.

Das Hautschichtenproblem

Die Oberflächenspannung. Selbst in einem sogenannten homogenen System herrscht an Phasengrenzflächen eine andere Teilchendichte als im Innern. Die gleichartigen Teilchen eines Systems unterliegen starken gegenseitigen Anziehungskräften, deren Resultante bei allseitiger Wirkung gleich null ist. An der Phasengrenze z. B. von Flüssigkeit/Luft fehlt die Anziehungswirkung auf die Außenseite der Grenzmoleküle so gut wie vollständig. Daher unterliegen diese Teilchen dem einseitigen Zug nach dem Innern der flüssigen Phase, wodurch sie in der Grenzfläche eine gegenseitige Annäherung erfahren. Es entsteht ein Oberflächenhäutchen. Dieses letztere besitzt infolge der dichteren Teilchenlagerung eine gewisse Festigkeit, die man an der Kraft messen kann, die nötig ist, um dieses Häutchen zu zerreißen. Die Größe dieser Kraft ist unabhängig von der Dicke des Häutchens, fällt aber mit der Ausdehnung, längs der die Kraft angreifen kann, ab. Die in der Grenzfläche wirksame Kohäsionskraft wird als Oberflächenspannung (λ) bezeichnet. Da sie an beiden Seiten einer Lamelle wirksam ist, so ergibt sich zwischen belastendem Gewicht p, Oberflächenspannung und Lamellenlänge L die folgende Beziehung:

$$\lambda = \frac{p}{2L}.$$

Die Oberflächenspannung des Wassers ist bei 15^0

= 7,30 mg pro Millimeter Lamellenlänge,
= 71,6 Dyn pro Zentimeter Lamellenlänge.

Die Oberflächenspannung ist auch auf anderem Wege meßbar, nämlich in der Steighöhe einer Flüssigkeit in Kapillaren bestimmten lichten Durchmessers. Die Größenordnung der Oberflächenspannung eines Systems erkennt man ungefähr an der Fähigkeit der Tropfenbildung auf einer Glasunterlage. So bildet Quecksilber auf Glas fast kugelförmige Tropfen, die von Wasser sind bereits flacher. Alkohol, Äther und Petroläther besitzen ein zunehmendes Spreitvermögen, also fallende Oberflächenspannung.

Die Oberflächenspannung eines Systems ist nicht unveränderlich. So ändert sich die Oberflächenspannung von Quecksilber gegen Schwefelsäure beim Durchgang elektrischer Ströme sehr erheblich. Seifenlösungen und Alkali bewirken eine starke Änderung der Oberflächenspannung von fetten Ölen gegen Wasser.

Von größter Wichtigkeit und biologischer Bedeutung ist nun die Tatsache, daß Stoffe, welche die Oberflächenspannung eines Systems gegen ein anderes verringern, an die **Phasengrenzfläche** gedrängt werden. Die Fähigkeit der Stoffe, sich in Grenzschichten zu verdichten, wird als Oberflächenaktivität bezeichnet.

Die Teilchenverdichtung an Grenzflächen wird als positive Adsorption bezeichnet. Die an der Oberfläche einer Phase adsorbierte Menge eines Stoffes ist abhängig von dessen Konzentration. Die Abb. 169 gibt die Beziehung zwischen Adsorption (Ordinate) und Konzentration wieder. Sie zeigt, daß relativ die Adsorption bei niederer Konzentration am höchsten ist. Aus einem Stoffgemisch werden die Stoffe nach Maßgabe ihrer Konzentration und Oberflächenaktivität adsorbiert. Oberflächenaktive Stoffe können solche mit geringerer Aktivität von der Grenzfläche verdrängen (Adsorptionsverdrängung). Aus Salzlösungen werden die Ionen verschieden stark adsorbiert; stärker adsorbierte Ionen können schwach adsorbierte von der Grenzfläche verdrängen (Ionenaustausch).

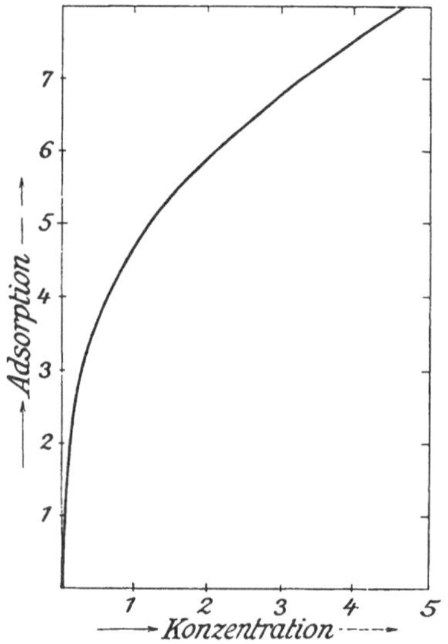

Abb. 169. Abhängigkeit der Adsorption von der Konzentration

Die Plasmagrenzschichten

Die verschiedene Oberflächenaktivität der in einem heterogenen System vorhandenen Stoffe erzeugt besondere Hautschichten. So müssen auch im Plasma getrennte Hautschichten mit verschiedenen Eigenschaften einerseits gegen die Zellwand hin (äußere Plasmagrenzhaut), andererseits nach der Vakuole zu (Tonoplast) angenommen werden.

Abb. 170 gibt eine Vorstellung vom Bau der Plasmagrenzschichten.

a) In der **äußeren Plasmahautschicht** haben sich Lipoidteilchen zu einer Lipoidhaut zusammengeschlossen, in welche Äste des Eiweißfadengerüstes hereinreichen. Diesen Eiweißbestandteilen verdankt die Grenzschicht ihre Elastizität, da reine Lipoidhäute unelastisch sind.

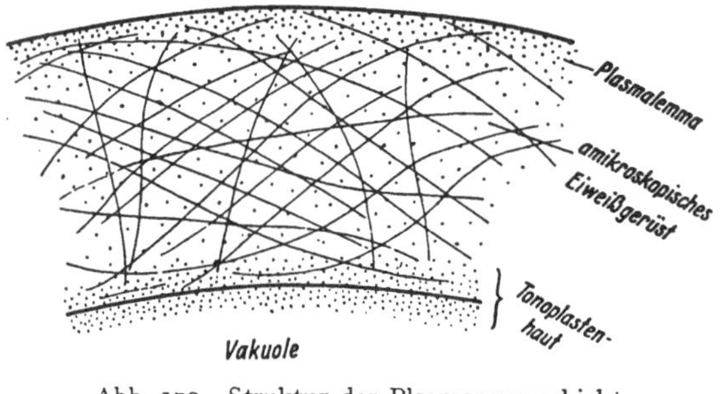

Abb. 170. Struktur der Plasmagrenzschichten. Lipoide punktiert. (Nach *Frey-Wyssling*)

b) Die **Vakuolenhaut (Tonoplast)** besitzt höheren Lipoidgehalt, so daß sich eine ziemlich geschlossene Lipoidhaut bildet.

Der stoffliche Charakter der Grenzhäute ist insofern von besonderer Bedeutung, als er die Durchlässigkeit für bestimmte Stoffe maßgeblich beeinflußt. Die äußere Plasmagrenzschicht ist für hydrophile und lipophile Stoffe durchlässig, während die Tonoplastenschicht bevorzugt von lipophylen Stoffen passiert wird. Den Eintritt der Stoffe in das Plasmainnere bezeichnet man als **Intrabilität**, das Vordringen bis zur Vakuole dagegen als **Permeabilität.** Nährstoff- sowie Wasseraufnahme und -verteilung sind entscheidend von der Durchlässigkeit der Plasmahäute für diese Stoffe bestimmt (vgl. S. 170).

Wirkungen der Außenfaktoren auf das Plasma

1. Temperatur. Das Plasma vermag seine lebentragende Struktur nur innerhalb bestimmter Temperaturgrenzen zu bewahren, die natürlich nicht für alle Organismen die-

selben sind und deren Lage bei ein und derselben Pflanze unter anderem besonders vom Quellungsgrad des Plasmas abhängt. Mit zunehmender Quellung nimmt die Hitzeempfindlichkeit des Plasmas zu. Sehr wasserarmes Plasma, wie es z. B. in ruhenden Samen und Sporen oder in stark ausgetrockneten Moosen und Flechten vorliegt, kann erstaunlich hohe Temperaturen (sogar über 100°) ertragen. Die kritischen Temperaturen wasserreicher Zellen liegen im Mittel zwischen 45° und 55°. Doch gibt es auch besondere Spezialisten: so ertragen schon die Schließzellen wesentlich höhere Temperaturen als die umgebenden Epidermiszellen. Auch manche Bakterien und Blaualgen sind erstaunlich hitzeresistent. Natürlich spielt hierbei auch der Zeitfaktor eine bedeutsame Rolle. Der Hitzetod des Plasmas erfolgt unter dem Bild der Ausflockung der eiweißhaltigen Phasen. Wie extrem hohe können auch sehr niedrige Temperaturen tödlich wirken. Einige Pflanzen sterben bereits bei Temperaturen über 0° ab. Im übrigen scheint die Kälte besonders durch den mit der Eisbildung verbundenen Wasserentzug und die Entquellung des Plasmas schädlich zu wirken. Aber auch die nachträgliche Auftauung des Plasmas birgt bei raschem Ablauf schwere Gefahren für die Plasmastruktur. Viele Zellen ertragen die Eisbildung ohne Schaden, und hier entscheidet dann die Geschwindigkeit des Auftauens über Leben und Tod der Zelle. Gewisse Änderungen im Stoffwechsel lassen indes erkennen, daß auch ohne Eisbildung die Senkung der Temperatur eine weitgehende, kolloidchemisch bedingte Änderung der Plasmastruktur herbeiführt, die gelegentlich schon über dem Gefrierpunkt zu Schädigungen und zum Tod der Pflanzen oder einzelner Zellen führen kann.

2. Das Licht. Schädigen können hier besonders die kurzwelligen Strahlen: Ultraviolettlicht, Korpuskular-, Radium- und Kathodenstrahlen setzen schon in relativ geringer Intensität schwere Schädigung, die vor allem den Zellkern treffen.

3. Elektrolyte. Die Elektrolytwirkung auf das kolloidale Plasma ist eine Ionenwirkung. Entsprechend den Befunden an Eiweißsolen wirken die Ionen auf den Quellungsgrad des Plasmas in der Ordnung der *Hofmeister*schen lyotropen Reihe, wobei ihre Wirkungsweise stark von der Wasserstoffionenkonzentration abhängt.

4. Narkotika. Sie wirken wahrscheinlich nach Maßgabe ihrer Oberflächenaktivität durch Blockierung der Phasengrenzflächen.

B. Der Zellkern

Die Differenzierung des Zellkerns aus dem Plasma muß schon sehr frühzeitig in der Entwicklung organischer Individuen erfolgt sein. Selbst den primitiven Amöben und Flagellaten fehlt er nicht. Nur Bakterien und Blaualgen lassen keinen einheitlichen Zellkern erkennen. Doch ist es wahrscheinlich, daß es hier nur nicht zum Zusammenschluß einer im Plasma noch diffus verteilten Kernmasse gekommen ist. In vielen Zellen ist der Kern ohne Anwendung einer besonderen Färbemethode als kugeliges, im Plasma eingebettetes Gebilde sichtbar, das von einer hyalinen Kernwandung begrenzt wird.

Die **Größe des Zellkerns** schwankt bei verschiedenen Zellen in ziemlich weiten Grenzen. Man hat in Pilzen Kerne von 1—5 μ Durchmesser gesehen, während in Eizellen Riesenkerne bis zu 1 mm Durchmesser vorkommen. Die Mittelwerte liegen etwa zwischen 5 und 25 μ. Zellkern und Zytoplasmamasse gewebsgleicher Zellen derselben Organismen stehen in festem Mengenverhältnis (Kernplasmarelation).

Die Form der Kerne ist keine einheitliche. Zwar herrscht im allgemeinen die Kugel- bzw. Ellipsoidform vor, doch trifft man auch gelegentlich linsen- und plattenförmige, amöboidartige, ja sogar fadenförmige Zellkerne an.

Die Zahl der Kerne. Als Norm findet sich in jeder Zelle ein Zellkern. Doch verfügen große Zellen nicht selten auch über eine Mehrzahl von Kernen. Die ungekammerten

Schlauchalgen besitzen zum Teil Hunderte von Kernen, und in den Zellen einer Rotalge wurden deren sogar nach Tausenden gezählt.

Der Feinbau des Kerns. Die chemische Untersuchung der Kernsubstanzen hat vor allem zwei wichtige Komponenten des Kerngerüstes ergeben:

a) Eiweißstoffe,
b) Nukleinsäuren.

Der überragende Gehalt von Diaminosäuren verleiht den Kerneiweißen basischen Charakter. Die Nukleinsäuren sind Verbindungen von Zuckerphosphorsäuren mit Stickstoffbasen. Schon bei schwacher Hydrolyse geben sie Aldehydreaktionen, wodurch sie gesondert angefärbt werden können (*Feulgen*sche Nukleinsäurereaktion).

Beide Stoffe sind wenigstens zeitweise zu Nukleoproteiden verbunden, wobei sich die Nukleinsäuren an basische Seitengruppen der Eiweißketten anlagern.

Wie im Plasma, so liegt auch im Kern aller Wahrscheinlichkeit nach ein ± festes Gerüst vor, das aus Fadenmolekülen von Eiweißkörpern aufgebaut wird. An den Haupt- und Seitengruppen dieser Eiweißmoleküle spielen sich die wesentlichen physiologischen Arbeitsprozesse des Kerns ab. Der **Arbeitskern** hat daher viele solche freien Gruppen. Bei Einleitung der Kernteilung dagegen werden die basischen Eiweißgruppen durch

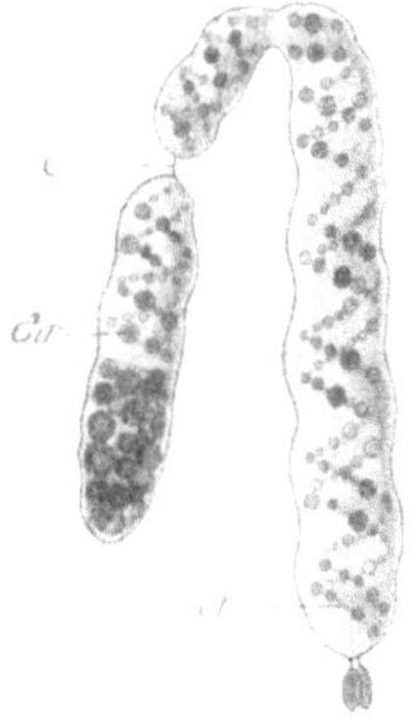

Abb. 171. Feinbau eines Chromosoms. (*cf*) Chromonemata; (*chr*) Chromomer. (Aus *Frey-Wyssling*)

Abb. 172. Scheibenförmige Chromomeren. (*nucl*) Kernkörperchen. (Nach *Alverdes*)

die Nukleinsäuren abgedeckt und so inaktiviert. Das mikroskopische Bild zeigt daher auch zunehmende Zusammenballung der Nukleinsäuren bei Einleitung der Kernteilung. Die dabei auftretenden Kernspindelfibrillen sind wohl ebenfalls aus Eiweißmolekülen aufgebaut. Aus dem Kerngerüst gestalten sich auch die **Chromosomen,** die als Erbträger ganz besondere Bedeutung erlangen. Jedes Chromosom beherbergt mindestens zwei schraubenartig gewundene Fäden **(Chromonemata)**, die aus Eiweißfibrillen aufgebaut und in gesetzmäßiger Weise von färbbaren Knötchen **(Chromomeren)** besetzt sind (Abb. 171). In manchen Chromosomen sind zahlreiche solche Chromonemata zu breiten Bändern und die Chromomeren zu Querscheiben vereinigt (Abb. 172), durch welche das Eiweißgerüst aber ununterbrochen hindurchzieht. Es ist nun wahrscheinlich, daß die Chromomeren diejenigen Seitengruppen des Gerüstes enthalten, welche die Reaktionsweise des Kerns bestimmen. Sie sind die stoffliche Grundlage für die „Erbanlagen" der Pflanze (Gene). Durch Zählung der Chromomeren und Messung der Abstände zwischen zwei Seitengruppen wurde für das Paradeobjekt der Genetiker, Drosophila, die Zahl der Gene auf 5—10000 berechnet.

Diese spezifischen Gruppen können offenbar nur vom Kerngerüst, dagegen nicht vom Plasma aufgebaut werden. Von gewisser Organisationshöhe der Zelle ab sind Plasma- und Kerngerüst auch lokal getrennt, woraus sich die Notwendigkeit der Beziehungen zwischen Zell- und Kernteilung zwanglos ergibt. Auch das Plasmagerüst besitzt spezifische Gruppen, welche Grundlage bestimmter Reaktionsweisen sind. Es gibt daher **Plasma- und Kernvererbung,** wobei der letzteren allerdings überragende Bedeutung zukommt, da die architektonischen Fähigkeiten der Zelle überwiegend im Genom, nicht im Plasmon verankert sind.

Über die **Funktion** des Zellkerns wissen wir wenig Bestimmtes. Zweifellos spielt er bei Wachstumsvorgängen eine wesentliche Rolle, und in der Befruchtung verleiht der

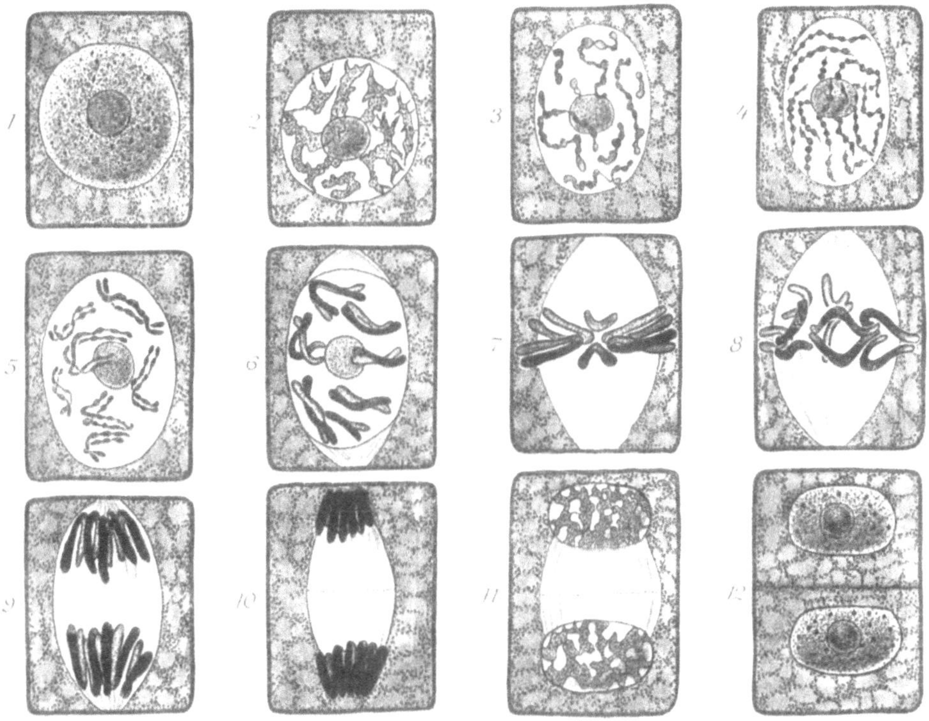

Abb. 173. Kern- und Zellteilung einer Zelle aus der Wurzelspitze einer höheren Pflanze. (Nach *Schaffstein*)

männliche Sexualkern der Eizelle erst die Fähigkeit zur Weiterentwicklung. Neuere Versuche machen es wahrscheinlich, daß der Kern die Produktion von gestaltsbestimmenden Stoffen (Hormonen) maßgeblich beeinflußt.

Vermehrung der Elemente des Zelleibes (Protoplast). Eine Massenvermehrung des Protoplasten erfolgt nur innerhalb des Zelleibes durch Wachstum, das schon aus räumlichen Gründen eng begrenzt ist. Dieser Beengung entzieht sich der Protoplast durch Teilung und einer damit verbundenen Zellneubildung. Eine Zellteilung wird im allgemeinen durch eine Kernteilung eingeleitet.

Die typische Kernteilung. Die Kernteilung erfolgt nur ausnahmsweise durch einfache Durchschnürung der Kernmasse (direkte Kernteilung). Im Normalfall verläuft sie in einer Folge einzelner, wohldefinierter Teilungsstadien (indirekte Teilung), die im wesentlichen bei Tier- und Pflanzenzellen übereinstimmen. Den Ablauf des Gesamtvorganges zeigt Abb. 173, welche an Hand von gefärbtem Zellmaterial aus einer Wurzelspitze entworfen wurde. Phase *1* zeigt den Kern noch im Ruhestadium. Man erkennt ein sich vom Kernsaft aussonderndes, stark färbbares Gerüstwerk (Chromatin), das in Phase *2* bereits deutliche Fadenstruktur aufweist (Spiremstadium). In Phase *3* ist das Gerüstwerk stark aufgelockert, die Fäden sind offenbar kürzer und dicker geworden. Phase *4* deutet bereits eine Längsspaltung dieser Fäden (Chromosomen) an. Die Chromosomenlängshälften bleiben zunächst noch zusammen und wandern der Kernmitte zu (*5*), wo sie sich sternförmig in der Äquatorialebene anordnen (Kernplatte, *6* und *7*) und so die spätere Teilungsebene andeuten. Nun beginnen sich die Chromosomenhälften voneinander zu lösen. Inzwischen sind in der Nähe der beiden Kernpole schirmartig angeordnete Fasern entstanden (Polkappen, *6—11*). Kernwand und Nucleoli werden aufgelöst, die Fasern verlängern sich gegen die Äquatorialplatte hin, wo sie sich entweder an Chromosomenlängshälften anheften oder mit den Enden der gegenpoligen Fäden verschmelzen. Diese Fasern erstrecken sich bald über den ganzen Kern hinweg und zerren ihn in die Länge. Damit ist die Kernspindel geschaffen. Jeweils zwei Längshälften eines Chromosoms rücken nun als Tochterchromosomen an die entgegengesetzten Pole der Spindel, wo auf diese Weise zwei neue Sternfiguren von Chromosomen entstehen (Diaster, *9*, *10*). Schon hier wird für die nächste Kernteilung die Längsteilung der U-förmig gekrümmten Chromosomen vorbereitet. Darauf drängen sich die Chromosomen an den beiden Polen zusammen und verdichten sich zum Dispiremstadium (*11*). Um beide Chromosomenknäuel werden neue Kernwandungen gebildet, und auch die Nucleoli treten wieder auf. Das Chromosomengerüstwerk wird undeutlicher (d.h. es ist nicht mehr differenziert färbbar) und scheint fast völlig einzuschmelzen. Trotzdem muß man jedoch annehmen, daß die Individualität der Chromosomen gewahrt bleibt.

Sinn und Bedeutung dieses komplizierten Mechanismus liegen in der Sicherung einer vollkommen gleichmäßigen Verteilung des Chromosomenbestandes auf die beiden Tochterkerne. Da die Chromosomen Träger der ausschlaggebenden Erbanlagen sind, sichert ein auf Scheidung von Chromosomenhälften aufgebauter Teilungsmechanismus die Beständigkeit des Erbgutes durch alle Generationenreihen hindurch (Näheres S. 318).

Die Zellteilung. Normalerweise ist die Kernteilung nur Auftakt einer Zellteilung. Die von Pol zu Pol reichenden Verbindungsfäden bei der Kernteilung verdichten sich in der Äquatorialplatte zur Zellplatte, die entweder sofort oder in breiten Zellen nach beendetem Wachstum die Wände der Mutterzelle erreicht (Abb. 173, *12*). Nachdem an der Grenzstelle der beiden Tochterzellen neue Zellwände ausgebildet sind, ist auch die Zellteilung endgültig vollzogen. Naturgemäß sind Kern- und Zellteilung auch mit einer Neubildung von Plasma verbunden. Leider sind Einzelheiten über diesen grundlegenden Prozeß nicht bekannt.

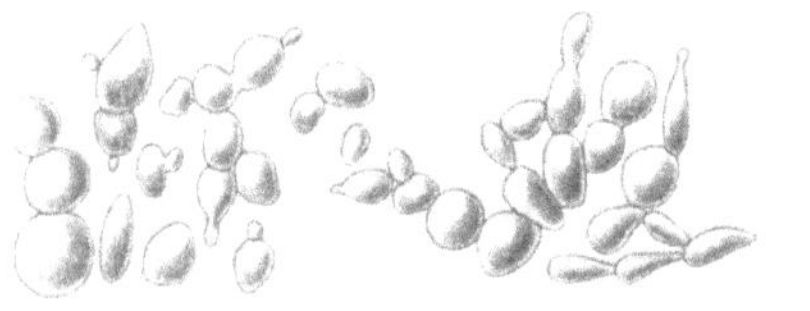

Abb. 174. Sprossung der Hefe

In Ausnahmefällen folgt der Kernteilung nicht sofort anschließend eine Zellteilung. In den einzelligen und vielkernigen Schlauchalgen unterbleibt die Zellteilung ganz. Im Embryosack der Angiospermen ist die **freie Kernteilung** zu beobachten, wobei zahlreiche Tochterkerne entstehen, die sich erst später mit ihrer zugehörigen Plasmaportion umgeben und letztere durch Wände abgrenzen (**Vielzellbildung**). Bei der **freien Zellbildung** haben sich die nackten Tochterzellen bereits vor der Wandbildung voneinander getrennt. In der **Zellsprossung** entsteht die Tochterzelle nicht als gleichwertiges Teilungsäquivalent, sondern als Auswuchs der Mutterzelle (Hefe), in den der Tochterkern einwandert (Abb. 174).

C. Die Chromatophoren oder Plastiden

Als drittes individuelles Gebilde treten in der Pflanzenzelle die Chromatophoren auf, die nur Bakterien, Blaualgen, manchen Flagellaten und infolge Rückbildung den Pilzen fehlen. Die **Plastiden** bestehen aus einer mit dem Plasma nicht mischbaren Grundsubstanz (Stroma), in das Farbstoffe eingelagert sein können. Je nach der Natur dieser Farbstoffe unterscheidet man:

Chloroplasten (grün), **Leukoplasten** (farblos) und **Chromoplasten** (rot, orange, gelb).

1. Die **Chloroplasten** sind im allgemeinen linsenförmige Gebilde, die in der Aufsicht rundlichen, in der Profilstellung schmal elliptischen Umriß zeigen. Sie sind stets ins Plasma eingebettet und machen die Plasmaströmung vielfach passiv mit. Der grüne Farbstoff (Chlorophyll) ist auf die Chloroplasten beschränkt, und zwar ist er nicht gleichmäßig im Stroma verteilt, sondern in linsenförmigen Scheibchen (Grana) ins Stroma eingelagert. Er verleiht den Blättern ihre grüne Farbe. Form und Größe der Chloroplasten sind sehr unterschiedlich. In männlichen Sexualzellen gehen sie bis an die Grenze der Sichtbarkeit herab, und andererseits bilden sie z. B. in Algen ansehnliche Spiralen (Spirogyra, Abb. 176), Sterne (Zygnema) und Platten (Mougeotia). Die linsenförmigen Chlorophyllkörner der Samenpflanzen erreichen im allgemeinen eine Größe von 6—8 μ.

Physiologisch sind die Plastiden die wichtigsten Ernährungsorganellen, denn in ihnen vollzieht sich der Aufbau organischer Substanz aus der anorganischen Kohlensäure (Assimilation). Zur Durchführung dieses lebenswichtigen Prozesses sind Farbstoff und Stroma unentbehrlich. Als erstes sichtbares Assimilationsprodukt sammelt sich in den Chloroplasten die Assimilationsstärke an.

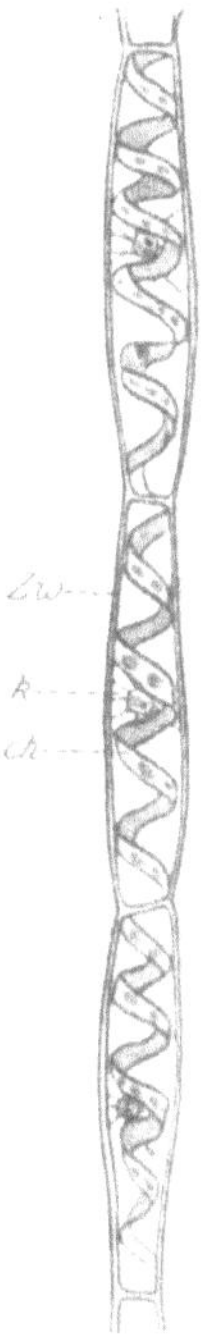

Abb. 176.

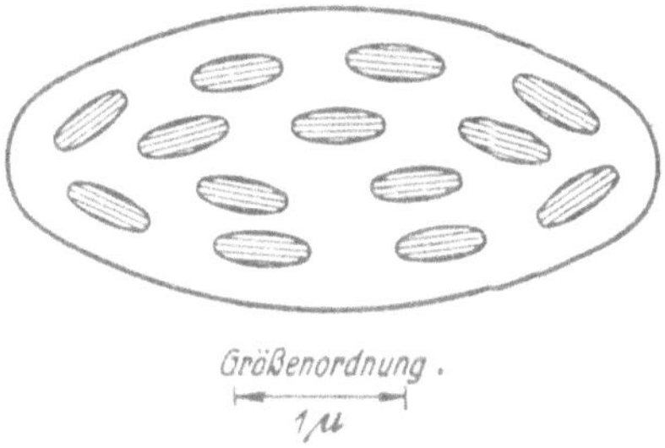

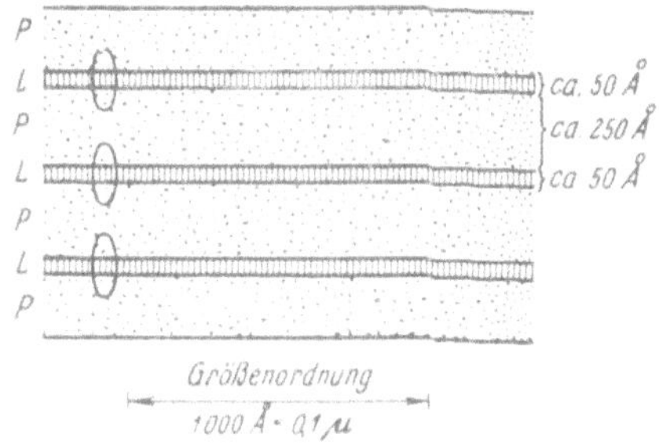

Abb. 177.

Abb. 175. Chloroplastische Granastruktur. (Nach *Frey-Wyssling*)

Abb. 176. Spirogyra sessilis. (*Zw*) Zellwand; (*k*) Kern; (*ch*) Chromatophor

Abb. 177. Chloroplastenbau. Submikroskopischer Schichtenbau ohne Berücksichtigung der Granastruktur. (*P*) Protein; (*L*) Lipoidschicht (Nach *Frey-Wyßling*)

Die Feinstruktur der Chloroplasten. Selbst im Ultramikroskop erweisen sich die Chloroplasten optisch leer. Die chemische und zum Teil auch die physikalische Analyse haben im Chloroplasten Lipoide und Eiweiß nachgewiesen. Es ließ sich wahrscheinlich machen, daß der grüne Farbstoff in monomolekularen Filmen in den Grana vorliegt; das setzt aber eine ausgedehnte innere Lamellenstruktur dieser Gebilde voraus (Abb. 177). Molekularmorphologisch setzt sich das Chlorophyllmolekül aus einem hydrophilen Porphyrinkern, der die Grünfärbung bedingt, und einem langen lipophilen Schweif (Phytolschweif) zusammen. Der Kopf des Chlorophyllmoleküls wird daher an das hydrophile Eiweiß, der lipophile Schweif an Lipoide adsorbiert sein.

Aus der bestimmbaren Chlorophyllmenge und der Chloroplastendicke kann man berechnen, daß in Chloroplasten der Wasserpest etwa 66 lamellare Doppelschichten vorliegen. Eine Doppelschicht besitzt daher eine Dicke von 300 Å, wovon 50 Å auf die Lipoid-, 250 Å auf die Eiweißschicht entfallen. Mengenmäßig tritt der Farbstoff (etwa 6%) stark hinter dem Stroma zurück.

2. **Leukoplasten.** Sie gleichen im Stroma den Chloroplasten, nur fehlt ihnen das Chlorophyll. Manche Leukoplasten sind zur Chlorophyllbildung überhaupt nicht befähigt (Leukoplasten vieler Epidermiszellen). In vielen Fällen aber gelangt zu den Leukoplasten nur nicht die Lichtmenge, welche zur Chlorophyllbildung nötig ist. Daher ergrünen sie bei künstlicher Belichtung mehr oder weniger kräftig (Kartoffeln). In anderen Fällen, z. B. buntscheckigen Blättern (Panaschüren), ist die Chlorophyllbildung eine Temperaturfrage: bei höheren Temperaturen ergrünen vielfach auch die ursprünglich farblosen Blatteile. Die physiologische Bedeutung der Leukoplasten liegt in ihrer Fähigkeit zur Bildung von Stärke aus Zucker. Die Stärkekörner der Reservestoffblätter (Kartoffelknolle, Irisrhizome, Getreidekörner) sind alle von Leukoplasten umschlossen. Allerdings ist diese Hülle oft so dünn, daß sie selbst mikroskopisch nicht mehr wahrnehmbar ist. Bei Auflösung der Stärkekörner tritt der Leukoplast jedoch wieder klar in Erscheinung.

3. **Chromoplasten** enthalten an Stelle des grünen Farbstoffes gelbe bis rote Farbstoffe (Karotin und Xanthophyll). Sie verleihen vielfach Blüten und Früchten ihre Farbe (gelbe Stiefmütterchen, Kapuzinerkresse, Tomaten). Die Möhrenwurzelzellen enthalten Chromoplasten, in denen Karotinkristalle eingebettet sind. Die herbstliche Vergilbung der Blätter entsteht durch Chlorophyllschwund aus den Chloroplasten, in denen die gelben Begleitstoffe des Chlorophylls erhalten bleiben. An der Rotverfärbung wirkt jedoch auch gefärbter Zellsaft mit.

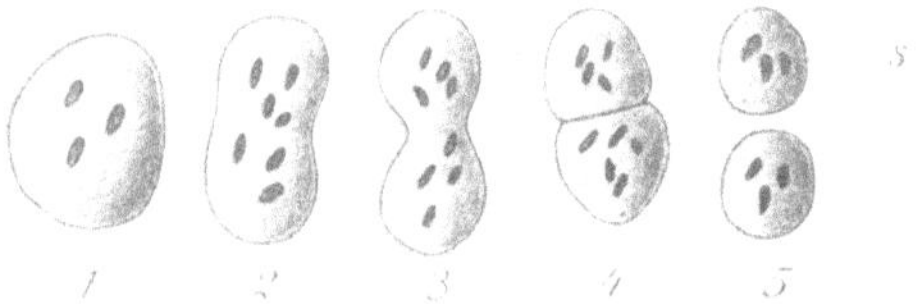

Abb. 178. Teilung eines Chloroplasten. (s) Stärkekörner

Teilung der Chromatophoren. Die linsenförmigen Plastiden strecken sich in die Länge (Abb. 178), schnüren sich in der Mitte zu biskuitförmigen Körpern ein, und schließlich findet eine Durchschnürung statt, wonach die beiden Hälften sich zur ursprünglichen Form abrunden. Die Entstehung von Plastiden aus Chondriosomen, kleinen plastischen Plasmaeinschlüssen verschiedener Gestalt, wird neuerdings geleugnet und dagegen die Individualität der Plastiden betont.

Färbung der Zelle. Neben den Chromatophoren tragen auch im Zellsaft gelöste Farbstoffe zur Färbung der Pflanzenorgane bei. Einer der häufigsten Pflanzenfarbstoffe des Zellsaftes ist das Anthocyan, ein in saurer Reaktion roter, in alkalischer Lösung blauer Farbstoff, der den rot und blau gefärbten Blütenblättern ihre Färbung verleiht. Der gelegentlich mit fortschreitendem Alter beobachtete Farbumschlag von rot nach blau (Lungenkraut, Frühlingsplatterbse) hängt mit einer Reaktionsänderung des anthocyanhaltigen Zellsaftes zusammen.

Die anatomischen Grundlagen der Gelb- und Braunfärbung vermag erst die mikroskopische Untersuchung der Träger der Färbung sicher festzustellen. So beruht die Gelbfärbung von Sumpfprimel, Königskerze, Fingerhut auf der Gegenwart eines im Zellsaft gelösten Farbstoffes (Anthochlorin), während echte Primel und Stiefmütterchen ihre Färbung dem Besitz von Chromoplasten verdanken. Mischfärbungen entstehen häufig aus Überlagerungen verschieden gefärbter Zellen (Stiefmütterchen). Die Blätter der sogenannten Blutvarietäten enthalten neben Chloroplasten Anthocyan im Zellsaft der Epidermiszellen.

D. Die Zellwand

Chemie und Feinstruktur der Zellwand

Im Gegensatz zur tierischen ist die pflanzliche Zelle, von Spezialfällen abgesehen, von einer Membran (Zellwand) umschlossen. Diese ist kein selbständiger Zellbestandteil wie Kern und Plasma, sondern ein Bildungsprodukt des Zelleibes. Schon unmittelbar auf die Zellteilung erfolgt die Ausbildung einer ersten Trennungswand der beiden Tochterzellen **(Mittellamelle)**. Sie besteht in der Hauptsache aus Pektinen, das sind leicht quellbare Stoffe von kohlehydratähnlicher chemischer Zusammensetzung. Starke Säuren und kräftige Oxydationsmittel vermögen die Mittellamelle zu zerstören und so die Lockerung und schließlich die Auflösung des Zellverbandes herbeizuführen (Mazeration). Bei Reifeprozessen in Früchten bewirkt ein Fermentsystem (Pektinase) die Auflösung der Mittellamellensubstanz und damit den Zerfall der Gewebe in ungeordnete Zellhaufen (Mürbewerden der Äpfel). Zum Verständnis der weiteren Wandbildungsvorgänge muß man wissen, daß die Zellwand nicht nur eine gewisse Selbständigkeit der Einzelzelle im Gewebe gewährleisten soll, sondern daß ihr eine wesentliche Funktion im Gesamtorganismus als Stützelement zukommt. Erst die Ausbildung fester Zellwände hat der Pflanze ein Verlassen ihres ursprünglichen Lebensraumes, des tragenden Wassers, und die Eroberung des trockenen Landes und Luftraumes ermöglicht. Hieraus wird verständlich, daß die Protoplasten der Tochterzellen von beiden Seiten aus je einen weiteren Wandfilm (Primärmembran) an die Mittellamelle anlegen. Alle drei Schichten werden begrifflich zur **„zusammengesetzten" Mittellamelle** vereinigt.

Zu einer primären Wandverdickung kommt es in allen, auch in den dünnhäutigen meristematischen Zellen der Vegetationspunkte. Die primäre Wand ist, wie die Mittellamellen, noch reich an Pektinen. Daneben kommt es jedoch erstmals zur Verwendung einer neuen Substanz, die in idealer Weise die Eigenschaften in sich vereinigt, welche zum Aufbau einer mechanisch hochwertigen Zellwand erforderlich sind, das ist die **Zellulose.**

Die Zellulose ist ein Polysaccharid, unlöslich in Wasser, Laugen und Säuren, löslich in Kupferoxydammoniak (*Schweitzer*-Reagenz). Bei längerem Kochen mit Mineralsäuren wird die Zellulose hydrolysiert. Dabei wird überZellobiose schließlich Glukose freigelegt. Das typische Reagens auf Zellulose ist Chlorzinkjod (Blaufärbung).

Das Zellulosemolekül baut sich kettenartig aus glukosidisch verbundenen Glukosemolekülen auf. Etwa 150—200 Glukosemoleküle bilden auf diese Weise das Fadenmolekül der Zellulose. Etwa 100 solcher Fadenmoleküle lagern sich parallel nebeneinander zu einem Strukturelement höherer Ordnung, dem **Mizell.** Diese Molekülpakete besitzen eine bestimmte Anordnung innerhalb der Zellwand, und zwar liegen ihre Längsachsen in der Richtung der stärksten mechanischen Beanspruchung der Zellwand. So herrscht in langgestreckten Faserzellen, die hauptsächlich auf Zug beansprucht werden, die axiale Mizellanordnung, dagegen in röhrenförmigen Zellgebilden, die starkem seitlichen Druck ausgesetzt sind, tangentiale Anordnung der Mizellen vor. Neuerdings hat man aus Primärwänden als dritten Bestandteil noch wachsartige Stoffe isoliert, deren Bedeutung indes noch unklar ist.

Wesentlich stärker entwickelt ist das Zellulosegerüst in der **sekundären Wand,** welche da, wo sie ausgebildet ist, die Primärwand erheblich an Dicke übertrifft. In manchen langgestreckten Faserzellen (Bastfasern vom Lein, Brennesseln, Samenhaare der Baumwolle) besteht diese Wand aus fast reiner Zellulose. Gewöhnlich aber enthält sie neben der Zellulose noch Pektinstoffe und **Hemizellulosen,** das sind Polysaccharide, die jedoch bereits durch verdünnte Säuren hydrolysiert werden und dann nicht Glukose, sondern andere Zucker (Mannose, Galaktose) liefern. Das mikroskopische Bild dieser Wand zeigt verschiedene konzentrische Schichten unterschiedlicher Lichtbrechung und stofflicher Zusammensetzung. Durch alkalische Verquellung kann man diese einzelnen Schichten jeweils in eine Anzahl feinster Lamellen zerlegen, deren

Dicke bereits an der Grenze der mikroskopischen Sichtbarkeit liegt. Beim Baumwollhaar sollen diese Lamellen den täglichen Anlagerungshäuten entsprechen. Die Lamellen sind nicht homogen, zeigen vielmehr schon mikroskopisch Streifenstruktur und lassen sich durch geeignete Mazerationsverfahren weiter in Fibrillen zerlegen, das sind fadenartige Gebilde von rhombischem oder quadratischem Querschnitt von etwa 0,4 μ Dicke. Eine einzige Lamelle umfaßt etwa 40000 Fibrillen. Fibrillen und Mizellenachsen stimmen in der Richtung überein. Die Tabelle S. 116 gibt einen Überblick über die Strukturelemente der Zellulosewand.

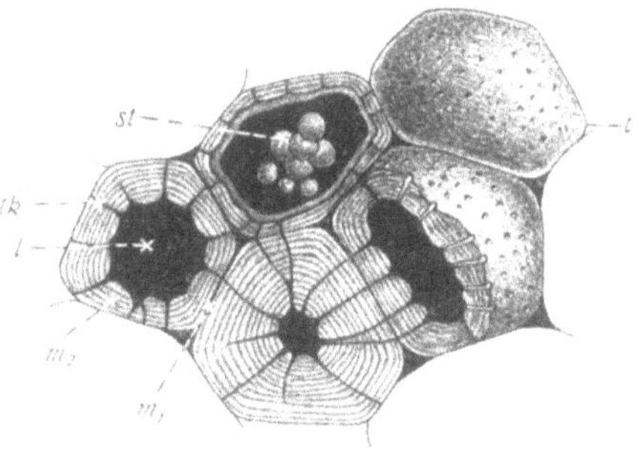

Abb. 179. Steinzellen aus dem Mark von Hoya carnosa. (m_1) Primärmembran; (l) Lumen; (tk) Tüpfelkanal; (t) Tüpfelkanal in der Aufsicht; (st) Stärke; (m_2) Sekundärmembran

Die einzelnen Lamellen treten zu mikroskopisch sichtbaren Schichten von wechselndem Wassergehalt zusammen (Membranschichtung). Die zum Aufbau der Membranverdickung notwendigen organischen Stoffe wandern der Zelle von außen her zu. Da die Durchlässigkeit der Membran mit zunehmender Dicke rasch abnimmt, bleiben kleine Stellen der Membran von der sekundären Verdickung ausgeschlossen. So entstehen unverdickte Membranstellen verschiedener Form (rundlich, elliptisch, spindelförmig), die Tüpfel. An diesen Stellen sind benachbarte Zellen nur durch die zusammengesetzte Mittellamelle (Schließhaut) getrennt. Bei starker Wandverdickung nehmen die Tüpfel die Form von Kanälen (Tüpfelkanäle) an (Abb. 179), die sich unter Umständen verzweigen können.

Das Wachstum der Zellwand

a) Die Primärwand. Im Verlauf der Zellentwicklung erfährt die primäre Zellwand eine kräftige Streckung, die gleichzeitig mit einer Vermehrung der Wandsubstanz verbunden ist. Daher ist man berechtigt, von einem Wachstum der Zellwand zu sprechen.

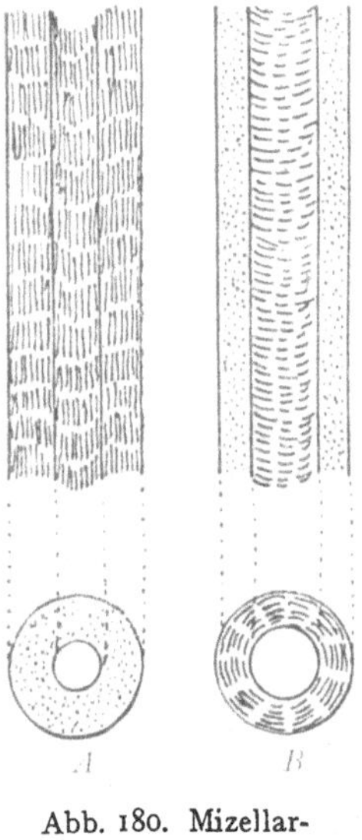

Abb. 180. Mizellarstruktur von Zellwänden. *A* Faserstruktur; *B* Röhrenstruktur. (Nach *Frey-Wyssling*)

Das Wandwachstum vollzieht sich in zwei, im allgemeinen zeitlich aufeinanderfolgenden Stadien:

1. Die Wanddehnung,
2. die Einlagerung neuer Wandsubstanz (Intussuszeption).

Die Wanddehnung erleidet die Zellwand rein passiv unter der Wirkung des Wanddrucks oder Turgors. Sie vollzieht sich wieder in zwei ihrer Natur nach verschiedenen Formen:

a) der elastischen Dehnung,
b) der plastischen Dehnung.

Zu a) Alle streckungsfähigen Zellmembranen besitzen Röhrenstruktur. Die Mizellen sind zu einem ± weitmaschigen Netz verbunden (Abb. 180). Die Knoten oder Haftpunkte dieses Netzes besitzen eine gewisse Festigkeit. Dieses aus etwa rautenförmigen Maschen gebildete Mizellarnetz verläuft tangential um die Zelle. Setzt nun eine Zugwirkung in der Achsenrichtung der Röhre an, so deformieren sich die Maschen, indem sie aus Breiten- in Längsrauten übergehen (Abb. 181 *a* u. *b*); dabei wirken die

Haftpunkte wie Scharniere. Hört die Zugwirkung auf, so schnellt das Netz wieder in die ursprüngliche Form zurück, die Dehnung wird rückgängig gemacht. Die Wand war elastisch gedehnt. Eine solche Rückkehr zur Ausgangslänge ist der Wand nur innerhalb bestimmter Belastungsgrenzen möglich. Als Tragmodul bezeichnet man die per Quadratmillimeter Querschnitt mögliche Belastung, welche die Wand bis zur Elastizitätsgrenze dehnt. Jede zusätzliche Belastung erzeugt eine bleibende (plastische) Dehnung oder Deformation. Bei Erreichung einer bestimmten Belastung reißt schließlich die Wand durch. Die hierzu per Quadratmillimeter Querschnitt nötige Belastung in Kilogramm wird als Festigkeitsmodul bezeichnet.

Zu b) Bei der plastischen Dehnung der Zellwand müssen die Haftpunkte des mizellaren Gerüstes gelöst werden, so daß sich die Zellulosefäden parallel verschieben können und so die Maschen ausweiten. Nachträglich können dann neue Zellulosefäden in das Netz eingezogen werden. Dadurch wird die Maschenweite wieder auf die anfängliche Norm gebracht. Diesen Vorgang bezeichnet man als Intussuszeption, das Einlagerungswachstum der Zellwand (Abb. 181 *c*).

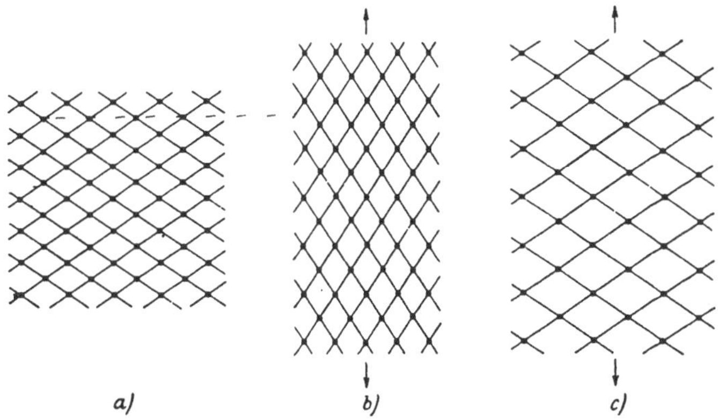

Abb. 181. Mizellarstruktur der Zellwand. *a* normale Anlage; *b* elastisch gedehnt; *c* plastisch gedehnt. (Nach *Frey-Wyssling*)

Das Zellwandwachstum muß daher durch eine Lockerung oder Erweichung der Knotenstellen eingeleitet werden. Das geschieht auf hormonalem Wege: Wuchsstoffe regen das Plasma zur Ausbildung von Stoffen an, welche eine Haftpunktlockerung bewirken. Es ist wahrscheinlich, daß die Haftpunkte Kohäsionsbindungen zwischen OH-Gruppen der Zellulose sind. Da diese OH-Gruppen ein schwaches Dipolmoment besitzen, vermögen sie auch Wasserhüllen anzuziehen. Der Zusammenhalt an den Haftpunkten sinkt natürlich mit der Größe dieser Wasserhüllen, d. h. dem Quellungsgrad der Zellulose. Gleichzeitig erhöht sich die plastische Dehnbarkeit der Wand. Aus diesen Zusammenhängen erklärt sich die Tatsache, daß die Ionen entsprechend ihrer Stellung in der Quellungsreihe das Streckungswachstum beeinflussen.

b) Die Sekundärwand. Der steile Fibrillenverlauf in den Lamellen der Sekundärwand läßt keine erhebliche Streckung mehr zu. In der Tat wächst die sekundäre Membran auch in erster Linie in die Dicke, und zwar durch Anlagerung (Apposition) neuer Lamellen. Die Ausscheidung der Lamellen erfolgt vom Plasma aus. Während man annehmen kann, daß in der Primärmembran noch Plasmastränge verlaufen, werden diese bei Anlage der sekundären Verdickungslamellen aus der Wand zurückgezogen, so daß von nun ab eine ± geschlossene Grenze zwischen Plasma und Wand entsteht.

Struktur der Faser. Von besonderem Interesse ist die Feinstruktur der Pflanzenfaser, dem wichtigsten Stütz- oder Skelettelement der Pflanze und dem wertvollsten pflanzlich-technischen Objekt. Hier entspricht die Feinstruktur der Membran in ebenso bewundernswerter Weise den mechanischen Gesetzen maximaler Festigung gegen die besondere Art der Beanspruchung wie etwa die Struktur der tierischen Knochen.

Größenordnung der einzelnen Strukturelemente der Zellwand
(1 Å = $^1/_{10\,000\,000}$ mm). (Nach *Frey-Wyssling*)

Makroskopisch		Mikroskopisch			Submikroskopisch		Amikroskopisch	
							Zellobioserest 7,5·10,3 Å	Glukoserest 7,5·5,2 Å 2
						Zellulose-molekül 7,5·750 Å	etwa 75	etwa 150
					Mizell 60·60·750 Å	etwa 100	7·5·10,3	1,5·10,4
				Dermatosen (wahrscheinlich ein Kunstprodukt) 0,4·0,4·0,5 μ	$3\cdot10^4$	$3\cdot10^6$	$2{,}2\cdot10^8$	$4{,}5\cdot10^8$
			Fibrille 0,4·0,4·100 μ	etwa 200	$6\cdot10^6$	$6\cdot10^8$	$4{,}4\cdot10^{10}$	$9\cdot10^{10}$
		Lamelle 0,4·10·π 5·10⁴ μ	$4\cdot10^4$	$8\cdot10^6$	$2{,}4\cdot10^{11}$	$2{,}4\cdot10^{13}$	$1{,}8\cdot10^{15}$	$3{,}6\cdot10^{15}$
	Wand-schicht	25	10^6	$2\cdot10^8$	$6\cdot10^{12}$	$6\cdot10^{14}$	$4{,}5\cdot10^{16}$	$9\cdot10^{16}$
Baumwollhaar $(0{,}01)^2\pi$ 50 mm	1	25	etwa 1 Million	etwa $^1/_5$ Milliarde	Größen-ordnung 1 Billion	Größen-ordnung 1 Billiarde	Größen-ordnung $^1/_{20}$ Trillion	Größen-ordnung $^1/_{10}$ Trillion

Abb. 182 gibt eine Vorstellung vom Aufbau einer Holzfaser. Die primäre Wand zeichnet sich deutlich durch die tangential verlaufenden Fibrillen ab. Die sekundäre Wand besteht aus einer großen Anzahl von Lamellen mit schrägem Fibrillenverlauf. Dabei wird offenbar, daß die aufeinanderfolgenden Lamellen unterschiedliche Fibrillenrichtung aufweisen. Gerade diese letztere Tatsache gewährleistet eine erhöhte allseitige Festigkeit gegen deformierende Beanspruchung, ähnlich dem Prinzip der Sperrholzplatten. Durch ihre Feinstruktur ist die gewachsene Faser der Kunstfaser in mechanischer Beziehung außerordentlich überlegen, und nur so ist es möglich, daß die Pflanzenfaser eine Zugfestigkeit erreicht (bis 100 kg/mm²), die diejenige mancher metallischen Werkstoffe übersteigt und nur von der des gehärteten Federstahls (150—170 kg/mm²) noch übertroffen wird.

Als innerste Wand bilden manche Zellen noch eine tertiäre Membran aus; sie bleibt indes im allgemeinen dünn und fehlt in vielen Fällen ganz.

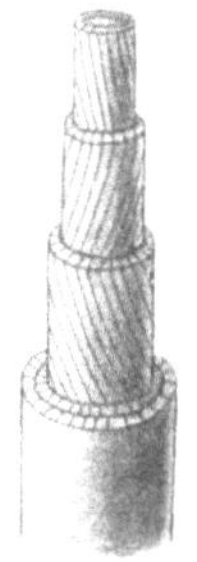

Abb. 182. Aufbau einer Holzfaser. Lamellen und Fibrillenverlauf

Chemische Veränderungen der Zellwand. Diese beziehen sich stets auf die Intermizellarsubstanz, dagegen bleibt das Zelluloseskelett in allen Fällen erhalten.

a) Verholzung. In vielen, besonders auf Zug und Druck beanspruchten Zellen tritt sekundäre Verholzung der Wände ein. Diese erfolgt durch Einlagerung von Ligninen an Stelle der Pektine in die Intermizellarräume. Dabei erfährt die Wand gewöhnlich eine gewisse Verdickung. Am stärksten verholzt in allen Fällen ist die sekundäre Wand. Die Lignineinlagerung setzt die Quellbarkeit der Zellwand stark herab, da die Dipolmomente der Zellulose-OH-Gruppen durch das Lignin weitgehend abgesättigt werden. Daher ist auch die Durchlässigkeit verholzter Wände stark herabgesetzt, so daß verholzte Zellen nur im Besitz ausgedehnter Tüpfelsysteme am Leben bleiben können. Biologisch bedeutungsvoll ist die Verholzung der Wände, weil sie einerseits die Druckresistenz stark erhöht und anderseits die Zellwände konserviert, da die Lignine gegen viele Mikroorganismen erhebliche Widerstandsfähigkeit besitzen. Am chemischen Aufbau der Lignine sind wesentlich aromatische Ringverbindungen beteiligt. Erkennungsreaktionen: Löslichkeit in Eau de Javelle und Sulfitlaugen, Gelbfärbung mit Anilinsulfat, Rotfärbung mit Phloroglucinsalzsäure; Jodlösungen färben gelbbraun.

b) Verkorkung. Werden Suberine, das sind fettartige Körper, den Zellwänden aufgelagert, so entsteht Verkorkung, die die Zellwände für Wasser weitgehend undurchlässig macht und infolgedessen die Zellen selbst zum Absterben bringt (vgl. Borkebildung). Chemische Ähnlichkeit mit den Suberinen besitzen die Kutine. Diese werden zum Teil in die Außenwände der Epidermiszellen eingelagert, zum Teil als zellulosefreies Häutchen (Kutikula) an die Wandoberfläche ausgeschieden. Die Kutikula besitzt als Verdunstungs- und Insolationsschutz große physiologische Bedeutung (Abb. 183).

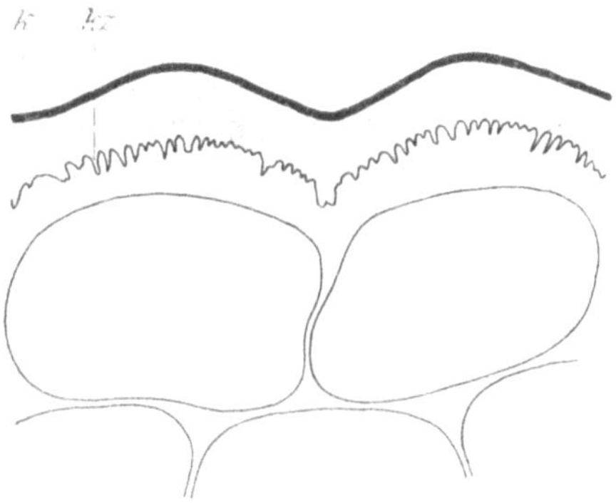

Abb. 183. Epidermiszellen. (*k*) Kutikula; (*kz*) Kutikularzapfen. (Nach *Küster*)

c) Verkieselung. Ähnlich wie Lignin kann auch amorphe Kieselsäure in die Intermizellarräume der Zellwände eingelagert werden. Bevorzugte Verkieselung erfährt vor allem die Epidermis mit ihren Anhangsorganen, den Haaren (Brennhaare, Glashaare von Rochea). Bei den Kieselspeicherpflanzen entsteht oft ein zusammenhängendes epidermales Kieselskelett, das nach Verbrennung der organischen Substanzen deutlich in Erscheinung tritt (Schachtelhalme, Gräser, Koniferennadeln, Palmenblätter usw.). Bei diesen Pflanzen kommt es vielfach noch zu einer lokalen Kieselsäureablagerung. So werden die Lumina der Kurzzellen der Gräser ganz mit Kieselsäure gefüllt. In anderen Fällen treten kegel- oder linsenförmige Konkretionen auf (Abb. 184). Im allgemeinen steigt der Kieselgehalt in Pflanzen tropischer Standorte zusammen mit der Kieselsäurelöslichkeit im Boden an.

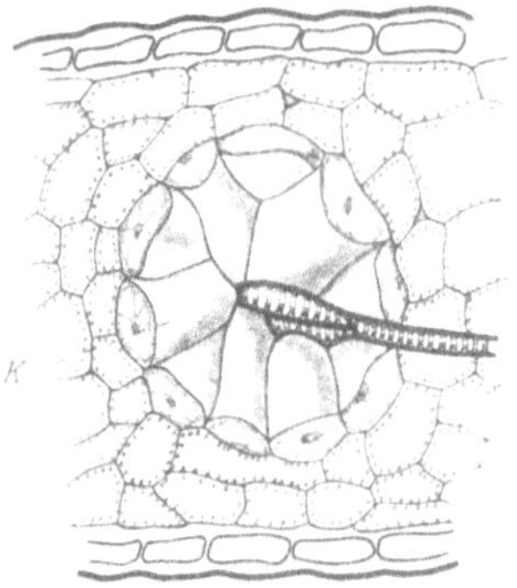

Abb. 184. Kieselkörper aus dem Blatt der Mistel. (Nach *Haberlandt*)

Die Wände der Epidermiszellen mancher Samen (Lein) sind so stark quellbar, daß sie bei Wasserzusatz völlig verquellen können. Man mißt dieser Erscheinung Bedeutung für die Keimung der Samen bei.

Eine krankhafte Verquellung der Membran tritt beim Gummifluß (Gummosis) von Steinobstbäumen ein. Hierbei wird die Zellwand schichtweise zu Gummi abgebaut, bis schließlich der ganze Zellinhalt von dieser Umwandlung ergriffen wird, so daß sich unter ihrer Wirkung das Gewebe zuletzt völlig auflöst.

E. Vakuole und Zellsaft

Mit Ausnahme der meisten Blaualgen besitzen die ausgewachsenen pflanzlichen Zellen Vakuolen, die dadurch entstehen, daß sich aus dem Plasma, gelegentlich auch aus dem Zellkern und den Chromatophoren Flüssigkeitströpfchen absondern, mit denen das Plasma nicht mehr mischbar ist. Schon die meristematischen Zellen besitzen derartige kleine Vakuolen, deren Gestalt recht mannigfaltig sein kann, sich aber doch meistens der Kugelform nähert. Mit fortschreitendem Wachstum und eintretender Differenzierung vereinigen sich die kleinen Vakuolen zu größeren, bis schließlich ein zentraler Zellsaftraum entsteht, der nur mehr durch den dünnen Plasmaschlauch von der Zellwand getrennt ist und in allen Einzelheiten der Form der Zelle folgt. Gegen das Plasma ist die Vakuole durch eine differenzierte Vakuolenhaut, den **Tonoplasten,** abgetrennt. Die Vakuolenbildung ist wahrscheinlich ein Entmischungsvorgang, dessen Einzelheiten indes noch der Klärung bedürfen.

F. Inhaltsstoffe der Zelle

Inhaltsbestandteile des Zellsafts. Mit wenigen Ausnahmen, z. B. den Blütenblättern von Boragineen, deren Vakuoleninhalt gelartige Konsistenz besitzt, ist der Zellsaft eine wässerige Lösung von meist schwach saurer Reaktion. Er enthält ein Gemisch anorganischer und organischer Salze (Nitrate, Sulfate, Phosphate, Malate, Oxalate, Zitrate, Tartrate). Auch in den extrem sauren Zellsäften liegen zwar saure Salze organischer Säuren, dagegen freie Säuren nur in geringen Mengen, gewöhnlich nur in Spuren vor. Dieses Salzgemisch stellt physikalisch eine gepufferte Lösung dar, die ihre $H^{\cdot}$-Konzentration gegen Reaktionsstöße von außen zähe beibehält und damit wichtige physikalisch-chemische Vorgänge im Zellsaft normiert. Regelmäßige Bestandteile des Zellsaftes sind auch bestimmte Kohlehydrate, vor allem Zuckerarten.

An Polysacchariden findet sich in Kompositen das Inulin, das in Alkohol in Form von Sphärokristallen ausfällt, in Pilzen das Glykogen. Der Zellsaft vieler Monokotylen ist reich an Schleimen (Küchenzwiebel, Narzisse, Szilla, Clivia, Orchideen usw.).

Neben Eiweißabbauprodukten, wie Aminosäuren, Ammoniak in entgifteter Form als Ammonsalz oder Amid, enthält der Zellsaft auch lösliches Eiweiß. Mit Eiweißfällungsmitteln (Tannin, Alkohol) ist es z. B. in Kartoffelzellen fällbar. Im Zellsaft unreifer Früchte sowie in Baumrinden, aber auch in Blatt- und Sproßzellen mancher Pflanzen finden sich nicht selten erhebliche Mengen an Gerbstoffen. Gelegentlich treten diese auch in gesonderten Bläschen auf. Besonders reich an Gerbstoffen sind Holz und Rinde der Eiche (Gerberei). Biologisch bedeutungsvoll sind die Gerbstoffe dank ihrer fäulniswidrigen Wirkung. Der Zellsaft bestimmter Pflanzenfamilien, wie der Nachtschattengewächse, ist reich an Alkaloiden und Glukosiden, die bekanntlich zum Teil medizinische Verwendung finden.

Eine Emulsion stellt der Milchsaft (Latex) der kautschukführenden Pflanzen dar. Er entspricht dem Zellsaft der Milchröhren und enthält neben Salzen organischer Säuren Eiweiß, Fett-, Harz- und vor allem Kautschuktröpfchen. Die letzteren ballen sich beim Gerinnen des Milchsaftes zusammen. In Alkohol, Benzin und Äther sind sie quellbar.

Nicht selten finden sich im Zellsaft Kristalle von Salzen organischer Säuren. Besonders häufig kristallisieren die weniger löslichen Ca-Salze der Oxal-, Äpfel-, Zitronen- und Weinsäure aus, doch fallen infolge der hohen Konzentration gelegentlich auch Kaliumsalze der Oxalsäure aus. Die Form der Kristalle hängt nicht nur von der Eigenart der sie bildenden Substanz, sondern auch von der Zellsaftreaktion ab. Neben Einzelkristallen vor allem des tetragonalen und monoklinen Systems finden sich gelegentlich feiner Kristallsand, Rhaphidenbündel parallel gelagerter Nadelbüschel und morgensternartige Kristalldrusen (vgl. Abb. 233). Karbonate sind leicht am Aufbrausen nach Zusatz von Mineralsäure erkennbar. Mit kohlensaurem Kalk inkrustiert sind die ins Zellumen vorspringenden Membranzapfen, die sogenannten Zystolithen, die für gewisse Pflanzenfamilien besonders charakteristisch sind (Maulbeergewächse, Urticaceen, Acanthaceen).

Einschlüsse im Plasma. Fettvakuolen. Weit verbreitet, besonders in den Zellen der Samen, sind Öle und Fette, die als im Plasma fein verteilte Emulsion oder in Form gesonderter Vakuolen auftreten. Die festen Fette füllen in Form unregelmäßiger Schollen oder als einheitliche Grundmasse das Zellinnere. In ähnlicher Weise wie die fetten Öle treten auch ätherische Öle und Harze in den Zellen von Blumenblättern (Rose), Rhizomen (Kalmus), Rinden (Zimt) und Blättern (Lorbeer) in Form von feinen, stark lichtbrechenden Tröpfchen auf.

Aleuron. Im wasserarmen Gewebe der Samen tritt das Eiweiß nicht gelöst, sondern in fester Form als Aleuronkörner auf. Diese gehen aus Eiweißvakuolen nach Wasserverlust hervor. Die eiweißartige Grundmasse enthält zweierlei Einschlüsse (Abb. 185):

1. Eiweißkristalle,
2. Globoide, das sind amorphe rundliche Gebilde aus Ca-Mg-Salzen der Inositphosphorsäure.

Im Lupinensamen sind die Aleuronkörner sehr ansehnlich, in der Erbse relativ klein. In letzterem Objekt (Abb. 186) kommen die Aleuronkörner neben Stärkekörnern in derselben Zelle vor. Im Weizenkorn (Abb. 187) sind Aleuronzellen (Kleberschicht) und Stärkezellen (Mehlschicht) getrennt. Gerste und Roggen besitzen mehrzellreihige Kleberschichten.

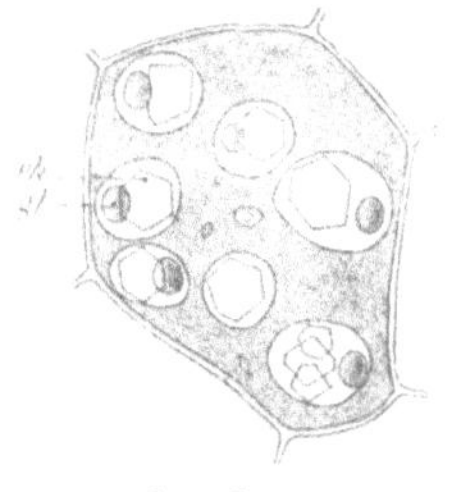

Abb. 185. Zelle aus den Kotyledonen von Rizinus. (*ek*) Eiweißkristall; (*gl*) Globoid. (Nach *Strasburger*)

Einschlüsse der Chromatophoren. In den Chloroplasten entstehen während der Assimilation kleine, mit Jod sich bläuende Körnchen, Stärkekörner (Assimilationsstärke). Sie bleiben in den meisten Fällen klein, werden wieder gelöst, und ihre Substanz wandert als Zucker in die Leukoplasten der Reserveorgane, wo erneut, jetzt aber ansehnliche Stärkekörner von linsenförmiger oder auch ellipsoidischer Gestalt aufgebaut werden (Reservestärke). Vegetative Reserveorgane, wie die Kartoffelknolle, Rhizome und auch viele Samen, besonders die der Gramineen, sind reich an solcher Reservestärke. Stets wird das Stärkekorn im Innern des Leukoplasten aus zugewandertem Zucker gebildet. Die Bildung geht von einem Bildungspunkt aus.

Hier kristallisiert das erste Stärkepartikel aus, und im folgenden werden vom Leukoplasten immer neue Schichten in Form geschlossener Schalen diesem Körnchen aufgelagert. Die Schichtdicke hängt hierbei von der Dicke der am Aufbau beteiligten Leukoplastenschicht ab. Die einzelnen Schichten unterscheiden sich infolge wechselnden Wassergehalts auch optisch.

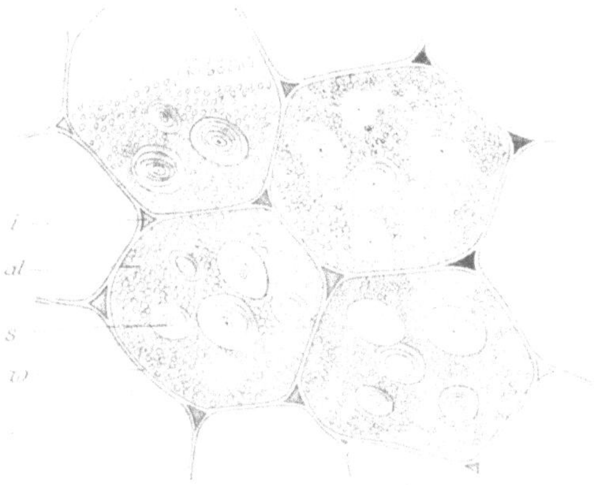

Abb. 186. Schnitt durch die Keimblätter der Erbse. (*i*) Interzellularen; (*al*) Aleuronkörner; (*s*) Stärkekörner; (*w*) Wand

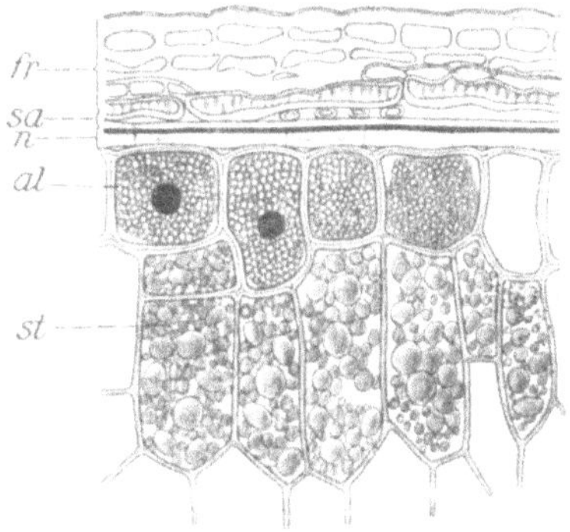

Abb. 187. Querschnitt durch das Weizenkorn. (*fr*) Fruchtschale; (*sa*) Samenschale; (*n*) Nuzellarschicht; (*al*) Aleuronschicht (Kleber); (*st*) Stärkezellen

Kartoffelstärke. Der Bildungspunkt des Stärkekorns liegt nicht in der Mitte des Leukoplasten (exzentrisch); demzufolge werden auch die Schichten an beiden Polen ungleich dick. Entsteht nur ein Bildungspunkt im Leukoplasten, so wird nur ein Stärkekorn ausgebildet, es bleibt einfach (Abb. 188*a*). Wenn zwei oder mehrere Bildungspunkte im gleichen Leukoplasten Stärkekörner entstehen lassen, verdrängen diese schließlich die Leukoplastensubstanz zwischen ihren Grenzflächen, und es werden in der Folge um alle Einzelkörner noch weitere gemeinsame Schalen von Stärkesubstanz her-

Abb. 188 *a*—*c*. Kartoffelstärke (exzentrisch). *a* einfach, *b* halb-, *c* ganz zusammengesetzt. *d* Haferstärke (zentrisch, zusammengesetzt)

umgelegt. Derartige Körner werden als halbzusammengesetzt bezeichnet (Abb. 188*b*). Unterbleibt bei gleichzeitiger Anlage mehrerer Körner im selben Leukoplasten die Ausbildung gemeinsamer Schichten, so kommt es zur Ausbildung zusammengesetzter Körner (Abb. 188*c*).

Leguminosenstärke. Abb. 186 gibt das Stärkekorn der Erbse wieder. Es ist zentrisch gebaut und einfach.

Weizenstärke. Das Korn ist zentrisch und einfach; neben großen Körnern treten auch in der reifen Frucht auffallend kleine Körnchen auf (Abb. 187).

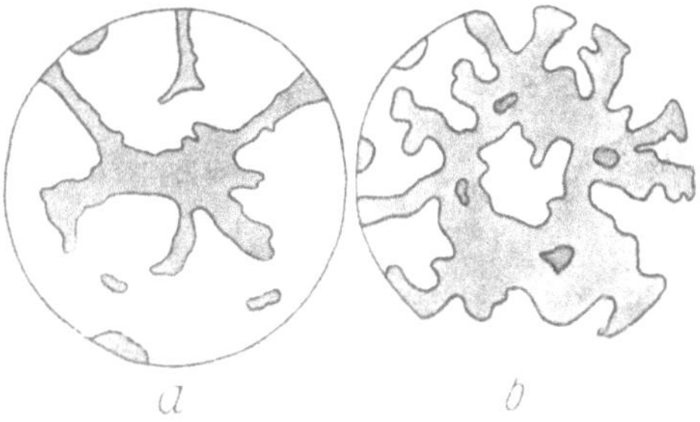

Abb. 189. Korrodierte Stärkekörner

Haferstärke. Das Gesamtkorn ist aus zahlreichen zentrisch gebauten Einzelkörnchen zusammengesetzt. Die einzelnen Körner werden polygonal gegeneinander abgeplattet und zu einer ansehnlichen Kugel vereinigt, die von einer zarten Leukoplastenhaut umschlossen ist (Abb. 188 *d*).

Hantelförmige Stärkekörner finden sich in den Milchschläuchen von Euphorbiaceen (vgl. Abb. 233).

Die Stärkekörner sind Sphärokristalle mit radial gestellten feinen Kristallnadeln. Sie erweisen sich als doppelbrechend und zeigen zwischen gekreuzten Nikols das schwarze Polarisationskreuz. Die Auflösung der Stärkekörner erfolgt unter dem Einfluß eines Ferments, der Amylase. Dabei können sich Korrosions- oder Abschmelzungsbilder ergeben (Abb. 189).

Gewebelehre (Histologie)

Bildung und Einteilung der Gewebe

Die Entwicklung der Pflanzenwelt vom einfachen Ursprünglichen zum Komplizierten, Abgeleiteten nimmt ihren Weg über den dauernden Zusammenschluß einzelner Zellen unter gleichzeitig erfolgender Arbeitsteilung. Zu einem Teil wenigstens tritt die besondere Leistung der Zellen auch in ihrem anatomischen Bau in Erscheinung, wenn auch das Wesentliche, die Struktur des Plasmas, unseren Beobachtungsmethoden sich nicht so weit erschließt, daß wir auf ihr eine leistungsmäßig bestimmte Einteilung der Zellen aufbauen können. Unsere Einteilung wird sich daher vielfach auf rein äußerliche, zum Teil vielleicht nebensächliche Baueigentümlichkeiten oder auch, unter Verzicht auf eine anatomische Fundierung, rein auf die physiologische Leistung stützen müssen. Die Zellen gleicher Funktion treten nicht regellos zerstreut, sondern in Gruppen vereinigt auf. Die unlösliche natürliche Verbindung von Zellen einheitlicher Leistung bezeichnet man als Gewebe. Mit steigender Entwicklungshöhe greift eine zunehmende Arbeitsteilung und damit eine immer weiter reichende Spezialisierung der Gewebe Platz. So kann man in der höheren Pflanze die folgenden Gewebe unterscheiden:

1. **Bildungsgewebe**
2. **Hautgewebe**
3. **Mechanisches System (Stützgewebe)**
4. **Leitungsgewebe**
5. **Speichergewebe und Grundgewebe**
6. **Exkretions- und Sekretionsgewebe**

1. Das Bildungsgewebe

Entwicklungsphysiologisch lassen sich zwei Gruppen von Geweben unterscheiden: Die **Bildungsgewebe**, welche fortlaufend neue Zellen erzeugen (Meristeme), und die **Dauergewebe**, das sind die zu spezialisierter Funktion ausdifferenzierten und damit teilungsunfähig gewordenen Zellen.

Aus der befruchteten Eizelle wird zunächst unter fortlaufender Zellteilung durch viele Zellgenerationen hindurch der Keimling aufgebaut. Mit der Ausbildung spezieller

Organe aber setzt auch eine Zelldifferenzierung ein, womit die weitere Teilungsfähigkeit erlischt. Diese bleibt auch in der wachsenden Pflanze nur lokalen Gewebskomplexen, den **Bildungsgeweben** oder **Urmeristemen**, erhalten. Von ihnen geht die weitere Zellvermehrung, das Teilungswachstum der Pflanze, aus. Diese Urmeristeme befinden sich gewöhnlich endständig und werden als Vegetationspunkte bezeichnet. Bei eintretender Verzweigung bleibt auch das Verzweigungsende embryonal, d. h. jeder Verzweigungsast endigt in einem Vegetationspunkt. Auf diese Weise vollzieht sich das Spitzenwachstum der Organe. Rückt das Meristem von der Spitze gegen die Mitte eines Organs ab, so kommt es zum interkalaren Wachstum (Grashalm).

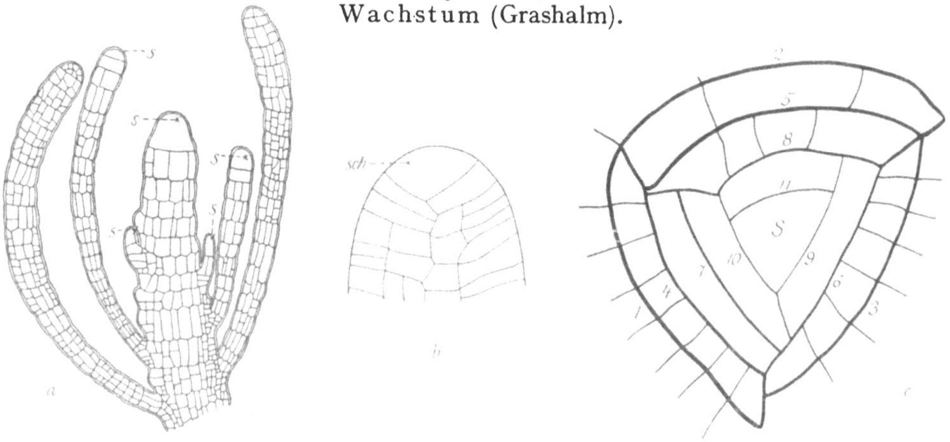

Abb. 190. Scheitelzellen. *a* zylindrisch (Endtrieb einer Braunalge); *b* zweischneidig; *c* dreischneidig. (*a* nach *Pringsheim*; *b*, *c* nach *Strasburger*)

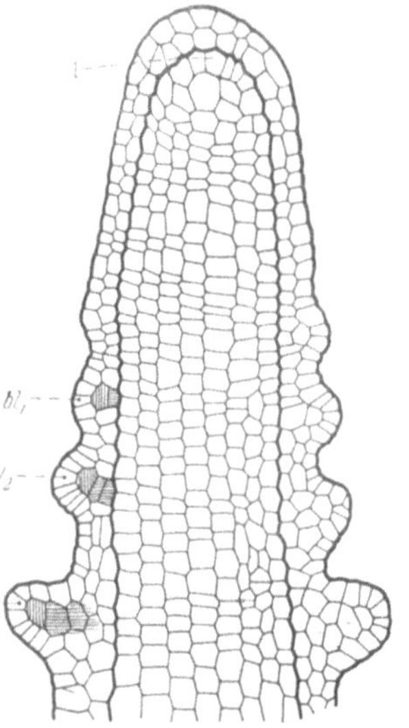

Abb. 191. Sproßvegetationskegel. (*i*) Initialzellen; (bl_1, bl_2, bl_3) Blattanlagen

Weitaus am verbreitetsten ist das **Spitzenwachstum.** Bei den niederen Pflanzen bleibt der meristematische Charakter nur einer einzigen Endzelle des wachsenden Thallusteiles erhalten. Diese **Scheitelzelle** scheidet im einfachsten Fall basalwärts mittels einer Querwand ein zylindrisches Segment ab, das nach einer beschränkten Anzahl folgender Teilungen in Dauergewebe übergeht (Abb. 190*a*). Häufiger springt die Scheitelzelle keilförmig in das umgebende Gewebe vor, und die neuen Teilungswände stellen sich abwechselnd parallel der einen und der anderen Keilwand (zweischneidige Scheitelzelle der Lebermoose (Abb. 190*b*). Die Laubmoose, die meisten Farne und Schachtelhalme wachsen mit einer dreischneidigen, pyramidenförmigen Scheitelzelle, wobei die Teilungswände in regelmäßiger Folge den 3 Seiten der Pyramide parallel gelagert werden (Abb. 190*c*). Der Sproß der höheren Pflanze wächst mittels eines scheitelständigen, mit bloßem Auge nur mehr in Einzelfällen wahrnehmbaren flachen oder kegelförmig gewölbten **Vegetationspunkts** (Abb. 191). An Stelle der einzigen Scheitelzelle tritt hier eine Gruppe embryonaler Zellen, die **Initialzellen,** die nicht selten schalenförmig angeordnet sind. Die äußerste Schicht, das **Dermatogen,** liefert das Hautgewebe der Pflanze. Aus den Zellen des zentralen **Pleromstranges** differenzieren sich nach unten die Leitungsbahnen des

Zentralzylinders. Er läßt sich gelegentlich nur unscharf vom mittleren Hohlkegel des **Periblems** unterscheiden, aus dem später die Rindengewebe hervorgehen.

Der Vegetationspunkt der Wurzel zeichnet sich vor dem des Sprosses durch den Besitz einer **Wurzelhaube** (Kalyptra, Abb. 192) aus, einem hohlkegelförmigen mehrschichtigen Gewebe, das entweder aus einer gesonderten Bildungsschicht, dem Kalyptrogen, oder zusammen mit dem Hautgewebe aus dem Dermatogen entsteht.

Primäre und sekundäre Dauergewebe

Die aus dem Meristem abgeschiedenen Zellen differenzieren sich zum größten Teil zu Geweben bestimmter Funktionen aus **(primäres Dauergewebe)**. Ein kleiner Teil der Zellen aber bleibt von einer Differenzierung ausgeschlossen. Zwar gehen auch diese Zellen von der isodiametrischen Form der Meristemzellen in eine langgestreckte dünne Tafelform über und stellen längere Zeit die Teilungsfähigkeit ein (Abb. 193). Aber zu gegebener Zeit gehen sie doch wieder erneut und dann zu jahre-, ja jahrzehntelang anhaltender periodischer Teilung und Zellbildung über. Derartige Bildungsgewebe, die vor der erneuten Aufnahme der Teilungen einer mehr oder weniger langen Ruheperiode unterworfen sind, werden als sekundäre oder **Folgemeristeme** bezeichnet. Die aus ihnen hervorgehenden Gewebe gelten als **sekundäre Gewebe**. Da es Pflanzen von so kurzer Lebensdauer gibt, daß sie nur primäres Gewebe zur Entwicklung bringen, darf man annehmen, daß die sekundäre Gewebsbildung erst im Laufe der phylogenetischen Entwicklung mit zunehmender Größe und steigendem Alter der Pflanzenindividuen erworben worden ist.

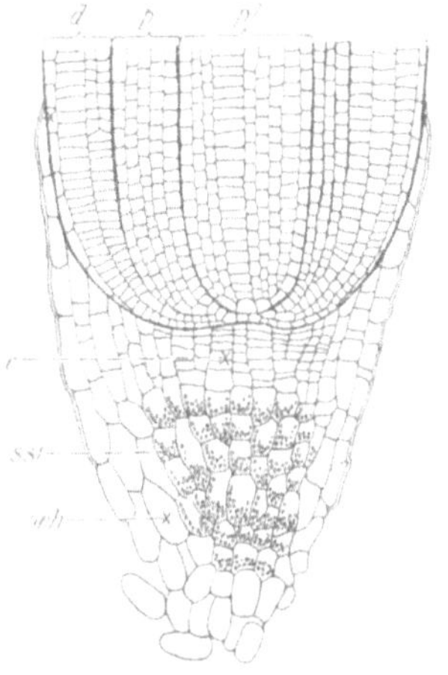

Abb. 192. Wurzelvegetationskegel. (*wh*) Wurzelhaube; (*sst*) Statolithenstärke; (*c*) Kalyptrogen; *d*) Dermatogen; (*p*) Periblem; (*pl*) Plerom. (Nach *Fitting*)

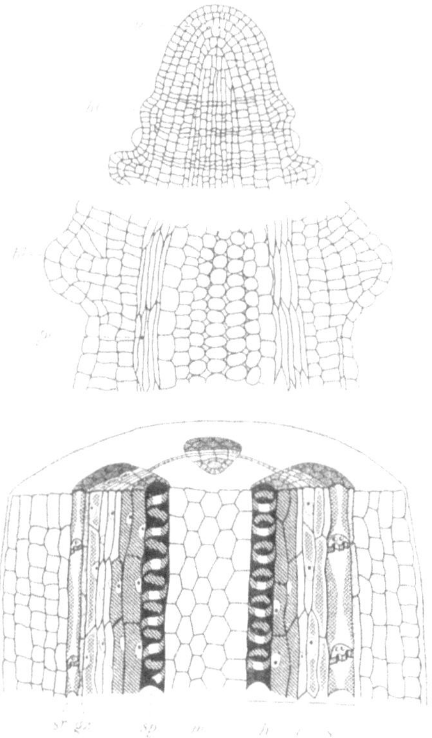

Abb. 193. Ausbildung des Kambiums. (*pc*) Vorstufe des Folgemeristems (Prokambium); (*c*) Folgemeristem (Kambium)

2. Das Hautgewebe

Die Beschaffenheit der Zellwand macht ein oberflächliches Abschlußgewebe als mechanischen und als Transpirationsschutz notwendig. Dementsprechend müssen die

Hautzellen widerstandsfähige und wenig wasserdurchlässige Membranen besitzen. Aus dem Dermatogen geht als primäres Hautgewebe die Epidermis mit ihren Anhangsorganen hervor, während das sekundäre Hautgewebe (Kork und Borke) einem Folgemeristem, dem Korkkambium, entstammt.

a) Das primäre Hautsystem. Die Epidermis. Sie besteht gewöhnlich aus einer einschichtigen Haut leisten- oder plattenförmiger, lückenlos zusammenhängender Zellen, deren Zusammenhalt durch eine mehr oder weniger reichliche Wellung der Radialwände im Sinne einer Verzahnung — besonders bei Trockenpflanzen — noch verstärkt wird

Abb. 194. Epidermis vom Blatt der Christrose

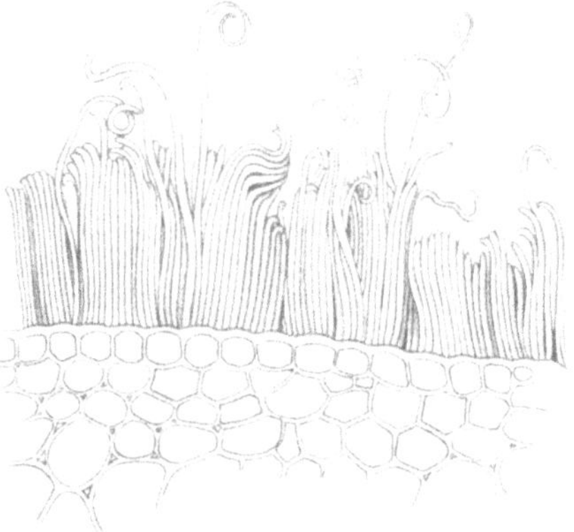

Abb. 195. Querschnitt durch einen Stengelknoten des Zuckerrohrs mit Wachsstäbchen auf der Epidermis. (Nach *De Bary*)

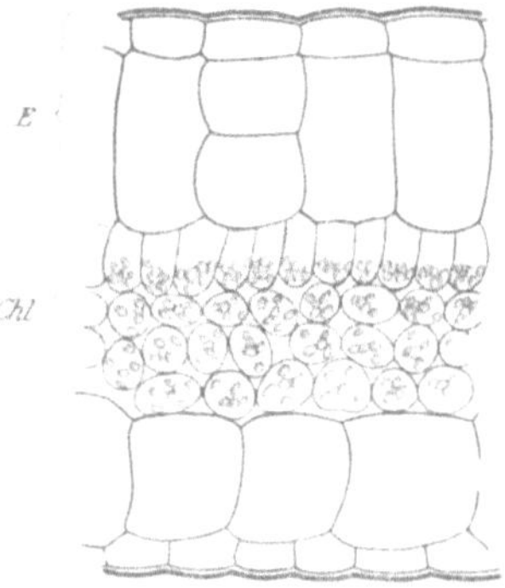

Abb. 196. Mehrschichtige Epidermis des Begonienblattes. (*E*) Epidermis; (*Chl*) Chlorenchym.

(Abb. 194). Hemmen die auffallend verdickten Außenwände allein schon die Verdunstung unter gleichzeitiger Erhöhung der mechanischen Festigkeit, so ist dies um so mehr der Fall, da ihr Zellulosegerüst besonders in den äußeren Schichten reichlich mit Kutin durchsetzt ist. Außerdem ist die Epidermisoberfläche noch mit einem geschlossenen Häutchen aus Kutin, der Kutikula, überzogen. Diese stellt erwiesenermaßen einen äußerst wirksamen Transpirationsschutz dar, der gelegentlich noch durch Ein- und Auflagerung von Wachs verstärkt wird, das die Oberflächen mit einem zarten blaugrauen, abwischbaren Reif überzieht (Abb. 195) (Pflaume, Äpfel, Weinbeeren, Wachspalme).

Im Dienste der Wasserspeicherung stehen voluminöse Hautzellen und mehrschichtige Epidermen mit dünnen, leicht faltbaren Radialwänden (Abb. 196). Dagegen stellt die mehrschichtige Epidermis der Kiefernadel mit den sklerenchymatisch verdickten und verholzten Wänden einen Teil des Stützgewebes der Nadel dar.

Ein Teil der jugendlichen Epidermiszellen wächst haarartig zu Anhangsgebilden, den Haaren, aus, die recht mannigfaltige Formen annehmen können: Stern- und Spindelhaare der Kruziferen, Schildhaare der Ölbaumgewächse (Abb. 197), Filzhaare, Woll- oder Kandelaberhaare der Königskerze. Sie alle stehen wohl im Dienst des Transpirations- und Insolationsschutzes, wenn auch vor einer allzu weitreichenden Deutung nach dieser Seite gewarnt werden muß.

Klarer liegen die Funktionen anderer Haarbildungen:

1. Brennhaare. Das Brennhaar der Nesselgewächse (Abb. 198) stellt eine flaschenförmige, nach oben sich stark verjüngende Zelle dar, die in einen epidermalen Becher eingelassen ist. Das obere Ende des Haares ist umgebogen und zu einem kugeligen Köpfchen erweitert. Die Membranen sind stark verkieselt, besitzen an gegen-

überliegenden Flanken unterhalb des Köpfchens verdünnte Wandstellen, an denen das Köpfchen bei Berührung so abbricht, daß eine Einstichkanüle entsteht, durch die eine giftige Zellsubstanz in die entstandene Wunde einfließt.

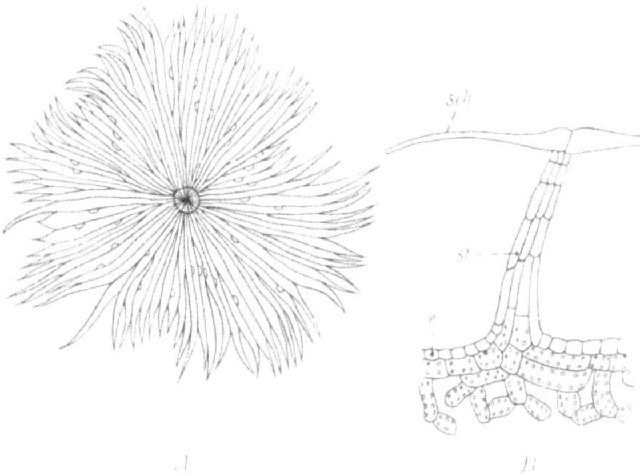

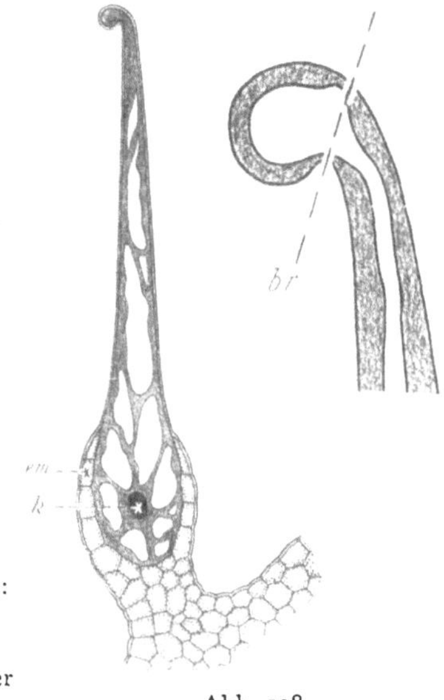

Abb. 197. Schildhaar der Ölweide. *A* Aufsicht, *B* im Blattquerschnitt: (*sch*) Schild; (*st*) Stiel; (*e*) Epidermis

Abb. 198. Brennhaar. (*em*) becherförmige Emergenz; (*k*) Kern der Haarzelle; (*br*) Bruchlinie am Köpfchen

Abb. 198.

2. Saughaare. Auf den Blättern vieler Bromeliazeen, u. a. auch auf denen der Ananas, finden sich schildförmige Haare von eigenartigem, auf Wasseraufnahme abgestelltem Bau (Abb. 199). Eine kreisrunde vielzellige Scheibe aus toten Zellen mit kutinfreien Wänden sitzt auf einem Stiel lebender Zellen, der in das angrenzende Wasserspeichergewebe eingelassen ist. Auf osmotischem Wege leiten diese Zellen das vom Schild aufgenommene Wasser dem inneren Blattgewebe zu. In extremen Fällen epiphytisch lebender Formen vermögen diese Haare die Wurzeln vollkommen zu ersetzen.

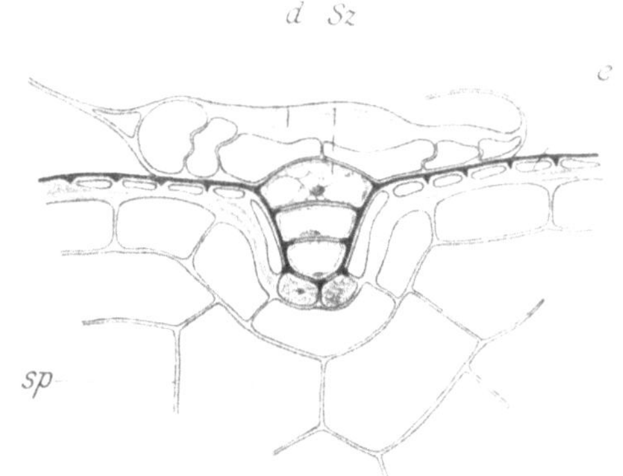

Abb. 199. Saughaar von Tillandsia Lindenii. (*d*) Deckelzellen; (*Sz*) Saugzellen; (*e*) Epidermis; (*sp*) Wasserspeicherzellen

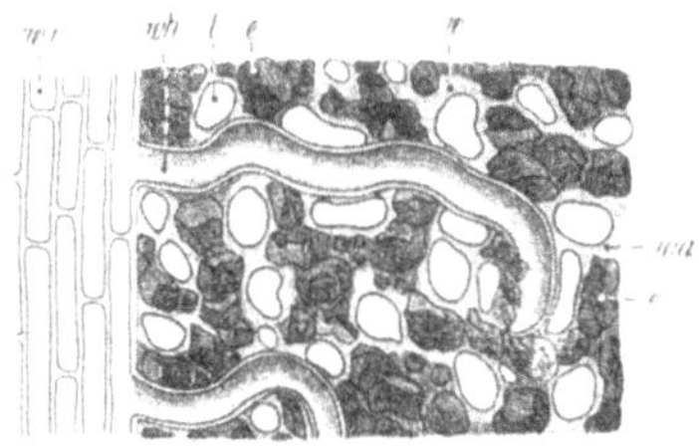

Abb. 200. Wurzelhaar. (*wr*) Wurzelrinde; (*wh*) Wurzelhaar. (Nach *Sachs*)

3. Wurzelhaare. Die Epidermis aller wasseraufnehmenden Organe zeichnet sich durch das Fehlen einer Kutikula aus. So können sich auch die Epidermiszellen bestimmter Regionen der Wurzeln zu zylindrischen Wurzelhaaren ausstülpen, die für die Wasser- und Salzaufnahme der Wurzel von ausschlaggebender Bedeutung sind. Sie sind kurzlebige Organe, die fortlaufend hinter der wandernden Wachstumszone der Wurzel neu gebildet werden (Abb. 200).

4. Drüsenhaare. Sie sind ebenfalls Epidermisausstülpungen und bestehen aus Stielzellen und dem ein- oder mehrzelligen Köpfchen (Abb. 201). Die Köpfchenzellen zeichnen sich durch ihren großen Kern aus. Sie erzeugen ätherisches Öl, das zunächst zwischen Außenwand und Kutikula abgeschieden wird.

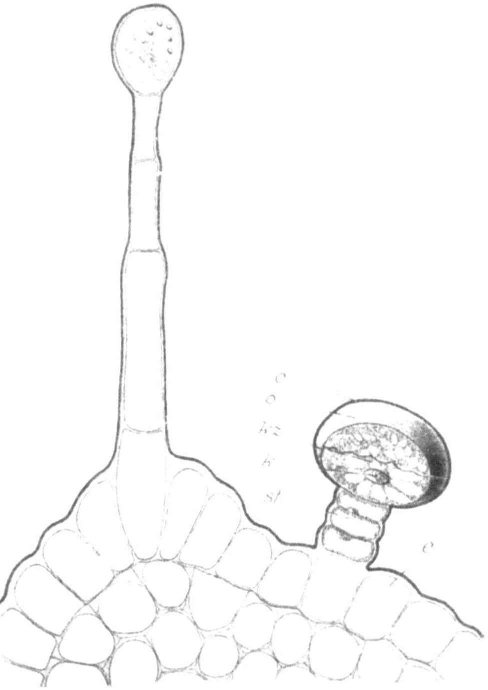

Abb. 201. Drüsenhaare von Pelargonium. (*c*) Kutikula; (*o*) Öl; (*kz*) Köpfchenzelle mit Kern (*k*); (*st*) Stielzellen; (*e*) Epidermis

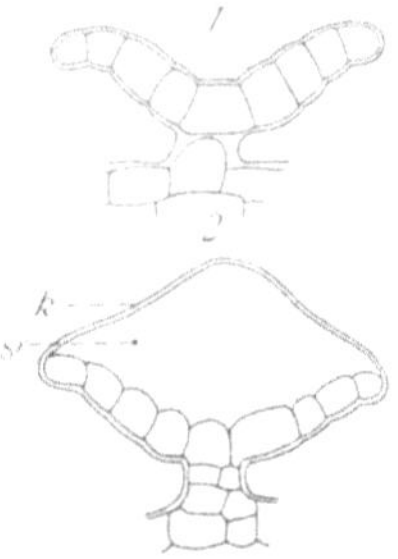

Abb. 202. Drüsenschuppen auf weiblichen Hopfenblüten. *1* junge Schuppe, *2* gefüllt (*k*) Kutikula; (*sr*) Sekretraum. (Nach *De Bary*)

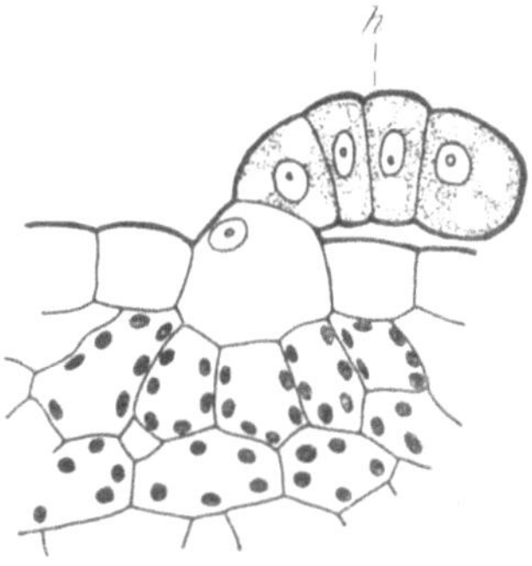

Abb. 203. Wasserausscheidendes Haar von der Blattunterseite der Bohne. (*h*) Drüsenzellen. (Nach *Haberlandt*)

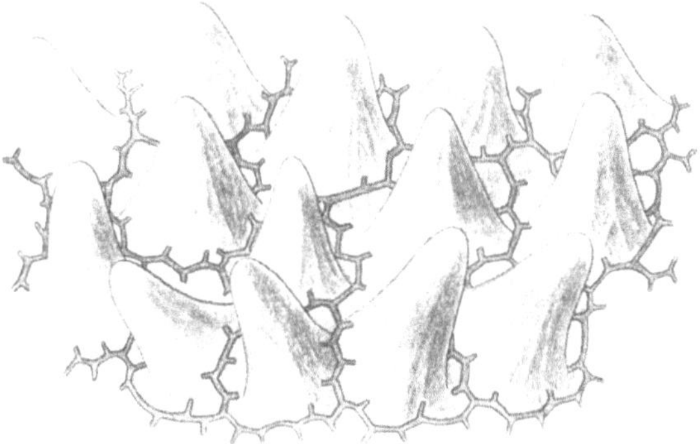

Abb. 204. Papillenförmige Ausstülpung der Epidermiszellen vom Blumenblatt des Stiefmütterchens. (Nach *Schenck*)

Bei geringster Berührung schon platzt die Kutinblase längs einer vorgebildeten Linie auf und das Öl ergießt sich nach außen. Pelargonien, viele Lippenblütler, Primeln u. a. verraten bereits durch ihren Geruch den Besitz von ätherischen Ölen. Ihre biologische Bedeutung ist noch umstritten. Auf den weiblichen Blütenständen des Hopfens entwickeln sich nach der in Abb. 202 angedeuteten Weise aus Epidermiszellen Drüsenschuppen, die das technisch verwendete Lupulin erzeugen.

Zu den Drüsenhaaren sind auch die Zucker absondernden Nektarien zu zählen. Sie sind ebenfalls epidermale Gebilde. Sie stehen als dicht gedrängte Drüsenhaare in der Blütenregion und dienen dann der Anlockung der Insekten (florale Nektarien). Doch kommen auch extraflorale Zuckerdrüsen an vegetativen Organen vor. Den Nektarien ähnliche Gebilde sind die Haarhydathoden, dies sind wasserausscheidende Drüsenhaare (Abb. 203).

5. Papillen. Fingerhutartige Ausstülpungen von Epidermiszellen sind die Papillen vieler Blütenblätter, die diesen ein auffallend samtartiges Aussehen verleihen (Stiefmütterchen, Abb. 204).

b) Das sekundäre Hautgewebe. Krautige Pflanzen behalten gewöhnlich zeitlebens die Epidermis als Hautgewebe bei. Im Gegensatz hierzu wird die Epidermis an Pflanzen mit starkem sekundärem Dickenwachstum im Verlauf der Entwicklung der Pflanze gesprengt, weil die Epidermis nur in Ausnahmefällen der Ausweitung der äußeren Sproßschichten durch tangentiale Dehnung und Teilung zu folgen vermag. In den meisten Fällen springt daher die Epidermis im Verlauf der sekundären Dickenzunahme des Stammes auf und macht die Ausbildung einer neuen Hautschicht notwendig. Am Sproß der Dikotylen geht diese Ersatzbildung von einem sekundären Meristem, dem **Korkkambium** aus. Schön ist diese Entwicklung am Holunder zu beobachten: Schon im Hochsommer überziehen sich die einjährigen saftiggrünen Sprosse von der Basis nach der Spitze fortschreitend mit einem grauen Korkhäutchen, dessen Bildung von **Korkwarzen** oder **Lentizellen** seinen Ausgang nimmt.

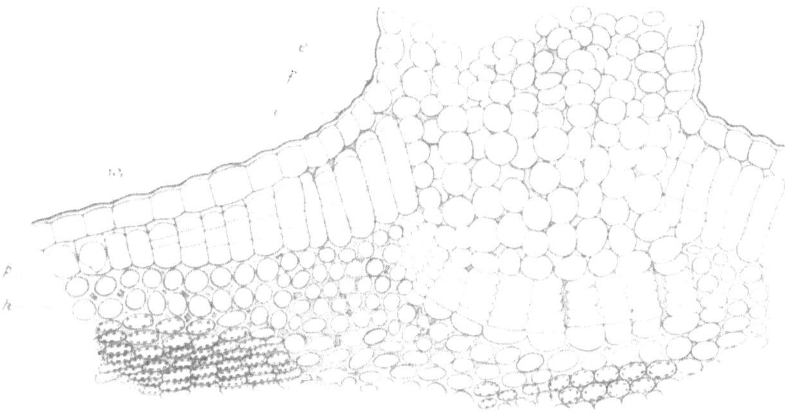

Querschnitt durch den Holundersproß

Abb. 205. Lentizelle mit anschließendem Periderm. (*e*) Epidermis; (*f*) Füllgewebe; (*i*) Interzellularen; (w_1) 1. Teilungswand der hypodermalen Zellschicht (*p*); (*k*) Kollenchym. (Nach *Haberlandt*)

Bildung der Lentizellen. Unter einzelnen Spaltöffnungen geht aus den die Atemhöhlen begrenzenden Zellen ein schalenförmiges Teilungsgewebe hervor, das radiale Reihen von neuen Zellen bildet. Diese lösen sich fortschreitend aus dem Verband los, sterben ab und füllen die Atemhöhle mit lockerer Zellmasse. Schließlich drängen sie über die Ränder der Schließzellen hinaus und ergießen ein Häufchen lockerer Füllzellen an die Oberfläche, wo diese Massen bereits mit bloßem Auge als Korkwarzen (Lentizellen) zu erkennen sind. Diese Gebilde sollen eine ausreichende Durchlüftung der Gewebe nach Ausbildung der Korkhaut gewährleisten.

Periderm. An den Rändern der Lentizellen beginnen sich auch nun die benachbarten subepidermalen Zellen zunächst zu strecken und dann zu teilen. Abb. 205 zeigt, wie dieser Wachstums- und Teilungsimpuls von den Lentizellen aus fortschreitet und auch das benachbarte subepidermale Gewebe erfaßt. Es entsteht ein neues Folgemeristem, das **Korkkambium** (Phellogen). Wie im Kambium bleibt auch im Phellogen bei jeder Zellteilung eine der Tochterzellen meristematisch. Sie ist bipolar tätig, doch überwiegt die Zellabscheidung nach außen. Die nach dieser Richtung abgeschiedenen Zellen strecken sich zunächst, ihre Wände verkorken, worauf die Zellen absterben. Der Wanddruck wird infolgedessen aufgehoben, und die Zellwände werfen sich wellenförmig. Nach dem Innern des Sprosses zu scheidet das Phellogen gewöhnlich nur wenige Zellen von Rindencharakter ab **(Phelloderm)**. Die Gesamtheit des sekundären Hautsystems wird als **Periderm** bezeichnet.

Borkebildung. Mit wenigen Ausnahmen (z. B. Buche) stirbt das Korkkambium nach kurzer oder längerer Tätigkeit ab, und in einer tiefer gelegenen Rindenschicht entsteht ein neues Phellogen, das in seiner Tätigkeit nach einiger Zeit wieder von einem zentraler gelegenen Korkkambium abgelöst wird (Abb. 206). So werden immer neue Rindenschichten in die Korkbildung einbezogen. Nachdem die ganze primäre Rinde aufgebraucht ist, erfolgt die Phellogenbildung aus den lebenden Zellen der sekundären Rinde. Da die verkorkten Zellen die zwischen den einzelnen Peridermen eingelagerten Rindenzellen von aller Nahrungs- und Wasserzufuhr abschneiden, sterben die Gewebe bis zum jeweils innersten Phellogen hin ab. Dabei werden Gerbstoffe und deren Derivate in die Zellen eingelagert (ähnlich wie im Kernholz), wodurch dieses Gewebe eine dunkle Farbe annimmt. Dieser ganze tote Gewebsmantel um die Stämme wird als **Borke** bezeichnet. Entlang einzelner Peridermstreifen entstehen besonders dünnwandige Trennungsschichten, welche die Ablösung alter Borkenteile erleichtern. Je nach Verlauf dieser Trennungsschichten lösen sich einzelne schalenartige Teile (Schuppenborke, z. B. Eiche, Platane, Nadelbäume) oder aber konzentrisch den ganzen Stamm umgreifende Bänder (Ringelborke, z. B. Weinstock, Birke) ab.

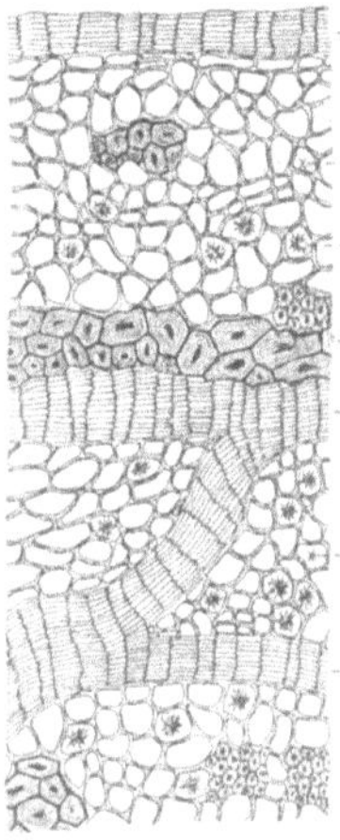

Abb. 206.
Borke vom Holunder. (k_1, k_2, k_3) Korkschichten; (*r*) Rinde; (*d*) Kristalldrusen in Rindenzellen; (*f*) Bastfasern.

Wundheilung. Durch Tierfraß, Frostwirkung oder mechanische Beschädigung entstehen nicht selten Wunden an Pflanzen, die stets gefährliche Einfallstüren für zerstörende pflanzliche und tierische Parasiten sind. Die Abheilung der Wunden ist daher für die Pflanze eine Frage von lebenswichtiger Bedeutung. Die Pflanze hat dieses Problem gelöst, indem sie Verletzung und Neubildung in Beziehung von Ursache und Wirkung brachte. Die verletzten absterbenden Zellen bilden **Nekrohormone** aus, welche die angrenzenden Zellen zu lebhafter Teilung anregen. Bei Verletzung junger Gewebe kommt es dann durch die entstehende Neubildung zum Wundverschluß. In älterem Gewebe wird häufig unterhalb der Schnittfläche ein Phellogen angelegt, das die Wunde durch den **Wundkork** abschließt. So bilden z. B. angeschnittene Kartoffeln dicht unterhalb der Schnittfläche innerhalb von 12 Stunden eine neue Korklamelle als Schutz gegen Mikroben und gegen Wasserverlust. Bei Verwundungen verholzter Stämme (z. B. Frostrissen, Abb. 207, s. Tafel IV) wuchert das Kambium an der Wundstelle zu einem wulstförmigen **Kallus**, der schließlich die Wunde völlig überwallt. Innerhalb des Kallus kann es dann später zur Ausbildung einfach gebauten Wundholzes kommen. Ein später angelegtes peripheres Korkkambium schafft schließlich auch den Borkeersatz.

3. Das mechanische System (Stützgewebe)

Mit steigender Entwicklung und Vergrößerung der Pflanze erhöhen sich auch die Anforderungen, die an die Festigkeit ihrer Gewebe gestellt werden. Die notwendige Stabilität ist auf doppeltem Wege erreichbar:

1. durch straffe Spannung der Zellwände,
2. durch Versteifung und Verstärkung der Zellwände.

Die erstere Art der Gewebsstützung ist die unvollkommenere, denn sie ist von einer in jedem Moment ausreichenden Wasserversorgung abhängig. Nur in der voll mit Wasser gesättigten (turgeszenten) Zelle wird die Zellwand hinreichend gespannt. Die welkende

Abb. 207 A.
Frostplatte an einem Lindenstamm. Von den Rändern her wird die Wunde bereits von Wundkallus überwallt

Abb. 207 B.
Ausgeheilter (überwallter) Frostriß an einem Ahornstamm

krautartige Pflanze zeigt die weitgehende Abhängigkeit dieser Art der Festigung vom Wassergehalt und damit die Fragwürdigkeit der Turgorfestigung bei größeren Pflanzen. Daher ist in der normalen größeren Landpflanze ein verläßlicheres Festigungsgewebe zur Ausbildung gekommen, das nicht auf der Spannung der Zellwände, sondern auf einer Verstärkung der Zellwand begründet ist. Diese mechanischen Zellen (Stereiden) bilden zusammen das mechanische System.

Gestalt und Bau der mechanischen Zellen.

1. Die Wand ist allseitig mehr oder weniger gleichmäßig verstärkt, die Zellen selbst sind nach beendeter Wandverstärkung abgestorben: **Sklerenchym,**
   a) Zellen parenchymatisch: Steinzellen,
   b) Zellen prosenchymatisch: Sklerenchymfasern.
2. Die Wand ist nur teilweise, gewöhnlich an den Kanten verstärkt, dazwischen bleiben Membranflächen unverdickt, so daß der Stoffaustausch wenig gehemmt ist und die Zellen auch nach beendeter Wandverstärkung lebend bleiben: **Kollenchym.**

1. Das Sklerenchym. a) Die Steinzelle. Sie vermag nur dann mechanischen Druck oder Zug abzufangen, wenn sie in geschlossenem, einheitlichem Gewebeverband auftritt, wie das in vielen harten Fruchtschalen (Nuß, Haselnuß, Steinobst) der Fall ist. Dagegen ist ihr Vorkommen in isolierten Nestern wie im Fruchtfleisch der Birne ohne Bedeutung für die Aussteifung des Gesamtorganismus. Im Jugendstadium (Abb. 208) ist die primäre Wand der Steinzelle dünn und gibt Zellulosereaktion. Die Zelle ist auf dieser Entwicklungsstufe noch vollgepfropft mit Stärkekörnern, die zum Teil das Baumaterial für die sekundären Wandschichten liefern. Sie können eine außerordentliche Mächtigkeit erlangen und das ursprüngliche Zellumen bis auf einen kleinen Rest ausfüllen. An einzelnen Stellen (vielleicht den Anhaftungsstellen von Plasmafäden) unterbleibt die Wandverdickung, und es ziehen sich von hier aus Tüpfelkanäle bis ins Lumen herein. Die Kanäle benachbarter Zellen korrespondieren miteinander, so daß ein leicht wegsames Kanalsystem das ganze Steinzellengewebe durchzieht. Schon frühzeitig verholzen die Wände in ihrer ganzen Dicke, wobei jedoch die ursprüngliche Wandschichtung erhalten bleibt.

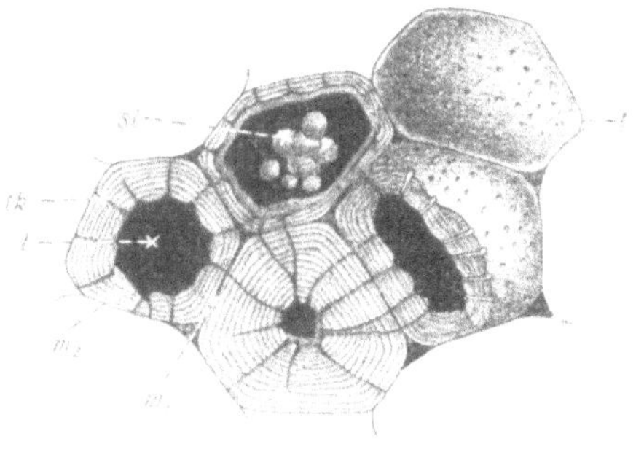

Abb. 208. Steinzellen aus dem Mark von Hoya carnosa. (*st*) Stärke in junger Steinzelle; (*tk*) Tüpfelkanal; (*l*) Lumen; (m_1) Primärmembran; (m_2) Sekundärmembran; (*t*) Tüpfel

Abb. 209. Sklerenchymfaser. (Nach *Strasburger*)

b) Die Sklerenchymfaser. Ungleich wichtiger für den Aufbau des mechanischen Gewebes der Pflanze sind die Sklerenchymfasern (Abb. 209). Sie sind langgestreckt und laufen in zugespitzte Enden aus. Ihre typische Ausbildung erfahren sie als Bastfasern in der Rinde, wo sie außerordentliche Längen erreichen. Die Faserwand ist stark verdickt, mit wenigen, schräg verlaufenden Tüpfeln durchsetzt, zum Teil verholzt oder aus ± reiner Zellulose bestehend (Lein, Baumwolle). Die letzteren Fasern liefern technisch besonders wertvolles Gespinstmaterial. Im Gegensatz dazu sind die im Holzkörper der Pflanzen auftretenden Sklerenchymfasern (Holzfasern) stets verholzt und im allgemeinen kürzer als die Bastfasern.

Nur selten treten die Sklerenchymfasern einzeln auf, gewöhnlich sind sie zu **Faserbündeln** vereinigt (Abb. 210). Die großen Faseroberflächen gewährleisten eine sichere Verklebung der Einzelfasern, die mit ihren langen Enden sehr weitreichend ineinander verkeilt sind.

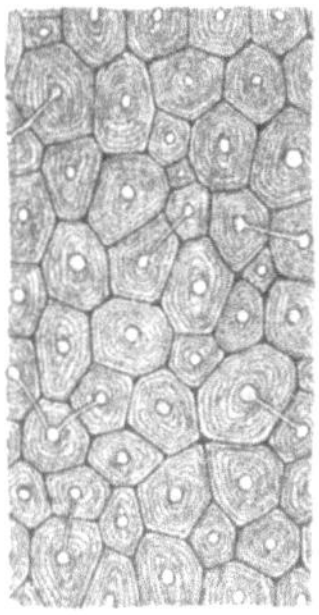

Abb. 210. Querschnitt durch ein Faserbündel. (Nach *Fitting*)

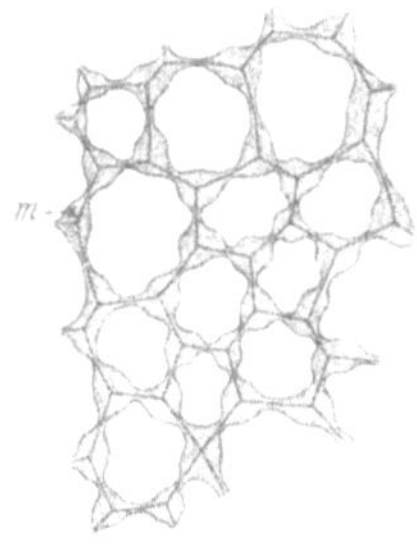

Abb. 211. Kantenkollenchym aus dem Kürbis. (*m*) Wand. (Nach *Fitting*)

2. Das Kollenchym. Da die Sklerenchymzellen die Verstärkung ihrer Zellwände gewissermaßen mit dem Leben bezahlen, sind sie nicht mehr wachstumsfähig und können daher als Skelettsystem nur in ausgewachsenem Gewebe Verwendung finden. Das Stützgewebe wachsender Pflanzenteile ist das Kollenchym, denn seine Zellen bleiben auch nach erfolgter Wandverstärkung am Leben. Die Kollenchymzelle zeigt alle gestaltlichen Übergänge von der Parenchym- bis zur ausgesprochenen Prosenchymzelle. Ihre Wände sind unverholzt und bestehen aus einem Zellulosegerüst mit Pektin und Hemizellulosen als Intermizellarsubstanzen. Die Wandverdickungen sind ungleich, zum Teil nur auf die Zellkanten beschränkt (Kantenkollenchym, Abb. 211), oder es sind nur die Tangentialwände verdickt (Plattenkollenchym).

Elastizität und Festigkeit mechanischer Zellen. Vor andersartigen Zellen zeichnen sich die mechanischen Elemente durch ihre Elastizität und Festigkeit aus. Die folgende Tabelle gibt einen Überblick über die mechanischen Eigenschaften einiger Pflanzenfasern im Vergleich zu Metalldrähten:

Name	Tragmodul kg/mm²	Festigkeits-modul kg/mm	Elastische Dehnung in ‰
Dracaena indivisa	17	21,8	17
Phormium tenax	20	25	13
Allium porrum	14,7	17,6	38
Papyrus antiquorum	20	—	15,2
Roggen	15—20	—	4,4
Silber	11	29	—
Schmiedeeisen	13,13	40,9	0,67
Deutscher Stahl	24,6	82	1,20

Im Gegensatz zu den Verhältnissen bei Metalldrähten liegen bei pflanzlichen Fasern Trag- und Festigkeitsmodul dicht beisammen; außerdem ist ihre elastische Dehnbarkeit eine wesentlich größere als die der Drähte. Die Natur hat ihre ganze Sorgfalt auf die Schaffung eines hohen Tragvermögens verwendet, da dieses allein Gestalt und Lage der Organe innerhalb des Gesamtorganismus unverändert erhält.

Dagegen verfügt das Kollenchym über einen wesentlich geringeren Tragmodul (1,5—2 kg/mm). Die Elastizitätsgrenze ist entsprechend herabgesetzt, eine Eigenschaft, welche dieses Gewebe zum Skelettsystem **wachsender** Pflanzenteile besonders geeignet macht. Die Festigkeitsgrenze liegt trotzdem nicht viel niedriger als bei der Sklerenchymfaser. Bei beiden Geweben hängen Elastizität und Festigkeit übrigens stark vom Wassergehalt der Membranen ab, denn mit steigender Austrocknung der Wände sinkt der Tragmodul, während der Festigkeitsmodul sich erhöht.

Die mechanischen Bauprinzipien. Die Natur arbeitet nach demselben Prinzip wie die Technik: mit geringstem Materialaufwand die größtmögliche Festigkeit, und zwar in der Richtung der stärksten Beanspruchung zu erreichen. Diese letztere ist bei verschiedenen Organen eine recht unterschiedliche.

Die Achsenorgane des Sprosses werden im allgemeinen beansprucht auf:

1. Biegungsfestigkeit. Der im Wind schwankende Getreidehalm, die mehr oder weniger waagerecht vom Stamm abstehenden Äste unserer Wald- und Kulturbäume sind oft starken Biegungsmomenten ausgesetzt, besonders wenn das eigene Fruchtgut sie beschwert, oder wenn reicher Schneefall sie belastet. Dabei entstehen in den verschiedenen Flanken des belasteten Organs recht abweichende Druck- und Spannungsverhältnisse, wie Abb. 212 erkennen läßt. Die konvexe Seite steht unter verlängernder Zug-, die konkave unter

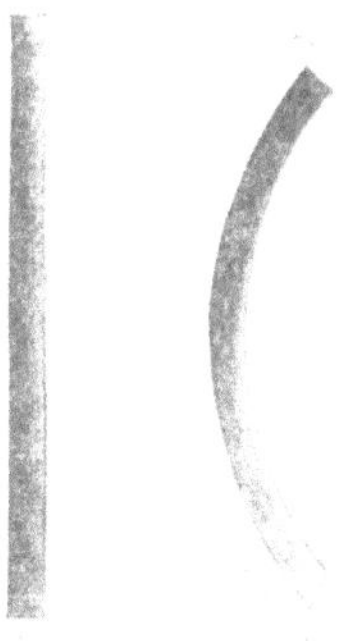

Abb. 212. Biegungsmodell. Bei *2* ist die Konvexseite gegen *1* verlängert, die Konkavseite verkürzt

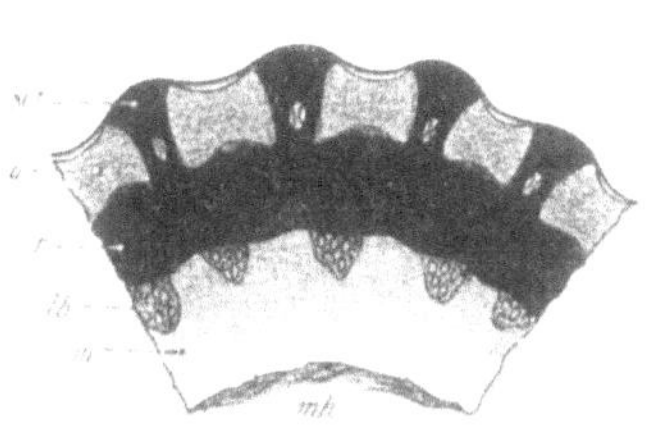

A. Halmquerschnitt durch das Pfeifengras. (*scr*) Sklerenchymrippen; (*r*) Sklerenchymring; (*a*) Rindengewebe; (*lb*) Leitbündel; (*m*) Mark; (*mh*) Markhöhle. (Nach *Noll*)

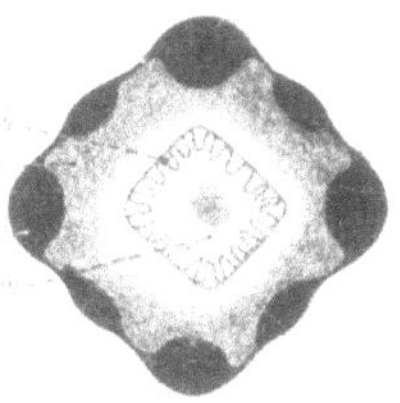

B. Querschnitt durch jungen Holundersproß. (*m*) Mark; (*h*) Holz; (*r*) Rinde; (*c*) Kollenchym. (Nach *Noll*)

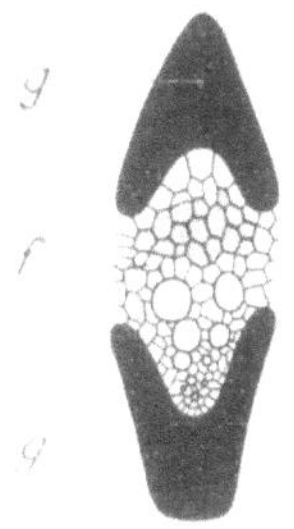

C. Trägeranordnung eines Leitbündels. (*g*) Gurtung; (*f*) Füllung

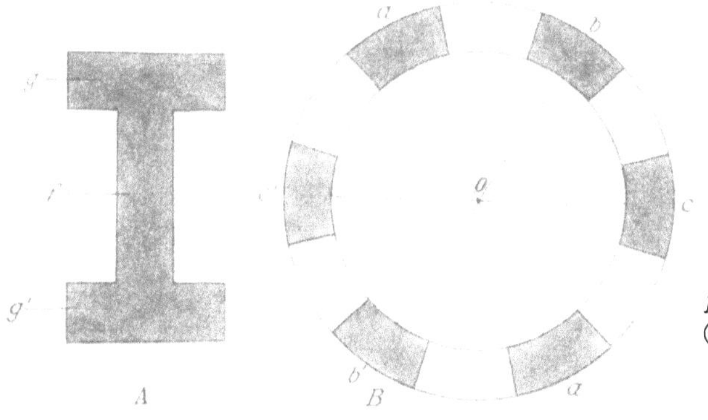

D. Einfacher (*A*) und zusammengesetzter Träger (*B*); (*g* u. *g'*) Gurtungen des einfachen Trägers; (*f*) Füllung. *a a'*, *b b'*, *c c'* Gurtungspaare des zusammengesetzten Trägers. (Nach *Haberlandt*)

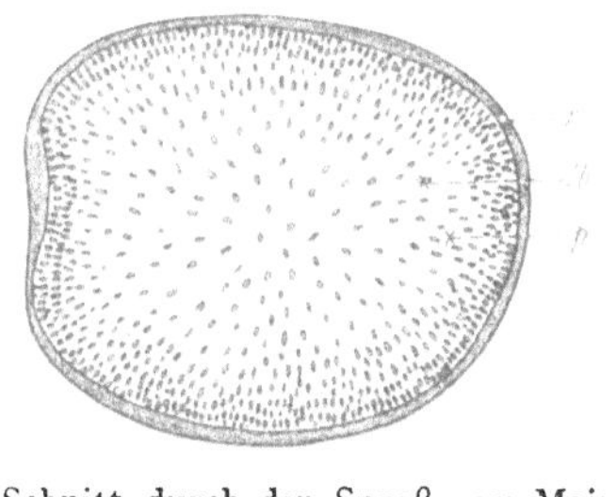

E. Schnitt durch den Sproß vom Mais. (*r*) Sklerenchymring; (*lb*) Leitbündel; (*p*) Grundgewebe. (Nach *Schenck*)

F. Zugfestes mechanisches System in der Wurzel. (*r*) Rinde; (*m*) Mark

Abb. 213. Anordnung des mechanischen Gewebes.

verkürzender Druckwirkung, während die Mittelstreifen eine neutrale Zone darstellen. Deshalb besitzt eine Röhre fast dieselbe Biegungsfestigkeit wie ein Vollzylinder gleichen Durchmessers. Der Biegungsdruck lastet daher im wesentlichen auf den in der Druck- und Zugrichtung gelegenen Flanken. Der Techniker legt hierher die Gurtungen aus drucktechnisch hochwertigem Material, dazwischen kommt die weniger belastete Füllung. Eine derartige Konstruktion wird als Träger bezeichnet. Im pflanzlichen Objekt kommen neben einfachen auch zusammengesetzte Träger zur Ausbildung (Abb. 213 *A—D*), deren Gurtungen selbst wieder nach dem Trägerprinzip gebaut sind. Die einfachen Gurtungen bestehen aus mechanischen Zellen; daher finden wir auf Querschnitten der Achsenorgane das mechanische Gewebe vorwiegend auf die Peripherie verteilt, während das Leitgewebe als Trägerfüllmaterial gelagert wird und dadurch zugleich Druckschutz genießt.

2. Zugfestigkeit. Auf Zugfestigkeit beansprucht werden neben unterirdischen Organen, wie Wurzeln und Rhizomen, noch die hängenden Fruchtstiele, die oft seilartig gespannten Klettersprosse der Lianen, die Ranken sowie die Sprosse der in stark strömendem Wasser lebenden Pflanzen. Da die Größe der Zugfestigkeit nur von der Querschnittsfläche des mechanischen Gewebes abhängt, eine örtliche Überdehnung aber am sichersten bei Zusammenfassung aller Festigungsgewebe in einem Strang vermieden wird, ist bei allen auf Zug beanspruchten Organen die Neigung zu einer zentralen Verlagerung des Stützgewebes zu bemerken (Abb. 213 *F*).

4. Das Leitungsgewebe

Wie die Ausbildung des mechanischen Gewebes, so hängt auch diejenige des Leitgewebes aufs engste mit der Entwicklung von der Wasser- zur Landpflanze zusammen. Sobald die wasseraufnehmenden Organe (Wurzeln) in größere Entfernung von den wasserverbrauchenden Organen (Blätter) gelangen, macht sich die Ausbildung von spezifischen Leitungsbahnen notwendig. Zwar kann das Wasser auch von Zelle zu Zelle geleitet werden, aber die Geschwindigkeit dieser Art von Wasserleitung steht in krassem Mißverhältnis zur Schnelligkeit der Wasserabgabe durch die Blätter. Die unzähligen Zellquerwände wie auch das Plasma selbst setzen einen viel zu hohen Filtrationswiderstand für eine rasche Wasserleitung. Die kleinen Moospflänzchen (Abb. 214) behelfen sich noch mit einer Streckung der Zellen eines zentral gelegenen Zellstranges. Aber schon von den Farnen ab schreitet die Pflanze zur Ausbildung hoch spezifizierter Leitungsgewebe (Gefäßkryptogamen), die dann in den Samenpflanzen ihre höchste Entwicklung und Leistungsfähigkeit erfahren.

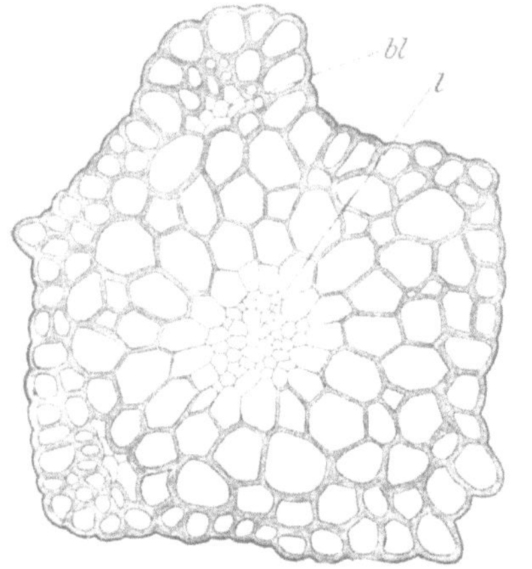

Abb. 214. Querschnitt durch ein Moosstämmchen. (*l*) stammeigenes Leitgewebe; (*bl*) blattbürtiges Leitgewebe

Während der Wasser- und Nährsalzstrom die Pflanze von der Wurzel nach der Pflanzenspitze durchzieht, führt ein Gegenstrom die Assimilationsüberschüsse von den Blättern an die Stellen des Verbrauchs bzw. der Speicherung. Die Gegensinnigkeit der Stromrichtung wie auch die physiologische Eigengesetzlichkeit beider Vorgänge bedingt die Ausbildung eines doppelten Leitungssystems:

a) des **Holzteils,** in dem hauptsächlich Wasser und gelöste Nährsalze geleitet werden,

b) **des Siebteils,** der Leitungsbahn organischer Substanzen.

Beide Bahnen sind lokal zum **Leitbündel** verbunden.

Die Leitungselemente des Holzteils. Die wichtigsten und leistungsfähigsten Leitungselemente des Holzteils sind die

1. Tracheen oder Gefäße. Sie setzen sich aus zahlreichen weitlumigen, zylindrischen Zellen zusammen, deren Querwände später bis auf einen wandständigen Wulst aufgelöst werden, so daß durchgängige Röhren von erheblicher Länge (bei der Eiche mehrere Meter) entstehen. Gleichzeitig mit der Auflösung der Querwände sterben die Zellen ab, so daß die Tracheen also tote Elemente darstellen. Sicherlich reichen aber diese Tracheen nicht als einheitliche, ununterbrochene Röhren durch die ganze Pflanze, vielmehr sind in gewissen Abständen immer wieder Querwände zwischengeschaltet. Trotzdem ist natürlich im ganzen Leitungssystem der Filtrationswiderstand gegenüber der Leitung von Zelle zu Zelle stark vermindert. Länge und Weite der Gefäße stehen in engster Beziehung zum Wasserverbrauch der Pflanze. Die ungestörte Leitung erfordert gegenüber den anliegenden prall gefüllten lebenden Zellen eine bestimmte Druckfestigkeit der Tracheenwände. Da indes die Gefäße auch das anliegende Gewebe mit Wasser zu versorgen haben, darf die Verstärkung der Wände nicht auf Kosten einer Leitungshemmung nach den angrenzenden Zellen (also in radialer Richtung des Sprosses) erfolgen. Aus diesem Grunde wird an die Primärwand der die Gefäße bildenden Zellen keine ununterbrochene Sekundärwand angelegt. Vielmehr bleiben einzelne Stellen unverdickt (Tüpfel). Zur Versteifung der Tracheenwand verholzen die Restteile der Membran später. In diesem Fall kommt es zur Ausbildung sogenannter Hoftüpfel (Abb. 215 u. 216): An den Tüpfelrändern wölbt sich die verholzte Sekundärmembran blasenförmig auf und läßt nur in der Mitte der uhrglasförmigen Aufwölbung eine zentrale blendenförmige Öffnung frei. Sie führt in den basal erweiterten Hof zwischen Sekundärwand und Primärmembran. Die letztere ist vielfach in der Mitte des Tüpfels verdickt (Torus). Die Bewegung des Torus gegen die Öffnungen der Hoftüpfel ermöglicht eine ventilartige Regulation der Wasserbewegungen in radialer Richtung. Im einfachsten Fall besitzt der Hof kreisförmigen Umriß, und die Öffnung erscheint dann in der Aufsicht als konzentrischer Kreis zur Hofansatzstelle. Doch zeigen Tracheen der verschiedenen Pflanzen mannigfaltige Formvariationen der Hoftüpfel. Bei Angrenzung der Tracheen an Nachbarzellen mit verholzten Membranen kommt es zur Ausbildung doppelt behöfter Tüpfel (Abb. 215). Die Tüpfelgefäße (Abb. 216) weisen kleine enggestellte, oft polygonal gegeneinander abgeplattete Höfe mit runden oder auch länglichen Hoföffnungen auf. In den Leitergefäßen (Abb. 217) sind die Tüpfel langgestreckt und quer zur Tracheenachse gestellt. Netzgefäße besitzen netzartig anastomosierende Verdickungsleisten. Bei den Ringgefäßen läuft der Tüpfel rings um die Trachee, und die Sekundärmembran ist auf einen Ring mit schmaler Ansatzstelle an der Primärwand reduziert. Durch manche Übergänge sind die Ringgefäße mit Spiralgefäßen verbunden, in denen die Sekundärmembran auf spiralige Verdickungsleisten, die sich zum Teil korkzieherartig ausziehen lassen, verschmälert ist. Diese Art der Wandverstärkung läßt eine gewisse Dehnung der Ring- und Spiralgefäße im Gegensatz zu den Tüpfel- und Netzgefäßen zu.

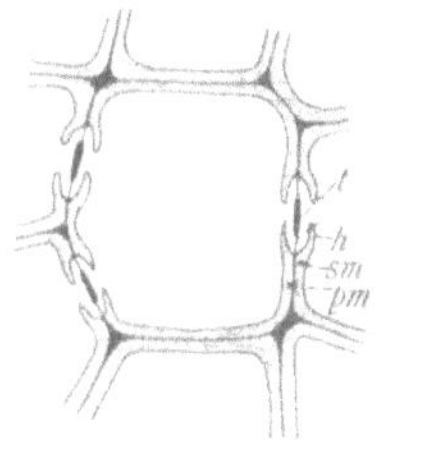
Abb. 215. Hoftüpfel. (*pm*) Primärmembran; (*sm*) Sekundärmembran; (*h*) Hof; (*t*) Schließhaut. (Nach *Strasburger*)

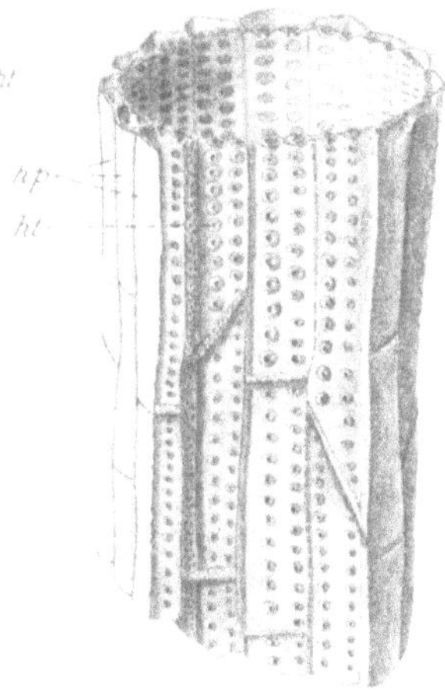
Abb. 216. Tüpfelgefäß. (*ht*) Hoftüpfel; (*hp*) Holzparenchymzellen

Bei Verletzung der Gefäße und in manchen Pflanzen auch in alten unverletzten Tracheen wachsen die an das Gefäß angrenzenden lebenden Holzparenchymzellen blasenartig durch die Tüpfel in das Gefäßlumen hinein (Thyllen, Abb. 218) und verschließen es mehr oder weniger vollständig, so daß solche Gefäße praktisch außer Funktion treten.

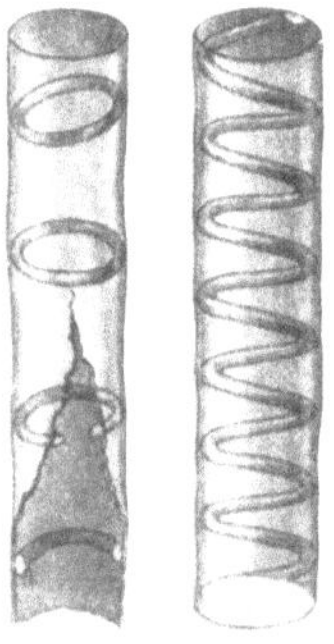

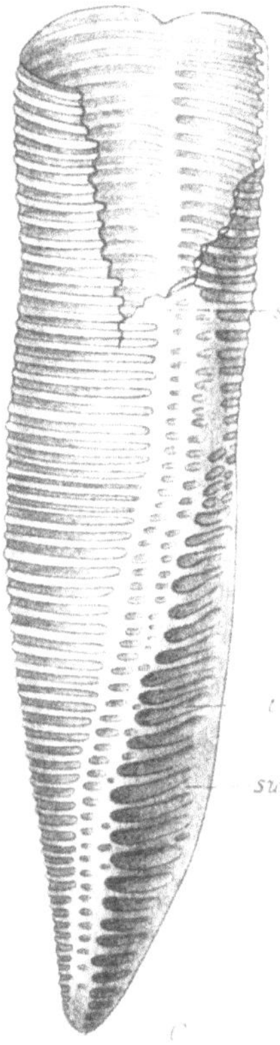

Abb. 217 *A* bis *C*.
A, Ringgefäß.
B, Spiralgefäß.
C, Leitergefäß.
(*t*) Tüpfel;
(*sw*) Sekundärwand

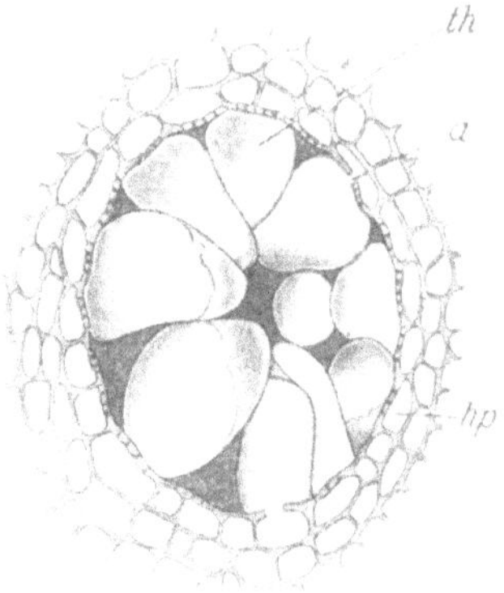

Abb. 218.

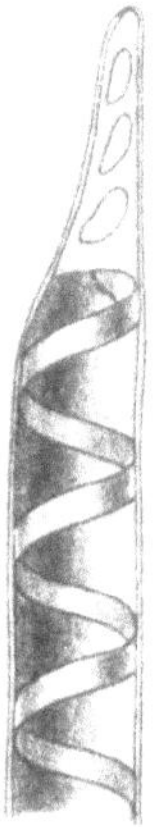

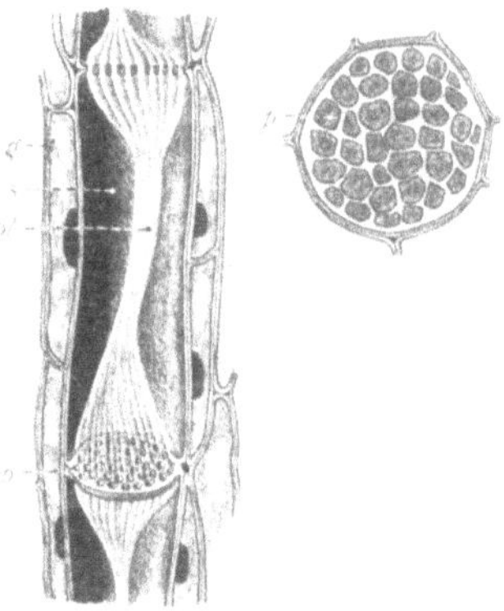

Abb. 217 *A* bis *C*. Abb. 219. Abb. 220.

Abb. 218. Querschnitt durch ein mit Thyllen verstopftes Gefäß der Robinie. (*a*) Durchwachsstelle der Holzparenchymzelle; (*th*) Thylle; (*hp*) Holzparenchymzelle. (Nach *Schenck*)

Abb. 219. Tracheide mit spiraliger Verdickung der Wand

Abb. 220. Siebröhre. (*g*) Geleitzelle; (*s*) Siebröhre; (*pl*) Plasma; (*sp*) Siebplatte; (*p*) Poren

2. Die Tracheiden. Sie unterscheiden sich anatomisch von den Tracheen dadurch, daß sie prosenchymatische Einzelzellen sind, schräg gestellte Querwände besitzen und daher niemals die Länge von Tracheen erreichen. Funktionell sind sie weniger leistungsfähig als die Gefäße, gewähren aber erhöhte Sicherheit gegen Leitungsstörungen. Phylogenetisch (bei Farnen) wie ontogenetisch (Primanen) erscheinen sie als Erstlinge eines Leitungssystems. Das Koniferenholz ist ausschließlich aus Tracheiden aufgebaut, aber auch in Angiospermen treten Tracheiden reichlich, gewöhnlich in Gruppen auf. Ihre Wand ist ähnlich wie diejenige der Tracheen unter Aussparung von Tüpfeln verholzt. Besonders häufig übernehmen spiralige Verdickungsleisten die notwendige Aussteifung der Tracheiden (Abb. 219). Zwischen Tracheen und Tracheiden trifft man nicht selten mannigfache Übergänge an.

Die Leitungselemente des Siebteils. Die ausschließliche Leitungsbahn im Siebteil sind die Siebröhren (Abb. 220). Sie unterscheiden sich in Bau und Funktion von den Tracheen.

a) Bau der Siebröhren. Die Siebröhren stellen zwar wie die Tracheen Züge längsgestreckter Zellen dar, aber diese bleiben bei den Siebröhren während der Dauer ihrer Funktionstüchtigkeit lebend, besitzen Plasma und Zellkern. Ihre Querwände werden nicht aufgelöst, sondern nur siebartig durchlöchert (Siebplatten), so daß eine ausgiebige plasmatische Verbindung zwischen benachbarten Zellen besteht. Die Längswände bleiben dünn und unverholzt. Unter der Wirkung des zunehmenden Drucks in der Rinde wachsender Sprosse werden die älteren Siebröhren zusammengedrückt, ihre Siebplatten bedecken sich mit dickem Schleim (Kallose). Aus diesen Gründen bleiben Siebröhren gewöhnlich nur eine Vegetationsperiode in Funktion. Im Verlauf ihrer Entwicklung spalten die Zellen der Siebröhren durch eine Längsteilung die Geleitzellen ab, das sind plasmareiche Zellen, die der Speicherung, nicht der Leitung dienen. Gelegentlich treten als Grenze benachbarter Siebröhrenzellen schräg gestellte Wände auf, die dann größere Siebfelder tragen.

b) Funktion der Siebröhren. Im Gegensatz zu Tracheen und Tracheiden wird in Siebröhren organisches Material, vor allem Zucker und N-haltige Substanzen (Amide, Aminosäuren, Eiweiß) geleitet.

Die Leitbündel

Mit Stütz- und Speicherelementen sind die Leitelemente zu gemischten Geweben zusammengesetzt, die Tracheen und Tracheiden zum Holzteil, die Siebröhren zum Siebteil. Holz- und Siebteil ihrerseits sind zu Leitsträngen oder Leitbündeln vereinigt, die die Pflanze von der Wurzel bis in die Spitzen der Sprosse und

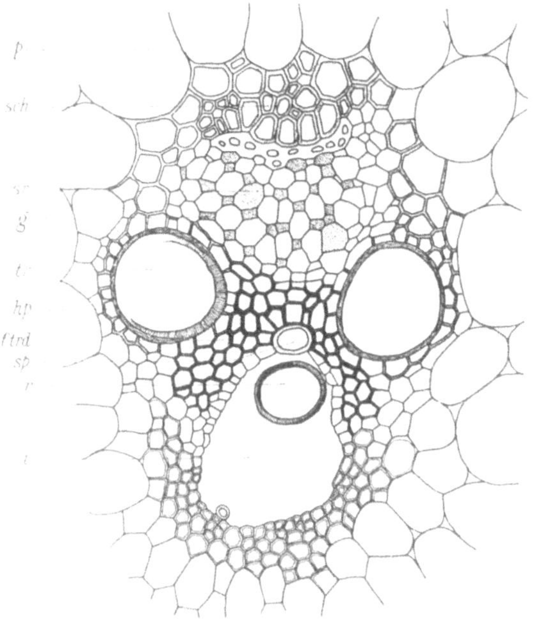

Abb. 221. Kollaterales geschlossenes Leitbündel vom Mais. (*p*) Grundgewebe; (*sch*) Leitbündelscheide; (*sr*) Siebröhre; (*g*) Geleitzelle; (*tr*) Trachee; (*hp*) Holzparenchym; (*ftrd*) Fasertracheiden; (*sp*) Spiralgefäß; (*r*) Ringgefäß; (*i*) Interzellularlücke. (Nach *Strasburger*)

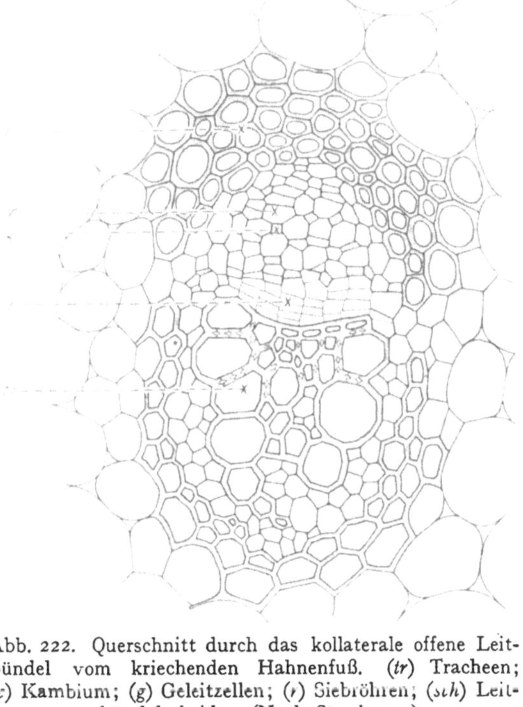

Abb. 222. Querschnitt durch das kollaterale offene Leitbündel vom kriechenden Hahnenfuß. (*tr*) Tracheen; (*c*) Kambium; (*g*) Geleitzellen; (*r*) Siebröhren; (*sch*) Leitbündelscheide. (Nach *Strasburger*)

Blätter ununterbrochen durchziehen. Je nach den Lagebeziehungen von Holz- und Siebteil werden verschiedene Leitbündeltypen unterschieden:

1. **Das kollaterale Leitbündel.** Holz- und Siebteil liegen in radialer Richtung übereinander, wobei der Holzteil nach innen, der Siebteil nach außen zu liegen kommt Im geschlossenen Leitbündel grenzen Holz- und Siebelemente unmittelbar aneinander (Abb. 221); bei den offenen Leitbündeln (Abb. 222) schiebt sich zwischen Holz- und Siebteil ein Gürtel undifferenzierter Zellen (Kambium), die nachträglich wieder ihre Teilungsfähigkeit zurückgewinnen.

Das kollaterale Leitbündel ist der normale Leitstrangtypus der Angiosperemensprosse, wobei das geschlossene Bündel den Monokotylen, das offene den Dikotylen eigentümlich ist.

Bikollaterale Leitbündel besitzen einen äußeren und einen inneren Siebteil (Cucurbita, Nicotiana, Nerium).

2. **Das radiäre Leitbündel.** Die Wurzeln der Pflanzen zeigen eine andere Anordnung von Holz- und Siebteilen: Diese liegen hier nicht in radialer, sondern in tangentialer Richtung nebeneinander (Abb. 223).

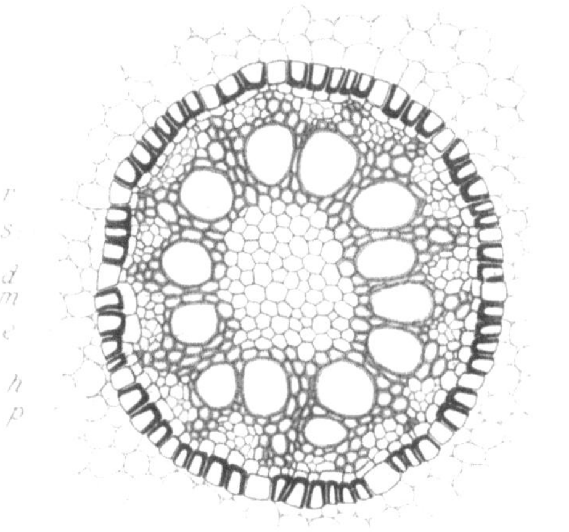

Abb. 223. Radiäres Leitbündel aus der Wurzel von Iris florentina. (*h*) Holzteil; (*s*) Siebteil

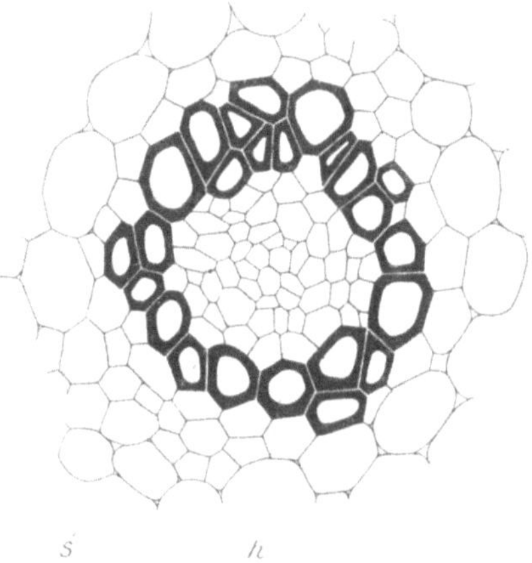

Abb. 224. Konzentrisches Leitbündel aus dem Rhizom des Maiglöckchens. (*s*) Siebteil; (*h*) Holzteil

3. **Das konzentrische Leitbündel.** In den konzentrischen Leitbündeln wird der eine Teil vom anderen ringförmig umschlossen. Dabei kann der Siebteil (leptozentrisch, Maiglöckchen, Abb. 224) oder der Holzteil (hadrozentrisch) nach innen zu liegen kommen (Adlerfarn).

5. Das Speicher- und Grundgewebe

Als verbindende Grundlage, in die alle differenzierten Gewebe eingebettet sind, dient das Grundgewebe. Seine Zellen sind von parenchymatischer Form und wenig differenziert. Sie können in einzelnen Fällen auch sehr verschiedene Funktionen ausüben. Nicht selten dienen ihre geräumigen Kammern der Speicherung wichtiger Reservestoffe (**Speichergewebe**). Der chemische Charakter dieser Reservestoffe übt kaum einen Einfluß auf den Bau der Speicherzellen aus.

Speicherung organischer Stoffe. In einzelnen Fällen ist eine mehr oder weniger strenge Lokalisierung der Speicherstoffe eingetreten (vgl. Abb. 225, Stärke- und Eiweißzellen beim Weizenkorn). In anderen Pflanzen werden Eiweiß, Fett und Kohlehydrate in einer Zelle nebeneinander gespeichert (Lindenrinde, Erbsenkeimblätter, Rizinuskeimblätter, Abb. 226).

W a s s e r s p e i c h e r u n g. Pflanzen mit unregelmäßiger Wasserversorgung bilden häufig W a s s e r s p e i c h e r g e w e b e aus. Einen wasserspeichernden Gewebsmantel stellt schon die Epidermis dar. Wirksam gesteigert erscheint diese Funktion bei Entwicklung m e h r - s c h i c h t i g e r E p i d e r m e n (Begonie, Abb. 227), zwischen denen das chlorophyllführende Gewebe wohlgeschützt eingebettet liegt. Pflanzen, die stärkerem Wasserverbrauch unterliegen, lagern umgekehrt das Wasserspeichergewebe in das Organinnere ein. So findet sich in Akazienblättern vielfach ein zentral gelegenes, großzelliges Wassergewebe vor. Am auffälligsten ist diese Erscheinung jedoch bei den Sukkulenten, deren Form weitgehend auf Verringerung der Oberfläche und Erhöhung des Volumens abgestellt

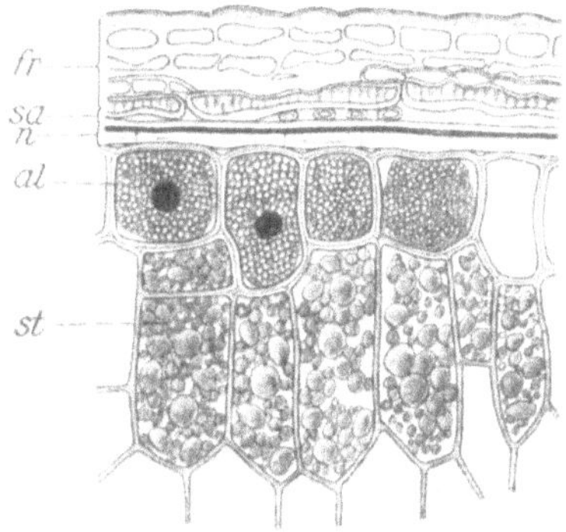

Abb. 225.

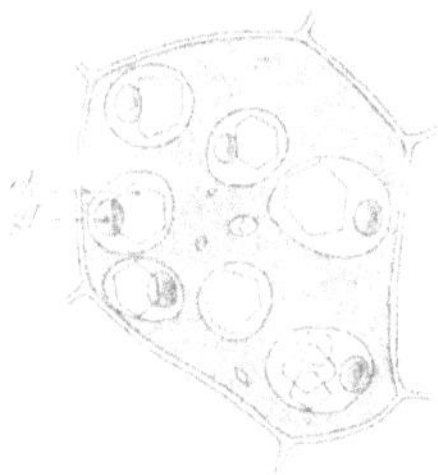

Abb. 226.

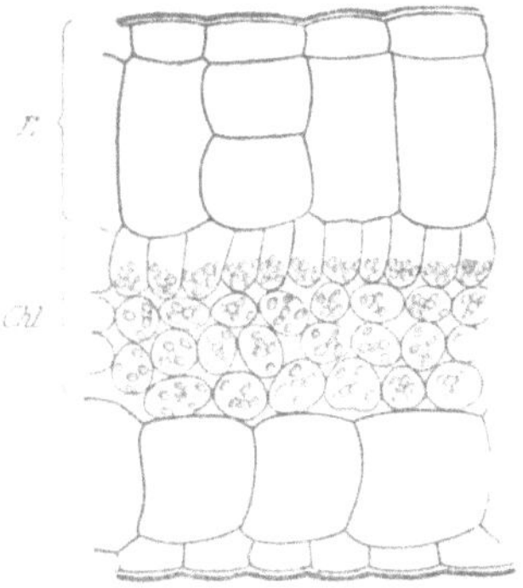

Abb. 227.

Abb. 225. Schnitt durch das Weizenkorn. (*fr*) Fruchtschale; (*sa*) Samenschale; (*n*) Nuzellarschicht; (*al*) Aleuron; (*st*) Stärke

Abb. 226. Zelle aus einem Keimblatt des Rizinus. (*ek*) Eiweißkristall; (*gl*) Globoid; schraffiert: Fetttröpfchen

Abb. 227. Mehrschichtige Epidermis der Begonie. (*E*) Epidermis; (*Chl*) Assimilationsgewebe. (Nach *Pfitzner*)

ist. Dabei sind alle übrigen Gewebe in die Außenzonen der Organe verlegt, und der Zentralraum wird völlig vom Wasserspeichergewebe erfüllt, das sich aus polygonalen großen dünnwandigen Zellen zusammensetzt, die nur wenig oder gar keine Chloroplasten und einen dünnen Plasmaschlauch besitzen.

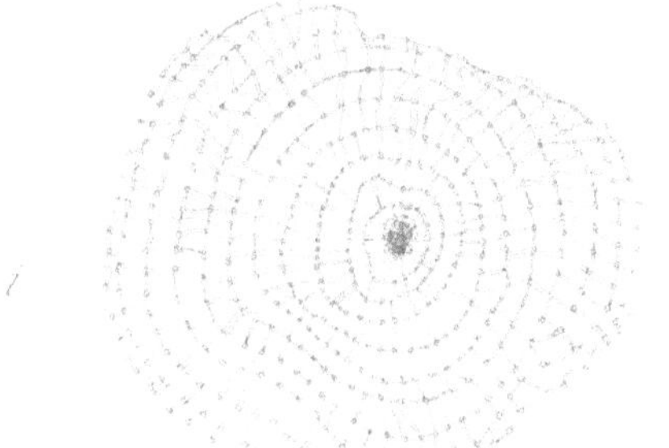

Abb. 228. Luftspeichergewebe. (*i*) Interzellularraum

L u f t s p e i c h e r u n g. Wasserpflanzen haben wegen der geringen Wasserlöslichkeit des Sauerstoffs Schwierigkeiten, sich dieses lebenswichtige Gas in hinreichender Menge zu beschaffen. Sie bauen ein luftreiches, stark zerklüftetes Gewebe (L u f t s p e i c h e r g e w e b e) auf, um darin einen erheblichen Luftvorrat unterzubringen (Stengel und Blattstiel der Teichrose, Abb. 228). Ragen einzelne Pflanzenteile der Wasserpflanzen in die Luft, so unterbleibt oberhalb der Wasserlinie auch die Ausbildung des Luftspeichergewebes.

In peripheren Lagen bilden die Grundgewebszellen nicht selten noch Chlorophyllkörner aus und dienen der Assimilation; diese Art von Grundgewebe wird als C h l o r - e n c h y m bezeichnet. Die äußeren Rindenzellen grüner Sprosse, vor allem aber die Hauptmasse der Blattzellen, gehören dieser Gewebsart zu.

6. Das Exkretions- und Sekretionsgewebe

Den Begriff der Reservestoffe hat man auf Pflanzensubstanzen zeitlich begrenzter Anhäufung beschränkt, also auf Stoffe, die leicht unter bestimmten äußeren und inneren Bedingungen wieder in den Bau- oder Betriebsstoffwechsel einbezogen werden können. Stoffe, die endgültig aus dem Stoffwechsel ausgeschaltet werden, fallen unter den Begriff der **Exkrete.** Sie zeigen nach chemischer Natur, Entstehung, Stellung im Stoffwechsel und nach Art ihrer Unterbringung mannigfaltigste Verschiedenheit. Schon rein chemisch-physiologisch kann man in ihnen nicht ausschließlich Schlackenstoffe sehen. Man muß sich vielmehr mit der Tatsache vertraut machen, daß der Gesamtentwicklungsgang einer Pflanze nicht nur einen bestimmten architektonischen Aufbau, sondern auch eine ebenso charakteristische und lebensnotwendige chemische Ausstattung anstrebt, die in gleicher Weise wie eine bestimmte Architektur Ausdruck einer Anpassung an Standortsverhältnisse sein kann. Daher kann auch ein Exkret von hoher biologischer Bedeutung sein. Daneben gibt es freilich auch Schlackenstoffe, für die die Pflanze keine Verwendung mehr hat, und die sie deshalb entweder ausscheidet oder aber in Exkretbehältern abkapselt. Gelegentlich mag es sich hierbei auch um Entgiftungsformen störender biochemischer Stoffe handeln (Glykoside). Endlich können auch Stoffe von hohem Nährwert zu Spezialzwecken aus dem Stoffwechsel ausgeschieden werden. Diese Stoffe werden dann gewöhnlich in gelöster Form von der Pflanze abgegeben. Jegliche solche Ausscheidung, unabhängig vom physiologischen Nährwert des ausgeschiedenen Stoffes, wird als **Sekretion** bezeichnet.

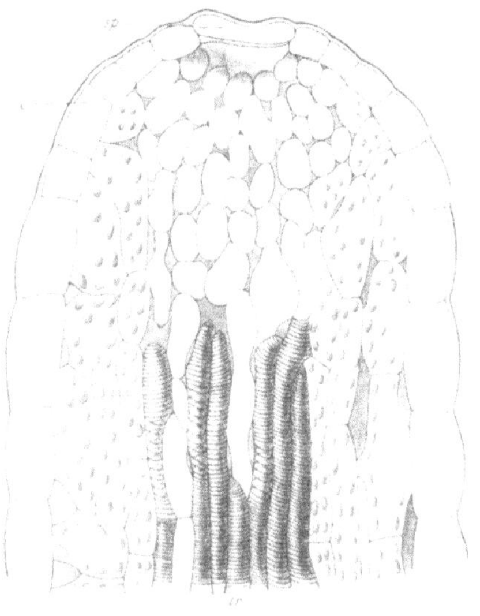

Abb. 229. Hydathode.
(*sp*) Spalte; (*e*) Epidermis; (*tr*) Tracheiden

Die anatomische Einteilung der Exkretionsgewebe erfolgt am besten nach dem Gesichtspunkt der Lokalisation der Exkrete.

1. Die äußeren Exkretionsorgane

Im allgemeinen sind die äußeren Exkretionsorgane Epidermiszellen oder deren Abkömmlinge. Der in ihnen angehäufte Stoff wird gewöhnlich nach außen sezerniert; die sezernierenden Zellen besitzen daher aktive Drüsentätigkeit.

Im einfachsten Fall ist der sezernierte Stoff reines Wasser. Das trifft bei den Wasserdrüsen oder aktiven **Hydathoden** zu. Hierbei handelt es sich um ein- oder mehrzellige epidermale Gebilde, die durch aktive Pumpwirkung das Wasser durch ihre Außenwände hindurchpressen (Abb. 229 und 203).

Vielfach stehen die sezernierenden Zellen in direktem Zusammenhang mit dem Leitungssystem. Enthält der ausgepreßte Saft erhebliche Mengen Zucker, so werden die ausscheidenden Organe als **Nektarien** bezeichnet. Diese sind gewöhnlich mehrzellige Komplexe, welche durch eine Fußzelle mit dem tiefer liegenden Gewebe verbunden sind. Der übrige Teil der Drüsen besitzt häufig kutinisierte Wände. Diese Nektarien entwickelten sich wohl zuerst an vegetativen Organen (extraflorale Nektarien) und bleiben hier ohne größere physiologische Bedeutung. Mit dem Einwandern in die Blüte jedoch tritt ihre Funktion in engste Beziehung zur Bestäubung, da der ausgeschiedene Nektar bekanntlich als Anlockungsmittel für bestäubende Insekten dient. Dabei wird im allgemeinen der Zucker aktiv ausgeschieden und zieht seinerseits nun Wasser aus der Zelle rein osmotisch nach.

Die **Verdauungsdrüsen der Insektivoren** scheiden einen Saft aus, der neben organischen Säuren eiweiß- bzw. peptidspaltende Fermente führt.

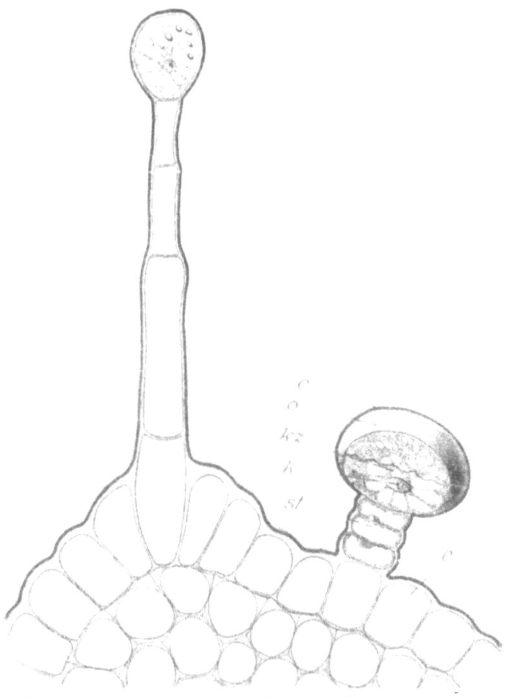

Abb. 230. Drüsenhaare von Pelargonium. (*c*) Kutikula; (*o*) Öl; (*kz*) Köpfchenzelle; (*k*) Kern; (*st*) Stiel; (*e*) Epidermis

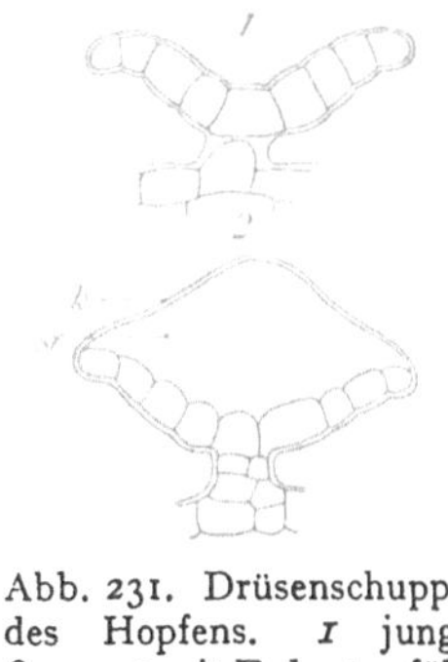

Abb. 231. Drüsenschuppen des Hopfens. *1* junges Organ, *2* mit Exkret gefüllt. (*k*) Kutikula; (*sr*) Exkretraum

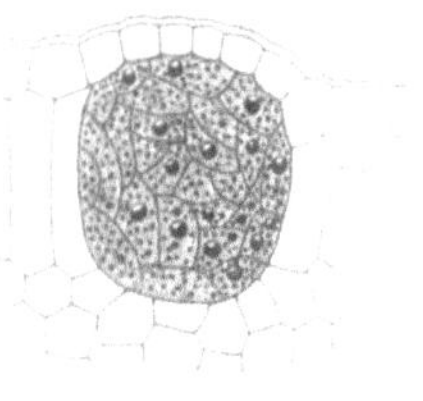

Abb. 232. Lysigener Ölraum im Blatt des Diptams. (Nach *Rothert*)

Salzausscheidende Drüsen finden sich besonders zahlreich unter den Wüstenpflanzen. Beim Abtrocknen der Oberfläche bilden sich auf den Blättern dieser Pflanzen oft zusammenhängende Salzkrusten aus Na-, Mg- und Ca-Salzen, der Salz-, Phosphor-, Salpeter- und Kohlensäure. Schuppen von Kalziumkarbonat finden sich u. a. besonders auffällig auf den Blättern mancher Steinbrecharten (Abb. 30).

Im Dienste des Knospenschutzes stehen die **Harzdrüsen** der Knospenschuppen, z. B. der Roßkastanie.

Besonders häufig und durch den ausströmenden Duft auffällig sind die äußeren Exkretionsorgane, die **ätherisches Öl** führen. Sie sind am häufigsten in Form von Drüsenhaaren mannigfaltigen Baues ausgebildet. Abb. 230 zeigt solche Drüsenhaare von Pelargoniumblattstielen. Die Epidermiszelle wächst zu einem einreihigen mehrzelligen Stiel aus, der eine plasmareiche Köpfchenzelle trägt, in der das ätherische Öl gebildet wird. Dieses wird zwischen Zellulosewand und Kutikula ausgeschieden, bis schließlich letztere längs einer vorgebildeten Naht aufplatzt und das ätherische Öl freigibt. Besonders reich an solchen Drüsenhaaren sind Labiaten, Zystazeen, Primeln usw.

Trichterförmige **Drüsenschuppen** befinden sich auf den Fruchtschuppen und Perigonblättern des Hopfens (Abb. 231). Sie gehen aus Epidermiszellen hervor. Das von ihnen ausgeschiedene Hopfenöl sammelt sich zwischen den Becherzellwänden und der Kutikula, die dabei kuppelartig gehoben wird. Das Hopfenöl selbst besteht aus verschiedenen ätherischen Ölen, Harzen (55%), Bitterstoffen, Gerbstoffen und einem narkotischen Alkaloid (Lupulin). Der Hopfen verleiht bekanntlich vermöge dieses Exkrets dem Bier seinen aromatischen, bitteren Geschmack und erhöht durch Behinderung der Milchsäurebakterienentwicklung die Haltbarkeit des Bieres.

2. Die Gewebslücken als Exkretbehälter

Im Inneren der Organe können Exkretbehälter durch Auseinanderweichen von Zellen entstehen. Dabei bilden sich kammer- oder gangförmige Interzellularen, die zunächst von den sezernierenden Zellen ausgekleidet werden. Zu den kammerförmigen Exkretbehältern gehören die ätherische Öle führenden schizogenen **Ölräume** (Myrtazeen, Rutazeen, z. B. Apfelsine, Zitrone). Bei den lysigenen Ölräumen entstehen die Hohlräume durch Auflösung der sezernierenden Epithelzellen (Diptam, Abb. 232). Harz und ätherisches Öl führende Sekretgänge besitzen u. a. die Früchte der Umbelliferen, während die Koniferen sich durch den Besitz zahlreicher Harzkanäle auszeichnen.

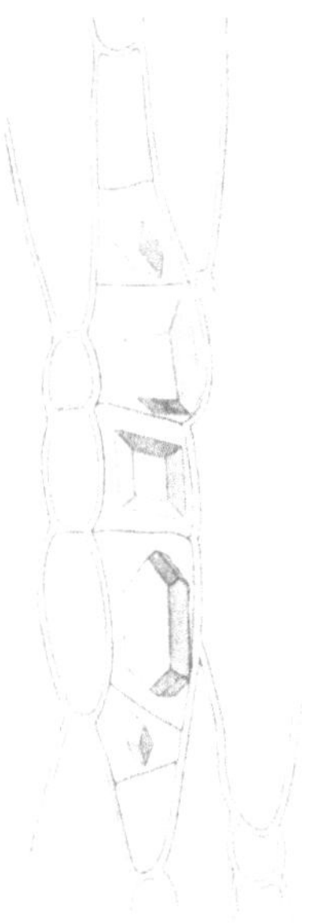

Abb. 233. Kristallschlauch aus der Rinde der Kastanie. (Nach *Haberlandt*)

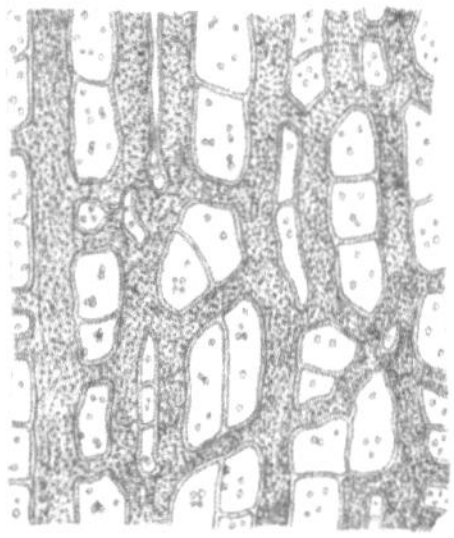

Abb. 234. Gegliederte Milchröhren aus der Wurzelrinde der Schwarzwurzel

3. Die zellulären Exkretbehälter

Am weitesten verbreitet sind die Kristallzellen, die entweder große Einzelkristalle, Kristalldrusen oder feinen Kristallsand (bzw. Kristallnadeln, Raphiden) enthalten. Besonders häufig treten Ca-Oxalat- und Ca-Zitratkristalle auf. Nicht selten finden sich diese Kristalle längs der Leitbündel in ganzen Reihen von Zellen (Abb. 233). Ihre Bildung tritt da ein, wo $Ca^{\cdot\cdot}$ und Oxalationen reichlich zusammentreffen. Ihre physiologische Bedeutung sieht man in einer Beseitigung bzw. Festlegung überschüssigen Kalziums; doch handelt es sich vielleicht mehr um eine unvermeidliche, als um eine planvoll gesteuerte Reaktion. Die **Zystolithen** in den inneren Epidermiszellen von Ficus elastica sind Kalkeinlagerungen in eine keulenförmige Wucherung der Zellwand in die Vakuole hinein.

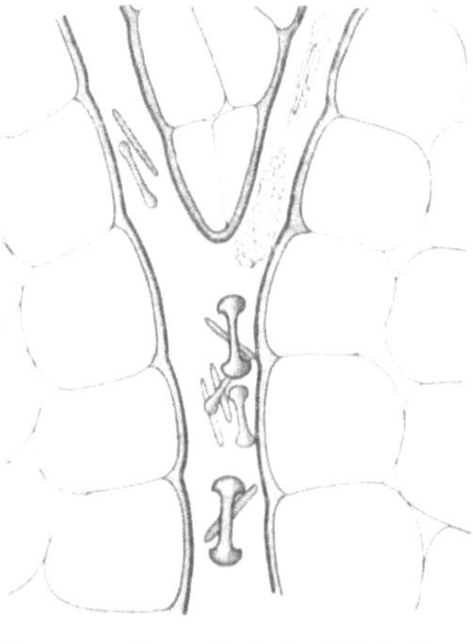

Abb. 235. Ungegliederte Milchröhre aus der Rinde von Euphorbia splendens mit hantelförmigen Stärkekörnern

Auffällig und in ihrer physiologischen Bedeutung wenig geklärt sind die **Milchröhren.** Die ungegliederten Milchröhren stellen eine einzige lange verzweigte Zelle dar (Euphorbiazeen, vgl. Abb. 235), während die gegliederten Milchröhren anastomosierende Zellzüge sind, die, ähnlich wie die Tracheen, durch Zellfusionen entstehen (Abb. 234). Der **Milchsaft** (Latex) entspricht der Vakuolenflüssigkeit der Zellen. Er stellt eine Emulsion von Kautschuk- (bzw. Guttapercha-) Tröpfchen in einem wässerigen Zellsaft dar. Bei Zusatz von Zellsaft gewöhnlicher Zellen der betreffenden Pflanze entmischt sich der Milchsaft. Der Kautschuk wird von dem wässerigen Zellsaft getrennt, in dem neben Zucker, Eiweiß, organischen Salzen zum Teil auch Fermente vorkommen. Sehr auffällig sind in den Milchröhren der Euphorbiazeen lange hantelförmige Stärkekörner. Die physiologische Bedeutung des Milchsaftes ist wie diejenige anderer organischer Exkrete (Harze, Gerbstoffe usw.) noch so gut wie völlig ungeklärt. Möglicherweise dient er, ähnlich wie die Harze, dem Wundverschluß, vielleicht schützt sein bitterer Geschmack und die zum Teil giftige Wirkung vor Tierfraß. Von größter wirtschaftlicher Bedeutung sind die tropischen Kautschukpflanzen. Etwa 50 Arten werden zur Latexgewinnung herangezogen (Hevea brasiliensis, Castilloa elastica, Mannihot, Ficus elastica u. a. m).

Anatomischer Bau und Entwicklung des Sprosses

1. Die Sproßachse (Stengel).

a) Der primäre innere Bau des Stengels

Die Sproßachse zeigt ausgesprochenes **Scheitelwachstum,** d. h. ihre Wachstumszone befindet sich an der äußersten Spitze. Wohl geschützt unter einer Kuppel sich entfaltender Laubblätter liegt der **Vegetationspunkt,** der das Urbildungsgewebe (Urmeristem) umschließt, die Hauptstätte von Plasma und Zellbildung.

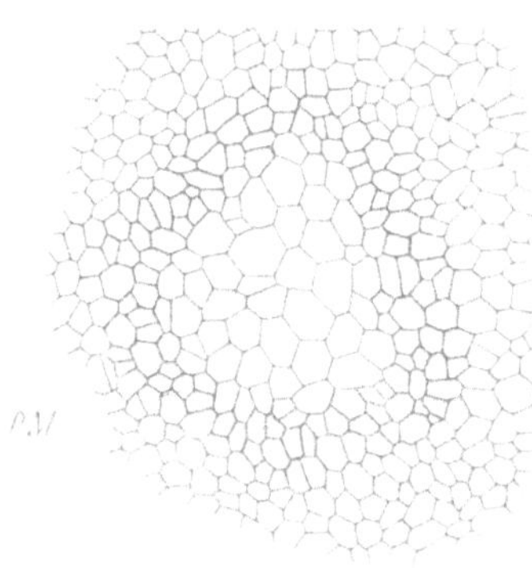

Abb. 236. (*P.M.*) primärer Meristemring. (Nach *Helm*)

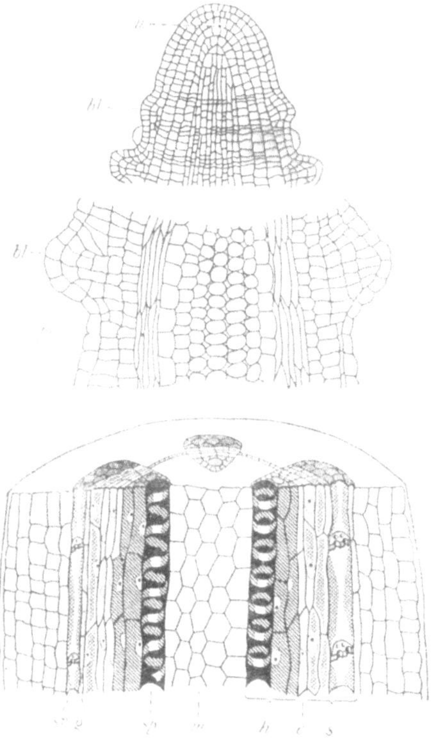

Abb. 237. Sproßdifferenzierung. (*u*) Urmeristem; (*bl*) Blattanlagen; (*pc*) Prokambium; (*sr*) Siebröhren; (*gz*) Geleitzellen; (*sp*) Spiralgefäße; (*m*) Mark; (*h*) Holzteil; (*c*) Kambium; (*s*) Siebteil

Abb. 237.

Schon wenige Millimeter unter dem Urmeristem machen sich die ersten Zeichen einer beginnenden Zelldifferenzierung bemerkbar, und zwar geht — wie immer — der gestaltlichen Differenzierung eine physiologische voraus: Ein Ausdruck dafür ist die Tatsache, daß bei Zugabe bestimmter Farbstoffe sich nurmehr die Plasmakörper der in einem Ring zwischen Sproßmitte und Peripherie liegenden Zellen färben **(primärer Meristemring,** Abb. 236).

Die ungefärbten, außerhalb und innerhalb des gefärbten Ringes liegenden Zellen wandeln sich nach ausklingenden Zellteilungen in parenchymatisches Haut- und Grundgewebe **(Dauergewebe)** um.

Vielgestaltiger und interessanter verläuft der weitere Entwicklungsgang der Zellen des primären Meristemringes. Unter der Einwirkung von inneren Gestaltungsvorgängen in den wachsenden Blatthöckern beginnen sich gegenüber den Blattansatzstellen die Zellen des primären Meristemringes zu strecken und Längsteilungen durchzuführen. Auf diese Weise entstehen hier Gruppen meißelförmiger Zellen, die **Prokambiumbündel** (Abb. 237 *pc*). Durch weitere Längsteilungen und gleitendes Wachstum durchsetzen diese Bündel das ganze erste Internodium.

Schon hier beginnt auch die **Ausdifferenzierung** der Prokambiumzellen im Dienst der zu erwartenden Funktionen. Diese Differenzierung beginnt ziemlich gleichzeitig am Innen- und Außenrand des Prokambiumbündels nach dem Bündelinneren fortschreitend: Die äußeren Zellen differenzieren sich zu Siebgewebe (primärer Siebteil), die inneren dagegen zu Holzelementen (primärer Holzteil) aus. In den Monokotylen erfaßt die Differenzierung das Prokambium vollständig, so daß Holz- und Siebteil unmittelbar aneinander grenzen (geschlossenes Leitbündel). In den Dikotylen dagegen bleibt eine mittlere Zellzone des Prokambiumbündels undifferenziert liegen (offenes Leitbündel) und kehrt später zu neuer Teilungstätigkeit zurück (**Kambium**). Die aus den Prokambiumzellen unmittelbar ausdifferenzierten Bündel werden als primäre Leitbündel bezeichnet. Hinsichtlich der Verteilung der Leitbündel macht sich ein durchgreifender Unterschied zwischen einzelnen systematischen Gruppen bemerkbar. Die ursprünglichen Formen (z. B. einige Farne, Lycopodium) besitzen nur ein einziges zentrales Leitbündel im Stengel. Die höheren Pflanzen besitzen zahlreiche sproßbürtige Bündel: sie sind bei den Dikotylen ringförmig angeordnet, bei den Monokotylen dagegen unregelmäßig über den ganzen Querschnitt zerstreut.

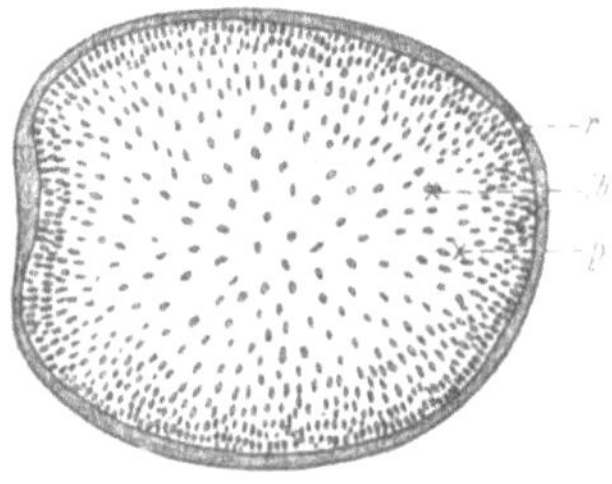

Abb. 238. Querschnitt durch den Maisstengel. (*r*) Sklerenchymring; (*lb*) Leitbündel; (*p*) Grundgewebe. (Nach *Schenck*)

Die monokotyle Sproßachse

Verteilung der Gewebe. Abb. 238 gibt eine Übersicht über die inneren Bauverhältnisse des Monokotylensprosses.

In das an die Epidermis anschließende Rindengewebe ist häufig ein Sklerenchymring eingelagert, der dem Sproß eine ausreichende Biegungsfestigkeit geben soll. Außerdem liegen über den ganzen Querschnitt völlig unregelmäßig verteilt die Leitbündel in das Grundgewebe eingebettet. Im allgemeinen nimmt die Verteilungsdichte nach dem Stamminneren ab, während die Größe des einzelnen Leitbündelquerschnitts in derselben Richtung zunimmt. Die Mehrzahl der Leitbündelspuren rühren im Monokotylenstamm von blatteigenen Bündeln her, während die stammeigenen stark zurücktreten oder ganz fehlen.

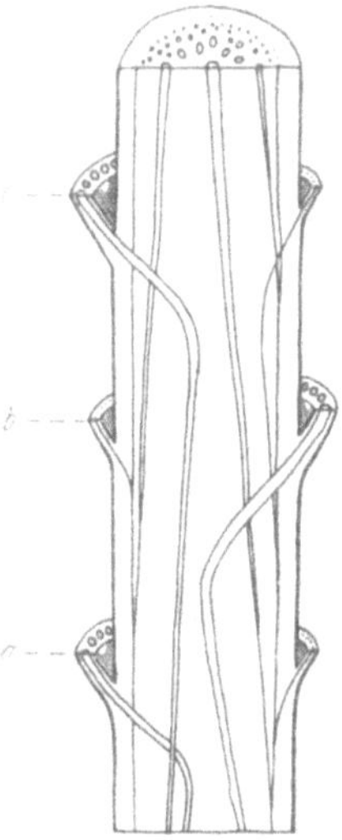

Abb. 239. Leitbündelverlauf im Palmenstamm. (*a*, *b*, *c*) Blattreste mit blattbürtigen Bündeln. (Nach *Rothert*)

Leitbündelverlauf. Abb. 239 zeigt den Längsverlauf der Leitstränge im Monokotylensproß. Die blatteigenen Bündel treten unter einem schrägen Winkel in den Stamm ein, stoßen gewöhnlich in radialer Richtung nach dem Sproßinneren vor, um dann nach unten umzubiegen und schräg nach der Peripherie abzustreichen. Die stammeigenen Bündel liegen hauptsächlich peripher und nehmen einen zur Längsachse parallelen Verlauf.

Die Orientierung der Einzelbündel ist einheitlich: stets ist der Holzteil nach innen, der Siebteil nach außen gekehrt.

Bau des monokotylen Leitbündels. Als Norm tritt das geschlossene kollaterale Leitbündel auf. Abb. 221 gibt das Querschnittsbild eines Monokotylenleitbündels.

Der Holzteil. Die Differenzierung beginnt mit der Ausbildung der Holzprimanen, englumiger Elemente, die bald ihr Wachstum einstellen. An sie schließen sich die dehnungsfähigen Ring- und Schraubengefäße an. Das sie umgebende kleinmaschige Gewebe stellt wie die Holzprimanen früh sein Streckungswachstum ein. Infolgedessen reißt an der Grenze zwischen Ringgefäß und diesem kleinzelligen Gewebe ein klaffender Interzellularraum auf; die kleinen Randzellen desselben bleiben vielfach unverholzt. Beherrscht wird das Bild des Holzteils durch die beiden großen Tüpfelgefäße (Tracheen), die lückenlos je mit einem Kranz derbwandiger, aber lebender Holzparenchymzellen umgeben sind. Zwischen den Tracheen sind engmaschige dickwandige Fasertracheiden und auch Holzfasern zur Ausbildung gekommen, die unmittelbar an den von außen her etwas eingedrückten Siebteil angrenzen.

Der Siebteil. Er besteht bei Monokotylen nur aus Siebröhren und Geleitzellen; an seinem äußeren Rand sind noch die verquollenen Siebprimanen zu erkennen. Außen- und Innenseite des Bündels sind von einer sklerenchymatischen Leitbündelscheide umschlossen, die in Form einer Trägerkonstruktion das Leitgewebe als Füllung schützend umgibt und zur mechanischen Sicherung des Sprosses beiträgt.

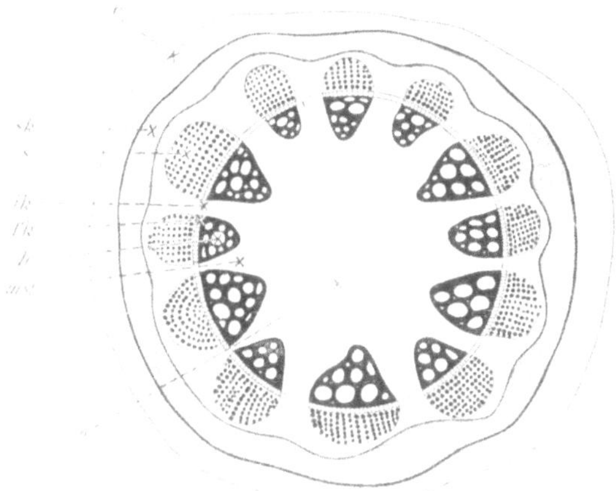

Abb. 240. Querschnitt durch einen jungen Dikotylensproß (Aristolochia sipho). (*e*) Epidermis; (*sk*) Sklerenchymring; (*s*) Siebteil; (*ik*) interfaszikuläres Kambium; (*fk*) faszikuläres Kambium; (*h*) Holzteil; (*mst*) Markstrahl; (*m*) Mark

Die dikotyle Sproßachse

Verteilung der Gewebe. Während im Monokotylensproß die Leitbündel unregelmäßig über den ganzen Sproßquerschnitt zerstreut liegen, erscheinen sie im Dikotylensproß ringförmig zusammengeschlossen. Abb. 240 gibt eine Übersicht über den Bau eines primären Dikotylensprosses. Auch der dikotyle Sproß schließt nach außen mit einer Epidermis (*e*) ab. An sie grenzt nach innen zunächst kollenchymatisches, dann dünnwandiges, zum Teil chlorophyllhaltiges Rindengewebe, aus dem sich ein geschlossener Sklerenchymring (*sk*) herausdifferenziert hat. Von dem folgenden Leitbündelring gehören topographisch die Siebteile (*I*) der Rinde an. Zentralwärts schließen sich an die Siebteile — durch wenige undifferenzierte Kambiumzellen (*fc*) davon getrennt — die Holzteile (*h*) an. Den inneren Kern des Sprosses bildet das Mark (*m*), das zwischen die einzelnen Leitbündelstränge die Markstrahlen (*mst*) einschiebt.

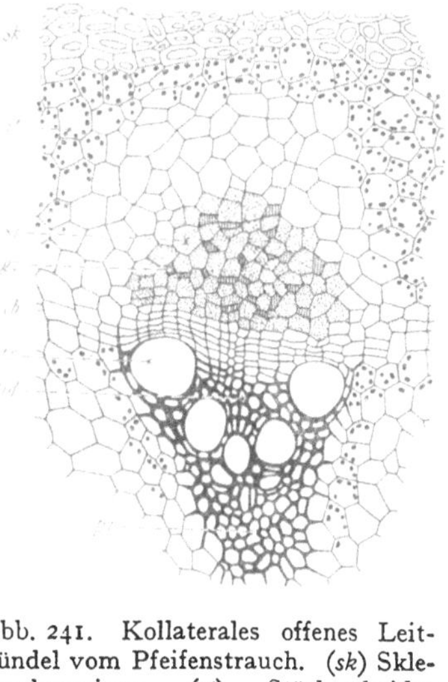

Abb. 241. Kollaterales offenes Leitbündel vom Pfeifenstrauch. (*sk*) Sklerenchymring; (*st*) Stärkescheide; (*sr*) Siebröhren; (*gz*) Geleitzellen; (*cb*) Kambium; (*tr*) Trachee; (*trd*) Tracheiden; (*pr*) Holzprimanen. (Nach *Strasburger*)

Bau des Dikotylenleitbündels. Den Leitbündelbau der Dikotylen gibt Abb. 241 wieder: Der Holzteil zeigt neben den ältesten Holzprimanen, Holzfasern, Tracheiden und Tracheen, die von Holzparenchymzellen umgeben sind. Dann folgt am Außenrande des Holzteiles die undifferenzierte Schicht der Kambiumzellen, die nach außen in den Siebteil mit Siebröhren, Geleitzellen und Siebparenchymzellen überleitet. Eine Sklerenchymscheide umschließt auch dieses Leitbündel.

Leitbündelverlauf. Die stammeigenen Bündel durchziehen den Sproß in seiner ganzen Länge. An den Knoten nehmen sie die blattbürtigen Leitstränge auf. Sehr häufig biegen die stammeigenen Bündel an einer Knotenstelle in das Blatt aus. Im übrigen ist die Verbindung von Stamm und Blattspur bei verschiedenen Pflanzen recht vielgestaltig. Die Abb. 242 gibt einige einfachere Fälle wieder. Läßt man das Zwischengewebe ausfaulen, so erhält man häufig ein natürliches Modell des Leitbündelverlaufes, das sich als ein mehr oder weniger stark verzweigtes Bündelrohr darstellt, dessen Bau Gewähr für eine allseitige Wasserversorgung aller Pflanzenteile gibt.

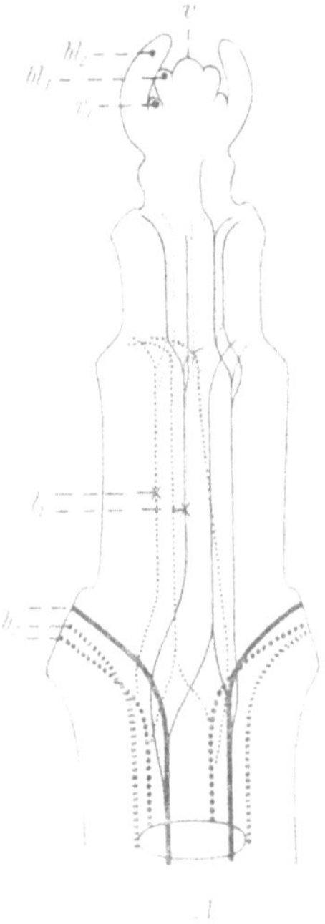

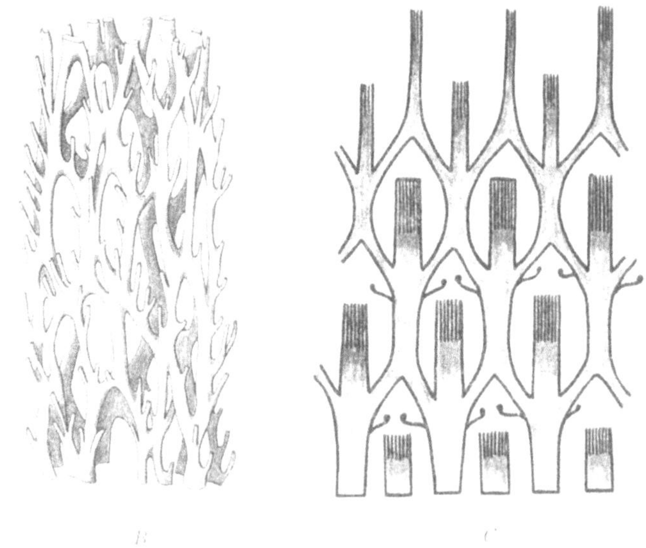

Abb. 242 *A*. Leitbündelverlauf im Sproß der italienischen Waldrebe. (bl_1 u. bl_2) leitbündelfreie Blattanlagen; (v, v_1) Vegetationspunkte; (l_1) Leitbündel im Sproß; (b_2) blattbürtige Leitbündel. (Nach *Nägeli* u. *Fitting*)

Abb. 242 *B*. Stammeigene Leitbündel im Wurmfarn. (Nach *Reinke*).

Abb. 242 *C*. Leitbündelverlauf im Stamm vom Wacholder. (Nach *Geyler*)

b) Das sekundäre Sproßwachstum

Während das Längenwachstum des Sprosses und der Wurzel vom Urmeristem des Vegetationspunktes aus seinem Ausgang nimmt, hat das Urbildungsgewebe am Dickenwachstum der Organe keinen Anteil. Schwache, krautige Pflanzen (z. B. Gräser) wachsen nur wenig in die Dicke. Die geringe Dickenzunahme des Grashalmes beruht im wesentlichen auf der Ausdifferenzierung weitlumiger Gefäße wie auch auf der Vergrößerung der Grundgewebszellen. Diese Erstarkung der Organe ist eine einfache Zellausweitung ohne Zellteilung und Zellvermehrung. Bei manchen baumförmigen Monokotylen, z. B. den Palmen, dauert diese Zellausweitung noch ziemlich lange an, so daß der Stamm noch in die Dicke wächst, wenn das Längenwachstum an der betreffenden Stelle längst erloschen ist. Bei anderen Palmen treten übrigens auch später noch Teilungen der Grundgewebszellen mit nachfolgender Ausweitung ein, wodurch die Erstarkung besonders gefördert wird. Von diesen Ausnahmen abgesehen jedoch vollzieht sich das Dickenwachstum der Sprosse auf sekundärer Zellvermehrung, deren Träger ein Folgemeristem, das Kambium, ist.

Das Kambium. Wir erinnern an den Befund, daß in den primären offenen Leitbündeln der Dikotylen zwischen Holz- und Siebteil mindestens eine Reihe von Prokambiumzellen undifferenziert bleibt. Diese in der Form etwa meißelförmigen Zellen (Abb. 243) gewinnen nun im Verlauf der weiteren Sproßentwicklung ihren meristematischen Charakter wieder zurück, d. h. sie beginnen sich aufs neue zu teilen. Dieses sekundäre Meristem wird als Kambium bezeichnet. Es ist bipolar tätig: nach dem in Abb. 244 angegebenen Schema differenziert sich (oft erst nach weiteren Teilungen) jeweils eine der beiden aus der Kambiumzelle hervorgegangenen Tochterzellen zur Dauerzelle aus, während die andere den meristematischen Charakter der Mutterzelle beibehält. Dabei wird abwechselnd bald die innere, bald die äußere Zelle zur Dauerzelle. Die vom Kambium nach dem Sproßinneren abgegebenen Zellen werden zu Holzelementen (sekundäres Holz), die nach außen hin abgeschiedenen Zellen zu Rindenelementen differenziert (sekundäre Rinde). Die ausschließliche Erzeugung tangentialer Teilungswände bei der Kambiumtätigkeit bedingt eine streng radiale Anordnung aller sekundären Gewebe, die gelegentlich nur durch Ausdifferenzierung von Zellen ungleicher Größe gestört wird. Das Schema zeigt, wie durch die Kambiumtätigkeit sowohl die Rinden- wie die Kambiumzone in radialer Richtung nach außen verschoben wird, aber stets zwischen Holz und Rinde verbleibt.

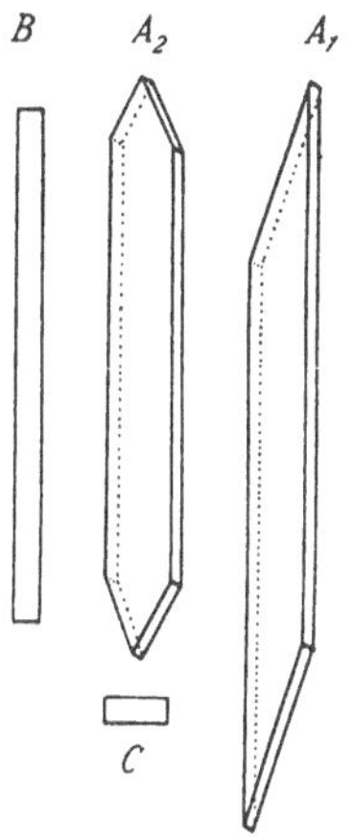

Abb. 243. Schematisierte Form der Kambiumzellen. A_1 und A_2 zwei Kambiumzellformen in radialer Aufsicht, B im Radial-, C im Querschnitt. (Nach *Rothert*)

Infolge der Produktion von sekundärem Holz- und Siebgewebe müßte es zu unerträglichen Spannungen kommen, wenn die Markstrahlen nicht mitwachsen würden. Tatsächlich greift das Leitbündelkambium (Faszikularkambium) beiderseitig in tangentialer Richtung auf das Markstrahlgewebe über: Die Markstrahlzellen strecken sich in radialer Richtung und be-

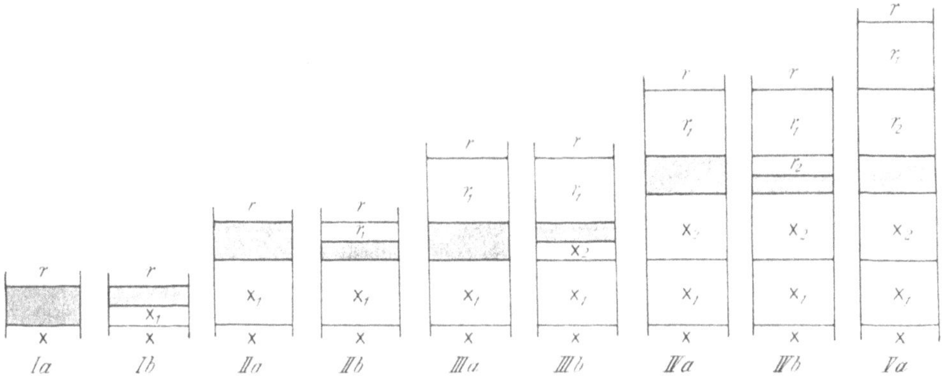

Abb. 244. Teilungsfolge einer Kambiumzelle (schraffiert). (r, r_1, r_2) junge Rindenzellen; (x, x_1, x_2) junge Holzzellen. (Nach *Jost*)

ginnen sich zu teilen. Dabei bleibt eine Zone dieser Zellen meristematisch (Interfaszikularkambium) und ist wie das Kambium bipolar tätig, nur mit dem Unterschied, daß die ausgeschiedenen Dauerzellen zu wenig differenzierten Markstrahlzellen werden. Damit ist dann das Kambium zum Ring geschlossen. Der durch das nachdrängende Holz immer weiter nach außen verschobene Kambiumring muß sich selbst vergrößern. Das geschieht zunächst durch tangentiale Streckung der Kambiumzellen, später dann entweder durch radiale Längsteilung der Kambiumzellen oder durch gleitende tangentiale Verschiebung derselben (gleitendes Wachstum). Besonderes Interesse erfordert das sekundäre Dickenwachstum der Pflanzen, mit scheinbar einheitlichem sekundärem Holzkörper. Ein solcher entsteht entweder durch nach außen zunehmende Verbreiterung der primären Holzteile (Aristolochia) oder aber dadurch, daß das Interfaszikularkambium an einzelnen Stellen Holz- und Siebgewebe an Stelle von Markstrahlen ausbildet und so zur Entstehung neuer Leitbündel Anlaß gibt.

Bau des sekundären Holzes

Durch Mazeration mittels oxydierender Säuren können die Zellelemente des Holzes leicht aus dem Verband gelöst und im einzelnen studiert werden.

Das Gymnospermenholz. Sehr einfach ist die Zusammensetzung des Gymnospermenholzes. Der Stammquerschnitt durch die Kiefer (Abb. 245, 246) zeigt, daß das Koniferenholz nur aus Tracheiden besteht, deren Radialwände große rundliche Hoftüpfel tragen. Die radial verlaufenden Mark-

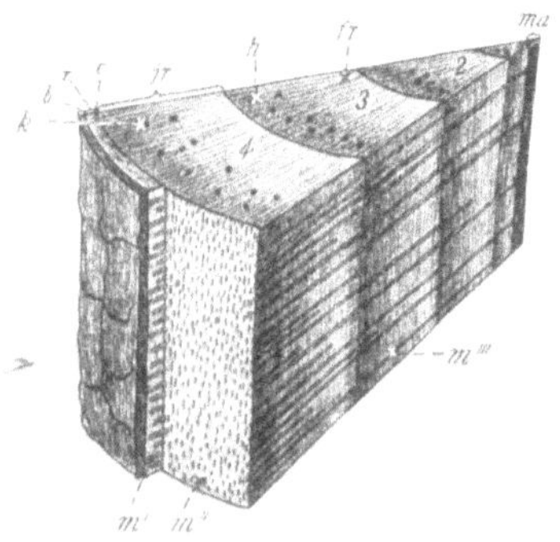

Abb. 245. Keil aus einem 4-jährigen Kiefernstämmchen. (*ma*) Mark; (*fr*) Frühjahrsholz; (*h*) Herbstholz; (*jr*) Jahresring; (*k*) Harzkanal; (*c*) Kambium; (*r*) Rinde); (*b*) Borke. (Nach *Schenck*)

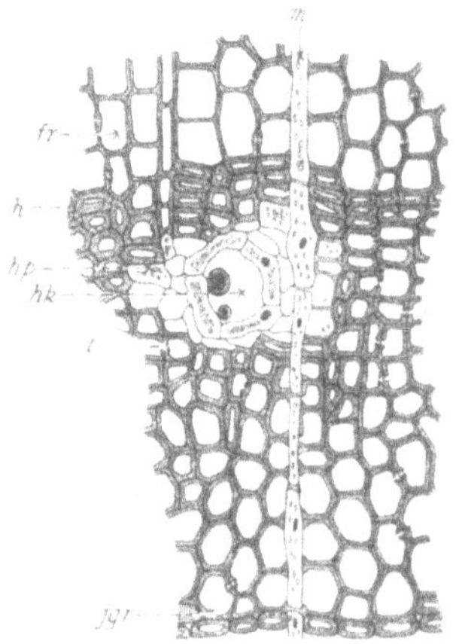

Abb. 246. Querschnitt durch das Kiefernholz. (*m*) Markstrahl; (*fr*) Frühjahrsholz; (*h*) Herbstholz; (*hp*) Holzparenchym; (*hk*) Harzkanal; (*t*) Tracheiden; (*jgr*) Jahresgrenze. (Nach *Schenck*)

strahlen sind einreihig. Stellenweise sind Harzkanäle in das Holz eingebettet, deren Lumen von den Harz sezernierenden Epithelzellen ausgekleidet sind. Den Anschluß an das lebende Markstrahlgewebe gewinnen die Epithelzellen durch die rund um den Harzkanal auftretenden lebenden Holzparenchymzellen, die wie die Markstrahlzellen vielfach mit Stärke erfüllt sind. Trotz der Einförmigkeit der Bauelemente des Kiefernholzes zeigt sich auf dem Querschnitt eine gewisse Rhythmik der Holzbildung. Die Kambiumtätigkeit weist quantitative und qualitative jahreszeitliche Schwankungen auf: Vom Herbst (Mitte August) bis zum Frühjahr ruht die Kambiumtätigkeit vollkommen. Dann setzt sie plötzlich ein und bildet relativ weitlumige und dünnwandige Tracheiden aus, um eine erhöhte Wasserzufuhr durch Ausbildung von Leitungsgewebe zu ermöglichen. Ganz allmählich im Verlauf des Sommers werden dann die Tracheidenwände bei gleichzeitiger Verringerung der radialen Tracheidenbreite dicker, das Frühjahrsholz geht in Sommer- bzw. Herbstholz über. Während ersteres hauptsächlich der Leitung dient, ersetzt letzteres das mechanische System der Pflanze. Die gesamte Holzproduktion eines Jahres wird als Jahresring, der schroffe Übergang vom Herbst- in Frühjahrsholz als Jahresgrenze bezeichnet. Die Zahl der Jahresringe läßt Rückschlüsse auf das Alter, die Ausbildung der Tracheiden solche auf die Witterung des betreffenden Jahres zu.

Abb. 247.
Dreiflächenschnitt durch Kiefernholz.
Vordere Fläche = Radialschnitt,
Seitenfläche = Tangentialschnitt
Obere Fläche = Querschnitt.
(*m*) Markstrahl;
(*hk*) Harzkanal;
(*tr*) Tracheide

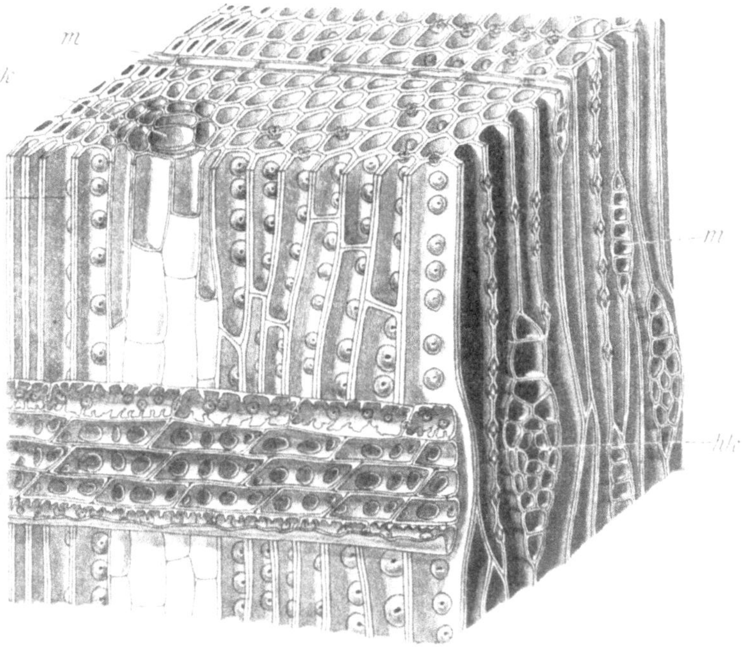

Abb. 247.

Der radiale Längsschnitt (Abb. 247) läßt erkennen, daß die Markstrahlen nur aus wenigen Zellreihen in der Sproßlängsrichtung aufgebaut sind. Dabei erweisen sich die äußersten Markstrahlzellen als tote Elemente mit stark verholzten Wänden und kleinen rundlichen Hoftüpfeln. Sie dienen der Wasserleitung in radialer Richtung (Quertracheiden). Dagegen sind die mittleren Markstrahlzellen lebend, reichlich mit Stärke erfüllt und durch große, einseitig behöfte Tüpfel mit den Tracheiden verbunden.

Abb. 248 zeigt einen tangentialen Längsschnitt durch das Kiefernholz.

Abb. 248.
Tangentialer Längsschnitt durch das Kiefernholz.
(*qtr*) Quertracheide;
(*st*) stärkeführende Markstrahlzellen;
(*hk*) radial verlaufender Harzkanal;
(*ep*) Epithelzellen;
(*h*) Holzparenchym;
(*t*) Tüpfel;
(*tr*) Längstracheide;
(*mstr*) Markstrahl

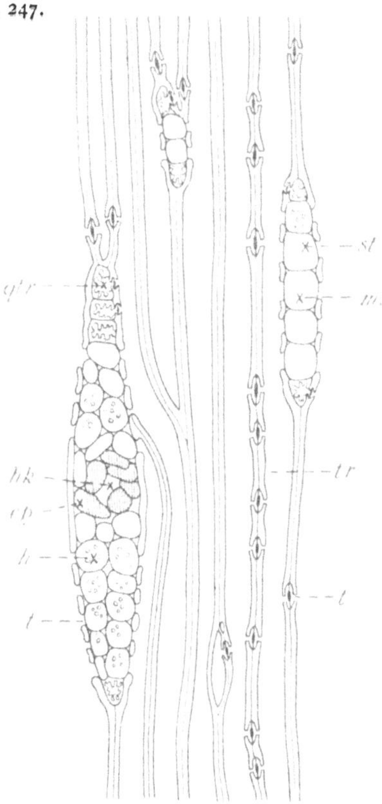

Abb. 248.

Das Dikotylenholz. Reichhaltiger in seinen Formelementen als das Gymnospermenholz ist das Dikotylenholz. Wir unterscheiden (vgl. Abb. 249):

a) tote Leitungselemente: Tracheen und Tracheiden,
b) tote Festigungselemente: Holzfasern und Fasertracheiden,
c) lebende Speicherzellen: Holzparenchym- und Markstrahlzellen.

Die Anordnung dieser Elemente im Holzkörper selbst zeigt die Abb. 250. Das Holz der Linde ist ein ausgesprochenes Weichholz: im Frühjahrsholz fallen weitlumige Tracheen neben Nestern von Tracheiden auf, die im Sommerholz mehr und mehr die einzigen Leitelemente darstellen. Von den im Querschnitt ähnlich erscheinenden, relativ dünnwandigen Holzfasern sind sie durch den Besitz zahlreicher doppelt behöfter

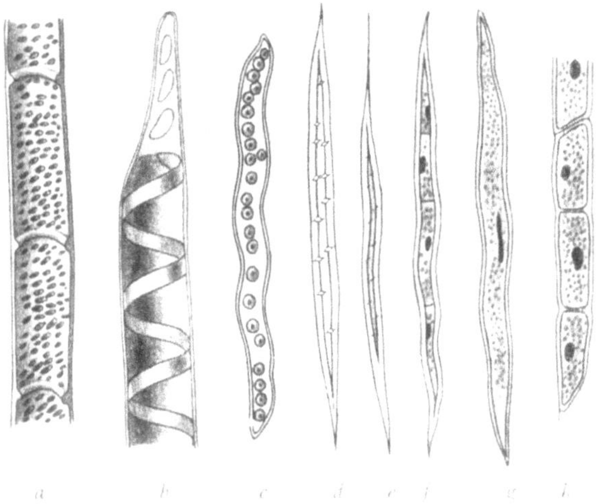

Abb. 249. Holzelemente. *a* Trachee, *b* Gefäßtracheide, *c* Tracheide, *d* Fasertracheide, *e* Holzfaser, *f*, *g* Holzparenchymzellen, *h* Markstrahlzellen

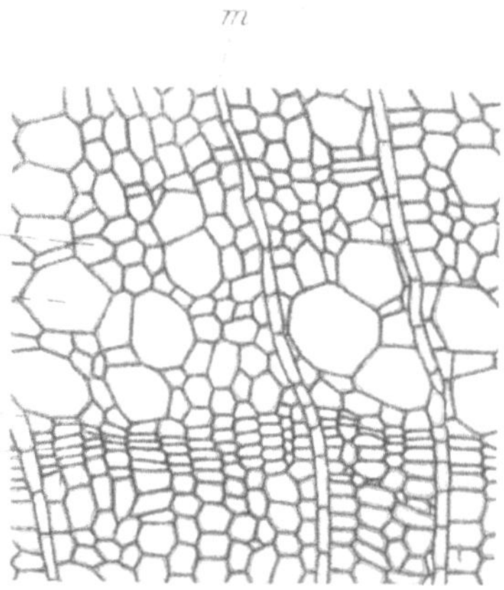

Abb. 250. Lindenholz, quergeschnitten. (*m*) Markstrahl; (*tr*) Tracheiden; (*T*) Tracheen; (*Jg*) Jahresringgrenze; (*f*) Holzfasern

Tüpfel ausgezeichnet. Die besonders in der Nähe der Markstrahlen gehäuften Holzparenchymzellen sind leicht an ihrem Stärkegehalt erkennbar; im Winter freilich wird diese Stärke in Zucker verwandelt. Dann tritt als weiterer Reservestoff Fett (in Form von kleinen Tröpfchen) klar in Erscheinung. Viel dichter dagegen ist das Hartholz der Ulme. Zwar fehlt es auch hier nicht an weitlumigen Tracheen und engeren Tracheiden, aber den Hauptanteil am Aufbau des Holzes übernehmen hier doch die Holzfasern, deren Wände außerdem so verstärkt sind, daß das Lumen auf dem Querschnitt nur mehr punktförmig erscheint. Die Masse dieser Holzfasern verleihen den Harthölzern ihre Festigkeit (Eiche, Ulme, Buche).

Kern- und Splintholz. Im Verlauf der weiteren Entwicklung erfährt das Holz gewisse Veränderungen. Funktionell tritt im älteren Holz die Leitung mehr und mehr zugunsten der Festigung zurück. Die Tracheen werden durch Gummi oder Thyllenbildung verstopft. Die lebenden Zellen des Holzes bilden aus ihren Reservestoffen gerbstoffartige Produkte, die mit dem Absterben dieser Zellen in das umgebende Gewebe ausdiffundieren und das Holz konservieren. Dabei nimmt das Holz eine dunklere Färbung an. Von diesem leblosen dunkleren Kernholz unterscheidet sich das funktionstüchtige Splintholz durch seine hellere Farbe. Je dunkler das Kernholz ist, um so mehr widersteht es im allgemeinen auch dem Angriff der Mikroben (Ebenholz, Teakholz, Farbhölzer). Dem Kernholz der Weiden, Pappeln usw. fehlen diese konservierenden Stoffe, weshalb die Stämme dieser Bäume nicht selten durch Fäulnis bis auf Splint und Rinde ausgehöhlt werden. Das behindert zwar die Lebensfunktionen nur wenig, nimmt aber den Weichholzbäumen vielfach die nötige Stütze, so daß sie vorzeitig ein Opfer der Stürme werden.

Bau der sekundären Rinde

Rinde ist ein topographischer Begriff; er umschließt alle Gewebe außerhalb des Holzes bzw. Kambiums (Abb. 251). Als primäre Rinde bezeichnet man die außerhalb der primären Holzteile direkt vom Urmeristem abgeschiedenen Gewebe: Epidermis, subepidermales Kollenchym und Chlorenchym, ferner der Sklerenchymring samt der ringförmigen Zone, in der die primären Siebteile liegen.

Zur sekundären Rinde gehören alle jene Gewebe, welche vom Kambium nach außen abgeschieden wurden. Wie das sekundäre Holz, verrät auch die sekundäre Rinde stellenweise noch deutlich ihre kambiale Entstehung durch radiale Anordnung ihrer Zellen. Zunächst lassen sich, wie im Holz, Markstrahl- und faszikulär entstandenes Gewebe trennen, nur mit dem Unterschied, daß dem Markstrahlgewebe ein größerer Anteil am Aufbau der Rinde als an dem des Holzes zukommt. Ihm fällt die wichtige Aufgabe der unter dem Druck des nachdrängenden Holzes notwendig werdenden Verbreiterung des peripheren Gewebsmantels zu. So treten z. B. in den primären Markstrahlen der Lindenrinde zahlreiche radiale Zellteilungen auf, die tangential verlaufende Zellreihen von nach außen hin zunehmender Länge erzeugen. Besonders für die Lindenrinde sind die auf dem Querschnitt trichterförmigen Markstrahlen sehr bezeichnend. Funktionell wirken die Markstrahlzellen als Stärkespeicher; nicht selten finden sich in ihnen auch große Kristalltafeln von Kalziumoxalat.

Abb. 251. Querschnitt durch die Lindenrinde. (*f*) Bastfasern; (*k*) Kristalle; (*sp*) Siebparenchym; (*s*) Siebröhren; (*g*) Geleitzellen; (*m*) Markstrahl. (Nach *Strasburger*)

Das faszikuläre Rindengewebe weist, ähnlich wie das Holz, eine gewisse, allerdings nicht jahreszeitlich bedingte Periodizität auf: Zeitweise kommen hauptsächlich weitlumige Siebröhren mit Geleitzellen zur Ausbildung; hierauf folgt eine Periode bevorzugter Bildung von Siebparenchymzellen, die neben Stärke und Fett auch erhebliche Eiweißmengen speichern und vielfach noch die radiale Anordnung ihrer Entstehung beibehalten. Den Abschluß bilden endlich ganze Züge von Bastfasern, die dem „Lindenbast" seine Zähigkeit verleihen. Die Abscheidung von Rindenzellen setzt das Kambium häufig bis in den Spätherbst hinein fort, wenn längst jeder Holzzuwachs aufgehört hat. Funktionell ist die Rinde hauptsächlich als Leit- und Speichergewebe zu werten. Ein Großteil der zur frühjahrlichen Blattausschüttung notwendigen Reservestoffe ist in der Rinde gespeichert und wandert durch die Siebröhren zu den Orten des Wachstums und Verbrauchs. Im Hinblick auf die geschilderte bipolare Kambiumtätigkeit fällt ein gewisses Mißverhältnis in der Massenbildung von Rinde und Holz auf.

Bau und Entwicklung des Blattes

Blattentwicklung

Schon 10—20 μ unterhalb des Scheitels des Vegetationskegels wird die Anlage der Blätter erkennbar. Sie äußert sich in einer vermehrten Teilung einzelner Dermatogenzellen, die zu einer wulstförmigen Vorwölbung dieser mit breiter Basis am Sproß ansitzenden Gewebspartie führt (vgl. Abb. 23). Im weiteren Entwicklungsverlauf platten sich diese Höcker immer mehr ab. Da auch weiterhin die Wachstumsintensität der Blattanlagen diejenige des Sprosses übertrifft und die Unterseite der Blattanlagen im Wachstum am stärksten gefördert ist, überdecken die jungen Blättchen den Sproßvegetationskegel bald als kapuzenförmiger Blattschopf (vgl. Abb. 24).

Auf der Höhe des primären Meristemringes beginnt auch in den Blättern die Differenzierung einer oder mehrerer Prokambiumstränge, die unter mannigfaltigen Verzweigungen das ganze Blatt durchziehen und im Laufe der Blattentwicklung dieselbe Differenzierung erfahren wie die Leitbündel des Sprosses. Dabei sind die Leitstränge so orientiert, daß die Siebteile nach unten, die Holzteile nach der Blattoberfläche zu liegen kommen. Vielfach sind die Leitbündel mit Sklerenchym- und Kollenchymscheiden umgeben, so daß sie äußerlich deutlich an der Blattunterseite als erhöhte Nerven, Blattrippen oder Adern in Erscheinung treten, denen an der Blattoberseite seichte Furchen entsprechen.

Der Verlauf der Blattrippen ist entsprechend der Spreitenform des Blattes sehr mannigfaltig. Häufig durchzieht ein zentraler Strang das Blatt vom Blattgrund bis zur Spitze, die Mittelrippe, von der zahlreiche Seitenrippen 1. Ordnung abgehen, die ihrerseits sich zu einem Netz von filigranartiger Feinheit verzweigen können. Dadurch soll eine hinreichende Wasser- und Nährstoffversorgung aller Blatteile gesichert werden. Abb. 50 *a* zeigt den Verzweigungstyp der Leitbündel eines netznervigen dikotylen Blattes. Die monokotylen Blätter weisen im Gegensatz hierzu parallelen Bündelverlauf (Abb. 50 *b*) auf. Die Hauptnerven bestehen vielfach aus mehreren Leitsträngen, aber schon Nerven 2. Ordnung besitzen nur mehr einen Leitstrang. Mit abnehmender Bündelstärke vereinfacht sich auch der Bau der Bündel im Blatt. Es bleiben nur mehr die leitenden Elemente: im Holzteil Tracheen und Tracheiden, im Siebteil die Siebröhren. Letztere werden immer englumiger, um dann vollends ganz zu verschwinden. Die letzten Leitbündelendigungen bestehen schließlich nur mehr aus kurzen Schraubentracheiden. Eingebettet liegen die Leitbündelendigungen in die Parenchymscheide, welche die Leitstränge bis in die feinsten Gewebsendigungen begleitet (Abb. 252).

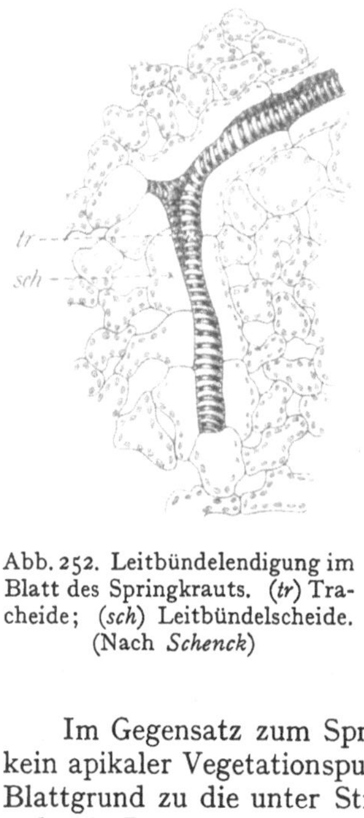

Abb. 252. Leitbündelendigung im Blatt des Springkrauts. (*tr*) Tracheide; (*sch*) Leitbündelscheide. (Nach *Schenck*)

Nach dem Sproß zu gewinnen die Blattspuren in mannigfacher Weise Anschluß an das Sproßleitungssystem.

Im Gegensatz zum Sproß ist das Wachstum der Blätter begrenzt. Es bildet sich kein apikaler Vegetationspunkt aus, vielmehr beginnt von der Blattspitze aus nach dem Blattgrund zu die unter Streckung erfolgende Umgestaltung des meristematischen Gewebes in Dauergewebe. Schon frühzeitig differenziert sich das Blatt in Oberblatt und Blattgrund. Ersteres bildet die Blattspreite. Der Blattstiel schiebt sich durch interkalares Wachstum zwischen Blattgrund und Oberblatt ein.

Blattbau

Über den weiteren anatomischen Bau des Blattes unterrichtet ein Querschnitt durch das Blatt (Abb. 253). Ober- und Unterseite des Blattes sind mit einer schützenden Hautschicht (Epidermis) bedeckt. Schon an dem verschiedenen Bau der beiden Epidermen tritt die ausgeprägte Dorsiventralität des Blattes deutlich in Erscheinung.

Die obere Epidermis. Der Querschnitt zeigt Zellen mit kräftiger Außenmembran und aufgelagerter Kutikula. Dabei fällt eine sehr ungleiche Größe dieser Zellen auf. Die Ursache hierfür enthüllt ein Flächenschnitt, der die obere Epidermis als farbloses Häutchen abhebt. Die Wände der Zellen sind stark gewellt, vgl. Abb. 194. Auf diese Weise wird eine kräftige gegenseitige Verzahnung der Zellen gewährleistet. Die Radial- und Innenwände der Zellen weisen zahlreiche einfache Tüpfel auf, die vor allem dem raschen Wasseraustausch mit den umliegenden Zellen dienen. Bei hoher Tubuseinstellung erkennt man im mikroskopischen Bild, daß die Kutikula nicht als straffes Häutchen, sondern in viele Runzeln gelegt die Außenwände bedeckt.

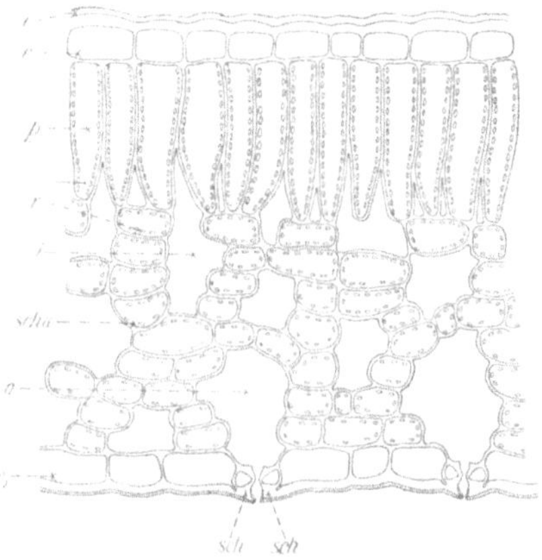

Abb. 253. Querschnitt durch das Blatt der Christrose. (*c*) Kutikula; (*e*) obere Epidermis; (*p*) Palisadenzelle; (*r*) Trichterzelle; (*i*) Interzellularraum; (*schw*) Schwammparenchym; (e_1) untere Epidermis; (*a*) Atemhöhle; (*sch*) Schließzellen

Das Palisadenparenchym. Unmittelbar an die Zellen der oberen Epidermis schließt das Palisadenparenchym an. Die schmalen pfahlförmigen Zellen sind aus isodiametrischen Zellen durch Teilung senkrecht zur Blattoberfläche und entsprechender Längsstreckung entstanden. Ihre nach dem Blattinneren schlank trichterförmig zulaufenden Wände ermöglichen eine günstige Verteilung der Chloroplasten für eine weitgehende Ausnützung des einfallenden Lichtes. Der Reichtum an Chloroplasten wie auch die periphere Lagerung charakterisieren das Palisadenparenchym als wichtigstes Assimilationsgewebe. Wie besonders deutlich der Flächenschnitt (Abb. 254) zeigt, sind die Palisadenzellen von einem System feiner Interzellularkanäle umgeben, die eine rasche Kohlensäurezufuhr nach diesen Zellen ermöglichen.

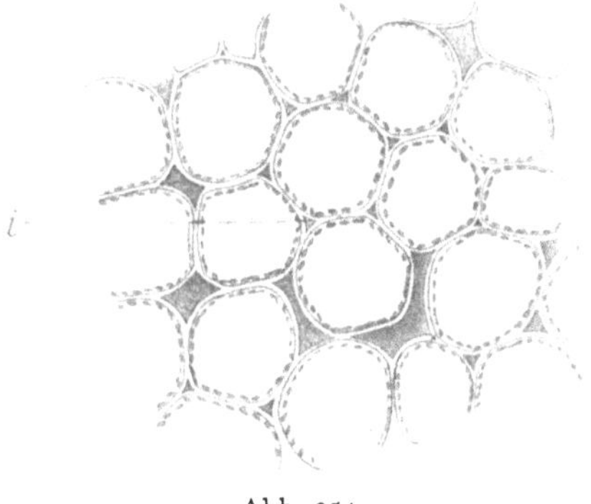

Abb. 254.
Palisadenzellen quer. (*i*) Interzellularräume

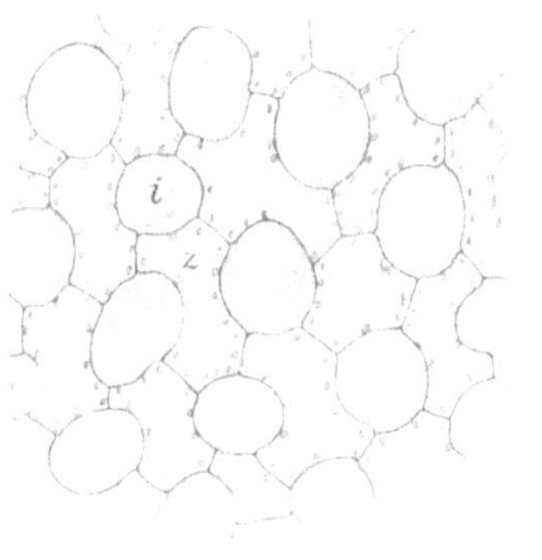

Abb. 255. Schwammparenchym quer.
(*i*) Interzellularraum; (*z*) Zelle

Es ist daher nicht verwunderlich, daß im Palisadengewebe der Hauptanteil der assimilatorisch gebildeten Kohlehydrate entsteht. Den Zusammenhang dieses Gewebes mit dem Leitgewebe und dem Schwammparenchym der Blattunterseite vermitteln die

Trichterzellen, welche offensichtlich eine bedeutsame Rolle bei der Wasserversorgung der Palisadenzellen wie auch beim Abtransport des gebildeten Zuckers spielen.

Das Schwammparenchym. Von den Trichterzellen bis zur unteren Epidermis reicht das Schwammparenchym, das seinen Namen von den großen und zahlreichen Interzellularen erhalten hat (Abb. 255). Assimilatorisch tritt dieses Gewebe bereits stark zurück, wie schon aus seiner relativen Chlorophyllarmut zu schließen ist. Seine wichtigen physiologischen Leistungen liegen auf anderen Gebieten:

a) Im Schwammparenchym sind die Leitstränge eingebettet. Daher stellen die Schwammparenchymzellen die Verbindungen zwischen Leit- und übrigem Blattgewebe her.

b) Die Zellen des Schwammparenchyms entwickeln eine riesige innere Oberfläche, die von großer Bedeutung für jeglichen Gasaustausch ist (Atmung, Assimilation, Transpiration).

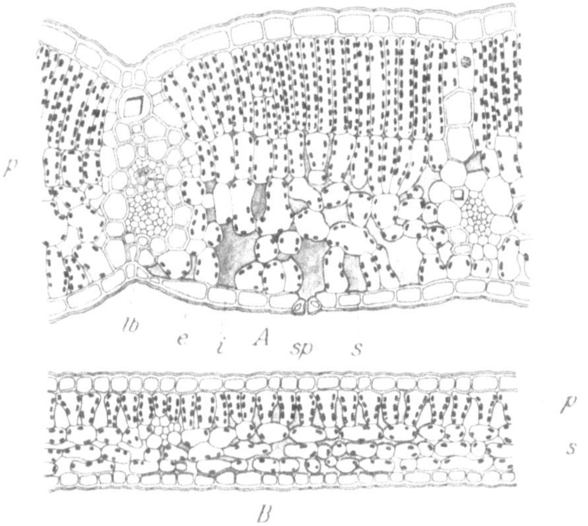

Abb. 256. *A* Sonnenblatt der Buche, *B* Schattenblatt der Buche. (*p*) Palisadengewebe; (*lb*) Leitbündel; (*e*) Epidermis; (*i*) Interzellularraum; (*sp*) Spaltöffnung; (*s*) Schwammparenchym

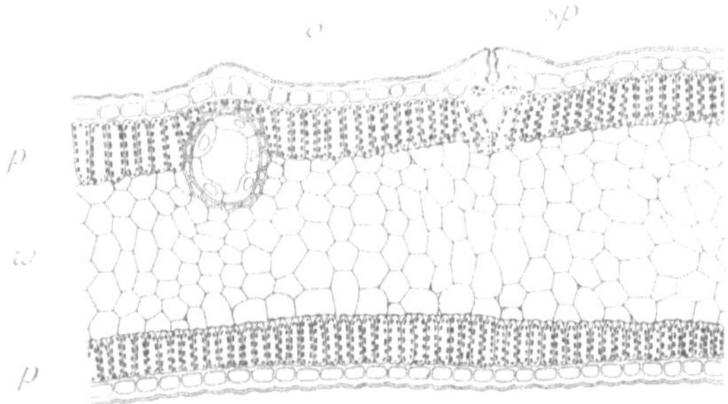

Abb. 257. Isolaterales Blatt (Kallistemon). (*o*) Öldrüse; (*sp*) Spaltöffnung; (*w*) Wasserspeichergewebe; (*p*) Palisadengewebe

Absolute und relative Größe von Palisaden- und Schwammparenchym sind weitgehend von Außenbedingungen abhängig. So entwickeln Sonnenblätter (Abb. 256*A*) ein mächtiges, vielschichtiges Palisadengewebe, während in Schattenblättern (Abb. 256*B*) davon nur wenige Reihen locker gefügter kurzer Zellen zu sehen sind. Im Gegensatz zu den von oben stärker belichteten bifazialen Blättern nehmen die mit senkrechter Stellung der Blattspreite und daher von beiden Seiten ziemlich gleich stark belichteten Blätter isolateralen Blattbau (Abb. 257) mit beiderseitigem Palisadengewebe an.

Die untere Epidermis. Den Abschluß der Blattunterseite bildet die untere Epidermis. Sie gleicht weitgehend der oberen Außenhaut, mit kleinen Unterschieden in der Zellgröße, Dicke der Außenwand und Stärke der Kutikula. Was die untere Epidermis vor der oberen Außenhaut aber auszeichnet, ist der Besitz zahlreicher Spaltöffnungen.

Die Spaltöffnungen. Begrenzt werden diese Öffnungen von zwei gegenüberliegenden, gewöhnlich bohnenförmigen, an beiden Enden verwachsenen Zellen, den Schließzellen. Diese entstehen, wie auch die sogenannten Nebenzellen, aus Epidermiszellen nach einer Anzahl von Zellteilungen. Bei Wasserpflanzen bilden sie sich auf der Blattoberseite, bei Landpflanzen bevorzugt oder sogar ausschließlich auf der Blattunterseite. Sie treten in großer Zahl (100—300 pro mm^2) entweder ungeordnet oder auch in Reihen oder Feldern auf.

Bau der Schließzellen. Der Bau der Schließzellen (Abb. 258) zeigt weitgehende Anpassung an ihre Funktion, nämlich durch Eigenbewegung die Spalten zu öffnen oder zu verschließen. Das Zellinnere ist von einem kräftigen Plasmaschlauch ausgekleidet, in den ein großer Kern und zahlreiche Chloroplasten eingebettet sind. Diese letzteren dienen der Erzeugung größerer Zucker- bzw. Stärkemengen in den Schließzellen. Diese Stoffe stehen in engster Beziehung zu Druckschwankungen im Zellinnern, die sich naturgemäß auch auf die Zellwand auswirken. Eine durch Druckschwankung erzeugte Schließzellenbewegung kommt durch ungleiche Wanddehnung der Schließzellen zustande. Diese ungleiche Dehnung aber ist durch zwei Baueigentümlichkeiten der Schließzellen bedingt:

1. Durch die bohnenförmige Gestalt. Bei Druckzunahme wird sich die größere konvexe Außenflanke stärker ausdehnen als die Konkavseite, was zu einer stärkeren Krümmung führt (vgl. ein Stück Fahrradschlauch beim Einpumpen von Luft).

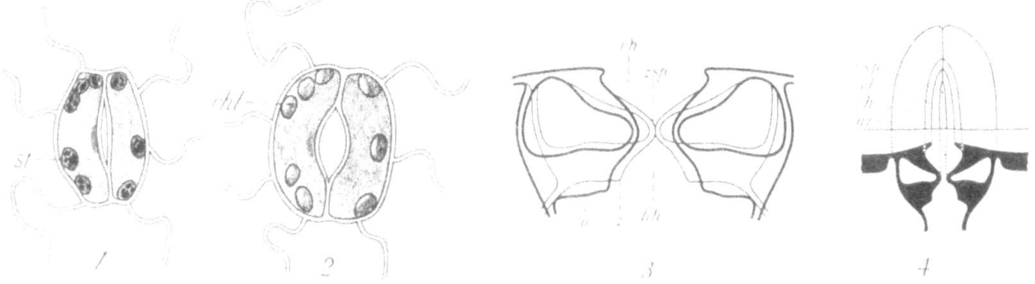

Abb. 258. Schließzellen aus der unteren Epidermis des Christrosenblattes. *1* = nahezu geschlossen, *2* = weit geöffnet. (*st*) Stärkekörnchen in den Chloroplasten (*ch*). 3 = Querschnitt durch die Schließzellen. (*vh*) Vorderhof; (*zsp*) Zentralspalte; (*hh*) Hinterhof; (*o*) geöffnet; (*z*) geschlossen. 4 = Kombination von Aufsicht und Querschnitt der Schließzellen. (*zsp*) Zentralspalte; (*cl*) Kutikularleiste; (*vh*) Vorderhofkante; (*ar*) Außenwand

2. Durch die ungleiche Wandverdikkung. Wie der Querschnitt der Schließzellen deutlich erkennen läßt (Abb. 258, *3*), ist die Konvexseite der Zelle zum größten Teil dünnwandig, während die Konkavseite nur ein schmales dünnes Band besitzt. Diese unterschiedliche Membranverdickung verstärkt die ungleiche Dehnbarkeit der Membran weiterhin zugunsten der konvexen Außenwand.

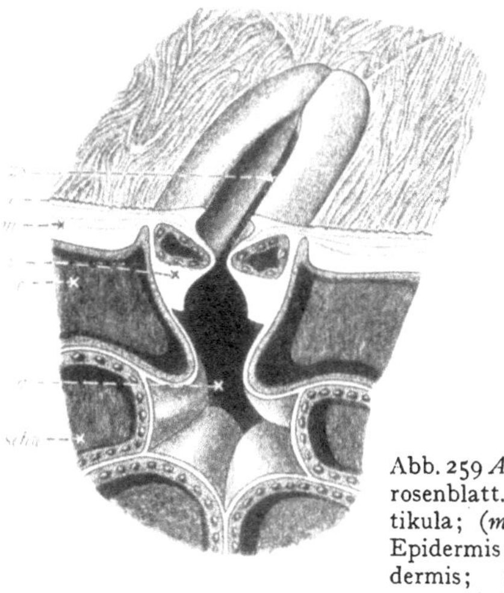

Abb. 259 *A*.

Abb. 259 *B*. Spaltöffnung von der Atemhöhle aus gesehen. (*schz*) Schließzelle; (*zsp*) Zentralspalte; (*nbz*) Nebenzelle

Abb. 259 *A*. Spaltöffnung vom Christrosenblatt. (*zs*) Zentralspalte; (*c*) Kutikula; (*m*) Außenwand der unteren Epidermis; (*s*) Schließzelle; (*e*) Epidermis; (*a*) Atemhöhle; (*schw*) Schwammparenchym

Druckerhöhung im Innern der Schließzellen bedingt daher Verstärkung der Krümmung und infolgedessen Öffnung bzw. Erweiterung der zwischen den Schließzellen befindlichen Spalte. Die Bewegung der Schließzellen wird durch eine Art Scharnier (Abb. 259 *A*) erleichtert.

Nicht selten treten die Schließzellen aus der Ebene der Epidermiszellen heraus. Besonders interessant sind die Fälle, in denen im Interesse eines sparsamen Wasserverbrauchs die ganzen Spaltöffnungen versenkt werden (Abb. 260). Weitere Einzelheiten über die Bezeichnung der an die Schließzellen angrenzenden Räume vgl. Abb. 259 *A*. Ähnlichkeit mit Schließzellen besitzen die Wassserspalten, durch die Wasser in tropfbar flüssiger Form ausgeschieden werden kann.

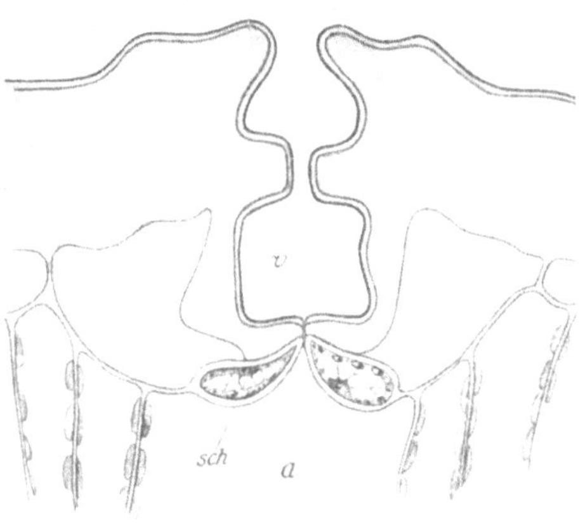

Abb. 260. Eingesenkte Spaltöffnung von Hakea. (*v*) Vorhof; (*sch*) Schließzelle; (*a*) Atemhöhle. (Nach *Haberlandt*)

Das mechanische System der Blätter. Bei den Blättern mit netzartiger Nervatur genügen gewöhnlich schon die kollenchymatisch verstärkten Nerven zusammen mit dem Wanddruck der Zellen, um dem Blatt eine gewisse Festigkeit zu geben. In einzelnen Fällen, besonders bei langen schmalen („grasartigen") Blättern ist es indes noch zur Ausbildung eines zusätzlichen mechanischen Systems gekommen. Die Versteifungen sind nach dem bekannten Trägersystem gebaut, wobei besondere Faserstränge die Gurtungen, die Leitbündel dagegen die Füllungen abgeben. Auf diese Weise verstärkte Blätter erhalten eine außerordentliche Zugfestigkeit.

Der anatomische Bau der Wurzel

Die primäre Anlage der Wurzel. Während der Sproßvegetationspunkt nach oben die Organe der organischen Nährstoffversorgung, die Blätter, entwickelt, bringt der Wurzelvegetationskegel das System der Wasser- und Nährsalzversorgung der Pflanze zur Entwicklung. Sproß und Wurzel unterscheiden sich grundlegend durch den Besitz bzw. das Fehlen von Blättern.

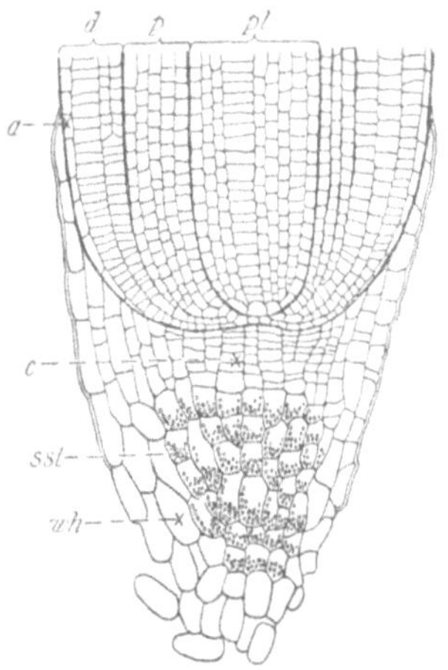

Abb. 261. Längsschnitt durch eine Wurzelspitze. (*d*) Dermatogen; (*p*) Periblem; (*pl*) Plerom; (*a*) Epidermis; (*c*) Kalyptrogen; (*sst*) Statolithenstärke; (*wh*) Wurzelhaube

Der **Vegetationspunkt der Wurzel.** Auch die Wurzel besitzt Scheitelwachstum. Der Bau des Vegetationskegels zeigt in Anpassung an seine Aufgaben und seinen Standort bestimmte Abweichungen vom Sproßvegetationspunkt.

Das Urmeristem ist auf wenige Zellen an der Kegelspitze reduziert. Als Schutzorgan dieser zarten, zwischen scharfkantigen, scheuernden Boden- und Gesteinsteilchen abwärts getriebenen Zellen ist eine Wurzelhaube vorgelagert. Ihre basalen Zellen behalten meristematischen Charakter und ersetzen fortlaufend die verschleimenden Zellen des apikalen Stoßtrupps (Abb. 261).

Die vom Meristem abgeschiedenen Zellen teilen sich noch einige Zeit weiter, um dann in Dauerzellen überzugehen. Dieser Übergang vollzieht sich in einer kräftigen Längsstreckung der Zellen, die im wesentlichen das Längenwachstum der Wurzel bedingt. Diese Streckungszone liegt unmittelbar hinter der Wurzelspitze und hat im allgemeinen nur eine Längenausdehnung von nicht mehr als 5—10 mm (Ausnahmen bilden die Luftwurzeln).

Die Zelldifferenzierung in der Wurzel. Der Zellstreckung folgt dann als drittes Entwicklungsstadium die Zelldifferenzierung, deren Ergebnis wir auf einem oberhalb der Streckungszone der Wurzel geführten Querschnitt erkennen (Abb. 262). Aus dem Dermatogen ist eine Epidermis hervorgegangen, die im Dienst der Wasser- und Nährsalzaufnahme steht. Sie unterscheidet sich daher von der Epidermis oberirdischer Organe durch das Fehlen von Spaltöffnungen und einer Kutikula. Zum Zweck einer weitgehenden Oberflächenvergrößerung sind zahlreiche Epidermiszellen zu zylindrischen Wurzelhaaren ausgewachsen. Diese sehr hinfälligen Organe besitzen nur kurze Lebenszeit. Daher wird die Epidermis schon frühzeitig durch Kutinisierung der subepidermalen Zellen funktionell ersetzt **(Exodermis)**. Aus dem Periblem des Vegetationskegels geht eine mächtige **Wurzelrinde** parenchymatischer Zellen hervor, die nicht selten Speicherfunktion besitzen. Den Abschluß der Rinde nach dem Wurzelinnern bildet eine einschichtige **Endodermis**, deren Zellwände von einem tangential verlaufenden kutinisierten Band umgürtet sind, das im Querschnitt als sogenannter Casparyscher Streifen erkennbar ist (Abb. 263). Außerdem sind die Endodermiswände (und zwar vor allem die Radial- und Innenwände) nicht selten stark verholzt, so daß ihr Lumen im Querschnitt *V*-förmige Gestalt annimmt. Einzelne Zellen des Endodermisringes bleiben stets unverdickt. Da diese Durchlaßzellen vor den Holzteilen der Gefäße liegen, darf man in der Endodermis wohl eine Einrichtung zur Lenkung des Wasser- und Nährstromes nach den Holzteilen der Leitbündel hin sehen. Diese Einrichtung wird ihre Aufgabe allerdings nur für die Stoffe erfüllen können, die hauptsächlich in der Membran geleitet werden.

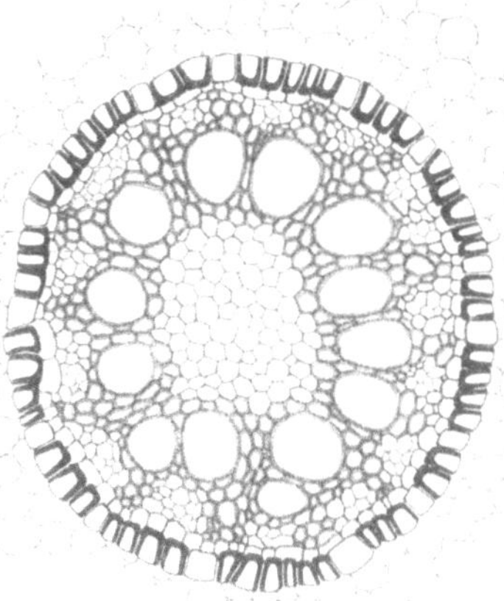

Abb. 262. Querschnitt durch die Iriswurzel. (*r*) Wurzelrinde; (*e*) Endodermis; (*d*) Durchlaßzelle; (*p*) Perizykel; (*s*) Siebteil; (*h*) Holzteil; (*m*) Mark

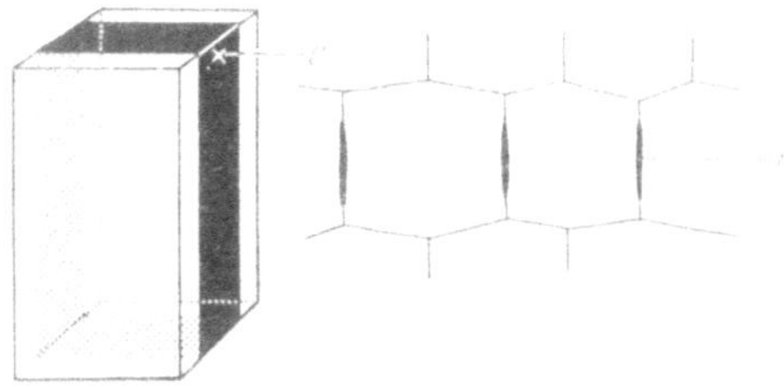

Abb. 263. *Caspary*scher Streifen (*c*). (Nach *Fitting*)

An die Endodermis schließt sich der aus dem Plerom hervorgegangene **Zentralzylinder** an, dessen äußerste Schicht der Perizykel bildet, ein einschichtiger Ring wenig differenzierter Zellen. Im Zentralzylinder liegen die Leitbündel der Wurzel in radialer Anordnung. Nach Anzahl der vorhandenen Holz- und Siebteile unterscheidet man di-, tri-, tetrarche oder polyarche (besonders bei Monokotylen) Wurzeln.

Die Differenzierung der speichenförmig gelagerten Holzteile schreitet von außen nach innen fort, und in derselben Richtung steigt auch die Gefäßweite an. Dabei kann noch im Zentrum Grundgewebe als **Mark** übrig bleiben, oder die jüngsten Gefäße stoßen in der Mitte zusammen. Auch zwischen Sieb- und Holzteile schieben sich häufig noch Streifen von Grundgewebe ein.

Oberhalb der Wurzelhaarzone entstehen die **Seitenwurzeln;** sie entwickeln sich aus dem wenig differenzierten Perizykel (vgl. Abb. 65). Im Gegensatz zu den exogen gebildeten Seitensprossen entstehen also die Seitenwurzeln endogen. Diese Entwick-

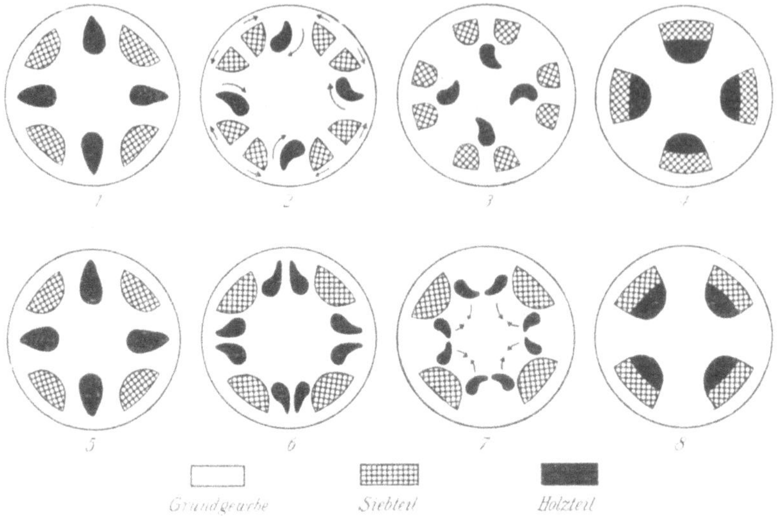

Abb. 264. Übergang des radialen Wurzelleitbündels in die kollateralen Stengelleitbündel. *1—4* und *5—8* Schnitte durch den Wurzelhals in verschiedener Höhe. (Nach *van Tieghem* und *Chauveaud*)

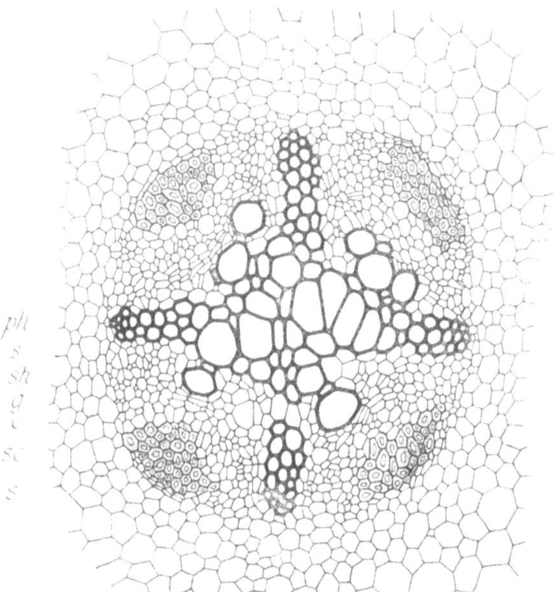

Abb. 265. Querschnitt durch eine Bohnenwurzel mit einsetzender Kambiumbildung. (*ph*) primäres Holz; (*s*) primärer Siebteil; (*sh*) sekundäres Holz; (*sc*) Sklerenchym; (*c*) Kambium; (*g*) Grundgewebe

lung beginnt mit der Teilung einiger vor einem Holzteil liegender Perizykelzellen. Es kommt dabei zur Anhäufung von Tochterzellen, die sich zu einem Wurzelvegetationskegel ordnen und dann in Form eines Keils Endodermis, Rindenschicht und Exodermis durchbrechen. Da die Seitenwurzeln entweder nur v o r den Holzteilen oder nur zwischen Holz- und Siebteilen zur Ausbildung kommen, stehen sie in geraden Reihen an der Mutterwurzel, wobei die Reihenzahl der Leitbündelzahl entspricht.

Am **Wurzelhals** muß die radiale Anordnung der Wurzelleitbündel in die kollaterale der Sproßleitbündel übergehen. Abb. 264 zeigt den Ablauf dieses Überganges: es tritt eine Teilung der Holz- oder Siebteile, eine Drehung und Verlagerung derselben in der in Abb. 264 angedeuteten Weise ein.

Das sekundäre Dickenwachstum der Wurzel. Die Wurzel der Dikotylen ist wie deren Stamm zu sekundärem D i c k e n w a c h s t u m befähigt. Das Kambium entsteht hier (Abb. 265) aus Grundgewebszellen an der Innenseite der primären Siebteile, breitet sich dann seitlich aus, so daß mit Hilfe von Perizykelzellen eine geschlossene, wellenförmig verlaufende

Kambiumzone entsteht, welche die primären Siebteile von innen, die Holzteile von außen umfaßt. An der Berührungsstelle mit den Siebteilen scheidet das Kambium nach außen Siebelemente, nach innen sekundäres Holz ab, während über den primären Holzteilen Grundgewebe gebildet wird. Durch verstärkte sekundäre Holzbildung werden die Einbuchtungen der Kambiumzone bald ausgeglichen. Auf diese Weise kommt es auch in der älteren Wurzel zur Ausbildung eines kreisförmigen Kambiumringes, der in gleicher Weise wie im Sproß tätig ist, so daß sich die anatomischen Unterschiede zwischen Sproß und Wurzel mehr und mehr verwischen.

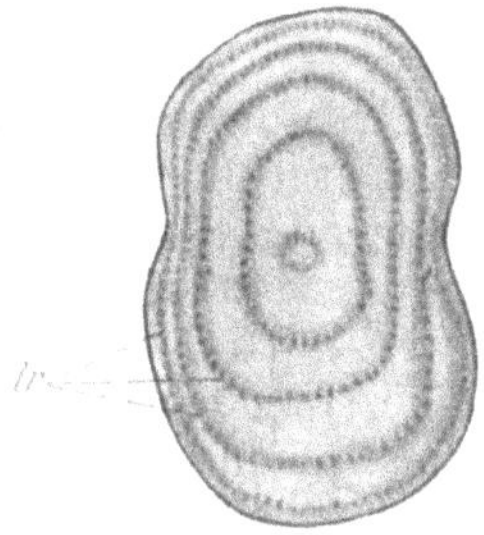

Abb. 266.
Querschnitt durch die Zuckerrübe.
(*lr*) Leitbündelringe

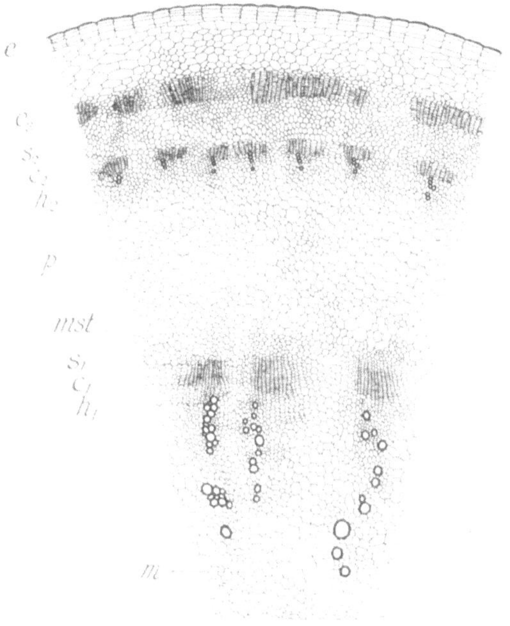

Abb. 267.
Querschnitt durch die junge Zuckerrübe.
(*e*) Exodermis; (c_1, c_2, c_3) aufeinander folgende Kambiumringe; (h_1, h_2) Holzkörper; (s_1, s_2) Siebgewebe; (*p*) Rindenparenchym; (*mst*) Markstrahl; (*m*) Mark

Abb. 267.

Ein anomales Dickenwachstum wird u. a. an der Zuckerrübe beobachtet. Dort erlischt die Tätigkeit des erst angelegten Kambiumringes schon ziemlich bald, und am Außenrand der sekundären Rindenschicht bildet sich ein neuer Kambiumring aus, dessen Tätigkeit später von einer dritten und folgenden Kambiumzone übernommen wird. Dabei treten im sekundären Gewebe bei der Rübe Holz- und Siebelemente gegenüber einem großzelligen Speicherparenchym stark zurück (Abb. 266, 267).

PHYSIOLOGIE

Die chemische Zusammensetzung der Pflanze

1. Der Wassergehalt

Mengenmäßig kommt dem Wasser der stärkste Anteil am Aufbau der Pflanze zu. Wohl können manche Pflanzen ihren Wassergehalt vorübergehend erheblich vermindern, aber die volle Entfaltung ihrer Lebensprozesse ist nur innerhalb enger Grenzen des Wassergehalts möglich. So vermögen zwar Samen bei sehr niederem Wassergehalt das Leben schlummernd zu erhalten, aber die Weiterentwicklung des Embroys (Keimlings) ist an die reichliche Zufuhr von Wasser gebunden. Da sich einzelne Pflanzen und auch Pflanzenorgane bezüglich der Intensität der Lebensprozesse und auch hinsichtlich des Gehalts an totem mechanischem Gewebe weitgehend unterscheiden, schwankt auch der Wassergehalt der verschiedenen Pflanzen in weiten Grenzen.

Am geringsten ist der Wassergehalt der Samen bzw. Früchte:

Rizinus	6,46%	Weizen	13,37%
Senf	7,18%	Erbsen	13,80%
Lein	8,96%	Gelbe Lupine	14,71%
Sojabohne	10,14%	Eicheln	37,12%

Früchte mit rasch zerfallendem Fruchtfleisch dagegen sind sehr wasserreich:

Wein	79,12%	Erdbeere	86,99%
Birne	83,83%	Kürbis	88,83%
Apfel	84,37%	Gurke	95,36%

Relativ hoch ist auch der Wassergehalt vegetativer Speicherorgane:

Zuckerrübe	81,3%	Sellerie	84,1%
Futterrübe	88,0%	Lauchzwiebel	87,6%
Möhre	86,8%	Rettig	86,9%
Kartoffel	74,9%		

Der Wassergehalt der Blätter der meisten landwirtschaftlichen Kulturpflanzen liegt bei 75—90%:

Spinat	89,2%	Zuckerrübe	83,5%
Hopfen	74,5%		

Im übrigen aber zeigt der Wassergehalt der Blätter Beziehungen zum Standort: Wasserpflanzen etwa 90%; Mesophyten 80%; Hartlaubgewächse 50—60%. Den höchsten Wassergehalt weisen die Sukkulenten mit ihren ausgedehnten Wasserspeichergeweben auf: Rhabarberstiel 95%, Aloëblätter 97%; manche Kakteen bestehen sogar bis zu 99% aus Wasser.

Der Wassergehalt des Holzes unserer Waldbäume liegt bei etwa 40%; die Rinde ist gewöhnlich um einige Prozent wasserreicher.

Dabei ist jedoch der Wassergehalt vielfach vom Entwicklungszustand abhängig. In den meisten Fällen sinkt der Wassergehalt mit dem Alter der Organe, in den Blättern wegen der Anhäufung der Mineralstoffe und der Verstärkung des mechanischen Gewebes, in den vegetativen Speicherorganen wegen der Anhäufung organischer Reservestoffe. Am stärksten sinkt der Wassergehalt natürlich beim Reifen der Samen.

2. Die Trockensubstanz

Charakteristischer als das Wasser ist für den Aufbau der Pflanze die Trockensubstanz. Die Zahl der biochemischen Stoffe ist fast unübersehbar. Neben gewissen mehr oder weniger allgemein am Pflanzenaufbau beteiligten Stoffen gibt es andere, die auf bestimmte Pflanzen beschränkt sind (Alkaloide, Glykoside usw.). Setzt man die getrocknete Pflanzensubstanz hohen Temperaturen aus, so scheidet der ablaufende Verbrennungsprozeß die biochemischen Substanzen in 2 Gruppen:

a) in die **organischen Stoffe**, das sind die verbrennbaren Substanzen,

b) in den unverbrennbaren Rückstand, die **Pflanzenasche.**

So vielgestaltig die einzelnen Pflanzenstoffe auch sein mögen, so sind an ihrem Aufbau doch nur einige wenige Elemente beteiligt. Verbrennt man exsikkatortrockene Pflanzensubstanz in einer durchlüfteten Bombe, so kann man in nachgeschalteten Vorlagen die folgenden Stoffe nachweisen:

In der mit Barytlauge beschickten Absorptionsflasche die als $BaCO_3$ ausgeschiedene **Kohlensäure,**

in einer mit feuchtem Bleipapier beschickten Vorlage schlägt sich schwarzes Bleisulfid nieder,

in einer dritten Vorlage weist die rote Verfärbung von blauen Kobaltsalzen auf die Abscheidung von chemisch gebundenem **Wasser** hin,

und endlich kann man in einer letzten, mit *Nesslers* Reagens beschickten Flasche am braunroten Niederschlag die Entstehung von **Ammoniak** erkennen.

Kohlenstoff, Wasserstoff, Sauerstoff und Stickstoff, zu denen noch Schwefel und Phosphor treten, sind die **organogenen** Elemente, aus denen die Pflanze die unübersehbare Mannigfaltigkeit der Pflanzenstoffe aufbaut, deren Erforschung und Beschreibung Aufgabe eines besonderen Wissenschaftsgebietes, der **Biochemie,** ist.

Die wichtigsten organischen Pflanzenstoffe. Die Zahl der organischen Pflanzenstoffe ist so groß, daß die eingehende Beschreibung ihrer chemischen Konstitution und ihrer Entstehung Bände füllen würde. Wir müssen uns auf eine kurze Charakterisierung der wichtigsten biochemischen Stoffe beschränken, die eine wesentliche Rolle im Stoffwechsel der Pflanze spielen und daher eine weitere Verbreitung gefunden haben.

Die Kohlehydrate. Im Mittelpunkt der Stoffbildung und Stoffumwandlung stehen die Kohlehydrate. Sie entstehen als primäre organische Stoffe bei der Photosynthese (primäre Pflanzenstoffe) und liefern das C-Gerüst für alle übrigen (sekundären) Pflanzenstoffe. Sie werden von der Pflanze aus Kohlendioxyd und den Elementen des Wassers aufgebaut. Chemisch sind sie durch die Formel $C_mH_{2n}O_n$ charakterisiert.

Die einfachsten Kohlehydrate und zugleich die ersten nachweisbaren Produkte im pflanzlichen Aufbau organischer Stoffe sind die **Zucker.** Sie sind aliphatische Oxyaldehyde (Aldosen) oder Oxyketone (Ketosen) mit unverzweigter Ketten- oder Ringstruktur. Nach ihrem Verhalten kochenden Mineralsäuren (Hydrolyse) und spaltenden pflanzlichen Katalysatoren (Fermenten) gegenüber unterscheidet man:

Die Monosaccharide, d. s. einfache, hydrolytisch nicht spaltbare Zucker. Hierher gehören die stoffwechselphysiologisch wichtigen Zucker wie Glukose, Fruktose, Mannose, Galaktose. Nach der Zahl der C-Atome im Molekül unterscheidet man Diosen, Triosen, Tetrosen, Pentosen, Hexosen, Heptosen usw. Physiologisch stehen die Hexosen im Mittelpunkt des Kohlehydratstoffwechsels. Die wichtigsten Hexosen sind Traubenzucker oder Glucose (eine Aldose) und Fruchtzucker oder Fructose (eine Ketose).

$$\text{Glucose: } CH_2OH\cdot\underbrace{CH\cdot CHOH\cdot CHOH\cdot CHOH\cdot CHOH}_{\text{—O—}}$$

$$\text{Fructose: } CH_2OH\cdot\underbrace{COH\cdot CHOH\cdot CHOH\cdot CHOH\cdot CH_2}_{\text{—O—}}.$$

Die Disaccharide. Sie entstehen durch Kondensation zweier Monosaccharide unter Austritt von 1 Mol Wasser, z. B.

$$2C_6H_{12}O_6 - H_2O = C_{12}H_{22}O_{11}.$$

Das wichtigste Disaccharid ist der Rohrzucker (Saccharose). Er setzt sich aus 1 Mol Traubenzucker und 1 Mol Fruchtzucker zusammen. Rohrzucker findet sich in geringeren Mengen in fast allen Pflanzenorganen, als Speicherstoff in der Zuckerrübe und im Zuckerrohr.

Andere Disaccharide sind

Malzzucker (Maltose) = 2 Mol Traubenzucker,
Milchzucker (Laktose) = 1 Mol Traubenzucker + 1 Mol Galaktose.

Die Polysaccharide. Sie bestehen aus zahlreichen Molekülen von Mono- oder Disacchariden. Die wichtigsten pflanzlichen Polysaccharide sind:

Die Stärke (Amylum), das verbreitete Reserveprodukt von Kohlehydratnatur (Kartoffel, Getreidekörner), zerfällt bei der Hydrolyse über Maltose schließlich in Traubenzucker.

Die Zellulose, die wichtigste Aufbausubstanz pflanzlicher Zellwände, liefert nach Hydrolyse mit starker Schwefelsäure über das Disaccharid Zellobiose schließlich ebenfalls Traubenzucker.

Als Reservekohlehydrat tritt bei Kompositen an Stelle der Stärke das Inulin auf, das bei der Spaltung in Fruktose zerfällt.

In tierischen Zellen und in manchen Pilzen wird die Stärke durch Glykogen, ebenfalls ein Kondensationsprodukt des Traubenzuckers, ersetzt.

Alkohole. Durch Reduktion der Kohlehydrate und ihrer Spaltprodukte entstehen in der Pflanzenzelle Alkohole. Die wichtigsten unter ihnen sind:

a) der Äthylalkohol, das organische Endprodukt der alkoholischen Gärung,
b) das Glyzerin, ein Bestandteil der pflanzlichen Fette und Öle.

Organische Säuren. Durch Oxydation der Kohlehydrate oder ihrer Spaltprodukte können über Aldehyde organische Säuren gebildet werden, die keinem pflanzlichen Zellsaft fehlen und in manchen Pflanzen, besonders in Früchten, gehäuft auftreten.

Die verbreitetsten dieser Fruchtsäuren sind Äpfelsäure, Oxalsäure, Zitronensäure, Weinsäure und Bernsteinsäure. Daneben sind gelegentlich auch Fettsäuren wie Ameisensäure, Essigsäure, Propion- und Buttersäure nachweisbar. Im tierischen Organismus nimmt die Milchsäure als Abbauprodukt des Zuckers eine zentrale Stellung ein.

Die Fette. Sie sind Ester der Fettsäuren und des Glyzerins (Glyzeride). Die ungesättigten Fettsäuren bilden flüssige Fette (Öle), die gesättigten dagegen feste Fette. Physiologisch wichtig sind vor allem die Glyzeride der Öl-, Stearin- und Palmitinsäure. Tritt an Stelle des Glyzerins ein anderer Alkohol, so entstehen Wachse.

Die Eiweißkörper. Zu den Aufbauelementen der Kohlehydrate (COH) treten beim Eiweiß als weitere Partner der Stickstoff und der Schwefel, gelegentlich auch der Phosphor.

Elementarbausteine der Eiweißkörper sind die **Aminosäuren.** Sie leiten sich von Fettsäuren ab, in denen ein an C gebundenes H-Atom durch die NH_2- (Amino-) Gruppe ersetzt ist. Diese NH_2-Gruppe befindet sich bei den pflanzlichen Aminosäuren an dem der Carboxylgruppe benachbarten C-Atom (α-Aminosäuren). Wichtige pflanzliche Aminosäuren sind Alanin = α-Aminopropionsäure,

Asparaginsäure = α-Aminobernsteinsäure,

ferner Glutaminsäure, Leuzin, Tyrosin, Lysin, Arginin, Histidin. Vielfach treten auch **Amide** der Aminosäuren (Asparagin, Glutamin), und zwar als Speicherstoffe auf. Die Eiweißstoffe selbst entstehen durch amidartige Verkettung von Aminosäuren zu hochmolekularen Stoffen. Durch Verbindung von Eiweißstoffen mit Nukleinsäuren entstehen die **Nukleoproteide,** die am Aufbau des Kerns maßgeblichen Anteil haben. Wahrscheinlich spielen sich auch im Plasma die wichtigsten Lebensprozesse an einem Eiweißgerüst molekularer Größenordnung ab.

Neben den genannten Stoffen, die wesentliche Träger des Bau- und Betriebsstoffwechsels der Pflanze darstellen, gibt es noch eine große Anzahl von Pflanzenstoffen, die mehr den Charakter von Stoffwechselnebenprodukten und Exkreten besitzen, was natürlich nicht ausschließt, daß ihnen bestimmte physiologische Bedeutung zukommt.

Glykoside. Weit verbreitet in Pflanzen sind die Glykoside, das sind ätherartige Verbindungen von Traubenzucker mit Alkoholen verschiedener, häufig phenolartiger Natur. Ihre physiologische Bedeutung liegt wohl weniger in der Speicherung von Zucker als vielmehr in der Entgiftung giftiger Aglukone, d. h. der alkoholischen Partner des Traubenzuckers. Flavonole und Anthozyanine, weit verbreitete pflanzliche Farbstoffe, besitzen ebenfalls Glykosidcharakter.

Gerbstoffe. Chemisch nur unvollkommen definiert und physiologisch wenig erforscht sind die Gerbstoffe. Sie besitzen herben Geschmack und üben auf Eiweiß stark fällende Wirkung aus. Mit Eisensalzen geben sie schwarzblaue, mit Bichromat rotbraune Fällungen. Besonders verbreitet ist das Tannin, eine glukosidartige Verbindung von Traubenzucker und Gallussäure. In toten Zellen, z. B. denen der Borke oder des Kernholzes, fallen Gerbstoffe vielfach einer Oxydation anheim, wodurch sie in die rotbraunen Phlobaphene übergehen. Praktisch bedeutungsvoll ist die fäulniswidrige Wirkung vieler Gerbstoffe.

Alkaloide. Nebenprodukte des N-Stoffwechsels sind die Alkaloide. Unter diesem Begriff faßt man N-haltige, stark basisch wirkende Stoffe zusammen, die in der Pflanze gewöhnlich an Säuren gebunden sind. Ihre Bildung ist auf bestimmte Pflanzengruppen beschränkt. Reich an Alkaloiden sind u. a. die Nachtschattengewächse (Solanaceen): Atropin der Tollkirsche, Hyoscyamin des Stechapfels, Nikotin des Tabaks. Andere bekannte Alkaloide sind das Coniin des Wasserschierlings, das Chinin der Chinarinde, das Morphin des Schlafmohns, das Strychnin der Brechnuß, das Spartein der Lupine und andere mehr. Bedeutungsvoll sind die Alkaloide durch ihre starke Giftigkeit, in der Hand des Arztes durch ihre kräftige Heil- und wohltätige Betäubungswirkung. Ihre Entstehung in der Pflanze ist ebenso wie ihre physiologische Bedeutung noch wenig geklärt.

Ätherische Öle sind weitverbreitete pflanzliche Duftstoffe. Ihre Bildung erfolgt in besonderen Drüsenzellen, ihre Anhäufung nicht selten in besonderen Hohlräumen (Öldrüsen, Harzkanäle). Limonen ist der wichtigste Bestandteil des Orangenöls, Pinen ist für das Terpentinöl charakteristisch. Kampfer, Geraniol und Borneol sind weitere bekannte ätherische Öle. Chemisch leiten sich die ätherischen Öle von Terpenen ab; neben ihnen finden sich noch **Harze** in ätherischen Ölen. Den Terpenen nahe steht auch der **Kautschuk** der pflanzlichen Milchsäfte.

Die Pflanzenasche

Die Pflanzenasche gibt kein völlig getreues Abbild von der chemischen Bindung, in der die Aschenelemente in der lebenden Pflanze auftreten. So erscheinen die in organischer Bindung vorliegenden metallischen Elemente als Karbonate, bei stärkerem Glühen als Oxyde in der Asche. Der Stickstoff fehlt in der Asche so gut wie ganz, da er sowohl in oxydierter wie in reduzierter Form flüchtige Verbindungen bildet. Auch Phosphor-, Schwefel- und Chlorverluste können eintreten, wenn nicht besondere Gegenmaßnahmen getroffen werden. Zahlenmäßig wird der Aschengehalt gewöhnlich als **Reinasche** angegeben, das ist die Aschenmenge, die sich aus der Differenz zwischen der aus dem Veraschungsprozeß hervorgehenden **Rohasche** und dem CO_2-Gehalt der Asche (und unter Abzug eventuell vorhandener pflanzenfremder Verunreinigungen) ergibt. Im allgemeinen bezieht man den Aschengehalt auf das Trockengewicht der Pflanzen. Richtiger wäre wohl die Bezugnahme auf die organische Pflanzensubstanz oder in bestimmten Fällen auf den Wassergehalt.

Die Aschenmenge. Am aschenreichsten unter allen Pflanzenorganen sind im allgemeinen die Blätter. So wird für die verschiedenen Organe des Hopfens folgender Aschengehalt angegeben:

Ganze Pflanze 11,36%, Blätter 19,29%, Ranken 4,64% und Fruchtzapfen 7,68% des Trockengewichts.

Diese Tatsache steht offensichtlich in ursächlichem Zusammenhang zur erhöhten Transpiration der Blätter. Die stark transpirierenden Blätter der Esche und Weide enthalten 7—10% Asche gegenüber nur 1,5% bei den xeromorphen Kiefernadeln. Da im Verlauf der Blattentwicklung die Bildung organischer Substanzen auch relativ die Aufnahme neuer Aschenstoffe überwiegt, nimmt der auf Trockengewicht bezogene Aschengehalt in Blättern mit deren Alter ab. Extrem reich an Asche sind gelegentlich Organe mit stark inkrustierten Membranen, wie kalkinkrustierte Wasserpflanzen oder auch die kieselsäurereichen Grannen von Getreidearten.

In Bäumen erweist sich die Rinde im allgemeinen viel aschenreicher als das zum größten Teil tote Holz.

Relativ arm an Aschenstoffen sind fleischige Früchte und vegetative Reserveorgane:

Kürbis	4,4 %	Kartoffelknolle	2,2 —5,8 %
Birnen	2,01%	Zuckerrübe	2,45—6,56%
Äpfel	2,24%	Möhre	4,34—8,04%
		Zwiebel	3,38%

Eine Ausnahme bildet die Gurke mit 13,2% Aschengehalt.

Im allgemeinen sinkt der Aschengehalt mit steigender Hochzucht ab. Den geringsten Aschengehalt weisen Samen und trockene Früchte auf:

Winterweizen	1,58—2,46%	Hafer	2,50—4,07%
Winterroggen	1,6 —3,52%	Erbse	2,36—4,27%
Gerste	1,90—3,09%	Raps	3,36—5,19%
Braugerste	2,51—2,71%	Lein	3,05—4,15%

Standort und Aschengehalt. Der Aschengehalt ein und derselben Pflanzenart wird weitgehend von dem Wasser- und Mineralsalzgehalt des Bodens wie auch von klimatischen Bedingungen beeinflußt. So schwankte der Aschengehalt von Carex brizoides, einem bekannten Waldriedgras, auf 7 verschiedenen Böden zwischen 4,24 und 7,79% des Trockengewichts. Extrem aschenreich sind die Salzpflanzen (bis zu 50% des Trockengewichts), während die mykotrophen Pflanzen saurer Standorte (Moorpflanzen) sehr arm an Mineralstoffen sind:

Erica carnea	0,84—2,19%
Weymouthskiefer	1,31%.

Dagegen liefert die nährstoffreiche Böden bevorzugende Ulme 11,27—13,83% Asche.

Aschengehalt als konstitutionelle Eigentümlichkeit. Trotz der Standortswirkung bleibt der Mineralsalzgehalt der Pflanze weitgehend von ihrer physiologischen Eigenart bestimmt. Das zeigt sich mit besonderer Deutlichkeit, wenn verschiedene Pflanzen auf gleichem Boden oder gar in gleicher Nährlösung wachsen. So wiesen die auf dem gleichen Acker gewachsenen verschiedenen Pflanzen den folgenden Aschengehalt auf:

Rumex acetosella	8%	Sedum telephium	12%
Geranium	10%	Myosotis arvensis	18%

Der tatsächliche Aschengehalt der Pflanze ist also sowohl durch den Standort wie auch durch ein spezifisches Aufnahmevermögen der Pflanze für Mineralstoffe bestimmt.

Die Analyse der Aschenstoffe. Die chemische Analyse gibt Aufschluß über die in der Pflanze vorhandenen Mineralstoffe. Bei entsprechender Verfeinerung der Methodik und Verhütung von Verlusten leicht flüchtiger Elemente kann man eine erstaunlich große Zahl von Elementen in der Pflanze nachweisen.

Metalle: K, Na, Li, Br, Mg, Ca, Sr, Ba; Al, Zn, Cu, Fe, Mn, B, Th, Ti, St, Pb, As, Se, Co, Ni, Ag, Hg, Cs, Ra, Be, Se, Va, Cr.

Metalloide: S, PN, die Halogene Cl, Br, J, ferner Si und C.

Dabei finden sich manche dieser Stoffe ziemlich regelmäßig, andere wieder nur in Abhängigkeit von Standort und Pflanzenart. Offenbar sind nicht alle diese Stoffe gleich notwendig zum Aufbau der Pflanze. Vielmehr sind manche zweifellos nur Ballaststoffe, deren Eindringen vom Boden her die Pflanze nicht völlig verhindern kann.

Regelmäßig und in größerer Menge finden sich in den Pflanzen die folgenden 13 Elemente:

Metalle: Na, K, Ca, Mg, Fe.
Metalloide: H, O, C, S, P, N, Cl und Si.

Ihre Menge nimmt während des gesamten Wachstums der Pflanze zu; sie werden offenbar fortlaufend während der ganzen Entwicklung der Pflanze aufgenommen. Freilich besagt diese Tatsache noch nichts über die Notwendigkeit dieser Elemente für das Pflanzenwachstum (vgl. S. 200 ff).

Die Stoffaufnahme

Die Stoffaufnahme, das ist die Wanderung eines Stoffes vom Außenmedium in eine lebende Zelle hinein, läßt sich heute schon weitgehend physikalisch-chemisch erklären und in Modellversuchen nachahmen. Es sollen daher zunächst die physikalischen Grunderscheinungen geschildert werden, die der Stoffaufnahme zugrunde liegen.

1. Die Diffusion

a) Gase. Befindet sich ein Gas in einem abgeschlossenen Raum, so ist die mittlere Moleküldichte in allen Raumteilen dieselbe, d. h. die Moleküle liegen in gleichem Abstand voneinander entfernt. Allerdings befinden sich hierbei die Gasmoleküle nicht in Ruhe, sondern in dauernder Bewegung, und was wir als Moleküldichte messen, ist nur ein statistischer Mittelwert. Erweitert sich der Raum für die eingeschlossene Gasmenge, so stoßen die beweglichen Moleküle in den leeren Raum vor und füllen ihn ebenfalls gleichmäßig aus. Bringt man zwei inerte Gase getrennt in einen gemeinsamen Raum, so findet so lange ein Gasaustausch statt, bis eine gleichmäßige Mischung erreicht, die Moleküldichte für jedes Gas in allen Raumteilchen also gleich groß ist. Diese gleichmäßige gegenseitige Durchdringung und Mischung der Gase bezeichnet man als **Diffusion.** Die Bewegung der Moleküle erfolgt hierbei stets von den Orten höherer zu den Orten niedrigerer Konzentration. Die Schnelligkeit des Ausgleiches hängt von der Wanderungsgeschwindigkeit der einzelnen Moleküle ab.

b) Lösungen. Ähnliche Diffusionserscheinungen zeigen auch die echten Lösungen, denn sie bestehen auch aus Schwärmen von Molekülen, die sich in einem Lösungsmittel bewegen.

Überschichtet man eine Kupfersulfatlösung vorsichtig mit Wasser, so stellt sich zunächst eine scharf erkennbare Grenzschicht ein, die sich indes bald verwischt. An der

Farbänderung kann man erkennen, daß sich die beiden Lösungen mehr und mehr durchdringen: es findet Diffusion von Wassermolekülen zum Kupfersulfat und umgekehrt von Kupfersulfatmolekülen zum Wasser hin statt. Auch hier gilt das Diffusionsgesetz der Gase: Die Stoffe wandern im Sinne eines Konzentrationsgefälles. Ein Unterschied zwischen Gas- und Lösungsdiffusion ergibt sich nur hinsichtlich der Diffusionsgeschwindigkeit, die infolge erhöhten inneren Widerstandes in Lösungen erheblich geringer als in freiem Gasraum ist.

Die **Größe des Stoffaustausches** (C) ist bestimmt durch

a) die Diffusionsfläche (Q),
b) das Konzentrationsgefälle (s),
c) die Zeit (t),
d) die spezifische Wanderungsgeschwindigkeit des diffundierenden Stoffes (d).

$$C = Q \cdot s \cdot t \cdot d\,.$$

2. Die Osmose

Werden zwei verschiedene Gase oder Lösungen durch eine Wand getrennt, so wird der durch die Wand hindurch erfolgende Stoffaustausch als **Osmose** bezeichnet. Er erfolgt entsprechend dem Widerstand, den die Wand dem Durchtritt der Stoffe entgegensetzt, gegenüber der freien Diffusion verlangsamt. Der Stoffaustausch kann dann je nach Beschaffenheit der Membran erfolgen

1. durch offene Wandporen,
2. durch Lösung der Stoffe in der Wand und Diffusion von der jenseitigen Wandoberfläche in die Umgebung.

Im ersten Fall entscheidet im allgemeinen das Größenverhältnis von Teilchen und Poren über die Durchtrittsgeschwindigkeit, im zweiten Fall das Lösungsverhältnis des Stoffes in der Wandsubstanz einerseits und den angrenzenden Flüssigkeiten anderseits.

a) Osmose von Gasen. Senken wir einen geschlossenen lufterfüllten Tonzylinder in eine Leuchtgasatmosphäre, so wandert das Leuchtgas rascher in den Zylinder ein, als die Luft heraus kann. Die Folge ist ein Druckanstieg im Zylinder.

Wählen wir statt eines Tonzylinders einen an den Endflächen mit feuchter Kollodiummembran bespannten, lufterfüllten Glaszylinder und bringen ihn in Ammoniakgas, so erfolgt auch hierbei ein Druckanstieg im Zylinder, weil das Ammoniakgas in der feuchten Membran sich rascher löst als die Luft und daher rascher in den Zylinderraum eindringt, als die Luft aus ihm zu entweichen vermag.

b) Osmose von gelösten Stoffen. Auch gelöste Teilchen nehmen ihren Weg durch die Wand entweder durch Poren hindurch oder über die Löslichkeit in der Wandsubstanz. Man kann nach der Durchlaßfähigkeit **(Permeabilität)** unterscheiden: **permeable** = durchlässige und **impermeable** = undurchlässige Wände. **Halbdurchlässige (semipermeable)** Wände sind solche, die nur für bestimmte Teilchen durchlässig sind. So ist Zellulose semipermeabel hinsichtlich einer wässerigen Suspension und ihrem Lösungsmittel (Filtration). Pergament ist semipermeabel für das System echte und kolloidal gelöste Stoffe (Dialyse).

Sehr feinporige Membranen endlich können nur noch für Wasser, aber nicht mehr für die größeren darin gelösten Moleküle durchlässig sein. Ebenso kann auch auf dem Löslichkeitsprinzip eine Semipermeabilität der Wand beruhen. So ist z. B. eine Kautschukmembran für Alkohol, nicht aber für Wasser permeabel, weil sich in Kautschuk zwar der Alkohol, nicht aber das Wasser löst. Viele Niederschlagsmembranen, z. B. aus Ferrozyankupfer, aus gerbsaurem Leim und dergleichen, besitzen semipermeable Eigenschaften gegenüber echten wässerigen Lösungen.

Versuch: Trennt man in einem *U*-Rohr eine Salzlösung, z. B. eine Kupfervitriollösung, von reinem Wasser durch eine semipermeable Wand ab, so vermögen zwar die Wassermoleküle nach dem $CuSO_4$ hin (entsprechend dem Wasserkonzentrationsgefälle) zu wandern, dagegen können die $CuSO_4$-Moleküle nicht auf die Wasserseite gelangen, weil sie an der Wand zurückgehalten werden. Die Folge davon ist ein Anstieg der Flüssigkeit auf seiten des Kupfersulfats und ein Absinken im Schenkel mit reinem Wasser.

Eingehender lassen sich diese Verhältnisse am **Pfefferschen Osmometer** untersuchen. Dieser Apparat (Abb. 268) besteht aus einem am unteren Ende mit einer semipermeablen Wand verschlossenen, zylindrischen Glasgefäß, das nach oben in eine Steigröhre ausläuft. Füllt man dieses Gefäß bis zum Ansatz der Steigröhre mit einer starken Salz- oder Zuckerlösung und hängt es in ein mit Wasser gefülltes, größeres offenes Gefäß, so daß zunächst in beiden Gefäßen Niveaugleichheit besteht, dann steigt nach kurzer Zeit die Flüssigkeit im Steigrohr an.

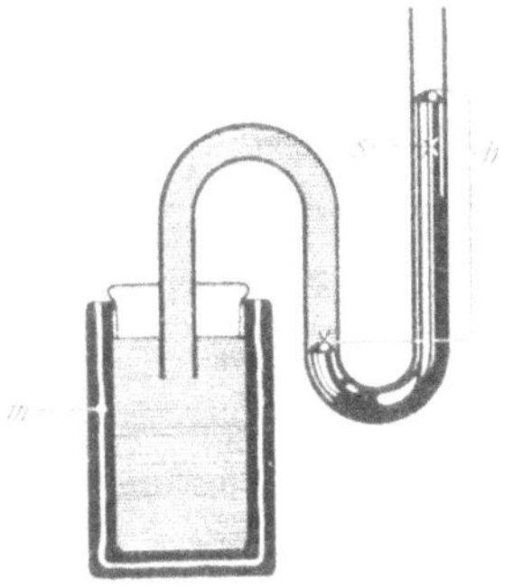

Abb. 268 *A*. Osmometer nach *Pfeffer*. (*m*) Niederschlagsmembran; (*h*) Steighöhe des Quecksilbers; (*s*) Steigröhre

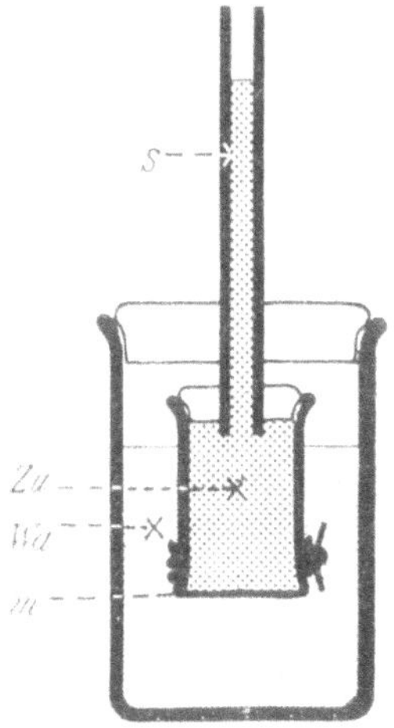

Abb. 268 *B*. Osmometer mit tierischer Membran (*m*); (*Zu*) Zuckerlösung; (*Wa*) Wasser; (*S*) Steigröhre

Es wird also entsprechend den Konzentrations- und Permeabilitätsverhältnissen einseitig Wasser in das Steigrohrgefäß eingesaugt (unter obwaltenden Versuchsbedingungen übt also die Zuckerlösung eine **Saugkraft** auf das Wasser aus). Dieser nach innen gerichteten Wasserbewegung wirkt in zunehmendem Maße der hydrostatische Druck der über dem äußeren Wasserniveau stehenden Flüssigkeitssäule des Osmometers entgegen, bis sich schließlich ein Gleichgewicht zwischen den gegensinnig wirkenden Kräften einstellt. Der auf Grund der Konzentrationsdifferenz zu beiden Seiten der semipermeablen Wand entstehende Druck auf die Außenseite dieser Wand wird als **osmotischer Druck** bezeichnet und als hydrostatischer Druck gemessen.

Konzentration und osmotischer Druck. Schon *Pfeffer* konnte feststellen, daß der osmotische Druck im Osmometer proportional der Rohrzuckerkonzentration anstieg. Löste man umgekehrt eine bestimmte Menge Zucker in Wasser, so sank der osmotische Druck mit steigender Verdünnung der Lösung. Das Produkt aus osmotischem Druck und Volumen war konstant. Diese Tatsache erinnert an das Gasgesetz von *Boyle-Mariotte*: Der Druck einer bestimmten Gasmenge ist bei konstanter Temperatur dem Volumen des Gases umgekehrt proportional oder

$$p \cdot v = \text{konstant} \ (p = \text{Druck}, \ v = \text{Volumen}).$$

Nach *Avogadro* nimmt das Grammol jedes idealen Gases bei 1 at Druck einen Raum von 22,4 Liter ein. Preßt man 1 Grammol Gas auf den Raum von 1 Liter zusammen, so muß das Gas unter einem Druck von 22,4 at stehen. Dasselbe trifft auch für eine molare Lösung (1 Grammol einer Substanz in 1 Liter gelöst) zu. Eine derartige Lösung wird daher im Osmometer einen osmotischen Druck von 22,4 *at* entfalten. Damit aber ist eine quantitative Beziehung zwischen osmotischem Druck und Konzentration gegeben. Das Druckäquivalent einer Lösungskonzentration heißt ihr **osmotischer Wert** (Saugwert). Er bezeichnet gewissermaßen die osmotische Potenz, der Ausdruck osmotischer Druck dagegen das Ergebnis dieser Potenz im System: Lösung—semipermeable Wand—Wasser.

Der osmotische Wert eines Lösungsgemisches entspricht der Summe der Partialwerte der einzelnen Lösungspartner.

Osmotischer Wert der Elektrolyte, isosmotischer Koeffizient. Die geschilderten Beziehungen zwischen Konzentration und osmotischem Wert gelten nur für Nichtelektrolyte. Dagegen ergeben Elektrolyte stets höhere osmotische Werte. Diese Abweichung hängt mit der Dissoziation der Elektrolyte zusammen. Osmotischer Wert und osmotischer Druck einer Lösung sind ähnlich wie der Gasdruck bestimmt durch die Anzahl der pro Raumeinheit vorhandenen Teilchen; deshalb muß sich die Dissoziation in einer Erhöhung des osmotischen Wertes auswirken, die dem Dissoziationsgrad proportional ist. Das Verhältnis der osmotischen Werte äquimolarer Lösungen eines Elektrolyten und eines Nichtelektrolyten nennt man den **isosmotischen Koeffizienten.** Er ist abhängig von der Natur und der Konzentration des Elektrolyten. Mit fallender Konzentration des Elektrolyten nehmen Dissoziationsgrad und isosmotischer Koeffizient zu.

Die Zelle als Osmometer

Permeabilitätseigenschaften der Zellgrenzschichten. Die Zellulosewand der Zelle ist für Wasser und wasserlösliche Stoffe durchlässig. Größere Hindernisse bieten die **Plasmagrenzschichten** dem Durchtritt der Stoffe. Hierbei ist das Wasser so begünstigt, daß in kurzdauernden Versuchen der Anschein erweckt wird, als ob diese Grenzschichten überhaupt nur für Wasser, nicht aber für gelöste Stoffe permeabel wären. Aus derartigen Beobachtungen heraus wurden die Plasmagrenzschichten als semipermeable Wände bezeichnet. Die osmotisch wirksame Substanz findet sich im Zellsaft der Vakuole gelöst. Setzt man eine Zelle mit völlig entspannter Wand in Wasser, so stellt sie ein dem Osmometer (zu Beginn des Versuches) zu vergleichendes System dar.

Sie nimmt wie dieses unter steigender Volumvergrößerung Wasser auf. Dabei wird die elastische Zellwand gedehnt und übt einen Druck auf das Zellinnere aus. Dieser **Wanddruck** oder **Turgor** entspricht funktionell dem hydrostatischen Druck der Wassersäule im Steigrohr des Osmometers. Nach beendeter Wasseraufnahme entspricht daher auch der Turgor dem osmotischen Wert. In diesem Augenblick vermag die Zelle kein Wasser mehr aufzunehmen, sie befindet sich im Zustand der **Wassersättigung (Turgeszenz).** In allen Phasen zwischen gänzlicher Wandentspannung und voller Wassersättigung überwiegt der osmotische Druck den Turgordruck. Die Wasseraufnahme erfolgt um so ergiebiger, je größer die Differenz beider Drucke ist; diese Differenz wird als **Saugkraft der Zelle** bezeichnet. Es besteht somit folgende Beziehung zwischen den genannten osmotischen Größen:

Saugkraft der Zelle = Osmotischer Wert des Zellsaftes – Turgor

Hieraus ergibt sich:

Ist der Turgor (T) = 0, so ist Saugkraft (S) = osmotischer Wert (W) (Entspannung der Zellwand), ist dagegen Turgor = osmotischer Wert, so ist die Saugkraft = 0.

$S = W$	Entspannung
$T = 0$	
$S = W - T$	Grundformel
$T = W$	Turgeszenz
$S = 0$	

Die Bestimmung der osmotischen Zustandsgrößen der Zelle

Bestimmung des osmotischen Wertes:

1. Physikalische Methoden

A. Bestimmung mit Hilfe des *Pfeffer*schen Osmometers. Der hydrostatische Druck der Steigröhrenflüssigkeit ist ein Maß für den osmotischen Druck und damit auch für den osmotischen Wert des Zellsafts.

B. Dampfdruckerniedrigung.
Lösliche Stoffe setzen den Dampfdruck einer Lösung proportional ihrem Gehalt an beweglichen Teilchen herab.

C. Siedepunktserhöhung.
Gelöste Teilchen erhöhen den Siedepunkt der Lösung, und zwar beträgt die Erhöhung bei molarer Konzentration $0{,}52^0$.

D. Gefrierpunktserniedrigung.
Eine 1-mol. Lösung besitzt einen um etwa $1{,}85^0$ niedrigeren Gefrierpunkt gegenüber dem reinen Lösungsmittel.

2. Physiologische Methoden

Die plasmolytische Methode.

Die Grunderscheinungen der Plasmolyse. Bringt man eine Zelle in eine Lösung von erheblich höherem osmotischen Wert als dem des Zellsaftes, so wird der Zelle Wasser entzogen. Dabei verringert sich das Volumen der Zelle bis zur völligen Entspannung der Zellwand. Dann aber setzt die steife Zellwand weiterer Verkleinerung erfolgreichen Widerstand entgegen. Wenn nun der Vakuole weiter Wasser entzogen wird, so löst sich das Plasma von der Zellwand ab (Abb. 269) und verkleinert so weiterhin die Vakuole. Diese Verkleinerung kommt erst zum Stillstand, wenn sich die osmotischen Werte von Außenlösung und Zellsaft entsprechen. Dieser Vorgang der Plasmaablösung von der Zellwand unter dem Einfluß einer osmotisch höherwertigen Außenlösung wird als Plasmolyse bezeichnet.

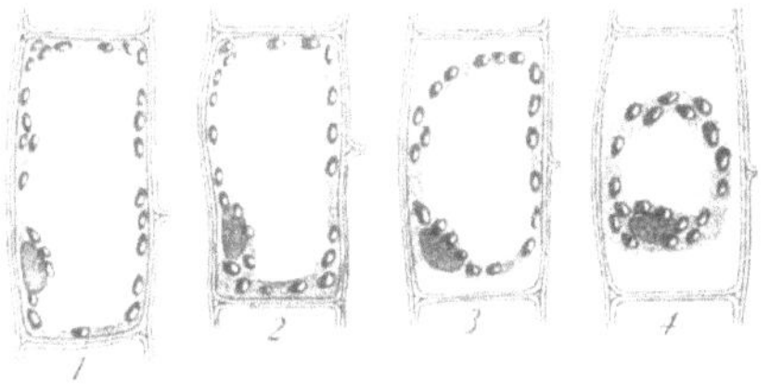

Abb. 269. Verlauf der Plasmolyse

Besitzen Außenlösung und Zellsaft denselben osmotischen Wert, so wird (bei starkem Überwiegen des Plasmolytikums) die Zelle nur entspannt. Schon eine geringfügige Konzentrierung der Außenlösung führt dann zu den ersten Anfängen einer Plasmolyse **(Grenzplasmolyse)**.

Den osmotischen Wert der Zelle bei eben einsetzender Plasmaablösung bezeichnet man als **osmotischen Wert bei Grenzplasmolyse.** Er entspricht dem osmotischen

Wert des Plasmolytikums, das eben Grenzplasmolyse erzeugt, ist also etwas größer als der osmotische Wert des Zellsaftes im Zustand völliger Wandentspannung. Trotzdem dient dieser Wert vielfach als Standard, da er praktisch leicht zu bestimmen ist.

Verhalten der Pflanzenzelle zu Lösungen verschiedenen osmotischen Wertes. Lösungen, welche Plasmolyse bewirken, nennt man **hypertonisch,** solche die Wasser an die Zelle abgeben, **hypotonisch,** und **isotonische** Lösungen entsprechen dem osmotischen Wert der Zelle bei Grenzplasmolyse.

Die plasmolytische Methode beruht nun darauf, diejenige Konzentration des Plasmolytikums zu finden, die eben Grenzplasmolyse an den zu untersuchenden Zellen erzeugt. Im Zustand der Grenzplasmolyse sind Plasmolytikum und Zellsaft isotonisch, d. h. der osmotische Wert des Zellsafts entspricht daher demjenigen des Plasmolytikums; der osmotische Wert des letzteren aber ist aus der Konzentration zu errechnen.

Der osmotische Wert bei Grenzplasmolyse ist naturgemäß stets höher als derjenige der Zelle im natürlichen Zustand. Zur Erfassung des osmotischen Wertes im natürlichen Zustand der Zelle hat *Höfler* die plasmometrische Methode eingeführt. Sie fußt auf der Überlegung, daß die Konzentration des Zellsafts mit dem Volumen des Zellsaftraums sich gesetzmäßig ändert, und zwar verhalten sich die Zellvolumina bei verschiedenem Grad der Wassersättigung der Zelle umgekehrt wie die jeweiligen Konzentrationen des Zellsafts.

$$V_1 : V_2 = K_2 : K_1 .$$

Bestimmt man nun

V_1 = Volumen im natürlichen Zustand der Zelle (Messung erfolgt in Paraffinöl),

V_2 = Volumen bei Plasmolyse mit einer hypertonischen Lösung der Konzentration K_2, so läßt sich die Konzentration des Zellsafts (K_1) im natürlichen Zustand der Zelle berechnen

$$K_1 = \frac{K_2 \cdot V_2}{V_1} .$$

Praktisch macht die Bestimmung des Zellsaftvolumens freilich zum Teil erhebliche Schwierigkeiten.

Der osmotische Wert in Pflanzenzellen

Die osmotischen Werte der Zellen unterschiedlicher Gewebe und verschiedener Pflanzen sind zum Teil sehr verschieden groß; ein häufiger Mittelwert liegt bei 5—10 at. Blattzellen weisen gewöhnlich einen höheren osmotischen Wert als Wurzelzellen, Hochgebirgspflanzen höhere Werte als Formen der Ebene auf. Wenn auch die Höhe des osmotischen Wertes der Zelle von äußeren Faktoren (Licht, Temperatur) und inneren Bedingungen (Alter, Wasserversogung, Gewebszugehörigkeit der Zelle) nicht unabhängig ist, so schwankt er hinsichtlich bestimmter Gewebsarten bei derselben Pflanzenart doch nur innerhalb bestimmter Grenzen. Der osmotische Wert stellt ein konstitutionelles Merkmal der Pflanze dar.

Sehr hoch sind die osmotischen Werte zucker- und besonders salzspeichernder Pflanzen wie der Zuckerrübe, Zwiebel, vor allem aber der Halophyten (bis über 100 at). Am Aufbau des osmotischen Wertes der Zelle sind natürlich in Einzelfällen verschiedene Substanzen in ungleichem Ausmaß beteiligt: in Säurepflanzen kommt organischen Säuren und ihren Salzen, in Halophyten anorganischen Elektrolyten und in den übrigen Pflanzen vor allem verschiedenen Zuckern die hauptsächliche osmotische Wirkung zu.

Regulation des osmotischen Wertes. In Anpassung an besondere äußere und innere Bedingungen vermag die Zelle ihren osmotischen Wert in bestimmten Grenzen zu regulieren. Eine Erhöhung des osmotischen Wertes **(Anatonose)** kann erreicht werden durch Neubildung osmotisch wirksamer Substanz (Assimilationszucker) und durch Umbildung osmotisch unwirksamer oder wenig wirksamer in hochwirksame Substanz: z. B. Stärke → Zucker; Disaccharid → Monosaccharid, Zucker → Säuren usw. Eine Erniedrigung des osmotischen Wertes **(Katatonose)** kann erfolgen durch Ausfällung unlöslicher Salze (CaC_2O_4), Verbrauch osmotisch wirksamer Stoffe (Atmung), Rückbildung osmotisch wenig wirksamer Substanz aus osmotisch hochwirksamen Stoffen (Zucker → Stärke usw.).

Besondere Bedeutung kommt der Regulation des osmotischen Wertes der Schließzellen im Dienst der Transpirationregulierung zu (vgl. S. 188).

Die Saugkraft der Zelle

Wichtiger für die Wasseraufnahme und die Wasserbewegung in der Pflanze ist die **Saugkraft** der Zelle. In neuerer Zeit wurden einfache Methoden zur Bestimmung der Saugkraft der Zelle und ganzer Gewebe ausgearbeitet. Sie beruhen auf dem folgenden Prinzip: Bringt man eine Zelle in eine Lösung von geringerem osmotischen Wert (Saugwert) gegenüber der Saugkraft der Zelle, so vergrößert sich die letztere unter Wasseraufnahme; Wasseraustritt und Verkleinerung der Zelle tritt ein, wenn der osmotische Wert der Außenlösung die Saugkraft der Zelle übertrifft. Nur wenn osmotischer Wert der Außenlösung und Saugkraft der Zelle übereinstimmen, bleibt die Zellgröße unverändert. Im Versuch bringt man nun unter mikroskopischer Kontrolle der Größenänderung die zu untersuchenden Zellen nacheinander in Lösungen gestufter Konzentrationen, bis schließlich diejenige Konzentration gefunden ist, die keine Änderung der Zell- bzw. Gewebsgröße herbeiführt. Ihr osmotischer Wert entspricht dann der Saugkraft der Zelle.

Mit Hilfe der plasmometrischen Methode lassen sich gleichzeitig Saugkraft und Turgor einzelner Zellen bestimmen. Hieraus ergibt sich dann ein Bild von der jeweiligen Wasserversorgung der untersuchten Zelle. Im folgenden soll an einem Beispiel die Durchführung derartiger Bestimmungen gezeigt werden. Man stellt die folgenden Werte fest:

Volumen der Zelle im natürlichen Zustand der Wasserversorgung

(Untersuchung in Paraffinöl) $V_1 = 31{,}509$ Einheiten

Volumen der Zelle bei voller Wassersättigung

(Untersuchung in Wasser $V_2 = 34{,}779$ Einheiten

Volumen der Zelle bei Plasmolyse

(Untersuchung in 0,78 mol. Zuckerlösung) $V_3 = 21{,}799$ Einheiten

Im Zustand der Plasmolyse entspricht der osmotische Wert des Zellsafts demjenigen des Plasmolytikums; somit

$$O_3 \text{ (osmot. Wert bei Plasmolyse)} = 0{,}78 \text{ mol.}$$

Da sich die Zellsaftkonzentration umgekehrt wie die Volumina verhalten, läßt sich berechnen

$$O_2 \text{ (osmot. Wert bei Wassersättigung)} = \frac{V_3}{V_2} \cdot O_3 = 0{,}49 \text{ mol.}$$

und

$$O_1 \text{ (osmot. Wert im natürl. Zustand der Zelle)} = \frac{V_3}{V_1} \cdot O_3 = 0{,}54 \text{ mol.}$$

Bei voller Wassersättigung ist aber Saugkraft $S = 0$ und daher osmot. Wert = Turgor;

$$\text{somit } O_2 = T_2 = 0{,}49 \text{ mol.}$$

Der Turgor von 0,49 mol. Druckäquivalent entsteht infolge der Volumenzunahme vom Zustand der Plasmolyse bis zur vollen Wassersättigung $(V_2 - V_3) = 12{,}980$ Einheiten.

Die Volumenzunahme bis zum natürlichen Zustand der Zelle beträgt nur $(V_1 - V_3) = 9{,}710$ Einheiten.

Die Turgordrucke verhalten sich wie die Volumzunahmen; somit:

$$\frac{T_1}{T_2} = \frac{V_1 - V_3}{V_2 - V_3} = \frac{9{,}710}{12{,}980},$$

$$T_1 = \frac{9{,}710}{12{,}980} \cdot T_2 = \frac{9{,}710}{12{,}980} \cdot 0{,}49 \text{ mol} = 0{,}37 \text{ mol} = \text{rund } 10 \text{ at.}$$

Es ist daher die Saugkraft der Zelle im natürlichen Zustand:

$$S_1 = O_1 - T_1 = 0{,}54 \text{ mol} - 0{,}37 \text{ mol} = 0{,}17 \text{ mol} = 4{,}34 \text{ at.}$$

Der Turgor

Der Wanddruck der Zellen ist ein wichtiges Festigungsprinzip der Gewebe. Die straff gespannten Wände turgeszenter Zellen werden fest gegeneinander gepreßt und verleihen den Pflanzen eine Festigkeit, die freilich nur so lange anhält wie die Turgeszenz der Zellen. Mit abnehmender Wassersättigung fallen die Zellen zusammen wie Gummischläuche, denen die Luft entweicht. In krautigen Pflanzen ist das mechanische System funktionell weitgehend durch den Turgor der Zellen ersetzt. Bringt man derartige Pflanzenteile, z. B. Blätter oder saftige Stiele (Rhabarber), in hypertonische Lösungen, so schwindet der Turgor rasch, und es tritt deutliche Erschlaffung der Gewebe (osmotisches Welken) ein.

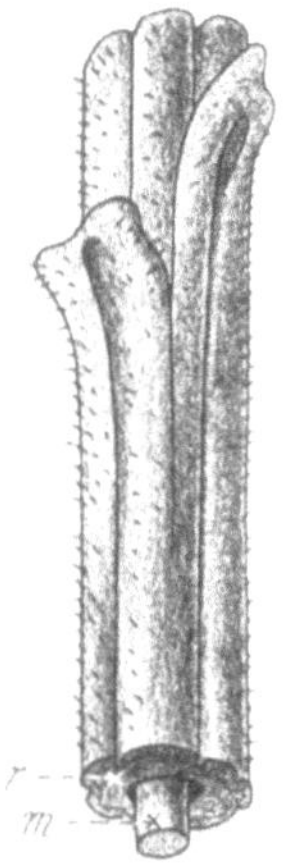

Abb. 270. Gewebespannung. (*r*) Rinde; (*m*) Mark

Nicht alle Gewebe unterliegen derselben Turgorspannung. Gewöhnlich nimmt in den Organen die Wandspannung der Gewebe von außen nach innen ab. Die äußersten Gewebe hindern nicht selten die inneren an der Wandausdehnung, so daß es zu einer **Gewebespannung** kommt. Diese tritt deutlich in Erscheinung, wenn man z. B. in einem Stengel vorsichtig Markzylinder, Holzring, Rinde und Epidermis trennt; dabei verlängert sich das Mark, während sich die äußeren Gewebsteile verkürzen (Abb. 270). Bei Längshalbierung von Blattstielen oder Blütenschäften krümmen sich die Hälften so, daß die äußeren Teile in dem Konkav-, die inneren im Konvexteil liegen. Verstärkt wird die Krümmung bei Einlegen der Organe in Wasser, aufgehoben bei Ersatz des Wassers durch hypertonische Lösungen, ein Beweis, daß es sich hierbei um Turgorbewegungen handelt.

Die Größe des Turgors in Geweben kann augenfällig in der folgenden Weise demonstriert werden: ein junger, wenig verholzter Porreeblütenschaft bestimmter Länge wird in heißem Wasser abgetötet. Dabei verlieren die Zellen ihren Turgor und werden entspannt. Der Blütenschaft wird demzufolge kürzer. Belastet man nun den einseitig aufgehängten Schaft mit Gewichten, bis durch Dehnung die ursprüngliche Länge wieder erreicht ist, so gibt der auf die Querschnittseinheit der Gewebe bezogene Gewichtszug ein Maß für den ursprünglich wirksam gewesenen Turgor ab.

3. Die Permeabilität

Aus den Plasmolyseuntersuchungen möchte man auf völlige Undurchlässigkeit des Plasmas für alle plasmolysierenden Stoffe schließen. Dieser Schluß ginge zweifellos in die Irre, denn wir finden im Zellsaft vielerlei Stoffe wieder, die wir als Plasmolytika kennenlernten, und die nur von außen her in die Vakuole gelangt sein können. Schon in kurzfristigen Palsmolyseversuchen zeigen manche Stoffe erhebliche Abweichungen von dem theoretisch zu erwartenden osmotischen Effekt: Äthylalkohol erzeugt, auch in hohen Konzentrationen geboten, keine Plasmolyse; die durch Azetamid, Glykol und andere Stoffe bewirkte Plasmolyse geht rasch zurück, und auch in den Elektrolytlösungen hält sich die Plasmolyse nur begrenzte Zeit, bis auch hier Deplasmolyse eintritt. Die Erklärung dieser auffallenden Tatsache brachte eine Beobachtung *Pfeffers*, wonach gewisse Farbstoffe in Plasma und Vakuole lebender Zellen einzudringen vermögen. Später wurde diese Beobachtung noch auf viele andere Stoffe, auch auf Elektrolyte, ausgedehnt. Der scheinbare Widerspruch dieses Befundes zu den plasmolysierenden Wirkungen dieser Stoffe erklärte sich einfach aus der Tatsache, daß Wasser viel rascher zu permeieren vermag als die meisten übrigen Stoffe, so daß sich in kurzdauernden Versuchen das Plasma wie eine semipermeable Wand verhält. Die wahren Permeabilitätsverhältnisse aber enthüllte erst der zeitliche Ablauf der Deplasmolyse.

Damit konnte die Frage der Eintrittsgeschwindigkeit der einzelnen Stoffe in die Zelle einer experimentellen Prüfung unterzogen werden.

Wie bereits oben erörtert wurde, stellen sich den von außen nach dem Zellinneren vordringenden gelösten Teilchen vor allem zwei Barrieren entgegen: die äußeren Plasmagrenzschichten und die Vakuolenwand, der Tonoplast. Schon aus ihrem verschiedenen chemischen Aufbau ist auf abweichende Permeabilitätsverhältnisse beider Membranen zu schließen. Dabei regulieren die äußeren Plasmagrenzschichten das Eindringen der Stoffe ins Plasma **(Intrabilität)**, der Tonoplast dagegen bestimmt darüber, was in den Zellsaft gelangt **(Permeabilität)**. Die sogenannte Kappenplasmolyse ist das Ergebnis einer Intrabilität des Plasmas für das Plasmolytikum. Da die wichtigsten stoffwechselphysiologischen Prozesse sich im Plasma abspielen, besitzt für den Stoffwechselphysiologen die Frage der Intrabilität erhöhtes Interesse, während der Permeabilität grundlegende Bedeutung für alle osmotischen Fragen, u. a. des Wasserhaushaltes, zukommt.

Leider sind nur für die Bestimmung der Permeabilität brauchbare Methoden allgemeiner Anwendbarkeit ausgearbeitet worden, während die Möglichkeiten der quantitativen Erfassung der Intrabilität noch sehr begrenzt sind.

Methoden der Permeabilitätsmessung. Die Eindringungsgeschwindigkeit kann errechnet werden aus dem zeitlichen Rückgang der Plasmolyse, der Rückstreckung eines in hypertonischer Lösung geschrumpften Gewebsstreifens oder auch auf Grund chemischer Analyse des Zellsaftes nach zeitlich begrenzter Darbietung des auf seine Eindringungsgeschwindigkeit zu untersuchenden Stoffes.

Die Permeabilität des Plasmas für Elektrolyte. Die Gesetzmäßigkeiten der Salzaufnahme in die Zelle sind zur Zeit infolge der methodischen Schwierigkeiten noch nicht restlos geklärt. Sicher ist, daß die Stoffe nur in gelöster Form aufgenommen werden. Das darf aber nicht die Vorstellung erwecken, als ob die gelösten Nährstoffe mit dem Wasser gleichsam nur passiv in die Zelle eingeschwemmt würden. Vielmehr bestehen zwischen der Größe der Wasser- und der Salzaufnahme keine unmittelbaren Zusammenhänge. Die Lösung der Salze ist nur deshalb eine Voraussetzung für deren Aufnahme, weil dadurch die Salze in die notwendige molekulardisperse Verteilung kommen.

Sicherlich ist der Durchtritt durch das Plasma ein sehr verwickelter Prozeß, an dem Osmose, Plasmaquellung, Adsorption an Grenzschichten, Löslichkeit in denselben und anderes mehr eine Rolle spielen mögen.

a) Die osmotische Beförderung der Salze kann nur bis zum Konzentrationsausgleich zwischen Außen- und Innenlösung führen. Wenn wir trotzdem eine selektive Speicherung einzelner Salze bzw. Ionen in der Zelle beobachten, so kann nur ein Teil der gespeicherten Substanz osmotisch wirksam sein. Der größere Teil muß im Hinblick auf die geringe Konzentration, wie sie z. B. in der Bodenlösung vorliegt, durch Adsorption oder in chemisch unlöslichen Verbindungen aus der Lösung oder doch aus dem System freier Osmose herausgenommen sein. So kann die Ca-Speicherung auf Bildung von unlöslichem Ca-Oxalat, Ca-Karbonat oder Ca-Pektat beruhen. Auffällig sichtbar wird die Ausfällung von eindringendem Methylenblau als gerbsaures Salz im Zellsaft gerbstoffreicher Pflanzen.

b) Sicher spielt aber auch die Adsorption eine große Rolle bei selektiver Elektrolytanhäufung in der Zelle, die in ihren Beziehungen zur Konzentration durchaus dem Adsorptionsgesetz folgt: das Verhältnis von Innen- zu Außenlösung (Adsorptionsverhältnis) sinkt mit der Konzentration der Außenlösung.

Konzentration von K in der Außenlösung	Adsorptions-verhältnis
0,00490	2,3
0,00220	3,1
0,00100	11,7
0,00023	15,1
0,00019	24,3
0,00011	70,7

In die gleiche Richtung weist die Tatsache, daß aus sauren Lösungen (positive Ladung der amphoteren Plasmakolloide) bevorzugt Anionen, aus alkalischen (negative Ladung der Plasmakolloide) dagegen Kationen aufgenommen und gespeichert werden. Freilich darf man sich das nicht so vorstellen, als ob einzelne Ionen getrennt ins Plasma eindringen. Dazu ist die elektrische Bindung der Ionenpaare zu fest. Einseitige Ionenaufnahme ist nur im Austausch gegen gleichsinnig geladene Ionen möglich. So sind zweifellos $Ca^{\cdot\cdot}$ und wohl auch $Na^{\cdot}$ wichtige Austauschionen für lebenswichtige Kationen und CO_3'' bzw. HCO_3' Austauschionen für unentbehrliche Anionen. Sicherlich dringen auch Salzmoleküle, vielleicht sogar rascher als die Ionen, in die Zelle ein.

c) Die Bedeutung des Quellungszustandes des Plasmas für die Permeabilität ergibt sich u. a. aus der ungleichen Eindringungsgeschwindigkeit für Ionen ungleicher Quellungswirkung. Im allgemeinen dringen die stark quellend wirkenden Alkalisalze rascher ein als die Salze der entquellend wirkenden Erdalkalien. Die Aufnahmegeschwindigkeit erfolgt in vielen Fällen entsprechend den lyotropen Reihen. Die Quellungswirkung der Ionen ist freilich weitgehend von der Ladung der Plasmakolloide abhängig. Aus diesem Grunde ist kein einheitliches Verhalten aller Zellen hinsichtlich der Ionenpermeabilität zu erwarten. Viele Beobachtungen sprechen dafür, daß die Elektrolyte in diesem Sinne auch auf die Aufnahme anderer Stoffe wirken. Von den Basen dringen nur Ammoniak und manche Alkaloidbasen rasch ein. Unter den Säuren permeieren besonders Essigsäure und Ameisensäure sehr schnell, während die starken Mineralsäuren nur langsam einzudringen vermögen.

Permeabilität für organische Stoffe. Manche organischen Stoffe wie Äthylalkohol, Harnstoff, Glykol u. a. dringen rasch in den Zellsaft ein. Dagegen haben die Permeabilitätsuntersuchungen nur sehr langsames Eindringen von Stoffen ergeben, die wie die Zucker und Aminosäuren zweifellos Wanderstoffe der Pflanze darstellen. Es ist kaum zu bezweifeln, daß diese Stoffe zwar leicht ins Plasma eindringen, durch den Tonoplasten aber zurückgehalten werden, d. h. ihre Intrabilität ist sehr erheblich, ihre Permeabilität nur gering.

Permeabilitätsreihen. Die relative Permeiergeschwindigkeit einzelner Stoffe wechselt offenbar bei verschiedenen Pflanzen und Zellen (spezifische Permeabilitätsreihen). Wahrscheinlich jedoch handelt es sich hier nicht um die Auswirkung konstitutioneller Plasmaeigentümlichkeiten, sondern um Bedingungsänderungen, denn unter wechselnden Bedingungen können sich die Permeabilitätsreihen an demselben Objekt ändern.

Plasmapermeabilität als Lebenserscheinung. Die geschilderten Permeabilitätseigenschaften besitzt nur das ungeschädigte, lebende Plasma. Schädigungen (auch reversibler Natur) erhöhen im allgemeinen die Permeabilität, und beim Absterben des Plasmas hören alle spezifischen Permeabilitätsunterschiede auf. Das zeigt sich deutlich in der **Exosmose** gefärbter Zellsäfte (Abtöten des Gewebes der roten Rübe durch Hitze oder Plasmagifte). Dabei verliert das tote Plasma zwei Eigenschaften, welche die lebende Zelle auszeichnen, nämlich die selektive Aufnahme von Stoffen und die Fähigkeit der Speicherung einzelner Stoffe über die Konzentration der Außenlösung hinaus.

Permeabilitätstheorien. Die Beobachtungen einer sehr ungleichen Aufnahme der Stoffe in die Zelle legten die Frage nahe: Welche Eigenschaften der Stoffe bestimmen ihr Eintrittsvermögen ins Plasma bzw. in den Zellsaft? Wie aus den Darlegungen über den Bau der Plasmagrenzschichten hervorgeht, gibt es für verschiedene Stoffe auch unterschiedliche Einfallstore ins Plasmainnere.

Overton beobachtete, daß namentlich lipoidlösliche Stoffe leicht in die Zelle eindringen. Das kann darauf beruhen, daß diese Stoffe sich in den Lipoidarealen der äußeren Plasmagrenzschicht lösen und nur geringen Widerstand in der fettreichen Vakuolenwand finden (**Lipoidtheorie** der Permeabilität).

Mit fortschreitender Bereicherung experimentellen Beobachtungsmaterials zeigte sich indes bald, daß die Lipoidlöslichkeit unmöglich der einzige oder auch nur der wichtigste auslesende Faktor bei der Stoffaufnahme sein konnte. So sind die relativ rasch permeierenden Mineralsalze nicht fettlöslich. Im Verlauf sehr exakter und ausgedehnter Untersuchungen hat dann *Ruhland* für viele Stoffe eine klare Beziehung zwischen Molekülgröße und Permeierfähigkeit nachweisen können. Die Stoffe mit kleinen (wenig sperrenden) Molekülen permeieren rascher als großmolekülige Körper. Das Plasma wirkt diesen Stoffen gegenüber wie ein sehr feines Sieb oder Ultrafilter **(Ultrafiltertheorie)**.

Als drittes Moment übt sicherlich auch die adsorptive und elektrische Bindung an bestimmte Gruppen der Plasmakolloide einen bedeutsamen Einfluß auf die Permeation aus, von dem hauptsächlich oberflächenaktive und elektrisch geladene Teilchen (Ionen) betroffen werden **(Adsorptionstheorie)**.

Zusammenfassend wird man sagen können, daß Stoffe auf Grund verschiedener Eigenschaften permeieren können; zweifellos spielen Ultrafilter- und Adsorptionswirkung eine Hauptrolle. Ob die Lipoidlöslichkeit als selbständiges Permeationsprinzip zu werten ist oder nur eine Parallelerscheinung zur Oberflächenaktivität der Stoffe und damit ihrer direkten Adsorbierbarkeit darstellt, muß dahingestellt bleiben.

Der Wasserhaushalt der Pflanze

Übersicht

a) Allgemeine Bedeutung des Wassers für das Leben der Pflanze. Schon im rein mengenmäßigen Anteil am Aufbau der Pflanze tritt die Bedeutung des Wassers für das Leben der Pflanze klar in Erscheinung. Das Plasma vermag nur oberhalb eines bestimmten Quellungsgrades die Lebensvorgänge so zu regulieren, daß sie die Erhaltung des Lebens sicherstellen. Da sich aus physikalischen Gründen ein bestimmtes Gleichgewicht zwischen Zellsaftkonzentration, Wassergehalt des Plasmas und Quellungsgrad der Zellwände einstellen muß, so bedarf die funktionstüchtige Pflanze einer bestimmten Menge „Aufbauwassers". Sinkt der Wassergehalt der Pflanze und damit der Quellungsgrad des Plasmas unter eine bestimmte Grenze ab, so erfahren die Lebensprozesse eine starke Dämpfung. So äußert das wasserarme „schlafende" Plasma der lufttrockenen Samen nur mehr ganz geringes Leben, die Atmung ist auf ein Minimum abgesunken. Sie steigt jedoch mit fortschreitender Wasseraufnahme der Samen rasch an. Auch für niedere Pflanzen ist eine enge Beziehung zwischen Plasmaquellung und Intensität der Lebensprozesse festgestellt worden. Selbst so widerstandsfähige Pflanzen wie Schimmelpilze und Hefen sterben ab bzw. gehen in Dauerzustände über, wenn ihre Plasmaquellung unter ein erträgliches Minimum absinkt.

b) Wasseraufnahme. Die Pflanze muß durch ausreichende Wasseraufnahme ihren wachsenden Teilen immer neues Wasser zuführen. Organe der Wasseraufnahme sind mit wenigen Ausnahmen die Wurzeln, deren Bau weitgehend auf diese wichtige Funktion abgestellt ist.

c) Wasserabgabe. Das Aufbauwasser stellt immer nur einen geringen Teil des gesamten Wasserbedürfnisses der Pflanze dar, denn die lebenstüchtige Zelle gibt fortlaufend mittelbar oder unmittelbar Wasser an die Atmosphäre ab **(Transpiration)**. In einer einzigen Vegetationsperiode verbrauchen die meisten Pflanzen ein Vielfaches ihres Körpergewichtes an **Verdunstungswasser.** Sicherlich hätte die Pflanze im Verlauf ihres Entwicklungsganges Mittel und Wege gefunden, die Wasserabgabe auf ein Minimum einzuschränken, wenn diese nicht im Dienste lebenswichtiger Funktionen (Salzaufnahme, Wärmeregulation) stünde. So liegt die Lösung des Wasserproblems für die meisten Pflanzen nicht in einer einseitigen Beschränkung der Wasserabgabe, sondern vielmehr in einem Ausgleich zwischen Wasseraufnahme und Wasserabgabe **(Wasserbilanz).**

d) Wasserleitung. Da die wasseraufnehmenden (Wurzeln) und die abgebenden Organe (Blätter) zum Teil weit auseinander liegen, tritt als wichtiges technisches Problem zur Erhaltung einer positiven Wasserbilanz dasjenige der ausreichenden Wasserleitung an die Pflanze heran, von dessen Lösung zum Teil auch die Maximalgröße der Pflanze abhängig ist. Die Frage der pflanzlichen Wasserversorgung gliedert sich daher in drei Teilprobleme:

1. Wasseraufnahme,
2. Wasserabgabe,
3. Wasserleitung.

Diese Teilprozesse müssen so aufeinander abgestimmt sein, daß der gesamte Wasserhaushalt den für die Durchführung der Lebensprozesse notwendigen Quellungsgrad des Plasmas gewährleistet. Da Wasseraufnahme und Wasserabgabe weitgehend vom Standort beeinflußt werden, mußte die Pflanze auf bestimmte Standortsbedingungen durch zweckmäßige, den Wasserhaushalt regulierende Anpassungserscheinungen antworten. Daher sind die Wasserverhältnisse des Standorts von hervorragend gestaltbildendem Einfluß auf die Pflanze und haben zur Ausbildung bestimmter **ökologischer Pflanzengruppen** geführt.

Die Wasseraufnahme

Die Physik der Dampfspannung. Die Richtung der Wasserbewegung zwischen zwei wasserhaltigen Systemen ist eindeutig durch die Dampfspannung der beiden Systeme bestimmt.

1. Die Dampfspannung des reinen Wassers. Bringt man über das Quecksilber in einer *Torricelli*schen Röhre etwas Wasser, so verdampft ein Teil dieses Wassers im luftleeren Raum. Der entstandene Dampf entwickelt einen bestimmten Druck, dessen Größe am Absinken der Quecksilbersäule gemessen werden kann **(Dampfdruck).** Der Dampfdruck (h) ist temperaturabhängig. Nebenstehende Tabelle verzeichnet die Dampfdrucke des Wassers bei verschiedenen Temperaturen.

Temperatur in 0° C	Dampfdruck des Wassers in mm Hg
−15	1,25
0	4,58
10	9,21
20	17,54
25	23,76

Anderseits geben die Temperaturen die Siedepunkte des Wassers bei den nebenstehenden Drucken an. Daher ist die Dampfspannung ein Maß für die Größe der Wasserdampfabgabe wasserhaltiger Körper.

2. Dampfspannung in Lösungen. Wässerige Lösungen besitzen unter gleichen Temperaturbedingungen geringere Dampfspannung als das reine Wasser. Die Senkung der Dampfspannung erfolgt nach Maßgabe der Zahl gelöster Teilchen. Daher fällt die Dampfspannung mit der Konzentration der Lösung und bei Elektrolyten außerdem mit dem Dissoziationsgrad.

Lösungen gleicher Teilchenkonzentration besitzen gleiche Dampfspannung; derartige Lösungen sind aber auch isosmotisch. Lösungen von ungleicher Dampfspannung besitzen ungleiche osmotische Werte und befinden sich daher im osmotischen Ungleichgewicht. Stehen solche Lösungen in direkter Berührung, so stellt die Diffusion bald ein Gleichgewicht her. Sind diese Lösungen dagegen in getrennten Gefäßen, so kann nur ein gemeinsamer Luftraum den Konzentrationsausgleich vermitteln, und zwar dadurch, daß er für die Wassermoleküle der verdünnteren Lösung die Brücke zu der konzentrierten Lösung bildet. Die Wasserwanderung kann dann naturgemäß nur in Dampfform erfolgen. So wie ein gelöster Stoff von Orten höherer Konzentration zu solchen niederer Konzentration wandert, so gibt ein System höherer Dampfspannung Wasserdampf an ein System niederer Dampfspannung ab.

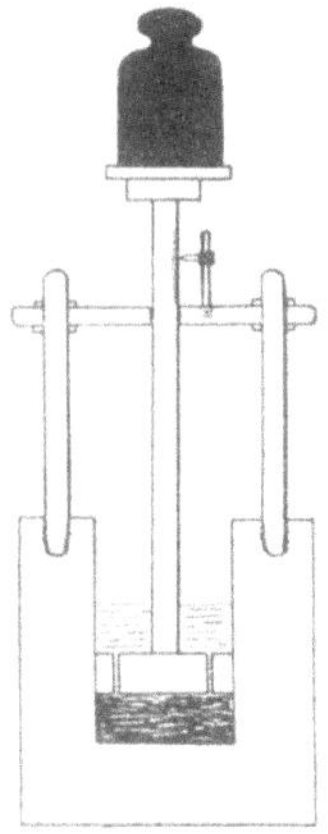

Abb. 271. Demonstration des Quellungsdrucks. (Nach *Walter*)

3. **Dampfspannung von Quellkörpern.** Taucht man ein Stück Filtrierpapier in Wasser, so füllen sich dessen Poren mit Flüssigkeit; bei nachfolgender Verdunstung wird das Wasser fortschreitend durch Luft ersetzt. Anders verhält sich eine Gelatinelamelle bei Benetzung entsprechend ihrer andersartigen Struktur. Im Gegensatz zum Papier besitzt die Gelatine keine lufterfüllten Poren; ihre Strukturelemente, die Mizellen, lagern sich so dicht aneinander, daß keinerlei lufterfüllte Spalten und Lücken entstehen können. Bei Benetzung binden die Mizellen an ihren Oberflächen sehr begierig Wassermoleküle, die schließlich zu Wasserhüllen zusammentreten. Dadurch bilden sich wassererfüllte Intermizellarräume, die eine Volumenvergrößerung (Quellung) des benetzten Körpers hervorrufen. Bei Wasserabgabe gequollener Körper rücken umgekehrt die Mizellen wieder näher zusammen, bis schließlich die letzten Wasserreste zwischen ihnen verschwunden sind (Entquellung). Werden umgekehrt die Wasserhüllen so mächtig, daß sie den Zusammenhalt der Mizellen sprengen, so kommt schließlich eine freie Beweglichkeit derselben zustande, das System nimmt Lösungscharakter an (unbegrenzt quellbare Körper). Bleibt indes der mizellare Zusammenhang bestehen, befindet sich also das Wasser nur in Form von festgebundenen Wasserhüllen und Wassereinschlüssen zwischen dem mizellaren Gerüstwerk, so ist die Wasseraufnahme begrenzt, und wir sprechen von begrenzt quellbaren Körpern. Die pro Gramm trockener Substanz aufgenommene Wassermenge wird als **Quellungsgrad** des Körpers bezeichnet. Die Aufnahme des Wassers in den quellenden Körper erfolgt mit einer bestimmten Kraft,

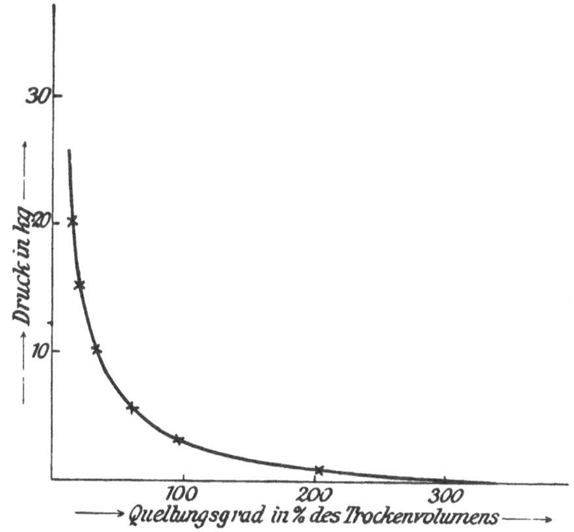

Abb. 272. Quellungsdruck in Abhängigkeit vom Quellungsgrad. (Nach *Walter*)

ähnlich der osmotischen Wasserbindung. Wie osmotische Systeme besitzen auch Quellkörper einen gewissen Saugwert und vermögen einen (dem osmotischen Druck vergleichbaren) **Quellungsdruck** zu erzeugen (Abb. 271), der besonders in den Anfangsstadien der Quellung enorme Werte erreicht. Abb. 272 gibt die Beziehung zwischen Quellungsgrad und Quellungsdruck wieder. Ähnliche Beziehungen wie zwischen osmotischem Wert und Dampfdruck der Lösungen bestehen auch zwischen Quellungsgrad bzw. Quellungsdruck und Dampfdruck. Die Tabelle gibt diese Beziehungen wieder.

NaCl mol	Rohrzucker mol.	Gelatine %	Osm. Wert in Atm. bei 20°	rel. Dampfspannung p/p_0
0	0	0	0	1,000
0,23	0,36	33	10	0,993
0,49	0,65	44	20	0,985
0,73	0,88	51	30	0,978
0,90	1,07	56	40	0,971
1,11	1,23	59	50	0,964
1,50	1,50	64	70	0,950
2,00	1,81	68	100	0,930
2,67	2,19	71	150	0,899
3,25	2,45	72	200	0,870
4,00	—	74	250	0,830
5,40	—	76	400	0,769

Hieraus folgt, daß Lösungen und Quellkörper in ein Dampfdruckgleichgewicht kommen müssen, das dann erreicht ist, wenn die Saugwerte beider Systeme (meßbar in der Dampfspannung) gleich geworden sind. In einem solchen Gleichgewicht stehen daher auch Zellsaftkonzentration, Quellungsgrad des Plasmas und der Zellwand. Auch zwischen Lösungs- und Quellungssystemen findet Wasserwanderung in der Richtung des Dampfdruckgefälles statt. Diese Tatsache stellt auch die physikalische Grundlage für die Wasseraufnahme aus dem Boden dar.

Die höher entwickelte Landpflanze entnimmt ihr lebensnotwendiges Wasser im wesentlichen mittels ihrer Wurzeln dem Boden. Allerdings kann nicht die ganze Wurzel dieser Aufgabe dienen, da große Teile derselben einen oberflächlichen Korkbelag tragen. Aktiv an der Wasseraufnahme sind nur die Zonen der Wurzelhaare beteiligt. Die Wurzelhaare sind Ausstülpungen der Epidermiszellen und können die Oberfläche der Wurzel erheblich (bei Gerste aufs 12fache) vergrößern. Sie durchwachsen unter Ausnutzung aller Spalten und Hohlräume den Boden und kommen auf ihrem Wege mit dem Bodenwasser in Berührung. Um dieses Bodenwasser geht nun der Kampf zwischen Boden und Wurzelhaar. Er wird zugunsten desjenigen Systems entschieden, welches die höhere Saugkraft entwickelt.

Die Saugkraft der Wurzeln

Die Saugkraft der Wurzelzellen ist im allgemeinen nicht sehr hoch; am häufigsten wurden Werte von 6—14 at bestimmt. Doch vermag die Pflanze die Wurzelsaugkraft weitgehend an die herrschenden Saugwerte der Bodenlösung anzupassen. Keimlinge, in Zuckerlösungen verschiedener Konzentration gezogen, zeigten die folgenden Werte der Wurzelsaugkräfte:

Lösung	Saugkraft der Epidermiszellen	Saugkraft der entspannten Zellen
Wasser	0,0 at	7 at
0,02 m Rohrzucker .	0,5 „	
0,04 m „ .	1,1 „	13,3 „
0,2 m „ .	5,3 „	

An Erbsenkeimlingen wurden bei Aufzucht in hochkonzentrierten Lösungen Wurzelsaugwerte bis 40 at gemessen. Auch bei niederer Bodentemperatur steigt die Saugkraft der Wurzel als Ausgleich für verringerte Wasserpermeabilität. Sehr hoch sind die Wurzelsaugkräfte nicht selten bei Wüstenpflanzen und bei Halophyten.

Die Saugkraft des Bodens

Sein Wasser erhält der Boden aus atmosphärischen Niederschlägen; ein Teil dieses Wassers sickert durch den Boden zum Grundwasser ab (Senkwasser). Ein anderer Teil, das Haftwasser, wird vom Boden zurückgehalten. Die Menge des von der Bodeneinheit zurückgehaltenen Wassers bestimmt die Wasserkapazität des Bodens. Die Kraft, mit der der Boden das Wasser festhält, ist ein Maß für die Saugkraft des Bodens. Diese „Retentionskräfte" sind physikalischer Natur, aber ihrem Wesen nach doch sehr verschieden. An der Bindung des Wassers im Boden sind verschiedene Kräfte beteiligt:

1. An Oberflächen der Bodenpartikel verdichtet sich der Wasserdampf zu dünnen Wasserhäutchen, die adsorptiv festgehalten werden (Adsorptionswasser). Mit fallender Teilchengröße der Bodenpartikel steigt die relative Oberfläche und damit auch die Adsorptionskraft des Bodens.

2. Weiteres Wasser tritt als Quellungswasser in die quellbaren Humusbestandteile und Bodenkolloide ein.

3. Endlich wird auch Wasser kapillar in den feinen Rissen und Kanälchen des Bodens zurückgehalten (Kapillarwasser). Die Steighöhe (*s*) des Wassers in Kapillaren ist dem Radius der Kapillaren (*p*) umgekehrt proportional $\left(s = \frac{1}{p}\right)$. Bedeutungsvoll für den ganzen Wassernachschub im Boden vom Grundwasser zur Oberfläche ist die Tatsache, daß von einer bestimmten Porenenge ab zusammenhängende Wasserfäden den Boden durchziehen. Damit steigt dann auch plötzlich die Wasserkapazität des Bodens an. Da die Porengröße durch die Korngröße des Bodens bestimmt ist, bestehen auch zwischen dieser und der Menge des Haftwassers Beziehungen:

Korngröße in mm	1—2	0,5—1	0,25—0,5	0,171—0,25	0,114—0,171	0,071—0,114	0,01—0,071
Haftwasser in % des Bodengew.	2,33	2,68	2,94	3,47	4,25	24,7*)	27,1*)

So erfreulich eine hohe Wasserkapazität des Bodens für die Wasserversorgung der Pflanze ist, so ungünstig kann sie auf die Durchlüftung des Bodens wirken. Wenn alle Poren des Bodens mit Wasser erfüllt sind, fehlt es den Wurzeln am nötigen Sauerstoff. Es treten dann leicht faulige Gärungen ein, denen die feineren Wurzeln zum Opfer fallen. Ein guter Ackerboden muß daher neben vielen kleinen wassererfüllten Poren noch größere Lufträume enthalten. Das ist bei der Krümelbildung der Fall. Alle Maßnahmen der Bodenbearbeitung des Landwirts zielen auf Schaffung einer solchen Krümelstruktur des Bodens ab. Von der Krümelstruktur wird auch weitgehend die Austrocknung des Bodens beeinflußt.

Sind Ackerkrume und Untergrund durch ein ununterbrochenes System feiner Kapillarkanäle verbunden, so wird bei gesteigerter Wasserabgabe ein solcher Boden bis auf erhebliche Tiefen austrocknen können. Anders, wenn durch oberflächliche Bodenlockerung oder bei erheblicher Korngröße die Wasserfäden reißen, dann trocknet nur der oberste Teil des Bodens aus und schützt das tieferliegende Wasser, das von einem tiefgründigen Wurzelsystem noch erreicht wird. Daher trocknen feinporige Lehmböden viel tiefer als lockere Sandböden aus.

Die Saugkraft des Bodens setzt sich zusammen aus den verschiedenen Komponenten der Kräfte, die das Adsorptions-, Quellungs- und Kapillarwasser zurückhalten. Sie lassen sich in summa aus der Dampfspannung des Bodens bestimmen.

*) Zusammenhängende Wasserfäden.

Zur Ermittlung der letzteren sind physiologische und physikalische Methoden zur Anwendung gebracht worden.

Methoden zur Messung der Saugkraft des Bodens. a) Eine biologische Methode der Saugkraftbestimmung des Bodens beruht auf einem Vergleich der Wasseraufnahme von Samen, und zwar einerseits aus Lösungen bekannten osmotischen Wertes und andererseits aus dem Boden, dessen Saugkraft bestimmt werden soll.

b) Die physikalischen Methoden vergleichen die Saugkraft des Bodens direkt mit dem Saugwert (osmotischen Wert) von Lösungen bekannter Konzentration.

In eine Anzahl von Flaschen bringt man Proben des zu untersuchenden Bodens und befestigt am Verschlußstopfen gewogene Streifen von Filterpapier, die mit Lösungen verschiedenen, aber bekannten Saugwertes getränkt sind. Dann entspricht die Saugkraft des Bodens dem Saugwert der Lösung desjenigen Papierstreifens, der sein Gewicht nach längerem Verweilen über dem Boden nicht verändert hat. Das ist nur möglich, wenn die Dampfspannungen von Boden und Lösung übereinstimmen. Systeme gleicher Dampfspannung entwickeln auch gleiche Saugkräfte. Die Dampfspannung des Bodens ist daher ein geeignetes Maß für seine Saugkraft.

Wassersättigungsgrad des Bodens und Bodensaugkraft. Naturgemäß sind die Veränderungen der Bodensaugkraft vom Grad seiner Wassersättigung abhängig. Vergleicht man indes Wassersättigungsgrad und Dampfspannung verschiedener Bodenarten, so bemerkt man deutliche Unterschiede in den Beziehungen beider Größen: so sinkt mit abnehmendem Wassergehalt die Dampfspannung verschiedener Böden in ungleichem Ausmaß. In verschiedenen Böden werden daher auch ungleiche Wassermengen der Saugkraft der Wurzeln nicht mehr zugänglich sein. Die Menge dieses unverwendbaren Bodenwassers steigt im allgemeinen mit der Feinheit der Bodenstruktur und mit dem Salzgehalt des Bodens.

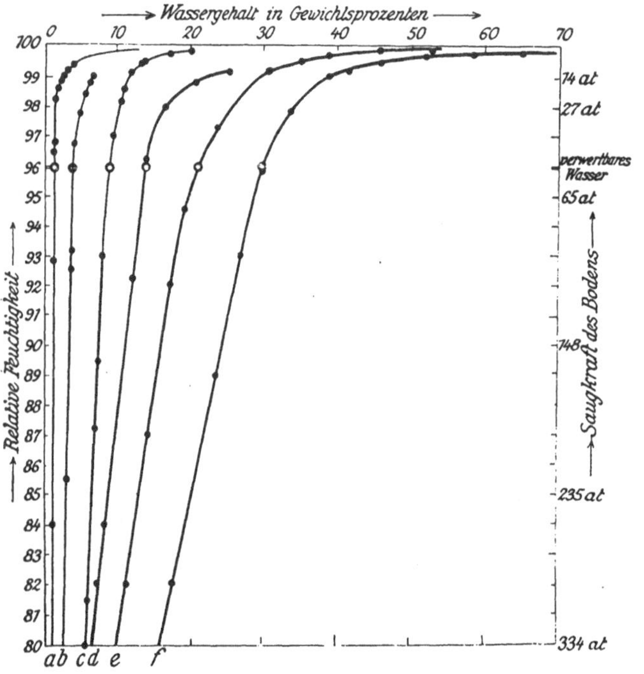

Abb. 273. Saugkräfte verschiedener Böden bei verschiedenem Wassergehalt. *a* Sandboden, *b* leichter Lehmboden, *c* Löß, *d* Lehmboden, *e* Humusboden, *f* salzhaltiger Boden. (Nach *Gradmann*)

Mit diesen Angaben stimmen die Kurven der Dampfspannung in Abhängigkeit vom Grad der Wassersättigung der Böden wohl überein (Abb. 273). Schon bei einem Abfall der Dampfspannung auf 96 % steigt die Saugkraft des Bodens bereits weit über diejenige der meisten Wurzeln; aber bei dieser Dampfspannung hat der Boden im allgemeinen auch schon den größten Teil des Wassers abgegeben. Eine weitere Steigerung der Wurzelsaugkraft würde einer von nun ab steil ansteigenden Saugkraft des Bodens begegnen, wäre also für die Wasseraufnahme wenig ergiebig. Die folgende Tabelle gibt Gesamtwassergehalt und unverwertbares Wasser verschiedener Böden wieder:

Boden	Gesamt-wassergehalt	Unverwendbares Wasser
Sandboden	14,3	0,3
Leichter Lehmboden	47,4	9,3
Löß	59,3	10,1
Lehmboden	64,1	10,9
Humusboden	65,3	11,9
Salzhaltiger Boden	68,5	16,2

Die Wasserbewegung im Boden

Die Abb. 274 zeigt den Verlauf eines Wurzelhaares zwischen den Bodenpartikeln (dunkelschraffiert). Die hell schraffierten Stellen entsprechen Wasserhüllen, die weißen Gebilde stellen lufterfüllte Hohlräume dar. Zunächst wird dieses Haar Wasser aus seiner unmittelbaren Umgebung aufnehmen. Damit entsteht ein Saugkraftgefälle nach entfernteren Stellen des Bodens hin. Dadurch wird eine Wasserbewegung in Richtung des Gefälles hervorgerufen. Versuche haben ergeben, daß, solange die Wasserhüllen noch ansehnlich sind, diese Wasserbewegung so rasch erfolgt, daß sie die Saugkraftdifferenzen innerhalb des Bodens niedrig halten kann. In stark entwässertem Boden aber nimmt die Geschwindigkeit der Wasserwanderung stark ab und gewinnt dadurch entscheidenden Einfluß auf die Wasserversorgung der Wurzeln. Das beweisen u. a. die Versuche zur Feststellung des Welkungskoeffizienten.

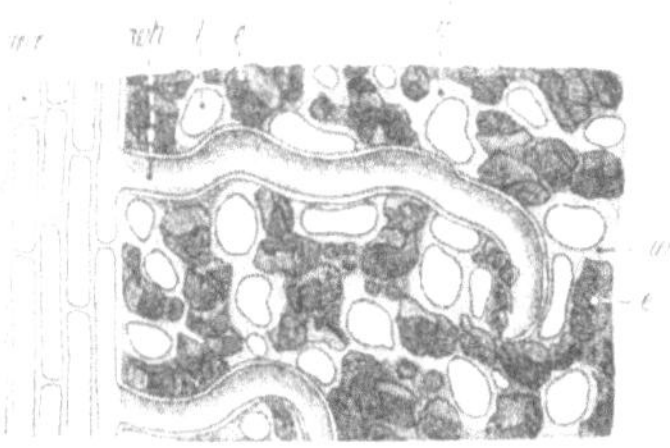

Abb. 274. Verlauf des Wurzelhaars im Boden. (*wr*) Wurzelrinde; (*wh*) Wurzelhaar; (*l*) Luftporen; (*wa* und *w*) Wasserhüllen; (*e*) Bodenpartikel

Der Welkungskoeffizient. Bevor die Pflanze dem Boden den letzten Rest von Wasser entzogen hat, gerät der Wasserhaushalt der Pflanze dadurch in Unordnung, daß die Pflanze pro Zeiteinheit mehr Wasser abgibt, als sie dem an Wasser verarmten Boden zu entziehen vermag. Infolge dieser gestörten Wasserbilanz wird die Pflanze welken. Im ersten Stadium dieser negativen Wasserbilanz freilich vermag die Pflanze allmählich (besonders zu Zeiten verminderter Wasserabgabe) das Wasserdefizit wieder aufzufüllen (vorübergehendes Welken). Schließlich aber gelingt es der Pflanze, selbst wenn die Wasserabgabe der oberirdischen Teile völlig unterbunden wird, nicht mehr turgeszent zu werden; sie hat das Stadium des Dauerwelkens erreicht. Der Wassergehalt des Bodens beim Eintritt dieses physiologischen Zustandes der Pflanze wird als **Welkungskoeffizient** bezeichnet. Er ist in einzelnen Bodenarten sehr verschieden, zeigt indes nur geringe Schwankungen bei Verwendung verschiedener Versuchspflanzen.

Pflanzenart	Welkungskoeffizient (Wassergehalt pro 100 g Bodentrockengewicht)				
	Grober Sand	Feinsand	Sandiger Lehm	Lehm	Mergel
Roggen	1,07	3,1	6,5	9,9	15,5
Gerste	0,94	3,6	5,9	10,0	14,1
Weizen	0,88	3,3	6,3	10,3	14,5
Hafer	1,07	3,5	5,9	11,1	14,8
Erbse	1,02	3,3	6,9	12,4	16,6
Tomate	1,11	3,3	6,9	11,7	15,3
Reis	0,96	2,7	5,6	10,1	13,0

Die Verschiedenheit der Saugkraft der Wurzelzellen der verschiedenen Versuchspflanzen besitzt also eine ganz untergeordnete Bedeutung für die Größe des Welkungskoeffizienten. Daß hierbei vielmehr Fragen der Wasserbewegung die Hauptrolle spielen, erkennt man auch aus der Tatsache, daß die Schnelligkeit der Wasserabgabe der Blätter den Welkungskoeffizienten sehr weitgehend beeinflußt.

Stündliche Wasserverdunstung der Pflanze	Welkungskoeffizient
0,3	5,9
4,2	11,3

Im wasserreichen Boden ist somit für die Wasserversorgung der Pflanze die Überlegenheit der Wurzelsaugkraft über die Bodensaugkraft, im wasserarmen Boden dagegen die Wasserbewegungen im Boden von entscheidendem Einfluß. Die Physik dieser Wasserbewegung ist noch wenig geklärt.

Mechanismus des Wassereintritts in die Wurzeln

Der erste Anstoß zur Wasserverschiebung vom Boden in die Pflanze geht von der Zellmembran aus. Diese stellt einen quellbaren Körper dar, der in der Lage ist, Imbibitionswasser aufzunehmen. Völlig trockene Zellwände können Saugkräfte von Hunderten von Atmosphären entwickeln. Die Voraussetzung einer Wasseraufnahme aus dem Boden in die Zellwand ist das Bestehen einer Saugkraftdifferenz zwischen Zellwand und angrenzendem Boden. Infolge der geringen Wasserkapazität der Zellwand muß sich zwischen ihr und dem Boden bald ein Saugkraftgleichgewicht einstellen, das nur gestört wird, wenn die Zellwand Wasser an die inneren Pflanzenteile abgibt. Nun strömt in der Tat fortlaufend Wasser aus den Zellen in die Gefäße und von dort nach den transpirierenden Blättern ab. Daher entwickelt sich in der Wurzel ein Saugkraftgefälle von innen nach außen, das sich in einer Wasserverschiebung in entgegengesetzter Richtung auswirken muß. Abb. 275 erläutert den Mechanismus dieser Wasserverschiebung.

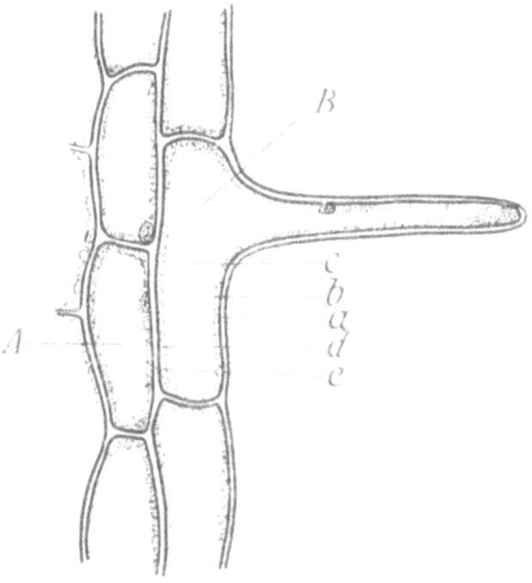

Abb. 275. Entstehung eines Saugkraftgefälles vom Wurzelhaar zum Boden hin. Bezeichnungen im Text. (Nach *Miller*)

Angenommen, die Zelle *A* habe Wasser nach dem Inneren der Wurzel abgegeben; dann wird dem Plasma und der Zellwand (*e*) Quellungswasser entzogen. Diese hält sich nun schadlos am Plasma (*d*) der Epidermiszelle *B*; das entwässerte Plasma aber sucht seinen Wasserverlust aus dem Zellsaft (*c*) der Zelle *B* zu decken. Dieser entreißt dem Plasma (*b*) das Wasser, während das Plasma sich nun endlich am Imbibitionswasser der Zellwand (*a*) des Wurzelhaares schadlos hält. Infolgedessen steigt die Saugkraft der Zellwand an. Damit ist das frühere Saugkraftgleichgewicht zwischen Boden und Zellwand gestört, und die Zellwand vermag dem Boden Wasser bis zur erneuten Einstellung des Gleichgewichts zu entziehen.

Neben Quellungsdruck und osmotischen Kräften können an der Wasseraufnahme wohl noch andere Kräfte beteiligt sein. Bei stärkerer Wasserabgabe durch die Blätter entstehen Zug- und Saugwirkungen in den Gefäßen, die unter solchen Bedingungen die Wasseraufnahme durch die Wurzeln stark beeinflussen sollen.

Wasseraufnahme durch oberirdische Teile der Pflanze

Die Kutikula, die alle oberirdischen Pflanzenteile überzieht, muß sich als ein kräftiges Hindernis für die Wasseraufnahme durch Blatt und Sproß auswirken. Dafür ist in erster Linie die schwache Quellbarkeit der Kutikula und in Verbindung damit die geringe Diffusionsgeschwindigkeit des Wassers in der Kutikula verantwortlich zu machen. Nicht selten trocknet die kutikuläre Oberfläche sogar so stark aus, daß sie Lufthüllen adsorbiert und dadurch die Benetzbarkeit beeinträchtigt. Unbenetzbare Blattoberflächen können aber auch kein Wasser aufnehmen. Aus diesem Grunde vermag unter normalen Außenbedingungen tropfbar flüssiges Wasser auch nicht durch die mit Kutikularsubstanz ausgekleideten Spaltöffnungen in das Blattinnere zu gelangen. Daher steigt die oberirdische Wasseraufnahme im allgemeinen mit dem Quellungsgrad der Kutikula und mit abnehmender Dicke derselben. So sind im allgemeinen Blätter von Schattenpflanzen leichter benetzbar als diejenigen der Bewohner trockener Standorte. Aus der oben dargelegten Physik der Wasseraufnahme erhellt, daß eine Wasseraufnahme in die Blattzellen nur im Falle eines Sättigungsdefizits und damit verbundener erheblicher Saugkraft der Epidermiszellen erfolgen kann. Experimentell ist unter derartigen Bedingungen auch eine Wasseraufnahme beobachtet worden, die natürlich mit Erreichung der vollen Turgeszenz der Blätter ihr Ende findet. Geschwindigkeit und Ausmaß dieser Art von Wasseraufnahme bleiben weit hinter denjenigen der Wurzelaufnahme zurück, sofern nicht (angeblich gelegentlich vorhandene) Poren die Wasseraufnahme erleichtern.

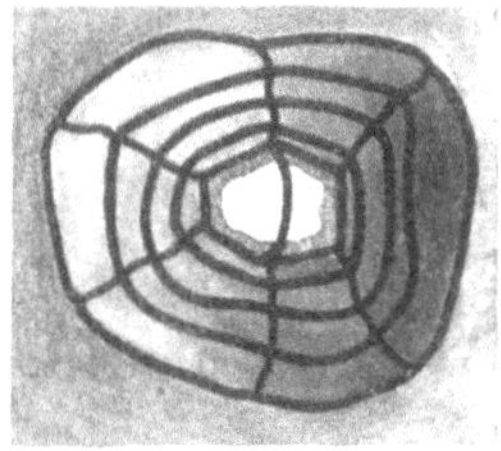

Abb. 276. Bromeliazeensaughaar vom Blattinnern aus gesehen: der kutinisierte Saugtrichter

Über die biologische Bedeutung der oberirdischen Wasseraufnahme gehen die Ansichten einzelner Forscher auseinander. Wohl mag in langdauernden Dürreperioden ein kurzer Gewitterregen dem Blattwerk tief wurzelnder Bäume in höherem Maße zugänglich werden als den Wurzeln. Im allgemeinen aber wird in gemäßigten Klimaten die oberirdische Wasseraufnahme nur einen ganz geringen Bruchteil vom Wasserverbrauch decken. Das trifft — von besonders günstigen Lagen abgesehen — auch für die Aufnahme von Tau durch die Pflanzen zu. Die Bedeutung dieser Art Wasseraufnahme ist daher nicht erheblich, um so weniger, als benetzte Blätter auch rascher das Wasser wieder abgeben als trockene.

Ohne besondere Aufnahmeorgane ist es Blättern daher nicht möglich, bei gleichzeitigem Schutz gegen Wasserabgabe irgendwie bedeutungsvolle Wassermengen aus Niederschlägen aufzunehmen. Derartige Organe sind in Form von hoch spezifizierten Schuppenhaaren auf den Blättern epiphytischer Bromeliazeen (besonders Tillandsien) zur Ausbildung gekommen (vgl. Abb. 276 und 199). Daher sieht man z. B. Tillandsia usneoides oft in ungeheuren Mengen die tropischen Baumkronen überziehen, ja sich sogar an völlig wasserfreien Standorten wie Telephondrähten, Kandelabern usw. üppig entwickeln (vgl. Abb. 75, Taf. I).

Messung der Wasseraufnahme

Die Messung des von der Pflanze aufgenommenen Wassers erfolgt sehr demonstrativ mit Hilfe des **Potetometers** (Abb. 277). Die zu untersuchende Pflanze taucht mit den Wurzeln bzw. der Schnittfläche in ein wassergefülltes Gefäß, das oben durch einen durchbohrten Gummistopfen verschlossen ist, der sich luftdicht an den durchtretenden Sproß anlegt. An einen seitlichen Stutzen ist eine dickwandige, horizontal verlaufende Kapillarröhre angeschlossen, die ihrerseits mit einem Trichter verbunden ist, der zur Füllung des ganzen Systems dient und durch einen Hahn abgeschlossen werden kann. Die am freien Ende rechtwinkelig abgebogene Kapillarröhre taucht in ein mit Wasser gefülltes Gefäß. Hebt man die Kapillarröhre kurze Zeit aus dem Wasser, so wird bei einsetzender Wasseraufnahme der Pflanze Luft in die Röhre nachgesogen. Nach erfolgtem Wiedereintauchen und weiterer Wasseraufnahme wandert das Luftbläschen die horizontale Kapillare entlang. Die Wanderungsgeschwindigkeit (die an einer hinter der Röhre angebrachten Skala abgelesen wird) ist dann ein Maß für die Geschwindigkeit der Wasseraufnahme.

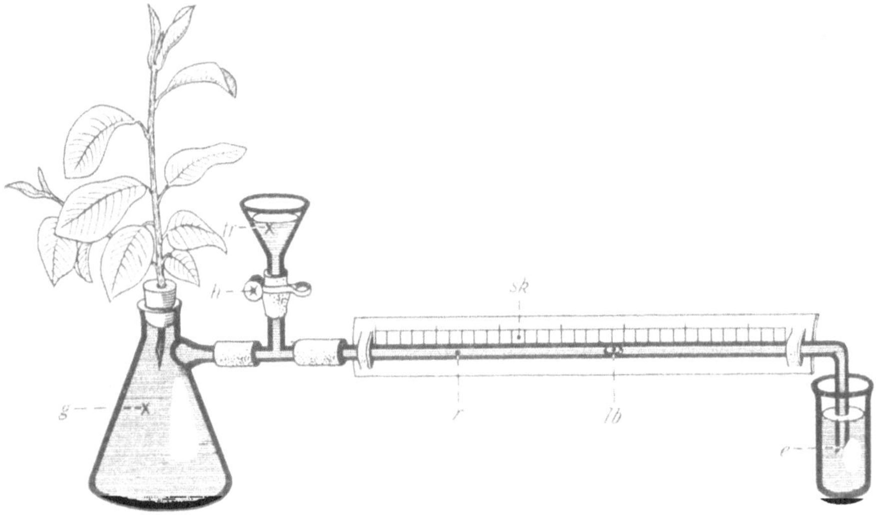

Abb. 277. Potetometer. (*g*) wassergefülltes Gefäß; (*h*) Quetschhahn; (*tr*) Trichter; (*r*) Kapillarröhre; (*sk*) Skala; (*e*) offenes Ende der Röhre; (*lb*) Luftblase

Die Transpiration

Unter Transpiration verstehen wir die Abgabe von Wasserdampf durch die lebenden Pflanzen. Das Ausmaß der Transpiration ist durch zwei Faktorengruppen verschiedener Natur bestimmt:

a) durch rein physikalische Faktoren,

b) durch Baueigentümlichkeiten und physiologische Reaktionen der transpirierenden Organe.

Daher wird sich die Transpiration der lebenden Pflanze unter bestimmten Bedingungen von der Wasserabgabe der toten Pflanze ebenso wie von der Evaporation freier Wasserflächen unterscheiden. Das Verhältnis von Transpiration : Evaporation wird als relative Transpiration bezeichnet.

Die Physik der Transpiration

Evaporation freier Wasserflächen. Voraussetzung für die Evaporation ist das Bestehen eines Dampfdruckgefälles von der freien Wasseroberfläche nach der umgebenden Luft.

Das Ausmaß der Evaporation ist bestimmt durch die Dampfspannungsdifferenz zwischen freier Wasseroberfläche und der Luft sowie durch die Größe und Form der verdunstenden Fläche.

Die Dampfspannung der Luft. Die Luft vermag pro Raumeinheit nur eine bestimmte Wassermenge in Form von Dampf aufzunehmen bzw. zu tragen, dann tritt Wasserdampfsättigung der Luft ein. Weiter zugeführter Wasserdampf schlägt sich in Form tropfbar flüssigen Wassers nieder. Die Menge des von der Luft bis zu voller Sättigung aufnehmbaren Wassers ist stark temperaturabhängig (vgl. Tab. S. 183).

Mit zunehmender Temperatur steigt die Fähigkeit der Luft, Wasserdampf aufzunehmen, stark an. Umgekehrt schlägt sich bei Abkühlung wasserdampfgesättigter Luft Wasser in Tropfenform nieder (Kondensation). Unter natürlichen Bedingungen ist die Luft nur selten wasserdampfgesättigt (z. B. in taufeuchten Nächten). Tagsüber erreicht der wirkliche Wasserdampfgehalt der Luft nur einen Bruchteil der Sättigungsmenge. Das Verhältnis (gewöhnlich in %) ausgedrückt) von wirklichem Wassergehalt der Luft (f): Sättigungsmenge (F) wird als relative Feuchtigkeit bezeichnet

$$\text{Relative Feuchtigkeit} = \left(\frac{f}{F} \cdot 100\right).$$

Steigt im Verlauf des Tages die Lufttemperatur bei gleichbleibendem, absolutem Wassergehalt der Luft, so sinken relative Feuchtigkeit und Dampfspannung der Luft rasch ab, während demzufolge das Sättigungsdefizit entsprechend ansteigt.

Versuche haben ergeben, daß die Wasserabgabe freier Wasserflächen proportional dem Sättigungsdefizit erfolgt. Beziehen wir auf die Dampfspannung, so läßt sich feststellen, daß die Wasserabgabe der Differenz der Dampfspannung von Wasseroberfläche und Luft proportional geht.

Die Luft vermag, wie die folgende Tabelle (3. Spalte) zeigt, mit sinkender Wassersättigung ungeheure Saugkräfte zu entwickeln.

Temperatur °C	Sättigung g/m³ Luft	Relative Feuchtigkeit %	Saugkraft der Luft bei verschiedenen Temperaturen und 5 g Wassergehalt pro cbm Luft in at
0,5	5	100,0	0
5,0	6,8	73,5	490
10	9,4	53,2	1217
20	17,3	28,9	3523
30	30,3	16,5	7479
40	51,0	9,80	14080
50	82,7	6,05	24517
60	129,5	3,86	40542
70	196,7	2,54	64336
80	290,4	1,72	98603
90	418,1	1,20	146111
100	588,2	0,85	212715

Oberfläche und Verdunstungsgröße. Die Evaporation hängt nicht nur von der Größe der verdunstenden Fläche, sondern auch von ihrem Umriß ab. Kreisflächen verschiedener Größe verdunsten nicht proportional ihrer Fläche, sondern proportional ihrem Radius. Viele kleine Flächen verdunsten daher mehr als eine Fläche, deren Oberfläche der Summe der Oberflächen der kleinen Areale entspricht. Nur in bewegter Luft (Wind) nähert sich das Evaporationsverhältnis dem Verhältnis der Flächengrößen der verdunstenden Körper, ohne es allerdings ganz zu erreichen.

Die Evaporation vielporiger Membranen. Grenzt das Wasser nicht mit voller Fläche an die Luft, sondern ist es von dieser durch eine vielporige Membran getrennt, so hängt die Wasserabgabe durch diese Wand von der Porengröße und der Porendichte ab. Bei sehr geringer Porengröße und günstiger Porenverteilung kann die Wasserabgabe durch eine vielporige Wand sogar nahe an den Wert der freien Diffusion der offenen Wasseroberfläche heranreichen.

Zur Messung der relativen Luftfeuchtigkeit wurden verschiedene Apparate in Vorschlag gebracht. Am einfachsten ist das Psychrometer zu verwenden, wobei die relative Feuchtigkeit aus der Temperaturdifferenz zwischen einem befeuchteten und einem trocken gehaltenen Thermometer zu errechnen ist.

Die physiologische Komponente der Transpiration

Das Blatt als transpirierendes Organ. Der Hauptträger der pflanzlichen Transpiration ist das Blatt. Nur in einigen Sonderfällen (z. B. Flachssproßbildung, Sproß-Sukkulenten) kommt auch Sproßteilen ein bemerkenswerter Anteil an der Gesamtwasserabgabe der Pflanze zu. Es ist daher nicht verwunderlich, daß gerade das Blatt weitgehende Anpassungserscheinungen an den Wasserhaushalt der Pflanze aufweist. Doch darf man hierbei nicht vergessen, daß diese Anpassungserscheinungen in den meisten Fällen nur soweit durchgeführt sind, als sie die Assimilationsleistung nicht zu hemmen drohen. Die ungehinderte Stoffbildung scheint die vordringlichste Sorge der Pflanze zu sein, die nur dann hintangestellt wird, wenn ganz extreme Wasserverhältnisse herrschen, die ohne weitgehende Anpassung der Blätter an den Standort das Leben der Pflanze bedrohen würden. Unter normalen Bedingungen aber ist das Blatt zuerst Assimilationsorgan, dann erst Transpirationsorgan. Nur so erklären sich mancherlei Widersprüche zwischen Blattbau und Wasserökonomie der Pflanze. In den meisten Fällen sind die Blätter dünne Gebilde von großer Oberflächenentwicklung. So übertrifft schon in einem bepflanzten Roggenfeld die Summe der Blattoberfläche die Bodenfläche um etwa das Fünffache.

Vergleicht man die Transpiration kongruenter Blattstücke verschiedener Pflanzen, so kommt man zu erheblichen Differenzen. Das beweist, daß der Blattstruktur ein wesentlicher Einfluß auf die Größe der Transpiration zukommt. Unter Hinweis auf Kapitel Blattanatomie sollen hier nur mehr diejenigen anatomischen und physiologischen Merkmale der Blätter besprochen werden, die die Wasserabgabe des Blattes beeinflussen.

Die Grenzschicht des Blattes nach außen hin bildet eine im Einzelfall verschieden starke Kutikula. Weniger die Dicke als vor allem die Quellbarkeit und der Quellungszustand dieser Schicht bestimmen die Größe der Verdunstung der Blattoberfläche **(kutikuläre Transpiration).** Nun ist aber die Blattoberfläche im Dienste des Blattgaswechsels von zahlreichen Poren, den Spaltöffnungen, durchbrochen, die der Blattoberfläche den Charakter einer vielporigen Membran geben. Größe, Zahl, Verteilung und Öffnungszustand der Spalten bestimmen maßgeblich die freie Wasserdampfdiffusion aus dem Blattinnern, dem Interzellularsystem, heraus, dessen Größe und Ausgestaltung ebenfalls maßgeblichen Einfluß auf den Wasserdampfnachschub ausübt **(stomatäre Transpiration).** Schließlich wird die Dampfspannung im Interzellularsystem und damit auch das Dampfspannungsgefälle gegen die Atmosphäre hin von der Saugkraft der die inneren Hohlräume auskleidenden Mesophyllzellen bestimmt. Die besonderen baulichen und physiologischen Eigentümlichkeiten des Blattes stellen die Gesamtheit der **physiologischen Komponente** der Transpiration dar. Sie ist im Gegensatz zur rein physikalischen Evaporation regulierbar, d.h. die Pflanze vermag sie in zweckmäßiger Weise so einzustellen, daß jeweils Wasserverbrauch und Wasseraufnahme weitgehend ausgeglichen sind (Wasserbilanz).

Die kutikuläre Transpiration. Sie ist durch den Bau der Kutikula und der Kutikularschichten der Epidermisaußenwand bestimmt. Die geringe Quellbarkeit der Kutikula läßt nur eine langsame und spärliche Wasserbewegung in dieser Schicht zu. Die kutikuläre Transpiration macht daher meistens nur einen Bruchteil der stomatären Transpiration aus und ist im Gegensatz zu dieser nur in geringem Ausmaß regulierbar. Eine Anpassung an die Außenbedingungen kann man allerdings darin erblicken, daß die Kutikula auf der exponierten Blattoberseite stärker ausgebildet ist als unterseits, und daß Trockenpflanzen erhöhten Kutikularschutz gegenüber Mesophyten oder gar Hygrophyten besitzen. Nicht selten wird der Transpirationsschutz durch Wachs- und Haarbildung noch erhöht (vgl. S. 124ff.).

Nur bei lang anhaltender Benetzung kann die Kutikula etwas quellen. Dann steigt entsprechend auch die kutikuläre Wasserabgabe vorübergehend an.

Die Wirksamkeit von Kutikular- und Korkschichten als Transpirationsschutz hat man an Äpfeln und Kartoffeln geprüft mit dem Ergebnis, daß der geschälte Apfel etwa 55mal so viel Wasser verlor als der ungeschälte.

Die stomatäre Transpiration. Wenn auch das Gesamtareal der Stomata nur etwa 1% der gesamten Blattoberfläche ausmacht, kann bei völlig geöffneten Spalten die Verdunstung durch diese Poren doch bis 75% derjenigen einer der Blattfläche entsprechenden freien Wasserfläche erreichen.

Die stomatäre Transpiration spielt sich in zwei Teilprozessen ab:

1. Wasserdampfabgabe von den Zellwänden der Mesophyllzellen an den Interzellularraum. Da die Saugkraft der Mesophyllzellen nur gelegentlich über 20 at ansteigt, muß die Dampfspannung im Interzellularsystem im allgemeinen sehr hoch (über 97%) sein. Selbst in gewelkten Blättern liegt die Dampfspannung gewöhnlich noch über 95%.

2. Diffusion von Wasserdampf durch die Stomata. Es besteht daher im allgemeinen ein steiles Dampfdruckgefälle vom Blattinnern nach der Außenluft hin. Die Wasserdampfdiffusion wird deshalb einerseits von der Diffusionsfläche, d. h. der Summe der Porenöffnungsflächen, anderseits von dem Dampfdruckgefälle zwischen Interzellularraum und Atmosphäre abhängig sein. Die Wirkung der Spaltöffnungsweite auf die Größe der Transpiration ist diejenige eines begrenzenden Faktors: im Minimumgebiet steigt die Transpiration mit der Spaltöffnungsweite proportional an. Mit zunehmender Spaltenweite folgt die Transpiration immer weniger der Spaltenweite, und andere Faktoren (Quellungsgrad der Wände des Schwammparenchyms, Geschwindigkeit des Dampfdruckausgleichs zwischen diesen Wänden und der Interzellularluft) treten dann maßgeblich in Erscheinung.

Methoden zur Bestimmung der Spaltöffnungsweite. Der Öffnungszustand der Stomata kann mit verschiedenen Methoden wenigstens annähernd bestimmt werden.

a) Eine direkte mikroskopische Beobachtung und Messung der Öffnungsweite ist mit Hilfe besonderer mikroskopischer Einrichtung (Opakilluminator) möglich, aber vielfach doch nicht ohne Änderung der natürlichen Bedingungen durchzuführen.

b) In Feldversuchen bedient man sich häufig der **Infiltrationsmethode.** Diese beruht auf dem Eindringen von Flüssigkeiten durch die Stomata in die Interzellularräume des Blattes. Dabei wird die Interzellularluft durch die Flüssigkeit verdrängt. Das Blatt wird dann an den infiltrierten Stellen durchscheinend. Voraussetzung für das Eindringen von Lösungen ist die Benetzbarkeit der Kutikula. Dabei werden um so engere Spalten passierbar, je leichtflüssiger die gebotene Lösung ist. Dem Eindringen von Äther, Petroläther, Alkohol verschiedener Konzentration ist eine Skala ansteigender Spaltenweite zugeordnet.

c) Eine weitere Methode bedient sich des **Porometers** (Abb. 278), dessen Einrichtung aus nebenstehender Abbildung zu ersehen ist. Ein Glasnäpfchen ist mit dem Rand auf die Blattfläche aufgeklebt und steht durch den oberen Teil mit einem graduierten T-Rohr in Verbindung, das mit dem langen Schenkel in Wasser eintaucht. Saugt man am offenen Schenkel die Luft aus, so steigt das Wasser in dem Steigrohr hoch. Schließt man nun das freie Ende mit einem Quetschhahn, so ist die Fallgeschwindigkeit der Wassersäule ein Maß für die Wegsamkeit des Durchlüftungssystems des Blattes.

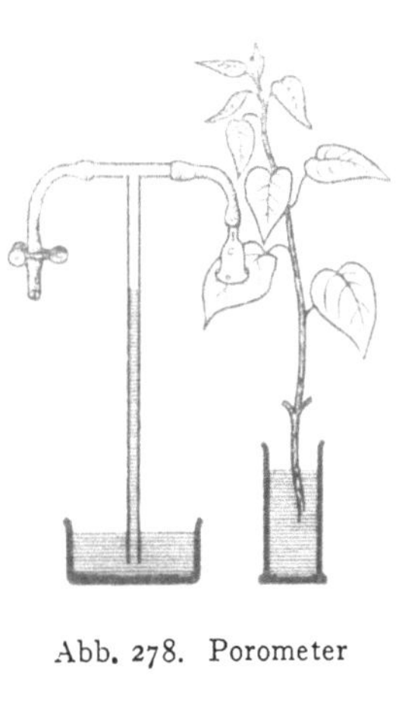

Abb. 278. Porometer

Mit Hilfe dieser Methoden konnte festgestellt werden, daß die Spaltöffnungsweite sich unter der Wirkung äußerer und innerer Faktoren ändern kann.

Mechanismus der Spaltöffnungsregulation. Die Öffnungsweite der Stomata wird bestimmt durch die Schließzellen, das sind Zellen von etwa bohnenförmiger Gestalt, deren beide Enden verwachsen sind (Abb. 279). Die Gestalt dieser Zellen ändert sich mit der Wandspannung.

Modellversuch. Am einfachsten zeigt dies ein Versuch an einem Modell entsprechend geformter Gummischläuche. Bei geöffnetem Ventil hängen die Schläuche schlaff herab und lassen eine kaum erkennbare Spalte in der Mitte frei. Pumpt man die Schläuche auf, so dehnt sich die längere Außenwand um einen absolut gemessenen größeren Anteil als die kürzere Innenwand. Die Folge ist, daß die prall gefüllten Zellen sich abrunden und eine breite Öffnung zwischen ihnen entsteht.

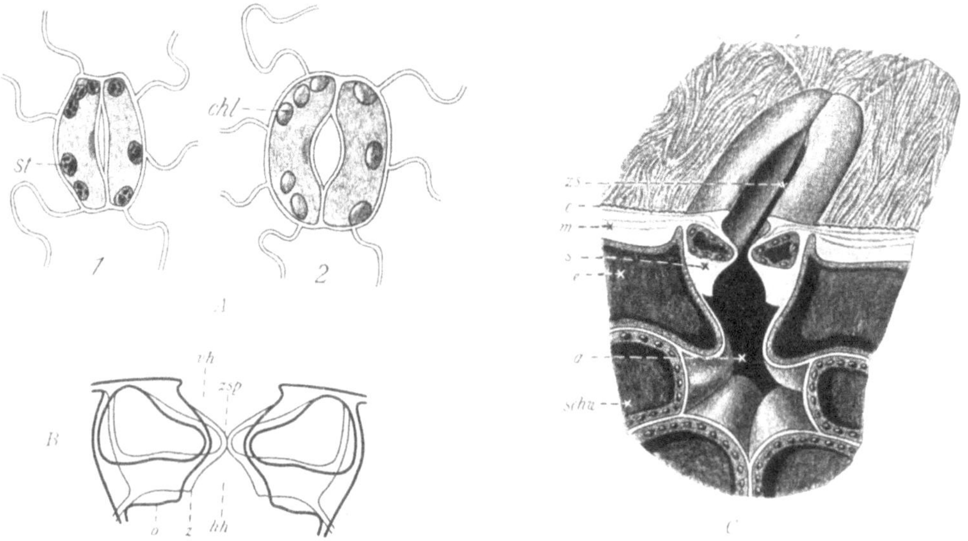

Abb. 279. Spaltöffnungen. *A* Aufsicht: *1* geschlossen, *2* geöffnet. *B* und *C* Querschnitt. (*vh*) Vorhof; (*zsp*) Zentralspalte; (*hh*) Hinterhof; (*o*) geöffnet; (*z*) geschlossen. *C*: (*zs*) Zentralspalte; (*c*) Kutikula; (*m*) Außenmembran der Epidermis; (*s*) Schließzelle; (*e*) Epidermiszelle; (*a*) Atemhöhle; (*schw*) Schwammparenchymzelle; (*st*) Stärke; (*chl*) Chloroplasten

Die Schließzellen folgen bei einem inneren Druckanstieg dieser Öffnungsbewegung um so leichter, als ihre Außenmembran vermöge ihrer anatomischen Beschaffenheit leichter dehnbar ist als die Innenmembran (Abb. 279 *B* und *C*).

Der Mechanismus des regulatorischen Druckanstiegs in den Schließzellen. Eine passive Erhöhung des Innendruckes erfolgt schon bei abnehmender Turgeszenz der Nebenzellen der Schließzellen; eine aktive Binnendruckänderung dagegen muß sich auf Änderungen des Wanddrucks der Schließzellen aufbauen. Das setzt aber Änderung des osmotischen Wertes des Zellsaftes und der Saugkraft der Schließzellen voraus. Der Chemismus dieser Änderung wurde durch die Beobachtung geklärt, daß in geschlossenen Schließzellen Stärke angehäuft ist, während bei geöffneten Spalten die Schließzellen stärkefrei, dafür aber reich an Zucker sind. Die Bewegungen der Schließzellen werden nicht nur von einer Verschiebung der Gleichgewichte Zucker–Stärke begleitet, sondern vielmehr von ihr ausgelöst, denn Zuckeranhäufung in der Schließzelle bedeutet Anstieg des osmotischen Wertes, hohe Saugkraft und infolgedessen rasche Wasseraufnahme mit steigendem Wanddruck, Krümmung der Schließzellen und Öffnung der Spalten. Umgekehrt bewirkt der Übergang des löslichen Zuckers in unlösliche Stärke Verarmung des Zellsaftes an osmotisch wirksamer Substanz, Senkung der Saugkraft der

Schließzellen unter diejenige der Nachbarzellen, Wasserverlust und Entspannung der Schließzellenwände mit folgendem Spaltenschluß. In Übereinstimmung damit wurde der osmotische Wert der Schließzellen geschlossener Spalten äquivalent einer 0,15-mol., bei geöffneten Spalten gleichwertig einer 1—2-mol. NaCl-Lösung gefunden.

Beeinflussung der Öffnungsweite der Stomata durch Außenfaktoren.

1. Das Licht. Am stärksten beeinflußt das Licht die Bewegungen der Schließzellen, und zwar im Sinne einer Öffnung der Spalten. Dabei wirkt das Licht weniger als Reiz als vielmehr über die Assimilation, d. h. über die Neubildung von Zucker. Aus diesem Grunde können nur chlorophyllhaltige Schließzellen auf das Licht reagieren.

2. Temperaturen bis zu 30—40° erweitern im allgemeinen die Spalten; höhere Temperaturen bewirken bei den meisten Pflanzen Spaltenschluß.

3. Wasserversorgung des Blattes. Wassermangel des Blattes wirkt im allgemeinen auf Schluß der Spalten hin. Wenn eine gewisse untere Grenze des Wassergehalts erreicht ist, schließen sich die Stomata sogar bei voller Belichtung (mittäglicher Spaltenschluß).

4. Elektrolyte. Einwertige Kationen bewirken zunächst Stärkebildung und Spaltenschluß, bald darauf setzt Stärkehydrolyse und Porenöffnung ein.

Zweiwertige Kationen wirken wie die einwertigen, nur mit dem Unterschied, daß bei der Stärkehydrolyse osmotisch wenig wirksame Substanzen entstehen, so daß die Spalten geschlossen bleiben.

5. Erschütterungen rufen in vielen Fällen ebenfalls Spaltenschluß hervor.

Unter natürlichen Bedingungen verhalten sich die einzelnen Pflanzen hinsichtlich der Spaltenbewegung unter dem Einfluß der Außenfaktoren sehr verschieden (Kartoffel-, Getreide-, Luzernetypus).

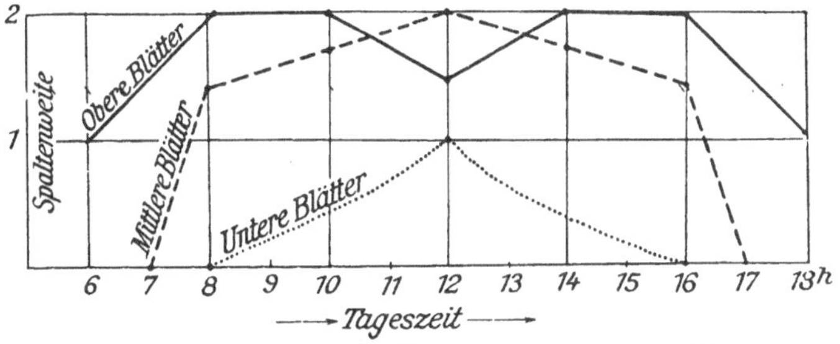

Abb. 280. Tagesperiodische Öffnungsbewegungen an Blättern verschiedener Sproßhöhe bei Kartoffelpflanzen. (Nach *Lundegårdh*)

Tagesperiodischer Verlauf der Spaltenbewegung. An feuchten kühlen Tagen folgt die Öffnungsweite im allgemeinen der Lichtintensität, an sonnigen Tagen dagegen erfolgt schon morgens eine rasche Spaltenöffnung, mittäglicher Spaltenschluß und eventuell erneute Öffnung vor endgültigem nächtlichem Spaltenschluß bzw. Spaltenverengung. Auch nachts behalten nicht wenige Pflanzen ihre Stomata ± weit geöffnet. Abb. 280 gibt eine Vorstellung vom täglichen Verlauf der Schließzellenbewegung.

Regulation der Transpiration. Wie schon erwähnt, kann nur die stomatäre Transpiration erheblich reguliert, d. h. rasch an die Gesamtwasserbilanz angepaßt werden. Trotzdem wäre es falsch anzunehmen, diese Regulation der Wasserabgabe sei ausschließlich das Ergebnis der Spaltöffnungsregulation. Nähere Untersuchungen haben vielmehr ergeben, daß die volle Spaltöffnungsweite selbst bei stärkster Transpiration nicht völlig ausgenutzt wird, vielmehr beträgt die wirkliche Wasserabgabe nur $^1/_3$—$^1/_6$ der Diffusionskapazität durch die offenen Poren. Die ersten Phasen der Schließbewegung maximal geöffneter Spalten müssen daher ohne erheblichen Einfluß auf die Transpiration bleiben. Offenbar reicht die Geschwindigkeit der Wasserdampfbewegungen in dem weitverzweigten Labyrinth des Interzellularraumes nicht aus, um die Steilheit des Dampfdruckgefälles bei maximaler Spaltöffnung aufrechtzuerhalten. Erst wenn sich die Spalten auf die Hälfte bis ein Viertel der maximalen Öffnungsweite verengt haben, beginnt die weitere Schließungsbewegung das Ausmaß der Transpiration zu regulieren. Bei negativer

Wasserbilanz kann es zu einer Austrocknung der die Interzellularräume begrenzenden Zellwände kommen, die dann ebenfalls regulierend auf die weitere Wasserabgabe der Blätter wirken muß. Wie weit es zu einem derartigen inneren Welken der Pflanze kommen kann, hängt naturgemäß maßgeblich von der Wasserversorgung der Pflanze ab. Es ist daher nicht verwunderlich, daß bei guter Beleuchtung und weit geöffneten Spalten nicht selten gerade die Wasserversorgung und als ihr Ergebnis der Wassersättigungsgrad der Pflanze unter natürlichen Außenbedingungen den stärksten Einfluß auf die Regulation der Transpiration ausübt. Das erweist ein Vergleich der Transpirationsgröße begossener und nicht begossener Pflanzen unter sonst gleichen Außenbedingungen:

Transpiration

	7—9 Uhr	9—11 Uhr	11—13 Uhr	13—15 Uhr	15—17 Uhr
Begossene Pflanze	51	87	100	106	100
Nicht begossene Pflanze ...	50	90	75	52	20

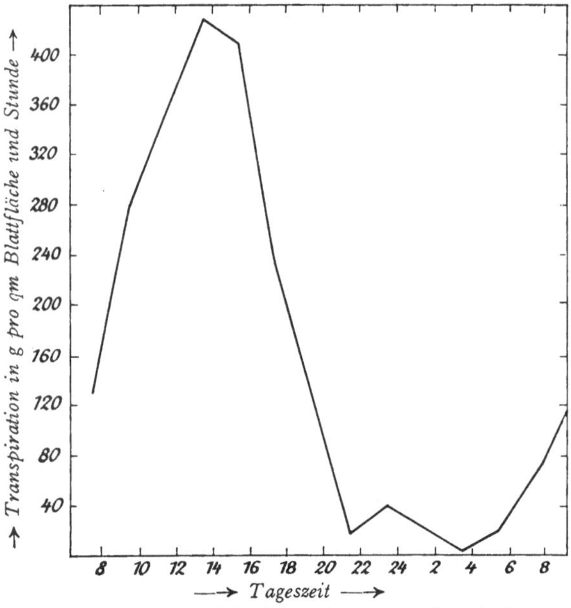

Abb. 281. Tagesverlauf der Transpiration bei einer Maisrasse. (Nach *Miller*)

Man erkennt, wie mit fortschreitender Tageszeit die Transpiration der nicht begossenen Pflanzen sich dem zunehmenden Wassermangel anpaßt.

Tagesverlauf der Transpiration. In Abhängigkeit von sich ändernden Außenfaktoren schwankt auch die Größe der Transpiration im Verlauf des Tages. Den weitaus größten Wasserverlust erleidet die Pflanze während des Tages. Der nächtliche Anteil der Transpiration macht nur etwa 3—6% der Tagesabgabe aus.

Mit zunehmender Lichtintensität und infolge der durch die Erwärmung einsetzenden Verminderung der relativen Luftfeuchtigkeit steigt die Wasserabgabe im Verlauf des Vormittags kräftig an, erreicht in den meisten Fällen zwischen 11 und 15 Uhr (trotz teilweisen Spaltenschlusses) ein Maximum, um dann wieder langsam bis auf den Nachtwert abzusinken (Abb. 281).

Transpirationskoeffizient und Produktivität der Transpiration. Die Menge Wasser, welche die Pflanze zur Bildung von 1 kg Trockensubstanz verbraucht, wird als **Transpirationskoeffizient,** umgekehrt die pro 1 kg verdunsteter Wassermenge produzierte Menge an Trockensubstanz als **Produktivität** der Transpiration bezeichnet. Beide Begriffe stammen aus der praktischen Landwirtschaft und sollen dazu dienen, die Rentabilität des Abbaues bestimmter Pflanzen in Anpassung an gegebene Wasserverhältnisse zu erfassen.

Es ist klar, daß eine eindeutige Charakterisierung nach der Produktionsseite hin nur gegeben sein kann, wenn zwischen Transpiration und dem Trockensubstanz produzierenden physiologischen Vorgang der Assimilation feste Beziehungen bestehen. Nun sind zwar Transpiration und Assimilation durch die Spaltöffnungsbewegungen gleichsinnig beeinflußt, aber daneben gibt es für jeden der beiden Prozesse noch getrennte Einwirkungsfaktoren, so daß unter natürlichen Bedingungen beide Prozesse durchaus nicht immer parallel gehen. Hieraus erklären sich auch die Mißerfolge, den Transpirationskoeffizienten einer Pflanze zum Kriterium für die Anbauwürdigkeit unter bestimmten gegebenen Wasserverhältnissen zu machen.

Transpirationskoeffizient von Mais in verschiedenen Böden:

Boden I	550	nach Düngung mit Mineralsalz	350
Boden II	478	,, ,, ,, ,,	341
Boden III	392	,, ,, ,, ,,	347

Die Mineralsalzzufuhr gleicht somit die Ungleichheit des Transpirationskoeffizienten auf verschiedenen Böden aus. Dabei ist natürlich die Zufuhr von Mineraldünger auf trockenen Standorten sehr bedenklich, da die Düngung das Wachstum der Pflanze, solange Bodenwasser vorhanden ist, stark beschleunigt, so daß die vergrößerte Transpirationsfläche bei später eintretendem Wassermangel die Pflanzen äußerst gefährdet.

Transpirationskoeffizient bei verschiedener Wasserversorgung:

Mais trocken gezogen	340
Mais feucht gezogen	191

Ähnlich verändernd auf den Transpirationskoeffizienten wirken sich auch Verschiedenheiten im Lichtgenuß aus.

Methoden zur Bestimmung der Transpiration. Die Methoden zur Bestimmung der Transpiration beruhen entweder auf der direkten Wägung des abgegebenen Wasserdampfes oder auf der Bestimmung des von der Pflanze erlittenen Gewichtsverlustes unter Ausschluß anderweitiger Ursachen der Gewichtsänderung des gewogenen Systems.

Im ersten Fall bringt man einen beblätterten Zweig, ohne ihn von der Mutterpflanze abzutrennen, in ein gasdicht gemachtes Gefäß, leitet einen Luftstrom von hinreichender Stärke durch das Gefäß, so daß der transpirierte Wasserdampf fortlaufend ein Absorptionsgefäß (mit Schwefelsäure, Phosphorpentoxyd oder Kalziumchlorid beschickt) passiert und dort seines Wassers beraubt wird. Die Gewichtszunahme des Absorptionsgefäßes gibt nach Abzug des Wassergehaltes der durchgeleiteten Luft die Menge des transpirierten Wassers wieder. Einfacher ist die Methode der Bestimmung des Gewichtsverlustes einer eingetopften Pflanze, wobei der Topf gegen Wasserabgabe freilich abgedichtet sein muß (Gummiüberzug). Für Feldversuche wurde die Methode der Bestimmung kurzfristiger Wasserverluste abgeschnittener Blätter bzw. beblätterter Sprosse vorgeschlagen. Länger dauernde Versuche zur Transpirationsbestimmung mit abgeschnittenen, in Wasser eingestellten Sprossen bringen stets fehlerhafte Werte, weil hierbei die Wasserversorgung gegenüber natürlichen Verhältnissen doch zu stark verändert ist.

Zu Demonstrationsversuchen eignet sich die Kobaltmethode: Ein mit Kobaltsalzlösung getränkter Papierstreifen wird im Exsikkator getrocknet, wobei er sich blau färbt. Mit zunehmender Wasseraufnahme des zwischen Glasplatten über ein Blatt gelegten Papierstreifens tritt eine Umfärbung nach rot hin ein.

Die Größe der Transpiration. Der tägliche Wasserverbrauch und auch derjenige während einer ganzen Vegetationsperiode ist naturgemäß bei einzelnen Pflanzen recht ungleich groß. Stets aber wird nur der geringste Teil des aufgenommenen Wassers zum Aufbau der Pflanzensubstanz verwendet. Über 98% des absorbierten Wassers wird von der Pflanze wieder in Dampfform abgegeben. Der gesamte Wasserverbrauch ist bei den meisten Kulturpflanzen erstaunlich hoch: Eine einzige Maispflanze transpiriert etwa 200 l Wasser im Verlauf ihrer Gesamtentwicklung, eine Birke bringt es pro Vegetationsperiode auf etwa 7000 l, eine 100jährige Buche sogar auf 9000 l Wasserverbrauch, und 1 ha Buchenwald muß pro Jahr 360000 l Wasser dem Boden entnehmen, um seine Transpiration zu decken.

Bezugsgröße für die Transpiration. Bis in die jüngste Zeit herein wurde die Transpiration auf die Einheit der Blattfläche bezogen. Diese Bezugnahme aber ist physikalisch nicht einwandfrei (wegen der Abhängigkeit der Evaporation von der Form der transpirierenden Fläche) und physiologisch ziemlich nichtssagend. Neuerdings wurde daher eine Bezugnahme auf den Gesamtwassergehalt bzw. das Frischgewicht der Pflanze empfohlen. In Kreisen des landwirtschaftlichen Pflanzenbaues wird die Transpiration z. T. auch auf die Stoffproduktion der Pflanze bezogen (Transpirationskoeffizient).

Die Bedeutung der Transpiration

Ist nun die Transpiration nur ein unvermeidliches Übel, das die Pflanze nicht selten in große Gefahren stürzt und selbst ihren Tod verursacht, oder aber steht sie im Dienste bestimmter lebenswichtiger Funktionen? Sind die Stomata als Pforten des lebenswichtigen Assimilationsgaswechsels die ungeschützten Stellen, durch die aus rein physikalischen Gründen auch der Wasserdampf des Blattinnern nach der trockenen Außenluft entweichen muß, ohne daß die assimilierende Pflanze es zu verhindern vermag?

Eine solche Auffassung scheint im Hinblick auf die weitgehende Anpassungsfähigkeit der Pflanze an ihren Standort nicht recht wahrscheinlich. In der Tat spielt die Transpiration vielmehr eine bedeutsame Rolle im Mineralstoff- und Wärmehaushalt der Pflanze.

Erhöhter Wasserverbrauch der Pflanze fördert die Mineralstoffaufnahme. Zwar erfolgt primär die Wasseraufnahme unabhängig von der Aufnahme der Nährsalze. Aus diesem Grunde hat man früher auch alle Beziehungen zwischen Nährsalzaufnahme und Transpiration in Abrede gestellt. In neueren, exakt durchgeführten Versuchen konnte indes eindeutig bewiesen werden, daß bei Konstanz aller Außenbedingungen und alleiniger Änderung der Transpiration die Mineralsalzanhäufung in der Pflanze mit dem Wasserverbrauch ansteigt. Diese Tatsache erklärt sich folgendermaßen:

Die Gefäßflüssigkeit enthält stets Nährsalze, die aus den benachbarten Zellen in die Gefäße ausgeschieden werden (vgl. Blutungssaft). Mit der Massenbewegung des Gefäßwassers wandern auch die Salze nach den Blättern ab und salzarmes Wasser wird nachgesogen, so daß das Salzkonzentrationsgefälle von den Gefäßen nach den lebenden Zellen ansteigt und damit auch die Ausscheidung neuen Salzes in die Gefäße erfolgen kann, wenn dieser Prozeß auch nicht proportional mit dem Wasserverbrauch ansteigt. Vielmehr transportiert ein langsam wandernder Gefäßstrom pro Gramm Wasser mehr Nährstoffe als ein rascher Transpirationsstrom, d. h. die Leistungsfähigkeit der Transpiration fällt mit steigendem Wasserverbrauch relativ ab.

Einfacher noch sind die Beziehungen der Transpiration zum Wärmehaushalt der Pflanze. Die starke Absorption der Licht- und Wärmestrahlen bedingen eine sehr merkliche Erwärmung der Pflanzenorgane, so daß die Blätter stets erhöhte Temperaturen gegenüber der umgebenden Luft besitzen.

Aber während tote Körper (z. B. Metalle) sich an der Sonne bis zu Temperaturen erwärmen, die für die Pflanze tödlich sind (etwa 53^0), erhöht sich die Blattemperatur gewöhnlich nur wenige Grade über die Lufttemperatur. Die Ursache hierfür liegt in dem Verbrauch von Verdunstungswärme bei der Transpiration. Dadurch wird die Transpiration zum wichtigen Regulativ für den Wärmehaushalt der Pflanze, ein Schutz gegen gefährliche Erwärmung der oberirdischen Pflanzenteile.

Das Bluten

Schon vor 200 Jahren hat *Hales* die Erscheinung beschrieben, daß aus der frischen Schnittfläche eines Weinrebenstumpfes Flüssigkeit ausfließt. Ein am Sproßstumpf angebrachtes Manometer läßt erkennen, daß dieser Blutungssaft unter erheblichem

Druck ausgepreßt wird (**Blutungsdruck**, Abb. 282). Die Menge an ausgeschiedenem Saft kann sehr erheblich sein. So sezernierte eine Brennessel in 40 Stunden 11,26 l Saft, obwohl ihre gesamte Wurzelmasse nur 1,45 l ausmachte.

Tägliche Mengen von Blutungssaft:

Weinrebe	1 l	Agave . . .	7,5 l
Birke . .	5,1 l	Dattelpalme	8—10 l

Zusammensetzung des Blutungssaftes. Es wird demnach beim Bluten nicht nur zelleigner Saft, sondern fortlaufend auch das aus dem Boden aufgenommene Wasser aus der Wunde ausgepreßt. Neben Mineralsalzen enthält der Blutungssaft stets noch verschiedene Zucker und andere organische Stoffe, z. B. Äpfelsäure. Normalerweise strömt der Saft aus den angeschnittenen Gefäßen des Sproßstumpfes aus. Es wurde indes auch Sezernierung aus unverletzten Organen (Knospenblättern) beobachtet (vgl. auch Guttation).

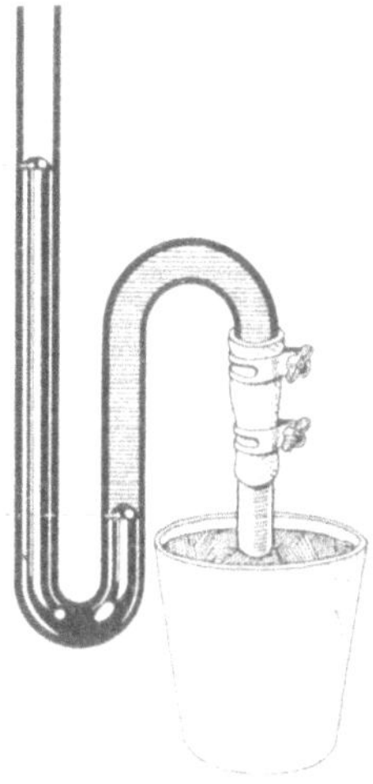

Abb. 282. Demonstration des Blutungsdruckes. Die Quecksilbersäule n_1—n_2 ist ein Maß für den Blutungsdruck

Bedingungen für den Eintritt des Blutens.

1. Das Frühjahrsbluten (vor Entwicklung der Blätter) erfolgt praktisch nach jeder bis ins Holz reichenden Verwundung.

Das Sommerbluten (nach der Laubblattentfaltung) tritt dagegen nur bei sehr günstiger Wasserversorgung ein.

2. Die Wasserleitungsgefäße müssen von lebendem Gewebe umgeben sein. Abtöten der Zellen, auch nur in beschränkten Zonen, bringt das Bluten zum Stillstand.

3. Begießen der Wurzeln mit Wasser erhöht anfangs die Blutungsintensität, um sie jedoch bald unter den Anfangswert sinken zu lassen.

4. Umgekehrt dämpft das Begießen der Pflanzen mit Salzlösungen anfangs das Bluten, um es bald zu steigern.

5. Temperatursteigerung innerhalb der biologisch erträglichen Grenzen fördert die Sezernierung vom Blutungssaft.

Ursachen und Mechanismus des Blutens. Diese Frage ist noch wenig geklärt. Alle Forscher sind sich darin einig, daß das Bluten ein vitaler Prozeß auf osmotischer Grundlage ist. Aber der Mechanismus der Wasserausscheidung wird noch recht verschieden zu erklären versucht. Die ältere Auffassung nimmt eine polare Permeabilitätsverschiedenheit in den einzelnen wasseraufnehmenden und leitenden Zellen an. Das Ergebnis einer solchen Baueigentümlichkeit der Zellen müßte ein gerichteter Wasserstrom sein. Eine zweite Auffassung sieht die treibende Kraft im osmotischen Wert der Gefäßflüssigkeit, die gegenüber den wassergesättigten Wurzelzellen eine positive Saugkraft besitzt und daher dauernd Wasser nachzuziehen vermag. Der Vorgang des Blutens würde sich dann folgendermaßen abspielen: Wurzelhaare nehmen Wasser aus dem Boden auf, versorgen die Wurzelrindenzellen mit Wasser, bis schließlich das ganze System der lebenden Zellen die Saugkraft des Bodens angenommen hat. Die den Gefäßen benachbarten Holzparenchymzellen sezernieren auf Grund einer polaren Permeabilität gelöste Stoffe in die Gefäße. Infolgedessen steigen osmotischer Wert und Saugkraft in den Gefäßen. Wenn die Saugkraft der Wurzelzellen mit derjenigen der Bodenlösung im Gleichgewicht steht, wirken die Gefäße wie kleine Osmometer, die Wasser ansaugen, bis ihre Saugkraft mit der Bodenlösung ins Gleichgewicht gekommen ist. Begießt man die blutenden Pflanzen mit Wasser, so steigt zunächst — infolge der Saugkraftverringerung der Bodenlösung — die Wasserzufuhr nach den Gefäßen hin an. Da aber infolge des Blutens Salze aus den Gefäßen ausgeschwemmt werden, geht die Saugkraft der Gefäßflüssigkeit zurück und infolgedessen auch das Bluten selbst. Gießt man dagegen mit Salzlösungen, so sinkt zunächst die Menge des Blutungssaftes zufolge des erhöhten Saugwertes der Bodenlösung. Später aber findet erhöhte Salzzufuhr in die Gefäße statt, die dann das Saugkraftgefälle von Gefäß gegen Bodenlösung erhöht, wodurch das Bluten verstärkt wird.

Bei einer verwandten Erscheinung, der **Guttation**, tritt durch Wasserspalten bzw. Wasserdrüsen unverletzter Pflanzen tropfbar flüssiges Wasser aus. Dieser Vorgang läuft nur bei weitgehend herabgesetzter Transpiration und tadelloser Wasserversorgung (im Versuch unter Glasglocken, in der Natur nach feuchtwarmen Nächten) ab. Enthält der Guttationssaft Mineralstoffe, so entstehen nach Verdunstung des Wassers Salzkrusten (Kalkschüppchen an Steinbrecharten, Salzkrusten vieler Wüstenpflanzen) auf den Blättern.

Die Wasserleitung

Das Problem der Wasserleitung entsteht für die Pflanze in dem Augenblick, in dem nicht mehr alle Pflanzenzellen unmittelbar vom Wasser umspült werden. Je größer der Wasserverbrauch und je länger die Wege zwischen Aufnahme und Verbrauch werden, um so schwieriger und lebenswichtiger wird dieses Problem für die Pflanze.

Sofern niedere Pflanzen größere Dimensionen annehmen, bleiben sie Wasserpflanzen, während die Landformen im allgemeinen klein und außerdem mit wenigen Ausnahmen (dürreresistente Algen, Moose und Flechten) Bewohner feuchter Standorte sind, wo die Wasseraufnahme erleichtert und die Transpiration gering ist. Daher werden bezüglich der Geschwindigkeit der Wasserleitung keine sehr hohen Anforderungen gestellt. Das Wasser wird hier fast ausschließlich noch auf osmotischem Wege geleitet. Der Weg, den das Wasser nimmt, ist durch steigende Saugkraft der Zellen gekennzeichnet. Die Saugkraftdifferenz und damit die wasserbewegende Kraft wird dauernd erhalten bleiben, wenn sich ein polarer Gegensatz von wasseraufnehmenden und wasserverbrauchenden Zellen ausbildet. Die untenstehend abgebildete Zellreihe ist ein Modell einer solchen Polarität. Zelle *1* taucht in Wasser, die übrigen Zellen sind von Luft umspült, deren Dampfspannung von unten nach oben abnehmen soll. Dann ergeben sich die folgenden Verhältnisse (Abb. 283) **der osmotischen Wasserbewegung.**

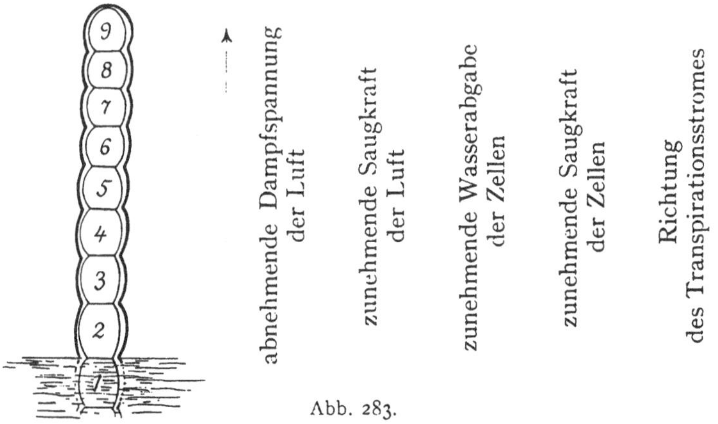

Abb. 283.

Auch bei höheren Pflanzen besteht noch eine osmotische Leitung des Wassers. Aber mit zunehmender Größe der Pflanze reicht diese Art der Wasserleitung nicht mehr aus. Auf große Entfernungen hin muß sie durch eine **Massenströmung** des Wassers ergänzt werden. Im Zusammenhang damit steht die Ausbildung eines **spezifischen Leitungssystems,** das die Pflanze vom Zentralzylinder der Wurzel durch den Sproß bis in die feinsten Verzweigungen der Blattrippen durchzieht. Nur vom Wurzelhaar zum Zentralzylinder und dann wieder von der Gefäßendigung im Blatt bis zur Epidermis bzw. den die Interzellularen auskleidenden Mesophyllzellen wird das Wasser osmotisch geleitet.

Die osmotische Wasserbewegung

Vorbedingung für eine solche osmotische Leitung ist in allen Fällen das Bestehen eines Saugkraftanstiegs in der Richtung der Wasserbewegung. Ein solcher wurde für die Wurzel festgestellt.

Zellschicht	Saugkraft in at
Epidermis	0,9
1. Rindenreihe	1,3
2. "	1,7
3. "	2,0
4. "	2,6
5. "	3,2
6. "	3,6
7. "	4,2
Endodermis	1,3 — Endodermis-
Kambium	0,9 sprung
Leitbündelparenchym	0,8

An der Endodermis fällt die Saugkraft plötzlich ab (Endodermissprung). Hier muß ein andersartiger Mechanismus der Wasserbewegung einsetzen, der allerdings zur Zeit noch nicht mit Sicherheit geklärt ist. Von den Leitbündelscheiden saugt dann die Gefäßflüssigkeit auf osmotischem Wege das Wasser auf.

Ein ähnlicher Saugkraftanstieg besteht wieder im Blatt vom Gefäß nach der Epidermis bzw. den Mesophyllzellen hin, welche die Interzellularen auskleiden. Auch auf dieser Strecke wird das Wasser osmotisch geleitet.

Die Geschwindigkeit der osmotischen Wasserbewegung steigt mit der Steilheit des Saugkraftanstiegs und der Wasserpermeabilität. Sie sinkt mit dem Filtrationswiderstand, den Zellhaut und Plasma der Wasserleitung entgegenstellen. Alle diese Größen sind experimentell bestimmt worden.

Das Saugkraftgefälle. Im Efeublatt betrug die Saugkraftdifferenz auf einer Strecke von 207 Palisadenzellen 20,5 at, somit 0,1 at pro Zelle; bei der Bohne betrug die Saugkraftdifferenz zwischen zwei benachbarten Zellen 0,4 at.

Die Wasserpermeabilität der Zellwand ist sehr hoch, aber das Plasma setzt dem Wasserdurchtritt doch einen erheblichen Widerstand entgegen, wenn derselbe auch viel geringer ist als für die meisten anderen biochemischen Stoffe. Daher ist es nicht so sehr verwunderlich, daß die Leitungsgeschwindigkeit für Wasser auf osmotischem Wege recht gering ist: bei Saugkraftdifferenzen von 1 at beträgt die Wasserbewegung nur etwa 33 μ (0,033 mm) pro Stunde.

Die Massenströmung des Wassers

Die Lokalisierung der Massenströmung. Über die Lokalisierung der Massenströmung gibt der Ringelungsversuch Aufschluß. Entfernt man von einem beblätterten Zweig den die Gewebe der Massenströmung enthaltenden Holzkern und taucht den Zweig nur mit der Rinde in Wasser ein, so tritt sehr bald deutliches Blattwelken ein. Die Geschwindigkeit der osmotischen Wasserströmung in der Rinde reicht also bei weitem nicht aus, um die durch Transpiration entstehenden Wasserverluste zu decken. Entfernt man umgekehrt von dem Versuchszweig nur die Rinde und läßt den Holzkern unversehrt, so erfolgt keine erkennbare Störung in der Wasserversorgung der Blätter.

Tritt dagegen — wie das häufig bei längerem Stehen von Schnittblumen der Fall ist — eine Verstopfung des holzbürtigen Leitungssystems der Tracheen durch Bakterien ein, so setzt auch hierbei vorzeitiges Welken der Pflanzen ein, dem man durch Zusatz bakterizider Mittel („Niwelka“) erfolgreich begegnen kann.

Beim Aufsteigen von Farblösungen in durchscheinenden Stengeln krautiger Pflanzen oder in weißen Blütenblättern treten die farbstofferfüllten Leitungsbahnen deutlich hervor.

Der Filtrationswiderstand in den Leitbahnen ist zwar viel geringer als bei der osmotischen Wasserleitung von Zelle zu Zelle, bleibt aber doch meßbar. Einerseits passiert das Wasser zahlreiche Querwände von Tracheiden und gelegentlich auch Reihen zwischen Leitungsbahnen eingeschalteter lebender Zellen; andererseits entsteht in den engen Röhren, besonders mit zunehmender Geschwindigkeit, ein erheblicher Reibungswiderstand. Die folgende Tabelle gibt die pro Meter Weglänge entstehenden Filtrationswiderstände verschiedener Pflanzen an:

Birke	0,29 at/m
Buche	0,23 ,,
Lärche	0,70 ,,
Schwarzföhre	0,10 ,,

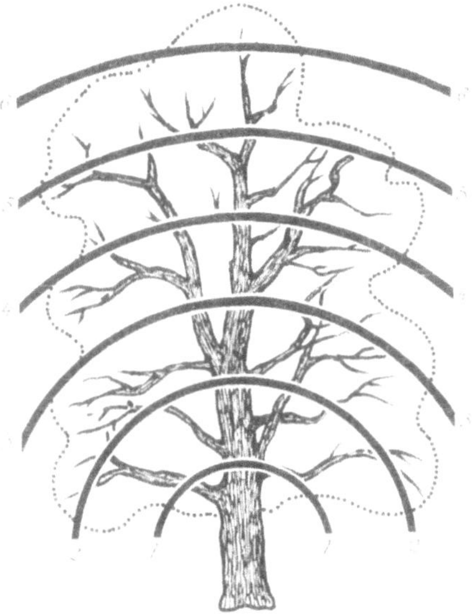

Abb. 284.
Die Linien verbinden Höhen gleicher Saugkräfte der Blätter. (Nach *Huber*)

Abb. 285. Modell zur Demonstration der Wasserkohäsion (Gipspilz). (*W*) Wasser; schraffiert Quecksilber

Dazu kommt noch der hydrostatische Druck bzw. Zug (am oberen Ende des Gefäßes) von etwa 0,1 at pro Meter. Endlich muß man bedenken, daß die Gefäße von den umgebenden Zellen luftdicht abgeschlossen werden. Ist die Wasserentnahme aus den Gefäßen größer als der Zustrom, so werden die Gefäßwände nach innen gezogen, wodurch im Gefäßinnern eine Zugspannung entsteht (Einsaugung von Wasser durch frische Stammschnittfläche), die von den wassersaugenden Blattzellen ebenfalls überwunden werden muß. Da der hydrostatische Zug der Wassersäulen ebenso wie der Reibungswiderstand mit der Länge der Gefäße d. h. der Höhe der Pflanze ansteigen, müssen sich auch die Saugkräfte der Blätter mit der Insertionshöhe am Sproß steigern. Abb. 284 gibt einen Überblick über die Verteilung der Saugkräfte der Blätter am Baum. In allen Höhen steigt überdies die Saugkraft der Blattzellen vom Stamm nach den transpirierenden Außenschichten an.

Die Kohäsion des Wassers. Voraussetzung für eine Hebung der gelegentlich über 100 m langen Wassersäulen in den höchsten Bäumen ist eine hohe Zerreißfestigkeit der

Wassersäulen (Kohäsion). Diese wurde sowohl an künstlichen Modellen (Gipspilz, vgl. Abb. 285) wie besonders an den Ringzellen des Farnsporangiums gemessen. Bei letzterem löst sich das Wasser von der Zellaußenwand erst bei einer osmotischen Zugwirkung von 350 at ab. Zugwirkungen treten besonders bei starker Transpiration in den Gefäßen auf. Ihr experimenteller Nachweis stellt die Grundlage der **Kohäsionstheorie des Saftsteigens** dar.

1. Frische Sproßschnittflächen von stark transpirierenden Bäumen saugen Wasser ein; unter Quecksilber abgeschnittene Rebenzweige zeigen im Mikroskop auf größere Ausdehnung mit Quecksilber erfüllte Gefäße.

2. Die Zugspannung der Gefäße äußert sich in einer Zusammenziehung des Stammes, deren Verlauf mit dem Wasserverlust konform geht.

3. Schneidet man einen im Potetometer stehenden Zweig ab, so entsteht ein plötzlicher Druckanstieg im Glasgefäß (Rückstoß), der auf die Entspannung und Ausweitung der Leitungsbahnen des eingetauchten Pflanzenteils zurückzuführen ist.

4. Die Voraussetzung für die Entstehung von Zugspannungen in den Gefäßen, die Luftfreiheit, ist durch mikroskopische Prüfung erwiesen worden.

Damit stellt sich die Wasserbewegung in der Pflanze folgendermaßen dar:

Das Bodenwasser wird infolge des Saugkraftanstiegs der Wurzelzellen von außen nach innen bis zur Endodermis osmotisch geleitet. Hier sorgt wohl eine polare Saugkraftdifferenz für ein Weiterpumpen nach den Gefäßen. Diese selbst sind bei günstiger Wasserbilanz durch die osmotische Saugkraft und bei starkem Wasserentzug auch durch die entstehende Zugspannung an der Einsaugung des Wassers aus den Wurzelzellen beteiligt. Im Verlauf durch den Sproß werden die Gefäße von den umgebenden Markstrahlzellen „angezapft", welche die Wasserversorgung in radialer Richtung sichern. In den Blättern saugen die Blattzellen das Wasser aus den Gefäßen, und ein Saugkraftanstieg der Zellen leitet es bis zu den Stellen des Verbrauchs. Die Luftfreiheit der Gefäße sowie die hohe Kohäsion des Wassers verhindern dabei das Abreißen der in den Gefäßen gespannten Wasserfäden. Nach dieser Betrachtung der Kohäsionstheorie sind Wurzeldruck und Transpiration die einzigen aktiven Kräfte der Wasserbewegung. Eine andere Theorie legt der aktiven Pumptätigkeit der lebenden Holzparenchymzellen eine entscheidende Bedeutung für das Saftsteigen in der Pflanze bei.

Die Wasserbilanz

Die Differenz zwischen Wasseraufnahme und Wasserverbrauch bestimmt die Wasserbilanz der Pflanzen. Nicht immer ist diese Bilanz ausgeglichen. Zwar erfolgt die Wasseraufnahme aus dem Boden ziemlich stetig, aber der Wasserverbrauch ist erheblichen tagesperiodischen Schwankungen unterworfen. Nicht selten erzeugt die über die Mittagsstunden stark erhöhte Transpiration ein erhebliches Turgeszenzdefizit, das dann erst im Verlauf der Nacht wieder aufgefüllt wird. Wenn man bedenkt, daß manche Pflanzen pro Stunde 80—100% ihres gesamten Wassergehalts verdunsten können, so wundert es nicht, daß gelegentlich am Abend Wasserdefizite bis zu 40% gefunden werden, die von der Pflanze ertragen werden müssen (vgl. Abb. 289). Zweifellos ist die Stoffproduktion weitgehend vom Turgeszenzzustand der Pflanze abhängig. Daher ist die Erfassung der Wasserbilanz und des Turgeszenzzustandes der Pflanze auch von großer praktischer Bedeutung. Eine einfache Methode zur Untersuchung der Wasserbilanz der Pflanze baut sich auf der Überlegung auf, daß der osmotische Wert des pflanzlichen Preßsaftes mit steigender Wasserunterbilanz wächst. Bei ausgeglichener Bilanz bleibt auch der osmotische Wert weitgehend konstant. Umgekehrt deutet das Auftreten erheblicher Schwankungen im osmotischen Wert des Zellsaftes auf bedenkliche Gefährdung oder doch Minderleistung der Pflanze hin.

Ökologie des Wasserhaushalts

Der Kampf ums Wasser ist ein mächtiger Bildungsfaktor der Pflanze, sowohl hinsichtlich der Ausbildung des Wurzelsystems im Dienste einer weitreichenden Einbeziehung von Bodenwasser wie auch bei der Gestaltung der oberirdischen Pflanzenteile zur nützlichen Verwendung des schwer erkämpften Wassers. Unter ähnlichen Wasserbedingungen des Standorts nehmen Pflanzen verschiedener systematischer Stellung gewisse gemeinsame Züge im Bau ihrer vegetativen Organe, unter dem richtenden Einfluß extrem ungünstiger Wasserverhältnisse sogar verblüffend ähnliche Tracht an (morphologische Konvergenz; Abb. 286). In Abhängigkeit von der standortlichen Wasserversorgung lassen sich die folgenden ökologischen Gruppen unterscheiden:

A B C

Abb. 286. Morphologische Konvergenz. *A* Stapelia (Asclepiadaceae). (Nach *Troll*) *B* Cereus peruvianus (Cactaceae). *C* Euphorbia resinifera (Euphorbiaceae)

1. **Hygrophyten** sind Bewohner von Standorten mit reichlichem Bodenwasser und hoher Luftfeuchtigkeit, Pflanzen mit dauernd optimaler Wasserversorgung. Hierher zählen die Pflanzengesellschaften feuchter Wiesen, schattiger Waldunterwuchs, Wasser- und Uferpflanzen. Ihre großen dünnen Blätter verfügen über so geringen Transpirationsschutz, daß die Pflanzen in relativ trockener Luft trotz reichlicher Wasservorräte im Boden mehr Wasser verlieren, als selbst ein ausgedehntes Wurzelsystem nachliefern kann, weil die geringe Leitfläche nur bescheidene Wassermengen nach den Blättern durchläßt. Ein Waldschlag, der den Unterwuchs plötzlich des Schutzes der oberen Waldschicht beraubt, enthüllt bereits im ersten Jahr die Hilflosigkeit der Hygrophyten stärkerer Wasserbeanspruchung gegenüber: Springkraut, Sauerklee, Waldmeister, viele Farne u. a. m. gehen bald zugrunde. Typische Hygrophyten sind vor allem die pflanzlichen Bewohner der tropischen Regenwälder.

2. **Mesophyten** sind Pflanzen von Standorten mäßiger Schwankungen in der Wasserversorgung, die typischen Besiedler gemäßigter Klimazonen. Sie ertragen die täglichen und jahreszeitlichen Spannungen in der Wasserversorgung ohne besondere Ein-

richtungen des Transpirationsschutzes. Die meisten unserer landwirtschaftlichen Kulturpflanzen gehören zu dieser Pflanzengruppe.

3. Xerophyten sind Pflanzen, die sich durch erworbene Merkmale an das Leben auf wenigstens zeitweise trocken werdenden Standorten angepaßt haben. In Deutschland gibt es nur kleinere edaphisch oder morphologisch bedingte Trockengebiete, die aber immerhin extrem genug sind, um eine deutliche Auslese ihrer pflanzlichen Besiedler zu treffen, derart, daß Xerophyten das Hauptkontingent bei der Besiedlung stellen. Größeres Ausmaß und extremere Wasserverhältnisse treffen wir in den subtropischen Steppen- und Wüstengürteln an, in denen oft monate-, ja jahrelang kein Regen fällt. Hier liegt der Schwerpunkt in der Verbreitung der Xerophyten.

Aber auch die Xerophyten sind nicht xerophil, d. h. sie lieben die Trockenheit nicht, sie ertragen sie unter Ausnützung bestimmter Anpassungsmerkmale nur leichter als Mesophyten oder gar Hygrophyten.

Diese Anpassung kann sich in verschiedener Weise vollziehen.

a) In einem ausgetrockneten Rasen stehen zwischen dürren Grasbüscheln, scheinbar unbekümmert um die Wassernot, Pflanzen wie Löwenzahn, Salbei, Wegerich, Kleearten u. a., die mit langen Pfahlwurzeln die dauernd feucht bleibenden tieferen Erdschichten erreichen. Selbst in der Wüste finden sich Pflanzen mesophytischer Tracht der oberirdischen Organe. Das Geheimnis ihres ausgeglichenen Wasserhaushaltes liegt im Besitz zum Teil ungeheuerer Wurzelbäume, die an Masse die oberirdischen Organe um das Hundertfache und mehr übertreffen (vgl. S. 35). Diese Pflanzen leben auf oberflächlich trockenen Standorten, ohne selbst in ihrem Wasserhaushalt davon betroffen zu werden. Man bezeichnet sie daher als **Pseudoxerophyten.**

b) Eine zweite Gruppe von Xerophyten sucht ihren Wasserhaushalt durch Einschränkung des Wasserverbrauchs auszugleichen.

α. Eine unvollkommene Lösung des Problems stellt die Verkleinerung der Blattoberfläche dar, da hiermit auch eine verringerte assimilatorische Leistungsfähigkeit verbunden ist. Es ist die Art, wie unsere Mesophyten sich dem trockenen Standort anzupassen versuchen. In extremen Fällen verzichtet die Pflanze so gut wie ganz auf die Ausbildung von Blättern, und Flachsprosse übernehmen die Assimilationsleistung. Solche Rutengewächse (Ginster, Spartium, Tamarix- und Cytisusarten) geben besonders manchen mittelmeerischen Trockengebieten ein charakteristisches physiognomisches Gepräge.

β. Bäume der australischen Trockenwälder (Akazien, Callistemon-, Eukalyptusarten) weichen, wie unsere heimische Kompaßpflanze, der starken Insolation durch Profilstellung der Blätter aus (vgl. auch Tagesschlafstellung der Robinienblätter).

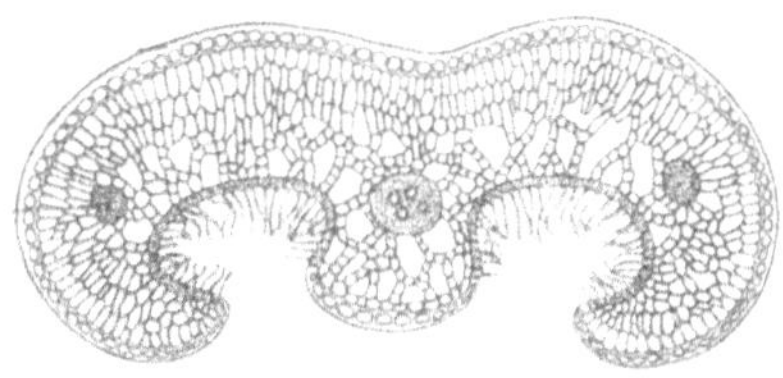

Abb. 287. Rollblatt (Alpenheide). (*o*) Oberseite; (*lb*) Leitbündel. (Nach *Hegi*)

An manchen Moorpflanzen (Rosmarinheide, Sumpfporst, Azaleen) sowie vielen Moosen und Gräsern tritt uns als Verdunstungsschutz das Rollblatt entgegen (Abb. 287).

γ. Als anatomischer Transpirationsschutz wirken die folgenden Merkmale: Verstärkte Kutinisierung der Epidermisaußenwand, Ausscheidung einer Wachsschicht (Wachsblume, Wachspalme, Eukalyptus, zahlreiche Früchte), dichte Behaarung (Königskerze, Habichtskraut, Ziestarten u. a.), Ausbildung von Korkschichten (Baumrinde, Kartoffel, Äpfel). Im Dienste der Verminderung der stomatären Transpiration stehen u. a. eingesenkte Spaltöffnungen der Blätter.

δ. Physiologisch wird die Transpiration durch Anpassung des Spiels der Spaltöffnungsbewegungen an den Wasserhaushalt auf erträglicher Höhe gehalten. Erhöhung des osmotischen Wertes der Blattzellen wirkt sich mehr in einer Begünstigung der Wasseraufnahme als in einer Senkung der Wasserabgabe aus.

Besonders klar ergeben sich die xeromorphen Merkmale aus einem Vergleich von Blättern desselben Baumes, die unter verschieden günstiger Wasserversorgung stehen. So fallen an den xeromorphen obersten Kronblättern gegenüber den tiefer am Baum stehenden Schattenblättern die folgenden Abweichungen auf:

aa) engermaschige Leitbündelverästelung der Blattspreite,
bb) größere Zahl der Spaltöffnungen pro Blattflächeneinheit (Abb. 288),
cc) dickere Außenwand der Epidermis, verstärkte Kutikula,
dd) Anteil der Palisadenzellen überwiegt denjenigen des Schwammparenchyms,
ee) verminderter Interzellularraum,
ff) erhöhte Saugkraft homologer Blattzellen,
gg) vergrößerte relative Leitfläche.

Experimentell lassen sich die gleichen Merkmale durch Drosselung der Wasserzufuhr während der Blattentwicklung erzeugen. Es handelt sich somit um spezifische Anpassungsmerkmale an ungünstige Wasserversorgung.

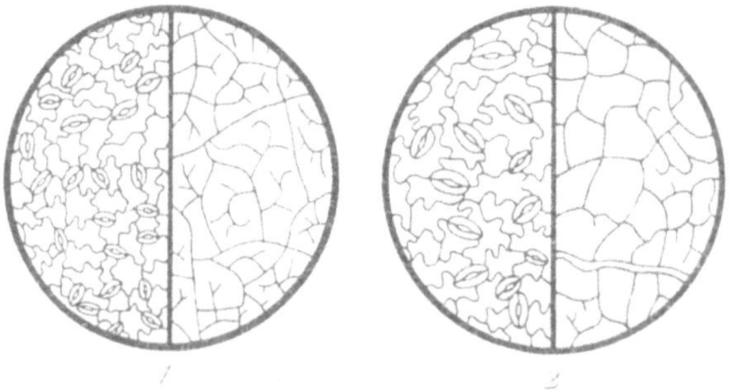

Abb. 288. *1* xeromorphe Epidermisstruktur; *2* mesomorphe Epidermisstruktur. Linke Hälfte der Kreise = untere Epidermis; rechte Hälfte der Kreise = obere Epidermis. (Nach *Kostytschew-Went*)

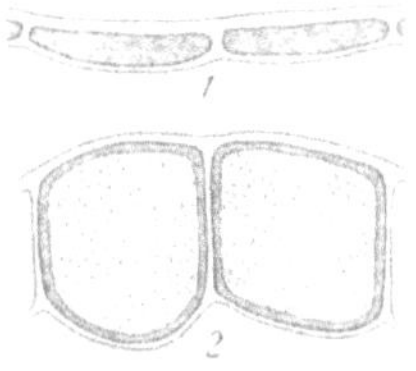

Abb. 289. Epidermiszellen einer xerophytischen Pflanze. *1* nach starkem Wasserverlust; *2* in turgeszentem Zustand. (Nach *Kostytschew*)

Die schärfste Transpirationshemmung erreichen die **Sukkulenten:** relativ kleine Oberfläche (vgl. Abb. 286), weitgehend regulierbare stomatäre und auf ein Mindestmaß verringerte kutikuläre Transpiration sichern hier weitgehenden Transpirationsschutz und rationierten Wasserverbrauch. So verlor innerhalb von 6 Jahren ein großer Kaktus nur etwa 35% seines Wasservorrats. Mit Hilfe eines — nach Regen rasch neugebildeten — oberflächlichen und vergänglichen Saugwurzelsystems füllen diese Pflanzen nach Regenfällen ihre riesigen Wasserspeichergewebe auf, um oft Monate, ja Jahre davon zu zehren. Damit werden diese Sukkulenten zu den vordersten pflanzlichen Pionieren in der Eroberung wüstenartiger Standorte.

Die einzelnen Pflanzen erreichen also auf recht verschiedene Weise die Fähigkeit zur Besiedelung trockener Standorte. Alle echten Xerophyten zeichnet eine hohe **Dürreresistenz** aus. Diese beruht entweder auf wirksamer Transpirationseinschränkung, Anlage von Wasserspeichern oder in der Fähigkeit der Pflanze, verminderten Wassergehalt ohne Stockung lebenswichtiger Prozesse zu ertragen (Abb. 289). Am vollkommensten haben sich zweifellos die Sukkulenten dem trockenen Standort anzupassen verstanden. Für den landwirtschaftlichen Pflanzenbau und den Erwerbsgartenbau freilich liegt der Schwerpunkt der Fragestellung weniger auf der Erhaltung des nackten Lebens der Pflanze als vielmehr auf der Ergiebigkeit der Stoffproduktion. Für diese ist zweifellos eine minimale Schwankung im Wassergehalt (osmotischer Wert) von wesentlicher Bedeutung.

Die Frostresistenz

In einem gewissen Zusammenhang mit der Dürreresistenz der Pflanzen steht auch ihre Frostresistenz, da das Gefrieren der Pflanzen infolge ausgedehnter Eisbildung mit einer scharfen Entwässerung des Plasmas einhergeht. Die neueren Untersuchungen über die Ursachen des Kältetodes bei Pflanzen haben nun eine alte praktische Erfahrung bestätigt, nämlich, daß vor allem das rasche Auftauen das Plasma schädigt. Es werden dem entwässerten Plasma plötzlich reichliche Mengen von Schmelzwasser zugeführt, deren Einlagerung so stürmisch verläuft, daß die Feinstruktur des Plasmas dadurch irreparabel geschädigt wird.

Die Mineralstoffernährung der Pflanze

Wenn auch die Aschenanalyse keinen Zweifel an dem regelmäßigen Vorkommen von Mineralstoffen in der Pflanze aufkommen ließ, so bedurfte es doch einer langen wissenschaftlichen Entwicklung, um die zunächst widersprechenden Vorstellungen über Herkunft und Bedeutung der Mineralstoffe für die pflanzliche Entwicklung zu einheitlichen, experimentell begründeten Auffassungen zu klären.

Geschichtlicher Rückblick

Bis ins späte Mittelalter hielt man sich an die aristotelische Auffassung, wonach die Pflanze ihre Aufbaustoffe bereits in endgültiger Form dem Boden entnehmen sollte. Aus solchen Vorstellungen heraus verglich auch noch der italienische Humanist Caesalpin die Wurzeln der Pflanze mit den Mundwerkzeugen der Tiere.

Aus allgemeinen Beobachtungen und Schlußfolgerungen heraus glaubte dagegen *Jungius* (1587—1657) der Pflanze ein gewisses Auswahlvermögen gegenüber den gebotenen Stoffen und auch eine aktive Beteiligung an deren Einbau in die Pflanzensubstanz zuschreiben zu dürfen. Sein Zeitgenosse *Helmont* (1577—1644) beschritt als erster den Weg des Experimentes auf pflanzenphysiologischem Gebiet. Von ihm stammt der erste Vegetationsversuch: er setzte einen $2^1/_2$ kg schweren Weidenzweig in einen Pflanzkübel, der mit 100 kg Erde (ofentrocken gewogen) beschickt war. Als er nach 5jähriger Kultur das Gewicht der Weide feststellte, betrug es 82 kg. Trotzdem hatte die Erde nur um 2 Unzen an Gewicht verloren, woraus *Helmont* den Schluß zog, daß nur Wasser in die Pflanze eintrete und somit alle Pflanzenstoffe aus Wasser gebildet würden. Bei *Malpighi*, dem Begründer der neuzeitlichen Biologie, begegnet man erstmals dem Gedanken, die Pflanze nehme den rohen Nährstoff auf und verarbeite ihn in den Blättern zum Pflanzenstoff, ein Gedanke, der auch noch in *Goethes* Metamorphose der Pflanzen eine bedeutsame Rolle spielt.

Auch *Mariotte* verwarf die aristotelische Auffassung und lehrte die Aufnahme von Wasser und Mineralstoffen aus dem Boden und deren Verarbeitung zu Pflanzensubstanz. *Hales* schloß sich dieser Auffassung an, betonte aber die Beteiligung eines in der Luft vorhandenen Stoffes am Aufbau der Pflanze. Als dann schrittweise durch die Untersuchungen von *Lavoisier*, *Senebier* und *de Saussure* die Natur der organischen Pflanzensubstanzen und die Bildung ihrer Bausteine im Assimilationsprozeß geklärt wurde, konnte man die Ernährung der Pflanze in ihre beiden Komponenten trennen:

1. Bildung der organischen Substanz aus CO_2 und H_2O durch die Blätter,
2. Versorgung der Pflanze mit Wasser und Mineralstoffen durch die Wurzeln.

Saussure hat bereits klar und eindeutig gelehrt, daß die Pflanze die Mineralstoffe aus dem Boden in unveränderter Form aufnimmt, und daß bestimmte Mineralstoffe zur normalen Entwicklung der Pflanze unentbehrlich sind. Dabei hatte *Saussure* wohl bemerkt, daß die Pflanze diese Stoffe nicht wahllos aufnimmt, sondern ein Auslese- und Speicherungsvermögen für einzelne Stoffe besitzt. Leider blieb die planvolle und zielbewußte Arbeit dieser Männer noch ziemlich lange ungenützt, ja man fiel im ersten Drittel des 18. Jahrhunderts wieder, sowohl was die organische wie auch was die anorganische Ernährung der Pflanzen betrifft, in mittelalterliche Vorstellungen zurück.

Die Anhänger der Humuslehre behaupteten, die Pflanze entnehme ihre organischen Nährstoffe dem Humus (einem damals übrigens höchst unklar definierten Körper), und die Aschenstoffe hielt man für nutzlose Ballaststoffe, die erst in der Pflanze, wohl als eine Art Schlacken, entstehen sollten.

Diesen trüben und verwirrenden Behauptungen gegenüber stellte *Sprengel* mit erfrischender und befreiender Klarheit fest: Mineralstoffe sind für die Entwicklung der Pflanze ebenso notwendig wie Kohlenstoff, Wasserstoff, Sauerstoff und Stickstoff der organischen Dünger. Dieser Lehre hat dann endgültig der deutsche Chemiker *Liebig* zum durchschlagenden Sieg verholfen. Er hat aus den Versuchen seiner Vorgänger nachgewiesen, daß der Kohlenstoff der organischen Substanzen aus der Luft, nicht aus dem Boden stammt. Weniger auf Grund eigener Versuche als durch geistreiche und glückliche Spekulationen hat er auf die Unentbehrlichkeit einiger Mineralstoffe wie Kalium, Magnesium, Kalk, Eisen, Phosphor-, Schwefel- und irrtümlicherweise auch Kieselsäure hingewiesen. Da die Pflanzen diese Stoffe mittels ihrer Wurzeln aus dem Boden aufnehmen, müßte nach *Liebigs* Lehre für einen dauernden Ersatz der durch die Ernten seit Jahrhunderten abgeführten Mineralstoffe gesorgt werden. Damit ist *Liebig* zum Begründer der Lehre von der **künstlichen Düngung** geworden. Durch seine Initiative ist dem seit den Zeiten der Urbarmachung ausgezogenen Böden die ursprüngliche Fruchtbarkeit und Ertragsfähigkeit zurückgegeben worden. Von hier aus nahm die Produktionssteigerung der deutschen Landwirtschaft ihren Ausgang, und *Liebig* in erster Linie verdankt sie ihre glanzvolle Entwicklung im 19. Jahrhundert. In den letzten 30 Jahren unterstützte eine planvolle Hochzüchtung der Kulturpflanzen die Bestrebungen für eine nationale Ernährungsfreiheit und Unabhängigkeit. Das mag die Gegenüberstellung einiger Ertragszahlen von früher und heute deutlich machen:

Die jährlichen Durchschnittserträge *dz/ha* im Mittel von 5 Jahren. (Nach *Lemmermann*)

Zeit	Winter-roggen	Winter-weizen	Sommer-gerste	Hafer	Kartoffeln	Wiesenheu	Kleeheu
1880/84	9,5	12,8	12,9	10,9	79,2	30,0	31,2
1900/04	15,5	18,8	18,5	17,2	130	40,2	43,0
1910/14	17,9	21,3	20,5	19,6	135,8	45,5	50,0
1930/34	17,4	21,6	19,1	18,8	160,0	42,2	51,3

Die unentbehrlichen Mineralstoffe

Angesichts der Reichhaltigkeit der Pflanzenasche an einzelnen Elementen wie auch im Hinblick auf praktische Düngungsaufgaben mußte die Frage, welche Elemente zur Entwicklung der Pflanze unentbehrlich notwendig und welche anderen nur entbehrlicher Ballast sind, einer Beantwortung zugeführt werden.

Solange man die Versuchspflanze nur in Erde zur Entwicklung bringen konnte, war dieses Problem schwer zu lösen, da die Erde ein wenig übersichtliches, schwer kontrollierbares Medium darstellt, das außerdem infolge des Stoffwechsels der Bodenmikroben dauernder Änderung unterworfen ist. Aus diesem Grund hatten *Schrader* und *Neumann* bereits im 18. Jahrhundert versucht, Pflanzen in pulverisiertem Schwefel zu kultivieren, der indes auch noch zuviele Verunreinigungen enthielt. Hierdurch gewarnt, haben einige Jahrzehnte später *Wiegmann* und *Polstdorff* (1842) ihre Versuchspflanzen in Platinschalen, die mit Platinspänen beschickt waren, gezogen. Später hat man billigere Nährböden gefunden, die ebenfalls keinerlei Stoffe an die Pflanzen abgeben, wie Zuckerkohle, Bergkristall, Kieselgur oder der heute gebräuchliche Quarzsand, der zuvor durch Salzsäure von allen löslichen Beimengungen befreit und dann gründlich mit Wasser ausgeschwemmt und geglüht wurde. Trotzdem bedeutete es einen unschätzbaren methodischen Fortschritt, als der deutsche Forstbotaniker *Nobbe* erstmals seine Versuchspflanzen in wässerigen Lösungen ohne feste Zusätze zur Entwicklung bringen konnte. Mit Hilfe dieser **Methode der Nährlösungen** oder **Wasserkulturen** war es nunmehr ein Leichtes, die Vielzahl der Aschenstoffe in entbehrliche Ballaststoffe und lebensnotwendige Nährstoffe zu trennen.

Die Versuchsmethode besteht darin, die einzelnen Nährlösungen mit allen in der Asche gefundenen Elementen bis auf ein einziges zu beschicken, wobei man in jedem Versuchsansatz ein anderes Element ausläßt. Die Entbehrlichkeit des betreffenden Elements erweist sich an der ungestörten Entwicklung der Versuchspflanze. Fehlt hingegen ein notwendiges Element, so stellt die Versuchspflanze nach Aufbrauch der im Samen gespeicherten Reserven an diesem Stoff die Entwicklung ein. Während im letzteren Fall die Versuchspflanzen ihr Trockengewicht selten über das 2—4fache des Samengewichtes hinaus erhöhen, entwickeln sie sich in vollständigen Nährlösungen unter Einhaltung gewisser technischer Bedingungen völlig normal, wobei bis 5000fache Erhöhung des Samentrockengewichtes zu beobachten ist. Daher gibt die Wasserkultur auf die Frage: notwendige Nährelemente oder entbehrlicher Ballaststoff, eindeutige Antwort.

Intensives Wachstum in der Nährlösung ist aber neben Anwesenheit aller nötigen Mineralbestandteile von einigen anderen Voraussetzungen abhängig.

1. **Die Salzkonzentration** der Nährlösung muß der des Bodenwassers angepaßt sein; sie darf 0,1—0,5% nicht übersteigen, da sonst bereits Schädigungen an den Wurzeln der Versuchspflanzen eintreten.

2. Die einzelnen Elemente müssen in einer von der Pflanze **aufnehmbaren Form** in der Nährlösung vorhanden sein, die Metalle als Kationen dissoziierender Salze, die Metalloide S und P als Säureanionen, und zwar Schwefel als SO''_4, Phosphor als Orthophosphorsäure, Stickstoff in Form von Ammoniak oder in Salpeterbindung usw. Am einfachsten ist dieser Forderung Genüge gegeben, wenn man die Metalle als Kationen der als notwendig erkannten Anionensäuren bietet. Unter Beachtung dieser physiologischen Voraussetzungen wurden die folgenden Stoffe als unentbehrliche Mineralstoffe ermittelt:

Metalle: K, Mg, Ca und Fe.

Metalloide: S, P, N.

Auffallend ist, daß so häufig in der Pflanzenasche auftretende Stoffe wie Na, Cl, Si zum normalen Wachstum der Pflanzen allgemein nicht notwendig sind.

Ionenantagonismus. Es zeigte sich indessen bald, daß die Anwesenheit hinreichender Mengen der unentbehrlichen Mineralstoffe noch durchaus nicht ohne weiteres ein normales Pflanzenwachstum garantiert, vielmehr kommt es ganz wesentlich auch auf das gegenseitige Mengenverhältnis der einzelnen Ionen in der Nährlösung an. Es ist bereits auf S. 101 darauf hingewiesen worden, daß das Plasma seine Lebensfunktionen nur in einem bestimmten Quellungszustand durchzuführen vermag. Dieser aber ist von der Größe der Wasserhüllen der hydrophilen Gruppen der Plasmakolloide abhängig, die ihrerseits wieder maßgeblich von dem anwesenden Ionengemisch bestimmt sind: quellungsfördernde und entquellende Ionen müssen in einem wohl abgestimmten Verhältnis zueinander in der Nährlösung sein. Dieser Ionenantagonismus erst schafft den geeigneten Hydratationsgrad des aktiven Plasmas.

Seine Wirkung zeigt der Ionenantagonismus bereits an rein physikalisch-chemischen Systemen. Während z. B. in einem Versuch zur Fällung von kolloidalem As_2S_3 2,60 Einheiten $SrCl_2$ nötig waren, brauchte man bei gleichzeitiger Gegenwart von 2,7 Einheiten KCl mehr als die doppelte Menge des Fällungsmittels (5,65 Einheiten $SrCl_2$). Das K-Ion wirkt somit dem $Sr^{\cdot\cdot}$ gegenüber antagonistisch. Auch andere physikalische Eigenschaften können vom Ionenantagonismus beeinflußt werden, z. B. die Oberflächenspannung (γ).

Reines Lezithin: $\gamma = 76$ (Wasser = 100 gesetzt),
Lezithin + 1 m NaCl: $\gamma = 90{,}3$,
Lezithin + $^1/_{32}$ m KCl: $\gamma = 86$,
Lezithin + $^1/_{64}$ m $CaCl_2$: $\gamma = 86{,}3$,
aber Lezithin + 1 m NaCl + $^1/_{50}$ m KCl + $^1/_{100}$ m $CaCl_2$: $\gamma = 76$.

Während jedes der einzelnen Salze für sich allein die Oberflächenspannung des Lezithins stark verändert, bleibt die Ionenmischung ohne Wirkung auf die Oberflächenspannung des Lezithins. Die einzelnen Ionen heben gegenseitig ihre verändernden Wirkungen auf. Wenn das vollkommen geschieht, wie im obenstehenden Versuch, so spricht man von einer ionenmäßig **ausgeglichenen** oder **balancierten Lösung.**

In verstärktem Maße äußert sich der Ionenantagonismus auch auf physiologischem Gebiet: In einer NaCl-Lösung von derselben Konzentration, wie sie im Blut vorliegt, führen Muskeln krampfhafte rhythmische Zuckungen aus. Seeigel- und Meduseneier entwickeln sich in einer NaCl-Lösung, deren Konzentration derjenigen des Meerwassers entspricht, nicht. All diese störenden Anomalien verschwinden, wenn die Na- und Cl-Ionen durch antagonistisch wirkende andere Ionen entgiftet werden. Als auf rein experimentellem Wege die ersten ausgeglichenen Lösungen gefunden waren, machte man die höchst interessante Beobachtung, daß deren Kationenverhältnis dem des Meerwassers und auch demjenigen des Tierblutes entsprach. In derartigen Nährlösungen waren Lebensdauer, Wachstumsintensität und andere Lebensäußerungen völlig normal, im Gegensatz zum Verhalten der Pflanzen in unausgeglichenen Nährlösungen.

Da offenbar einzelne Pflanzen in ihren Ionenansprüchen gewisse Unterschiede aufweisen, wurde im Verlaufe der letzten Jahrzehnte eine lange Reihe von Nährlösungen unterschiedlicher Zusammensetzung empfohlen. Wahrscheinlich gibt es indes keine für alle Versuchspflanzen optimale Nährlösung. Eine bedeutsame Rolle neben den eigentlichen Nährsalzen spielen vor allem die H˙- und die OH'-Ionen. Wie bei Behandlung der Kalk- und Kieselpflanzen eingehender dargelegt wird, unterscheiden sich die einzelnen Versuchspflanzen u. a. auch durch die für sie optimale **H˙-Konzentration** der Nährlösung. Da sich die Nährlösungen infolge ihrer schwachen Konzentration vielfach rasch erschöpfen, und weil andererseits ungleiche Kationen- und Anionenaufnahme die H˙-Konzentration der Nährlösung ungünstig beeinflußt, ist man neuerdings zur Anwendung fließender Nährlösungen übergegangen. Um einem infolge der geringen O_2-Löslichkeit in Wasser leicht entstehenden O_2-Mangel zu steuern, werden die Wasserkulturen künstlich durchlüftet. Ausgeschiedene schädliche Stoffwechselprodukte der Wurzeln werden an Tierkohle adsorbiert.

Nährlösungen

v. d. Crone:		*Tottingham:*	
KNO_3	1 g	KNO_3	0,06 g
$Ca_3(PO_4)_2$	0,25 g	$CaNO_3$	0,24 g
$Fe_3(PO_4)_2$	0,25 g	KH_2PO_4	0,18 g
$CaSO_4 + 2H_2O$	0,5 g	$MgSO_4$	0,12 g
$MgSO_4 + 7H_2O$	0,5 g	$FeCl_2$	Spur
pH 6,37		pH	

je pro 1000 ccm Wasser

Es ist nicht zu bezweifeln, daß man mit geeigneten Nährlösungen und Versuchsanstellungen jede Pflanze in Wasserkultur ziehen kann. Zur Demonstration eignen sich besonders rasch wachsende Pflanzen wie Mais, Weizen, Buchweizen; es wurden aber auch schon Rüben, Kartoffeln und Bäume in Wasserkultur zu normaler Entwicklung gebracht.

Zu den Grundelementen, die zur Ernährung grüner Pflanzen unentbehrlich sind, können für einige Pflanzen noch unterschiedliche andere Elemente hinzukommen, die für die übrigen Pflanzen durchaus entbehrlich sind.

So ist das Na ein für Diatomeen und auch für ein Leuchtbakterium notwendiges Aufbauelement; dagegen vermögen die Salzpflanzen (Halophyten) trotz des NaCl-Reichtums ihres natürlichen Standorts ohne Na auszukommen. In ähnlicher Weise sind auch Cl und Si nur für wenige Spezialisten unentbehrliche Elemente.

Stimulation. Andere Elemente vermögen, ohne unentbehrlich zu sein, das Wachstum zu steigern (stimulieren), wenn sie in sehr geringer Konzentration geboten werden, indessen größere Gaben giftig wirken. So sollen Gerste, Spinat, chinesischer Kohl, Mais und andere Pflanzen durch **Rubidiumsalze** in geringer Konzentration gefördert werden. Der Pilz Aspergillus niger wird durch **Beryllium** zu erhöhter Myzelbildung angeregt. In ähnlicher Weise wurden wachstumsfördernde Wirkungen von **Arsen** auf Zuckerrüben, Mais, Weizen, Bohnen, Kartoffeln und andere Pflanzen beobachtet. Hefe wird durch kleine Arsenmengen in Wachstum und Gärung stimuliert; auch die Atmung soll durch Arsen eine Steigerung erfahren. Amerikanische Forscher fanden in gewissen Leguminosen (Tragant), Koniferen und Kompositen so erhebliche Mengen von **Selen** vor, daß sie diesem Element eine lebenswichtige Bedeutung für die betreffenden Pflanzen beimessen.

Während die genannten Elemente in starker Verdünnung nur eine Steigerung der Gesamtentwicklung oder einzelner Lebensprozesse zu bewirken vermögen, gibt es außer den Grundelementen noch weitere Mineralstoffe, die zur Entwicklung der Pflanze unentbehrlich sind. Wenn man diese Stoffe erst in den letzten 25 bis 30 Jahren als lebensnotwendig erkannte, so deshalb, weil sie ihre lebenswichtige Funktion schon in so geringen Mengen auszuüben vermögen, daß besondere Reinigung der anderen Nährsalze notwendig ist, um diese schon wirksamen Spuren zu beseitigen. Man faßt daher derartige Elemente physiologisch als Spurenelemente zusammen.

Die Spurenelemente. Das wichtigste und zuerst entdeckte Spurenelement ist das **Bor.** Zwar kannte man dieses Element schon seit geraumer Zeit als Bestandteil der Pflanzenasche und wußte auch von seiner weiten Verbreitung in den Pflanzen. Aber man hielt das Bor für einen bedeutungslosen physiologischen Ballaststoff, der in größeren Mengen sogar deutliche Giftwirkung ausübte. In geringer Konzentration konnte man dagegen auch an vielen Kulturpflanzen günstige Borwirkungen beobachten. Umgekehrt treten bei vollkommener Borfreiheit der Nährlösung und nach Erschöpfung der im Samen niedergelegten Borreserven deutliche Schädigungen, besonders in den meristematischen Geweben des Sprosses, auf. Bald entstehen auch im Siebteil Nekrosen, welche die Stoffleitung stark beeinträchtigen. Es ist daher nicht verwunderlich, daß in vielen Fällen bei Bormangel auch Fruchtansatz und Samenertrag gemindert sind. Für manche Pflanzen erwies sich Bor bereits notwendig zur Pollenkeimung.

Daneben soll aber auch die Aufnahme anderer Mineralsalze bei Bormangel behindert sein. Dieser Befund wird verständlich aus der Tatsache, daß das Bor mit Zuckern starke Säuren zu bilden und so möglicherweise eine Umladung der Plasmagrenzschichten zu bewirken vermag. Rein äußerlich tritt der Bormangel bei einzelnen Pflanzen unter verschiedenen Symptomen zutage: bei Zucker- und Futterrüben stellt sich die gefürchtete Herz- und Trockenfäule ein, die also eine physiologische Mangelkrankheit darstellt. Kartoffeln zeigen Spitzenwelken, an Äpfeln tritt innerhalb des Fruchtfleisches unerwünschte Korkbildung auf. Alle diese Schäden lassen sich — und das ist ein sicherer Hinweis für ihre Ätiologie — durch Borzusatz beseitigen bzw. verhindern. Praktische Bedeutung hat diese Frage besonders beim Rübenbau gewonnen, wo Bor bereits mit Erfolg als Düngesalz Verwendung findet. Auch für Leguminosen, Tomaten und andere Pflanzen erwies sich Bor als unentbehrliches Spurenelement.

Manganmangel wurde als Ursache der Dörrfleckenkrankheit des Hafers erkannt, und die Urbarmachungskrankheit der Pflanzen erwies sich gleicherweise wie die Lecksucht des Weideviehes als Folge von **Kupfermangel.**

Molybdän ist unentbehrlich zur Stickstoffbindung von Azotobakter. Auch für das Wachstum und die Sporenbildung von Aspergillus niger scheint Molybdän und vielleicht auch Vanadium notwendig zu sein.

Von anderen Pflanzen werden Aluminium, Brom, Jod, Fluor, Zink und andere Elemente zur normalen Entwicklung angefordert, daher wurden in sogenannten A-Z-Nährlösungen den Grundelementen noch mehr oder weniger zahlreiche Spurenelemente beigefügt.

A-Z-Lösung nach *Hoagland*

Wasser	18000 g	$SnCl_2 \cdot 2H_2O$	0,5 g
LiCl	0,5 g	$MnCl_2 \cdot 4H_2O$	7,0 g
$CuSO_4 \cdot 5H_2O$	1,0 g	$Co(NO_3)_2 \cdot 6H_2O$	1,0 g
$ZnSO_4 \cdot 7H_2O$	1,0 g	TiO_2	1,0 g
H_3BO_3	11,0 g	KJ	0,5 g
$Al_2(SO_4)_3$	1,0 g	KBr	0,5 g

Von dieser Lösung wird den üblichen Nährlösungen 1 ccm pro Liter zugesetzt.

Die Düngung. Alljährlich werden dem Kulturboden mit der Ernte beträchtliche Mengen von mineralischen Nährstoffen entzogen, was im Verlauf der vielen Jahrhunderte landwirtschaftlicher Bodennutzung zu einer merklichen Verarmung des Bodens führen mußte. Ohne nähere Kenntnis dieser Zusammenhänge hat der Landwirt seit grauer Vorzeit mit dem natürlichen Dung wenigstens einen Teil der entzogenen Mineralsalze wieder auf Äcker und Wiesen zurückgebracht. Wechsel- und Brachwirtschaft suchten Zeit für erneute Verwitterung und Anreicherung des Bodens zu gewinnen, aber erst *Liebig* hat die wissenschaftliche Düngungslehre begründet und damit die Möglichkeit eröffnet, den mangelnden natürlichen Dung durch Kunstdünger, das sind Mineralsalze, zu ersetzen. In engster Zusammenarbeit mit Geologie, Bodenkunde und Industrie gelang es, die notwendigen Kunstdünger in hinreichender Menge und zu erschwinglichen Preisen der Landwirtschaft zur Verfügung zu stellen. Vor allem müssen dem intensiv genutzten Boden Stickstoff, Phosphor und Kalium in geeigneter Form immer wieder zugeführt werden. Daneben spielt der kohlensaure Kalk und der Ätzkalk noch ein Rolle als Regulator der Bodenazidität.

Wie groß die jährlichen Abgänge von Kulturböden sind, mag für einige Kulturpflanzen am Beispiel des Kaliums dargelegt werden.

Eine mittlere Roggenernte entzieht dem Boden pro Hektar etwa 65 kg Kalium, eine mittlere Weizenernte 70 kg Kalium, die dem Boden wieder zugeführt werden müssen.

Gerste besitzt ein nur geringes Aneignungsvermögen für Kalium, weshalb die reichliche Kaliumversorgung des Bodens hier besonders wichtig ist. Dabei steigt die Eignung der Gerste zu Brauereizwecken mit dem K-Gehalt an: die Körner werden größer, stärkereicher und eiweißärmer, Eigenschaften, die den Brauwert der Gerste steigern. In bezug auf Kaliumernährung ist die Braugerste daher eine der anspruchvollsten Kulturpflanzen.

Hafer bildet insofern zur Gerste einen gewissen Gegensatz, als er nur geringe Kaliumansprüche stellt und andererseits das Kalium aus dem Boden sehr energisch aufnimmt. Kaliummangel bedingt Welkerscheinung und erzeugt Weißährigkeit.

Bei allen Getreidearten wird durch reichliche Kaliumdüngung die Halmfestigkeit infolge der verstärkten Ausbildung von Sklerenchymgewebe erhöht. Besonders hohe Kaliumansprüche machen die Hackfrüchte, so daß sie zur normalen Stallmistdüngung noch zusätzliche Kaliumdüngung verlangen.

Bei der Kartoffel eignet sich das Kaliumsulfat zur Entwicklung stärkereicher Knollen, während bei Kaliumchloriddüngung der Knollenansatz zwar auch ansteigt, aber der relative Stärkegehalt zurückgeht. Der Kaliumentzug pro Hektar und Ernte beläuft sich auf etwa 210 kg.

Die Zuckerrübe entnimmt das Kali dem Boden sehr gierig (etwa 190 kg pro Hektar). Im Gegensatz zur Kartoffel erweist sich bei der Rübe die Kaliumchloriddüngung besonders günstig, entsprechend der halophilen (salzliebenden) Natur der Rübe. Da besonders die jungen und aktiven Zellen kaliumreich sind, ist es nicht verwunderlich, daß die Pflanzen bereits während der ersten Entwicklungsphasen große Kaliummengen aufnehmen. Das Kalium wird deshalb stets als Frühdüngung geboten.

Die von mangelhaft unterrichteter Seite so laut und fanatisch empfohlene biologisch-dynamische Düngung entbehrt jeder wissenschaftlichen Grundlage. Ebenso sind die von den ewig Gestrigen gegen die künstliche Düngung vorgebrachten Bedenken im Sinne einer gesundheitlichen Schädigung ins Reich der Fabel zu verweisen.

Das Wirkungsgesetz der künstlichen Düngung. Der Vegetationsversuch läßt erkennen, daß die Versuchspflanzen entsprechend ihrer physiologischen Eigenart bestimmte Mengen der einzelnen mineralischen Nährstoffe zu ihrer ungehemmten Entwicklung bedürfen. Mangel an einem Nährstoff beantwortet die Pflanze mit Minderung der organischen Stoffbildung, die um so tiefer sinkt, je größer die Spanne zwischen der optimal wirkenden Stoffmenge und dem tatsächlichen Gehalt an diesem betreffenden Nährstoff ist. Daher bestimmt der physiologisch im Minimum vorhandene Nährstoff die Stoffproduktion der Pflanze (Gesetz des Minimums). Aber der Wirkungsfaktor eines notwendigen Nährstoffes steigt innerhalb der Spanne vom tatsächlichen bis zum optimal wirkenden Gehalt nicht gleichmäßig; vielmehr ist der Wirkungsfaktor der jeweiligen Größe dieser Spanne proportional. Die Beziehung zwischen Nährstoffgehalt und Stoffproduktion wird daher nicht durch eine gerade Linie mit scharfem

Knick, sondern durch eine gekrümmte Kurve wiedergegeben, die andeutet, daß der Wirkungsfaktor eines Nährstoffes mit der Annäherung an sein Optimum absinkt, um schließlich im Optimum selbst gleich Null zu werden. Da aber das Optimum eines Nährstoffes wenigstens bezüglich der Elektrolyte schon aus kolloidchemischen Ursachen vom Gehalt anderer Elektrolyte wie aber auch aus physiologischen Gründen von anderen Wachstumsfaktoren abhängig ist, so kann das Minimumgesetz keine absolute Gültigkeit haben und daher mathematisch auch nicht allgemein gültig gefaßt werden.

Verwendung der Mineralstoffe im Stoffwechsel der Pflanze

Auf festem Boden befinden wir uns bei der Besprechung dieser Frage nur hinsichtlich der Metalloide, weil sie zum Aufbau lebenswichtiger Pflanzenstoffe Verwendung finden.

Der Schwefel. Das aufgenommene Sulfation erfährt eine Reduktion beim Einbau in bestimmte Aminosäuren, z. B. Zystin und Zystein (deren Zerfall bei der Eiweißfäulnis den penetranten H_2S-Geruch erzeugt). Auch in den Senfölen der Kreuzblütler tritt der Schwefel in reduzierter Form auf.

Der Phosphor wird als Phosphorsäure aufgenommen und in der Pflanze mit alkoholischen Gruppen verschiedener organischer Stoffe verestert, z. B. in den (besonders im Kern lokalisierten) Nukleinsäuren. Bei der Gärung und Atmung spielen Zuckerphosphorsäuren eine bedeutsame Rolle. Als Phosphorsäure-Speicherstoff wird in Samen häufig das Phytin $(CHO.PO(OH)_2)_6$ angetroffen. Den Phosphatiden (fettartigen P-haltigen Stoffen) hat man eine wichtige Rolle beim Aufbau der Plasmagrenzschichten zugeschrieben.

Der Stickstoff dient in erster Linie zum Aufbau der lebenswichtigen Eiweißstoffe, die kein Lebewesen entbehren kann. Wie bereits S. 103 ausgeführt wurde, kommt aller Wahrscheinlichkeit nach dem festen Strukturgerüst des Plasmas Eiweißnatur zu. Dasselbe trifft für die Träger der Fermente zu, die zur Wirkungsentfaltung der biologischen Katalysatoren unentbehrlich sind.

Wenn wir uns auch gewisse Vorstellungen über das kolloidchemische Zusammenwirken der zum Pflanzenwachstum unentbehrlichen Kationen machen können, so ist uns doch über die spezifische Wirkung dieser Stoffe wenig bekannt.

Das Kalium. Die Bedeutung, die dem Kalium im Aufbaustoffwechsel der Pflanze zukommt, äußert sich u. a. darin, daß junge, wachstumsfähige Zellen besonders reich an Kalium sind. Es ist daher nicht verwunderlich, daß die Pflanzen dieses wertvolle Kation schon in den ersten Stadien der Entwicklung aus dem Boden in großen Mengen aufnehmen und speichern. Auffallend ist das Fehlen von Kalium im Zellkern. Im Plasma und Zellsaft findet es sich ausschließlich in Ionenform, d. h. es tritt nicht in komplexe Verbindungen ein.

Die Vegetationsversuche erweisen sehr augenfällig die Notwendigkeit des Kaliums im Haushalt der Pflanze. Aber trotz unzähliger Untersuchungen wissen wir auch heute über die spezifische Wirkung des Kaliums noch wenig Sicheres. Auf verschiedenem Wege hat man sicherstellen können, daß der Wasserhaushalt der Pflanze durch Kaliumreichtum günstig beeinflußt wird. Umgekehrt zeigen sich bei Kaliummangel alle direkten und indirekten Anzeichen einer gestörten Wasserbilanz: Grasblätter dörren von der Spitze her ab, die Blattränder rollen sich ein (Welktracht). Außerdem bilden die Pflanzen wenig Nebensprosse, und die älteren Blätter sterben frühzeitig ab. Auch Kohlehydrat-, Eiweiß- und Fettgehalt zeigen bei Kaliummangel dieselben Abnormitäten wie bei Wassermangel. Die Assimilation fällt bei Kaliumhunger stark ab, um bei erneuter Kaliumgabe ganz plötzlich anzusteigen. Doch tritt eine ähnliche Erscheinung auch bei Zugabe anderer, in der Nährlösung im Minimum enthaltenen Nährstoffe ein.

Sehr typisch für Kaliumwirkung ist die Begünstigung der Faserausbildung bei unseren Gespinstpflanzen. Gesteigerte Kaliumgabe verleiht der Faser erhöhten, technischen Wert: die Fasermembran wird dicker, die Faseroberfläche glatt und der Bündelverband ein sehr fester. Im Getreidehalm erhöhen reichliche Kaliumgaben die Biegungsfestigkeit und verringern dadurch das schädliche Lagern des Getreides. Beim Lupinensamen wird durch reichliche Kaliumdüngung die Hartschaligkeit gemildert.

Das Magnesium. Dieses Element bildet im Gegensatz zum Kalium im Plasma zum Teil komplexe organische Verbindungen. Hierher gehört auch das Chlorophyll, das mit dem Magnesium physikalisch und physiologisch wichtige Eigenschaften (Farbe, Fluoreszenz, wahrscheinlich auch synthetische Fähigkeiten) gewinnt. $Mg^{\cdot\cdot}$ spielen auch als Kofermente beim Kohlehydratabbau eine wichtige Rolle. Besonders reich an Mg sind die Samen. In nicht balancierter Lösung geboten, wirken dagegen Mg-Salze schon in relativ geringer Konzentration äußerst giftig. Vor allem müssen Mg- und Ca-Salze in einem bestimmten Gleichgewicht stehen.

Das Kalzium. So sicher auch die Unentbehrlichkeit des $Ca^{\cdot\cdot}$ für die höheren Pflanzen festgestellt werden konnte, so ist seine spezifische Wirkung ebenso unklar wie die des Kaliums, zu dem es durch seine entquellende und die Plasmapermeabilität verringernde Wirkung im Gegensatz steht. Diese Eigenschaften machen sich in einer Verschlechterung des Wasserhaushalts der Pflanze geltend. Zweifellos spielt das Kalzium auch eine Rolle bei der Verfestigung der Zellmembran, wohl im wesentlichen durch Bildung von unlöslichem Ca-Pektat in der Mittellamelle. Die Tatsache, daß das $Ca^{\cdot\cdot}$ nicht völlig durch $Sr^{\cdot\cdot}$ ersetzbar ist, weist auf spezielle Funktionen des $Ca^{\cdot\cdot}$ hin, die wir indes wie bemerkt nicht kennen.

Völlig abwegig ist die billige teleologische Deutung des Kalziums als Säureentgifter. Wohl findet man in manchen Pflanzen auffallende Mengen von unlöslichem Ca-Oxalat, aber andererseits gibt es Pflanzensäfte mit enorm hohem Gehalt an löslichen Oxalaten, wodurch erwiesen wird, daß die Pflanze im Tonoplasten eine ausreichende Isolierwand besitzt, um die Ionen des Zellsaftes vom Plasma reinlich zu scheiden. Außerdem finden sich in äußerst säurearmen Blättern, wie z. B. in denen der Sonnenblume, große Mengen an gebundenem Kalk in Form von $CaCO_3$. Von einer Kohlensäureentgiftung sprechen zu wollen, wäre im Hinblick auf die ernährungsphysiologische Bedeutung dieser Säure völlig sinnlos. Viel wahrscheinlicher ist es, daß die Ca-Salze nur ein Ausdruck für überschüssige Ca-Mengen in der Pflanze sind. Dafür spricht auch der zeitliche Verlauf der Ca-Aufnahme: geringer Ca-Gehalt in jungen wachsenden Organen, starker Ca-Anstieg in alten Organen besonders in Blättern. In welcher Weise das unentbehrliche Kalzium in der Pflanze wirkt, wird uns durch die angestellten Überlegungen allerdings nicht klarer. Diese Frage bedarf noch eingehender physiologischer Untersuchungen.

Das Eisen. Das Eisen kann in 2- und 3wertiger Form von der Pflanze aufgenommen werden. Es findet sich besonders reichlich in jungen Organen, und zwar in Form von Ionen und von organischen Komplexverbindungen. Es wirkt in Form eisenhaltiger Katalysatoren bei der Atmung mit, und auch an der Chlorophyllsynthese ist das Eisen wenigstens dynamisch beteiligt, allerdings ohne selbst ins Chlorophyllmolekül einzutreten. Eisenmangel ruft Ausbleichen (Chlorose) der Pflanze hervor.

Das Aluminium. Obwohl kein unentbehrliches Elemente, findet sich Al besonders in manchen Pteridophyten und höheren Pflanzen feuchter Standorte in auffallenden Mengen in der Asche vor. Auch seine spezifische Bedeutung ist unbekannt. Die roten Hochblätter der Hortensie nehmen nach Aluminiumzugabe eine blaue Farbe an.

Die Aufnahme mineralischer Nährstoffe durch die Pflanze

Die weitgehenden Abweichungen in der Zusammensetzung der Pflanzenasche und dem Gehalt der Bodenlösung an Mineralstoffen läßt eindeutig erkennen, daß die Salze nicht einfach mit dem Wasser in die Zelle eingeschwemmt werden, sondern daß Aufnahme von Salz und Wasser in die Zelle primär völlig unabhängige Vorgänge sind. Auch wenn es sich bei der Salzaufnahme um reine Diffusion bzw. Osmose handeln würde, so könnte jeder Stoff nur bis zum Konzentrationsausgleich des betreffenden Stoffes in Außenlösung und Zellsaft bzw. Plasma aufgenommen werden. Die Pflanze vermag jedoch Mineralstoffe in einer Menge zu speichern, die weit über den Gehalt der Außenlösung hinausgeht. Außerdem aber besitzt die Pflanze hinsichlich der einzelnen Nährstoffe ein gewisses Auswahlvermögen. Das zeigt bereits ein Vergleich des Mineralstoffgehaltes natürlicher Gewässer und der darin wachsenden Wasserpflanzen.

Wasserlinse:

In 100 Teilen Reinasche bzw. 1000 Teilen Wasser sind enthalten:	Wasser	Wasserlinse
K_2O	5,15	18,25
Na_2O	5,60	4,06
CaO	45,46	21,86
MgO	16,00	6,00
Fe_2O_3	0,94	9,57
P_2O_5	3,42	11,35
SO_3	10,79	7,91
SiO_2	4,23	46,05
Cl	7,99	5,55

Valonia:

pro 1000 Teile Wasser	Meerwasser	Valonia
Cl	19,6	21,2
Na	10,9	2,1
K	0,5	20,1
Ca	0,5	0,7
Mg	1,3	Spur
SO_4	3,3	0,005

Die folgende Tabelle gibt den Mineralstoffgehalt verschiedener Pflanzen wieder, die sich in derselben Nährlösung entwickelt haben.

	K %	Ca %	Mg %	P %	N %
Weizen	6,73	0,79	0,46	0,489	4,49
Gerste	6,92	1,87	0,54	0,524	4,66
Mais	3,87	0,51	0,402	0,385	2,89
Erbsen	5,25	1,55	0,54	0,193	4,49
Bohnen	4,02	2,11	0,594	0,546	3,62
Sonnenblumen ..	5,01	2,18	0,64	0,56	3,60

Im Mechanismus der Mineralstoffspeicherung spielen wahrscheinlich ähnlich wie bei deren Retention im Boden Adsorptionserscheinungen eine bedeutende Rolle.

Donnangleichgewichte. Zu einer Stoffanreicherung über die Konzentration der Außenlösung hinaus kann es auch unter Bedingungen kommen, die erstmalig *Donnan* geschildert und geklärt hat.

In einem Kollodiumschlauch sollen sich permeierfähiges NaCl und Na-Kongorot befinden. Für das kolloidale Na-Kongorot ist die Kollodiummembran undurchlässig. Infolge starker Dissoziation beider Salze befinden sich im Kollodiumschlauch:

Na-Kongorotmoleküle, NaCl-Moleküle, $Na^{\cdot}$, Cl' und Kongorotanionen, d. h. die Dissoziation der Salze ist nicht vollständig, da die beiden Na-Salze sich gegenseitig in der Dissoziation behindern. Hängt man die so beschickte Kollodiumzelle in reines Wasser, so können nur die NaCl-Moleküle exosmieren. Daher stellt sich das Gleichgewicht zwischen innen und außen auch nur hinsichtlich der NaCl-Moleküle ein. Wenn nun solche Moleküle nach außen gelangen, so entrinnen sie der Dissoziationseinschränkung durch das Na-Kongorot. Sie werden also zunächst praktisch in der Außenlösung völlig dissoziieren. Erst wenn die Konzentration an NaCl in der Außenlösung erheblich größer ist als im Kolloidiumschlauch, werden auf beiden Seiten der Wand gleiche Konzentrationen an ungespaltenen NaCl-Molekülen herrschen. Dann erst stellt sich ein Gleichgewicht ein **(Donnangleichgewicht)**. Natürlich ist dann die Konzentration an analytisch faßbarem NaCl außen viel höher als innen. Je mehr das Verhältnis von permeierfähigem Salz zu permeierunfähigem Salz zugunsten des letzteren verschoben ist, um so stärker wirkt sich die Erscheinung des *Donnan*-Potentials aus.

Bringen wir zu obigem System noch KCl hinzu, so bildet sich neben Na-Kongorot auch K-Kongorot, das im Kollodiumschlauch zurückgehalten wird. Es tritt ein Ionenaustausch und im Zusammenhang damit eine K-Speicherung ein, deren Abhängigkeit von Konzentrationsverhältnissen die folgende Tabelle angibt:

		In % der Gesamtmengen					
		innen			außen		
NaR	KCl	K	Na	Cl	K	Na	Cl
0,1	1	50	50	50	50	50	50
1	1	67	67	33	33	33	67
1	0,1	90	92	10	10	8	90
1	0,01	99	99	1	1	1	99

Eine qualitative Auslese der permeierenden Salze findet offenbar in der Endodermis statt, denn viele Stoffe, die von den Wurzelrindenzellen aufgenommen werden, vermögen die Barriere der Endodermis nicht zu passieren. Aus diesem Grund ist man geneigt, der Endodermis eine gewisse Bedeutung hinsichtlich der Abhaltung giftiger oder doch unzuträglicher Stoffe beizumessen. Hinsichtlich der Elektrolytspeicherung vgl. S. 171ff.

Boden und Pflanze

Kalk- und Kieselsäurepflanzen

Neben den klimatischen Verhältnissen bestimmt vor allem die Bodenbeschaffenheit weitgehend die Verbreitung der Pflanzen. Nicht alle Pflanzenarten sind den Bodeneinflüssen in gleichem Ausmaß unterworfen. Man unterscheidet hiernach:

bodenstete Pflanzen, deren Vorkommen an eine bestimmte Bodenart gebunden ist,

bodenholde Pflanzen, die bestimmte Bodenarten bevorzugen, ohne auf anderen Böden ganz zu fehlen,

bodenvage Pflanzen, die völlig unabhängig von der Bodenbeschaffenheit sind; sie vermögen daher alle Böden zu besiedeln.

Ausgeprägt ist die pflanzenauslesende Wirkung besonders bei zwei Bodenarten, die in mehr als einer Hinsicht in scharfem Gegensatz zueinander stehen:

1. Die Kalkböden,
2. Kiesel- bzw. Sandböden.

Je nach der Bodentreue unterscheidet man:

kalkstete = kieselfeindliche Pflanzen
kalkholde = kieselscheue ,,
kalkvage = kieselvage ,,
kalkscheue = kieselholde ,,
kalkfeindliche = kieselstete ,,

In Grenzgebieten der beiden Bodenarten tritt deren Wirkung auf die Pflanzenverteilung ganz besonders kraß in Erscheinung. Im allgemeinen zeichnen sich Kalkböden durch den Artenreichtum ihrer Pflanzendecke vor der artenarmen Vegetation der Kieselböden aus. Wer je in den Alpen solche Grenzgebiete durchwanderte, ist geradezu betroffen von dem Gegensatz der blumenreichen Kalkmatten und den eintönigen „Gras- und Farnwüsten“ der Kieselböden.

Kalkfeindlich sind u. a. die meisten Hochmoorpflanzen, viele Gräser wie die Waldschmiele, Bluthirse, Lieschgras, Honiggras, Pfeifengras, Borstengras, ferner viele Begleiter des Fichtenwaldes wie Rausch- und Heidelbeere, Besenginster, roter Fingerhut, Adlerfarn u. a.

Kalkpflanzen sind u. a. gelber Enzian, Küchenschelle, Waldanemone, Christrose, Steinröschen, Türkenbund, Frauenschuh, Luzerne, Klee, echte Kamille, Mohn, Ackersenf.

Besonders auffällig sind die gegensätzlichen Bodenansprüche bei manchen Arten derselben Gattung. Vielfach werden diese Ansprüche so streng eingehalten, daß man von vikariierenden Arten spricht, z. B.:

Kalkpflanzen	Kieselpflanzen
Primula auricula	Primula hirsuta
Primula officinalis	Primula elatior
Echte Kamille	Hundskamille
Rhododendron hirsutum	Rhododendron ferrugineum
Achillea millifolium	Achillea moschata
Erica carnea	Calluna vulgaris

Wodurch ist nun diese scharfe Bodenauslese bestimmt? Diese Frage hat im Lauf der Forschung recht unterschiedliche Antworten gefunden. Heute wissen wir, daß es sich hierbei um eine recht komplexe Erscheinung handelt. Die pflanzliche Besiedlung eines Standorts ist das Ergebnis eines unerbittlich geführten Konkurrenzkampfes, aus dem die endgültigen Besiedler als Sieger hervorgehen. Etwas vereinfacht gesehen, kann man sagen, daß die Wuchsfreudigkeit der Pflanze den Kampf um den Standort entscheidet. Wenn wir also einen Kalkboden von bestimmten Pflanzen besiedelt finden, so will das besagen, daß diese Besiedler die besten Entwicklungsbedingungen auf Kalkböden finden.

In welcher Weise beeinflußt nun der Kalk die Entwicklungsbedingungen der Pflanze?

Kolloidchemische Wirkung des $Ca^{\cdot\cdot}$

a) Wirkung auf die Pflanzen. Auf die negativ geladenen Plasmakolloide wirkt das $Ca^{\cdot\cdot}$ stark entquellend (vgl. S. 101). Das wirkt sich besonders folgenschwer an den Plasmagrenzschichten aus, die infolge der Entquellung weniger durchlässig für aufzunehmende Nährstoffe werden. So setzt nachweisbar das $Ca^{\cdot\cdot}$ die Aufnahme von Kaliumbedeutend herab. Aus diesem Grunde gedeihen Pflanzen mit hohem Kaliumbedürfnis, wie die echte Kastanie, auf Kalkböden nur bei reichlicher Kaliumzusatzdüngung. Bei behinderter Eisenaufnahme entsteht die Kalkchlorose der Pflanzen, die durch erhöhte Eisengabe wieder zum Verschwinden gebracht werden kann. Besonders fühlbar wird diese Nährstoffdrosselung durch das $Ca^{\cdot\cdot}$ auf nährstoffarmen Böden. Daher verkümmern Hochmoorpflanzen nach Ca-Zugabe. Günstig wirkt sich das $Ca^{\cdot\cdot}$ dagegen auf nährstoffreichen Böden aus, da hier der Gefahr einer giftig wirkenden Nährstoffüberschwemmung der Zellen erfolgreich gesteuert wird. Daher werden bei reichlichem Ca-Zusatz höhere Nährlösungskonzentrationen von den Pflanzen ertragen, wie auch die letale Konzentration von Giften heraufgesetzt wird.

Hinsichtlich seiner kolloidchemischen Wirkung ist das Ca durch Sr ersetzbar. Sicherlich übt das Ca aber auch eine nutritive Wirkung aus, es ist ein unentbehrlicher Nährstoff der Pflanze. In dieser Eigenschaft ist es spezifisch und kann daher auch nicht durch Sr ersetzt werden. Bemerkenswert ist die Tatsache, daß chlorophyllfreie Pflanzen und auch einige grüne Algen des Kalziums entbehren können.

b) Wirkung auf den Boden. Durch unvollständige Zersetzung der organischen Substanz abgestorbener Pflanzenteile entstehen dunkel gefärbte C-reiche Stoffe von kolloidaler Natur, die wir als Humusstoffe zusammenfassen. Ihre Beschaffenheit, die von hoher Bedeutung für die Fruchtbarkeit eines Bodens ist, hängt weitgehend vom Gehalt an $Ca^{\cdot\cdot}$ ab. In Ca-reichem Boden werden diese organischen Bodenkolloide grobkörnig ausgeflockt, der Boden nimmt die für das Gedeihen der Pflanzen günstige Krümelstruktur an. Diese aber sichert eine gute Durchlüftung des Bodens. Es siedeln sich sauerstoffliebende Bakterien an, deren Zersetzungsprodukte neutrale Reaktion zeigen (milder Humus). So entstehende Humusteilchen vermögen besonders Kationen kräftig zu adsorbieren und vor dem Auswaschen zu schützen. Zu diesen organischen Kolloiden treten in Ca-reichen Böden noch anorganische Kolloide, die Zeolithe. Sie entstehen aus der Fällung der Kieselsäure und des gegensinnig geladenen Eisen- bzw. Aluminiumhydroxyds des Bodens. Auch diese Zeolithe vermögen Kationen zu binden. Aus den Ca-Zeolithen wird in Gegenwart von Ammonium- oder Alkalisalzen das Ca zugunsten der Alkali verdrängt, wodurch die letzteren im Boden zurückgehalten und so vor Auswaschung geschützt werden.

Von derartiger Beschaffenheit sind die guten Kulturböden Pommerns, Westpreußens, der Magdeburger Börde, die Schwarzerde wie auch der milde Humus unserer Laubwälder: nährstoffreich, bakterienreich, locker, gut durchlüftet, vor allem auch sich leicht erwärmend, d. h. Böden voll reichen Lebens und gebefreudig gegenüber einer rasch wachsenden Pflanzenwelt.

Ganz anders fällt die Bodenbeschaffenheit bei $Ca^{\cdot\cdot}$-Mangel aus. Saurer Humus wird fein dispers, der Boden dicht schlammig oder fettig-tonig, infolgedessen schwach durchlüftet. Die Humifizierung führt zu sauren Zerfallsprodukten, die als Schutzkolloide wirken und die Ausflockung der Zeolithe verhindern. Daher geht solchen Böden auch das wichtige Adsorptionsvermögen verloren; die Nährstoffe werden ausgewaschen, der Boden wird nährstoffarm.

Den stärksten Einfluß auf die pflanzliche Besiedlung des Bodens aber übt das $Ca^{\cdot\cdot}$ über die Veränderung der Bodenreaktion aus. Man konnte beobachten, daß viele angeblich kalkfeindliche Pflanzen nicht nur Kalzium in ihrer Asche enthielten, sondern daß für sie das Ca ein unentbehrlicher Nährstoff ist. Offenbar war für die ungünstige Wirkung des Kalkbodens auf die Kieselpflanzen nicht allein das $Ca^{\cdot\cdot}$, sondern eine Nebenwirkung dieses Bodens verantwortlich zu machen. Diese Auffassung wurde bestätigt durch den experimentellen Befund, daß viele Kieselpflanzen die Gegenwart von Gips ($CaSO_4$), nicht aber diejenige von Ca-Karbonat oder von Ca–Mg-Karbonat (Dolomit) ertragen. Da die Anionen all dieser Salze ohne giftige Wirkung auf die Pflanze sind, wurde die Aufmerksamkeit auf Unterschiede in der Reaktion dieser Salze gelenkt: das $CaSO_4$ reagiert leicht sauer, das Karbonat dagegen alkalisch.

Die H-Konzentration und ihre physiologische Wirkung

Das Wasser ist zu einem geringen Anteil in seine Ionen $H^{\cdot}$ und OH' gespalten. Die molare $H^{\cdot}$-Konzentration wird mit h, die molare OH'-Konzentration mit oh bezeichnet. Die Dissoziationskonstante des Wassers $K_w = \frac{h^{\cdot} \cdot oh'}{H_2O}$ ist bei 18° gleich $0{,}73 \cdot 10^{-14}$. Da die ungespaltene H_2O-Menge den Gehalt an Ionen weit überwiegt, kann man den Nenner des Bruches ohne merklichen Fehler stets $= 1$ setzen. Damit wird dann $h^{\cdot} \cdot oh' = 0{,}73 \cdot 10^{-14}$.

Der Wert dieses Produktes bleibt in allen wäßrigen Lösungen derselbe. Wenn daher die Zahl der $H^{\cdot}$ erhöht wird, muß diejenige der OH' entsprechend sinken.

Ist $h = oh = 0{,}86 \cdot 10^{-7}$ $(= \sqrt{0{,}73 \cdot 10^{-14}})$, so wird die Lösung als neutral bezeichnet;
ist $h > oh$ (also $> 0{,}86 \cdot 10^{-7}$), so reagiert die Lösung sauer. Ein Überschuß von OH' über die $H^{\cdot}$ äußert sich in alkalischer Reaktion der Lösung.

Die $H^{\cdot}$ werden in der Lösung erhöht:
a) durch Säuren, die H abdissoziieren (z. B. $HCl \rightarrow H^{\cdot} + Cl'$);
b) durch saure Salze ($KH_2PO_4 = K^{\cdot} + H_2PO_4'$; $H_2PO_4' = H^{\cdot} + HPO_4''$ und $HPO_4'' = H^{\cdot} + PO_4'''$).
c) durch Hydrolyse von Salzen starker Säuren mit schwachen Basen:

$$NH_4Cl \rightleftharpoons NH_4^{\cdot} + Cl'$$
$$+ OH' \quad H^{\cdot}$$
$$NH_4^{\cdot} + OH' \rightleftharpoons NH_4OH; \quad H^{\cdot} + Cl' \rightleftharpoons HCl.$$

Da nun HCl stärker dissoziiert als NH_4OH, ergibt sich in der Lösung ein Überschuß an $H^{\cdot}$.

Umgekehrt bringen Laugen, alkalische Salze (Salze schwacher Säuren mit starken Basen) OH-Ionen in die Lösung, wodurch sich die Zahl der $H^{\cdot}$ entsprechend senken muß. Da das Ionenprodukt konstant ist, wird durch die Angabe der Konzentration des einen Ions auch diejenige des anderen Partners erkennbar. Daher hat man sich zur Kennzeichnung der Reaktion auf die Angabe der $H^{\cdot}$-Konzentration beschränkt. Man versteht darunter die Anzahl von Gramm H-Ionen pro Liter Lösung (Wasserstoffzahl $= h$).

In pflanzlichen Zellsäften schwankt die $H^{\cdot}$-Konzentration in ziemlich weiten Grenzen, bleibt aber doch absolut immer ein kleiner Wert, für dessen mathematischen Ausdruck man eine angemessene Größenordnung wählen mußte.

Statt der Wasserstoffzahl h benützt man aus Gründen der Übersichtlichkeit den negativen $^{10}\log$ von h als Ausdruck der $H^{\cdot}$-Konzentration in biologischen Säften und bezeichnet diesen Wert mit p_H; somit $p_H = -\log h$.

Es ist deher $p_H\ 5 = \log 10^{-5}$; $h = 10^{-5} = \frac{1}{100000}$ g $H^{\cdot}$ pro Liter.

Mit steigendem p_H fällt also die $H^{\cdot}$-Konzentration; $p_H = 7$ bezeichnet den Neutralpunkt, $p_H < 7$ saure, $p_H > 7$ alkalische Reaktion.

Wirkung der Wasserstoffionen auf die Pflanze

1. Die kolloidchemische Wirkung auf das Plasma. Wie bereits S. 102 dargelegt wurde, bestimmt die $H^{\cdot}$-Konzentration weitgehend die Ladung der Plasmakolloide, damit deren Quellungsgrad, ihr Adsorptionsvermögen und auch die Durchlässigkeit der Plasmagrenzschichten für gelöste Stoffe. Die Stoffaufnahme wird im isoelektrischen Punkt der Grenzschichtkolloide am geringsten sein. Ein Abweichen der $H^{\cdot}$-Konzentration sowohl nach dem sauren wie nach dem alkalischen Gebiet wird somit eine erhöhte Permeabilität und damit die Gefahr einer giftig wirkenden Überschwemmung der Zelle mit Mineralstoffen mit sich bringen. Die Abhängigkeit der Stoffaufnahme von der Reaktion des Nährsubstrats zeigt die Zuckeraufnahme von Valonia aus Lösungen verschiedener Reaktion:

p_H	7,2		4,8
Zuckeraufnahme	1,53%	2,14%	3,72%

Mit Entfernung vom Entwicklungsoptimum werden also steigende Zuckermengen aufgenommen.

2. Auch die Wirksamkeit der im Plasma lokalisierten Fermente ist reaktionsabhängig; aber die Reaktion der Außenlösung ist auf diejenige des Plasmas im allgemeinen von geringem Einfluß.

3. Bedeutsamer ist die Wirkung der H˙ auf die Löslichkeit der Bodensalze: Ansäuerung des Bodens vermag unlösliche Neutralsalze (z. B. tertiäres Kalzium-

Abb. 290. Sojabohnen in Wasserkulturen verschiedener Reaktion gezogen. Die Zahlen geben die pH-Werte der Nährlösungen an. (Nach *Bryan*)

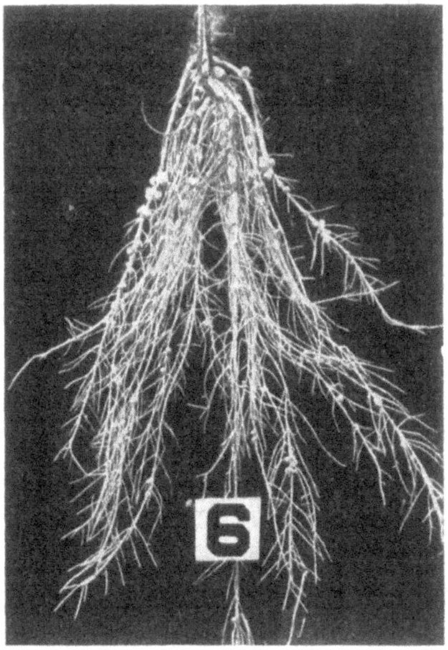

Abb. 291

Abb. 292

Wurzeln von Sojabohnen in Wasserkulturen verschiedener H˙-Konzentration; die Zahlen geben die pH-Werte der Nährlösungen an.

Abb. 291. Starker Knöllchenansatz bei pH = 6.

Abb. 292. Schwache Knöllchenbildung bei pH = 4,5. (Nach *Bryan*)

phosphat, Kalziumkarbonat, Eisenphosphat) in lösliche saure Salze überzuführen. Allerdings können dabei auch giftige Ionen in erhöhtem Maße in die Bodenlösung kommen (Aluminium- und Schwermetallsalze).

4. Die Aufnahme von Ammonsalzen wird aus sauren Lösungen erschwert, diejenige von Nitrat gefördert.

5. Das bakterielle Leben im Boden ist stark reaktionsbestimmt, die Zahl der Bodenkeime und ihre Aktivität ist von der Bodenreaktion abhängig. Stickstoffsammlung durch freilebende Bakterien wie auch durch die Knöllchenbakterien (Abb. 290—292), bakterielle Nitrit- und Nitratbildung, Zellulosezersetzung und viele andere wichtige bodenbiologische Prozesse sind reaktionsabhängig. Das Optimum der bodenverbessernden Bakterien liegt im allgemeinen über p_H 6; daher sind saure Böden im allgemeinen N-arm, vor allem Nitrat-arm. Vorhandenes Ammonsalz kann aus saurer Lösung von der Pflanze nur langsam aufgenommen werden, sofern nicht mykotrophe Pilze die Wurzeln der höheren Pflanzen mit Stickstoff versorgen (Erika, Kalmus, Kiefer, Birke usw.). Auch für manche pathogenen Mikroben (Erreger des Kartoffelschorfes, der Herz- und Wurzelfäule der Rüben, Starrkrampfbazillen) gibt es ein bestimmtes Reaktionsoptimum des Bodens.

6. Besonders bedeutungsvoll für die Pflanze aber ist die Tatsache, daß die $H^{\cdot}$-Konzentration nicht nur die Menge der aufgenommenen Mineralstoffe beeinflußt, sondern auch das optimale Ionenverhältnis verändert, weil die Aufnahme der einzelnen Ionen ganz ungleich von der Reaktionsänderung betroffen wird (vgl. untenstehende Tabelle). Es ist wohl möglich, daß ein erheblicher Teil der Giftwirkungen ungünstiger Bodenreaktion auf eine Störung des Ionengleichgewichts zurückzuführen ist.

Weizen

Ion	10^{-6} Grammäquivalente von einer Pflanze pro Tag aufgenommen						
	p_H						
	4	5	6	7	8	9	10
K	4,3	2,9	4,3	0	—	1,8	0
Ca	0	1	37	—	25	25	3
Mg	26	30	13	0	0	4	13
PO_4	19	4	8	21	10	8	5
NO_3	66	10	32	29	0	4	4
SO_4	23	16	20	15	0	2	15
Wurzeltrockengewicht	23	58	22	30	54	56	28
Sproßtrockengewicht	120	233	88	96	108	112	104

(Nach *Arrhenius*)

Es ist daher nicht verwunderlich, daß auch die höhere Pflanze nur innerhalb bestimmter Reaktionsbereiche des Bodens die notwendigen Lebensbedingungen findet, und daß sie bei ganz bestimmter Reaktion optimales Wachstum und damit erhöhte Konkurrenzfähigkeit entwickelt. Dadurch wird die Bodenreaktion zu einem bestimmenden Faktor der Pflanzenverbreitung. Es besteht kein Zweifel, daß manche Pflanzengesellschaften in ihrer Zusammensetzung durch das übereinstimmende Reaktionsoptimum der Partner bestimmt sind.

Die folgende Zusammenstellung gibt die Abhängigkeit einiger Kulturpflanzen von der Bodenreaktion wieder. Selbst innerhalb einer systematisch so wohl definierten Gruppe wie derjenigen der Gräser gibt es, wie die Tabelle zeigt, recht erhebliche Unterschiede in den Ansprüchen an die Bodenreaktion.

Leitpflanzen bestimmter Bodenreaktionen

Wenn es auch schon recht handliche Einrichtungen zur Messung der Bodenreaktion gibt, so sind diese Apparate doch nur selten in der Hand des praktischen Landwirts. Um so wichtiger ist die Tatsache, daß die spontan auf den Kulturböden sich entwickelnden Begleitpflanzen, besonders Acker- und Wiesenunkräuter, Rückschlüsse auf die Bodenreaktion und damit auf die Kalkbedürftigkeit des Bodens zulassen.

1. Saure Böden:

a) Ackerunkräuter:

1. Sandstiefmütterchen (Viola tricolor arvensis).
2. Ackerknäuel (Scleranthus).
3. Lammkraut (Arnoseris).
4. Spark (Spergula).
5. Saatwucherblume (Chrysanthemum segetum).
6. Sandkraut (Arenaria).
7. Knorpelkraut (Illecebrum).
8. Hederich (Raphanus raphanistrum).
9. Filzkraut (Filago).
10. Sandstrohblume (Helichrysum arenarium).
11. Tausendkorn (Herniaria).
12. Kleiner Sauerampfer (Rumex acetosella.)
13. Bauernsenf (Teesdalea).

b) Wiesen- und Waldpflanzen:

1. Silbergras (Weingaertneria).
2. Waldschmiele (Deschampsia flexuosa).
3. Pfeifengras (Molinia caerulea).
4. Borstengras (Nardus stricta).
5. Honiggras (Holcus mollis).
6. Heide (Calluna vulgaris).
7. Viele Seggen (Carex).
8. Wollgras (Eriophorum).
9. Viele Simsen (Scirpus).
10. Schafschwingel (Festuca ovina).
11. Ferkelkraut (Hypochoeris radicata).
12. Kleines Habichtskraut (Hieracium pilosella).
13. Kiefer (Pinus silvestris).
14. Fichte (Picea excelsa).
15. Heidelbeere (Vaccinium myrtillus).
16. Maiblümchen (Majanthemum bifolium).

2. Neutrale und alkalische Böden:

a) Ackerunkräuter:

1. Huflattich (Tussilago farfara).
2. Ackerwinde (Convolvulus arvensis).
3. Ackerröte (Sherardia arvensis).
4. Ackersteinsame (Lithospermum arvense).
5. Rittersporn (Delphinium consolida).
6. Teufelsauge (Adonis vernalis; A. aestivalis).
7. Ackerwachtelweizen (Melampyrum arvense).
8. Silberdistel (Carlina acaulis).
9. Ackerhahnenfuß (Ranunculus arvensis).
10. Conringie (Conringia orientalis).
11. Dotter (Camelina microcarpa).
12. Finkensame (Vogelia).
13. Nadelkerbel (Scandix Pecten Veneris).
14. Haftdolde (Caucalis daucoides).
15. Sichelmöhre (Falcaria vulgaris).
16. Giersch (Aegopodium podagraria).
17. Steinkraut (Alyssum calycinum).
18. Senf (Sinapis alba).
19. Echte Kamille (Matricaria chamomilla).
20. Sonnenwolfsmilch (Euphorbia helioscopia).
21. Ackermohn (Papaver rhoeas).
22. Erdrauch (Fumaria officinalis).
23. Gänsefingerkraut (Potentilla anserina).
24. Ackergauchheil (Anagallis arvensis).
25. Hühnerhirse (Panicum crus galli).

b) Wiesen- und Waldpflanzen:

1. Kümmel (Carum carvi).
2. Kleearten (Trifolium).
3. Wundklee (Anthyllis vulneraria).
4. Luzerne (Medicago sativa und falcata).
5. Esparsette (Onobrychis sativa).
6. Hufeisenklee (Hippocrepis comosa).
7. Brunelle (Brunella vulgaris).
8. Wohlriechende Platterbse (Lathyrus tuberosus).
9. Hornklee (Lotus corniculatus).
10. Knäuelgras (Dactylis glomerata).
11. Bärenlauch (Allium ursinum).
12. Heilkraut (Sanicula europaea).
13. Hainwachtelweizen (Melampyrum nemorosum).
14. Leberblümchen (Anemone hepatica).
15. Christophskraut (Actaea spicata).
16. Bingelkraut (Mercuralis perennis).
17. Haselwurz (Asarum europaeum).
18. Seidelbast (Daphne mezereum).
19. Türkenbund (Lilium martagon).
20. Brustwurz (Angelica silvestris).

Zweifellos sind die Vegetationsunterschiede auf Kalk- und Kieselböden zu einem großen Teil durch die Verschiedenheit der Bodenreaktion bedingt, denn Kalkböden weisen neutrale bis stark alkalische Reaktion (p_H 7—10) auf, während Kiesel-, Sand- und Moorböden sauer reagieren. Daher würde man einen Teil der Kieselpflanzen besser als säureliebende (azidophile) und andererseits einen Teil der Kalkpflanzen richtiger als basenliebende (basophile) Pflanzen bezeichnen.

Kalk- und Kieselboden unterscheiden sich somit in mehr als einer Hinsicht:

	Kalkböden	Kieselböden
Reaktion:	neutral-alkalisch	sauer
Mineralsalzgehalt:	nährstoffreich	nährstoffarm
Kalkgehalt:	sehr reich an Ca	ärmer an Ca
Bodenfeuchtigkeit:	gering bis mittel	mittel bis hoch
Bodenstruktur:	krümelig	schlammig, dicht, lehmig
Durchlüftung:	sehr gut	schwach
Bodentemperatur:	warm	kalt
Humus:	mild	sauer
Bodenbakterien:	reich	arm

Welchem von diesen Faktoren die entscheidende Bedeutung für die Konkurrenzfähigkeit und Siedlungsmöglichkeit zukommt, wird im einzelnen verschieden sein. Aus diesem Grund stellen Kalk- und Kieselpflanzen keine einheitlichen physiologischen Gruppen dar. Viele Kalkpflanzen sind mineralstoffbedürftige Pflanzen, die auf reichem Boden bei geeigneter (neutraler bis alkalischer) Reaktion wohl gedeihen, auf mineralsalzarmen sauren Kieselböden für ein gutes Gedeihen aber ihren Mineralsalzhaushalt nicht zu balancieren vermögen.

Von besonderem Interesse sind die Bodenreaktionsansprüche unserer landwirtschaftlichen und gärtnerischen Kulturpflanzen und ihre Rückwirkung auf die Ertragsgröße (vgl. Abb. 293). Eine solche ist um so verständlicher, als bereits die Keimfreudigkeit des Samens p_H-abhängig ist (vgl. folgende Tabelle).

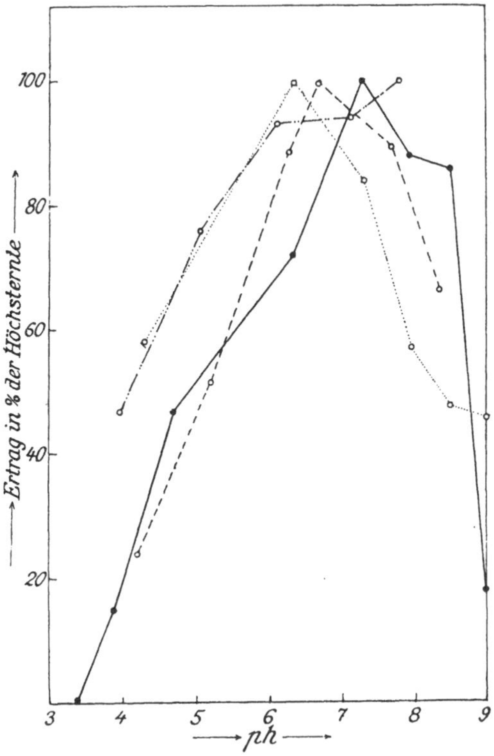

Abb. 293.

Abb. 293. Ernteerträge verschiedener Kulturpflanzen bei unterschiedlicher Reaktion der Nährlösung.
•——• Rubin-Sommerweizen;
o······o Kartoffelknollen;
o–·–·–o zweizeilige Gerste;
o----o Luzerne.
(Nach *Arrhenius* und *Olsen*)

Keimung in Abhängigkeit von der Reaktion des Bodens

Pflanze	Keimprozente bei verschiedenem p_H						
p_H =	2,17	2,96	4,11	5,16	5,94	6,91	7,71
Mais	86	96	96	100	100	96	96
Weizen	64	88	100	88	92	10	92
Klee	10	86	100	94	90	90	94
Soja	20	100	90	100	100	95	100
Luzerne	—	75	88	82	82	88	68

Für ein optimales Gedeihen vieler unserer Kulturpflanzen sind Sand- und Kieselböden ebenso wie die Hochmoore zu sauer. Daher wirkt sich hier eine Kalkung stark ertragsfördernd aus. Dabei ist allerdings zu bedenken, daß die gesteigerten Ernteerträge dem armen Boden große Mengen lebenswichtiger Nährsalze entziehen, die jeweils wieder zu ersetzen sind.

Die Moorpflanzen. Sie finden optimale Lebensbedingungen bei saurer Reaktion und relativ geringem Nährstoffgehalt des Bodenwassers. Ätzkalk oder kohlensaurer Kalk setzen die aktuelle Säuerung des Bodens so weit herab, daß die Pflanzen an akuten Schädigungen (vielleicht infolge Nährsalzüberschwemmung) nach kurzer Zeit eingehen. Gips ändert die Reaktion des Bodens weniger. Aber die entquellend wirkenden $Ca^{\cdot\cdot}$ und SO_4'' setzen die Nährsalzaufnahme aus einem an und für sich schon nährstoffarmen Boden so weit herab, daß die Pflanzen langsam einem Nährsalzmangel erliegen. Die übrigen Kieselsäurepflanzen sind vielfach mineralstoffbedürftiger und gehen nicht selten in Gegenwart von $Ca^{\cdot\cdot}$ an Kalium- oder Eisenmangel ein (Kalkchlorose).

Abb. 294. Rand der Salzwüste bei Safidab (Iran). Salsola- und Tamariskusarten. (Nach *Schimper-v. Faber*)

Die Salzpflanzen. Stark salzhaltige Böden wirken auf die Mehrzahl der Pflanzen giftig. Eine Ausnahme hiervon machen die Salzpflanzen, die ohne Schädigung enorme Salzmengen aufnehmen und ertragen können. (NaCl-Konzentration des Zellsaftes bis 17%.) Häufig nehmen diese Salzpflanzen (besonders auf NaCl reichem Boden, weniger auf Sulfatboden) sukkulenten Bau an. Sie sind infolge ihrer Salzverträglichkeit den übrigen Pflanzen bei Besiedelung salziger Standorte weit überlegen und bilden auf dieser Grundlage natürliche Pflanzengesellschaften (Salzpflanzen = Halophyten). Sie besiedeln die Meeresufer und senden die letzten pflanzlichen Vorposten in die sonst vegetationslosen Salzsteppen und Salzwüsten hinaus (Abb. 294).

Die Assimilation des Kohlenstoffes

Die eingehende Beschäftigung mit dem Wasserhaushalt und Mineralstoffwechsel der Pflanze und auch die offenkundigen Erfolge der Agrikulturchemie, durch geordnete Düngungsmaßnahmen die Ernten zu steigern, möchten leicht die falsche Vorstellung erwecken, die Ernährung der Pflanze erfolge ganz einseitig und ausschließlich von der Wurzel her. Und doch fehlt gerade dasjenige Element, das den stärksten Anteil am Aufbau der organischen Pflanzensubstanz nimmt, der **Kohlenstoff,** so gut wie ganz in der Reihe der vom Boden an die Pflanze gelieferten Stoffe. Aufnahme und Assimilation des Kohlenstoffes erfolgen vielmehr durch die oberirdischen Teile der Pflanze, vor allem durch die Blätter, die damit zu den wichtigsten Ernährungsorganen der Pflanze werden.

Für die grüne Pflanze ist die CO_2 der Luft die Kohlenstoffquelle, aus der das organische Baumaterial für alle Pflanzenstoffe aufgebaut wird (CO_2-Assimilation).

Die Umwandlung der Kohlensäure in organische Substanz ist ein endothermer Prozeß, der nicht ohne Energiezufuhr von außen her durchgeführt werden kann. Diese Energie liefert die Sonne, die damit wirklich zum Spender alles Lebens wird. Unter Vermittlung der Strahlungsenergie der Sonne baut die Pflanze aus CO_2 und Wasser organisches Material auf **(Photosynthese)**. Dieser Vorgang ist die Grundlage für den gesamten Bau- und Energiestoffwechsel der Pflanze. Nur eine kleine Gruppe niederer Pflanzen vermag aus der Verbrennung anorganischer Stoffe die Energie zur CO_2-Assimilation zu gewinnen **(Chemosynthese)**.

Bereits S. 1 ist darauf hingewiesen worden, daß das Leben nur unter fortlaufender Energiezufuhr zu erhalten ist. Dabei bedarf die Pflanze nicht nur eines bestimmten Energievorrats, sondern auch eines gewissen Energiepotentials, einer bestimmten Hochspannung der Energie. In dem photosynthetischen Prozeß wird nun die strahlende Sonnenenergie in hochgespannte chemische Energie übergeführt, aus deren Vorrat heraus der Energiehaushalt der Pflanze dauernd gespeist wird. Pflanzen, die durch geeignete Energieumwandlung aus anorganischer CO_2 organische Substanz aufzubauen vermögen, werden als **autotroph** bezeichnet. Im Gegensatz zu ihnen stehen alle jene Organismen, die nur organische Kohlenstoffverbindungen assimilieren können (**heterotrophe** Ernährung: pflanzliche Parasiten und Saprophyten, z. B. Bakterien, Pilze und alle Tiere).

Die autotrophe Pflanze ist daher der Mittelpunkt, um den sich ernährungsphysiologisch das gesamte Leben gruppiert. Mit ihrem Verschwinden müßte das gesamte Leben zugrunde gehen.

Die Photosynthese

Die Grundversuche. Überdeckt man ein völlig untergetauchtes Bündel von Wasserpflanzen mit einem Glastrichter (Abb. 295) und setzt das Gefäß dem Sonnenlicht aus, so sieht man nach kurzer Zeit Gasbläschen aus den Schnittflächen der Sprosse austreten, die sich im oberen Teil des Trichters ansammeln. Läßt man dieses Gas an einem glimmenden Spahn vorbeistreichen, so flammt dieser auf. Das ausgeschiedene Gas ist also **Sauerstoff.**

Verdunkelt man die Pflanze, so hört die Blasenbildung sofort auf; eine Sauerstoffentwicklung ist somit nur im **Lichte** möglich. Die CO_2-Assimilation der höheren Pflanze ist somit ein photochemischer Prozeß.

Verwendet man zum Versuch ausgekochtes und unter Luftabschluß wieder abgekühltes Wasser, so bleibt die Sauerstoffentwicklung auch im Lichte aus. Sie setzt aber sofort ein, wenn man dem Wasser etwas Kohlensäure oder Bikarbonat zusetzt. Offensichtlich stammt der ausgeschiedene Sauerstoff aus der aufgenommenen Kohlensäure. Dieser Schluß ergibt sich zwingend aus dem folgenden Versuch:

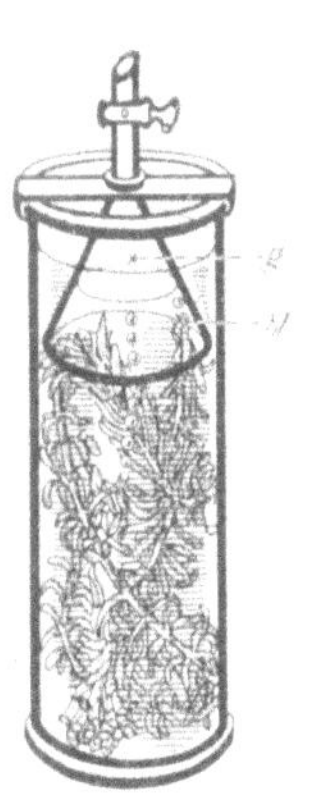

Abb. 295. Abgabe von Sauerstoff durch assimilierende Wasserpflanzen. (*g*) ausgeschiedenes Gas; (*bl*) Austrittsstelle der Gasbläschen

Man bringt das Blatt einer Landpflanze in ein mit Luft erfülltes Eudiometer, das durch Quecksilber gegen die Außenluft abgedichtet ist. Setzt man diesen Apparat einige Zeit dem Sonnenlicht aus und analysiert nunmehr das eingeschlossene Gasgemisch, so zeigt sich, daß der CO_2-Gehalt vermindert, der O_2-Gehalt dagegen erhöht ist, und zwar ist aus einem verschwundenen Molekül CO_2 ein Molekül O_2 gebildet worden. In der Photosynthese wird also unter Mitwirkung der Sonnenenergie CO_2 von der Pflanze aufgenommen, O_2 ausgeschieden. Der **Assimilationsquotient** $\frac{O_2}{CO_2}$ ist $= 1$.

Aus Versuchen mit grünen und bleichen Pflanzen ist unschwer festzustellen, daß zur Photosynthese nur grüne Pflanzen befähigt sind. Erst die gleichzeitige Anwesenheit von CO_2, grünem Blattfarbstoff **(Chlorophyll)** und Licht gewährleistet in Verbindung mit den allgemeinen Lebensbedingungen den Ablauf des photosynthetischen Prozesses.

Stellt man vor und nach erfolgter längerer Belichtung das Trockengewicht gleicher Blattflächen fest, so ergibt sich eine deutliche Trockengewichtszunahme nach Belichtung. Das aufgenommene CO_2 wird also gespalten, der Sauerstoff wird ausgeschieden, der Kohlenstoff zum Aufbau von Pflanzensubstanz verwertet. Eine genauere Analyse der Trockengewichtszunahme ergab, daß diese auf der Bildung von Kohlehydraten (Zucker, Stärke) beruht. Weiterhin konnte festgestellt werden, daß mit je 1 Mol. CO_2 1 Mol. H_2O bei der Photosynthese aufgenommen wird und die Zuckerbildung nach folgender Gleichung **(Assimilationsgleichung)** verläuft:

$$6\,CO_2 + 6\,H_2O + 674\ \text{Cal. Sonnenenergie} = C_6H_{12}O_6\ \text{(Zucker)} + 6\,O_2.$$

Unter Vermittlung des Chlorophylls wird mit Hilfe der Sonnenenergie aus CO_2 und Wasser also Zucker aufgebaut. Jedes Mol. Zucker birgt 674 Cal. Wärme, die es beim Verbrennen wieder freigibt. Man erkennt, daß in der Photosynthese strahlende Energie in chemische Energie umgewandelt wird. Diese letztere wird in Form von Kohlehydraten gespeichert.

Der physiologische Apparat der Photosynthese

Der photosynthetische Prozeß spielt sich im System der höheren Pflanzenzelle ausschließlich im **Chloroplasten** ab (vgl. auch S. 111).

Das hat *Engelmann* in einem einfachen Versuch sehr augenfällig zeigen können. Bestimmte Bakterien (z. B. Bact. termo) sind nur in Gegenwart von O_2 beweglich. Bringt man nun derartige Bakterien zusammen mit einer Alge (Spirogyra), die durch spiralig verlaufende, bandartige Chloroplasten ausgezeichnet ist, in einem Wassertropfen unter mikroskopische Beobachtung, so sammeln sich die Bakterien nur längs der Berührungsstellen von Chloroplast und Plasma an, weil hier allein O_2 ausgeschieden, d. h. CO_2 assimiliert wird, während die plasmatischen Zwischenstellen die Bakterien nicht zu aktivieren vermögen.

Weder isolierte Chloroplasten noch das Chlorophyll allein vermögen photosynthetisch Zuckerbildung aus CO_2 und H_2O durchzuführen. Man muß daher annehmen, daß die chemische Konstitution des Chlorophylls und die Feinstruktur der Plastiden in verzahnter Wechselwirkung die Zuckersynthese bewirken.

Das Chlorophyll. Der einzige an der Photosynthese beteiligte lichtempfindliche Körper ist das Chlorophyll, der grüne Blattfarbstoff. Er ist derjenige biochemische Stoff, der die Sonnenenergie in chemische Energie verwandelt und mit dieser den endothermen Prozeß der CO_2-Reduktion bewerkstelligt.

Durch die Arbeiten von Willstätter, Fischer u. a. ist die chemische Konstitution des Chlorophylls weitgehend ermittelt worden.

Mittels verschiedener Lösungsmittel (Alkohol, Aceton) läßt sich das Chlorophyll vollständig aus den Blättern ausziehen. Schüttelt man einen alkoholischen Extrakt mit einem Gemisch von Benzin–Benzol aus, so tritt eine Trennung verschiedener Farbstoffe ein: Der Alkohol wird gelb, das Benzin–Benzolgemisch dagegen grün gefärbt. Weitere zum Teil komplizierte Trennungsverfahren haben es ermöglicht, aus dem Chlorophyll die folgenden Farbstoffkomponenten zu isolieren:

1. Chlorophyll a: $C_{32}H_{30}\cdot O\cdot N_4Mg\begin{smallmatrix}\diagup COOCH_3\\ \diagdown COOC_{20}H_{39}\end{smallmatrix}$ von dunkelgrüner Farbe;

2. Chlorophyll b: $C_{32}H_{28}O_2N_4Mg\begin{smallmatrix}\diagup COOCH_3\\ \diagdown COOC_{20}H_{39}\end{smallmatrix}$ von gelbgrüner Farbe;

3. Karotin: ein gelber Farbstoff (vgl. Karotten);

4. Xanthophyll: etwas heller gelb als Karotin, chemisch ein Oxydationsprodukt desselben.

Braunalgen enthalten in den Chloroplasten neben diesen Farbstoffen noch das braune Fucoxanthin, Rotalgen das Phycoerythrin.

Unmittelbar an der photochemischen Reaktion sind nur die grünen Farbstoffe beteiligt. Besondere Bedeutung für die Reduktion der CO_2 scheint das nur an N gebundene Magnesium zu besitzen. Mit der Ausspaltung des Magnesiums verliert das Chlorophyll seine grüne Farbe (Braunfärbung) und seine Lichtempfindlichkeit, daher auch seine photochemische Reaktionsfähigkeit.

Die physikalischen Eigenschaften des Chlorophylls. Von den physikalischen Eigenschaften des Chlorophylls interessiert im Zusammenhang mit der Photosynthese am meisten sein Verhalten zum Licht. In Abb. 296 sind die Absorptionsspektren der grünen Blattfarbstoffe wiedergegeben. Sie enthalten zwei Hauptabsorptionsbanden, die zeigen, daß vor allem rotes und blaues Licht vom Chlorophyll stark absorbiert werden, während das Grünlicht unbehindert durchtritt (daher grüne Eigenfarbe des Chlorophylls). Eine weitere wichtige physikalische Eigenschaft des Chlorophylls liegt in seiner Fähigkeit, kurzwelliges (blaues) Licht in langwelliges (rotes) Licht umzuwandeln, das dann, soweit es nicht in chemische Energie umgewandelt wird, vom Chlorophyll zurückgestrahlt wird (Rot-Fluoreszenz des Chlorophylls).

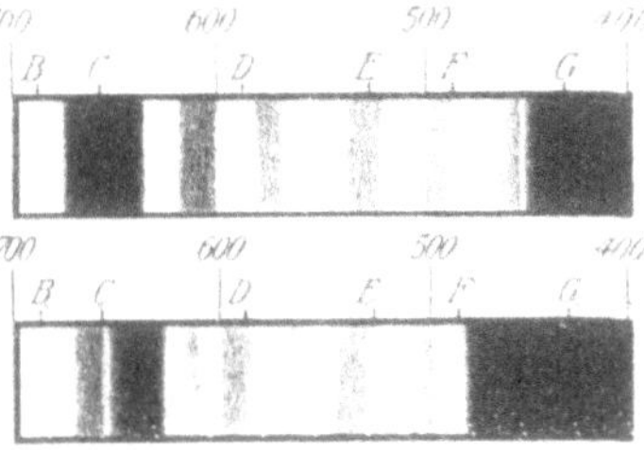

Abb. 296. Absorptionsspektren von Chlorophyll a (oben) und Chlorophyll b (unten)

Chlorophyllbildung in der Pflanze. Es ist einleuchtend, daß der Aufbau eines so komplizierten biochemischen Stoffes, wie ihn das Chlorophyll darstellt, in einer ganzen Kette von Einzelsynthesen erfolgt. Mit wenigen Ausnahmen vermag die Pflanze nur im Licht grünen Farbstoff zu bilden. Die Chlorophyllsynthese ist also selbst ein photochemischer Prozeß. Allerdings läuft die Synthese auch im Dunkeln an, aber sie bleibt auf einer farblosen Vorstufe des Chlorophylls, dem Protochlorophyll (*Noack*), stehen; die Überführung dieser Vorstufe in den Farbstoff ist der lichtbedürftige Teilprozeß.

Dagegen unterbleibt schon die Protochlorophyllbildung bei Abwesenheit von Eisen (Chlorose). Dieses Metall ist zwar kein Bestandteil des Chlorophyllmoleküls, aber es wirkt als Katalysator bei der Chlorophyllsynthese. Eisenmangelchlorosen können durch Darreichung von Eisensalzen geheilt werden.

Von der Chlorose ist der **Albinismus** (vgl. auch *Panaschüre*) wohl zu unterscheiden. Hierbei handelt es sich um einen gewöhnlich erblichen Defekt im Chlorophyllbildungsapparat der Pflanze und nicht um das Fehlen notwendiger Chlorophyllbildungsbedingungen.

Bei bestimmten Kohlarten liegt das Temperaturminimum des Wachstums niedriger als dasjenige der Chlorophyllbildung; an derartigen Pflanzen entstehen im Spätherbst völlig weiße Blätter. Bei Erhöhung der Temperatur setzt die Chlorophyllbildung sehr rasch ein.

Der Abbau des Chlorophylls (z. B. beim herbstlichen Vergilben) erfolgt unter Vermittlung eines Ferments, der Chlorophyllase. Einem allgemeinen Prinzip der Fermentwirkung zufolge darf man annehmen, daß dieses Ferment auch an einem Teilvorgang der Chlorophyllsynthese beteiligt ist.

Mechanismus der Photosynthese

Trotz langjähriger, mit Fleiß und Konsequenz durchgeführter Untersuchungen ist über Einzelheiten des Ablaufs der photosynthetischen Teilprozesse nur wenig Sicheres bekannt geworden. Es scheint, als ob die Pflanze dieses Geheimnis mit besonderer Hartnäckigkeit gegen alle Erforschungsversuche zu hüten gewillt sei.

Die photochemischen Prozesse. Während Wärmeenergie alle chemischen Prozesse zu beschleunigen vermag, ist die Wirkung strahlender Energie (Licht) auf Prozesse beschränkt, an denen lichtempfindliche Körper teilnehmen. Man darf annehmen, daß das Licht einzelne Atomgruppen solcher Körper in energiereichere Form bringt, so daß die Lichtenergie in chemisch wirksame Energie übergeführt wird. Der lichtempfindliche Körper wird dadurch zum Überträger strahlender Energie auf chemische Prozesse. Daher können lichtunempfindliche chemische Prozesse in Gegenwart von solchen lichtempfindlichen Stoffen („Sensibilisatoren") photochemisch (lichtempfindlich) werden. (Schwärzung von Silbersalzen im Rotlicht in Gegenwart von Chlorophyll.)

Für die Lichtausnützung in photochemischen Prozessen gelten die folgenden Gesetze:

1. Nur absorbierte Strahlen vermögen eine photochemische Wirkung hervorzurufen.
2. Die photochemische Wirkung ist der absorbierten Lichtenergie proportional.
3. Das Verhältnis von geleisteter photochemischer Arbeit (U) : absorbierter Lichtenergie (E) $\left(\frac{U}{E}\cdot 100 = \text{Ausnützungsquotient}\right)$ besitzt für jede photochemische Reaktion einen bestimmten charakteristischen Wert.

Z. B. $2\,HBr \xrightarrow{\text{Licht}} H_2 + Br_2;\quad \frac{U}{E}\cdot 100 = 18.$

$2\,HJ \xrightarrow{\text{Licht}} H_2 + J_2;\quad \frac{U}{E}\cdot 100 = 2{,}1.$

Es ist anzunehmen, daß Strahlen verschiedener Wellenlänge (Spektralbezirke), sofern sie von ein und demselben Stoff absorbiert werden, doch verschiedene Änderung am lichtempfindlichen Stoff hervorrufen. Es ist daher nicht verwunderlich, daß ihre Ausnützung auch ungleich groß ist; nach der Quantentheorie nimmt der Wert $\frac{U}{E}\cdot 100$ mit sinkender Wellenlänge ab. Er liegt also für rot höher als etwa für blau. Sehr charakteristisch für photochemische Prozesse ist ihre geringe Wärmebeeinflußbarkeit ($Q_{10} = 1{,}1$—$1{,}2$).

Die Rolle, die das **Chlorophyll** bei der Photosynthese spielt, ist noch nicht eindeutig geklärt. Sicherlich wirkt der Blattfarbstoff als Sensibilisator, d. h. er verbreitert die Basis der photochemisch wirksamen Strahlen. Ob es darüber hinaus auch als Energieakzeptor und Transformator wirkt, ist eine bereits stark umstrittene Frage.

Einen bedeutsamen Einblick in den Mechanismus der Photosynthese gewann man aus der Erfahrung, daß bei intermittierender Beleuchtung die Assimilationsleistung gegenüber der Dauerbeleuchtung (mit gleicher Intensität) nicht absinkt, wenn die Intervalle kurz genug gewählt werden. Daraus ist zu schließen, daß der ersten photochemischen Reaktion eine zweite, rein chemische Reaktion folgt, die ebensogut im Dunkeln wie im Lichte abläuft. Das maximale Beleuchtungsintervall, das eben noch keine Assimilationssenkung herbeiführt, entspricht der Reaktionszeit dieser Dunkelreaktion (*Blackman*sche Reaktion). Sie wurde bei 25^0 zu 0,02 Sek. festgestellt.

Kinetisch handelt es sich — wie Hemmungsversuche mit Blausäure erwiesen — um eine Eisenkatalyse, in deren Verlauf der Sauerstoff abgespalten wird.

Chemismus der Photosynthese. Aus den vielen zum Teil widersprechenden Theorien ergibt sich mit einigem Vorbehalt das folgende Bild des chemischen Ablaufs der Photosynthese:

1. CO_2 wird an Chlorophyll gebunden; Chlorophyll-CO_2-Verbindungen wurden auch in vitro festgestellt.
2. Chlorophyll nimmt Strahlungsenergie auf und vollzieht mit ihrer Hilfe wahrscheinlich in mehreren Stufen die Reduktion der CO_2, indem leicht transportabler H innerhalb des Chlorophyll A-CO_2-Moleküls

verlagert wird, wobei das Magnesium eine wichtige Rolle zu spielen scheint. Dabei entsteht aus Chlorophyll A dessen Dehydrierungsstufe, das Chlorophyll B, und über Ameisensäure der Formaldehyd:

Schema der CO_2-Reduktion

1. Chlorophyll A + H_2CO_3 ⟶ Chlorophyll A · H_2CO_3
2. Chlorophyll A · H_2CO_3 $\xrightarrow{\text{Lichtenergie}}$ Chlorophyll B · HCOH
3. Chlorophyll B · HCOH ⟶ Chlorophyll B + HCOH

Die Reduktion des Chlorophyll B erfolgt mit Hilfe von H, der aus dem Karotin stammt. Der Sauerstoff wird erst bei der Regeneration des Karotins freigesetzt.

4. Chlorophyll B + Karotin ⟶ Chlorophyll A + Oxydiertes Karotin
5. Karotinoxyd + H_2O ⟶ Karotin + O_2.

Diese Auffassung würde die Tatsache verständlich machen, daß sowohl die beiden Chlorophylle wie auch Karotin und Xanthophyll im Verhältnis von Reduktions-Oxydationsstufe stehen und würde zugleich dem regelmäßigen Begleiter des Chlorophylls, dem Karotin, eine bedeutsame Rolle bei der Regeneration von Chlorophyll A übertragen.

Der abgeschiedene Formaldehyd dürfte in einer Aldolkondensation zu Zucker polymerisieren. Zwar hat man Formaldehyd als Zwischenprodukt der Photosynthese bisher noch nicht mit Sicherheit nachweisen können, aber trotzdem sprechen einige rein chemische Reaktionsbefunde für seine Entstehung im photosynthetischen Prozeß.

Die Kondensation des Aldehyds ist ein exothermer Prozeß. Mit der Bildung des Formaldehyds ist bereits der ganze Energiehub vollzogen. Die weitere Umwandlung dient nur der Stabilisierung dieser Energie in Form weniger reaktionsfähiger Kohlehydrate.

Die Bestimmung der CO_2-Assimilation

Die CO_2-Assimilation wird gewöhnlich an der Intensität des Gaswechsels gemessen. Da der Assimilationsquotient $\frac{O_2}{CO_2} = 1$ ist, kann sowohl die ausgeschiedene Menge Sauerstoff wie auch die aufgenommene Kohlensäuremenge als Maß der Assimilation genommen werden.

1. Abb. 297 gibt die Anlage einer modernen Apparatur zur Assimilationsbestimmung an Landpflanzen wieder. In die völlig abdichtbare **Assimilationskammer** bringt man das assimilierende Blatt. Eine doppelgliedrige Pumpe drückt gleiche Luftmengen durch zwei verschiedene Systeme,

a) durch die Assimilationskammer in ein Absorptionsgefäß I,

b) durch ein Röhrensystem in ein mit Kalilauge beschicktes Absorptionsgefäß II.

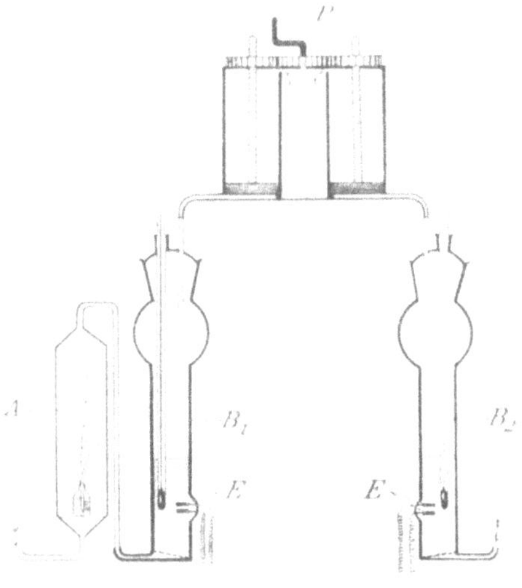

Abb. 297. Apparatur zur Messung der Assimilation. (*A*) Assimilationskammer; (B_1 und B_2) Absorptionsgefäße; (*E*) Elektroden. Die Pfeile geben die Richtung des Luftstromes an

In den Absorptionsgefäßen wird die CO_2 restlos absorbiert und titrimetrisch oder konduktometrisch bestimmt. Die hierbei ermittelte Absorptionsdifferenz zwischen I und II entspricht der vom Blatt aufgenommenen CO_2-Menge.

2. Bei Wasserpflanzen bevorzugt man die Erfassung des ausgeschiedenen Sauerstoffs.

a) In der **Blasenzählmethode** bringt man die zu untersuchende Pflanze mit frisch angeschnittenem Sproß unter Wasser und zählt die pro Zeiteinheit von der

Schnittfläche sich ablösenden Sauerstoffbläschen. Diese Methode gibt aus verschiedenen Gründen nur Annäherungswerte der Assimilation.

b) Man bestimmt titrimetrisch die Zunahme des O_2-Gehalts des Wassers nach erfolgter Assimilation **(Methode nach Winkler).**

3. Auf Erfassung der Assimilationsprodukte beruht die **Blatthälftenmethode** nach *Sachs.*

Vor Beginn des Versuchs trennt man von einem Blatt die eine Hälfte ab, bestimmt deren Fläche und Trockengewicht (Kontrolle). Eine entsprechende Bestimmung nimmt man an der zweiten Blatthälfte nach erfolgter Assimilation vor. Die pro Flächeneinheit eingetretene Trockengewichtszunahme ist ein Maß für die Assimilation. An Stelle der Trockengewichtsbestimmung sind neuerdings die eindeutigeren und empfindlicheren Kohlehydratbestimmungen getreten.

In allen Fällen ist die gemessene (scheinbare) Assimilation kleiner als die wirkliche Assimilation, weil gegensinnig zur Assimilation die Dissimilation fortlaufend organische Stoffe verbraucht (Atmung). Zwecks Verhinderung der Ableitung kann man mit abgeschnittenen Blättern arbeiten, wenn man nicht in Kontrollversuchen das Ausmaß der Ableitung gesondert bestimmen will.

Ausmaß der Assimilation. *Sachs* hat mit Hilfe seiner Blatthälftenmethode nachgewiesen, daß bei voller Sonnenbestrahlung die Sonnenblume pro qm Blattfläche in der Stunde 0,914 g Trockengewichtszunahme erfährt. Unter Einrechnung der Stoffableitung und Atmung aber ergab sich eine stündliche Produktion von 1,7 g Trockensubstanz pro qm Blattfläche.

Produkte der CO_2-Assimilation

Als erstes Assimilationsprodukt von Kohlehydratcharakter ist wohl eine Monose von alloiomorpher Struktur zu betrachten. Diese Heterozucker zeichnen sich durch den reaktionsfähigen Furanring (1,4 bzw. 2,5 Sauerstoffbrücke) gegenüber dem Pyranring (1,5 Sauerstoffbrücke) der stabilen n-Zucker aus.

Abb. 298. Die Stärkeprobe. Die Buchstabenareale waren belichtet, das übrige Blatt verdunkelt

Der Heterozucker geht jedoch rasch schon im Blatt in stabile Monosen oder aber in Di- oder Polysaccharide über. Die wichtigsten Reservekohlehydrate sind **Stärke** (bzw. **Inulin** bei den Kompositen) und **Rohrzucker** (Stärke- und Zuckerblätter). Im allgemeinen ist die Assimilationsleistung der Stärkeblätter höher als die der Zuckerblätter.

Die Bildung der Stärke im Assimilationsprozeß kann leicht durch folgenden Versuch (Abb. 298) erwiesen werden:

Man bedeckt ein zuvor länger verdunkelt gewesenes Blatt stellenweise mit einer Maske und setzt es der Belichtung aus. Nach einigen Stunden bricht man den Versuch ab, entfärbt das Blatt in heißem Alkohol und legt es in eine Jodjodkalilösung. Dann färbt sich der belichtet gewesene Teil tief blauschwarz (Jodstärkereaktion), während der verdunkelte Blatteil farblos bleibt.

Beeinflussung der Photosynthese durch äußere Faktoren

Unter den Außenfaktoren sind es vor allem **Licht, CO_2-Gehalt** der Luft und **Temperatur**, welche das Ausmaß der Photosynthese bestimmen. Dabei ist die Wirkung jedes Einzelfaktores in zum Teil komplizierter Weise von dem Ausmaß der anderen Faktoren abhängig. Wie bei der Wirkung der Nährsalze gilt auch hier das Gesetz des

Minimums oder der begrenzenden Faktoren. Die Steigerung eines Assimilationsfaktors ruft um so größere Assimilationssteigerung hervor, je näher der betreffende Faktor dem Minimum liegt. Solange sich ein Faktor im Minimum befindet, erzeugt seine Erhöhung eine proportionale Assimilationssteigerung, die Assimilationskurve steigt geradlinig an (Minimumgebiet). Im selben Maß wie nun ein zweiter Faktor ins Minimum gerät, sinkt die Wirkungssteigerung bei weiterer Zunahme des ersten Faktors ab, die Wirkungskurve (Abb. 299) flacht sich ab (Maximumgebiet).

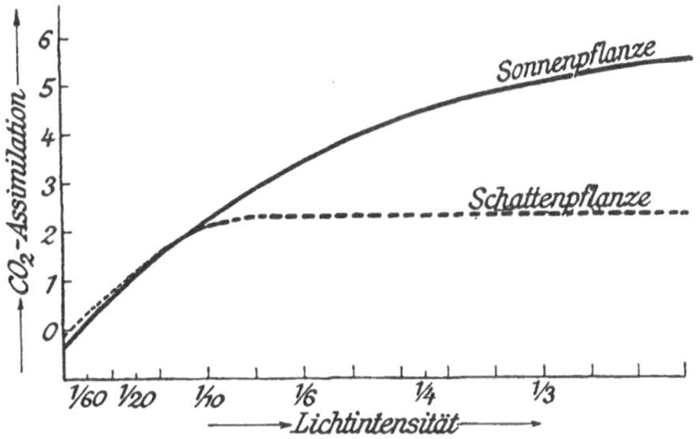

Abb. 299. Abhängigkeit der Assimilationsintensität von der Lichtintensität bei einer Licht- und einer Schattenpflanze

Die Grenze zwischen beiden Gebieten ist für jeden Faktor und jede Pflanze verschieden. (Abb. 299, Lichtabhängigkeit der Assimilation für Sinapis und Oxalis.) So besitzen z. B. Starklichtpflanzen ein großes Minimalgebiet für Licht, ein kleines für CO_2, bei Schattenpflanzen liegen die Verhältnisse umgekehrt.

Natürlich ist es nicht immer möglich, die Wirkung der Einzelfaktoren exakt zu trennen. So wirkt die Temperatur stärker beschleunigend auf die chemischen Prozesse als auf die photochemische Primärreaktion. Sie verändert aber auch die Spaltenweite und damit die Diffusion der CO_2. Auch Hydratur, Kolloidzustand und Permeabilität des Plasmas bleiben von Temperaturänderungen ebensowenig unberührt wie die Fermenttätigkeit. Ähnlich komplexer Natur ist auch die Wirkung der anderen Faktoren. Aus diesem Grunde fügen sich die experimentell aufgenommenen Assimilationskurven nicht immer einer festen mathematischen Gesetzmäßigkeit.

Auf die Dauer kann sich eine Pflanze an irgendeinem Standort nur halten, wenn die Assimilation, das ist die Stoffproduktion, die Atmung, das ist der Stoffverbrauch, überwiegt. Die Lichtintensität, bei der Atmung und Assimilation eben ausgeglichen sind, bezeichnet man als **Kompensationspunkt.**

Die Wirkung des Lichtes auf die Assimilation

Da das Licht die zur Reduktion der CO_2 notwendige Energie liefert, hört mit einsetzender Verdunkelung die Assimilation sofort auf, um bei wiedereintretender Beleuchtung ebenso unmittelbar wieder einzusetzen. Die für die Auslösung einer meßbaren Photosynthese notwendige Minimalintensität wurde für alle untersuchten Pflanzen zu etwa 20 mk bestimmt.

Die Steigerung der Assimilation mit zunehmender Beleuchtungsintensität hängt entsprechend dem Minimumgesetz weitgehend von der Gestaltung der übrigen Assimilationsfaktoren ab. Solange sich das Licht gegenüber den übrigen Faktoren im Minimum befindet, steigt die Assimilation porportional der Lichtstärke, bis schließlich bei sehr hohen Lichtintensitäten andere Faktoren ins Minimum geraten müssen. Dann bleibt eine weitere Lichtsteigerung ohne Assimilationszunahme. Dabei ergeben sich charakteristische Unterschiede zwischen den Pflanzen: Lichtpflanzen zeichnen sich durch hohe Lichtmaxima (Nasturtium) aus, während Schattenpflanzen bei viel geringerer Lichtintensität bereits ihre maximale Assimilationsleistung erreicht haben (Oxalis). Unter natürlichen Bedingungen kann das Licht von freistehenden Pflanzen nur zu einem geringen Prozentsatz ausgenutzt werden (20—30%). Zwar kommen die Schattenpflanzen vielfach in weit geringeren Lichtgenuß; dafür liegt ihr Lichtmaximum auch erheblich niedriger (etwa 2% des vollen Sonnenlichtes).

Ähnliche Unterschiede zeigen auch die Licht- und Schattenblätter derselben Pflanze (Abb. 300).

Die Sonnenblätter sind an hohe Lichtintensität angepaßt. Sie besitzen lange zylindrische Palisadenzellen, oft in mehreren Reihen, schwächer entwickeltes Schwammparenchym, und infolgedessen auch geringere innere Oberflächenentwicklung. Die Epidermis ist mit kräftiger Kutikula bedeckt, die zur Abschirmung ultravioletter Strahlen dient. Demgegenüber sind die Schattenblätter dünn, chlorophyllreich, das Palisadengewebe tritt an Ausdehnung hinter dem Schwammparenchym stark zurück, die Ausbildung der Interzellularen ist reicher als im Sonnenblatt.

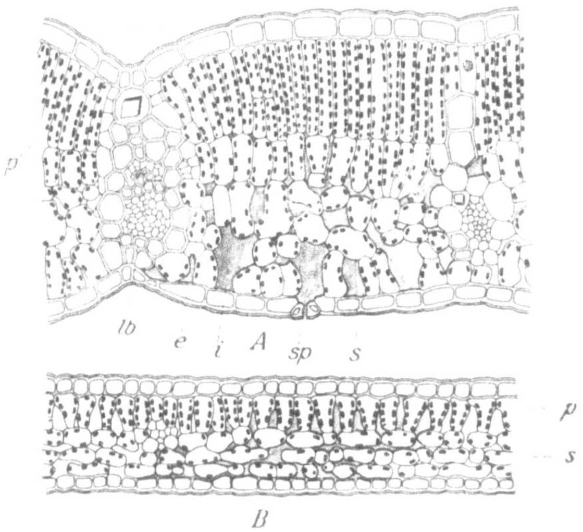

Abb. 300. Sonnen- und Schattenblatt der Buche. *A* Sonnenblatt, *B* Schattenblatt. (*p*) Palisadengewebe; (*lb*) Leitbündel; (*e*) Epidermis; (*i*) Interzellularraum; (*sp*) Spaltöffnung; (*s*) Schwammparenchym

Der ausnutzbare Wellenbereich des Lichtes

Die Assimilationsleistung der einzelnen Wellenbezirke des weißen Lichtes ist ungleich groß, entsprechend der verschiedenen Absorptionsfähigkeit der betreffenden Strahlen im Chlorophyll. In großen Zügen stimmen daher Absorptionskurven und Assimilationskurven in Abhängigkeit der Wellenlänge des eingestrahlten Lichtes überein. Entsprechend den Absorptionsbanden finden sich auch im Rot- und im Blaulicht zwei Maxima der Assimilation, während Grünlicht ohne erhebliche Wirkung bleibt.

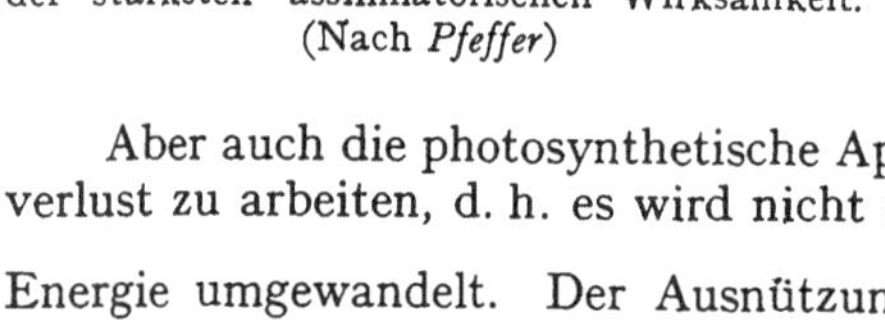

Abb. 301. Bakterienansammlung in den Spektralgebieten der stärksten assimilatorischen Wirksamkeit. (Nach *Pfeffer*)

Bringt man einen Algenfaden in ein Sonnenspektrum, so sammeln sich die O_2-hungrigen Bakterien (Bact. termo) in den Bezirken stärkster Assimilation; wie Abb. 301 erkennen läßt, ist das im Rot- und Blaulicht der Fall.

Aber auch die photosynthetische Apparatur der Pflanze vermag nicht ohne Energieverlust zu arbeiten, d. h. es wird nicht die ganze absorbierte Lichtenergie in chemische Energie umgewandelt. Der Ausnützungsquotient $\frac{U}{E} \cdot 100$ ist in einzelnen Wellenbezirken ungleich groß.

Wellenlänge	$\frac{U}{E} \cdot 100$ (Ausnützungsquotient)
Rotlicht (610—690 mμ)	59,0
Gelblicht (578 mμ)	53,5
Grünlicht (546 mμ)	44,4
Blaulicht (436 mμ)	33,8

Die Ausnützung der eingestrahlten Lichtenergie ist natürlich erheblich kleiner und hängt sowohl von der Lichtintensität wie auch von der Absorptionsfähigkeit der bestrahlten Blätter ab. Besonders stark ist die Rotlichtwirkung, einmal wegen des hohen Gehaltes des

Sonnenlichtes an roten Strahlen, dann aber auch infolge seiner hohen Absorption und seiner starken Ausnützung. Daher bedeutet die Umwandlung von kurzwelligem Licht in rotes Lumineszenzlicht eine Verstärkung der Lichtausnützung.

Chromatische Adaptation. Ungünstig werden die Belichtungsverhältnisse für Wasserpflanzen tieferer Regionen. Da das Wasser in dickeren Schichten im wesentlichen das Rot- und Blaulicht absorbiert, gelangt zu solchen Pflanzen fast nur noch Grünlicht. Zur Erhöhung der Absorption dieses Lichtes bilden die Pflanzen nun regulatorisch Stoffe komplementärer Farbe aus (chromatische Adaptation). So färben sich Algen derselben Art im Grünlicht aufgezogen rötlichbraun, im Rotlicht zur Entwicklung gebracht dagegen blaugrün. Daher sind Rotalgen in tieferen Wasserlagen in der Assimilationsleistung den Grünalgen überlegen.

Dementsprechend ist auch die Assimilationsintensität jeweils im Komplementärlicht der Eigenfarbe erhöht:

Alge	Assimilationsleistung	
	Rotes Licht	Blaues Licht
Ulva (grün)	35	23
Laurentia (Rotalge)	7	27
Chondrus (Rotalge)	7	8,6
Chondrus nach Verlust der roten Farbe	6	2,6

An Braunalgen ist ebenfalls eine stark erhöhte Absorption und Ausnützung des Blaulichts beobachtet worden.

Das Licht als Standortsfaktor

Der Kampf um den geeigneten Standort der Pflanze wird nicht selten durch die Fähigkeit der Pflanze, sich in den Genuß des zur kräftigen Assimilation hinreichenden Lichtes zu setzen, entschieden. Ein Waldkahlschlag enthüllt uns in der Sukzessionsfolge der ihn besiedelnden Pflanzengesellschaften ein recht eindringliches Bild vom Kampf um Licht und Wuchsort. Dicht gedrängt bedecken junge Sämlinge des Springkrauts, Weidenröschens und anderer einjähriger Pflanzen mit reicher Samenbildung große Flecke des Bodens, und schon beginnt der Kampf unter den artgleichen Sämlingen. Nur einige besonders kräftige Exemplare überflügeln die schwächeren Genossen und drosseln ihnen die Lichtzufuhr und damit ihre Ernährungsgrundlage ab. Laufend durchgeführte Zählungen ergaben, daß von 2000 Sämlingen eines Wuchsortes nur 7 bis zur Samenreife kamen, und auch in künstlich angelegten Buchenwäldern konnten unter 2000 bereits 10jährigen Bäumchen nur 9 ein Alter von 50 Jahren erreichen. Von diesen mußten im Verlauf weiterer 10 Jahre noch 8 gefällt werden, um einer einzigen Buche die volle Entwicklungsfreiheit zu sichern.

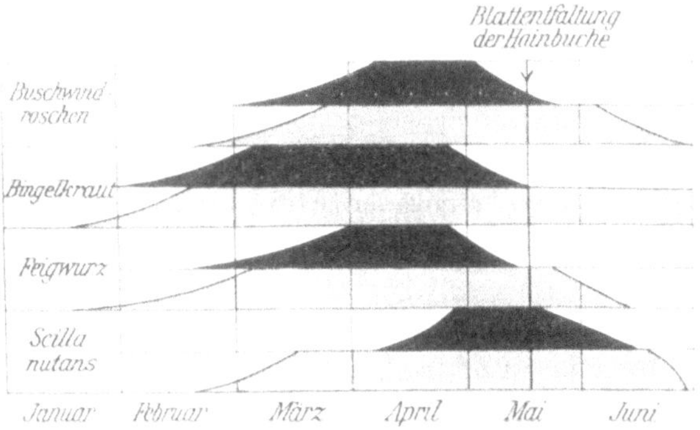

Abb. 302. Zeitliche Abhängigkeit der Blütenbildung der Untervegetation von der Blattausschüttung der Waldbäume

Doch zurück zum Kahlschlag: An einzelnen freien Stellen haben auch einige langsamwüchsige Formen, etwa Sämlinge von Bäumen, Platz gefunden. Im folgenden Jahre sind diese Pflanzen den Neusämlingen bereits zu Beginn der Entwicklung überlegen und halten sich ein kleines Baumscheibchen unter dem winzigen Blätterdach frei. Die drohende Überwucherung wird ihnen um so weniger gefährlich, je geringer ihre eigenen Lichtbedürfnisse sind. So verschieben sich von Jahr zu Jahr die Lichtverhältnisse mehr und mehr zugunsten der Holzpflanzen, bis diese schließlich ein geschlossenes Blätterdach bilden und nunmehr nur noch lichtbescheidenem Unterwuchs Besiedlungsmöglichkeiten bieten. Mehr und mehr tritt der Kampf um den Standort innerhalb der Pflanzengesellschaft zurück, und an seine Stelle tritt die gütliche Ein- und Unterordnung der Bodenvegetation in den Entwicklungsrahmen, den die herrschende Baumregion ihr offen läßt. Ein sprechendes Beispiel hierfür ist die zeitliche Entwicklung der Untervegetation der Laubwälder. Wie Abb. 302 zeigt, ist der Zeitpunkt ihrer Hauptentwicklung, besonders die lichtbedürftige Blütenbildung, vor die Entfaltung der Blätter der Laubbäume verlegt, und während diese ihren Jahreszyklus eben erst beginnen, schickt sich die Untervegetation bereits schon zur Samen- und Fruchtbildung an.

Hinsichtlich der Lichtbedürftigkeit lassen sich verschiedene Pflanzengruppen unterscheiden:

1. **Sonnenpflanzen,** die keine Beschattung ertragen. Hierher gehören z. B. Wegerich (Plantago major), viele zwei- und fast alle einjährigen Pflanzen. Auch die meisten Steppen- und Wüsten- sowie die Hochgebirgspflanzen sind ausgesprochen lichthungrige Typen.

2. **Fakultative Schattenpflanzen,** die unter vollem Sonnenlicht gedeihen (Lichtmaximum = 1), aber auch zeitweise Beschattung ertragen. Das Lichtminimum, das ihre ungestörte Entwicklung eben noch zuläßt, wird als Bruchteil der vollen Sonnenstrahlung angegeben.

Mauerpfeffer	$1-\frac{1}{2,1}$	Herbstzeitlose	$1-\frac{1}{8}$
Wiesensalbei	$1-\frac{1}{2,5}$	Knäulgras	$1-\frac{1}{39}$
Wiesenstorchschnabel	$1-\frac{1}{6}$	Knäulgras steril bis	$\frac{1}{52}$

An der unteren Grenze gehen viele Formen zum rein vegetativen Wachstum über, da die Blütenbildung der lichtbedürftigste Teilprozeß in der Entwicklung der Pflanze ist. So kommt Efeu von $1-\frac{1}{4,5}$ zum Blühen, vegetativ dagegen wächst er noch bis $\frac{1}{48}$.

3. **Die obligaten Schattenpflanzen** ertragen für längere Zeit die volle Sonnenbestrahlung nicht mehr. Ihr Lichtmaximum liegt also unter 1, ihr Lichtminimum gelegentlich sehr tief.

Buschwindröschen	$\frac{1}{2,5}-\frac{1}{5}$
Frühlingsplatterbse	$\frac{1}{3}-\frac{1}{5}$
Rupprechtskraut	$\frac{1}{1,35}-\frac{1}{25}$

Am tiefsten in den Waldesschatten dringen Heidelbeere $\left(\frac{1}{54}\right)$, Adlerfarn $\left(\frac{1}{60}\right)$ und Sauerklee $\left(\frac{1}{70}\right)$ vor.

Derartig extreme Schattenpflanzen leben vielfach von kurzen Sonnenblicken, die das Mosaik des Laubdaches der Bäume durchdringen (Abb. 303).

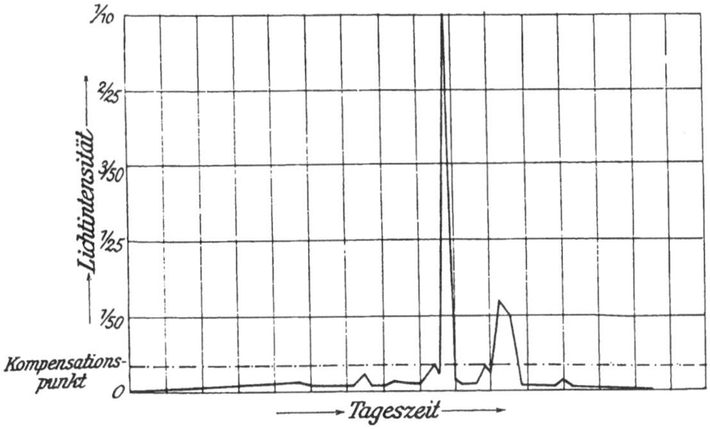

Abb. 303. Tageslichtkurve an einem Standort des Sauerklees im Walde unter Farnen. (Nach *Lundegårdh*)

Auch der Kompensationspunkt vermag Aufschluß über den Lichtcharakter der Pflanzen zu geben.

Kompensationspunkte (in % voller Sonnenbestrahlung)

Sonnenpflanzen		Schattenpflanzen:	
Fichte	7,5%	Kriechender Günsel	0,3%
Kiefer	4,0%	Sauerklee	0,5%
Senf	2,6%	Hainmiere	0,7—0,8%
Apfelbaum	2,2%		
Holunder	1,8%		

Der Kompensationspunkt liegt also bei Sonnenpflanzen stets über 1%, bei Schattenpflanzen unter 1% des vollen Sonnenlichtes.

Abhängigkeit der Photosynthese vom CO_2-Gehalt

Der CO_2-Gehalt der Luft. Von der gesamten CO_2-Menge der Atmosphäre werden alljährlich etwa $^1/_{35}$ in die Assimilation der Pflanze einbezogen. Aus der tierischen und pflanzlichen Atmung sowie aus Verbrennungsprozessen wird dieser Abgang nur zu einem unbedeutenden Teil ersetzt. Die Hauptmenge dagegen stammt aus den im Boden sich abspielenden Zersetzungsprozessen organischer Substanz durch die Lebenstätigkeit der Bodenmikroben **(Bodenkohlensäure)**. Der CO_2-Gehalt der Luft ist daher in Bodennähe höher als in größerer Bodenentfernung. Das CO_2-Gefälle von der Bodenoberfläche zu den assimilierenden Blättern ist erheblich steiler als das von den Blättern zur freien Atmosphäre. Daher ist der CO_2-Diffusionsstrom vom Boden zu den Blättern viel lebhafter als von der freien Atmosphäre aus. Die Boden-CO_2 wird fast restlos von den Blättern absorbiert, so daß nur kleine Mengen in die freie Atmosphäre entweichen. Es ist daher auch nicht verwunderlich, daß die Assimilation zum allergrößten Teil von der Boden-CO_2 gespeist wird. Abb. 304 vermittelt eine Vorstellung von der Ausnutzung der Boden- und Luft-CO_2 durch Kulturpflanzen.

Die Wirkung der Düngung auf den Ertrag geht nicht zum geringsten Teil auf eine Anregung der Atmung und Gärung der Bodenmikroben zurück. Am stärksten ist die Bodenatmung in gut durchlüfteten, feuchten und nährstoffreichen Böden, wie z. B. im

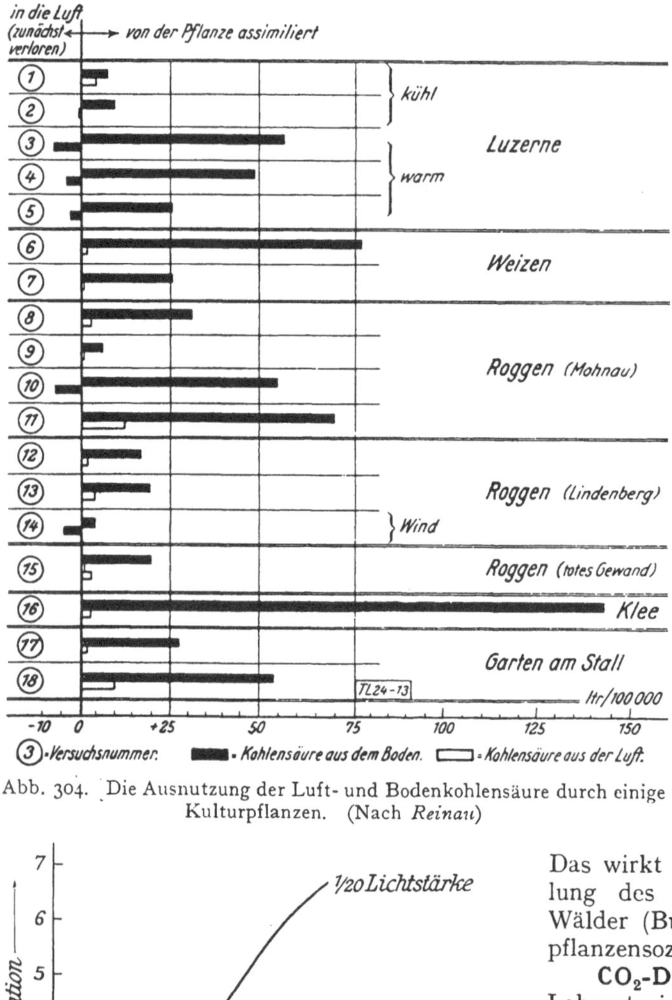

Abb. 304. Die Ausnutzung der Luft- und Bodenkohlensäure durch einige Kulturpflanzen. (Nach *Reinau*)

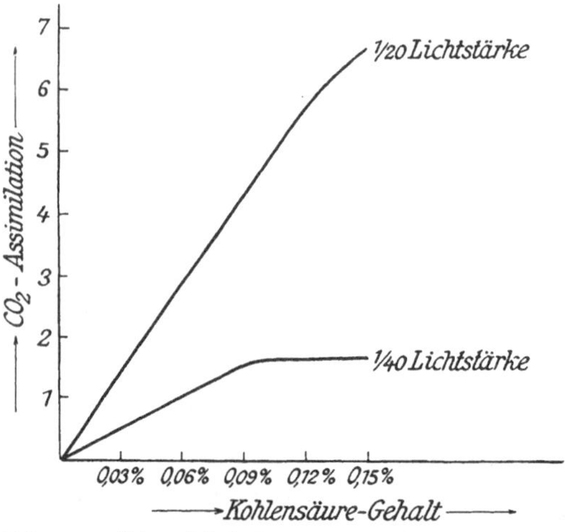

Abb. 305. Abhängigkeit der Assimilationsintensität vom CO_2-Gehalt der Luft

milden Humus des Buchenwaldbodens, wo überdies ein wirksamer Windschutz der Anhäufung von CO_2 in Bodennähe günstig ist.

Unter natürlichen Bedingungen ist meistens der CO_2-Gehalt der Luft (0,03%) begrenzender Faktor der Assimilation. Daher steigert sich die Assimilationsleistung mit dem CO_2-Gehalt der Luft, wie aus Abb. 305 erhellt, sehr erheblich. Bei der Kiefer steigt die Assimilation mit Erhöhung der CO_2-Tension vom Normalgehalt der Luft auf 0,27% bis über den 3fachen Normalwert. Dabei liegt das CO_2-Maximum der Schattenpflanzen höher als das der Sonnenpflanzen.

Schattenpflanzen sind also an hohen CO_2-Gehalt der Luft und niedere Lichtintensität angepaßt. Das wirkt sich besonders bei Besiedlung des Untergrundes lichtdichter Wälder (Buchen, Fichtenwälder) auch pflanzensoziologisch deutlich aus.

CO_2-Düngung. Die Erfahrung aus Laboratoriumsversuchen ließen auch dem praktischen Pflanzenbau eine zusätzliche „CO_2-Düngung" rentabel erscheinen. Sie wird in gedeckten Häusern gewöhnlich in Form einer Begasung, im Freiland als Karbonatdüngung oder aber durch Maßnahmen zur Erhöhung der Bodenatmung vorgenommen. Es liegen ziemlich einheitliche Ergebnisse an den verschiedensten Kulturpflanzen vor, die alle eine erhebliche Steigerung der Normalernte durch CO_2-Düngung erweisen. Bei Tomaten, Gurken, Kartoffeln wurden in begasten Kulturen 3fache, bei Leguminosen sogar 5- und 6fache Ernteerträge erzielt. Gelegentliche Fehlschläge beruhen wohl auf Anwendung zu hoher CO_2-Konzentrationen. Für Gewächshauspflanzen gibt *Harder* als Maximalkonzentration 0,1% CO_2 an.

Wegen der äußerst geringen Durchlässigkeit der Kutikula für die CO_2 sind die Spaltöffnungen die wichtigsten Eingangspforten der Luftkohlensäure ins Blattinnere. Bestreicht man daher die Unterseite von Blättern, deren Oberseite spaltöffnungsfrei ist, mit Vaseline, so bleibt die Photosynthese fast völlig aus. Bezüglich der CO_2-Diffusion gelten die Gesetze der vielporigen Wände; daher ist das Ausmaß der Assimilation weitgehend vom Öffnungszustand der Spalten abhängig. Bewegende Kraft ist auch hier das CO_2-Konzentrationsgefälle von der Luft nach dem Blattinnern. Da aber die CO_2-Konzentration der Luft schon sehr gering ist (0,03%), so muß die CO_2 im Blattinnern äußerst kräftig absorbiert werden, damit ein Gefälle aufrecht erhalten wird. Das ist offensichtlich der Fall, denn man hat ermittelt, daß 1 qcm Blattfläche pro Zeiteinheit so viel CO_2 aufnimmt, wie 1 qcm einer halbkonzentrierten Kalilaugelösung.

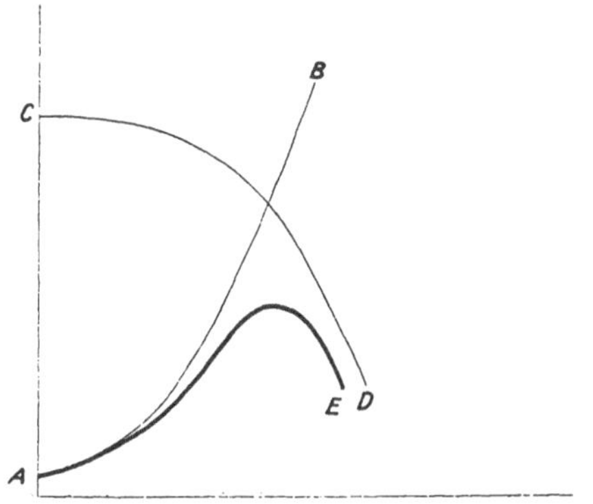

Abb. 306. Entstehung einer Optimalkurve (*A E*) als Resultante aus einer fördernden (*A B*) und einer hemmenden Komponente (*C D*)

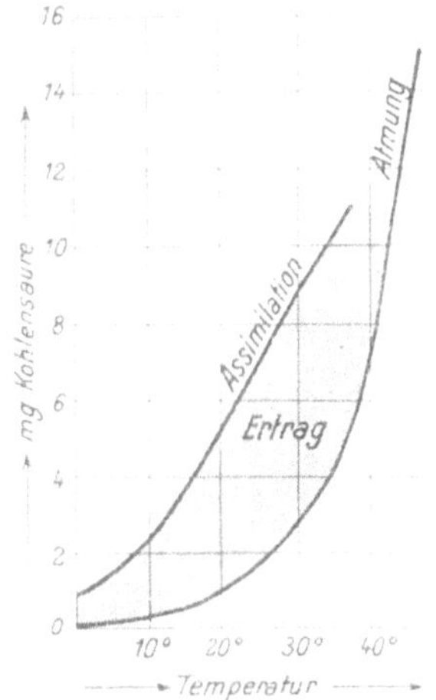

Abb. 307. Temperaturabhängigkeit des Ertrags. (Nach *Lundegårdh*)

Die CO_2 wandert in Gasform in das Interzellularsystem der Blätter ein, löst sich in den Wänden der angrenzenden Mesophyllzellen und permeiert dann wohl in gelöster Form durch Plasma und Chloroplasten. Entsprechend dem Chlorophyllreichtum und auf Grund der Beleuchtungsverhältnisse kommt den Palisadenzellen die Hauptassimilationsleistung zu. Das Schwammparenchym sucht seinen Chlorophyllmangel durch Entwicklung großer Oberflächen auszugleichen. Es dient in erster Linie wohl der CO_2-Absorption.

Temperatureinflüsse

Das Temperaturminimum der CO_2-Assimilation liegt bei verschiedenen Pflanzen unterschiedlich. Manche tropischen Pflanzen hören schon bei $+5^0$ auf zu assimilieren, während Fichte und Wacholder noch bei -35^0 bzw. -40^0 Zucker aufbauen. Im allgemeinen steigt die Assimilation innerhalb der biologisch zuträglichen Temperaturen bis zu bestimmter Temperatur an, um dann aber nicht konstant zu bleiben, sondern abzufallen. Diese Leistungsdämpfung hängt zunächst wohl mit einer stärkeren Förderung der Atmung gegenüber der Assimilation, dann aber mit zunehmender plasmatischer Schädigung zusammen. Abb. 306 erklärt die Optimalkurve der Temperaturwirkung als Resultante einer fördernden (Beschleunigung der chemischen Prozesse) und einer hemmenden (Fermentinaktivierung, Plasmaschädigung u. ä.) Komponente. In Abb. 307 ist Temperaturabhängigkeit des Reinertrags als Differenz von Assimilation und Atmung dargestellt.

Wechselseitige Beeinflussung der Faktorenwirkung

Die Ausnutzbarkeit der Steigerung eines Außenfaktors für die Assimilation wird um so weitgehender sein, je weniger sie durch Ungunst der anderen Faktoren behindert ist.

So steigt bei hohem CO_2-Gehalt der Luft die Assimilation bis in höhere Lichtintensitäten als bei niederer CO_2-Spannung (Abb. 308). Ähnliche Beziehungen bestehen zwischen Temperaturwirkung und den übrigen Faktoren. An Zuckerrübenblättern hat *Lundegårdh* verschiedene Temperatur-Optima der Assimilation in Abhängigkeit vom CO_2-Gehalt und vom Licht festgestellt.

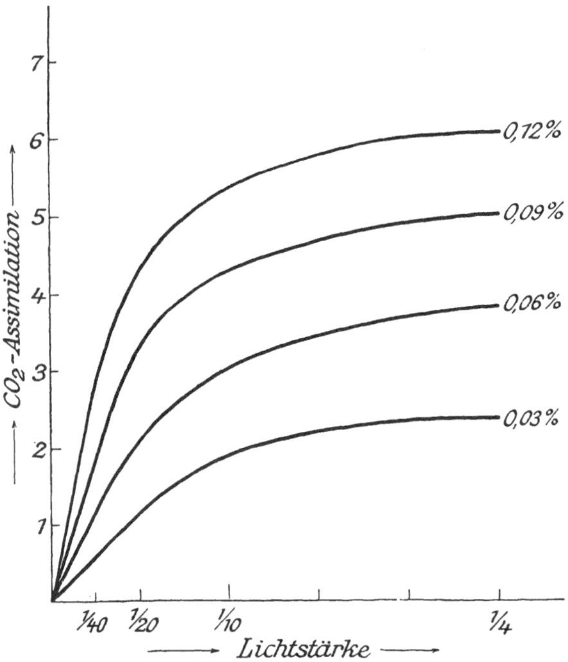

Abb. 308. Wechselseitige Beeinflussung der Wirkung äußerer Faktoren auf die Assimilation

1. Bei geringer CO_2-Konzentration und schwachem Licht liegt das Assimilations-Optimum bei etwa 10°.
2. Unter natürlichen Außenbedingungen (Licht 1/1, $CO_2 =$ 0,03%) liegt es bei etwa 20°.
3. Bei voller Sonnenbestrahlung und künstlich erhöhtem CO_2-Gehalt steigt die Assimilationsleistung bis zur Temperatur von 35° an.

Für die Ausnützung der CO_2-Düngung sind daher hohe Belichtungsintensität und Temperatur besonders günstig. Natürlich weisen die verschiedenen Kulturpflanzen ungleiche Temperaturoptima auf.

	1. Optimum	2. Optimum	3. Optimum
Kartoffeln	8—9°	18—20°	30—31°
Tomaten	etwa 6°	20°	35—36°
Zuckerrüben . . .	10—12°	19—20°	36°
Gurken	—	20°	36—37°
Pferdebohne	9°	17°	—

Die absolut höchste Assimilationsleistung liegt bei der Kartoffel im 2. Optimum. Die Zuckerrübe zeichnet sich durch eine noch relativ hohe Assimilation bei niederen Temperaturen aus, weshalb man bei dieser Kulturpflanze noch sehr merkliche Trockengewichtszunahmen bis tief in den Spätherbst beobachten kann.

Beeinflussung der Photosynthese durch innere Faktoren

Nicht selten hat man Änderungen der Assimilationsintensität bei völlig konstanten Außenbedingungen registriert. Dies legt die Vermutung nahe, daß auch innere Faktoren die Assimilation beeinflussen.

Ein solcher wirksamer Innenfaktor ist die

Wasserversorgung der Pflanze. Schon die Abhängigkeit der Spaltöffnungsweite von der Wasserbilanz der Pflanze läßt Beziehungen von Wasser- und Assimilationshaushalt erwarten. Darüber hinaus aber verschiebt eine unzureichende Wasserversorgung auch noch den Quellungsgrad des Plasmas und damit die Permeabilität des Plasmas und der Chloroplasten für die CO_2. Auch auf die Fermentwirkung bleibt der Plasmaquellungsgrad nicht ohne Einfluß, so daß eine Reihe von Stoffwechselgebieten von ungünstiger Wasserbilanz betroffen werden (Verhältnis Zucker : Stärke, Eiweiß : löslichen N-Verbindungen), die ihrerseits wieder auf die Assimilationsintensität Rückwirkungen haben. Dabei zeigen die Xerophyten eine weit höhere Unabhängigkeit der Assimilationsleistung vom Grad der Wasserversorgung als die Meso- oder gar Hygrophyten. Immerhin vermögen manche Hartlaubgewächse der Mittelmeergebiete im Sommer nur mit Mühe ihre Atmungsverluste durch Stoffneubildung auszugleichen. Nur gewisse extreme Wüstenpflanzen sind imstande, trotz erheblichen Wassermangels ihr Trockengewicht während der Dürrezeit noch zu erhöhen.

Anhäufung von Assimilationsprodukten. In vielen Fällen wird die weitere Assimilation durch zunehmende Anhäufung von Assimilaten behindert. Bei der Senfpflanze, die die Assimilate sofort nach ihrer Bildung ableitet, tritt diese Hemmung natürlich weniger in Erscheinung als in der Kartoffel, bei der die Ableitung der Assimilation hauptsächlich nur nachts erfolgt.

Extreme Stärkeschoppung findet man häufig in den älteren Blättern blattrollkranker Tomaten und Kartoffeln.

Entwicklungsalter. Die assimilatorische Leistung steigt zunächst mit dem noch wachsenden Blatt an, erreicht ein Maximum, um dann im alternden Blatt wieder abzusinken. Ob hierbei die Wasserversorgung oder ein anderer plasmatischer Faktor eine Rolle spielt, ist nicht ermittelt. Sicherlich ist das Verhältnis von Blattalter zu Assimilation weitgehend von der Konstitution der Pflanze abhängig.

Relativ geringfügig ist der Einfluß des **Chlorophyllgehaltes** auf die Assimilationsleistung, denn im allgemeinen wird die Assimilation durch die *Blackman*sche Reaktion und nicht durch den photochemischen Primärprozeß, an dem das Chlorophyll in erster Linie beteiligt ist, begrenzt. Außerdem aber scheint das Chlorophyll in reichlichem Überschuß gegenüber den übrigen Faktoren vorhanden zu sein; dafür sprechen die hohen Assimilationszahlen bei gelbgrünen (chlorophyllarmen) Pflanzenrassen.

Die Assimilation in natürlichen Pflanzenbeständen

Wesentlich anders als im Laboratoriumsversuch unter Verwendung einzelner Blätter in optimaler Lichtlage und unter einheitlichen Bedingungen fallen Assimilationsversuche in dichten Pflanzenbeständen aus. Von der Gesamtblattmasse kommt hier nur ein Bruchteil in den Vollgenuß der herrschenden Beleuchtung, wenn auch das Blattmosaik einer weitgehenden Lichtausnutzung günstig ist. Die Abb. 309 läßt erkennen, daß bei Einzelpflanzen (Kurve *a*) die Assimilation infolge Erhöhung der Lichtintensität von 5000 auf 10 000 Lux nur mehr unbedeutend gesteigert wird, während in dichteren Kulturen die Assimilation noch über 10 000 Lux hinaus mit der Lichtintensität proportional ansteigt. Abb. 280 zeigt die Unterschiede in den Spaltöffnungsbewegungen an Blättern verschiedener Ansatzhöhe, die sich unschwer aus dem ungleichen Verlauf der Tageslichtkurven in verschiedener Entfernung vom Boden erklären lassen.

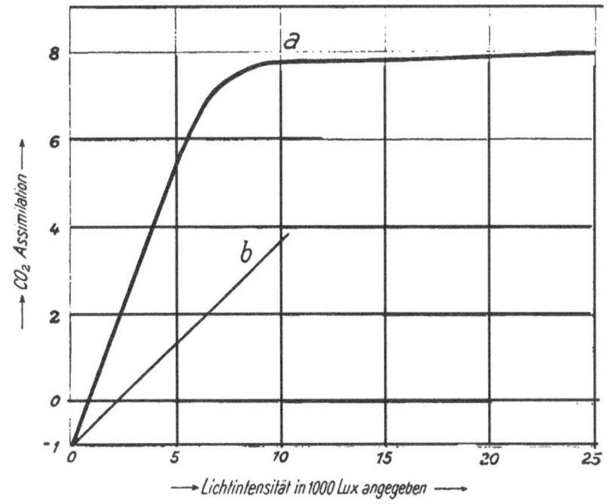

Abb. 309. Lichtwirkung auf die Assimilation. (*a*) Einzelpflanze; (*b*) Pflanzenbestand. (Nach *Boysen-Jensen*)

Schließlich weist auch der CO_2-Gehalt der Luft in Pflanzenkulturen sehr erhebliche Differenzen in ungleichen Höhen auf: Hohe Lichtintensität und geringer CO_2-Gehalt lassen die oberen Blätter zu Sonnenblättern, die Umkehr der Verhältnisse die unteren Blätter zu Schattenblättern werden.

Assimilation und Stoffproduktion. Trotzdem die Assimilation die Voraussetzung aller pflanzlichen Stoffproduktion ist, ist das Ausmaß der letzteren doch weniger von der Assimilationsintensität als vielmehr von der Art der Verwendung der Assimilate abhängig. Diese letztere aber ist bestimmt durch Wachstumsvorgänge. Gesteigerte Assimilation ohne gleichzeitige Wachstumsintensivierung bedingt eine Speicherung der organischen Grundstoffe in Form von Kohlenhydraten, Fetten oder Eiweiß. Lebhaftes Wachstum verbraucht die Assimilate zur Vergrößerung der Produktionsanlage. Die Trockensubstanz erhöht sich bei reiner Speicherung nach dem Gesetz der Zinsrechnung, in der wachsenden Pflanze dagegen entsprechend der Zinseszinsrechnung.

Assimilation und Nährsalze. Es ist experimentell nachgewiesen, daß Mangel jedes notwendigen mineralischen Nährstoffes die Assimilationsleistung herabdrückt. Der Mechanismus dieser Beziehungen ist indes nur für die Elemente verständlich und bekannt, die am Aufbau des Chlorophylls beteiligt sind. Naturgemäß erfolgt die durch Ergänzung fehlender Aufbaustoffe des Chlorophylls bewirkte Assimilationssteigerung nur langsam im Tempo der Chlorophyllneubildung. Dem gegenüber steigert der Zusatz von Kalium zu Kaliumhungerkulturen die Assimilation schlagartig und ohne Chlorophyllneubildung. Es ist anzunehmen, daß hierbei der durch den Kaliumzusatz veränderte Quellungszustand des Plasmas eine bedeutsame Rolle spielt. Ähnliche Wirkungen ruft der Zusatz jedes im Minimum befindlichen Mineralsalzes hervor.

Die Wirkung des Stickstoffs auf die Assimilation ist komplexer Natur.

1. N-reiche Kulturen zeigen tiefer grüne Färbung als N-Mangelpflanzen; reichliche N-Zufuhr steigert die Chlorophyllbildung.
2. Unter natürlichen Verhältnissen ist der Stickstoff der wichtigste begrenzende Mineralsalzfaktor des Wachstums und damit der Neubildung von Assimilationsorganen, wodurch hemmende Assimilatanhäufung verhindert wird.
3. In reichlich mit Stickstoff versorgten Pflanzen steht das Verhältnis Blatt : Wurzelbildung stark zugunsten der Blätter, in N-Mangelkulturen dagegen ist es zugunsten der Wurzeln verschoben.

Daher kommt dem N erhöhte Bedeutung für die Assimilationsintensität wie auch für die gesamte Stoffproduktion der Pflanze zu.

Die Chemosynthese

Ein Blick auf den ungemein komplizierten Bau des Chlorophyllmoleküls legt die Vermutung nahe, daß die Pflanze in ihrem phylogenetischen Werdegang nicht sofort mit einem physiologischen Prozeß auf den Plan trat, in dem das Chlorophyll eine entscheidende Rolle spielt. Daher ist sicherlich auch die Photosynthese nicht der ursprünglichste Vorgang der pflanzlichen C-Assimilation. Zwar war wohl in allen Fällen die CO_2 das Ausgangsmaterial der C-Assimilation, aber die zum Ablauf dieses endothermen Prozesses notwendige chemische Energie konnte ohne Chlorophyll nicht aus strahlender Energie gewonnen werden, sie mußte vielmehr auf anderem Wege beschafft werden. Eine solche Möglichkeit bietet die Oxydation, und zwar nicht nur diejenige organischer Stoffe, sondern auch diejenige der Elemente und der anorganischen Verbindungen, sofern die pflanzliche Zelle nur über den erforderlichen Oxydationskatalysator bzw. das nötige Oxydationssystem verfügt. Diese Voraussetzung besteht bei manchen niederen, gewöhnlich farblosen Organismen, besonders Bakterien, hinsichtlich verschiedener Metalloide, wie z. B. H, S, N, sowie bestimmter Verbindungen dieser Elemente, während der Phosphor offenbar wegen seiner Giftigkeit aus dieser Reihe herausfällt. Die bei solchen Oxydationen freiwerdende Energie können bestimmte pflanzliche Spezialisten zur Reduktion der CO_2 und zum Aufbau organischer Substanz verwenden. Diesen Vorgang bezeichnet man als **Chemosynthese.** Während jedoch die Photosynthese kosmische Energie auf der Erde bindet, vermehrt die Chemosynthese den irdischen Energievorrat nicht. Sie stellt für die Erde keinen Energiegewinn, sondern nur einen Energiewechsel dar.

Beispiele für Chemosynthesen

1. Die Nitrifikation. Sie geht vom Ammoniak (NH_3) aus. Gewisse Bakterien vermögen diese Stickstoffwasserstoffverbindung zu oxydieren. Die Oxydation erfolgt auch biologisch in zwei scharf getrennten Teilprozessen:

a) Die Nitritbildung. Das Ammoniak fällt einer ersten Oxydation durch die Nitritbakterien (in der alten Welt Nitrosomonas, in der neuen Welt Nitrosococcus) unter Bildung von Nitrit anheim:

$$2\,NH_3 + 3\,O_2 \rightarrow 2\,HNO_2 + 2\,H_2O + 158\text{ Cal}.$$

Die Energieausnutzung zur CO_2-Reduktion ist natürlich keine vollkommene. Der Organismus bedarf vielmehr der Oxydation von 35 NH_3-Molekülen zur Reduktion von 1 Mol CO_2; $\left(\frac{N}{C} = 35\right)$.

b) Die Nitratbildung. Die weitere Oxydation des Nitrits zum Nitrat wird von anderen Organismen, den Nitratbakterien (z. B. Nitrobacter), vollzogen.

$$2\,HNO_2 + O_2 \rightarrow 2\,HNO_3 + 43{,}2\text{ Cal}.$$

$$\text{Energieausnützung: } \frac{N}{C} = 135.$$

Die freiwerdende Energie wird sowohl zum Aufbau wie auch im Betriebsstoffwechsel verwendet. Eine Veratmung organischer Substanz, wie sie bei den höheren Pflanzen abläuft (vgl. S. 270), findet hier nicht statt. Biologisch interessant ist die Tatsache, daß die den NH_3 liefernden Fäulnisbakterien (vgl. S. 277) mit den Nitrit- und diese mit den Nitratbakterien in enger Gemeinschaft leben. In der Kette

Fäulnisbakterien–Nitritbildner–Nitratbakterien

ist jedes vorangehende Glied Lieferant des Brennstoffes für das folgende Glied, während umgekehrt jedes nachfolgende das vorangehende von den hemmenden Endprodukten des Stoffwechsels befreit.

2. Die Schwefelbakterien. Wie der Ammoniak entsteht auch der Schwefelwasserstoff (H_2S) als Produkt von Eiweißzersetzungsprozessen.

Für die meisten Pflanzen ist der Schwefelwasserstoff schon in geringer Konzentration ein heftiges Zellgift. Nur einige Spezialisten vermögen dieses Gift nicht nur unschädlich zu machen, sondern aus diesem Entgiftungsprozeß auch noch wertvolle Energie zu gewinnen. Neben Protozoen sind es vor allem Bakterien, welche in unvorstellbaren Massen H_2S-reiche Standorte (z. B. Rieselfelder) besiedeln.

Durch das Schwarze Meer soll sich in etwa 200 m Tiefe eine Zone von Schwefelbakterien ziehen, die den vom Untergrund aus Fäulnisprozessen aufsteigenden H_2S oxydieren. Dabei wird der Wasserstoff des Schwefelwasserstoffs auf die CO_2 übertragen und diese selbst zu Formaldehyd reduziert.

$$CO_2 + 2\,H_2S \rightarrow \underset{\text{(Formaldehyd)}}{H\,CHO} + H_2O + 2\,S\,.$$

Der Formaldehyd wird dann zu Zucker kondensiert, während der Schwefel weiter zu Schwefelsäure verbrannt wird. Die dabei freigelegte Energie wird ebenfalls zur Reduktion der Kohlensäure benützt.

$$2\,S + 3\,H_2CO_3 + 2\,H_2O \rightarrow 2\,H_2SO_4 + 3\,H\cdot CHO\,.$$

Manche gefärbten Schwefelbakterien, die einen dem Chlorophyll ähnlichen Farbstoff (Bakteriochlorin) enthalten, vermögen die Reduktion der CO_2 auf Kosten des Sulfidwasserstoffs photochemisch durchzuführen. Andere Organismen wie die Purpurbakterien vermögen den Wasserstoff auch aus organischen Verbindungen zur Reduktion der CO_2 abzuspalten.

So stellen die Schwefelbakterien nicht nur wichtige biologische Reinigungsfaktoren unserer Gewässer, sondern auch unentbehrliche Glieder für die Schließung des Kreislaufs des Schwefels in der Natur dar. — Dieses Element kann bekanntlich von der höheren Pflanze nur in Sulfatform assimiliert werden, erfährt dann aber im Eiweiß eine Reduktion, die durch die oxydierende Wirkung der Schwefelbakterien wieder ausgeglichen wird.

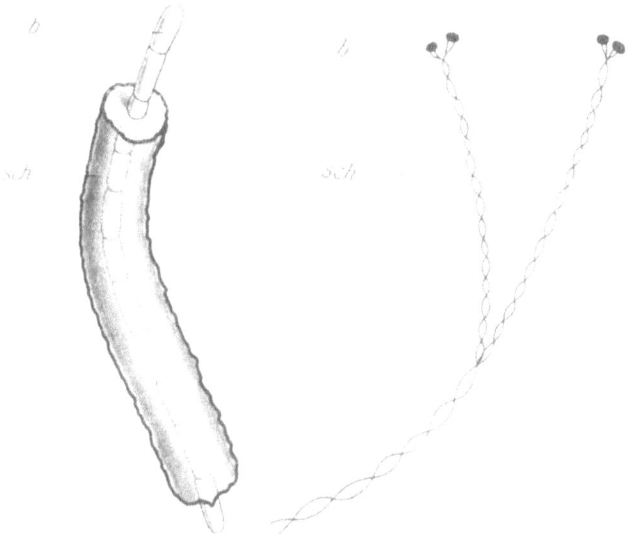

Abb. 310. Formen von Eisenbakterien. (*b*) Bakterien; (*sch*) Scheide

3. Die Eisenbakterien. In Tümpeln und Gräben findet sich nicht selten ein fein irisierender Überzug des Wassers, der bei mikroskopischer Untersuchung sich als Kahmhaut von Eisenbakterien enthüllt. Das Auffallendste an diesen Bakterien ist eine Gallertscheide, die durch ausgeschiedenes Eisenhydroxyd gelb bis braunrot gefärbt ist. Der Bakterienkörper selbst kann so klein sein, daß er wie ein kleines Köpfchen der mächtigen Scheide aufsitzt. In anderen Fällen treten größere Bakterienfäden auf, die die ganze Scheide ausfüllen (Abb. 310). Alle — auch die kleinsten — Bakterienzellen sind physiologisch polarisiert: Sie nehmen am einen Ende 2wertiges Eisen auf, oxydieren dieses in ihrem Körper und scheiden am anderen Ende 3wertiges Eisen in die Gallertscheide ab. Aus dieser Oxydation gewinnen sie die Energie zur chemosynthetischen Assimilation der CO_2.

$$2\,FeCO_3 + 3\,H_2O + O \rightarrow 2\,Fe(OH)_3 + 2\,CO_2 + 189\ \text{Cal}.$$

Auf diese Weise sollen die großen Raseneisensteinlager entstanden sein. Technisch unangenehm werden die Eisenbakterien besonders in Wasserleitungen, die durch das ausgeschiedene Eisenoxyd nicht selten verstopft werden. Neuerdings ist festgestellt worden, daß auch Manganverbindungen in ähnlicher Weise oxydiert werden können. Der Energiegewinn ist hierbei allerdings geringer, so daß bei entsprechend größerer Umsetzung die „Verstopfung" hier noch rascher verläuft als bei Eisenbakterien (Manganschlamm der Wasserleitung).

$$MnCO_3 + H_2O + O \rightarrow MnO\,(OH)_2 + CO_2 + 54\ \text{Cal}.$$

In Gegenwart von H_2S bilden sich S-haltige Eisenverbindungen von dunkler Farbe, die schließlich in Eisenkies übergehen können. Wahrscheinlich sind die Eisenkieslager des Tertiärs zum Teil wenigstens biogenen Ursprungs. Neben den obligaten Eisenbakterien gibt es auch solche Formen, die trotz Eisenoxydation der Zufuhr organischer Nährstoffe bedürfen.

4. Oxydation von Wasserstoff und Methan. In sauerstoffarmen Böden spielen sich mancherlei Vergärungen organischer Stoffe ab, die zur Bildung von **Methan, freiem Wasserstoff** und anderen energiehaltigen Produkten führen. Diese energetisch noch wertvollen Stoffe werden von gewissen Bakterien chemosynthetisch verwertet. Die Zahl derartiger Bodenbakterien ist nach neueren Untersuchungen sehr erheblich.

Die Assimilation des Stickstoffes

Die Notwendigkeit des Stickstoffes zum Aufbau der Pflanze kann in Wasserkulturen überzeugend bewiesen werden. Abb. 311 zeigt zwei gleich alte Exemplare der Sonnenblume, von denen das eine mit, das andere ohne Zufuhr von N-Verbindungen kultiviert wurde. Die Unentbehrlichkeit des N für die Pflanze ergibt sich schon aus der Grundtatsache, daß der lebenswichtigste Aufbaukörper der Zelle, das Eiweiß, sich aus N-haltigen Bausteinen zusammensetzt.

Abb. 311. Wasserkulturen von Sonnenblumen.
1 in N-haltiger, *2* in N-freier Nährlösung gezogen

Symbiotische Stickstoffsammler

Auf Grund der Erfahrungen bei Erforschung der CO_2-Assimilation neigte man anfangs der Auffassung zu, auch der Stickstoff werde von der Pflanze aus dem riesigen Vorrat der atmosphärischen Luft aufgenommen. Genaue Analysen korrigierten diese Annahme bald dahin, daß nur bei **Leguminosen** ein Gewinn von aus der Atmosphäre stammendem Stickstoff sicher nachzuweisen war. Doch als diese Versuche in sterilem, N-freiem Quarzsand wiederholt wurden, versagten auch die Leguminosen. Den Widerstreit der hieraus entstandenen Meinungen konnten erst *Hellriegel* und *Willfarth* schlichten mit der Beobachtung, daß Leguminosen nur in natürlichen, nicht aber in sterilisierten Böden Luftstickstoff zu assimilisieren vermögen. Die Erklärung dieses Befundes wurde eingeleitet durch die Entdeckung eigenartiger Wucherungen an den Wurzeln der N-assimilierenden Leguminosen, der Wurzelknöllchen (Abb. 312). Eine mikroskopische Untersuchung dieser Organe zeigte mit Bakterien (Bacillus radicicola) dicht erfüllte Zellen. Zum Teil waren die Bakterien zu großen verzweigten Gebilden herangewachsen (Bakteroiden). Es gelang dann später, diese Bakterien auch in Reinkulturen auf Platten zu ziehen. Impfte man sterile Leguminosenkulturen mit diesen Bakterien, so setzte mit der Knöllchenbildung zugleich auch die Fähigkeit der Assimilation molekularen Stickstoffes ein.

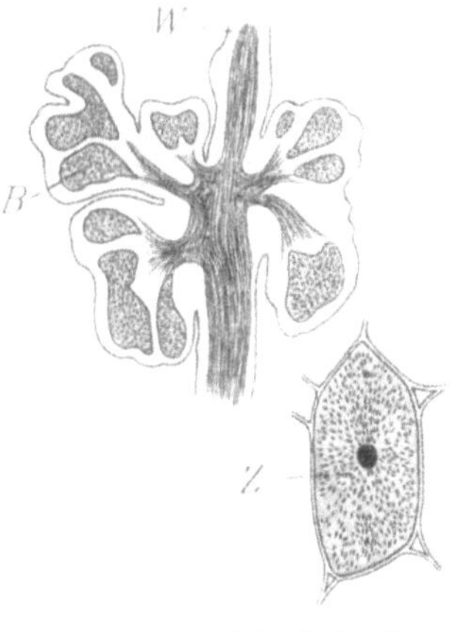

Abb. 312. Knöllchenbakterien. (*W*) Wurzel; (*B*) bakterienhaltiges Gewebe; (*Z*) bakterienhaltige Einzelzelle

Die Infektion. Die Bakterien lösen die Wände der Wurzelhaare auf und dringen durch diese in die Wurzelrinde ein. Sie umgeben sich vorübergehend mit einer schlauchartigen Scheide, aus der sie dann wieder frei werden und nun in direkter Berührung mit dem Zellplasma in Bakteroide übergehen.

Interessant ist die Tatsache, daß weder Bakterien noch die sterile Wirtspflanze allein Stickstoff zu assimilieren vermögen. Erst die Vereinigung beider Partner zu einer Lebensgemeinschaft schafft die zur Assimilation des Stickstoffs nötigen Bedingungen. Diese gegenseitige Einstellung der Symbionten ist so spezifisch, daß sich für die verschiedenen Leguminosen auch verschiedene knöllchenerzeugende Bakterienstämme heraus entwickelt haben. Praktisch spielt das eine erhebliche Rolle bei den künstlichen Bodenimpfungen, wobei stets auf die Art der anzubauenden Leguminose Bedacht zu nehmen ist.

Eingehende Bilanzversuche haben erwiesen, daß Leguminosen über 90% ihres Gesamt-N-Gehaltes der Luft und nur den Rest dem Boden entnehmen. Selbst bei Salpeterdüngung überwiegt noch die Aufnahme molekularen Stickstoffs diejenige des gebundenen um das Doppelte. Bei Erle und Ölweide spielen Strahlenpilze die Rolle der N-Binder.

Biologische Deutung der Lebensgemeinschaft. Trotz des gegenseitigen Nutzens, den Wirtspflanze und Bakterien aus ihrer Lebensgemeinschaft ziehen, ist die letztere doch nicht etwa eine gütliche Übereinkunft sondern vielmehr aus dem Kampf entstanden. Die Lebensgemeinschaft stellt nur ein Gleichgewicht zwischen Angriff und Abwehr dar, das jedoch unter bestimmten Bedingungen wieder aufgehoben werden kann, und dann zur Vernichtung des behinderten Partners führt.

Chemismus der N-Bindung. Über diese Frage sind die Ansichten noch geteilt. Neuerdings wird die **Asparaginsäurehypothese** in den Vordergrund gerückt, wonach das erste faßbare Produkt der N-Bindung die Asparaginsäure sein soll.

Freilebende N-Sammler

Der Nachweis über die Tätigkeit N-bindender Mikroben im Boden wurde durch den Befund der fortlaufenden N-Zunahme nichtsteriler Böden erbracht. Man hat aus solchen Böden mehrere zur Assimilation von molekularem Stickstoff befähigte Bakterien isolieren können: Clostridium pasteurianum ist streng anaerob und lebt daher stets in Gemeinschaft mit Fäulnisbakterien, die ihm den giftigen Sauerstoff abfangen. Dagegen hält sich Azotobacter in wohl durchlüfteten Böden.

Die N-bindende Fähigkeit der Bakterien wird stark von Außenbedingungen beeinflußt: Nitrat und Ammoniak hemmen ebenso wie niedere Temperaturen die N-Fixierung, ja neuerdings wurde sogar eine auffällige Abhängigkeit des N-Bindungsvermögens bestimmter Mikroben vom Luftdruck festgestellt. Die zur Bindung des Stickstoffs nötige Energie gewinnen die Bakterien aus der Verbrennung organischer Stoffe. Es scheint, daß auch freilebende N-Binder in der Rhizosphäre der Leguminosen besonders günstige Lebensbedingungen vorfinden.

Das Ausmaß der N-Bindung wurde bei Leguminosenkulturen zu 100—200 kg N pro ha, bei freilebenden N-Bindern zu 20—40 kg pro ha und Jahr geschätzt. Der größte Teil der im Boden vorkommenden N-Verbindungen ist biogenen Ursprungs. Wohl können bei elektrischen Entladungen in der Atmosphäre Stickstoffverbindungen entstehen, die in dem Regenwasser gelöst in den Boden gelangen (1—6 kg pro ha); aber sie reichen bei weitem nicht aus, den N-Bedarf der Pflanzen (50 kg pro ha) zu decken.

Andererseits entstehen auch N-Verluste durch NH_3-Entwicklung aus Ammonsalzen bei Zutritt starker Basen ($CaCO_3$ und Ätzkali). Infolge der relativ geringen Adsorbierbarkeit der Nitrate führt das Sickerwasser erhebliche N-Mengen fort, und schließlich spalten die sogenannten denitrifizierenden Bakterien aus N-Verbindungen molaren Stickstoff ab.

Die Aufnahme des Stickstoffs in die höhere Pflanze

Die höheren Pflanzen vermögen Stickstoff nur in gebundener Form aufzunehmen und zu assimilieren. Dafür stehen der Pflanze im Boden sowohl **Nitrate** wie auch **Ammonsalze** zur Verfügung. Welche von beiden Salzarten leichter aufgenommen und assimiliert wird, hängt von Nebenumständen ab. Bekannt ist, daß Nitrate leichter bei saurer, Ammonsalze dagegen rascher bei neutraler oder alkalischer Reaktion des Bodens aufgenommen werden. Ferner wirken, wie S. 211 gezeigt wurde, Nitrate physiologisch alkalisch, Ammonsalze physiologisch sauer. Endlich aber spielt auch die Frage der Ammoniakentgiftung hierbei eine wesentliche Rolle (vgl. S. 242). Einen ausgezeichneten N-Dünger stellt der **Harnstoff** dar, der sehr leicht von der Zelle aufgenommen und beim Zerfall neben Ammoniak noch zur Photosynthese verwertbare CO_2 liefert.

Welches von den Salzen im Boden vorherrscht, hängt stark von der Mikroflora ab, und diese ist wieder weitgehend reaktionsabhängig. So wird in schlecht durchlüfteten sauren Böden die Nitrifizierung gering sein, und daher werden Ammonsalze vorherrschen, in gut durchlüfteten neutralen und alkalischen Böden dagegen wird das Ammonsalz rasch in Nitrat umgewandelt. Die Bedingungen der Nitrat- und Ammonsalzbildung sind also für deren Aufnahme in die Pflanze wenig günstig.

Stickstoffdüngung. Daher macht sich eine regelmäßige Zufuhr von N-haltigen Düngern notwendig. Längst reicht bei unserem intensiven landwirtschaftlichen Pflanzenbau der natürliche Dünger als Ersatz des abgeernteten N nicht mehr aus, und an seine Stelle ist in weitem Umfang mineralische Düngung getreten. Früher (seit 1880) beherrschte der **Chilesalpeter** (Natronsalpeter) den Markt. Durch die Abschnürung Deutschlands im Weltkrieg veranlaßt, hat die deutsche Industrie in steigendem Umfang **Ammonsalze** als Ersatz für den teueren Chilesalpeter angeboten. Diese kommen zum Teil als Nebenprodukte aus der Gasfabrikation, zum Teil aber auch aus besonderen Ammoniakfabriken, wo im Kontaktverfahren (nach *Haber* und *Bosch*) HN_3 aus Wasserstoff und Stickstoff hergestellt wird. Daneben spielen **Kalksalpeter** und **Kalkstickstoff** (Ca-Cyanamid) nur mehr eine untergeordnete Rolle. Die Bedeutung der N-Düngung erhellt allein schon aus der Tatsache, daß in den meisten Böden der Stickstoff begrenzender Faktor des Wachstums und der Stoffbildung ist. Eine gewisse biologische Überlegenheit des Chilesalpeters gegenüber den synthetischen N-Düngern beruht auf dem Gehalt des Naturdüngers an Spurenelementen.

Die natürliche N-Bindung steht mengenmäßig in krassem Mißverhältnis zu der alljährlich mit der Aberntung dem Boden entzogenen Stickstoffmasse.

Die chemischen Prozesse der Stickstoffassimilation

a) Die Nitratreduktion.

Das Endziel aller physiologischen Umwandlung der aufgenommenen N-haltigen Körper ist der über die Aminosäuren führende Aufbau von Eiweißkörpern. Ausgangspunkt der Aminosäuresynthese ist der Ammoniak. Aufgenommenes Nitrat wird daher zunächst reduziert. Den Wasserstoff hierzu liefern Spaltprodukte der Kohlenhydrate; ihre Restkörper verbrennen zu CO_2. So ist jede Nitratreduktion mit der Bildung von „Extrakohlensäure" verbunden. Es ist verständlich, daß das Licht durch die entstehenden reaktionsfähigen Assimilationsprodukte die Nitratreduktion wesentlich begünstigt. Ob darüber hinaus das Licht diesen Prozeß direkt photochemisch beschleunigt, ist noch eine umstrittene Frage. Vom Chemismus der physiologischen Nitratreduktion ist nur so viel bekannt, daß er über Nitrit führt, dessen weiteres Schicksal indes noch nicht geklärt ist. Die erste Phase der Nitratreduktion ist ein Fermentvorgang, der sich unter Anwendung organischer Wasserstoffakzeptoren (vgl. S. 259) auch außerhalb der Zelle durchführen läßt. Manche Pflanzen wie Brennessel, Tabak u. a. vermögen Nitrat in erheblichem Umfang zu speichern.

Schema der Nitratreduktion

Zucker → Spaltprodukte

↙ ↓ ↘

Restkörper $HNO_3 + H \rightarrow HNO_2 + H \ldots \rightarrow NH_3$

↓

CO_2 (Extrakohlensäure)

b) Die Synthese von Aminosäuren.

Aminosäuren entstehen rein chemisch aus Fettsäuren, in deren Molekül ein Wasserstoff durch die Amino-(NH_2-)Gruppe ersetzt wird; z. B.

Fettsäuren	Aminosäuren
Essigsäure: $CH_3 \cdot COOH$	$\rightarrow CH_2NH_2 \cdot COOH$ (Glykokoll)
Propionsäure: $CH_3 \cdot CH_2 \cdot COOH$	$\rightarrow CH_3 \cdot CHNH_2 \cdot COOH$ (Alanin)
Isobutylessigsäure: $\begin{matrix} CH_3 \\ CH_3 \end{matrix} > CH \cdot CH_2 \cdot CH_2 \cdot COOH$	$\rightarrow \begin{matrix} CH_3 \\ CH_3 \end{matrix} > CH \cdot CH_2 \cdot CHNH_2 \cdot COOH$ (Leucin)
Bernsteinsäure: $COOH \cdot CH_2 \cdot CH_2 \cdot COOH$	$\rightarrow COOH \cdot CH_2 \cdot CHNH_2 \cdot COOH$ (Asparaginsäure)
Glutarsäure: $COOH \cdot CH_2 \cdot CH_2 \cdot CH_2 \cdot COOH$	$\rightarrow COOH \cdot CH_2 \cdot CH_2 \cdot CHNH_2 \cdot COOH$ (Glutaminsäure)

Oxyphenylpropionsäure:

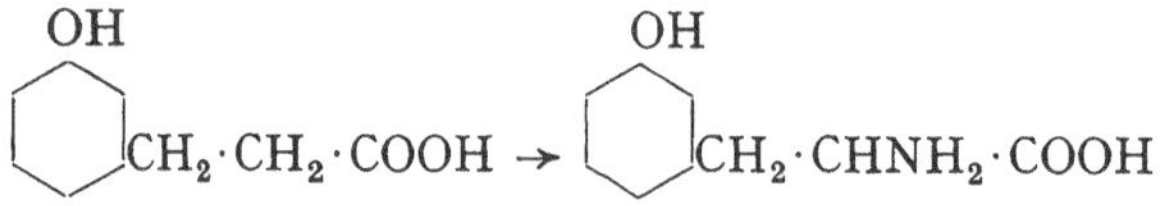

(Tyrosin).

Weitere wichtige Aminosäuren sind: Arginin, Lysin, Histidin, Prolin, Tryptophan u. a. In biologischen Aminosäuren findet sich stets die NH_2-Gruppe der Karboxylgruppe benachbart (α-Aminosäuren).

Das Kohlenstoffgerüst der physiologisch gebildeten Aminosäuren stammt aus Kohlehydraten bzw. deren Vorstufen oder Spaltprodukten. Ausreichender Vorrat an Kohlehydraten ist daher eine wichtige Voraussetzung der biogenen Aminosäurebildung. Den Mechanismus der Umwandlung der Kohlehydrate in Kohlenstoffgerüste der Aminosäuren kennt man in seinen Einzelheiten nicht vollständig; immerhin aber hat man die Vorstufe der Aminosäuren ermittelt. Schon in älteren Tierernährungsversuchen fiel die leichte Umwandlung von Ketonsäuren in die entsprechenden Aminosäuren bei Gegenwart von NH_3 auf. Neuerdings ist es *Euler* gelungen, mit Hilfe von Fermenten die Aminosäurebildung auch außerhalb der Zelle zu verwirklichen: Bringt man zum Ammonsalz der Oxyglutarsäure fermenthaltige Zellextrakte, so entsteht die entsprechende Aminosäure, nämlich die Glutaminsäure.

$$\begin{matrix} COOH \\ | \\ CH_2 \\ | \\ CH_2 \\ | \\ CHOH \\ | \\ COOH \end{matrix} + NH_3 \xrightleftharpoons{\text{Ferment}} \begin{matrix} COOH \\ | \\ CH_2 \\ | \\ CH_2 \\ | \\ CHNH_2 \\ | \\ COOH \end{matrix} + H_2O$$

Es ist wahrscheinlich, daß primär in der Pflanze nur Glutamin- und wohl auch Asparaginsäure entstehen, während alle anderen Aminosäuren durch Übertragung der Aminogruppe dieser Stammsäuren gebildet werden. Als Desaminierungsreste bleiben dann Bernstein- bzw. Äpfelsäure liegen, die ja in der Tat zu den verbreitetsten Pflanzensäuren gehören.

Die wissenschaftliche Einteilung der Eiweißstoffe

Die Einteilung der Eiweißstoffe entspricht leider noch in keiner Weise der ungeheueren Vielgestaltigkeit der Eiweißstoffe, von der man sich eine Vorstellung macht, wenn man bedenkt, daß man aus 19 Aminosäuren durch verschiedene Kombination bereits $1216 \cdot 10^{17}$ verschiedene Polypeptide erhalten kann.

Nach den physikalischen (besonders Lösungs- und Fällungseigenschaften) unterscheidet man:

Eiweiß	Lösungsmittel	Fällungsmittel
Albumine	reines Wasser	gesättigte Ammonsulfatlösung
Globuline (Reserveeiweiße)	verdünnte Salzlösungen	halbgesättigte Ammonsulfatlösung
Prolamine (Reserveeiweiße)	70% Alkohol	
Glutamine (Reserveeiweiße)	verdünnte Alkalien	

Protamine und **Histone** sind besonders N-reiche Eiweiße (in Pflanzen bisher nicht gefunden).

Besser charakterisiert sind die Eiweißstoffe durch deren Gehalt an Bausteinen (Aminosäuren). Es bedarf noch einer Riesenarbeit, um das von *Osborne* begonnene Werk der chemischen Charakterisierung der Eiweiße fortzuführen (vgl. Tabelle S. 240).

Organ- und Reserveeiweiß. Nicht alles in der Pflanze vorhandene Eiweiß ist lebensnotwendiges Plasma- oder Organeiweiß. Besonders in den Reserveorganen, aber auch in Blättern befindet sich neben Organ- viel Reserveeiweiß. Beide Eiweiße unterscheiden sich nachweislich auch bei derselben Pflanzenart, ja in demselben Pflanzenorgan hinsichtlich ihrer Zusammensetzung. Organeiweiß ist vielfach durch erhöhten Phosphorgehalt ausgezeichnet (Nukleoproteide).

Typisches Reserveeiweiß ist das Aleuron (Kleber) der Getreidekörner und der Leguminosensamen. Bei der Samenkeimung wird zunächst das Reserveeiweiß mobilisiert, während das Organeiweiß so lange geschont bleibt, als die Zellen der Reserveorgane ungestörte Lebensfunktionen durchführen sollen.

c) Die Eiweißbildung.

Die Eiweißbildung erfolgt durch amidartige Verkettung der Aminosäuren über Polypeptide zu hochmolekularen Eiweißkörpern. Die chemische Zusammensetzung der Eiweißstoffe ist eines der wesentlichsten biochemischen Merkmale einer Pflanzenart (arteigenes Eiweiß). Eiweiße verschiedener Pflanzen zeigen demgemäß verschiedenen Gehalt und unterschiedliche Reihenfolge der Aminosäuren. Artfremdes Eiweiß wird von jedem Organismus als heftiges Zellgift empfunden und löst die schwersten Schädigungen aus. Immunitätslehre und Serologie sind auf der Tatsache des arteigenen Eiweißes aufgebaut.

Tabelle nach Osborne

Spaltungsprodukte	Legumin in vH.	Vicillin in vH.	Phaseolin in vH.	Edestin in vH.	Leukosin in vH.	Gliadin in vH.	Hordein in vH.	Zein in vH.	Glutenin in vH.
Glykokoll	0,39	0,00	0,55	3,80	0,94	0,00	0,00	0,00	0,89
Alanin	1,15	0,50	1,80	3,60	4,45	2,00	0,43	9,02	4,65
Valin	1,36	0,15	1,04	vorhanden	0,18	0,21	0,13		0,24
Leucin	8,80	9,38	9,65	20,90	11,34	5,61	5,67	18,30	5,95
Prolin	4,04	4,06	2,77	1,70	3,18	7,06	13,73	9,04	4,23
Phenylalanin	2,87	3,82	3,25	2,40	3,83	2,35	5,03	6,22	1,97
Asparaginsäure	3,21	5,30	5,24	4,50	3,35	0,58	1,32	1,71	0,91
Glutaminsäure	18,30	21,34	14,54	14,00	6,73	37,33	43,20	26,17	23,42
Serin	0,53	?	0,38	0,33	nicht best.	0,13	0,10	1,02	0,74
Zystin	nicht best.	nicht best.	nicht best.	0,25	nicht best.	0,45	nicht best.	nicht best.	0,02
Oxyprolin	nicht best.	nicht best.	nicht best.	2,00	nicht best.	nicht best.	nicht best.	0,00	nicht best.
Tyrosin	2,42	2,38	2,84	2,13	3,34	1,20	1,67	3,19	4,25
Arginin	11,06	8,91	4,89	14,17	5,94	3,16	2,16	1,35	4,72
Histidin	2,94	2,17	2,62	2,19	2,83	0,61	1,28	0,82	1,76
Lysin	3,99	5,40	4,58	1,65	2,75	0,00	0,00	0,00	1,92
Ammoniak	2,12	2,03	2,06	2,28	1,41	5,11	4,87	3,64	4,01
Tryptophan	vorhanden	vorhanden	vorhanden	vorhanden	vorhanden	vorhanden	vorhanden	0,00	vorhanden
Gesamtmenge der Spaltungsprodukte in vH. des analysierten Eiweißstoffes	63,18	65,44	56,21	75,90	50,32	65,80	79,59	80,48	59,68

Die Hauptorgane der primären Eiweißsynthese sind die Blätter. Im assimilierenden Blatt sind besonders die Chloroplasten Orte der Aminosäuren- und Eiweißbildung, doch ist auch das Plasma bei ausreichender Zuckerversorgung zu denselben Synthesen befähigt. Stets befinden sich in allen Pflanzenorganen Eiweiß- und Aminosäuren nebeneinander. Ihr gegenseitiges Mengenverhältnis ist offensichtlich weitgehend vom Gehalt an löslichen Kohlehydraten bestimmt: Zuckerreichtum verschiebt das Gleichgewicht zugunsten des Eiweißes, Zuckerarmut führt zu Eiweißabbau. Nicht alle Organe vermögen ihren Eiweißbedarf durch selbständige Synthesen aus dem anorganischen Ammoniak und Zucker zu decken. Den wachsenden Organen strömen fortlaufend lösliche organische N-Verbindungen zu, die dann zu Eiweiß aufgebaut werden. So wandern bei der Blütenbildung erhebliche Mengen von Aminosäuren besonders aus alten Blättern nach den Blütenknospen, um dort zu Eiweiß synthetisiert zu werden. Die Abwanderung der löslichen N-haltigen Substanzen bewirkt in den alten Blättern eine Störung des Gleichgewichts von Eiweiß: löslichem N. Durch Eiweißabbau wird daher in den Blättern eine erneute Einstellung des Gleichgewichts angestrebt, das aber bald wieder durch Abwanderung von löslichen N-Verbindungen gestört wird. Auf diese Weise wirken junge wachsende Organe geradezu entleerend auf die alten Blätter. Besonders N-bedürftige Organe sind auch wachsende Samen und Früchte. Bei einjährigen Pflanzen werden die vegetativen Organe zugunsten der Frucht- und Samenbildung weitgehend der organischen N-Verbindungen beraubt. Bei mehrjährigen Pflanzen verbleibt noch ein erheblicher Rest in den Blättern, der dann beim Vergilben mobilisiert und in die überdauernden Organe (Rinde, Reserveorgane wie Knollen, Rhizome usw.) zurückgezogen wird.

Altes Blatt:		Blüten- bzw. Fruchtanlage:
Reich an Eiweiß + Aminosäuren	↘	I. Wenig Eiweiß und sehr wenig Aminosäuren
↓	↘	II. Eiweißaufbau
Aminosäuren	⟶	III. Eiweißaufbau und Speicherung

Das Eiweiß ist ein typischer Aufbaustoff, dessen Entstehung und Abbau mit der Bildung und dem Zerfall der pflanzlichen Organe aufs engste zusammenhängen. Zur Durchführung der Lebensprozesse bedarf die Zelle eines bestimmten Minimalgehalts an Eiweiß, dessen Unterschreitung den Tod der Zellen und ganzer Organe herbeiführt. Auf die Neigung alter Blätter zum Eiweißabbau ist bereits hingewiesen worden. Imponierender noch tritt uns die enge Verknüpfung von Eiweißstoffwechsel und Vitalität bei Blütenblättern entgegen. Zum Teil in Abhängigkeit von der Befruchtung tritt in alternden Blütenblättern häufig ein geradezu explosionsartiger Eiweißzerfall ein, der in 1—2 Stunden gelegentlich 50% des Gesamteiweißes erfaßt. Ob der Eiweißabbau Ursache oder Folge des Blütenblatt-Todes ist, bleibt freilich eine noch nicht eindeutig entschiedene Frage. Es ist verständlich, daß die Pflanze einen so lebenswichtigen Stoff wie das Eiweiß nicht im Energiestoffwechsel verbraucht. Eine eigentliche Eiweißatmung gibt es nicht, vielmehr wird das Eiweiß durch Kohlehydrate vor dem Zerfall geschützt.

Zusammenfassend kann man sagen, daß jugendliches Plasma und reichliche Zuckervorräte die Eiweißbildung befördern; in alten Organen und bei Zuckerarmut dagegen herrscht Eiweißabbau vor.

Die Eiweißmobilisierung

Es ist bereits früher darauf hingewiesen worden, daß in Leguminosensamen das Eiweiß mengenmäßig unter den Reservestoffen vorherrscht. Im Hinblick auf den relativ mühelosen Erwerb des N gerade bei dieser Pflanzengruppe ist diese Tatsache nicht verwunderlich. Der Vorteil einer reichlichen Eiweißspeicherung im Samen liegt auf der Hand: die ganze Keimpflanze wird bis zur erfolgten Infektion mit N-bindenden Bakterien vom Samen aus mit Stickstoff versorgt.

So erklärt sich auch das rasche Wachstum vieler Leguminosenkeimlinge. Das Reserveeiweiß der Samen kann allerdings nicht ohne weiteres nach dem Keimling abwandern, dafür ist sein Molekül zu groß. Daher wird dieser Mol.-Komplex zunächst zerkleinert, um so beweglicher zu werden **(Mobilisierung der Reservestoffe)**. An der Eiweißmobilisierung sind wahrscheinlich auch spezifische Aktivatoren der eiweißspaltenden Fermente wesentlich beteiligt.

Die Eiweißmobilisierung führt in der Pflanze primär zu etwa denselben Produkten wie eine Säurehydrolyse: unter diesen Spaltprodukten herrschen die Aminosäuren vor. Bei fortschreitender Keimung bleiben Eiweißspaltung im Samen und Verbrauch der gebildeten Spaltprodukte zum Eiweißaufbau im Keimling nicht in Übereinstimmung. Vielmehr eilt die Spaltung dem Verbrauch mehr und mehr voraus. Die Folge davon ist eine Ansammlung von solchen Spaltprodukten in Samen und Keimling. Das Auffallende ist nun der oft bestätigte Befund, daß diese Spaltprodukte auch qualitativ sich von denen bei Keimungsbeginn unterscheiden: vor allem fällt eine ungeheure Anhäufung von **Asparagin,** dem Amid der Asparaginsäure, auf. Dieser Körper entsteht, wie aus Bilanzversuchen hervorgeht, sekundär aus den primären Spaltprodukten, den Aminosäuren.

Entstehung und physiologische Bedeutung des Asparagins. Man hat zunächst das Asparagin als direktes Spaltprodukt der Eiweiße gedeutet und ihm physiologisch die Rolle eines N-reichen Wanderstoffes zugeschrieben. Beide Vorstellungen haben sich als falsch erwiesen. Es konnte eindeutig gezeigt werden, daß der Asparaginbildung ein völliger Abbau der Aminosäuren bis zum Ammoniak vorangeht. Erst in einer sekundären Synthese kann dann die Pflanze aus Kohlehydraten und NH_3 das Asparagin bilden. Ob es zu einer Asparaginsynthese kommt, hängt daher stark vom Zuckerspiegel ab.

Stehen überreichliche Zuckermengen zur Verfügung, so wird der Ammoniak über Aminosäuren bis zu Eiweiß synthetisiert; bei leichtem Mangel an Kohlehydraten und reichlichem Ammoniakangebot kommt es nur zur Amidbildung; bei ausgesprochenem Zuckerhunger dagegen bleibt auch die Amidbildung aus, und das Ammoniak häuft sich als solches in der Zelle an. Diese Beziehungen zwischen Amidbildung und Kohlehydratspiegel gelten nicht nur für Samen, sondern für jegliches Organ der Pflanze. Diese Gesetzmäßigkeit steht also in keinem Zusammenhang mit spezifischen Vorgängen in Samen und Keimling, also auch nicht mit dem Wanderungsproblem des Stickstoffs von einem Organ ins andere. Füttert man Blätter mit Ammonsalzen, so ist das weitere Schicksal dieser Salze in gleicher Weise von den Kohlehydraten abhängig wie im Samen; es kann je nach den vorhandenen Kohlehydratvorräten zur Eiweißsynthese, zur Amidbildung oder zu einer NH_3-Anhäufung kommen. Und endlich beobachtet man ähnliche Verhältnisse beim Verdunkeln der Pflanzen: nach erfolgtem Kohlehydratverbrauch werden die Eiweiße gespalten; bald danach treten Amide auf, und nach völligem Kohlehydratschwund endlich häuft sich Ammoniak an.

Aus all diesen Befunden erhellt, daß das Amid immer dann gebildet wird, wenn das Angebot von N-haltiger Substanz die Kohlehydratreserven erheblich übertrifft. Das Amid ist also der Stoff, in dem überschüssiger Ammoniak in der Pflanze gespeichert wird. Neueren Befunden zufolge darf allerdings vermutet werden, daß außerdem die im Asparagin stabilisierte Asparaginsäure bei der Bildung der übrigen pflanzlichen Aminosäuren eine bedeutsame Rolle spielt.

Die Ammoniakentgiftung in der Pflanze. Um den physiologischen Sinn der Amidsynthese verstehen zu können, muß kurz auf die Stickstoffbilanz in der Pflanze eingegangen werden.

Im Gegensatz zum Tier scheidet die Pflanze den schwer erworbenen und für die Entwicklung der Pflanze so wertvollen Stickstoff nicht aus, sondern es vollzieht sich in der Pflanze selbst ein kleiner Kreislauf des Stickstoffs, indem das an einer Stelle wertlos und entbehrlich gewordene Element zu anderen N-bedürftigen (wachsenden) Organen hingeleitet wird.

Nun liegen mancherlei Hinweise dafür vor, daß der Aufbau aller organischen N-Substanzen vom *Ammoniak* ausgeht; umgekehrt ist der Ammoniak das Endprodukt des Eiweißabbaues. „*Der Ammoniak ist das α und das Ω des N-Stoffwechsels*“, er verbindet Abbau und Synthese der organischen N-haltigen Pflanzenstoffe. Schon bei der Darlegung der Mobilisierung des Sameneiweißes wurde darauf hingewiesen, daß Eiweißspaltung im Samen und Wiederaufbau des Keimlingseiweißes nicht immer mengenmäßig einander entsprechen, daß es vielmehr mindestens zeitweilig zur Anhäufung von N-Spaltprodukten, letzten Endes vom Ammoniak kommen kann. Nun ist aber NH_3 ein starkes Zellgift, das schon in geringer Konzentration tödlich auf das Zellplasma wirkt. Hieraus ergibt sich die Notwendigkeit, den Ammoniak zu *entgiften*. Das geschieht dadurch, daß ihm die Zelle seine alkalische Reaktion nimmt. Ein Weg zu diesem Ziel ist die Bildung von Amiden; diese sind also in erster Linie *Entgiftungsprodukte* des Ammoniaks. Es treten fast ausschließlich nur 2 Amide in den Pflanzen auf, nämlich das *Asparagin* und das *Glutamin*. Neben ausgesprochenen Asparagin- und ebenso ausgeprägten Glutaminpflanzen gibt es auch zahlreiche Mischtypen.

Neuerdings wurde noch eine zweite NH_3-Entgiftungsart in Pflanzen gefunden, *nämlich die Bindung des Ammoniaks an organische Säuren zu Ammonsalzen*, die in viel höheren Konzentrationen von der Zelle ertragen werden als freier Ammoniak.

Ein schönes Beispiel physiologischer Regulation wurde nun in der Tatsache entdeckt, daß beim Abbau der Aminosäuren stets organische Säuren entstehen, die den gleichzeitig freigelegten NH_3 zum Ammonsalz binden, so daß hierdurch eine automatische NH_3-Entgiftung erreicht wird. Man kann daher nach Art der NH_3-Entgiftung zwischen **Amid-** und **Ammonpflanzen** unterscheiden. Die erste Gruppe umfaßt im wesentlichen Pflanzen mit wenig saurem, letztere solche mit stark saurem Zellsaft. Die *vollkommenere* Art der NH_3-Entgiftung ist bestimmt die der Ammonpflanzen, weil die Ammonsalzbildung eine rasch ablaufende Ionenreaktion, die Amidbildung aber eine zeitraubende und Kohlehydrate verbrauchende Synthese ist. Daher sind Säurepflanzen gegen Harnstoff- (der in der Pflanze rasch zu $CO_2 + 2NH_3$ gespalten wird) und Ammoniakdüngung viel weniger empfindlich. Die Frage der N-Düngung darf daher nicht nur von der Bodenreaktion, sondern muß vielmehr auch von der Reaktion des Zellsaftes der zu düngenden Pflanze aus beurteilt werden.

Die N-freien Abbauprodukte der Eiweiße. Der Eiweißabbau vollzieht sich stets zeitlich und wohl auch mikroräumlich getrennt in 2 Phasen.

1. Die Eiweißhydrolyse:
   Eiweiß → Peptide → Aminosäuren
2. Die Desaminierung:
   Aminosäuren + O_2 → Ammoniak + N-freier Rest.

Dieser N-freie Rest ist eine *Ketonsäure*, die entweder zur Fett- oder zur Oxysäure stabilisiert wird:

$$\underset{\text{Glutaminsäure}}{COOH\cdot CH_2\cdot CH_2\cdot CHNH_2\cdot COOH} + O \rightarrow \underset{\text{Oxyglutaminsäure}}{COOH\cdot CH_2\cdot CH_2\cdot COHNH_2\cdot COOH}$$

$$\rightarrow \underset{\text{Ketonsäure}}{COOH\cdot CH_2\cdot CH_2\cdot CO\cdot COOH} + \underset{\text{Ammoniak}}{NH_3}$$

$$\swarrow \qquad \searrow^{H_2}$$

$$\underset{\text{Aldehyd}}{COOH\cdot CH_2\cdot CH_2\cdot COH} + CO_2 \qquad \underset{\text{Oxysäure}}{COOH\cdot CH_2\cdot CH_2\cdot CHOH\cdot COOH}$$

$$\downarrow + O$$

$$\underset{\text{Fettsäure}}{COOH\cdot CH_2\cdot CH_2\cdot COOH}$$

Einbasische Aminosäuren dagegen werden von Hefe zu Alkoholen reduziert, z. B.

$$\begin{matrix} CH_3 \\ CH_3 \end{matrix}\!\!>\!CH\cdot CH_2\cdot CHNH_2\cdot COOH \xrightarrow[+H_2O]{Hefe} \begin{matrix} CH_3 \\ CH_2 \end{matrix}\!\!>\!CH\cdot CH_2\cdot CH_2OH + NH_3 + CO_2$$

Isoleucin Isoamylalkohol

So entstehen bei der Gärung aus Aminosäuren die unerwünschten giftigen Fuselöle. Daher verwendet die Brauerei eine möglichst eiweißarme Gerste (Braugerste), um die Fuselölbildung zu dämpfen.

Der pflanzliche Eiweißstoffwechsel als Fermentvorgang

Im Hinblick auf den hochmolekularen Bau der Eiweißkörper und mit Rücksicht auf die hochentwickelte Spezifität der Fermente ist es verständlich, daß am Eiweißabbau mehrere Fermente beteiligt sind:

1. Die **Proteinasen** spalten die Eiweißkörper bis zu Peptonen.
2. Die **Polypeptidasen** zerlegen die Polypeptide bis zu den Dipeptiden.
3. Die **Dipeptidasen** endlich legen aus den Dipeptiden die Aminosäuren frei.
4. Aminosäuren werden in NH_3 und organische Säuren durch die **Desaminasen** zerlegt.
5. Die Amidgruppe wird durch **Desamidasen** abgespalten.

Der amphotere Charakter der Eiweißkörper ermöglicht ein Auftreten von Eiweißkationen (E^+), Eiweißanionen (E^-) und von elektrisch neutralem Eiweiß (E^{+-}). Die Eiweißeigenladung ist von der Reaktion der Umgebung abhängig.

Es treten auf:

1. E^{+-} im isoelektrischen Punkt des Eiweißkörpers,
2. E^+, wenn die Reaktion über den IEP nach der sauren Seite,
3. E^-, wenn die Reaktion über den IEP nach der alkalischen Seite verschoben ist.

Auf diese 3 Ladungsformen des Eiweißes wirken auch 3 verschiedene Fermente:

1. auf isoelektrisches Eiweiß die **Gewebsproteasen:** im Tier das **Kathepsin**, in der Pflanze das **Papain.**
2. auf das Eiweißkation das **Pepsin,**
3. auf das Eiweißanion das **Trypsin.**

Das Reaktionsoptimum liegt daher auch bei den 3 Fermenten verschieden:

Ferment	p_H-Optimum
Papain	4—5
Pepsin	1,7
Trypsin	8

Im pflanzlichen Eiweißstoffwechsel spielt nur das Papain eine erhebliche Rolle.

Wirkung des Papains. Seine Wirkungsentfaltung hängt nicht nur vom p_H, sondern wesentlich vom Redoxpotential ab. Zu seiner Aktivierung bedarf das Ferment bestimmter stark reduzierend wirkender Körper wie H_2S, HCN oder Glutathion.

Spezifität. Es ist wahrscheinlich, daß bestimmte Eiweißkörper zu ihrer Hydrolyse auch spezifischer Proteasen bedürfen. So ist eine Gelatinase isoliert worden, die ausschließlich Gelatine angreift.

Von den Polypeptidasen gibt es mindestens 2 Gruppen:

a) Die Karboxypolypeptidasen greifen nur vom freien Karboxylende aus an,
b) die Aminopolypeptidasen dagegen nur von der freien NH_2-Gruppe aus.

Wahrscheinlich sind auch die Desaminasen spezifisch eingestellt, von den Desamidasen ist das bereits erwiesen (vgl. auch S. 256).

Das Eiweißproblem in der Ernährungswirtschaft

Eine autarke Ernährungswirtschaft muß versuchen, möglichst alle Produkte in dem Maß zu produzieren, in dem sie zur Volksernährung angefordert werden. Sowohl Produktions- wie Einfuhrstatistik zeigen, daß zwar der Kohlehydrathaushalt unserer Wirtschaft weithin ausgeglichen ist, daß aber unsere Eiweißproduktion erheblich unter dem Eiweißverbrauch liegt. Der ungedeckte jährliche Eiweißverbrauch beträgt etwa 2 Mill. Tonnen. Von den etwa 6 Mill. Tonnen produziertem Eiweiß stammen

1,08 Mill. Tonnen aus Brotgetreide
0,71 ,, ,, ,, Futtergetreide
0,18 ,, ,, ,, Hülsenfrüchten
0,6 ,, ,, ,, Hackfrüchten
0,84 ,, ,, ,, Futterpflanzen
1,38 ,, ,, ,, Wiesen
0,88 ,, ,, ,, Weiden

Die folgende Tabelle gibt den relativen Eiweißertrag einzelner Kulturen pro Hektar und deren Anteil an der Gesamteiweißernte wieder:

Kultur	Eiweiß pro ha in dz	prozentualer Anteil an der Gesamteiweißernte
Wiesen	2,5	29
Weiden	3,5	18,5
Hafer.	1,4	10,3
Rotklee	3,3	6,5
Luzerne. . . .	6,4	3,8
Kartoffel . . .	1,1	3,6
Gerste	1,1	3,5
Runkelrüben .	1,2	1,8
Seradella . . .	3,5	0,8
Lupinen . . .	4,5	0,6

Der mittlere Eiweißertrag pro Hektar beträgt 2,1 dz.

Zur Schließung der Eiweißlücke stehen dem Pflanzenbauern verschiedene Wege offen.

1. Verstärkte Düngung zur Erhöhung des Eiweißgehalts und der Gesamternte:

Sommerweizen

Düngung in g N	Kornertrag in g	Stärkegehalt in g	Zuckergehalt in g	Eiweiß-N in g	Eiweiß-N in %
0,25	9,11	5,48	0,251	0,146	1,60
0,50	17,69	10,59	0,456	0,302	1,71
1,00	20,50	11,09	0,487	0,514	2,51
1,50	19,06	1,15	0,478	0,575	3,02

Gerste

Düngung in g N	Stärke in % des Trockengew.	Eiweiß in % des Trockengew.	Stärke / Eiweiß
0,25	53,0	1,00	53,8
0,50	52,6	1,10	47,8
1,00	50,2	1,60	31,3
1,50	48,6	1,80	27,1

Bei Getreide wirkt sich besonders eine Spätdüngung zur Zeit des Schossens in einer Steigerung des Eiweißgehalts der Körner aus.

2. Anbau wertvoller Eiweißpflanzen anderer klimatischer Regionen, z. B. der Sojabohne. Diesem Anbau muß natürlich eine durch züchterische Auswahl erzielte Schaffung klimafester, in unseren Breiten sicher ausreifender Rassen vorausgehen.

3. Züchtung eiweißreicher Rassen von Kulturpflanzen (Futtergerste).

4. Beseitigung ungünstiger Merkmale aus eiweißreichen, bisher unverwertbaren Stammpflanzen, z. B. Züchtung bitterstoffreier Lupinen (Süßlupine) mit geschlossen bleibenden Hülsen.

Besonders bedeutungsvoll würde sich die Züchtung von eiweißreichen Futterpflanzen auswirken, die auf unseren armen sauren Sandböden zu gedeihen vermöchten.

Neuerdings versucht man mit Erfolg, auch niedere Pflanzen zur Eiweißproduktion heranzuziehen. So ist es gelungen, in Kulturen von Wildhefen etwa 60% des verfütterten Zuckers in Hefesubstanz überzuführen, die selbst zu 50% aus Eiweiß besteht. Für die Verwendung der aus der Zelluloseindustrie abfallenden Kohlehydrate (Holzzucker) scheint die Hefen-Eiweißbildung recht bedeutungsvoll zu werden, um so mehr, als neuerdings auch Wildhefen gefunden wurden, welche die sonst ungenützten Pentosen zu assimilieren vermögen.

Die Ernährung chlorophyllfreier Pflanzen

Unter den chlorophyllfreien Pflanzen interessieren vor allem **Pilze** und **Bakterien.** Mit wenigen Ausnahmen (Chemosynthese) sind diese Mikroben auf die Zufuhr organischer Kohlenstoffverbindungen angewiesen. Für die überwiegende Mehrzahl dieser Organismen sind die vergärbaren Zucker (S. 262) die geeignetste C-Quelle. Andere organische Stoffe können im allgemeinen in dem Maß und mit der Geschwindigkeit assimiliert werden, mit der sie von der Pflanze in Zucker umgewandelt werden können. So läuft die Assimilation der meisten organischen Stoffe über die Zwischenstufe der Zuckerbildung. Der Ausnutzungsgrad eines Stoffes zur Assimilation wird als **ökonomischer Quotient** bezeichnet. Dieser liegt für Traubenzucker mit $^1/_3$ (3 Teile Traubenzucker bilden 1 Teil Pilztrockengewicht) am höchsten. Andere organische Stoffe von hohem Nährwert sind die den Zuckern nahe stehenden höherwertigen Alkohole wie Glyzerin, Mannit usw. Auch Oxysäuren wie Wein-, Zitronen- und Äpfelsäure sind gute C-Quellen. Daneben gibt es aber auch Spezialisten, die selbst giftige und sehr reaktionsträge Stoffe wie Methylalkohol und Paraffin zu assimilieren vermögen.

Was die N-Ernährung anbetrifft, so vermögen alle diese Organismen Ammonsalze zum Eiweißaufbau zu verwenden, mit alleiniger Ausnahme der parasitisch lebenden Pilze, die nur organische N-haltige Stoffe (ihres Wirtes) zum Aufbau des eigenen Plasmas verwenden können.

Wenn man gelegentlich beobachtet, daß auch saprophytische Pilze auf organischen N-Verbindungen besser als auf Ammonsalzen wachsen, so hängt das mit bestimmten Nebenwirkungen (physiologisch saurer Charakter der Ammonsalze, Verwendung der organischen Gerüste im C-Stoffwechsel) zusammen.

Nitrat wird von den meisten Pilzen ebenfalls, wenn auch weniger leicht als Ammoniak, assimiliert, während Nitrite im allgemeinen giftig wirken.

Die Insekten fressenden Pflanzen (Insektivoren)

Die **Insektivoren** sind grüne Pflanzen, die hinsichtlich des Kohlenstoffs völlig autotroph sind und auch durchaus mit anorganischen N-Verbindungen auskommen, wenn sie ihnen in hinreichender Menge zur Verfügung stehen. Da sie vielfach

Bewohner N-armer Standorte sind, suchen sie sich durch Einfangen und Auflösung von Tieren zusätzliche N-Zufuhr zu sichern. Der Tierfang erfolgt bald durch Kannen (Nepenthes, Wasserschlauch), bald durch Kleborgane (Sonnentau, Fettkraut) oder auch durch aktive Bewegungen zur Einschließung des angeflogenen Insektes (Fliegenfalle, vgl. S. 341). Zur Auflösung der Tierkörper werden Eiweiß spaltende Fermente ausgeschieden (extrazelluläre Verdauung), die den tierischen Eiweißspaltungsfermenten nahestehen und sich wesentlich von den pflanzlichen Gewebsproteasen unterscheiden. Eingehende Versuche haben mit Sicherheit ergeben, daß die physiologische Bedeutung des Tierfanges auf dem Gebiet des N-Stoffwechsels liegt. Doch ist nicht zu zweifeln, daß der Tierfang bei hinreichender anorganischer N-Ernährung den Pflanzen durchaus entbehrlich wird.

Symbiosen

Die Mykorhiza

Eine ähnliche Symbiose wie Bac. radicicola mit Leguminosen bilden Pilze verschiedener Art mit höheren Pflanzen. In der **ektotrophen Mykorhiza** (Abb. 313, *1*)

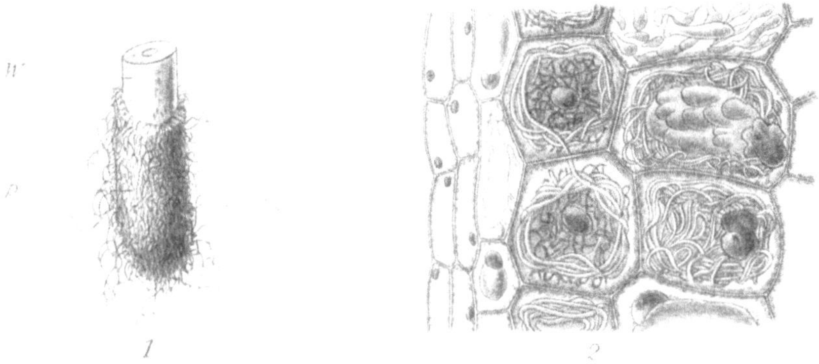

Abb. 313. *1* = Ektotrophe Mykorhiza. (*W*) Wurzel; (*p*) Pilzmasse. *2* = Endotrophe Mykorhiza. Linke pilzbewohnte Zellreihe = Pilzwirtzellen, rechte äußere Zellreihe = Verdauungszellen

umspinnt oberflächlich ein dichtes Hyphengeflecht die feinen Saugwurzeln der Wirtspflanze, ohne in deren Zellen einzudringen. Das letztere ist jedoch bei der **endotrophen Mykorhiza** (Abb. 313, *2*) der Fall. Hierbei erscheinen die Wurzelzellen der Wirtspflanze dicht mit Pilzhyphen angefüllt. Das Verhalten beider Partner beweist, daß es sich auch hier um einen zum Gleichgewicht erstarrten Parasitismus handelt. Diese endotrophe Mykorhiza ist besonders häufig bei Orchideen und Erikazeen (Heidekraut, Heidelbeere, Preiselbeere, Rhododendron) anzutreffen. Unter natürlichen Verhältnissen vermögen die ungemein kleinen, nährstoffarmen Orchideensamen ohne Pilzbefall sich nicht zu entwickeln. Diese Erkenntnis wird bei der gärtnerischen Aufzucht der Orchideen praktisch ausgewertet.

Ektotrophe Mykorhiza beobachtet man an vielen Waldbäumen wie Kiefer, Lärche, Birke usw. Fast die Hälfte aller höheren Pflanzen überhaupt weist Mykorhizapilze auf.

Die physiologische Bedeutung der Mykorhiza ist nicht eindeutig festgestellt; sie ist wohl auch keine völlig einheitliche bei allen befallenen Pflanzen. Die größte Wahrscheinlichkeit spricht dafür, daß sie die N-Aufnahme der Wirtspflanze begünstigt. In diesem Sinne läßt sich auch die stärkere Mykorhizabildung auf N-armen als auf N-reichen Böden deuten und ebenso die Tatsache, daß einige Orchideenpilze atmosphärischen Stickstoff zu binden vermögen. Wahrscheinlich schließen die Pilze ganz allgemein schwer verwertbare Bodenstoffe (Humus, Gerbstoffe, Pentosane, Zellulose usw.) auf. Vielleicht spielen auch Hormon- bzw. Vitaminwirkungen (Vitamin B_1) eine Rolle, denn Auszüge aus Mykorhizapilzen wie auch solche aus Hefen begünstigen die Keimung der Orchideensamen.

Mit Ausnahme einiger chlorophyllfreier Formen (Fichtenspargel, Vogelnest) aber können die Mykorhizapflanzen unter günstigen Ernährungsbedingungen auch ohne Pilz auskommen.

Ähnliche Symbiosen finden sich auch in Blättern tropischer Gewächse (Ardisia, Pavetta) in Form von kleinen Knöllchen, deren Zellen dicht mit Bakterien erfüllt sind, die zum Teil der Bindung von elementarem Stickstoff dienen. In Zykadeenwurzeln und in besonderen Hohlräumen des Wasserfarns Azolla leben gewisse Blaualgen symbiotisch.

Die Flechten sind keine einheitlichen Organismen, sondern Lebensgemeinschaften von Algen und Pilzen; erstere liefern hauptsächlich Kohlehydrate, die letzteren Mineralsalze und N-haltige Substanzen. Durch Ausscheidung von Säuren vermögen sich die Flechten oft in hartes Gestein einzufressen. Als erste Bodenpioniere spielen sie eine zwar wenig auffällige, aber darum doch wichtige Rolle bei der Aufschließung von Mineralböden.

Auch in niederen Tieren (Pantoffeltierchen, Süßwasserpolypen und Schwämmen) leben Grünalgen symbiotisch.

Künstliche Symbiosen schafft der Gärtner beim Okulieren, Pfropfen und ähnlichen Manipulationen, bei denen Teile verschiedener, systematisch nahestehender Arten oder Gattungen zu einer zusammengesetzten Pflanze (Unterlage und Reis bzw. Knospe) vereinigt werden. Zwischen Unterlage und Reis tritt weitgehender Stoffaustausch (Nährstoffe und Hormone) ein, doch behält jeder Teil seinen typischen Stoffwechsel (arteigenes Eiweiß) bei.

Parasiten und Saprophyten

Ohne scharfe Grenze geht die Symbiose in **Parasitismus** über, wenn sich der Vorteil aus der Lebensgemeinschaft einseitig zugunsten des einen Partners verschiebt. Die Knöllchenbakterien und die endotrophen Mykorhizapilze dringen wie echte Parasiten in die lebende Zelle ein, und das Ergebnis der Auseinandersetzung von Mikrobe und Wurzelzelle bedeutet bald Symbiose, bald auch parasitäre Infektion. In den meisten Fällen geht diese Verschiebung im „sozialen" Verhältnis der Partner sogar bis zur ausgesprochenen Schädigung des anderen Genossen. Während die Saprophyten die organische Substanz dem toten Material entziehen, vermögen die Parasiten darüber hinaus unter bestimmten Bedingungen (Disposition des Wirtes) durch besondere Fermente oder Plasmagifte auch die Plasmawandschichten der lebenden Zelle anzugreifen und den Abwehrkräften der befallenen Zelle zu widerstehen.

Höhere Pflanzen als Parasiten

In höheren Pflanzen äußert sich morphologisch die Versorgung mit fertigen organischen Stoffen gewöhnlich in einer Rückbildung derjenigen Organe, die der betreffenden Stoffbildung in der autotrophen Pflanze dienen. Entzieht der Parasit seiner Wirtspflanze die Kohlehydrate in fertiger Form, so tritt neben einer Ausbleichung auch eine Rückbildung der Assimilationsorgane, der Blätter, ein. Beschränkt sich dagegen der Parasitismus auf eine Entnahme von Wasser und Nährsalzen aus dem Wirt, so wird das Wurzelsystem stark reduziert, die Blätter dagegen bleiben unverändert. Das ist um so leichter zu beobachten, als es eine gewisse natürliche Abstufung im Parasitismus gibt.

So zeigen die auf Gramineen parasitierenden **Euphrasiaarten**, die neben normalen Endwurzeln besondere Saugwurzeln besitzen, mit denen sie den Wirt anzapfen, noch normal grüne Farbe der Blätter. Daher vermögen sich diese Formen auch noch völlig autotroph, wenn auch nur zu Kümmerpflanzen zu entwickeln. Diese Fähigkeit autotropher Entwicklung haben jedoch der gefürchtete **Klappertopf** sowie die **Wachtelweizenarten**, die besonders unsere Weizenkulturen verwüsten, völlig verloren. Ein verbreiteter Baumschmarotzer ist die **Mistel**; sie hat es hauptsächlich auf Wasser, Salze und N-Vorräte des Wirts abgesehen, doch ist sie noch chlorophyllhaltig und daher hinsichtlich der C-Assimilation autotroph. Im Gegensatz hierzu ist die auf den Wurzeln heimischer Waldbäume und Sträucher (Erle, Eiche, Hasel) lebende **Schuppenwurz** ein Vollparasit. Sie entwickelt den größten Teil ihres Körpers unter der Erde, und nur zur Blütezeit strecken sich die blütentragenden, rötlich gefärbten Sprosse aus der Erde heraus. Das Fehlen des Chlorophylls sowie die starke Reduktion der Blätter und des Wurzelsystems kennzeichnen die Schuppenwurz schon äußerlich als Vollparasiten.

Gefürchtete einheimische obligate Parasiten sind auch die **Seiden-** (Cuscuta) und **Würgerarten** (Orobanche), die vielfach schon in der Samenkeimung auf die Nähe bestimmter Wirtspflanzen angewiesen sind. Die tropischen Balanophoreen und Rafflesiazeen haben den größten Teil ihres Pflanzenkörpers in die Wirtspflanze eingesenkt, und nur die Blüten werden noch außerhalb des Wirtskörpers entfaltet.

Niedere Pflanzen als Parasiten

Die meisten Parasiten stellen die **Bakterien und Pilze.** Die Mehrzahl der menschlichen und tierischen Infektionskrankheiten werden durch pathogene Bakterien hervorgerufen (Pest, Cholera, Tuberkulose, Ruhr, Milzbrand usw.), doch fehlen auch Pilze als Krankheitserreger bei Mensch und Tier nicht völlig (Aktinomyzeten, Mutterkornpilz u. a.).

In unser engeres Wissenschaftsgebiet gehören die pflanzlichen Erreger der Pflanzenkrankheiten.

Trockenfäule und Ringfäule der Kartoffel, Kronengalle der Runkelrübe und vielerlei „Bakteriosen“ anderer Pflanzen beruhen auf Bakterieninfektionen.

Kartoffelschorf ist das Ergebnis von Strahlenpilzinfektionen. Die Algenpilze stellen die Erreger der Kohlhernie, des Kartoffelkrebses, der gefürchteten Krautfäule der Kartoffeln, und anderer Pflanzenkrankheiten.

Die Zahl der Parasiten unter den höheren Pilzen ist Legion; es sei hier nur an die Meltaupilze, an die Brand- und Rostpilze und an die Fusarien erinnert.

Daneben gibt es eine Unzahl saprophytisch lebender Bakterien und Pilze. Sie leisten eine grandiose Aufräumungsarbeit in der Natur, indem sie die Auflösung und Mineralisierung toter Organismen besorgen und so für den Kreislauf der Stoffe völlig unentbehrlich geworden sind. Ohne ihre fortlaufende Tätigkeit müßte die Erde in kurzer Zeit einem riesigen Friedhof gleichen.

Auf die technische Verwendung saprophytischer Organismen (Gärungen, Rösten der Faserpflanzen und anderes mehr) wird an anderer Stelle eingegangen werden.

Der Fettstoffwechsel

Trotz der weitgehenden Beanspruchung der im Assimilationsprozeß gebildeten Zucker zum Aufbau der Pflanzensubstanz und im Betriebsstoffwechsel übertrifft doch unter günstigen Vegetationsbedingungen die Zuckerproduktion den Bedarf an organischer Substanz. Daraus erklärt sich eine Speicherung von Kohlehydraten. Diese erfolgt gewöhnlich in Form von Stärkeablagerung. Naturgemäß versucht die Pflanze auf kleinstem Raum größtmögliche Energiemengen zu speichern. In diesem Sinne sind bereits Stärke und Eiweißspeicherung der Zuckeranhäufung überlegen. In der Fettbildung steht indessen der Pflanze noch eine viel weitergehende Energieballung offen, denn 1 g Fett besitzt die $2^1/_2$fache Verbrennungsenergie von 1 g Zucker.

Von dieser Möglichkeit höchster Energiespeicherung macht die Pflanze vor allem im Samen Gebrauch. Fettsamen sind energiewirtschaftlich den Stärke- und Eiweißsamen beträchtlich überlegen. Die folgende Tabelle gibt einen Überblick über den Fettgehalt der Samen wichtiger Kulturpflanzen. Die wichtigsten pflanzlichen Fettbildner gemäßigter Zonen sind die Cruciferen (Raps, Rübsen, Senf), daneben gehören Lein, Hanf, Mohn u. a. m. zu den Fettpflanzen. Im Mittelmeergebiet tritt die Olive an die erste Stelle der pflanzlichen Fettproduzenten; in Ostasien ist die Soja wichtigste Fett- und Eiweißpflanze zugleich. In den Tropen spielen Kokos, Erdnuß, Paranuß, Sesam- und Ölpalme eine beherrschende Rolle. Sonnenblumen- und Baumwollöl finden technische, Rizinusöl medizinische Verwendung.

Prozentualer Fettgehalt der Samen

Pflanzensamen	Fettgehalt
Baumwolle	14—25%
Wassermelone	20—40%
Olivensame	12%
Olivenfruchtfleisch	30—60%
Hanf	30—40%
Lein	35%
Mohn	43%
Raps	33—43%
Rizinus	35—55%
Walnuß	50%
Erdnuß	38—47%
Soja	16—19%
Sesam	50—55%
Kakaobohnen	40—50%
Ölpalme	30—70%

Chemische Zusammensetzung der Fette. Die Fette sind **Glyzeride,** d. h. Ester des 3-wertigen Alkohols Glyzerin mit Fettsäuren. In Pflanzen treten hauptsächlich Di- und Triester auf. Die pflanzlichen Fette sind gewöhnlich Gemische verschiedener Glyzeride; doch kann auch ein einzelnes Glyzerid vorherrschend sein. Glyzeride gesättigter Fettsäuren sind fest bei gewöhnlicher Temperatur, diejenigen ungesättigter Fettsäuren dagegen flüssig (Öle). Die häufigsten Fettsäuren sind unter den gesättigten die Palmitin- und die Stearinsäure, während bei den ungesättigten die Ölsäure vorherrscht; daneben treten Linol- und Linolensäure in den sogenannten trocknenden Ölen (Leinöl) auf.

$$\begin{array}{ccc} CH_2OH & CH_2OH & CH_2O\cdot COR \\ | & | & | \\ CHOH & CHO\cdot COR_1 & CH\cdot O\cdot COR_1 \\ | & | & | \\ CH_2OH & CHO\cdot COR_2 & CH_2O\cdot COR_2 \\ \text{Glyzerin} & \text{Diglyzerid} & \text{Triglyzerid} \end{array}$$

R, R_1, R_2 = C-Ketten verschiedener Fettsäuren, z. B.

Palmitinsäure: $CH_3\cdot(CH_2)_{14}\cdot COOH$

Stearinsäure: $CH_3\cdot(CH_2)_{16}\cdot COOH$

Ölsäure: $CH_3\cdot(CH_2)_7\cdot CH = CH\cdot(CH_2)_7\cdot COOH$.

Durch Säuren und Alkalien können die Glyzeride wieder in Glyzerin und Fettsäuren gespalten (verseift) werden. In der Pflanze ist die Bildung und Verseifung der Fette das Werk eines Ferments, der **Lipase**, das sich besonders reichlich in Fettsamen vorfindet.

Die Bildung und Mobilisierung der Fette in der Pflanze. Es ist höchstwahrscheinlich, daß die Fette aus Kohlehydraten gebildet werden. Dafür sprechen die gegensinnigen Bewegungen in der Höhe des Fett- und Kohlehydratgehaltes der Samen im Verlauf ihrer Bildung.

Walnuß

Zeit der Untersuchung	Trockengewicht	Öl	Glukose	Saccharose	Stärke
6. VII.	1,97	0,064	0,157	0,0	0,431
1. VIII.	2,139	0,358	0,053	0,011	0,312
15. VIII.	4,672	1,969	Spur	0,030	0,152
1. IX.	8,338	4,948	,,	0,070	0,217
4. X.	10,506	6,617	,,	0,176	0,275

Der Fettgehalt der Oliven steigt vom Juni bis zum November von $^1/_4$% auf 68,57% an.

Aber der Mechanismus der Fettbildung ist, besonders was die Fettsäuren anbetrifft, noch ungeklärt. Erwiesenermaßen entstehen zunächst gesättigte Säuren, die nachträglich dehydriert und nach erfolgter Glyzerinbildung verestert werden. Manche Befunde sprechen dafür, daß Glyzerin in einem Gärungsvorgang (vgl. S. 263) aus dem Zucker ausgespalten wird, während die Fettsäuren möglicherweise durch Kondensation eines anderen Gärungsproduktes, des Azetaldehyds, entstehen. Auf alle Fälle liefern Kohlehydrate die Kohlenstoffketten zum Fettaufbau.

Im Verlauf der **Fettsamenkeimung** werden die Glyzeride zunächst gespalten und die Spaltprodukte zum Teil in Kohlehydrate zurückverwandelt, die nunmehr erst zum Aufbau des Keimlings herangezogen werden. Die Umwandlung des Glyzerins erfolgt so rasch, daß es sich in größerer Menge selbst bei rasantem Fettabbau nicht vorfindet. Dagegen häufen sich Fettsäuren wenigstens vorübergehend an.

Auch in der Rinde mancher Bäume (Fettbäume) wird Fett gespeichert, das offensichtlich zur Zeit der frühjahrlichen Blattausschüttung in Kohlehydrate umgewandelt und zum Organaufbau verwendet wird. Die hiernach entleerten Rinden füllen dann im Verlauf des Sommers ihre Fettvorräte wieder auf. Eine angebliche Umwandlung von Stärke in Fett bei einsetzender Winterkälte beruht ebenso wie der umgekehrte Vorgang bei eintretender Wiedererwärmung auf Beobachtungsfehlern. In Wirklichkeit wird nur Stärke unter Zuckerbildung gelöst, bzw. aus dem Zucker wieder Stärke zurückgebildet. Der Fettgehalt der Rinde aber bleibt von dieser Verschiebung des Stärke—Zuckergleichgewichts völlig unberührt. Bei den einzelnen Bäumen ist der Fettgehalt der Rinde sehr verschieden hoch: Unsere heimische Sommerlinde bringt es auf einen Fettgehalt von 20% des Rindentrockengewichts und 10% der Holztrockensubstanz.

Fettbildung in Pilzen. Besonders rasch und intensiv verläuft bei manchen niederen Organismen die Fettbildung. So werden im Plasma des Pilzes Endomyces vernalis auf Zuckerkulturen bereits nach 30 Minuten die ersten Fetttröpfchen erkennbar. Die Fettbildung erfolgt besonders ausgiebig, wenn der Pilz infolge N-Mangels das weitere Wachstum einstellt. Tuberkelbazillen erreichen einen Fettgehalt von 40% ihres Trockengewichts.

Die Fettbildung in Abhängigkeit von Ernährung und Standort. Da Fette aus Überschüssen der CO_2-Assimilation gebildet werden, schaffen alle diesen Grundprozeß begünstigenden Bedingungen die notwendigen stofflichen Voraussetzungen der Fettbildung. Daraus ergibt sich auch, daß die stärkste Fetteinlagerung erst nach Abklingen der Hauptwachstumsperiode erfolgen kann.

Aber auch bezüglich der Fettqualität spielt die Entwicklung der Pflanze eine bedeutsame Rolle. Alle Faktoren, welche die Ausreifung der Pflanze bzw. des Samens hinauszögern, erhöhen den Gehalt der Fettsäuren an ungesättigten Gruppen, verschieben daher den Schwerpunkt in der Reihe Öl-, Linol-, Linolensäure nach rechts hin.

Faktor	Wirkung auf die Ausreifung	Säuresättigung
Günstige H_2O-Versorgung	verzögernd	abnehmend
Kaliumdüngung = physiol. Begünstig. des H_2O-Haushalts	verzögernd	abnehmend
Trockenheit	beschleunigend	zunehmend
Ca-Düngung = physiol. Trockenheit	beschleunigend	zunehmend
Niedere Temperatur	verzögernd	abnehmend
Hohe Temperatur	beschleunigend	zunehmend

Das erklärt die beobachtete Tatsache, daß z. B. Leinöl aus nördlichen Kulturen reicher an Linolensäure ist als solches Öl, das aus südlichen Anbauten gewonnen wird. Im übrigen aber liefern diese Beobachtungen ein schönes Beispiel dafür, wie die Wissenschaft rein statistische Befunde ohne äußerlich erkennbare Zusammenhänge doch zu einer einheitlichen Deutung bringen kann. In der Erkenntnis solcher Beziehungen und Zusammenhänge überragt die Wissenschaft die Sammlung und die Statistik. Hierin liegt das Wesen wahrer Wissenschaft begründet. Sie muß allerdings auf dem Kausalprinzip aufgebaut sein und darf sich nicht mit billigen teleologischen Deutungen begnügen.

Der Betriebsstoffwechsel der Pflanze

Es ist bereits zu Beginn unserer Darstellung darauf hingewiesen worden, daß das labile Plasmasystem nur durch ununterbrochene Energiezufuhr in dem Zustand erhalten werden kann, der zum Ablauf der Lebensprozesse geeignet ist. Zwar kann das plasmatische System in einen Zustand übergehen, der relativ stabil und zu seiner Aufrechterhaltung wenig energiebedürftig ist. Aber in diesem Zustand zeigt das Plasma auch nur geringe Lebenstätigkeit („schlafendes" Plasma der ungekeimten Samen und Knospen in Winterruhe). Der Aufbau der Pflanze fordert nicht nur Baustoffmaterial, sondern auch Betriebsenergie. Die vielen Synthesen der Pflanzenzelle sind meistenteils energieverbrauchende Vorgänge. In den gespeicherten Kohlehydraten schafft sich die Pflanze den Energievorrat, der ununterbrochen den Betriebs- und Baustoffwechsel speisen muß. Die Freilegung der Energie geschieht durch Verbrennung der Kohlehydrate, d. h. chemisch in einer Oxydation bzw. Wasserstoffabspaltung (Dehydrierung).

Dabei hat die Zelle zwei schwierige Probleme zu lösen:

a) ein chemisches, nämlich die Kohlehydrate zu oxydieren unter Schonung aller übrigen, zum Teil ungemein empfindlichen Plasmastoffe;

b) ein technisches, nämlich die Verbrennung zur Vermeidung einer nutzlosen Energiezerstreuung an geschlossener Herdstelle vorzunehmen, die es möglich macht, die freiwerdende Energie auf den energiebedürftigen physiologischen Prozeß zu übertragen.

Während wir über den letzten Punkt wenig wissen, hat sich das Rätsel der plasmaschonenden biologischen Kohlehydratverbrennung in den letzten Jahrzehnten weitgehend lösen lassen.

Unter Verzicht auf allgemeine physikalische Reaktionsbeschleuniger, wie sie etwa dem Chemiker in hohen Temperaturen, starken Säuren und ätzenden Alkalien oder kräftigen Oxydationsmitteln zur Verfügung stehen, vollzieht die Zelle die biologische Oxydation unter Mithilfe spezifischer Reaktionsbeschleuniger **(Katalysatoren)**, die die Pflanze selbst aufbaut. Man bezeichnet diese zelleigenen Katalysatoren als **Fermente** oder **Enzyme.**

Die Fermente

Die Spezifität der Fermente. Fermente werden in großer Zahl und Mannigfaltigkeit von der Zelle gebildet, denn jedes Ferment vermag nur den Ablauf einer einzigen Reaktion in Gang zu setzen oder zu beschleunigen. Die Fermente sind spezifisch auf bestimmte Stoffe, ihre Substrate, abgestimmt. Ferment und Substrat passen zusammen wie Schlüssel und Schloß. In diesem Vergleich wäre es freilich richtiger, das Substrat nicht mit dem Schloß, sondern mit der ganzen Tür zu vergleichen, wobei das Schloß selbst nur einer bestimmten Gruppe im Substratmolekül entspricht. Nur wenn an dieser Gruppe Änderungen vorgenommen werden, setzt die Fermentwirkung aus, während Änderungen an anderen Teilen des Moleküls ohne Einfluß auf die Fermentwirkung bleiben können.

Bau und Wirkungsweise der Fermente. Nur wenige Fermente sind ihrer Konstitution nach bekannt. In den meisten Fällen hat der physiologische Chemiker nur komplexe Fermentpräparate in der Hand, in denen das Ferment zwar angereichert, aber doch noch von vielen Ballaststoffen begleitet ist.

Soweit Fermente in ihrem Bau bekannt geworden sind, stellen sie Proteide dar, d. h. sie sind Verbindungen eines spezifischen Eiweißkörpers **(Träger)** mit einer **prosthetischen Gruppe.** Solche prosthetische Gruppen können u. a. sein: bestimmte Eisen- und Kupferverbindungen, Pyridin- und Alloxazin-Nukleotide usw. Diese prosthetischen Gruppen enthalten die „**Wirkungsgruppe**" des Ferments, z. B. Eisen, Kupfer, Pyridin, Alloxazin usw. Weder Eiweiß noch prosthetische Gruppen vermögen für sich allein katalytisch zu wirken. Eine Fermentwirkung kann nur durch die Verbindung von spezifischem Eiweiß mit der Wirkungsgruppe erzielt werden. Da die Wirkungsgruppen sich selbst vielfach nicht in geeigneter Weise mit dem Eiweiß zu verbinden vermögen, werden sie an einen Stoff gebunden, der eine Brücke zwischen Eiweiß und Wirkungsgruppe zu schlagen vermag.

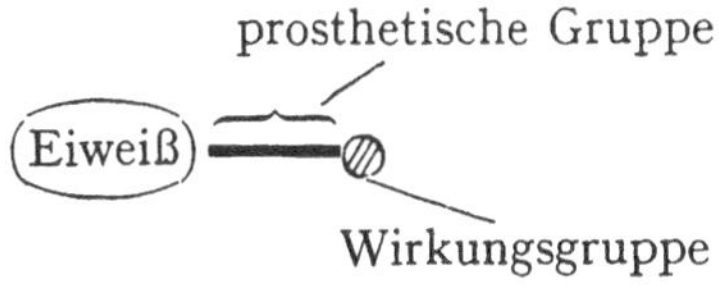

Dieser Fermentkomplex wirkt auf ein bestimmtes Substrat. Voraussetzung für eine solche Wirkung ist die Bildung einer Verbindung von Ferment × Substrat. Substratbinder des Ferments ist das Eiweiß. Daher ist auch das Eiweiß wichtigster Träger der Spezifität der Fermentwirkung. Durch die besondere Verteilung und vielleicht auch Verdichtung des Substrats schafft der Eiweißträger die Voraussetzungen für eine Reaktion zwischen Wirkungsgruppe und Substrat.

Die Fermentwirkung ist so zu verstehen, daß das Substrat zunächst an das Ferment gebunden wird. Dabei findet eine Auflockerung des Substratmoleküls statt, die unter Wiederfreilegung des Ferments zum Zerfall des Substratmoleküls führt.

Ferment + (Substrat) → Ferment — Substratverbindung → Substratzerfall + Ferment.

Das Ferment geht also **unverändert** aus der katalysierten Reaktion hervor. Daraus erklärt es sich, daß kleine Fermentmengen ungeheure Substratmengen zu spalten vermögen. Man wird daher in der Zelle nur geringe Fermentmengen erwarten dürfen.

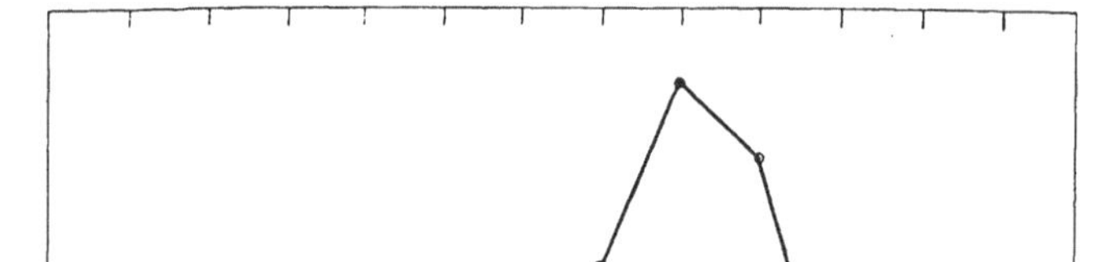

Abb. 314. Temperaturkurve der Karboxylase — Aktivität bei p_H 5,5

Charakteristisch für die Fermentwirkung ist eine bestimmte **Temperaturempfindlichkeit** der Reaktion. Während spontane chemische Reaktionen mit steigender Temperatur beschleunigt werden, ist die Temperaturkurve der Fermentreaktion eine Optimalkurve (Abb. 314), die sich aus der Tatsache erklärt, daß die Fermente bzw. deren Eiweißträger temperaturempfindlich sind und bei bestimmten Temperaturen zerstört (ausgeflockt) werden, wobei die prosthetischen Gruppen abgespalten und dadurch inaktiviert werden.

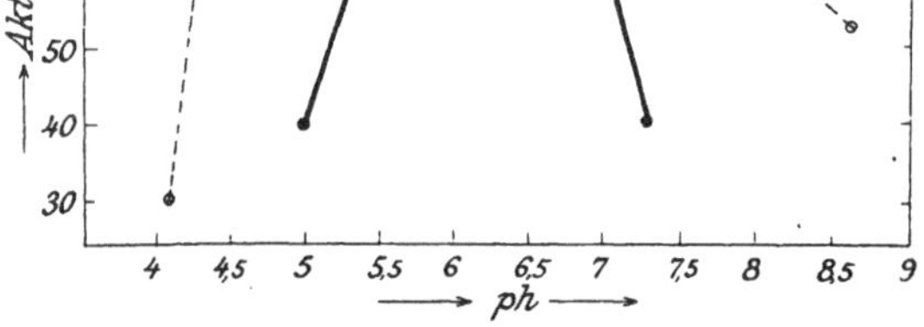

Abb. 315. Aktivitätskurven der Amylasen.
--- β-Amylase, —— α-Amylase. (Nach *van Klinkenberg*)

Diese Form der Temperaturempfindlichkeit ist das wichtigste Kennzeichen der Fermentreaktion. Eine weitere Eigentümlichkeit der Fermentwirkung ist ihre ausgeprägte Abhängigkeit von der Reaktion des Milieus (p_H-Optimalkurven, Abb. 315).

Gewinnung der Fermente. Der Lösungszustand der Fermente in der Zelle ist bei den einzelnen Fermenten recht verschieden. Lokalisiert sind die Fermente im Plasma, der Zellsaft ist sicherlich sehr arm an Fermenten. Am leichtesten isolierbar sind jene Fermente, die frei gelöst im Plasma vorkommen **(Lyoenzyme)**.

Die Sezernierungsfermente unter ihnen werden vom Organismus nach außen ausgeschieden. Das geschieht überall da, wo eine partielle äußere Verdauung bzw. ein Aufschluß der Nahrung außerhalb der Zelle stattfinden muß, z. B. bei vielen saprophytisch und parasitisch lebenden Pilzen und Bakterien oder auch bei vielen tierischen Organen (Magen- und Darmtraktus).

Die Endofermente müssen erst durch Zellzerstörung freigelegt werden, weil sie die Plasmahäute nicht zu passieren vermögen.

Die Desmoenzyme vermögen ihre Wirksamkeit nur in Verbindung mit der lebenden Plasmastruktur zu entfalten.

Zur Gewinnung der Fermente muß man sich daher verschiedener Methoden bedienen. Gewöhnlich wird das Pflanzenmaterial zunächst mechanisch oder durch Gifte, welche zwar das Plasma, nicht aber die Fermente zerstören, abgetötet. Läßt man solches Material längere Zeit stehen, so lösen bestimmte Fermente das Plasma auf und legen dadurch die Fermente frei **(Autolyse)**. Aus dem Autolysat werden die Fermente extrahiert, durch Fällungs-, Adsorptions- und Elutionsmethoden gereinigt. Das Ergebnis dieser methodischen Bemühungen sind zunächst nur angereicherte Präparate. Die Isolierung der reinen Fermente ist mit großen technischen Schwierigkeiten verbunden.

Die Einteilung der Fermente kann sich (im Hinblick auf die mangelnde Kenntnis ihrer Konstitution) zur Zeit im wesentlichen nur auf ihrer Wirkung aufbauen. Dabei lassen sich unschwer einzelne Gruppen von Fermenten unterscheiden. Die Namen der Fermente sind durch Anhängung der Endsilbe -ase an den Namen ihres Substrates gebildet: Pektin — Pektinase, Maltose — Maltase usw.

Einteilung der Fermente

Die Fermente lassen sich ihrer Wirkung nach in einzelne Gruppen einteilen.

I. Die Hydrolasen. Dies sind Fermente, welche unter Wassereinlagerung zusammengesetzte Stoffe in ihre wenig veränderten Bausteine zerlegen. Sie gleichen im Ergebnis ihrer Wirkung der Hydrolyse durch Säuren und Alkalien. Physiologisch handelt es sich hierbei um vorbereitende Prozesse zu tiefergreifenden Abbauvorgängen. Die Hydrolasen zerlegen hochmolekulare Stoffe in diejenigen Baustoffe, von denen neue Synthesen und energieliefernder Zerfall ausgeht. Die hydrolytischen Prozesse selbst verlaufen ohne erhebliche Wärmetönung. Die Wirkung der Hydrolasen beruht auf der beschleunigten Einstellung eines Gleichgewichts zwischen hochmolekularem Stoff und Spaltprodukt. Die Lage dieses Gleichgewichts scheint von äußeren und inneren Bedingungen abhängig, die selbst darüber bestimmen, ob die hierher gehörenden Fermente **synthetisch** oder **hydrolytisch** wirken.

Schema:

$$\text{Hochmolekularer Stoff} \underset{\text{Synthese}}{\overset{\text{Hydrolyse}}{\rightleftharpoons}}_{\text{Ferment}} \text{Spaltprodukt}$$

Im einzelnen werden folgende Hydrolasen unterschieden:

1. **Die Esterasen.**
   - a) Lipase: Fett ⇌ Fettsäure + Glyzerin
   - b) Phosphatasen: Phosphorsäureester ⇌ PO_4-freier Partner + H_3PO_4

Auch Chlorophyllase und Sulfatasen gehören hierher.

2. **Die Karbohydrasen.** Sie hydrolysieren Di- und Polysaccharide in einfache Zucker.
   - a) Polyasen:
     Amylase: Stärke ⇌ Maltose
     Inulase: Inulin ⇌ Fruktose
     Zellulase: Zellulose ⇌ Zellobiose
     Zytase: Hemizellulosen ⇌ Hexosen, Pentosen
     Pektolase: Pektin ⇌ Pektolsäure
   - b) Glykosidasen:
     Glykosid ⇌ Zucker + Aglukon

Hierher gehören das Emulsin der bitteren Mandeln sowie

Maltase: Maltose $\rightleftharpoons$ 2 Mol. Traubenzucker

und Laktase: Milchzucker $\rightleftharpoons$ Traubenzucker + Galaktose

c) Fruktosidasen:

Saccharase: Rohrzucker $\rightleftharpoons$ Traubenzucker + Fruchtzucker

3. **Die eiweißspaltenden Fermente.** Sie zerlegen Eiweißstoffe in einfachere Bausteine.

(Proteasen)

Proteinasen — Peptidasen

Proteinasen: Pepsin (p_H 2,0), Papain (p_H 4—7), Trypsin (p_H 8)

Peptidasen: Dipeptidasen, Polypeptidasen

Gesamtwirkung:

Eiweiß $\xrightarrow{\text{Proteinasen}}$ Polypeptide $\xrightarrow{\text{Polypeptidasen}}$ Dipeptide $\xrightarrow{\text{Dipeptidasen}}$ Aminosäuren.

4. **Die Amidasen.** Sie spalten Säureamide in Aminosäure + Ammoniak.

a) Urease: Harnstoff $\rightleftharpoons$ $CO_2 + 2NH_3$.

b) Asparaginase: Asparagin $\rightleftharpoons$ Asparaginsäure + NH_3.

c) Glutaminase: Glutamin $\rightleftharpoons$ Glutaminsäure + NH_3.

II. Die oxydierenden (dehydrierenden) Fermente. Dehydrasen.

1. **Säuredehydrasen.**

a) Bernsteinsäuredehydrase: Bernsteinsäure $\rightleftharpoons$ Fumarsäure

b) Apfelsäuredehydrase: Äpfelsäure $\rightleftharpoons$ Oxalessigsäure

c) Essigsäuredehydrase: Essigsäure $\rightleftharpoons$ Bernsteinsäure

d) Milchsäuredehydrase: Milchsäure $\rightleftharpoons$ Brenztraubensäure

2. **Alkoholdehydrase.**

a) Alkohol $\rightleftharpoons$ Azetaldehyd

b) Azetaldehyd $\rightleftharpoons$ Essigsäure

Der chemischen Konstitution nach sind 1 b, c, d und 2. Pyridinproteide.

3. **Purindehydrasen.**

4. **Diaphorase.** Dihydro-Co-Dehydrase $\rightarrow$ X*) H_2 + Co-Dehydrase.

5. **Atmungsfermente.** In engster funktioneller Verbindung mit den Dehydrasen stehen die Atmungsfermente. Sie vermitteln die Verbrennung des Wasserstoffs am Sauerstoff der Luft.

a) Alloxazinproteide: Gelbe Fermente.

b) Eisenproteide: Zytochrome,
Autoxydables Atmungsferment, Katalase, Peroxydase.

c) Kupferproteide: Polyphenoloxydase: Phenole $\rightleftharpoons$ Chinone.

Die Einteilung erfolgt also im wesentlichen nach der Wirkung der Fermente. Nur in wenigen Fällen (Atmungs- und Gärungsfermente) kann man bereits eine auf den Bau der Fermente zurückgreifende Einteilung machen.

III. Die Desmolasen. Sie bewirken Lösung von —C—C-Bindungen.

Zymohexase: Hexosediphosphorsäure $\rightleftharpoons$ 2 Dioxyazetonphosphorsäure

Karboxylase: α-Ketonsäuren $\rightleftharpoons$ Aldehyde + CO_2.

---

*) X = ein noch nicht bekannter Körper.

Die biologische Stärkespaltung

Der energieliefernde Abbau der Kohlehydrate setzt an den einfachen Zuckern (Monosen) an. Unter ihnen sind allerdings nur bestimmte Hexosen von den Abbaufermenten (Desmolasen) angreifbar. Da nun aber die Hauptkohlehydratreserven als Stärke gespeichert sind, muß dem Abbau zunächst eine Verzuckerung der Stärke vorangehen.

Dieser Vorgang wird in der Zelle fermentativ gesteuert. Das stärkespaltende Ferment ist die **Amylase** (Diastase). Sie tritt sowohl als Sezernierungs- wie auch als Endoferment auf und wird in allen Zellen gebildet, die Stärke auf- und abzubauen vermögen.

Unter der Einwirkung der Amylase werden Stärkekörner in verschiedener Weise durch Abschmelzung (Kartoffel) oder durch Korrosion (Getreide) aufgelöst. Als Endprodukt der Stärkespaltung treten Dextrine und Malzzucker auf. Eingehende Untersuchungen haben ergeben, daß die Stärkehydrolyse kein einheitlicher Prozeß ist. Man kann 3 Stufen des Abbaues unterscheiden:

1. Verflüssigung,
2. Dextrinierung,
3. Verzuckerung.

Während es bisher nicht gelungen ist, ein spezifisch verflüssigendes Ferment zu finden, hat man eine spezifische **Dextrinierungsamylase** (α-Amylase) und eine von ihr verschiedene **Verzuckerungsamylase** (β-Amylase) isolieren können.

Isolierung der beiden Amylasen. Setzt man einen angeschnittenen gekeimten Samen auf Stärkeagar (Stärkekleister in 1%iger Agarlösung) und färbt nach einiger Zeit mit Jod, so bildet sich in dem blauen Grund rund um die Samen eine schmale farblose und darüber hinaus eine rot gefärbte Zone. Läßt man getrennte Stücke beider Zonen wieder auf Stärkeagar wirken, so wird dieser unter dem Stückchen der ersten Zone nach Jodzusatz farblos bleiben, nnd unter dem der zweiten Zone wieder rot gefärbt. In der farblosen Zone findet sich Maltose, in der roten dagegen Dextrin. Es sind also 2 Amylasen vom Samen sezerniert worden, von denen die dextrinierende Amylase rascher durch den Agar diffundiert ist als die verzuckernde. Auch durch Hitze- und Säurewirkungen lassen sich beide Amylasen trennen.

Die Wirkung der beiden Amylasen erklärt man sich in folgender Weise: Es gibt nicht nur 2 Amylasen, sondern auch zweierlei Stärken, nämlich eine α- und eine β-Stärke, die im Stärkekorn in einem Mengenverhältnis von 36 : 64 stehen.

Die jodbläuende α-Stärke wird von der α-Amylase abgebaut, die nichtbläuende β-Stärke dagegen von der β-Amylase. Daher verzuckert die α-Amylase nur 36% der Stärke, während die β-Amylase die ganze β-Stärke, also 64% der Gesamtstärke abbaut.

Verbreitung der beiden Amylasen. Im tierischen Organismus herrschen α-Amylasen vor, in der Pflanze sind α- und β-Amylasen anzutreffen. In den vegetativen Organen der Pflanze finden sich beide Amylasen nebeneinander, und auch in dem sich entwickelnden unreifen Samen der Getreidearten häufen sich beide Fermente mit der fortschreitenden Entwicklung an. Die Fermentwirkung steigt jedoch nur bis zu einem bestimmten Punkt der Samenentwicklung an, um dann mit eintretender Samenreife wieder stark abzufallen. Während die Wirkung der β-Amylase nur zurückgeht, verschwindet diejenige der α-Amylase vollständig. Neuere Untersuchungen erklären diesen Befund mit der begründeten Annahme, daß ein großer Teil der β-Amylase und die ganze α-Amylase bei der Samenreife von unspezifischen Eiweißen adsorbiert und infolgedessen inaktiviert werden. Erst im Verlauf der Keimung macht sich dann im Zusammenhang mit der Spaltung des fermentbindenden Reserveeiweißes eine rückläufige Bewegung zur Wiederfreilegung der Amylasen bemerkbar. In ungekeimter Gerste ist daher nur β-Amylase (Gerstenamylase) wirksam, die gekeimte Gerste dagegen verfügt über aktive α- und β-Amylase (Malzamylase).

Technisch werden diese Tatsachen bei der Malzbereitung ausgenützt: Die Braugerste wird im gut durchlüfteten Keimbeet angetrieben. Nach Entwicklung eines 1—2 cm langen Triebes wird das Keimmaterial getrocknet, die Keime werden beseitigt und die Körner, das Malz, als Fermentpräparat zum Aufschluß stärkehaltiger Substanz eigener und fremder Herkunft (Bierbereitung, Maischprozeß bei der Spiritusherstellung) verwendet. Das Ergebnis der amylolytischen Wirkung auf die Stärke ist die Bildung von Malzzucker, der selbst wieder durch ein neues Ferment, die **Maltase**, in 2 Mol. Traubenzucker gespalten wird.

Fermentative Spaltung anderer Kohlehydrate. In ähnlicher Weise werden auch andere Disaccharide fermentativ in ihre Monosenbausteine zerlegt.

Rohrzucker wird durch die **Saccharase** (Invertase) in 1 Mol. Trauben- und 1 Mol. Fruchtzucker zerlegt, der Milchzucker zerfällt unter der Wirkung von **Laktase** in Traubenzucker und Galaktose. Dieser fermentative Aufschluß bis zur Bildung von Monosacchariden geht jeder Verwendung der Kohlehydrate im Bau- oder Betriebsstoffwechsel voraus. Das Inulin der Kompositen wird durch **Inulase** in Fruchtzucker gespalten.

Es ist wahrscheinlich, daß dieselben Fermente, die den Abbau bestimmter Substrate steuern, unter veränderten Außen- und Innenbedingungen auch die Synthese dieser Stoffe bewirken.

Der biologische Zuckerabbau

Im Gegensatz zur physikalischen und chemischen Verbrennung des Zuckers ist der biologische Zuckerabbau in erster Linie eine Verbrennung von Wasserstoff. Dieser letztere stammt zum Teil aus dem Zucker selbst, zum andern Teil aber auch aus Wassermolekülen, die an Zwischenprodukte des Zuckerzerfalles angelagert werden. Die Oxydation des gebundenen Wasserstoffs erfolgt im allgemeinen in mehreren Reaktionsstufen:

1. Aktivierung des Wasserstoffs,
2. Abspaltung des Wasserstoffs (Dehydrierung),
3. Übertragung des Wasserstoffs auf einen neuen geeigneten Körper (Hydrierung).

Die Gesamtreaktion wird durch Fermente, die **Dehydrasen**, gesteuert.

Diese Dehydrasen sind ziemlich eng spezifisch eingestellt auf ein bestimmtes Substrat, von dem sie den Wasserstoff abspalten (H-Donator), und auch auf den Stoff, der den Wasserstoff übernehmen soll (H-Akzeptor). Es ist daher nicht verwunderlich, daß es eine ziemlich große Anzahl verschiedener Dehydrasen gibt. Die energetischen Verhältnisse bei den Dehydrierungsprozessen liegen so, daß die Wasserstoffabspaltung (Dehydrierung) ein endothermer Prozeß ist, während die Wasserstoffanlagerung (Hydrierung) unter Freilegung von Energie erfolgt. Die Energiebilanz ist daher nur dann positiv, wenn die Hydrierungsenergie höher ist als die Dehydrierungsenergie. Eine positive Energiebilanz aber ist die thermodynamische Voraussetzung der biologischen Oxydationsprozesse. Außerdem muß der H-Donator das höhere Redoxpotential haben als der H-Akzeptor.

Das Redoxpotential. Wie es im Wasser ein konstantes Ionenprodukt ($h^{\cdot} \times oh' = 10^{-14}$) gibt, so besteht auch ein konstantes Produkt der H_2 und O_2-Partialdrucke (pH_2 und pO_2), und zwar ist

$$(pH_2)^2 \times pO_2 \text{ des Wassers} = 10^{-82}.$$

So wie *ph* den — log der Wasserstoffionenzahl, so bezeichnet das Redoxpotential *rh* den — log des H_2-Partialdruckes. Im reinen Sauerstoffstrom herrscht im Wasser ein $pO_2 = 1$; somit $(pH_2)^2 = 10^{-82}$ und $pH_2 = 10^{-41}$. Daraus ergibt sich $rh = 41$. Steigende *rh*-Werte geben also verminderte H_2- und erhöhte O_2-Drucke an; umgekehrt sind kleine *rh*-Zahlen Hinweise für Sauerstoffmangel. Im reinen Wasserstoff ist $pH_2 = 1$ und *rh* somit $= 0$.

Die chemische Voraussetzung für einen Oxydoreduktionsprozeß ist

$$rh\ (\text{Donator}) > rh\ (\text{Akzeptor}).$$

Das alles sind indes nur Voraussetzungen, aber noch keine Garantien dafür, daß die Wasserstoffübertragung vom Donator zum Akzeptor mit erheblicher Geschwindigkeit verläuft. Im biologischen Redoxsystem muß die Reaktionsgeschwindigkeit katalytisch durch die Dehydrasen beschleunigt werden. Daher kommt zu den zwei physikalisch-chemischen Vorbedingungen für den Ablauf einer biologischen Oxydation noch eine physiologische, nämlich die Beteiligung einer auf Donator und Akzeptor spezifisch eingestellten Dehydrase. Bei Erfüllung dieser 3 Voraussetzungen läuft dann die Reaktion als Oxydoreduktionsprozeß ab: Der Donator erscheint nach Ablauf der Reaktion oxydiert (dehydriert), der Akzeptor reduziert (hydriert). Die biologischen energieliefernden Abbauvorgänge sind in weitem Umfange derartige **Oxydoreduktionsprozesse.**

Die Dehydrasen bestehen wohl ziemlich allgemein (mit Ausnahme der Bernsteinsäuredehydrase) aus einer eiweißartigen Trägersubstanz **(Apodehydrase)** und einer prosthetischen Gruppe, der **Co-Dehydrase.** Bis jetzt sind nur zwei solche Co-Dehydrasen **(Co-Dehydrase I** und **Co-Dehydrase II)** in ihrer Konstitution bestimmt worden. Die verschiedene Spezifität der Dehydrasen beruht daher wahrscheinlich auf der Verschiedenheit der eiweißartigen Träger.

Es ist wahrscheinlich, daß hierbei die Träger die Auflockerung des Wasserstoffs am Donator, die Co-Fermente dagegen die H-Übertragung besorgen, so daß sich das folgende schematische Bild einer Oxydoreduktion ergibt:

$$D{<}\genfrac{}{}{0pt}{}{H}{H} + T \rightarrow D{<}\genfrac{}{}{0pt}{}{H}{H}{>}T \quad \text{(Aktivierung)}$$

$$D{<}\genfrac{}{}{0pt}{}{H}{H}{>}T + Co \rightarrow D + T + CoH_2 \quad \text{(Dehydrierung)}$$

$$CoH_2 + (A + T) \rightarrow Co + AH_2 + T \quad \text{(Hydrierung).}$$

T = Träger (Apodehydrase)

$D{<}\genfrac{}{}{0pt}{}{H}{H}$ = Donator

A = Akzeptor, Co = Co-Dehydrase.

Die Donatorspezifität ist eine Dehydrierungs-, die Akzeptorspezifität eine Hydrierungsspezifität. Beide Spezifitäten können $\pm$ scharf ausgebildet sein. Nach der Donatorspezifität unterscheidet man u. a. die folgenden Dehydrasen:

a) Säuredehydrasen:

Ameisensäuredehydrase: $HCOOH \rightarrow CO_2 + H_2\cdot\text{Akzeptor}$

Milchsäuredehydrase:

$$\begin{array}{ccc} CH_3 & & CH_3 \\ | & & | \\ CHOH & \rightarrow & C = O + H_2\cdot\text{Akzeptor} \\ | & & | \\ COOH & & COOH \end{array}$$

Milchsäure → Brenztraubensäure

Äpfelsäuredehydrase:

$$\begin{array}{ccc} COOH & & COOH \\ | & & | \\ CH_2 & & CH_2 \\ | & \rightarrow & | \qquad + H_2\cdot\text{Akzeptor} \\ CHOH & & CO \\ | & & | \\ COOH & & COOH \end{array}$$

Äpfelsäure → Oxalessigsäure

Ferner hat man an Säuredehydrasen noch eine Zitronensäure-, Bernsteinsäure-, Oxalsäure-, Essigsäure- usw. -dehydrase isoliert.

b) Glukosedehydrase,

c) Aminosäuredehydrasen,

d) Xanthindehydrasen und andere mehr.

Aber auch die Akzeptorspezifität ist von hoher Bedeutung, besonders auch in energetischer Hinsicht, da sie die Hydrierungswärme bestimmt. Man kann nach dieser Hinsicht 2 Gruppen von Dehydrasen unterscheiden:

1. Die **oxytropen Dehydrasen.** Ihr bevorzugter oder alleiniger H-Akzeptor ist der Sauerstoff. Es kommt in diesem Fall zu einer vollständigen Verbrennung des Wasserstoffs

$$2H_2 + O_2 \rightarrow 2H_2O_2 \rightarrow 2H_2O + O_2 + 136 \text{ cal.},$$

das sind 68 cal. Energiegewinn pro Mol. verbranntem H_2.

2. Die **anoxytropen** Dehydrasen. Ihre Akzeptoren sind organische Stoffe, deren Hydrierung nur relativ geringe Energiemengen freilegt

$$\underset{\text{Azetaldehyd}}{H_2 + CH_3 \cdot COH} \rightarrow \underset{\text{Äthylalkohol}}{CH_3 \cdot CH_2OH} + 18 \text{ cal.},$$

d. h. die freigelegte Hydrierungsenergie ist nur etwa $^1/_4$ von derjenigen der Hydrierung des Sauerstoffs.

Die biologische Oxydation, die mit einer vollständigen Verbrennung des gesamten H_2 am Sauerstoff endigt, wird als **Atmung**, diejenige, die mit der Hydrierung organischer Spaltprodukte der Kohlehydrate aufhört oder den Wasserstoff nur teilweise aus den Donatoren abspaltet, als **Gärung** bezeichnet. Energetisch gesehen ist daher die Atmung der vollkommenere Modus der biologischen Energieerzeugung, die Gärung kommt einer Materialverschleuderung bei geringer Energieausbeute gleich.

Beide Typen von Dehydrierungsprozessen finden sich im biologischen Zuckerabbau. Der normale Prozeß des Zuckerabbaus der höheren Pflanze ist die Atmung; die Gärung ist im allgemeinen für saprophytisch lebende niedere Organismen (Bakterien, Pilze) charakteristisch. Die Atmung verläuft, wie aus eben Dargelegtem hervorgeht, nur in Gegenwart und unter Reaktionsbeteiligung des Sauerstoffs ab (aerober Zuckerabbau), die Gärungen können sich auch im sauerstofffreien Raum ungehemmt abspielen (anaerober Zuckerabbau).

Die vollkommene Oxydation des H_2 in der Atmung ist ein komplizierter Kettenprozeß, demgegenüber die unvollständige H_2-Verbrennung im allgemeinen einfacher und übersichtlicher verläuft. Wir wollen daher mit der Darstellung der Gärungen beginnen, die auch in ihrem Chemismus weitergehend geklärt sind als die Atmungsprozesse.

Die Gärungen

1. Die Essigsäuregärung

Der einfachste und chemisch durchsichtige Gärungsprozeß ist im Betriebsstoffwechsel der Essigbakterien (Bact. aceti, Bact. Pasteurianum, Bact. orleanense usw.) verwirklicht. Gelangen derartige Bakterien in alkoholische Getränke, so dehydrieren sie unter Verwendung des Luftsauerstoffs als H-Akzeptor den Äthylalkohol zu Essigsäure.

$$CH_3 \cdot CH_2OH + O_2 \rightarrow CH_3COOH + H_2O + 117 \text{ cal.}$$

Daß es sich hierbei nicht um eine direkte Oxydation, sondern um eine Wasserstoffabspaltung (Dehydrierung) handelt, hat *Wieland* dadurch bewiesen, daß der Sauerstoff durch andere Wasserstoffakzeptoren (Methylenblau, Chinon) ersetzbar ist. Setzt man Kulturen der Essigsäurebakterien schwefligsaure Salze zu, so läßt sich in derartigen Ansätzen sulfitgebundener Azetaldehyd als Zwischenprodukt der Alkoholdehydrierung nachweisen. Freier Azetaldehyd wird von den Bakterien dann weiter zu Essigsäure dehydriert. Die Essigsäuregärung verläuft somit in 2 Teilprozessen.

1. Alkoholdehydrierung: $CH_3CH_2OH \xrightarrow{\text{Dehydrase}} CH_3 \cdot CHO + H_2$.
2. Aldehydhydratdehydrierung:

$$CH_3CHO + H_2O \rightarrow CH_3 \cdot C \begin{matrix} \diagup H \\ -HO \\ \diagdown HO \end{matrix} \xrightarrow{\text{Dehydrase}} CH_3COOH + H_2 .$$

Der freigelegte Wasserstoff wird an Sauerstoff gebunden:

$$2 H_2 + 2 O_2 \rightarrow 2 H_2O_2 \xrightarrow{\text{Katalase}} 2 H_2O + O_2 .$$

Alkohol- und Aldehyddehydrase sind nach neueren Untersuchungen identisch. Verwendet man an Stelle des Sauerstoffs andere H-Akzeptoren, so ist der resultierende Energiegewinn geringer. Unter natürlichen Bedingungen kommt jedoch nur Sauerstoff als H-Akzeptor in Frage. Man bezeichnet daher die natürlich gesteuerte Essigsäuregärung als **oxydative Gärung:** oxydativ wegen der Sauerstoffbeteiligung, Gärung, weil der Prozeß bei einem organischen Endprodukt (Essigsäure) stehen bleibt.

Technik der Essiggärung. Wegen ihrer Sauerstoffbedürftigkeit entwickeln sich die Essigbakterien als oberflächliche Kahmhaut, die schon 24 Stunden nach der Impfung 1 qm Fläche bedecken kann. Die Essigsäuregärung wird technisch zur Erzeugung von Essig aus verdorbenen alkoholischen Getränken (Bier, Wein) ausgenutzt. Dem Sauerstoffbedürfnis der Bakterien wird dadurch Rechnung getragen, daß man die Gärflüssigkeit langsam über Pyramiden locker aufgestapelter Buchenholzspäne, also über ein System großer Oberfläche, fließen läßt. Neuerdings wurde nachgewiesen, daß Essigbakterien auch Zucker zu Alkohol und CO_2 vergären können, doch werden sie unter natürlichen Verhältnissen in zuckerhaltigen Lösungen durch die viel wirksameren Hefen aus dem Felde geschlagen.

2. Die alkoholische Gärung

Geschichtliche Übersicht. Daß zuckerhaltige Flüssigkeiten nach längerem Stehen in Gärung übergehen, ist eine uralte menschliche Erfahrung. Die Wertschätzung der vergorenen Säfte ist nicht viel jünger. Bereits *Demokrit* soll die alkoholische Destillation gekannt haben.

Die Aufklärung des **Mechanismus** der alkoholischen Gärung ist allerdings viel jüngeren Datums.

Liebig hatte auf Grund einer Untersuchung des „Gärsatzes" die Ansicht vertreten, daß Eiweißzerfall organischer Begleitstoffe der Gäransätze den Zucker zum Zerfall bringe. Aber *Pasteur* hat *Liebig* in meisterhaften Experimentalarbeiten widerlegt. Er konnte zeigen,

1. daß der Gärsatz nicht aus Eiweiß, sondern aus lebenden Pilzzellen (Hefe) besteht,
2. daß sterile Zuckerlösungen erst nach Impfung mit Hefe in Gärung geraten,
3. daß die Hefe im Verlauf der Gärung sich vermehrt,
4. daß Hefe sich im O_2-freien Medium lebend erhalten kann.

Hieraus zog *Pasteur* den grundlegenden Schluß, daß die alkoholische Gärung einen Lebensprozeß der Hefe darstellt, einen Stoffwechseltypus, der „das Leben ohne Sauerstoff" möglich macht. Nach langen Kämpfen haben sich auch die Gegner *Pasteurs* zu dieser Auffassung bekehrt. So unanfechtbar die biologische Theorie *Pasteurs* ist, so voreilig war ihre Auswertung in vitalistischem Sinne, wonach die alkoholische Gärung eine allein den lebenden Organismen mögliche chemische Leistung sein sollte, gesteuert durch eine unersetzliche Lebenskraft.

Gegen diese Folgerung haben sich bereits *Liebig* und mit ihm viele andere einsichtige Chemiker gewandt und ihr die freilich unbewiesene Deutung der Gärung als Fermentvorgang entgegengesetzt. Nach diesen Forschern sollte der biologische Gärprozeß einen durchaus definierten chemischen Ablauf haben, der selbst nicht unbedingt an die lebende Zelle gebunden sein müßte, sofern es nur gelänge, der hypothetischen Gärungsfermente habhaft zu werden.

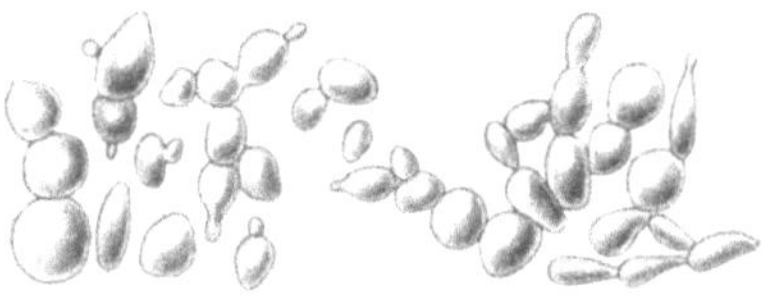

Abb. 316. Bierhefe. Saccharomyces cerevisiae. Vergr. 650. (Nach *Hansen*)

Die Erreger der alkoholischen Gärung. Die Fähigkeit der alkoholischen Gärung kommt in mehr oder weniger großem Umfang den meisten pflanzlichen Zellen zu. Die typischen Organismen der alkoholischen Gärung aber sind die Hefen (Abb. 316). Systematisch gehören diese der Askomyzetengattung Saccharomyces an. An diesen Organismen wurde auch der Chemismus der alkoholischen Gärung erforscht, die nach folgender Bruttogleichung abläuft:

$$C_6H_{12}O_6 = 2\,CO_2 + 2\,CH_3CH_2OH + 24 \text{ cal.}$$

Zucker Kohlensäure Alkohol

Das Ausgangsmaterial der alkoholischen Gärung ist also Zucker. Doch werden nicht alle Zucker vergoren, sondern nur bestimmte Hexosen, nämlich Traubenzucker, Fruchtzucker und etwas langsamer auch Mannose und Galaktose. Nach erfolgter Spaltung werden auch Rohr- und Malzzucker vergoren, während Milchzucker für Hefe nicht angreifbar ist.

Zur Ernährung der Hefe sind neben Zucker auch Mineralstoffe, und zu ihrer Vermehrung (nicht aber zur Gärung) ist auch Sauerstoff nötig. Die Vermehrung der Hefe erfolgt daher in wohl durchlüfteten Kulturen, die Gärung dagegen unter geringem Sauerstoffzutritt.

Die zellfreie Gärung. Nach mancherlei erfolglosen Anstrengungen anderer Forscher ist es *Buchner* gelungen, die Gärungsfermente in wirksamer Form von der Hefe abzutrennen und mit ihnen eine zellfreie Gärung durchzuführen.

Buchner zerrieb Hefe zusammen mit Quarzsand zu einer teigigen Masse, aus der er mittels der hydraulischen Presse einen gärtüchtigen, völlig zellfreien Saft gewann. Das gärungserregende Ferment erhielt den Namen **Zymase.** Später wurden in der Trockenhefe und im Autolysensaft einfacher herzustellende und wirksamere Fermentpräparate gefunden. Erst mit der Sicherstellung der zellfreien Gärung war diese selbst als chemischer Prozeß definiert und damit Aussicht auf eine Klarlegung des Gärungschemismus gegeben. Diese Aufgabe ist erst in den letzten Jahrzehnten, und zwar in erstaunlichem Umfang geglückt.

Diese Forschungen wurden von 2 Seiten her in Angriff genommen:

A. Durch Erfassung der Gärungszwischenprodukte,

B. durch den Versuch einer Fermentanalyse.

Natürlich liefen diese Untersuchungen nicht völlig unabhängig voneinander, sondern sie haben sich vielmehr wechselseitig durch ihre Ergebnisse gelenkt und befruchtet. Es kann hier der Gang der erfolgreichen Forschung nur kurz skizziert werden.

A. Die Gärungszwischenprodukte (vgl. Tabelle S. 264/265)

1. Zusatz von aldehydbindenden Substanzen (Schweflige Säure, Kadmiumsalze, Dimedon) zum Gäransatz verminderte die Alkoholausbeute um den Betrag des gebundenen Azetaldehyds. Dieser ist also offenbar die Vorstufe des Alkohols.

2. Brenztraubensäure ist durch Hefe vergärbar und liefert als Gärprodukte Azetaldehyd + Kohlensäure. Diese Spaltung wird durch ein Ferment, die Karboxylase, bewirkt.

$$\begin{array}{l} CH_3 \\ | \\ CO \\ | \\ COOH \end{array} \xrightarrow{\text{Karboxylase}} CH_3\cdot CHO + CO_2 .$$

Tatsächlich konnte später auch Brenztraubensäure mit Sulfit abgefangen werden. Dabei häufte sich im Gärgut ebenso wie beim Abfangen des Aldehyds *Glyzerin* an.

3. Im Verlauf der Gärung wird *Wasserstoff freigelegt*, der sich u. a. an Methylenblau binden läßt. Die Kernfrage ging nun nach der Herkunft dieses Gärungswasserstoffs, der im normalen Gärungsablauf offensichtlich den Azetaldehyd zu Alkohol hydriert.

4. Vom Zucker selbst wird der Wasserstoff nicht abgespalten, vielmehr machen alle gärfähigen Zucker vor ihrem Zerfall eine komplizierte *Veresterung mit Phosphorsäure* durch. Schon wenige Jahre nach *Buchners* Entdeckung wurde beobachtet, daß Phosphate die *zellfreie* Gärung beschleunigen. Unter bestimmten Gärbedingungen fand man in den Gäransätzen verschiedene *Phosphorsäureester*, deren Analyse schließlich die Aufklärung des gesamten Chemismus der alkoholischen Gärung brachte. Man fand:

a) *Hexosemonophosphorsäure*,

b) *Hexosediphosphorsäure*.

Beide Ester sind (wenigstens durch Fermentpräparate) zu Alkohol + CO_2 vergärbar.

5. Geschwächter dialysierter Gärsaft spaltet (unter der Wirkung der Zymohexase) Hexosediphosphorsäure zu *Dioxyazetonphosphorsäure*, die selbst vergärbar ist.

6. Setzt man dem Gäransatz Natriumfluorid zu, so bleibt die Vergärung dieses Esters bei der Umbildung zu *Phosphoglyzerinsäure* und Glyzerinphosphorsäure stehen. Dabei hatte zweifellos Dioxyazetonphosphorsäure als H-Donator und als H-Akzeptor fungiert. Die beiden neugebildeten Ester verdanken ihre Entstehung also einer Oxydoreduktion.

7. Während *Glyzerinphosphorsäure* nur in *Glyzerin* und Phosphorsäure gespalten wird, unterliegt die *Phosphoglyzerinsäure* einer weiteren Vergärung, in deren Verlauf sie nach erfolgter Umesterung in *Brenztraubensäurephosphorsäure* schließlich in *Brenztraubensäure* + Phosphorsäure zerfällt.

8. *Brenztraubensäure* zerfällt ihrerseits in Azetaldehyd + CO_2.

Das ist der Verlauf der **Angärung**. Sie besteht, wie Tabelle (S. 264/265) zeigt, aus den Hauptstufen: Phosphorylierung, Spaltung der Phosphorsäureester, Oxydoreduktion, Dekarboxylierung. Bei der Oxydoreduktion wirkt *Dioxyazetonphosphorsäure* nicht nur als H-Donator, sondern auch als H-Akzeptor. Das ändert sich mit dem *Auftreten des Azetaldehyds*, der als erfolgreich konkurrierender H-Akzeptor die Reduktion der Dioxyazetonphosphorsäure und damit die Entstehung von Glyzerinphosphorsäure und die Bildung von Glyzerin verhindert. Der Azetaldehyd selbst wird hierbei zu *Äthylalkohol* hydriert. Damit aber ist die *Angärung* in die **Normalgärung** übergegangen. Wird umgekehrt der Azetaldehyd *vor* seiner Reduktion aus der Reaktionskette herausgerissen, so bleibt die Angärung als Dauerablauf bestehen, und es bildet sich neben CO_2 und Azetaldehyd fortlaufend *Glyzerin* aus der Dephosphorylierung der Glyzerinphosphorsäure. Mittels eines derartigen *Aldehydabfangverfahrens* ist es gelungen, die alkoholische Gärung auf **Glyzeringärung** umzuschalten. Während des Weltkrieges wurde auf diesem biologischen Wege der gesamte Glyzerinbedarf der Kriegsindustrie gedeckt.

B. Die Gärungsfermente

Das als *Zymase* bezeichnete Gärungsferment ist kein Einzelferment, sondern eine ganze *Fermentgarnitur*. Schon kurze Zeit nach *Buchners* Entdeckung konnte durch Dialyse das Gesamtferment in eine thermostabile **Cozymase** (im Dialysat) und eine thermolabile **Apozymase** (im Dialyserückstand) getrennt werden. Beide Teile sind für sich *allein unwirksam*, ihre Vereinigung erst vermag die Gärung zu bewirken.

Schema der alko-

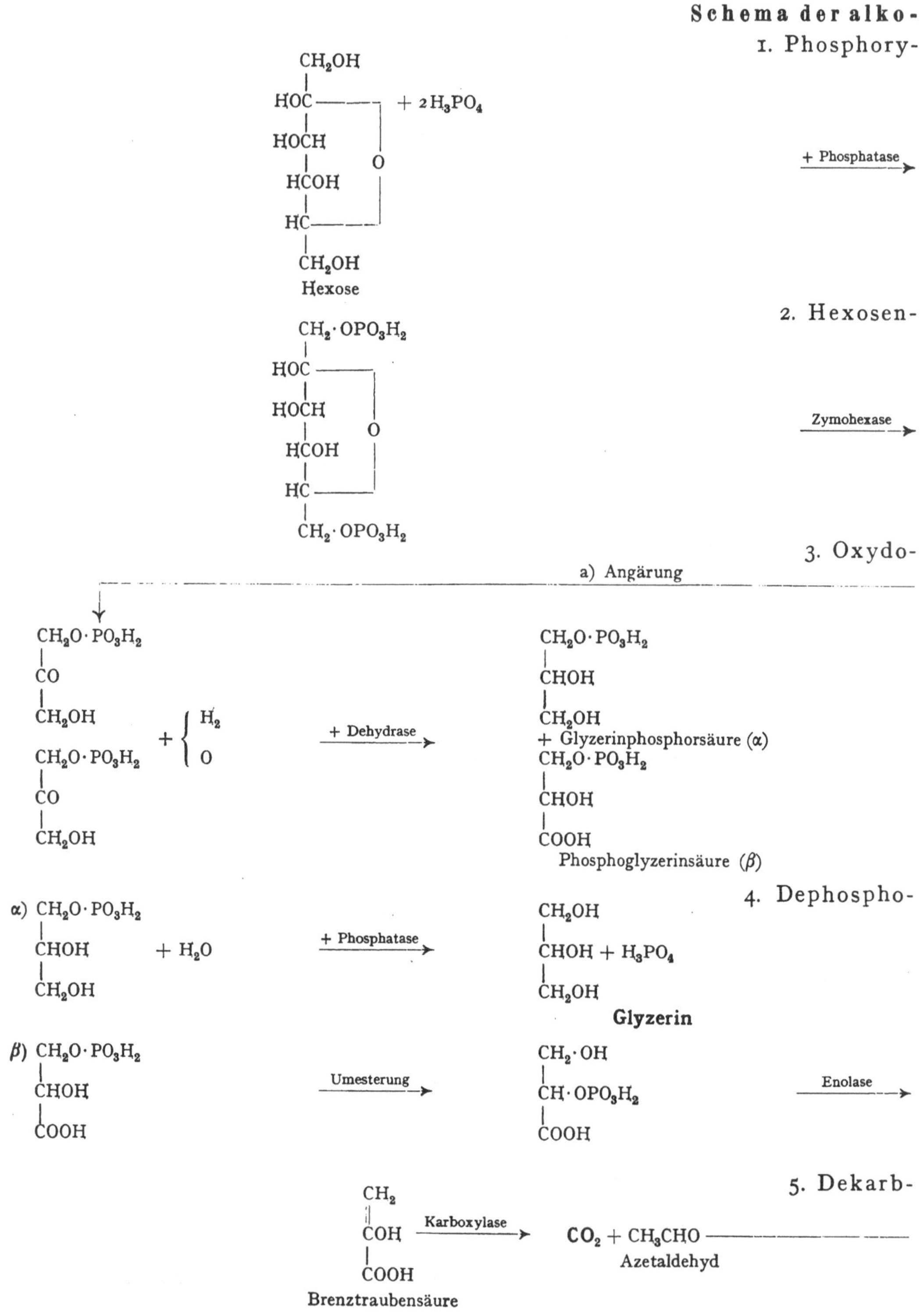

holischen Gärung

lierung:

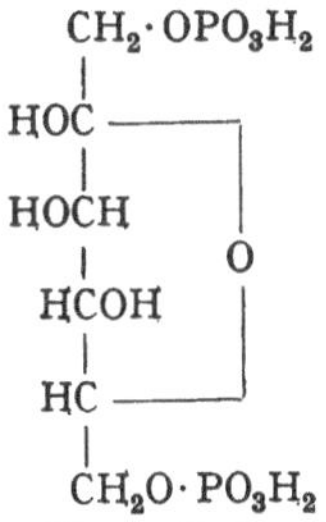

Hexosediphosphat

spaltung:

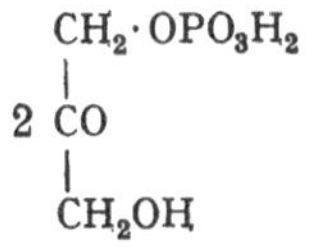

Dioxyazeton-
phosphorsäure

reduktion:

b) Normalgärung

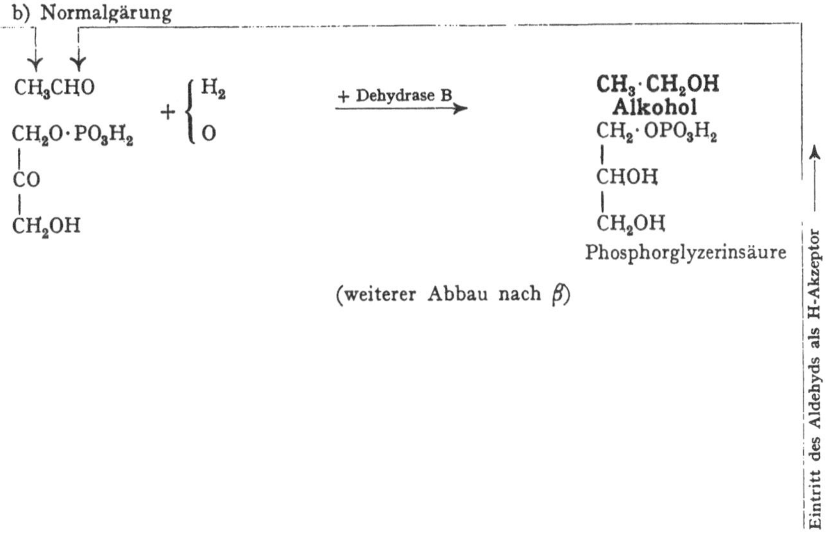

Phosphorglyzerinsäure

(weiterer Abbau nach β)

rylierung:

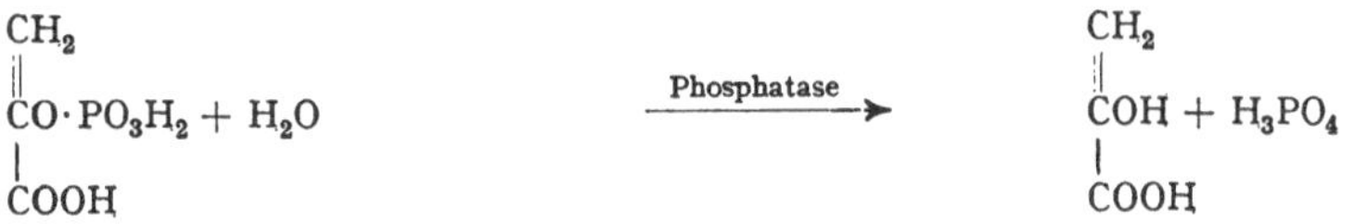

Phosphobrenztraubensäure — Brenztraubensäure

oxylierung:

Alkoholbildung →

Die Cozymase gleicht in ihrem chemischen Aufbau weitgehend der Co-Dehydrase. Sie wirkt auch bei manchen Dehydrierungen als Co-Ferment, z. B. im System Alkohol → Azetaldehyd oder Dioxyazetonphosphorsäure → Phosphorglyzerinsäure u. a. Daher wird die Cozymase auch als **Codehydrase I** bezeichnet. Daneben vermag aber die Cozymase auch zusammen mit den Mg-Ionen als Co-Enzym der Phosphorylierung zu wirken. Überall da, wo die Cozymase zur Durchführung von Fermentreaktionen nötig ist, wirkt sie als prosthetische Gruppe. Ihre chemische Zusammensetzung ist neuerdings geklärt worden. Danach stellt sie ein Diphospho-Pyridin-Nukleotid dar, worin das Pyridin die Wirkungsgruppe, das Nukleotid die Brücke zum Eiweißträger bildet (vgl. Formel).

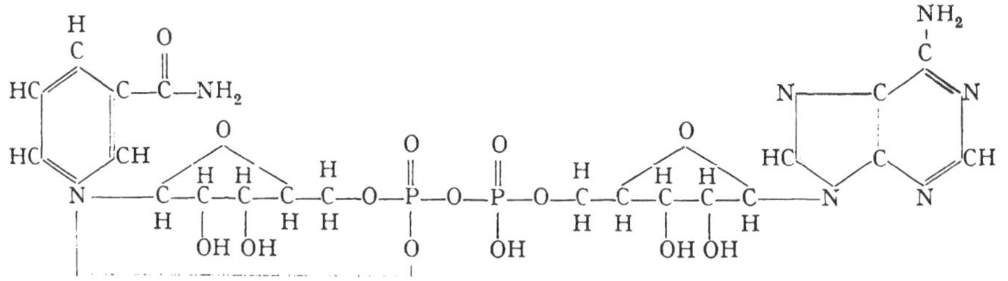

Cozymase (Codehydrase I).

Ein besonderes Co-Enzym ist die **Co-Karboxylase,** die mit dem Aneurin in enger stofflicher Beziehung steht.

Die Apozymase ist ein Sammelbegriff für die übrigen bei der Gärung beteiligten Fermenteiweiße: Phosphatasen, Zymohexase, Dehydrasen, Enolase, Karboxylase. Jedes dieser Fermente ist ein Eiweißkörper mit spezifischer Bindungsfähigkeit für den in seinem Namen ausgedrückten Stoff, sein spezifisches Substrat.

Es ist daher auch nicht verwunderlich, daß gerade das Fermenteiweiß Träger der Wirkungsspezifität ist. Bei allen Dehydrasen z. B. wirkt entweder Co-Dehydrase I oder Co-Dehydrase II als prosthetische Gruppe, aber jede einzelne Dehydrase besitzt ihr spezifisches Eiweiß als Träger der prosthetischen Gruppe:

Co-Dehydrase I + Eiweiß A = Alkoholdehydrase
Co-Dehydrase I + Eiweiß B = Äpfelsäuredehydrase
Co-Dehydrase I + Eiweiß C = Dioxyazetonphosphorsäuredehydrase.

Da die Zellen artspezifische Eiweiße bilden, ist es nicht verwunderlich, daß dieselben Fermente aus verschiedenen Pflanzenarten individuelles Gepräge tragen.

Neuerdings sind eine Anzahl von Fermenteiweißen isoliert und in kristallisierter Form rein gewonnen worden, so z. B. dasjenige der Urease, des Pepsins, Trypsins sowie die Eiweiße der Alkohol- und der Hexosemonophosphorsäuredehydrasen.

Die alkoholische Gärung als Kettenreaktion. Trotz der relativ großen Zahl der beteiligten Fermente führt auch die zellfreie Gärung ohne Regulierung durch das lebende Plasma stets zu den normalen Endprodukten Alkohol und CO_2. Der ganze Gärungsablauf stellt somit eine rein physikalisch-chemisch gesteuerte Kettenreaktion dar. Der geordnete Ablauf dieser Kette ist dadurch gesichert, daß das Endprodukt der einen Fermentreaktion als Substrat für ein hernach in Aktion tretendes Ferment dient, so daß wie in einem hochspezialisierten technischen Betrieb der zu bearbeitende Körper aus der Hand des einen Spezialarbeiters in die des folgenden kommt, bis er schließlich durch viele Einzelarbeitsgänge hindurch die Fabrik als Fertigware verläßt. Wenn nun jeder folgende Arbeiter rascher seine Arbeit abwickelt als der vorangehende, so kann es niemals zur Anhäufung von Halbfertigware kommen. Aus demselben Grunde häufen sich auch im normalen Gärungsansatz keine Zwischenprodukte an. Nur eine gewaltsame Abfangung (z. B. Aldehyd durch Sulfit) vermag den geschlossenen Arbeitsring vorzeitig zu unterbrechen.

Andere Organismen mit alkoholischer Gärung

Neben der Hefe besitzen noch andere Organismen, z. B. manche Bakterien und Schimmelpilze, die Fähigkeit zu alkoholischer Gärung. Auch die höhere Pflanze vermag von der normalen Atmung zu alkoholischer Gärung überzugehen, wenn sie von der Sauerstoffzufuhr abgeschnitten ist. All diese Organismen besitzen somit ein komplettes zymatisches System, daneben allerdings noch ein System oxytroper Dehydrasen, welche allen organisch gebundenen Wasserstoff zu Wasser verbrennen lassen, sofern ausreichende Mengen von Sauerstoff als H-Akzeptor zur Verfügung stehen. Alkoholische Gärung tritt z. B. beim Keimen hartschaliger Samen (Erbsen) bis zu eintretender Sprengung der Samenschale auf. Nach freiem O_2-Zutritt wird die Gärung auf Atmung umgeschaltet und der gebildete Alkohol oxydiert.

Andersartige Gärungstypen

Im Hinblick auf die Tatsache der artspezifischen Eiweißbildung und der Erkenntnis der Fermenteiweiße als Träger der Fermentspezifität ist es nicht verwunderlich, daß in verschiedenen Organismen auch unterschiedliche Gärungstypen zur Entwicklung kommen.

Die Milchsäuregärung

Wenn sich z. B. im Fermentsystem der Gärung keine Karboxylase befindet, so wird die Brenztraubensäure nicht dekarboxyliert. Sie tritt dann als Wasserstoffakzeptor an die Stelle des Azetaldehyds, und statt des Alkohols wird Milchsäure entstehen.

$$\begin{array}{ccc} CH_2 & & CH_3 \\ \| & & | \\ COH & + H_2 \rightarrow & CHOH \\ | & & | \\ COOH & & COOH \\ \text{Brenztraubensäure} & & \text{Milchsäure} \end{array}$$

Milchsäurebildung (Glykolyse) spielt sich in großem Umfang bei Arbeitsleistungen der tierischen Muskel (die leicht unter Sauerstoffmangel geraten) ab. Auch einige pflanzliche Objekte, besonders Bakterien, sind typische Milchsäurebildner. Der Erreger der **reinen Milchsäuregärung**, Bacillus lactis acidi, der das Sauerwerden der Milch verursacht, spaltet Zucker nach der Bruttogleichung:

$$\underset{\text{Zucker}}{C_6H_{12}O_6} \rightarrow \underset{\text{Milchsäure}}{2\,C_3H_6O_3} + 26 \text{ cal.}$$

Die gemischte Milchsäuregärung erzeugt neben Milchsäure noch andere Gärungsprodukte wie Alkohol, CO_2, Azeton usw.

Die Silagegärung. Die Gärung festgepreßter Futterkräuter in abgeschlossenen Behältern ist im wesentlichen eine bakterielle Milchsäuregärung. Um eine unerwünschte Essigsäuregärung auszuschließen, läßt man Sauerstoff nur in sehr beschränktem Maß zutreten, aber immerhin noch so viel, daß die streng anaeroben Buttersäuregärer nicht zur Entwicklung kommen. Durch anfängliche Ansäuerung der Silage mit Mineralsäuren schließt man Organismen aus, die im Gegensatz zu den Milchsäurebildnern keine hohen Säurekonzentrationen vertragen. Der Wert der Silage liegt in der Erhaltung der Vitamine sowie in den geringen Substanzverlusten im Gang der Grünfutterkonservierung.

Die Buttersäuregärung

Auch bei der Buttersäuregärung wird offenbar die Brenztraubensäure nicht dekarboxyliert, sondern aldolartig kondensiert:

$$\underset{\text{Brenztraubensäure}}{CH_3 \cdot CO \cdot COOH + CH_3 \cdot CO \cdot COOH} \rightarrow \underset{\text{Brenztraubensäure-Aldol}}{\begin{array}{l} CH_3 \cdot COH \cdot COOH \\ \diagup \\ CH_2 \cdot CO \cdot COOH \end{array}}$$

$$\rightarrow \begin{array}{l} CH_3 \cdot CHOH \\ \quad | \\ CH_2 \cdot COH \end{array} + 2CO_2 \rightarrow \underset{\text{Buttersäure}}{CH_3 \cdot CH_2 \cdot CH_2 \cdot COOH}$$

Nur selten tritt reine Buttersäuregärung auf; gewöhnlich ist sie mit Milchsäure- und Essigsäurebildung kombiniert. Da die Erreger anaerob leben und wenig wählerisch bezüglich des Substrats sind, findet in der Natur Buttersäuregärung in jedem O_2-freien Schlamm statt. Besonders wichtig für den Kreislauf des C ist eine Abart der Buttersäuregärung, nämlich die **Zellulosevergärung.** Die sonst schwer angreifbare Zellulose der abgestorbenen Pflanzen würde längst in undurchdringlichen Schichten allen früher mit Pflanzen besiedelten Boden bedecken, wenn nicht einige Bakterien (Bacillus cellulosae) für die Zellulosezerstörung sorgten. Der Abbau der Zellulose verläuft anaerob unter Methan- und Wasserstoffabspaltung.

Pektingärung

Von technischer Bedeutung sind die Erreger der Pektingärung, welche das Pektin der Mittellamellen zerstören und so z. B. die wertvollen Faserbündel unserer Gespinstpflanzen freilegen (Flachsröste = Flachsverrottung).

Neben den genannten Gärungstypen gibt es noch eine große Anzahl zum Teil komplizierter Gärungsabläufe (z. B. Koli-, Propionsäure-, Azeton-, Butylalkohol- usw. -gärung). So vielgestaltig das Ergebnis dieser Gärungen auch sein mag, so stellt ihr Chemismus doch stets nur eine durch verschiedene Aktivität der Einzelfermente bedingte Umleitung des Reaktionsverlaufes dar, der indes bis zur Ausbildung der C_3-Körper bei allen Gärungen ziemlich einheitlich verläuft.

Technische Auswertung der alkoholischen Gärung

Das alte Verfahren, zuckerreiche Pflanzensäfte der Vergärung durch Wildhefen, die überall an Früchten und Blättern auftreten, auszusetzen (Pulque, Palmwein, Trauben- und Apfelwein), hat sich im Laufe der Zeit zu einer wissenschaftlich geleiteten Technik entwickelt. An der primären Gärung bei der Weinbereitung hat sich allerdings wenig geändert, da die Qualität des Weines nicht so einseitig von der Art der an der Vergärung beteiligten Hefen, als vielmehr vom Klima des Anbaugebietes und von der Kellerbehandlung abhängig ist. Haupterreger der Weingärung ist Saccharomyces ellipsoideus.

Dagegen verwendet die Brauerei hochgezüchtete Kulturhefen (Saccharomyces cerevisiae). Ausgangsmaterial ist die aus Malz bereitete Bierwürze, die man bis zur völligen Aufspaltung der Stärke bei 50—70° stehen läßt, dann mit Hopfen aufkocht und nach rascher Abkühlung mit hinreichenden Mengen von Reinhefe versetzt.

Man unterscheidet 2 Gärungsarten, die von besonderen Heferassen durchgeführt werden:

a) Die Obergärung. Sie verläuft stürmisch bei Zimmertemperatur und ist in 2—3 Tagen vollendet. Dabei schwimmt die Hefe zusammen mit Schaumflocken an der Oberfläche des Gärbottichs.

b) Die Untergärung. Sie spielt sich bei niederen (künstlich auf 5—6° gehaltenen) Temperaturen ab; die Gärung verläuft infolgedessen langsamer, wobei die Hefe stets als Bodensatz liegen bleibt. Wegen des edleren Geschmacks des untergärigen Bieres ist man fast überall zu dieser Gärungstechnik übergegangen.

Bei einer bereits in verschlossenen Gefäßen nachfolgenden sekundären Gärung werden die gebildeten Dextrine vergoren, CO_2 angehäuft und das Bier geklärt. Entsprechend dem geringen Zuckergehalt der Würze erreicht die Alkoholkonzentration des Bieres gewöhnlich nur Werte von 3—5%, während in starken Südweinen über 10% Alkohol gemessen wurde.

Die Spiritusdarstellung. Die Spiritusindustrie greift gewöhnlich auf die Kartoffel als Ausgangsmaterial zurück, deren Stärke nach erfolgter Dämpfung durch Malzzusatz verzuckert wird. Darauf wird mit obergäriger Hefe vergoren und am Schluß der entstandene Alkohol abdestilliert.

Kefir und Kumys sind die Produkte gemischter Alkohol- und Milchsäuregärungen von Kuh- bzw. Stutenmilch mit Hilfe spezifischer Mikroben.

Wirkung von Außenfaktoren auf die Gärung. Wenn auch Außenfaktoren nur wenig auf den Chemismus des Gärablaufs einwirken, so vermögen sie doch dessen Geschwindigkeit wesentlich zu beeinflussen.

Temperatur. Die Temperaturkurve der Gärung ist eine Optimalkurve:

Minimum bei 0°, Optimum bei 25—35°, Maximum bei 50°.

Die Optimalkurve ergibt sich als Resultante eines mit steigender Temperatur beschleunigten chemischen Reaktionsablaufs und einer fortschreitenden Fermentschädigung. Eine spezifische Temperaturwirkung liegt in der Verschiebung des fermentativ eingestellten Gleichgewichts

$$\text{Hexosediphosphat} \rightleftharpoons \text{Dioxyazetonphosphorsäure}$$

zugunsten der Dioxyazetonphosphorsäure, was eine Beschleunigung ihres weiteren Abbaus bedingt.

Licht. Ultraviolettlicht soll die Gärungsgeschwindigkeit bis über den 20fachen Betrag hinaus steigern.

Zuckerkonzentration. Zwischen 5 und 25% folgt die Gärgeschwindigkeit der Zuckerkonzentration; höhere Konzentrationen werden wegen zu großer Alkoholanhäufung nur unvollständig vergoren, da 10—14% Alkohol gewöhnlich die Gärung bereits stillegt. Praktisch wichtiger ist die

Wasserstoffionenkonzentration. Die Gärung läuft in schwach saurer Reaktion rascher ab als in neutraler.

Der Sauerstoff. Hierbei muß scharf unterschieden werden zwischen der Sauerstoffwirkung auf die Gärung und auf die Hefebildung. Erstere wird durch O_2-Zufuhr verringert, letztere erhöht, da die Hefe zur Assimilation der Nährstoffe und zur Fortpflanzung des O_2 bedarf. Hier interessiert nur die hemmende Wirkung auf die Gärung. Bereits *Pasteur* hat die Gärung als Ersatz der Sauerstoffatmung definiert; aber das ist eine Deutung, keine Erklärung und kein Beweis. Die O_2-Hemmung der Gärung erscheint um so erstaunlicher, als die zellfreie Gärung, d. h. also auch die Aktivität der Gärungsfermente, durch O_2 völlig unbeeinflußt bleibt. Das ändert sich aber, wenn man dem milchsäurebildenden (glykolytischen) Ferment einen autoxydablen Stoff beifügt. Dann verläuft die Gärung nur mehr im O_2-freien Raum, bei O_2-Zutritt dagegen wird sie aufgehoben. Man vermutet, daß in der intakten Zelle das Atmungsferment (ebenfalls ein autoxydabler Körper) die Zymase in Gegenwart von O_2 inaktiviert. Eine ältere Auffassung nahm an, daß die Zellgärung auch in Gegenwart von O_2 unbehindert weiterläuft, wobei aber der größere Teil der Spaltprodukte wieder zu Zucker resynthetisiert werden soll (*Pasteur*sche Reaktion).

Der Brautechniker wird in allen Fällen, in denen es auf Zellvermehrung ankommt, sauerstoffreiche, bei einseitig erwünschter Gärung ohne Hefevermehrung dagegen sauerstoffarme Medien schaffen.

Die Atmung

Die Atmung besteht im wesentlichen ebenso wie alle Gärungen aus Dehydrierungen von Zuckerspaltprodukten (vgl. Tabelle S. 272—273). Den abgespaltenen Wasserstoff nimmt primär eine der beiden Co-Dehydrasen auf. Bis zu diesem Punkt verlaufen Atmung und Gärungen im wesentlichen völlig *identisch*. Aber nunmehr stellen sich bei den einzelnen Gärungen und bei der Atmung verschiedene Abnehmer (Akzeptoren) für den Wasserstoff der hydrierten Co-Dehydrasen ein. Bei der *alkoholischen Gärung* ist es der *Azetaldehyd*, bei *Milchsäuregärung* die *Brenztraubensäure*, bei der *Essigsäuregärung* der *Luftsauerstoff*, und bei der Atmung geht der H von der hydrierten Co-Dehydrase zunächst auf *Redoxsysteme*, die wir als **Atmungsfermente** bezeichnen, über. Von einem dieser Fermente schließlich wird der H auf den Sauerstoff der Luft übertragen und dort über H_2O_2 zu $H_2O + O$ vollkommen verbrannt.

Alkoholgärung:

H-Donator	H-Akzeptor	Endprodukte
$CH_2 \cdot O \cdot PO_3H_2$	CH_3CHO	
|		
CO		$\mathbf{CH_3 \cdot CH_2OH + CO_2}$
|		
CH_2OH		

Milchsäuregärung:

$CH_2O \cdot PO_3H_2$	CH_3	$\mathbf{CH_3}$
|	|	|
CO	CO	**CHOH**
|	|	|
CH_2OH	$COOH$	**COOH**

Atmung:

$CH_2O \cdot PO_3H_2$		
|		
CO	Atmungsfermente	$\mathbf{CO_2 + H_2O}$
|		
CH_2OH		

Das letzte Glied der hydrierten Atmungsfermente ist *autoxydabel*, d. h. es verbrennt den aufgenommenen H_2 spontan am Sauerstoff.

Die Atmung unterscheidet sich von den Gärungen darin, daß letzten Endes aller Wasserstoff der Kohlehydratspaltprodukte über *autoxydable* H_2-Akzeptoren geleitet und am Sauerstoff verbrannt wird. Daraus ergibt sich für die Atmung eine wesentlich höhere Energiebeute

$$C_6H_{12}O_6 + 6O_2 \rightarrow 6CO_2 + 6H_2O + 674 \text{ Cal.},$$

d. h. es wird die gesamte Energie wieder freigelegt, die bei der Assimilation gebunden worden war.

Die Atmungsfermente

Es unterliegt keinem Zweifel, daß einzelne Zellen und Gewebe verschiedener Pflanzen auch individuelle Atmungsfermente ausbilden. An manchen Pflanzen kann man **autoxydable Systeme** leicht erkennen: Angeschnittene Pflanzenteile, Äpfel, Birnen, Kartoffeln usw. nehmen an der Luft unter Sauerstoffaufnahme eine dunklere Farbe an; dabei gehen die *Chromogene* in *Pigmente* über.

Aber nicht alle Atmungsfermente besitzen eine gefärbte oxydierte Stufe. Die meisten und wichtigsten Atmungsfermente sind nur mit feineren spektroskopischen Methoden, dann allerdings getrennt in oxydierter und reduzierter Form, erkennbar. Im Lauf der letzten $1^1/_2$ Jahrzehnte hat die Erforschung von Bau und Wirkung dieser Atmungsfermente ungeahnte Fortschritte gemacht.

Hinsichtlich des Atmungschemismus erhebt sich zunächst die Frage: Welches Atmungssystem nimmt an Stelle der Gärungsakzeptoren den Wasserstoff von der hydrierten Co-Dehydrase ab?

1. Hierzu sind in bestimmtem Umfang die **Gelben Fermente** befähigt. Wirkungsgruppe dieser Fermente ist das Alloxazin, eine N-haltige aromatische Verbindung.

Alloxazin

2. Neuerdings wurde ein zweites Ferment für die Übernahme des Cozymase-Wasserstoffs verantwortlich gemacht, die **Diaphorase**, welche die Wirksamkeit des gelben Ferments um ein Vielfaches übertreffen soll.

3. Schließlich wird von Tierphysiologen einem häufig auch in Pflanzen auftretenden **Säuresystem** die Dehydrierung der Co-Dehydrase zugeschrieben.

$$\text{Co-Dehydrase}\cdot H_2 + \begin{array}{c} COOH \\ | \\ CH \\ \| \\ CH \\ | \\ COOH \\ \text{Fumarsäure} \end{array} \longrightarrow \begin{array}{c} COOH \\ | \\ CH_2 \\ | \\ CH_2 \\ | \\ COOH \\ \text{Bernsteinsäure} \end{array} + \text{Co-Dehydrase}$$

Wer übernimmt nun den H_2 aus den hydrierten gelben Fermenten, der hydrierten Diaphorase und der Bernsteinsäure?

4. Der gesuchte Akzeptor ist ein weiteres Ferment, das **Zytochrom**, ein Eisenproteid, dessen wirksame Gruppe 3wertiges Eisen in häminartiger Bindung darstellt. Bei der Aufnahme des H_2 geht das 3wertige Eisen in 2wertiges Eisen über.

5. Vom Zytochrom endlich wandert der H_2 an das *Warburg*sche Atmungsferment. Dieses Ferment stellt ein Eisenproteid dar, d. h. sein Träger ist ein spezifisches Eiweiß, als dessen prosthetische Gruppe eine dem Blutfarbstoff chemisch nahestehende Eisenverbindung fungiert.

Damit ergibt sich etwa ein System der Atmung, wie es auf S. 272—273 dargestellt ist.

Die Atmung erfolgt also in Einzelstufen als vielgliedrige Kettenreaktion. Die Bedeutung dieser Komplizierung liegt darin, die Energie in relativ kleinen Portionen freizusetzen, um sie möglichst weitgehend zum Aufbau komplizierter Stoffe und zur Erhaltung der Plasmastruktur ausnützen zu können.

Mit gesteigerter Atmung nimmt die Energieausbeute erheblich ab.

Energiebeute von Weizenkeimlingen

Alter in Tagen	gesamte Atmungsenergie in Kal.	davon als Wärme freigelegt	
2	2135	363 = 17%	der gesamten Atmungsenergie
3	3802	540 = 14%	
4	6277	2938 = 15%	
5	6886	3216 = 47%	
6	8837	4341 = 49%	

I. Schema der Wasserstoffbewegung

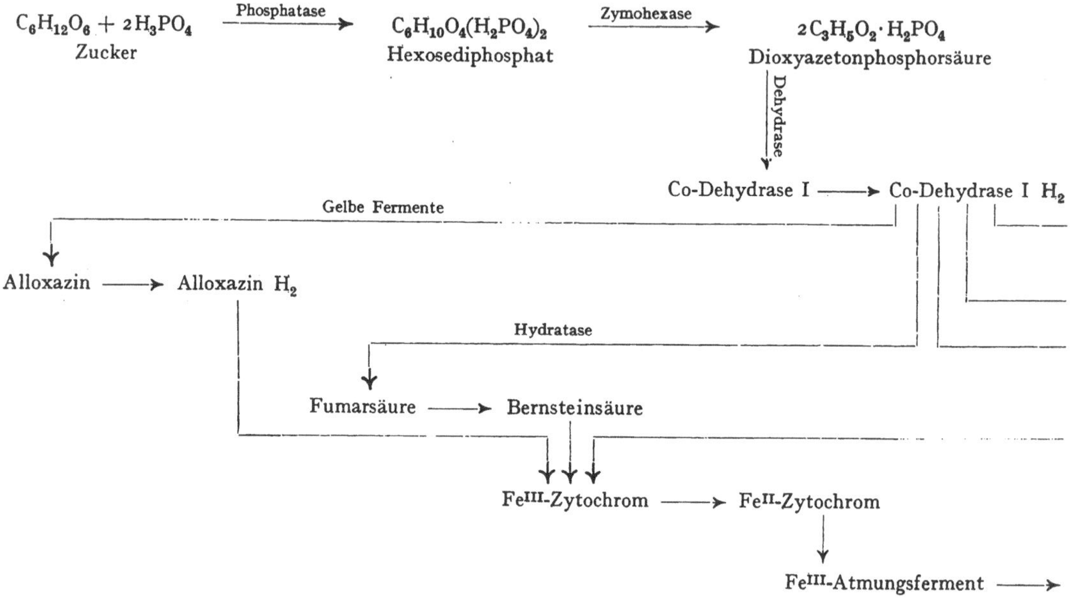

II. Ausspaltung

Aus welcher Verbindung bei der Atmung CO_2 ausgespalten wird,

Nichtgenutzte Energie wird als Wärme oder Licht frei. Bei sehr stürmisch verlaufender Atmung wird relativ viel Wärme freigelegt (keimende Samen, Atmung der Blüten).

Aber hier kann die Wärmebildung besonderen physiologischen und biologischen Zwecken dienen. Die Reihenfolge der Reaktionen ist gegeben durch die Höhe der Oxydationspotentiale. Der Abbauweg ist durch ansteigende Oxydationspotentiale der beteiligten Systeme markiert.

im Atmungs- und im Gärungsprozeß

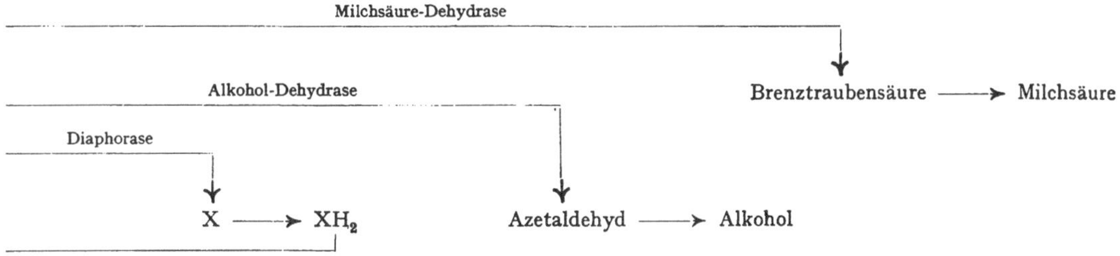

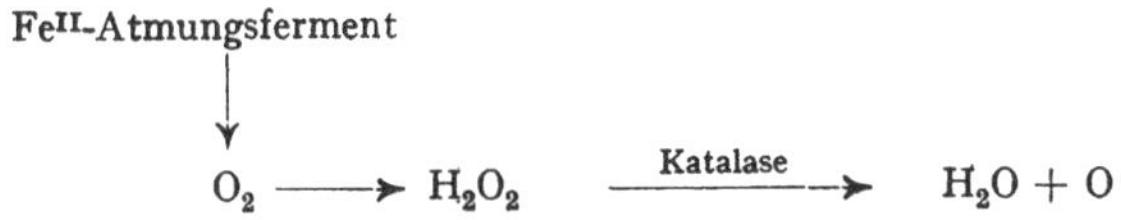

der CO_2

ist noch unsicher; es scheinen mehrere Wege möglich:

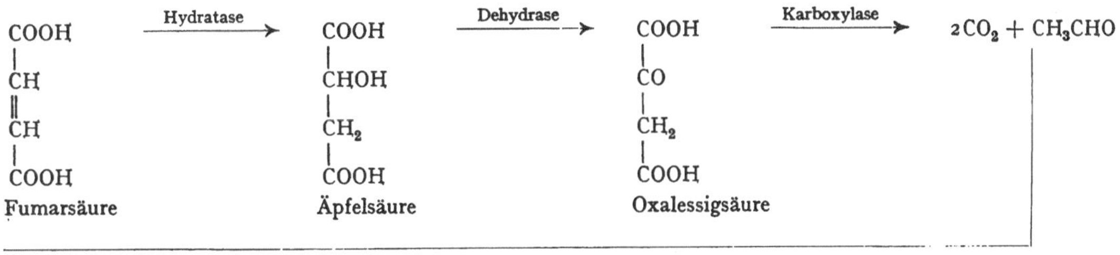

Der Atmungsgaswechsel

Aus der Atmungsgleichung geht hervor, daß, sofern Kohlehydrate veratmet werden, der **Atmungsquotient** $\frac{CO_2}{O_2} = 1$ ist.

Obwohl O_2-Ausspaltung und O_2-Aufnahme im Verlauf der Verbrennung eines Zuckermoleküls zeitlich getrennt verlaufen, tritt wegen der Geschwindigkeit des Gesamtprozesses diese Tatsache im Atmungsquotienten nicht in Erscheinung.

Andere Stoffe unterliegen einem besonderen biologischen Verbrennungsmechanismus, so daß sich auch veränderte $\frac{CO_2}{O_2}$-Werte ergeben.

Verbrannter Stoff	Atmungsquotient
Fette	$\frac{CO_2}{O_2} < 1$
Eiweiß	$\frac{CO_2}{O_2} < 1$, etwa 0,70
Organische Säuren	$\frac{CO_2}{O_2} > 1$

So läßt der $\frac{CO_2}{O_2}$-Wert Rückschlüsse auf die Natur des veratmeten Materials zu.

Wirkung der Außenfaktoren auf die Atmung

Die Temperatur wirkt sich in ähnlicher Weise auf die Atmung aus wie auf die Gärung. Die Beziehungen zwischen Atmungsintensität und Temperatur lassen sich daher in einer Optimalkurve zum Ausdruck bringen. Die Minimalpunkte der Atmung winterharter Pflanzen liegen oft erstaunlich niedrig (Koniferennadeln bis -20^0). Sukkulente Krassulazeen bauen bei niederen Temperaturen die Kohlehydrate nur bis zu organischen Säuren ab, die erst bei höheren Temperaturen zu CO_2 und H_2O oxydiert werden (Tagesperiodischer Säurestoffwechsel).

Die Wirkung der **Sauerstofftension** auf die Atmung ist erstaunlich gering; noch 1% Sauerstoff genügt zur Aufrechterhaltung normaler Atmung. Hartschalige Samen leiden allerdings im ersten Keimungsstadium bis zum Platzen der Samenschale an O_2-Mangel und gehen in dieser Entwicklungsphase zur alkoholischen Gärung über. In sumpfigen, schlecht durchlüfteten Böden erliegen die Wurzeln mancher Pflanzen dem verschärften O_2-Mangel.

Wesentlicher für die Intensität der Atmung ist die **Konzentration an Atmungsmaterial.** Bis zu einem gewissen Ausmaß folgt die Atmung der Konzentration verbrennbarer Kohlehydrate. Auf eine Periode anaerober Atmung der Pflanze erfolgt verstärkte CO_2-Ausscheidung auf Grund der Verbrennung des gebildeten Alkohols.

Auch Verwundung und Reizstoffe vermögen die Pflanzenatmung zu steigern.

Die Oxydation mineralischer Substanzen ist bereits in Zusammenhang mit der Chemosynthese besprochen worden.

Energiebilanz der Pflanze

Vergleicht man den Energiegehalt einer Nährlösung vor der Impfung mit Pilzsporen mit der Energiesumme der Restlösung + der gebildeten Pilzdecke, so ergibt sich stets ein Energieverlust beim Aufbau organischer Substanz. Der Energiefehlbetrag tritt dabei in Form von Atmungswärme in Erscheinung. Die Ausnützung der einzelnen Nährstoffe, ihr **ökonomischer Koeffizient:**

$$\frac{\text{Energiegehalt der gebildeten Pflanzensubstanz}}{\text{Energiegehalt der verbrauchten Nährstoffe}}$$

ist stets < 1 und bei einzelnen Nährstoffen verschieden. Für den Pilz der Reisbierbereitung, Aspergillus oryzae, wurden folgende Zahlen gefunden:

Ausnützungsquotient

Glukose	0,48
Saccharose	0,48
Dioxyazeton	0,43
Glyzerin	0,37
Äthylalkohol	0,28

Dabei ist die freiwerdende Atmungswärme größer als der Energiegehalt des veratmeten Zuckers. Daraus ergibt sich die überraschende Tatsache, daß die Assimilationsprozesse und damit auch die Wachstumsreaktionen, wenigstens summarisch gesehen, exotherme Vorgänge sind.

Warum aber verbraucht dann die Pflanze 30—40% ihres in komplizierten Prozessen gewonnenen Zuckers in einem zusätzliche Energie liefernden Atmungsprozeß?

Dafür liegen zwei zwingende Gründe vor:

1. Es muß fortlaufend Energie zur Erhaltung der labilen Plasmastruktur bereitgestellt werden (vgl. S. 1). Die Labilität des Plasmas und damit die Höhe der notwendigen **Erhaltungsenergie** steigt mit der Aktivität des Plasmas (Erhaltungsatmung).

2. Wenn auch der Aufbauprozeß des Plasmas, im ganzen gesehen, exotherm verläuft, so schließt das die Zwischenschaltung endothermer Teilprozesse zwischen exotherme Teilreaktionen nicht aus. An wachsenden Pilzen wurde die zur Speisung der endothermen Teilprozesse nötige Aufbauatmung 10—150mal so groß befunden wie die Erhaltungsatmung.

Je weniger aktiv hierbei der pflanzliche Organismus ist, um so größer ist die notwendige **Aufbauenergie,** um so geringer aber die Erhaltungsenergie und umgekehrt.

Äußere (Temperatur) und innere Faktoren (Mineralstoffversorgung, Wasserversorgung, $H^{\cdot}$-Konzentration usw.) vermögen die Energieausnützung weitgehend zu beeinflussen.

Die Unentbehrlichkeit fortlaufender Energiezufuhr macht die Tatsache verständlich, daß die Stoffassimilation im O_2-freien Raum rasch zum Stillstand kommt, denn aus anaeroben Abbauprozessen ist zwar in vielen Fällen die nötige Erhaltungsenergie, nicht aber die größere Aufbauenergie freizulegen. Daher vermag sogar die an anaerobe Verhältnisse in hervorragendem Maß angepaßte Hefe ohne Sauerstoff zwar zu leben, nicht aber in erheblichem Ausmaß zu wachsen und sich zu vermehren. Eine Ausnahme von dieser Regel machen nur die streng anaeroben Bakterien.

Kreislauf der Stoffe

Kreislauf des Kohlenstoffs

So wenig die höhere Pflanze auf längere Dauer ohne Sauerstoff auskommen kann, so unentbehrlich ist für sie auch die Zufuhr von Kohlensäure. Diese Tatsache ergibt sich eindeutig aus dem Mechanismus der Photosynthese.

Der Vorrat der Erde an Kohlensäure ist zwar sehr ansehnlich. Schon die Atmosphäre allein enthält eine Kohlensäuremenge von schätzungsweise 2100 Billionen Kilogramm; diese Menge wird aber von der Meereskohlensäure noch etwa um das Siebenfache übertroffen. Die CO_2-Konzentration ist freilich in beiden Medien nicht sehr groß; sie beträgt in der Atmosphäre etwa 0,03%, im Meer etwa 0,6%.

Trotz der großen Vorratsmenge an CO_2 ist diese doch nicht unerschöpflich. Nach überschlägigen Berechnungen würde der CO_2-Vorrat der Atmosphäre durch die Photosynthese der höheren Pflanzen bereits in 35 Jahren aufgebraucht sein. Zur Erhaltung des pflanzlichen Lebens ist es daher nötig, daß die in der Pflanzensubstanz gebundene CO_2 wieder in Freiheit gesetzt und so in einen geschlossenen Kreislauf einbezogen wird (Abb. 317). Das geschieht zum Teil in technischen Verbrennungen wie auch im Betriebsstoffwechsel von Pflanze und Tier: die angehäuften Kohlehydrate werden zu CO_2 und Wasser veratmet. Auch zahlreiche Gärungen liefern als anorganisches Endprodukt Kohlensäure. Daneben bleibt aber doch viel Kohlenstoff in der Körpersubstanz der Organismen gebunden. Erst die Mineralisierung der Körperstoffe abgestorbener Pflanzen und Tiere vermögen den Kreislauf der CO_2 völlig zu schließen. An dieser Mineralisierung der Pflanzen- und Tierleichen sind vor allem Bodenmikroben (Bakterien und Pilze) beteiligt. Die im Boden vor sich gehenden Fäulnisprozesse sind das Ergebnis der Lebenstätigkeit dieser wichtigen Kleinorganismen. Besonders hohen Anteil an diesen „Verwesungsprozessen" kommt den anaeroben Bakterien zu. Mit Hilfe

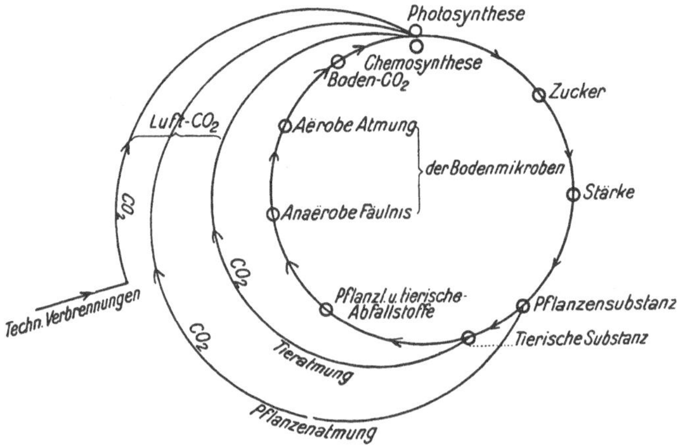

Abb. 317. Kreislauf des Kohlenstoffs

von Sezernierungsfermenten vollziehen sie eine weitgehende Auflösung der organischen Stoffe, um sie hiernach aufzunehmen und zu vergären. In diesem Zusammenhang spielen besonders die Zellulosevergärer (Bakterien und Pilze), die Erreger der Eiweißfäulnis und die Pektinzerstörer eine bedeutsame Rolle. Die Gärungsprodukte dieser Anaeroben, Methan, Wasserstoff, Alkohol, Buttersäure usw., werden dann von den aeroben Bodenmikroben schließlich bis zu CO_2 verbrannt. So arbeiten anaerobe und aerobe Mikroorganismen Hand in Hand: Die Anaeroben liefern den Aeroben unter Aufschluß der Abfallstoffe die Gärprodukte, und umgekehrt werden die Lieferanten durch ihre Abnehmer vor dem für sie giftigen Sauerstoff geschützt, den die Aeroben ja mit großer Heftigkeit an sich reißen. Bei unvollständiger Oxydation kommt es zu den bekannten Inkohlungsprozessen, die zur Bildung von Torf und Braunkohle führten. An der Mineralisierung dieser Vorräte „gespeicherter Sonnenenergie früherer Erdepochen" ist die Industrie mit fast beängstigendem Erfolg tätig.

Die freigelegte Kohlensäure wird zum Teil im Boden an alkalische Stoffe gebunden (Karbonatbildung), zum Teil aber bleibt sie im Bodenwasser gelöst und unterstützt die Pflanze im Aufschluß schwer löslicher mineralischer Substanzen. Der größte Teil der Bodenkohlensäure aber tritt schließlich doch in die Atmosphäre aus und wird hier von dichten Pflanzenbeständen fast restlos wieder assimiliert. Nur relativ kleine Mengen gelangen in die freie Atmosphäre (vgl. S. 227). Mit der Aufnahme der CO_2 in die höhere Pflanze aber ist der Kreislauf der CO_2 in der Natur geschlossen.

Kreislauf des Stickstoffs

In ähnlicher Weise wie der Kohlenstoff ist auch der Stickstoff in einen biologischen Kreislauf einbezogen. Bei den begrenzten Stickstoffvorräten des Bodens würde das Pflanzenwachstum sehr rasch zurückgehen und schließlich fast völlig aufhören, wenn der von der Pflanze dem Boden entnommene Stickstoff nicht immer wieder in assimilierbarer Form dahin zurückkehrte.

Wohl können bei elektrischen atmosphärischen Entladungen kleine Mengen Stickstoff oxydiert und gebunden werden, aber die Hauptmenge der bodeneigenen N-Verbindungen ist biogenen Ursprungs. Im Laufe der geologischen Zeiträume sind auf der schmalen Brücke der N-bindenden Bakterien und Pilze zunehmende Stickstoffmengen aus der Atmosphäre in gebundener Form dem Boden zugeführt worden. Von dem so gewonnenen Kapital an gebundenem Stickstoff muß die höhere Pflanze leben, und sie kann das nur, wenn der dem Boden entnommene N immer wieder dem Boden zurückgegeben wird, wenn also ein geschlossener Kreislauf Boden- u. Pflanzenstickstoff verbindet. In der Abb. 318 ist in einfachen Zügen ein Bild vom Kreislauf des Stickstoffs entworfen. Die höhere Pflanze dient den pflanzenfressenden Tieren als Nahrung, die ihrerseits den Fleischfressern zum Opfer fallen. Von all diesen Organismen kommen N-haltige Abfallstoffe in organischer Bindung in den Boden zurück. In dieser Form sind diese Stoffe freilich von der höheren Pflanze nicht resorbierbar. Sie müssen vielmehr erst durch die Tätigkeit der Fäulnisbakterien mineralisiert werden. Die Eiweißfäulnis liefert als Endprodukt den Ammoniak. Die Ammonsalze können zum Teil von den Pflanzen direkt aufgenommen und assimiliert werden. Zum größeren Teil aber wandert dieser Fäulnisammoniak erst durch den Körper der nitrifizierenden Bakterien, wobei es zu einer Oxydation (Nitrit- und Nitratbildung) kommt. Das Nitrat wird von den Wurzeln leicht aufgenommen. Die Nitrifizierung kann aber auch zu N-Verlusten (Denitrifikation) führen. Diese und andere N-Verluste müssen durch neue N-Bindung (elektrische Entladungen, N-bindende, frei und in Symbiose lebende Bakterien und Pilze) und auch durch Kunstdüngerdarbietung ersetzt werden, wenn die Stickstoffbilanz des Bodens gewahrt bleiben soll.

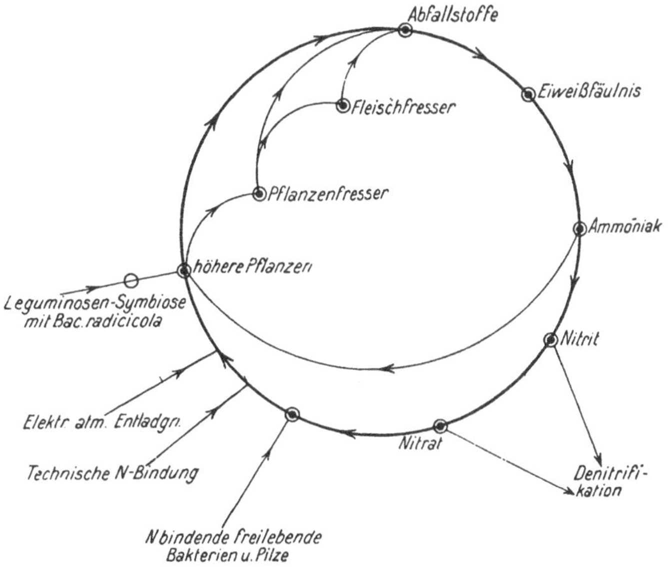

Abb. 318. Schema vom Kreislauf des Stickstoffs in der Natur

In ähnlicher Weise pulsieren auch andere Nährstoffe der Pflanze in einem geschlossenen Kreislauf. Wo die Natur diesen Kreis unvollständig schließt, muß zusätzliche Düngung die entstehenden Verluste ausgleichen.

Die Physiologie des Wachstums

Wachstum und Entwicklung

In einem früheren Kapitel wurde versucht, den Ablauf des pflanzlichen Lebens durch die Herausstellung einzelner markanter Vorgänge, die sich wieder selbst zum Ringe schließen, übersichtlich darzustellen. Wie eben dieser Ringschluß schon beweist, sind all diese Einzelvorgänge planvoll miteinander verkettet. Das Fortschreiten von einem zum nächsten dieser Kettenprozesse bezeichnen wir als Entwicklung. Diese verläuft im allgemeinen vom Einfachen zum Zusammengesetzten, vom Kleinen zum Größeren. Daher erhält die Entwicklung durch zweierlei Prozesse ihr charakteristisches Gepräge:

1. durch die äußere Vergrößerung des Organismus (Wachstum),
2. durch die innere Gestaltung (Differenzierung) im Dienste weitestgehender Arbeitsteilung.

Naturgemäß sind auch diese beiden Entwicklungsphasen vielseitig verzahnt; doch gehen im ganzen die Wachstumsprozesse zeitlich den Differenzierungsprozessen voraus. Die Vielgestaltigkeit des Wachstums und der pflanzlichen Zelldifferenzierung ist in der Morphologie und Anatomie eingehend beschrieben worden. Die Physiologie des Wachstums und der Entwicklung soll nunmehr wenigstens in einigen hervorstechenden Zügen berücksichtigt werden.

Das Wachstum

Als Wachstum bezeichnen wir jede irreversible Vergrößerung einer Pflanze bzw. eines Pflanzenorgans. Es können allerdings recht verschiedenartige Prozesse zu einer solchen Vergrößerung führen. Nehmen die trockenen Samen Wasser auf, so quellen sie unter deutlicher Volumzunahme. Legen wir die gequollenen Samen in starke Salzlösungen oder an die trockene Luft, so tritt unter Volumverkleinerung wieder Entquellung ein. Die Quellung bewirkt keine irreversible Größenzunahme, fällt also auch nicht unter die Wachstumserscheinungen. Ebensowenig darf man eine auf elastischer Dehnung der Zellwände beruhende Zell- oder Organvergrößerung als Wachstum bezeichnen, obwohl eine derartige Größenzunahme vom echten Wachstum erst nach erfolgter Wandentspannung zu unterscheiden ist. Sobald jedoch eine plastische Wanddehnung erfolgt, ist wahres Wachstum eingetreten. Wohl kann sich während bestimmter Entwicklungsstadien das Wachstum auf der Grundlage einfacher Zellstreckung vollziehen, aber die Gesamtheit aller Wachstumsvorgänge, die eine Pflanze zur vollen Entfaltung ihrer Funktionen befähigen, ist doch ein sehr viel mannigfaltigerer Komplex unter sich recht verschiedenartiger Teilprozesse. Der wichtigste und der für das Wachstum eigenartigste Vorgang ist die Neubildung von Plasma in einer unübersehbaren Anzahl komplizierter Synthesen der einzelnen Plasmabestandteile aus zugeleiteten anorganischen Nährstoffen. In diesem Assimilationsprozeß liegt die Vermehrung der lebenden Substanz begründet (Plasmawachstum).

Im gleichen Maß wie das Plasma wächst auch der Zellkern. Die Ausweitung des Reaktionsraumes von Plasma und Zellkern wird dann durch die Kern- und Zellteilung und die folgende Zellstreckung erreicht. So wird das gesamte Wachstum der Pflanze getragen von den folgenden Prozessen:

1. der Plasmaneubildung (Plasmawachstum),
2. der Zellteilung (Teilungswachstum),
3. der Zellstreckung (Streckungswachstum).

Jeder dieser Vorgänge wird durch besondere Wirkungsstoffe gesteuert (Wachstumshormone), die unabhängig voneinander und weitgehend spezifisch wirken, solange sie in der für Wirkungsstoffe charakteristischen geringen Konzentration vorliegen.

Diese biologisch wirksame Konzentration der Hormone ist gelegentlich so klein, daß die Chemie sie nicht mehr zu fassen vermag. Dann tritt an die Stelle der chemischen Erkennungsreaktion der biologische Test.

Rein äußerlich tritt das Teilungs- und Plasmawachstum nur wenig in Erscheinung. Die hauptsächliche Größenzunahme beruht vielmehr auf Zellstreckung, also im wesentlichen auf Wassereinlagerung unter Wanddehnung mit gleichzeitig erfolgender Substanzeinlagerung in die Zellwand. So schließt ein Apfel sein Zellteilungswachstum bereits bei Haselnußgröße ab. Das weitere Anwachsen beruht auf reiner Zellstreckung. Wohl zu unterscheiden vom Wachstum der Zelle ist ihre endgültige Ausgestaltung im Dienste einer spezifischen Leistung (Differenzierung). Wachstum und Differenzierung zusammen sind die Fundamente, die die Entwicklung der Pflanze tragen.

Wachstumsmessung

Im allgemeinen ist die Wachstumsgeschwindigkeit der Pflanze zu klein, um mit bloßem Auge wahrnehmbar zu werden. Ohne besondere Hilfsmittel ist es nur möglich, den Zuwachs im Verlauf mehr oder weniger langer Zeitabstände messend zu verfolgen. So kann bei schnell wachsenden Organen, z. B. bei Blütenschäften von Agaven, Blattstielen von Rhabarber, Sprossen von Spargel u. a., eine deutliche Längenzunahme über Nacht mit dem Maßstab festgestellt werden. Im allgemeinen aber bedarf es einer mechanischen oder optischen Vergrößerung, um den Zuwachs in kürzeren Perioden meßbar zu gestalten.

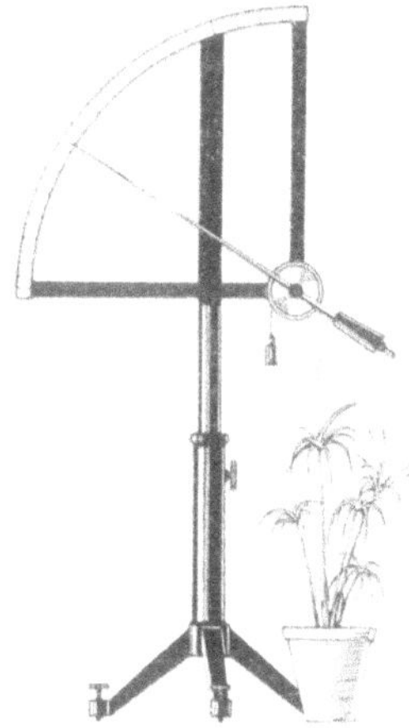
Abb. 319.
Der Zeiger am Bogen

Die mechanische Vergrößerung des Zuwachses erfolgt mittels eines Hebelmechanismus. Das einfachste derartige „Auxanometer" ist der *Sachs*'sche Zeiger am Bogen, der sich zwar nicht zu feineren wissenschaftlichen Messungen, wohl aber zu Demonstrationszwecken eignet. Eine an horizontaler Achse (Abb. 319) befestigte kleine Rolle trägt einen langen Zeiger, dessen Spitze eine bogenförmige Skala bestreicht. Durch ein Gegengewicht kann sein Eigengewicht ausgeglichen werden. Legt man einen an der Spitze einer fest eingetopften Pflanze befestigten Seidenfaden über die Rolle und spannt ihn mittels eines kleinen Gegengewichtes am anderen Fadenende, so wird der hocheingestellte Zeiger den Pflanzenzuwachs mit einer der Hebelübersetzung entsprechenden vergrößerten Senkung an der Bogenskala beantworten.

Bequemer und genauer ist die Beobachtung des Wachstums mit Hilfe des *Pfeffer*schen Auxanographen (Abb. 320). Die Vergrößerung des Wachstumsausschlages wird hier in ähnlicher Weise wie bei Zeiger am Bogen erreicht. Dabei zeichnet ein Stift auf einer sich unterbrochen drehenden Walze den pro Stunde erreichten Zuwachs auf. Optisch läßt sich der Zuwachs z. B. einer Haferkoleoptile unter Verwendung eines Horizontalmikroskops verdeutlichen.

Am Anfang einer Analyse des Wachstums steht die Einsicht in die Verteilung des Wachstums auf die verschiedenen Organzonen.

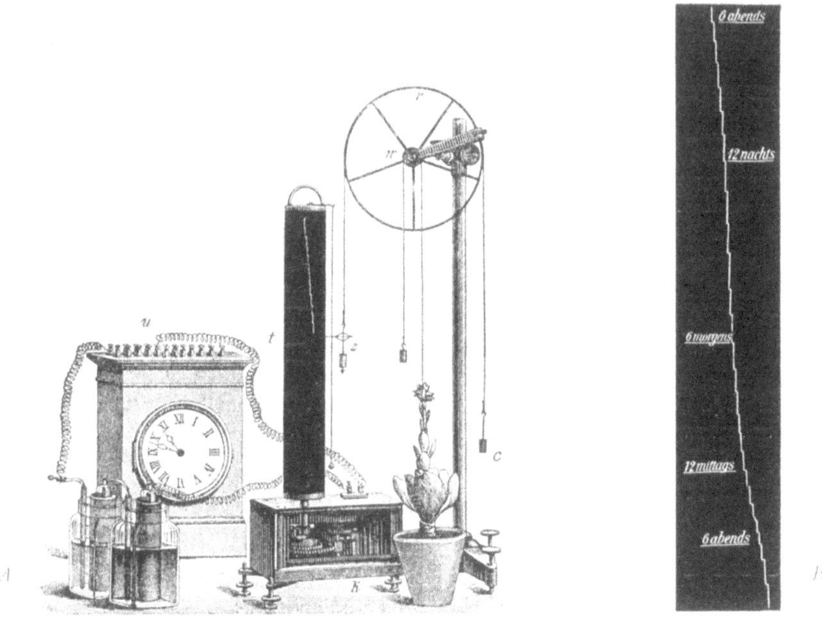

Abb. 320. Auxanograph nach *Pfeffer*. Von der Spitze der wachsenden Pflanze läuft ein durch ein kleines Gewicht gespannter Faden über die Rolle *w*. Ein zweiter Faden liegt über dem Rand *r*; er trägt einen Schreibzeiger *z*, dessen Gewicht durch *c* kompensiert wird. Eine Streckung der Pflanze bedingt eine im Verhältnis $\frac{r}{w}$ vergrößerte Senkung des Zeigers; die Zeigerbewegung wird auf einem sich unterbrochen drehenden berußten Zylinder markiert. In *B* ist der tagesperiodische Wachstumsablauf mit dem nächtlichen Maximum der Wachstumsintensität abgebildet

Wachstumszonen

1. Die Wurzel. Versuch: Auf einer jungen Wurzel der Pferdebohne werden in gleichen Abständen Tuschemarken angebracht und die so markierte Wurzel im feuchten Raum oder im *Sachs*schen Keimkasten zu weiterer Entwicklung gebracht. Schon der auf die Markierung folgende Tag läßt deutlich erkennen, daß sich nicht alle Zonen der Wurzel um gleiche Beträge verlängert haben (Abb. 321).

Spitzenzone	Zone I	II	III	IV	V	VI	VII
	2,4	8,3	3,2	2,2	2,0	2,0	2,0

Es wächst also nur eine ganz kleine Zone von kaum 1 cm Länge unmittelbar hinter der Spitze. Markiert man sich nun in dieser Wachstumszone in möglichster Spitzennähe, etwa eine Strecke von 1 mm und mißt an aufeinander folgenden Tagen die jeweils erreichte Länge dieser Zone so erhält man etwa die folgenden Werte (in mm):

Tage	1	2	3	4	5	6	7	8
Länge	2,8	6,5	24	40,5	57,5	72	79	79
Zuwachs pro Tag	1,8	3,7	17,5	16,5	17	14,5	7	0

Anschaulicher werden diese Verhältnisse noch durch die untenstehende Kurve (Abb. 322). Sie zeigt, daß der tägliche Zuwachs anfangs ansteigt, ein breites Maximum über 3 Tage erreicht, um dann wieder bis auf 0 abzufallen. Die Zuwachskurve ist also eine Optimalkurve; die markierte Wurzelzone durchläuft eine zeitlich begrenzte Wachstumsperiode, die **große Periode des Wachstums,** um dann die erreichte Endlänge unverändert beizubehalten. Gibt man die im Verlauf der großen Wachstumsperiode erreichte Gesamtlänge graphisch wieder, so

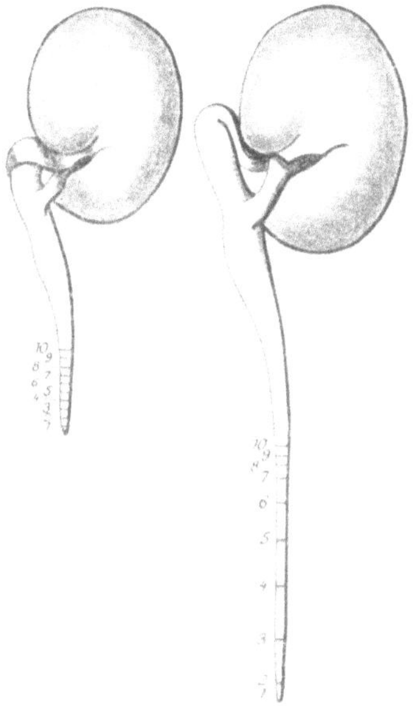

Abb. 321. Wachstumszonen an der Keimwurzel der Pferdebohne

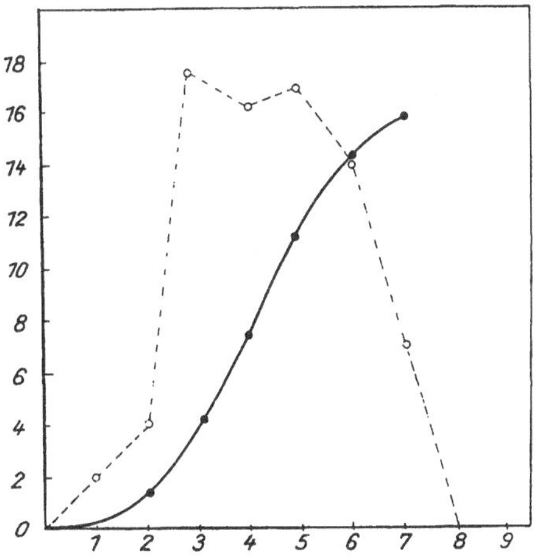

Abb. 322.
– – – – Kurve des täglichen Zuwachses.
——— Kurve der erreichten Gesamtlänge.
(Nach *Benecke-Jost*)

ergibt sich eine Kurve, die erst steil ansteigt, sich dann aber mehr und mehr abflacht und schließlich parallel zur Abszissenachse ausläuft (S-Kurve) (Abb. 322).

Wählt man ein Versuchsobjekt mit etwas größerer Wachstumszone und markiert diese wieder mit Millimeterstrichen, so kann man an den ersten 10 markierten Zonen (also dem 1 cm langen Wurzelende) nach steigenden Zeiten folgende Zonenlängen messen:

Zonenlänge

Stunden	0	3	6	9	12	15	18	21
X	1,0	**1,2**	1,2	1,2	1,2	1,2	1,2	1,2
IX	1,0	**1,5**	1,5	1,5	1,5	1,5	1,5	1,5
VIII	1,0	**1,8**	1,8	1,8	1,8	1,8	1,8	1,8
VII	1,0	1,8	**2,0**	2,0	2,0	2,0	2,0	2,0
VI	1,0	1,6	**2,8**	2,8	2,8	2,8	2,8	2,8
V	1,0	1,2	2,8	4,2	**4,6**	4,6	4,6	4,6
IV	1,0	1,1	1,4	3,2	5,0	**6,4**	6,4	6,4
III	1,0	1,0	1,2	1,4	2,2	4,4	6,8	**8,6**
II	1,0	1,0	1,0	1,0	1,2	1,2	1,7	3,0
Wurzelspitze I	1,0	1,0	1,0	1,0	1,0	1,0	1,2	1,6

Die Zone III ist im Augenblick der Markierung noch nicht in das Stadium des Streckenwachstums eingetreten, sie macht daher im Verlauf des Versuchs die große Wachstumsperiode noch im vollen Ausmaß mit.

Die folgenden Zonen (IV—X) bestanden im Moment der Markierung schon aus teilweise gestreckten Zellen. Ihr Zuwachs bleibt daher hinter dem der Zone der ungestreckten aber streckungsbereiten Zellen zurück, und zwar in zunehmendem Maß mit der Entfernung von der Zone III. Die Zonen II und I, d. h. die spitzennächsten Teile, bestehen aus ungestreckten, aber im Augenblick der Markierung noch nicht streckungsbereiten Zellen. Sie beginnen ihre Streckungsperiode vielmehr erst 9 bzw. 15 Stunden nach Versuchsbeginn. Bei Versuchsabbruch haben diese Zonen daher auch noch nicht ihre endgültige Länge erreicht. Vom zeitlichen Verlauf des Wurzelwachstums kann man sich daher das folgende Bild machen: Das Urmeristem scheidet fortlaufend durch Teilung weitere Zellen nach der Wurzelbasis zu ab. Die jungen Zellen verharren einige Zeit in Ruhe, dann beginnen sie sich zu strecken. Die Streckungsgeschwindigkeit läuft langsam an, beschleunigt sich bis zu einem Maximum, klingt dann wieder ebenso allmählich bis zur völligen Einstellung der Streckung ab. Nun erst beginnt die Differenzierung. Die streckungsfähigen Zellen sind jeweils auf eine schmale Zone von wenigen Millimetern hinter der Spitze beschränkt. Die dem Vegetationspunkt benachbart liegenden Zellen stehen am Beginn ihrer Streckungsperiode, die entfernteren bereits am Ende der großen Wachstumsperiode. Die Kürze der wachsenden Zone erleichtert der Wurzelspitze das Durchdringen der Bodenschichten ganz erheblich: die Wurzelspitze wirkt — wie *Sachs* zuerst ausgeführt hat — wie ein kurzer Nagel, der ohne Gefahr der Verbiegung leicht in die harte Unterlage getrieben wird. Daß es sich hier um eine typische Anpassungserscheinung handelt, ist schon daraus zu ersehen, daß Luftwurzeln vieler Epiphyten und Kletterpflanzen eine Wachstumszone bis zu 1 m Länge besitzen können. Der Gesamtzuwachs der ganzen Wurzel ist bei Konstanz der Außen- und Innenbedingungen ziemlich gleichmäßig. Das ist nicht verwunderlich, da in jedem Augenblick Zellen aller Streckungsphasen an der Verlängerung beteiligt sind. Jede Zelle macht zwar eine große Wachstumsperiode durch, nicht aber das unbegrenzt weiterwachsende ganze Wurzelorgan.

2. Der Sproß. Das Wachstum des Sprosses ist weniger einheitlich als das der Wurzel. Rasch aufschießende Sprosse von Geophyten, z. B. die „Spargelspieße", besitzen zum Teil auch ein typisches Spitzenwachstum, aber ihre Wachstumszone ist ausgedehnter als bei der Wurzel. Ungegliederte Hypokotyle von Keimlingen lassen bei Anwendung der Markierungsmethode ebenfalls eine verlängerte Streckungszone erkennen. Mit der Gliederung der Sproßachse in Knoten und Internodien bleibt das Wachstum auf die letzteren beschränkt.

Beim Grashalm behalten die zarten Basalteile der Internodien lange ihren meristematischen Charakter bei, teilen und strecken sich noch zu einer Zeit, da die Zellen der oberen Internodialteile längst ausdifferenziert sind. Im ungegliederten Rhabarberstiel bleiben ebenfalls mehrere interkalare Wachstumszonen nebeneinander tätig. Zeitlich erfolgt die Längenzunahme derartiger Organe ungleichmäßig. Entsprechend der Anzahl von Wachstumszonen, die gleichzeitig in Streckung eintreten, erfolgen, von Ruheperioden unterbrochen, stärkere oder schwächere Wachstumsstöße. Der Gesamtsproß durchläuft indes in allen Fällen, im Gegensatz zur Wurzel, als Gesamtorgan eine große Wachstumsperiode (Abb. 323). Beim Blütensproß des Löwenzahns folgt auf die große Wachstumsperiode während der Blütenentwicklung offensichtlich im Dienst der Fruchtverbreitung ein zweiter Wachstumsschub mit einsetzender Fruchtentwicklung.

Anders liegen die Verhältnisse bei den Bäumen. Hier werden die jungen Sprosse bereits im Verlauf des Sommers in den Knospen angelegt, während die Streckung erst im folgenden Frühjahr und dann innerhalb weniger Tage erfolgt.

Die absolute Wachstumsgeschwindigkeit ist im allgemeinen bei Pflanzen gering, nur in einzelnen Fällen nimmt sie größere Ausmaße an, z. B. bei Pilzen bis 5 mm, Staubfäden der Gramineen 1,8 mm, Bambushalm 0,4 mm pro Minute. Das Ausmaß des Wachstums pro Vegetationsperiode ist bei verschiedenen Pflanzen recht unterschiedlich: Corrigiola wächst nur wenige Zentimeter, Knöterich, Rizinus sowie manche Lianen strecken sich mehrere Meter in jeder Vegetationsperiode. Die endgültige Größe der einzelnen Pflanzen ist neben der Wachstumsgeschwindigkeit von der Wachstumsdauer bestimmt. Sie ist durch die Gesamtorganisation der Pflanze reguliert.

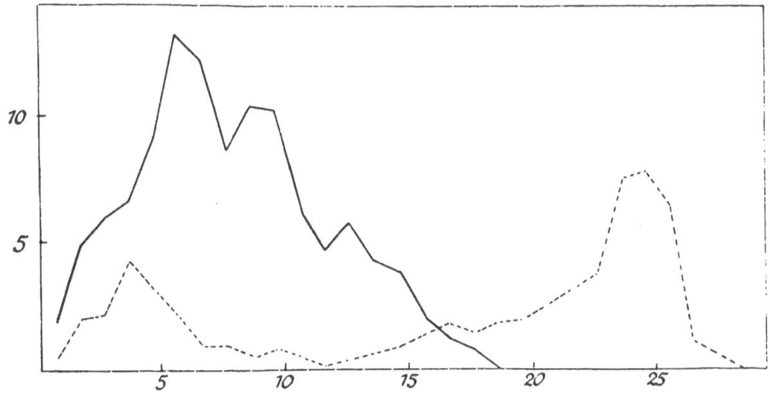

Abb. 323. Kurven des täglichen Zuwachses. Abszisse = Tage, Ordinate = täglicher Zuwachs in mm. ——— Blütensproß der Schachblume; ---- Blütensproß des Löwenzahns. (Nach *Sachs*)

Äußere Wachstumsfaktoren

A. Die Temperatur. Wie andere Lebensprozesse mit chemischen oder physikalisch-chemischen Komponenten spricht auch die Wachstumsgeschwindigkeit auf Temperaturänderungen an. Pflanzliches Leben kann sich bekanntlich nur innerhalb bestimmter Temperaturgrenzen entfalten. Naturgemäß sind diese letzteren für das Wachstum der Pflanze enger gezogen als für ihr Leben. Es gibt für das Wachstum jeder Pflanze eine Minimal- und eine Maximaltemperatur, eine obere und untere Temperaturgrenze des Wachstums. Die größte Wachstumsintensität erreichen die Pflanzen bei einer zwischen diesen beiden Grenzpunkten liegenden Temperatur, dem Temperaturoptimum.

Beispiel für die Temperaturkardinalpunkte des Wachstums

	Minimum	Maximum	Optimum	Weitere Beispiele für Temperaturmaxima
Weizen	3—4,5°	30—32°	25°	
Roggen	1—2	30	25	Hydrurus 16°
Gerste	3—4,5	28—30	20	Landpflanzen 30—45°
Hafer	4—5	30	25	Sukkulente 50—52°
Mais	8—10	40—44	32—35	Thermophile Bakterien 70°
Lein	2—3	30	25	
Tabak	13—14	35	28	Algen heißer Quellen bis 83°
Hanf	1,2	45	35	
Luzerne	1	37	30	
Gurke	12	40	35	

Die Kardinalpunkte liegen also für die einzelnen Pflanzen sehr verschieden. Der Temperaturtonus des Wachstums bestimmt in erheblichem Umfang die Verbreitung der Pflanzen. Die in kälteren Klimaten beheimateten Pflanzen zeichnen sich im allgemeinen durch niedriges Minimum und Maximum gegenüber den Bewohnern heißer Zonen aus.

Die größte Aussicht auf weite Verbreitung besitzen die Pflanzen mit der größten Temperaturspanne des Wachstums (z. B. Hanf). Natürlich verschiebt sich mit der Temperatur auch die Keimdauer der Samen.

Bemerkt muß werden, daß die Kardinalpunkte für die einzelnen Pflanzen nicht unverrückbar festliegen; es spielen hierbei vielmehr äußere und innere Faktoren wie Licht, Nährstoffe, Sauerstoff, bestimmte Stoffwechselprodukte, Entwicklungsalter, Organeigentümlichkeit usw. eine wesentliche Rolle. So ist z. B. bekannt, daß für die Entfaltung der Blüten vielfach geringere Temperaturen notwendig sind als für die der Blätter (Krokus, Huflattich, Seidelbast, Christrose).

Im allgemeinen zeigt das Wurzelwachstum niedrigere Kardinalpunkte gegenüber dem Sproß; nur bei der Wurzelbildung an Stecklingen wirken sich hohe Temperaturen besonders günstig aus. Die Tötungstemperatur liegt bei wachsenden Pflanzen gewöhnlich nur wenige Grade über derjenigen des Wachstumsmaximums; selbst bei Überschreitung der wenigen Maximaltemperatur um nur 1° tritt bei den meisten Pflanzen der Tod schon nach Stunden ein (Bedeutung der Transpiration als Abkühlungsmaßnahme vgl. S. 190). Doch gibt es auch Spezialisten: Thermophile Bakterien ertragen Temperaturen bis 70° und die Algen der heißen Quellen sogar solche bis zu 83°.

Dauerformen wie Samen und Sporen ertragen erstaunlich hohe Temperaturen (in trockner Atmosphäre 100—145°). Anders ist es mit dem Temperaturminimum. Hier ist die Spanne zwischen Wachstums- und Lebensminimum bei einzelnen Pflanzen größer; in der russischen Taiga überstehen sibirische Lärchen Temperaturen von —70°, ohne Schaden zu nehmen. Allerdings wird die Frostfestigkeit alljährlich von der Pflanze neu erworben. Unvermittelte Fröste, welche die Pflanze in voller Vegetation treffen, wirken sich besonders katastrophal aus. Die Ursache des Kältetodes beruht bei Pflanzen mit einem unter 0° liegenden Minimum gewöhnlich auf einem raschen Wasserentzug, wodurch die Struktur des Plasmas irreversibel geschädigt wird. Trockene Samen und Sporen überdauern daher sogar eine Temperatur von —253°.

Neben dem Wachstum wird auch die Gestaltsbildung der Pflanze durch die Temperatur beeinflußt. Kartoffeln bilden bei niederen Temperaturen keine oberirdischen Sprosse, sondern nur kurze Stolonen und an diesen sofort wieder Tochterknollen. Vielfach äußern sich niedere Temperaturen auch in einer Rasenwüchsigkeit der Pflanze. Möhrenwurzeln entwickeln sich bei niederen Temperaturen zu langen, relativ dünnen Gebilden, bei höheren Temperaturen werden sie dicker und kürzer. Wachsende Tulpenzwiebeln verbreitern unter dem Einfluß niederer Temperatur den Blütenboden und erhöhen in den Blüten die Zahl der Perigon- und Staubblätter. Auch die Blütenfarbe erfährt bei extremen Temperaturen während der pflanzlichen Entwicklung gelegentlich Veränderungen.

B. Das Licht. Die Wirkung des Lichts auf das Wachstum ist eine Frage der Lichtintensität und der Lichtqualität. Beiden Größen gegenüber verhalten sich die einzelnen Organe verschieden, d. h. die Kardinalpunkte ihrer Lichtwachstumskurven liegen unterschiedlich. Eine weitere Komplizierung des Problems ergibt sich aus der ungleichen Lichtwirkung auf die verschiedenen Formen des Wachstums.

1. Am auffälligsten und daher am eingehendsten untersucht ist die Lichtwirkung auf das **Streckungswachstum.**

a) Sproßwachstum: Eine altbekannte Erfahrung lehrt uns, daß Sprosse im Dunkeln ein abnormes Längenwachstum erfahren. Kartoffeltriebe wachsen im dunklen Keller meterlang aus, zu tief gesteckte Zwiebeln treiben — ähnlich wie verdunkelte Keimlinge — lange fadenartig dünne Sprosse „auf dem Weg zum Licht“. An dunkel überwinterten Pelargonien und dunkel getriebenen Rhabarberpflanzen erkennt man, daß auch der Blattstiel noch an diesem gesteigerten Längenwachstum teilnimmt, während das Spreitenwachstum stark vermindert ist. Man bezeichnet diese einseitig auf Sproßverlängerung eingestellte Wuchsform als Vergeilung (Etiolement). Diese tritt besonders auffällig unter günstigen Temperatur-, Wasser- und Nährstoffverhältnissen bei Lichtmangel in Erscheinung. Zur Vermeidung dieser unerwünschten Wuchsform muß der Gärtner daher stets die übrigen Wachstumsfaktoren in ein bestimmtes Verhältnis zur verfügbaren Lichtintensität und Beleuchtungsdauer bringen.

Wird ein im Dunkeln unter konstanten Bedingungen gleichmäßig wachsendes Pflanzenorgan vorübergehend beleuchtet, so geht das zuvor gleichmäßige Wachstum in ein wellenförmiges Wachstum über. Diese Wirkung des Lichts auf das Wachstum bezeichnet man als **Lichtwachstumsreaktion.** Dabei reagieren die einzelnen Pflanzen und Organe derselben Pflanze verschieden auf das Licht: die einen beschleunigen vorübergehend das Wachstum bei Belichtung, wobei dem Wellenberg der Wachstumskurve bald ein Wellental folgt. Bei anderen Pflanzen tritt nach erfolgter Belichtung der Pflanze eine Wachstumsdämpfung ein, der dann entsprechend eine vorübergehende Steigerung folgt. Dieses wellenförmige Wachstum schwingt nach einiger Zeit wieder in das ursprüngliche gleichmäßige Wachstum ein.

Über den Mechanismus der Wachstumshemmung durch das Licht ist wenig bekannt. Eine Auxinzerstörung (vgl. S. 287) kommt nur in bestimmten Spezialfällen in Frage. Einen Hinweis auf die weitere Forschungsrichtung gibt die Beobachtung, daß im allgemeinen nur kurzwelliges (blaues) Licht hemmend auf das Wachstum wirkt, während Strahlen mit Wellenlängen über 530 mμ völlig wirkungslos sind. Offensichtlich spielen Karotine eine Rolle als strahlenabsorbierende Stoffe (vgl. auch S. 219).

b) Die Knospenstreckung ist bei verschiedenen Pflanzen in unterschiedlichem Maß vom Licht abhängig; häufig treiben nur die gut beleuchteten Knospen aus. Der Efeu entwickelt auf der Schattenseite seiner Klettersprosse Haftwurzeln.

c) Die Wurzel wird im allgemeinen schon von sehr geringen Lichtintensitäten im Wachstum gehemmt.

2. **Das Teilungswachstum.** Auch der Zellteilungsrhythmus bleibt vom Licht nicht unberührt. So hören in der meristematischen Zone des ersten, noch ganz jungen Grashalminternodiums nach mehrstündiger Dauerbeleuchtung die Zellteilungen auf. Offenbar handelt es sich hierbei nicht um eine spezifische photodynamische Reaktion, denn auch hohe Temperatur kann dieselbe Wirkung hervorrufen. Durch die Behinderung der Zellteilung kommen auch Änderungen in der gestaltlichen Ausbildung zustande. So wachsen Farnsporen bei geringer Lichtintensität nur fadenförmig in die Länge, bei mäßiger Steigerung des Lichts erfolgen auch Teilungen längs der Fadenrichtung, so daß flächenartige Gebilde entstehen, und bei weiterer Heraufsetzung der Lichtintensität erobert sich der Vorkeim schließlich auch die dritte Dimension und wird mehrschichtig. Hierbei erweist sich das Blaulicht wieder besonders wirksam, indem es nicht nur die Zellstreckung hemmt, sondern auch die Zellteilung fördert. Die Wirksamkeit der sogenannten „mitogenetischen Strahlen“ (190—250 mμ) auf die Zellteilung ist sehr umstritten.

3. Die **Zelldifferenzierung.** Diese bleibt in dunkel gezogenen Pflanzen im allgemeinen hinter derjenigen der Lichtpflanzen zurück. Besonders gefördert im Licht ist vielfach das Stützgewebe (Holzigwerden der Gemüse). Auf die ungleiche Ausbildung der Licht- und Schattenblätter ist bereits früher hingewiesen worden. Nicht selten bestimmt die Lichtintensität sogar die Größe und Form ganzer Organe und Pflanzen. So verdankt die Wiesenglockenblume ihre rundlichen Rosettenblätter der geringeren Lichtintensität zur Zeit der Rosettenbildung, und die Flachsprosse der Opuntien kommen nur bei hoher Lichtintensität zur Ausbildung; schon im Zimmer entwickeln sich besonders im Winter zylindrische Sprosse an derselben Pflanze. An der Ausbildung von Zwerg- und Rosettenpflanzen hat das Licht ebenfalls bedeutsamen Anteil.

Auch in anderen Fällen wirkt das Licht als formativer Faktor bei der Entwicklung der Pflanze mit. So ist nicht selten das Austreiben der Achselknospen lichtabhängig. In dichter Kultur sind die randständigen Pflanzen stärker verzweigt als die im Innern der Kultur wachsenden Pflanzen (Trauffichten).

An Weide und Pappel entwickeln sich von den allseitig angelegten Knospen nur die gut belichteten, am Efeu entstehen auf der beschatteten Flanke der Klettersprosse Haftwurzeln. Farnprothallien legen auf der schwächer belichteten Unterseite die Gametangien an, und an den Brutkörpern von Lebermoosen können Ober- und Unterseite durch 2—3-tägige Dauerbelichtung willkürlich bestimmt werden. Daneben spielen Licht- und Schwerkraft eine entscheidende Rolle bei der Orientierung der Organe im Raume (vgl. Photo- und Geotropismus).

C. Mechanische Einflüsse. Von mechanischen Einflüssen auf die Wuchsform seien hier nur die Windformen der Bäume erwähnt. Häufig fällt an windgescherten Bäumen ein exzentrisches sekundäres Dickenwachstum des Stammes auf.

D. Die Wasserversorgung. Unter natürlichen Verhältnissen nimmt neben dem Licht besonders die Wasserversorgung Einfluß auf die Gestaltung der Pflanze. Dabei ist vielfach weniger der Wassergehalt des Bodens der Wurzelregion als vielmehr die Dampfspannung der Luft von entscheidender Bedeutung.

E. Die Schwerkraft. Am horizontal liegenden Grasknoten ist auch eine **Schwerkraftwachstumsreaktion** festgestellt worden. Während der senkrecht stehende Halm in den Knotenbezirken praktisch überhaupt nicht wächst, tritt bei der Horizontallage beschleunigtes Knotenwachstum auf der Halmunterseite ein, was zu einer Aufrichtung des Halmes führt. Läßt man den horizontal gelagerten Halm um die eigene Achse rotieren, so kommt es zu einer allseitigen Wachstumsbeschleunigung der Knoten.

So entstehen unter der Wirkung einer Summe von Außenfaktoren die Standortstypen, die bei extremer Gestaltung einzelner formativ wirksamer Faktoren eine von der Normalform recht abweichende Gestalt annehmen können (vgl. Standortsmodifikationen).

F. Fremdorganismen. Zu anormalen Wuchsbildungen auf der Wirtspflanze kommt es auch in vielen Fällen durch pflanzliche und tierische Parasiten. Auf die geschwulstartigen Auftreibungen bei Befall der Wirtspflanzen durch Knöllchenbakterien und durch Bacillus tumefaciens (Kronengalle) ist bereits hingewiesen worden. Auch viele Rost- und Brandpilze (Maisbrand) erzeugen ähnliche Abnormitäten. Werden weibliche Blüten der Lichtnelke von dem Brandpilz Ustilago violacea befallen, so entwickeln sich in diesen Blüten Staubblätter, deren Pollensäcke mit den Brandsporen des Pilzes statt mit Pollenkörnern gefüllt sind.

Fast unübersehbar ist die Zahl der durch tierische Parasiten an Pflanzen erzeugten Wucherungen, der Gallen (Abb. 324 und 325). Es sei hier nur an die Eichen-, Buchen- und Rosengallen erinnert. Diese Bildungen interessieren vor allem durch (für den Parasiten) zweckmäßig gesteuerte Wuchsmonstrositäten, die in ihrem anatomischen Bau zum Teil weitgehend vom Bau des Trägerorgans abweichen. Sicherlich beruhen auch diese Bildungen auf hormonaler Einwirkung. Das ist schon aus der Tatsache zu erkennen, daß z. B. Weidengallen auch dann zur Entwicklung kommen, wenn das Insekt ohne Eiablage etwas Substanz aus der Giftblase in das Blatt injiziert. Allerdings kommt man hier nicht mehr mit der Annahme eines Wuchsstoffes aus; dieser muß vielmehr durch ein Differenzierungshormon vervollständigt werden. Letzteres ist zweifellos von individueller Beschaffenheit, so daß es auch zur Bildung individuell verschiedener Gallenformen kommen muß (vgl. die Gallen verschiedener Herkunft auf Buchenblättern).

Abb. 324. Der Rosenapfel (Rhodites rosae). Gallenbildung auf Rosen: - - - - Larvenkammern, darüber haarartige, leuchtend rot gefärbte Anhängsel. (Nach *Küster*)

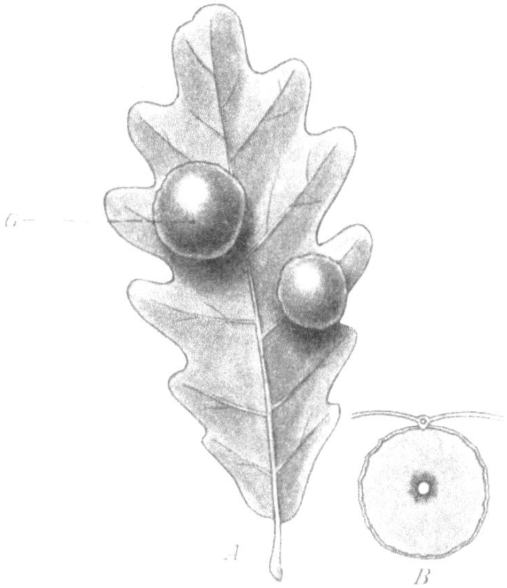

Abb. 325. *A.* Galläpfel auf einem Eichenblatt; *B.* Querschnitt durch Blatt und Wucherung; im Innern des Gallapfels das Ei der Gallwespe. (Nach *Küster*)

Innere Wachstumsfaktoren

Die Wuchsstoffe der Zellstreckung (Auxine)

Die Entdeckung der Auxine. Zu der Entdeckung der Zellstreckungswuchsstoffe in Pflanzen haben vor allem Beobachtungen über das Verhalten von Keimlingen gegenüber einseitiger Belichtung geführt.

1. Bereits *Darwin* hat beobachtet, daß Graskoleoptilen sich bei einseitiger Belichtung dem Lichte zukrümmen. Diese Krümmung kommt durch verstärktes Wachstum der beschatteten gegenüber der belichteten Flanke zustande (Wachstumskrümmung).

2. Bei Verdunklung der Koleoptilenspitze mit kleinen Staniolhauben blieb einseitige Belichtung der restlichen Koleoptile ohne Krümmungserfolg.

3. Verdunklung der Koleoptilenbasis dagegen verhinderte die Krümmung nach einseitiger Belichtung nicht.

Es mußte somit die einseitig belichtete Koleoptilenspitze sein, die den Anstoß zum ungleichen Flankenwachstum gab.

Diese älteren Beobachtungen wurden durch neuere ergänzt und erweitert:

4. Führt man auf der der Lichtquelle abgewandten Flanke der Koleoptile unterhalb der Spitze vor Beginn der Belichtung einen waagerechten Schnitt bis zur Mittelachse, so bleibt nach erfolgter einseitiger Belichtung die Krümmung aus.

5. Führt man dieselbe Operation auf der danach belichteten Flanke aus, so wird die Wachstumskrümmung nicht verhindert.

6. Bringt man in die Schnittwunden Gelatineblättchen, so reagiert die Koleoptile wie ein unverletztes Organ. Ersetzt man die Gelatine durch Metall- oder Glimmerblättchen, so treten die Reaktionsverhältnisse wie in 4 und 5 ein.

7. Entfernt man die ganze Koleoptilenspitze, so tritt kein Wachstum und bei einseitiger Belichtung keine Krümmung des Stumpfes ein.

8. Setzt man die Spitze wieder auf, so gewinnt der Stumpf die normale Reaktionsweise zurück.

9. Bringt man die Koleoptilenspitze auf ein Agarwürfelchen (Abb. 326, *1* und *2*) und beläßt sie dort einige Stunden, so wirkt der Agarwürfel genau so auf den Stumpf wie zuvor die Spitze selbst.

Aus diesen Versuchsergebnissen schloß man auf die Existenz eines Wuchsstoffes, der offenbar von der Spitze in den Stumpf abströmt und dort das Streckungswachstum reguliert. Diesem Schluß entsprechen auch die weiteren Beobachtungen:

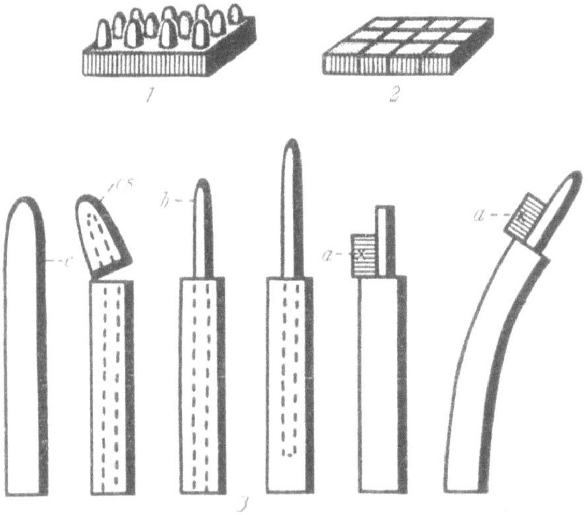

Abb. 326.
1 Agar mit aufgesetzten Koleoptilenspitzen des Hafers; *2* Zerteilung des auxinhaltigen Agars in Würfelchen gleicher Größe; *3* in der Reihenfolge von links nach rechts: Koleoptile (*c*), Abheben der Koleoptilenspitze (*cs*), dekapitierte Koleoptile mit Laubblatt (*b*), einseitiges Aufsetzen eines auxinhaltigen Agarwürfelchens (*a*) auf den Koleoptilenstumpf: das Auxin wandert in die linke Flanke des Koleoptilenstumpfes, erzeugt dort verstärktes einseitiges Wachstum, und infolgedessen eine Krümmung. (Nach *Went*)

10. Setzt man das mit Wuchsstoff angereicherte Agarblöckchen einseitig auf den dekapitierten Koleoptilenstumpf, so wächst die betreffende Flanke rascher, der Keimling krümmt sich nach der wuchsstoffärmeren Seite (Abb. 326, *3*).

11. Durch Diffusion des spitzeneigenen Wuchsstoffes in größere Agarwürfelchen kann man die Wuchsstoffkonzentration beliebig verringern. Dabei zeigt sich, daß bei einseitiger Wuchsstoffzufuhr die Krümmung, d. h. die Wachstumsdifferenz beider Flanken, der zugeführten Wuchsstoffmenge proportional geht.

12. Umgekehrt findet man in Keimlingen, die sich unter der Einwirkung richtender Kräfte (Licht, vgl. S. 333) gekrümmt haben, auf der Konvexseite stets größere Mengen von Wuchsstoff.

13. Ganz allgemein sind die Zonen des intensivsten Streckungswachstums auch die wuchsstoffreichsten Organteile.

Das Streckungswachstum wird also durch spezifische Wuchshormone (Auxine) gesteuert.

Chemische Konstitution der Auxine

a) Das Auxin. Nachdem man schon geraume Zeit — ähnlich wie bei Erforschung der Fermente — die biologische Wirkung des Wuchsstoffs der höheren Pflanzen und auch einige seiner physikalischen und chemischen Eigenschaften (Diffusionsgeschwindigkeit, Molekulargewicht, Säurecharakter, Ätherlöslichkeit) gekannt hatte, gelang es dann dem deutschen Chemiker *Kögl*, aus Maisöl, Malz usw. den Wuchsstoff in kristallisierter Form zu isolieren. Sehr viel ergiebiger erwies sich später der menschliche Harn als Ausgangsmaterial der Auxingewinnung. Besonders nach reichlichem Fettgenuß wurden erhebliche Wuchsstoffmengen im Harn gefunden. Das reichliche Vorkommen ermöglichte dann auch *Kögl* die Aufklärung der chemischen Konstitution des neuen Wirkungsstoffes. Dabei wurden zwei Wuchsstoffe (Auxine) von sehr ähnlicher chemischer Zusammensetzung gefunden.

Auxin a: $C_{18}H_{32}O_5$ und sein Anhydrid, das Auxin b: $C_{18}H_{30}O_4$

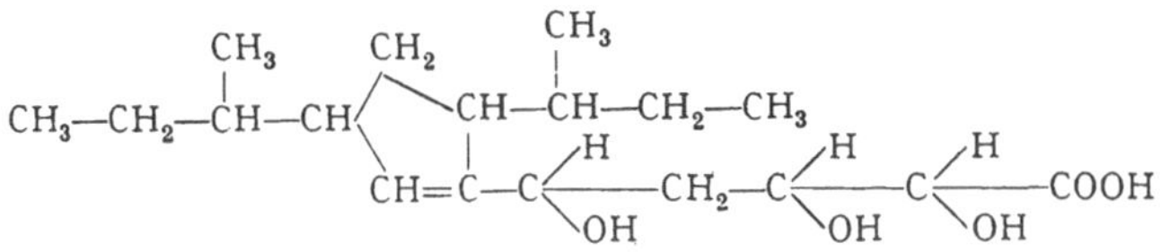

(Auxin a)

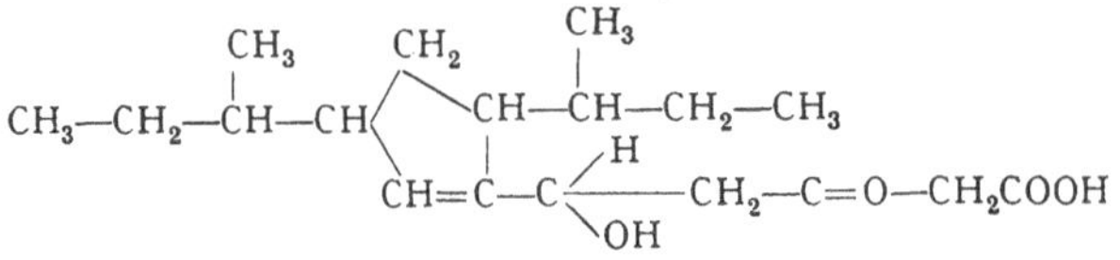

(Auxin b)

b) Das Heteroauxin. Aus Pilzkulturen gelang die Isolierung eines dritten natürlichen Wuchsstoffes, der als β-Indolylessigsäure identifiziert wurde.

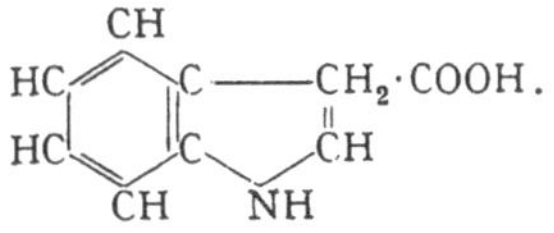

Obwohl dieser Stoff in höheren Pflanzen nicht vorzukommen scheint, vermag er doch (wenn auch in etwas höherer Minimalkonzentration) auch in diesen Pflanzen das Streckungswachstum, ähnlich wie das Auxin es tut, zu steigern. Dieser Tatsache verdankt der neue Stoff die Bezeichnung Heteroauxin. Neuerdings hat man noch eine große Zahl anderer Substanzen mit fördernden Wirkungen auf das Streckungswachstum gefunden. Für die biologische Wirkung scheinen vor allem die Säuregruppe, die Doppelbindung und die Ringstruktur im Molekül unentbehrlich zu sein.

Bildungsorte der Wuchsstoffe. Keimlinge erhalten ihren Wuchsstoff zunächst aus den Samen. Besonders das Nährgewebe und die Keimblätter sind reich an Auxin. Es scheint jedoch, daß das sameneigene Auxin noch nicht voll wirksam ist und erst im Keimling aktiviert wird. Bei den Gräsern ist die Koleoptilenspitze ein Aktivierungszentrum. Entfernt man von den jungen Keimlingen das auxinhaltige Nährgewebe, so wird das Wachstum eingestellt und erst nach künstlicher Auxinzugabe wieder angeregt.

Auch die Knospen, vor allem die Terminalknospen, sind sehr wuchsstoffreich. Doch ist die Auxinkonzentration in all diesen Organen noch nicht optimal, daher kann in jedem Fall durch zusätzliche Auxinzufuhr das Wachstum gesteigert werden.

An der erwachsenen Pflanze produzieren die Blätter die größten Mengen an Wuchsstoff, der dann an die Orte stärksten Streckungswachstums abströmt. So häuft sich im Fruchtknoten das Auxin an, und auch die Pollenkörner erhalten im Interesse der späteren Pollenschlauchbildung eine Auxinreserve mit.

Die Bildung des Auxins ist ein lichtbedürftiger Prozeß. Verdunkelte Pflanzen vermindern ihren Wuchsstoffgehalt sehr erheblich. Daneben scheint aber in Blättern, und zwar nur unter Lichtausschluß, ein Aktivator des Auxins gebildet zu werden. Man muß daher eine tagesrhythmische Produktion von Auxin und Aktivator vermuten. Schließlich mag noch bemerkt werden, daß die Pflanze auch bestimmte Hemmstoffe erzeugen kann, die das Auxin völlig zu zerstören scheinen. Der Chemismus der Auxinbildung ist zur Zeit noch nicht geklärt; manche Beobachtungen lassen auf Beziehungen von Auxinbildung und Fettstoffwechsel schließen.

Wirkungsmechanismus des Auxins. Bei Entdeckung des Auxins glaubte man in optimistischer Begeisterung das Regulativ der Zellstreckung schlechtweg gefunden zu haben. Inzwischen ist man zur Erkenntnis gekommen, daß die Regulation des Wachstums doch wohl über das Plasma führt und dem Auxin nur die Rolle der Anregung zufällt. Zwar vermag der Wuchsstoff auch für sich allein eine Erhöhung der plastischen

Dehnbarkeit der Zellwand, d. h. eine Lösung der Haftpunkte des Zellulosegerüstes, herbeizuführen, aber doch nur, wenn er in „unphysiologisch" hohen Konzentrationen geboten wird. Außerdem ist die Erhöhung der plastischen Dehnbarkeit der Zellwand nur ein Teilprozeß des Streckungswachstums, das zu seiner Verwirklichung noch einer weitgehenden Turgorregulation bedarf, denn nur voll turgeszente Zellen können sich strecken. Endlich muß es auch noch zu weiterer Einlagerung von Zellulose in die Zellwand (Intussuszeption) kommen. Die beiden letzteren Prozesse werden zweifellos über das Plasma reguliert. Das Streckungswachstum ist eine Kette von gerichteten Teilprozessen, das Auxin ist nur ein Glied, wenn auch ein sehr wichtiges, in dieser Kette.

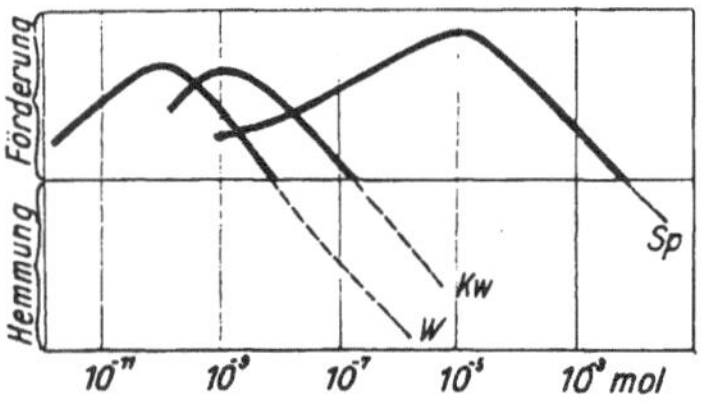

Abb. 327. Hemmende und fördernde Wirkung von Auxin auf verschiedenartige Organe. Auf der Abszissenachse sind die Auxinkonzentrationen, auf der Ordinate die Wachstumswirkungen abgetragen. (*W*) Wurzel; (*Kw*) Knospen; (*Sp*) Sproß. (Nach *Thimann*)

Der Mechanismus des Wurzelstreckungswachstums unterscheidet sich von dem des Sprosses durch die viel größere Empfindlichkeit gegenüber dem Auxin. Zwar weiß man auch vom Sproßwachstum, daß seine Abhängigkeit vom Auxingehalt das Bild einer Optimalkurve ergibt, d. h. daß eine bestimmte Auxinkonzentration die Sproßstreckung am stärksten fördert, während höhere und niedrigere Auxinkonzentrationen die Streckung herabsetzen. Dasselbe trifft für die Wurzel zu, nur mit dem Unterschied, daß hier die Kardinalpunkte nach sehr viel geringeren Konzentrationen hin verschoben sind (vgl. Abb. 327).

Die Intensität der Streckung des Sprosses ist unter natürlichen Bedingungen durch suboptimale, die der Wurzel dagegen durch superoptimale Auxinkonzentration begrenzt. Aus dieser Tatsache heraus erklären sich zum Teil die gegensinnigen Reaktionen von Sproß und Wurzel vielen Außenfaktoren (Licht, Schwerkraft) gegenüber.

Die Leitung des Auxins. Wie das Auxin in der Pflanze geleitet wird, ist noch nicht mit Sicherheit erkannt. Die relativ hohe Leitgeschwindigkeit (bis zu 185 mm pro Stunde) schließt eine osmotische Leitung von Zelle zu Zelle aus; dagegen spricht mancherlei für eine Leitung im Siebteil. Als bewegende Kraft wurde ein elektrisches Potentialgefälle vermutet, das in Einzelfällen experimentell nachgewiesen werden konnte.

Weitere Auxinwirkungen

a) Stengelanschwellungen. Diese können an krautigen Organen durch Auftragen von Wuchsstoffpaste erzeugt werden. Denselben Erfolg bringt auch eine Stauung des natürlichen Wuchsstoffes durch Behinderung der Wuchsstoffableitung (Ringelung, Eingipsen von Stengelteilen).

Auch die durch Bact. tumefaciens erzeugten Wucherungen an Pflanzen beruhen auf der Ausscheidung von Wuchsstoff durch die Bakterien. In ähnlicher Weise sind die Gallenbildungen der Knöllchenbakterien an den Leguminosen zu erklären.

b) Wurzel- und Sproßbildung. Von einer gewissen praktischen Bedeutung ist die Begünstigung der Wurzelbildung an Stecklingen durch Wuchsstoffzufuhr (Abb. 328). Selbst die sonst sich schwer bewurzelnden Stecklinge von Obstbäumen können durch ein 24-stündiges Bad in verdünnter Heteroauxinlösung (0,2 mg pro ccm) zu reichlicher Bewurzelung angeregt werden. Es ist jedoch wahrscheinlich, daß die Wurzelbildung selbst ein sehr komplexer Wachstumsprozeß ist, in dem das Auxin nur einen von vielen Wirkungsfaktoren darstellt. Der auffällige Erfolg der Auxinzufuhr erklärt sich daraus, daß unter normalen Bedingungen das Auxin begrenzender Faktor im ganzen Komplex ist. Außerdem ist diese Wirkung des Auxins wenig spezifisch; es gibt neben dem Heteroauxin noch eine ganze Reihe anderer Stoffe von ähnlicher Wirkung.

c) Polarität. Bringt man Weiden- oder Pappelsteckholz in den feuchten Raum, so entstehen in normaler und in inverser Lage stets am spitzenwärts gelegenen Teil Sprosse, am Basalteil dagegen Wurzeln (vgl. S. 308). Diese Polarität beruht auf ungleicher Verteilung des Wuchsstoffes: an Stellen verringerten Auxingehaltes entstehen Sprosse, an denen erhöhten Auxingehaltes dagegen Wurzeln. Zusätzliche Auxingabe läßt auch am Spitzenende Wurzeln, erzwungene Verarmung des ganzen Stecklings an Wuchsstoff auch am Basalende Sprosse entstehen.

d) Auxin und Abbau. Neuerdings wurde festgestellt, daß abbauende Kartoffeln ärmer an Wuchsstoff sind als gesunde Knollen. Heteroauxinzufuhr vermochte die Wachstumsstörung aufzuheben.

e) Auxin uud Wachstumsbewegungen. Über die Mitwirkung des Auxins an den Wachstumsbewegungen (Tropismen) vgl. S. 333.

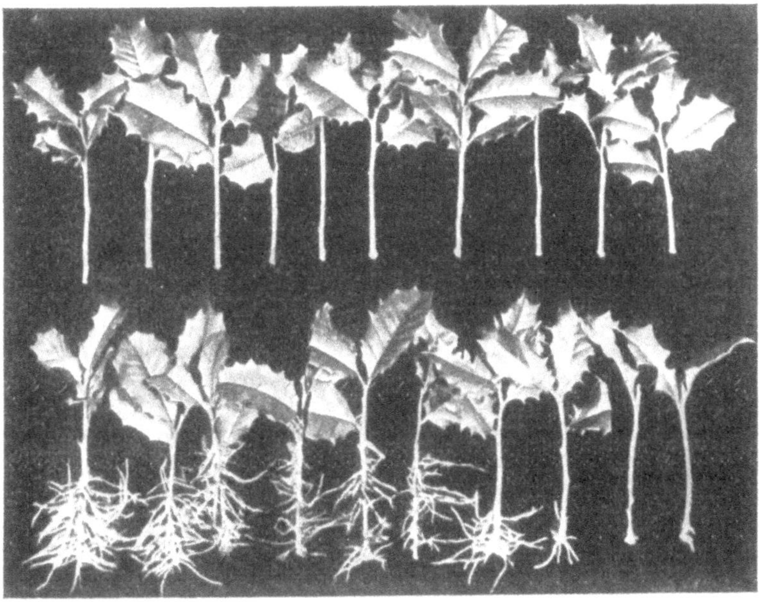

Abb. 328. Stecklinge von Ilex opaca. Obere Reihe: Kontrollen. Untere Reihe: mit Naphthalinessigsäure behandelt. (Nach *Hitchcock* und *Zimmerman*)

f) Auxin und Dickenwachstum. Die jahresrhythmische Tätigkeit des Kambiums und damit das sekundäre Dickenwachstum stehen nach neueren Untersuchungen ebenfalls in enger Beziehung zum Auxin. Im Frühjahr bzw. Frühsommer beginnt das Kambium seine Tätigkeit in Knospennähe zuerst aufzunehmen. Dieser Befund erklärt sich aus einer Zuleitung von Auxin aus den Knospen nach dem Kambium hin. Der von oben nach unten am Baum sich ausbreitenden Wachstumswelle eilt eine gleichgerichtete Wuchsstoffwelle voraus. Im Versuch genügte in günstigen Fällen schon der Wuchsstoff aus 5 Knospen, um das ruhende Kambium zu erneuter Teilung anzuregen.

g) Wachstumshemmungen durch Auxin. Auf der anderen Seite fehlt es auch nicht an Beobachtungen über Wachstumshemmungen durch Auxin. Auf die hemmende Wirkung hoher Auxinkonzentrationen in der Wurzel ist bereits hingewiesen worden. Auch die Knospen selbst scheinen nur bei relativ geringer Auxinkonzentration zum Austreiben zu kommen. So treiben in vielen Fällen Achselknospen nach Entfernung der auxinliefernden Endknospe und Deckblätter aus. Daher sind wuchsstoffreiche Pflanzen häufig weniger verzweigt als nahe verwandte auxinärmere Arten; die letzteren kommen erst nach Übergang des Mitteltriebes zur Blütenbildung zu stärkerer Verzweigung.

Hormone des Plasmawachstums und der Zellteilung

Wildiers hat als erster experimentell gezeigt, daß Hefezellen auf rein synthetischer Nährlösung die Fähigkeit der Zellteilung einbüßen. Zur Auslösung der Zellteilung kam es erst wieder nach Zusatz von Pflanzenextrakten, in denen somit ein zur Zellteilung unentbehrlicher Stoff, von *Wildiers* als **Bios** (Lebensstoff) bezeichnet, enthalten sein mußte. Spätere Nachuntersuchungen dieser bedeutsamen Beobachtung haben zu heftigen Widersprüchen geführt, die sich schließlich durch die Erkenntnis lösten, daß bestimmte Heferassen (vor allem die Wildhefen) dieses Zellteilungshormon selbst erzeugen können, während andere Rassen (Kulturhefen) auf die Zufuhr von außen angewiesen sind. Es müssen allerdings ungemein kleine Mengen dieses Stoffes zur Durchführung der Zellteilung genügen: 1 ccm Extrakt aus Pferdebohnen reicht hin, um innerhalb 48 Stunden eine Vermehrung von 1500 Hefezellen auf 30 Millionen zu ermöglichen.

Später gelang dann der Nachweis, daß der Biosstoff nicht einheitlicher Natur ist. Auf chemischem Wege ließen sich drei verschiedene Fraktionen isolieren. Bios I erwies sich als der in Pflanzen weit verbreitete **Mesoinosit**, der dem Phytin zugrunde liegende Alkohol

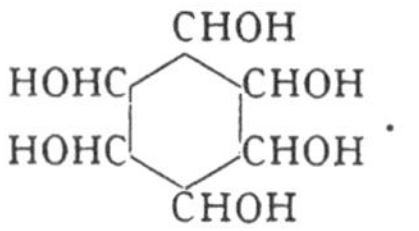

Jedoch kommt diesem Stoff keine komplette Wirkung auf das Plasmawachstum zu. Er spielt vielmehr nur die Rolle des Aktivators eines selbständigen Wuchshormons, nämlich des Bios II oder **Biotins**, das *Kögl* aus Schildkröteneiern rein isolieren konnte. Dieser Stoff kommt nur in außerordentlich kleinen Mengen vor: aus 5 Zentnern Trockeneigelb betrug *Kögls* Ausbeute an Bios II nur 1,1 mg. Dafür ist aber die Wirksamkeit dieses Stoffes auch eine ganz außerordentliche: 1 mg Biotin reicht hin, um 6000 t Hefe bei günstiger Nährstoffversorgung innerhalb 5 Stunden einen Zuwachs von 100% zu garantieren. Wirksam ist das Biotin noch bis zu Konzentrationen von 1 : 400000000000 herab.

Ein dritter aus dem Gesamtkomplex Bios isolierbarer Stoff (Bios III) ist noch nicht näher definiert.

Schließlich spielt auch das **Vitamin B_1**, das Aneurin, die Rolle eines Zellteilungs- bzw. Plasmawachstumshormons. Dieser Körper ist in höheren Pflanzen weit verbreitet und wird in rasch wachsenden Zonen in gehäuften Mengen gefunden, so vor allem in keimenden Samen und im tätigen Kambium. In ruhenden Samen kommt das Vitamin wahrscheinlich wie bestimmte Fermente inaktiviert, an Eiweiß adsorbiert vor. In Getreidekörnern sind besonders Aleuron- und äußere Stärkeschicht reich an Aneurin.

Aneurinvorkommen

Pflanze	Vitamin B_1-Gehalt in je $\gamma = {}^1/_{1000}$ mg pro 100 g
Salat	160
Spinat	125
Möhre	110
Tomate	70
Haselnuß	360
Weizenkorn ungekeimt	400— 600
" gekeimt	1000—3300
Reiskleie	7100
Poliertes Korn	470

Die Bildung der Biosfaktoren erfolgt hauptsächlich in den Blättern, bei Keimlingen vor allem in den Kotyledonen, nach deren Entfernung daher das Plasmawachstum ins Stocken gerät und erst durch künstliche Biotinzufuhr wieder in Gang kommt. Den Orchideen der Vandagruppe ist die Biosbildung gänzlich abhanden gekommen; sie sind daher auf die Bios liefernden Pilzsymbionten angewiesen. Der Verlust der Biossynthese scheint schrittweise zu erfolgen. Unter den Pilzen gibt es Formen, die nur mehr die eine oder andere Komponente des Biotinmoleküls zu bilden vermögen.

Neben diesen spezifischen Plasmawachstumshormonen können auch in Einzelfällen **Vitamin C** (Ascorbinsäure) sowie **Vitamin A** eine Wachstumsförderung bewirken.

Das Plasmawachstum ist zweifellos ein sehr komplexer Prozeß, der vielerlei Stoffe zu seiner Verwirklichung bedarf. Von allen diesen Stoffen scheint meistens dem Biotin die Rolle des begrenzenden Faktors zuzufallen. Dabei ist es nicht immer ganz leicht, eine sichere Unterscheidung zwischen Nährstoff und Wuchshormon zu treffen. Eine gebräuchliche Nomenklatur bezeichnet als Nährstoffe alle jene Stoffe, die ins Plasma eingebaut werden, und trennt als Wuchshormone die nur dynamisch wirksamen Stoffe ab. Während jedoch die Fermente nur katalytisch, also ohne selbst verbraucht zu werden, wirken, ist beim Biotin ein Verbrauch im Verlauf der Plasmasynthese festgestellt worden.

Spezifische Zellteilungshormone wurden in Verbindung mit Zellverwundungen entdeckt. Schneidet man z. B. eine Kartoffelknolle an, so beginnen sich schon nach 12 Stunden die unter der Schnittfläche liegenden unverletzten Zellen zu strecken und zu teilen, so daß schließlich ein der Schnittfläche parallel laufendes Korkkambium zur Entwicklung kommt, das gegen die Schnittfläche hin eine Korkschicht (Wundkork) zur Ausbildung bringt.

Dabei werden also Dauerzellen zu erneuter Teilung angeregt. Den Anstoß zur Teilung erhalten die Zellen von bestimmten, bei der Zellverwundung freigelegten Hormonen **(Nekrohormone)**, die von der Wundstelle in die umgebenden lebenden Zellen abdiffundieren. Die Natur dieser Zellteilungshormone scheint artspezifisch bzw. gattungsspezifisch zu sein, denn vielfach wirken die von einer bestimmten Art gewonnenen Hormone nur innerhalb enger systematischer Verwandtschaftsgruppen. Einer dieser Stoffe, das **Traumatin**, ist isoliert und als N-haltige Säure identifiziert worden. Über die chemische Natur anderer solcher Nekrohormone ist Näheres noch nicht bekannt. Durch Auswaschen der Wundflächen lassen sich die Wundhormone weitgehend beseitigen, wonach dann auch nur entsprechend spärliche Zellteilungen im anstoßenden Gewebe auftreten. Trägt man indes auf die ausgewaschenen Schnittflächen Zellbrei auf, so tritt wieder verstärkte Zellteilung im angrenzenden Gewebe ein (Abb. 329).

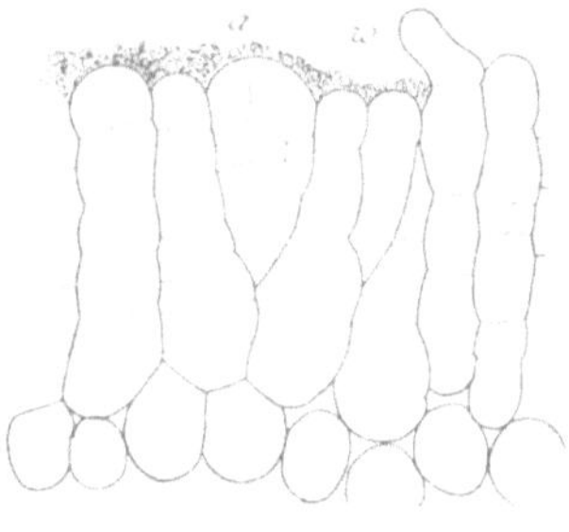

Abb. 329. Wundfläche (*w*) mit Zellbrei (*a*) bedeckt. (Nach *Haberland*)

In vielen Fällen bedarf es gar keiner erkennbaren Verwundung oder Schädigung der Zellen zur Freilegung der Zellteilungshormone, vielmehr genügt schon eine schwache mechanische Reizung (z. B. Bürsten, Druck, Reibung), um die Hormone freizulegen. Ob die Hormone erst während der Reizung bzw. Verwundung entstehen oder in deren Folge nur freigelegt werden, ist eine offene Frage. Doch spricht mancherlei für die letztere Möglichkeit.

Die Entwicklung der Pflanze

Ruhe und Aktivität der Zelle

Das Plasma ist energetisch ein labiles System, das seine Ektropie nur unter dauernder Zufuhr von Energie erhalten kann. Diese gewinnt die Zelle aus ihrem Betriebsstoffwechsel, dessen Intensität von äußeren und inneren Bedingungen abhängig ist. Da auch der Plasmazerfall auf Prozessen beruht, die in ähnlicher Weise von äußeren und inneren Bedingungen abhängig sind, fallen hohe Energieanforderung und hohe Intensität des Betriebsstoffwechsels zusammen. Labilität des Plasmas aber bedeutet gleichzeitig Funktionsbereitschaft, hohe Aktivität. Daher kann diese letztere durch die Stoffwechselintensität (Atmung) gemessen werden. So entspricht der großen Periode des Wachstums bei Keimlingen eine große Periode der Atmung, und umgekehrt sinkt die Atmung in ruhenden Samen und Sporen auf ein Minimum. Das latente Leben dieser ruhenden Organe besitzt auch die höchste Resistenz gegen ungünstige äußere Faktoren wie hohe und niedere Temperaturen, Gifte, schädigende Strahlen usw. Jedoch genügt diese allgemeine Beziehung durchaus nicht, um die Bereitstellung von Energie der jeweiligen Energieanforderung in so vollkommener Weise anzupassen, wie es die Kontinuität des Lebens erfordert. Vielmehr gehört die Herstellung eines solchen Energiegleichgewichts zu den großartigsten und einzigartigen Leistungen der lebenden Zelle wie des vielzelligen Organismus.

In vielen Fällen ist die Aktivität des Plasmas vom Quellungsgrad und damit von der Wasserversorgung abhängig. Das „schlafende" Plasma der Samen ist extrem wasserarm. Mit zunehmender Wasseraufnahme steigt die Atmung, während die Resistenz in gleichem Maße fällt. Wahrscheinlich gehen diese Änderungen über wechselnde Aktivität der Fermente. Die Fermentaktivität aber ist weitgehend von der inneren Oberflächenbildung, der Adsorptionsfähigkeit und damit vom kolloidalen Zustand des Plasmas abhängig. Bei der Samenreifung z. B. laufen Entwässerung und verstärkte Eiweißbildung mit Fermentadsorption und Inaktivierung parallel. Die Folge ist eine fast völlige Erstarrung aller Lebensvorgänge. Während in niederen Pflanzen die Zygote vielfach ohne Ruhestadium sofort auskeimt und in ununterbrochener Entwicklung den neuen Sporophyten bildet, schiebt sich zwischen Samenbildung und Samenkeimung bei höheren Pflanzen (ganz unabhängig von klimatischen Bedingungen) eine verschieden lang anhaltende Ruheperiode ein.

Die Samenruhe

Die Samenruhe kann im einzelnen sehr verschiedene Ursachen haben. Manche Samen enthalten zur Zeit der äußeren Samenreife einen noch unvollkommen ausgebildeten Embryo, der sich erst während der **Samennachreife** zur normalen Organisationshöhe entwickelt. Gelegentlich verhindert die Samenschale eine ausreichende Wasseraufnahme (**Hartschaligkeit** der Lupinen); schon ein leichtes Anritzen der Schale hebt diese Hemmung dann rasch auf.

In anderen Fällen enthält besonders die Samenschale einen **keimungshemmenden Stoff**; die Nachreifungsprozesse bewirken vielfach eine Zerstörung derartiger Hemmstoffe. Entfernung der Samenschale und des Nuzellushäutchens hebt bei Apfelsamen die Hemmung sofort auf. Ähnliche keimungshemmende Stoffe finden sich vielfach auch im Fruchtfleisch und Blütenboden. Dadurch wird eine Samenkeimung innerhalb der Frucht bzw. auf der Mutterpflanze verhindert. Durch lang anhaltende Regen kann diese Stoffe, z. B. aus Getreideährchen, ausgewaschen werden, wodurch es zu der so unerwünschten Keimung auf dem Halm kommt.

In fleischigen Früchten werden die Samen erst nach Zerfall des Fruchtfleisches in Freiheit gesetzt. Diesem Zerfall geht ein Reifungsprozeß der Frucht voraus. Dieser selbst ist in seinem Ablauf eine typische Autokatalyse: Die lagernde Frucht bildet Äthylen, das die Reife selbst wieder katalytisch beschleunigt, wobei zunehmende Äthylenmengen entstehen. Derselbe Stoff, das gasförmige Äthylen, das den Fruchtzerfall beschleunigt, hemmt gleichzeitig die Samenkeimung. So kommen Samen unter einer mit reifenden Früchten beschickten Glasglocke nicht oder sehr kümmerlich zur Keimung. Andererseits vermögen reifende Früchte in geschlossenen Räumen die Reife benachbarter Früchte zu beschleunigen. Diese Tatsache spielt bei der Obstlagerung eine bedeutsame Rolle. Sie erklärt manche alte Erfahrung über Obstlagerung, so z. B. die Regel, daß man frühreife Obstsorten nicht mit Spätsorten zusammen lagern soll, und ebenso die Beobachtung, wie günstig lebhafte Durchlüftung der Lagerräume auf die Lagerfähigkeit des Obstes wirkt, die außerdem durch tiefe Temperaturen und CO_2-Begasung erhöht wird.

Die Keimung

Die Voraussetzung für die Samenkeimung ist eine ausgiebige Wasseraufnahme, die zur Quellung lebenswichtiger Plasmakolloide führt. Aber die Quellung schafft nur den geeigneten Reaktionsort für die physiologischen Prozesse, deren Ablauf damit indes noch nicht garantiert ist. Vielmehr ist ihre Ankurbelung das Werk bestimmter Wirkungsstoffe. Diese Hormone werden vielfach erst in einer Nachreife geschaffen bzw. aktiviert. Nicht selten sind sie auch zunächst noch durch bestimmte Hemmstoffe an der Entfaltung ihrer Wirksamkeit gehindert. Dann vermag erst eine Zerstörung dieser Paralysatoren den Keimungsprozeß in Gang zu setzen. Bildung von Wirkungsstoffen und Zerstörung der Hemmstoffe werden in vielen Fällen durch Außenfaktoren weitgehend beeinflußt, unter deren Wirkung sich dann im Samen ein bedeutungsvoller Aktivitätswechsel (*Bünning*) vollzieht. Stets ist eine ganze Anzahl von Faktoren an dieser Umschaltung von Zellruhe zu Zellaktivität beteiligt. In einzelnen Fällen spielen bestimmte Außenbedingungen die Rolle von begrenzenden Faktoren.

Die Wirkung von Außenfaktoren auf die Keimung

Die Entwicklung der Pflanze von der Zygote bis zum Samen ist bereits eingehend geschildert worden. Diese Phase der Entwicklung vollzieht sich im allgemeinen ziemlich unabhängig von Außenbedingungen. Nur wenn sich diese ganz extrem gestalten, vermögen sie Einfluß auf die Samenbildung zu gewinnen.

Aber bereits die Keimung der Samen wird weitgehend von Außenfaktoren bestimmt.

Die Wirkung der Temperatur auf die Samenkeimung. Daß Samen nur oberhalb einer bestimmten Temperatur keimen, die bei einzelnen Arten sehr verschieden sein kann, ist recht verständlich und ordnet sich der Temperaturabhängigkeit anderer Lebensprozesse harmonisch ein. Auffallender ist die Tatsache, daß die Samenruhe mancher Pflanzenarten durch einmaliges Durchfrieren unterbrochen werden kann. Es gibt eine ganze Anzahl von Alpenpflanzen, deren Samen erst nach Frosteinwirkung keimen. Ob hierbei Strukturänderungen des Plasmas oder Zerstörung von Keimungshemmstoffen die Entwicklung ermöglichen, ist nicht geklärt. Auch vegetative Organe (Gladiolenrhizom, Kartoffelknolle) können durch vorübergehende Kühllagerung bis in Nullpunktnähe zu rascherer Entwicklung angeregt werden.

Wirkung von Zellgiften (Stimulation). Sehr umstritten ist die Frage der Keimungsstimulation durch Zellgifte in sehr niedrigen Konzentrationen. Sicher ist, daß in vielen Fällen eine reversible Plasmaschädigung vorübergehende Stoffwechselbeschleunigung bewirkt. Die Ursache hierfür dürfte darin zu suchen sein, daß durch die Schädigung die lokale Trennung von Ferment und Substrat, welche das normale Plasma auszeichnet, aufgehoben wird und ein der Autolyse vergleichbarer Prozeß einsetzt. Vielleicht ist das die gemeinsame Ursache der verschiedenen entwicklungsanregenden oder fördernden Faktoren überhaupt.

Licht und Keimung. Auf anderer Grundlage scheint dagegen das Licht die Keimung zu beeinflussen. Seit langem weiß man, daß manche Pflanzen nur im Licht (**Lichtkeimer**), andere nur in Dunkelheit (**Dunkelkeimer**) keimen können, während auf eine dritte Gruppe von Samen das Licht ohne Wirkung bleibt (**lichtneutrale Samen**). Gelegentlich wirken schon außerordentlich geringe Lichtmengen auf die Keimung: so erhöht eine Belichtung mit 75 Hefnerkerzen für die Dauer von $^1/_{10}$ Sekunde den Keimprozent von Weiderichsamen von 7 auf $50^0/_0$. Im Gegensatz hierzu keimen Amaranthussamen nur unter Lichtausschluß.

Sicherlich gibt in keinem Fall das Licht den ersten Anstoß zur Keimung, da es nur auf gequollene Samen einwirkt. Die Ankeimung erfolgt in allen Samengruppen normal, aber der weitere Entwicklungsverlauf wird dann bei unzuträglichen Lichtverhältnissen abgestoppt. Für die Erklärung dieses Hemmungsmechanismus ist es von Wichtigkeit, daß andere Faktoren, wie Vorbehandlung des Samens, Temperatur, Alter der Samen u. a., den Lichtcharakter der Samen ändern, ja sogar völlig umkehren können. Außerdem wurde festgestellt, daß die Lichtwirkung auch durch chemische Beeinflussung (Säurebehandlung, Zusatz von N-Verbindungen) ersetzt werden kann. Man vermutet auf Grund dieser Erfahrungen, daß nach erfolgter Quellung keimungshemmende und -fördernde Prozesse einsetzen. Diese werden durch **Hemmungs- und Förderungsstoffe** gesteuert, deren Bildung bzw. Erhaltung vom Licht abhängig ist. Dafür sprechen auch neuere Versuche über den Einfluß verschiedener Spektralbezirke des Lichts auf die Keimung. Für jeden lichtempfindlichen Samen gibt es hemmende und fördernde Spektralbezirke. Der Unterschied zwischen Licht- und Dunkelkeimern liegt nur darin, daß bei ersteren die fördernden, bei letzteren die hemmenden Bezirke des Gesamtspektrums überwiegen. Für die Absorption beider Strahlensorten kommen Stoffe verschiedener Eigenfarbe in Frage. Wie aus Abb. 330 zu ersehen ist, besteht hinsichtlich der Wirkung einzelner Spektralbezirke bei Licht- und Dunkelkeimern nur ein quantitativer Unterschied: bei Lichtkeimern wirken die fördernden Bezirke (λ = 700—570 mμ, 550—500 mμ) stärker fördernd als bei Dunkelkeimern, umgekehrt ist der hemmende Einfluß der Bezirke von 850—800, 570—550 mμ und um 500 mμ bis ins Violett hinein bei Dunkelkeimern stärker als bei Lichtkeimern. Wenn Bildung oder Wirkungsentfaltung der Keimstoffe nicht nur vom Licht, sondern auch von anderen äußeren und inneren Faktoren abhängig ist, kann es naturgemäß unter der Wirkung solcher Faktoren zu einer Verschiebung im Verhältnis Hemmungs- : Förderungsstoff und damit zu einer Umstimmung gegenüber dem Licht kommen, was, wie oben erwähnt, in der Tat beobachtet wurde.

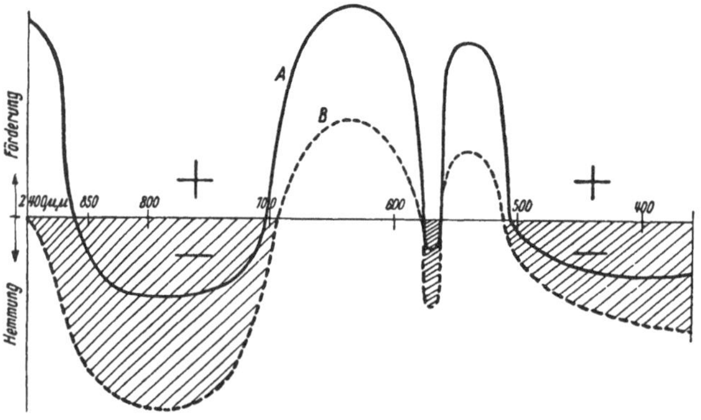

Abb. 330. Wahrscheinliche Verteilung der Förderungs- und Hemmungsbezirke für Lichtkeimer (Kurve *A*) und Dunkelkeimer (Kurve *B*). + = Förderungsbezirke; — (schraffiert) = Hemmungsbezirke. (Nach *Meischke*)

Ruhezustand der Knospen

Die bereits im Frühsommer gebildeten Knospen vieler heimischer Laubbäume kommen trotz günstiger äußerer Lebensbedingungen erst nach fast einjähriger Ruheperiode zur Entfaltung. *Klebs* hat indessen gezeigt, daß durch bestimmte Lichtbehandlung die Ruhe der Knospen jederzeit unterbrochen und die Blattbildung durch das ganze Jahr hindurch erzwungen werden kann. Die neu gebildete Knospe ist dabei ziemlich leicht aus der Ruhe zur Entfaltung zu bringen (**Vorruhe**). Doch wird im Verlauf des Sommers und Herbstes die Ruhe immer tiefer und daher schwerer zu unterbrechen (**Vollruhe**). Diese Beobachtungen zeigen, daß die Knospenruhe keine autonome

Abb. 331. Flieder nach Warmbadbehandlung (links) und unbehandelt (rechts). (Nach *Molisch*)

Erscheinung ist, sondern durch Außenbedingungen herbeigeführt wird. Zwar sind diese für das Austreiben überwinterter Knospen im Frühsommer günstig, aber nicht für die Weiterentwicklung junger Knospen, deren Entfaltung andere Außenbedingungen erfordern. Die normalen sommerlichen klimatischen Faktoren verringern die Treibbereitschaft der Knospen immer mehr und vertiefen die Vorruhe zur Vollruhe. Erst die herbstlichen und winterlichen Bedingungen lockern die Knospenruhe wieder auf (**Nachruhe**), so daß es vielfach dann nur noch eines verhältnismäßig geringfügigen Anstoßes zur Entwicklung bedarf. Diese Erfahrungen macht sich der Gärtner beim Frühtreiben zunutze. Ein alter Bauernbrauch weiß, daß die am Barbaratag (4. Dezember) in Wasser gestellten Kirschzweige zu Weihnachten in der warmen Bauernstube ihre Blüten entfalten. Durch besondere Frühtreibmethoden kann schon bei abklingender Vollruhe und in wesentlich kürzerer Zeit die Blütenentwicklung erzwungen werden.

Methoden des Frühtreibens. Im Verlauf der wissenschaftlichen Untersuchung der physiologischen Grundlagen der Frühtreiberei sind eine erstaunlich große Zahl von ihrer Natur nach recht verschiedenartigen Frühtreibemethoden entwickelt worden.

Verletzung (Quetschen) der Knospen, Einfluß von Frost und Trockenheit, Belichtung, Radiumbestrahlung, Röntgenstrahlen, Wasserinfiltration u. a. m.

heben die Knospenruhe auf. Neben diesen physikalischen Methoden wurden bald auch chemische Frühtreibmittel gefunden: Behandlung mit Äther, Chloroform, Azetylen, Rauch, Säuren, Alkalien, Blausäure, Schwefelkohlenstoff, Alkohol, Azetaldehyd und eine ganze Anzahl anderer, besonders oberflächenaktiver Stoffe bringen in kurzer Zeit die ruhenden Knospen zur Entwicklung. In praktischen Kreisen erfreut sich vor allem das Warmbad als einfache Frühtreibmethode großer Beliebtheit und mannigfacher Anwendung (Abb. 331). Dabei werden die anzutreibenden Reiser oder Rhizome 12—24 Stunden in Wasser von 34—35^0 untergetaucht. Höhere Temperaturen erfordern verkürzte Behandlungszeit. So wurde an Winterknospen des Froschlöffels bei einer Badetemperatur von 48^0 die Zeit von nur 5 Minuten optimal gefunden.

Schon die Vielgestaltigkeit der Methoden und wirksamen Agenzien weist darauf hin, daß deren Wirkung keine direkte sein kann. Man muß vielmehr annehmen, daß alle diese Behandlungen irgendeine gleiche Folgeerscheinung bedingen, die dann die eigentliche Treibursache darstellt. Diese Folgeerscheinung muß sehr allgemeiner Natur sein. Man glaubte für all die Wirkungen der Frühtreibmethoden den gemeinsamen Nenner in der Behinderung der Sauerstoffatmung und der dadurch gesteigerten intramolekularen Atmung sehen zu dürfen. Für diese Auffassung schienen mancherlei Befunde zu sprechen:

1. Durch Gifte und Strukturstörungen irgendwelcher Art wird allgemein die Atmung stärker gehemmt als die Gärung,

2. die dem Warmbad ausgesetzten Organe weisen infolge des geringen O_2-Gehalts des erwärmten Wassers erhebliche Mengen Alkohol und Azetaldehyd auf,

3. vorübergehender Aufenthalt im O_2-freien Raum wirkt ähnlich frühtreibend wie das Warmbad,

4. die Produkte der alkoholischen Gärung rufen für sich schon Frühtreibwirkung hervor,

5. in meristematischen Geweben spielen sich vielfach schon unter normalen Bedingungen selbst bei günstiger O_2-Versorgung Gärungsvorgänge ab.

Boresch schrieb auf Grund ähnlicher Erfahrungen den Produkten der intramolekularen Atmung (Azetaldehyd und Alkohol) die frühtreibende Wirkung zu. Dabei berief sich dieser Forscher auch auf eine angeblich gärungsaktivierende Wirkung des Azetaldehyds.

Neuere Beobachtungen haben indes gezeigt, daß Azetaldehyd in lebenden Zellen kein Gärungsaktivator, sondern schon in geringer Konzentration ein Gärungshemmstoff ist. Alkohol aber wird von der Zelle in Konzentration bis zu 5% sehr rasch abgebaut, weshalb auch nach erfolgter Anaerobiose die Atmung ansteigt.

Es erscheint daher wahrscheinlicher, daß die im Gefolge der Frühtreibmethoden einsetzende Verminderung der Atmung und Erhöhung der Gärung nur eine Parallelerscheinung zur Entwicklungsanregung, aber nicht ihre Ursache darstellt. Diese letztere ist wahrscheinlich in einer Strukturänderung des Plasmas zu suchen, die ähnlich wie bei mechanischer Einwirkung auf die Zellen (vgl. S. 293) Entwicklungshormone mobilisiert. Für eine physikalische Ursache spricht auch die ungeheure Wirkungssteigerung bei Temperaturerhöhung, die weit über das Maß hinaus geht, das bei chemischen Prozessen erwartet werden könnte.

Dagegen kann man solch hohe Temperaturquotienten bei Prozessen beobachten, die mit Strukturstörungen einhergehen, wie z. B. beim Abtöten der Zellen, Ausfällung von Eiweißkörpern, Verflüssigung von Zell-Lipoiden, Verfestigung von Phosphatiden und anderen physikalisch-chemischen Prozessen. Ein Gegenstück hat die Entwicklungsanregung durch Strukturänderung unter anderem auch in der Steigerung der Fermentaktivität, die zweifellos aufs engste mit der Entwicklungsanregung verknüpft sein muß.

Die experimentelle Beeinflussung der Entwicklung

Die Entwicklung der Pflanze zerfällt in zwei, ihrem Wesen und Ziel nach unterschiedliche Phasen:

1. Die **vegetative Phase.** Sie führt zur Entwicklung eines reichgegliederten Kormus, zur Entfaltung der pflanzlichen Individualität.

2. Die **reproduktive Phase.** Sie beginnt mit der Ausbildung von Sporangien und führt über Sporen- und Gametenbildung zur Erzeugung von Keimen, die ihrerseits nicht einer weiteren Entfaltung des Individuums, sondern der Reproduktion und damit der Erhaltung der Art dienen. Vielfach ist mit der Umschaltung von vegetativer zu reproduktiver Phase eine deutliche Hemmung des Wachstums und der Individualentwicklung verbunden.

Es ist nicht verwunderlich, daß die beiden Entwicklungsphasen zu ihrer Verwirklichung verschiedene äußere und innere Bedingungen zur Voraussetzung haben. Soweit diese bekannt sind, bieten sie dem Experimentator eine Möglichkeit, den Entwicklungsgang der Pflanze zu beeinflussen und willkürlich abzuändern.

a) Niedere Pflanzen. Relativ leicht gelingt das bei niederen Pflanzen durch Beeinflussung der Ernährung: Der Algenpilz Saprolegnia bildet bei sehr günstiger Ernährungslage rein vegetative Hyphen. Mit zunehmender Nährstoffknappheit geht er zur Sporangienbildung und bei verschärftem Nährstoffmangel zur Gametangienbildung über. Durch bestimmte Gestaltung der Ernährungslage läßt sich die Entwicklung willkürlich beeinflussen: man kann den Pilz jahrelang in rein vegetativer Entwicklung halten oder ihn sofort nach kurzem Hyphenstadium zur Sporangien- und Gametangienbildung zwingen.

Ähnlich läßt sich die Entwicklung der Alge Vaucheria durch Belichtung und Regelung der Mineralstoffzufuhr willkürlich bestimmen. Bei den Fungi imperfecti kommt es unter natürlichen Bedingungen überhaupt nie zur Gametangienbildung.

b) Die höhere Pflanze. Bei der höheren Pflanze vermittelt der Prozeß der Blütenanlage den Übergang von der vegetativen zur reproduktiven Phase. Alle Faktoren, welche diesen Vorgang beeinflussen, müssen daher auch von einschneidender Bedeutung für den Entwicklungsablauf der Pflanze sein. So gelang es *Klebs*, die Sproßspitze der Rosette des Günsels nach Belieben zum normalen Blütentrieb, zum Ausläufer oder zu einer aufrecht wachsenden, nicht blühenden Pflanze zu treiben. Selbst der bereits blütentragende Sproß konnte wieder zur rein vegetativen Weiterentwicklung umgestimmt werden.

Versuche an Sempervivum Funkii: Die Rosetten dieser Hauswurz lassen sich bei guter Beleuchtung und günstiger Nährstoffzufuhr jahrelang unter dauernder Vergrößerung der Rosette im vegetativen Zustand erhalten. Drosselt man die Mineralstoffzufuhr ab, so ändert sich zwar bei hohen Temperaturen nichts; bei gleichzeitiger Temperaturerniedrigung aber vollziehen sich jene Strukturänderungen im Plasma der meristematischen Zellen, die an Stelle normaler Laubblätter Hochblätter und Sporophylle am Vegetationskegel entstehen lassen; die Rosette wird **blühreif.** Die Blühreife ist indes noch nicht Garantie für Blütenbildung, sondern nur ihre Voraussetzung. Die Anlage, d. h. die Ausbildung von Blüten, ist an andere Bedingungen gebunden als die Erlangung der Blühreife. Ob blühreife Pflanzen zum Blühen kommen, hängt weitgehend von den Außenfaktoren ab. Hierbei spielen Licht und Temperatur eine maßgebliche Rolle Abb. 151 *B* zeigt den Einfluß des Lichtes auf die Weiterentwicklung der blühreifen Rosette: die zunehmende Dauerbelichtung erleichtert die Blühanlage und Entfaltung; dunkel und warm gehaltene Rosetten dagegen verlieren die Blühreife wieder. Abb. 151 *A* läßt die verschiedene Wirkung der einzelnen Spektralbereiche auf die Blütenbildung und Entfaltung blühreifer Rosetten erkennen.

Im natürlichen Jahresrhythmus wird die Blühreife der Pflanzen im allgemeinen im Herbst erreicht; dagegen kommt es nicht mehr zur Blütenanlage. Bei vorherrschend niederen Temperaturen wird indes die Blühreife bis zum Frühjahr konserviert; dann erst schreitet die Pflanze unter der Einwirkung der zunehmenden täglichen Beleuchtung und Temperatur zur Ausbildung der Blüten. Daher erweisen sich späte Frühjahre, die auf harte Winter folgen, besonders bei plötzlich einsetzender Temperatursteigerung als besonders blühfreudig. Durch geeignete Kombination von Temperatur, Beleuchtung und Mineralstoffernährung läßt sich daher die Blütezeit der Pflanzen weitgehend beeinflussen. Holländischen Gärtnern gelang es so, die Blütezeit von Tulpen und Hyazinthen in den blüharmen Spätsommer zu verlegen.

Die Keimstimmung

Die Untersuchungen über die Möglichkeiten der Entwicklungsbeeinflussung der Pflanzen haben erkennen lassen, daß ein innerer Entwicklungsrhythmus auf die periodische jahreszeitliche Rhythmik abgestimmt ist. Das Ergebnis dieser Harmonie ist die Entwicklung der Normalpflanze. Nun läßt sich die äußere Faktorenrhythmik leicht ändern und verschieben. Das muß dann naturgemäß eine Änderung der Pflanzenentwicklung zur Folge haben, die um so mehr von der Normalentwicklung abweicht, je bewegter die innere Phasenrhythmik zur Zeit der äußeren Faktorenänderung verläuft. Daraus wird verständlich, daß Faktorenänderungen nicht in jedem Sektor der Entwicklung gleichen Einfluß auf den Entwicklungsablauf nehmen. Besonders empfindlich reagiert die Pflanze im frühesten Keimlingsalter durch Entwicklungsänderungen auf einen Wechsel der Außenfaktoren, und zwar gerade in bezug auf den Angelpunkt der vegetativen und reproduktiven Entwicklungsphase der Pflanze, auf die Blütenanlage. Wenn die Phänologie mittlere Angaben über die Blütezeit der Freilandpflanzen macht, so sind das nur statistische Mittelwerte, die in den einzelnen Jahren recht erhebliche Abweichungen zeigen. Der jeweilige Entwicklungsablauf entscheidet sich bereits im Stadium des zartesten Keimlingsalters. Vor allem Licht- und Temperatureinflüsse auf den Keimling legen weitgehend die ganze spätere Entwicklung der Pflanze, besonders auch den Übergang zur reproduktiven Phase durch die Anlage der Blüten, fest. Die Dauer der vegetativen Entwicklungsphase ist also keineswegs ein unabänderliches konstitutionelles Artmerkmal, sie ist vielmehr in weiten Grenzen durch die Wirkung der Außenfaktoren auf den Keimling beeinflußbar. In vielen Fällen gelingt es, durch geeignete Vorbehandlung des Keimgutes (**Keimstimmung**) die Dauer der vegetativen Entwicklungsperiode bis unter die Hälfte zu verkürzen. Licht- und Temperatureinflüsse auf den Keimling erzeugen somit Nachwirkungen auf spätere Entwicklungsstadien.

Die Nachwirkungen des Lichtes (Photoperiodismus)

Von entscheidender Bedeutung für den späteren Entwicklungsablauf ist die Tageslänge, unter der die Keimung der Samen sich vollzieht. Dabei verhalten sich die einzelnen Pflanzen — und zwar ohne systematische Beziehung — sehr verschieden.

1. Die **Langtagpflanzen** beschleunigen ihre vegetative Entwicklung unter dem Einfluß langer, ununterbrochener täglicher Beleuchtung. Manche von ihnen besitzen eine ganz bestimmte optimale Beleuchtungsdauer, andere dagegen verkürzen ihre vegetative Entwicklung mit verlängerter Tagesbeleuchtung bis zur Dauerbeleuchtung. Zu den Langtagpflanzen gehören u. a. die meisten unserer heimischen Getreidearten (Hafer, Roggen, Gerste, Weizen, Abb. 332) wie überhaupt die meisten Pflanzen (Mohn, Zuckerrübe, Salat, Zwiebel) der gemäßigten Zonen. Hieraus erklärt sich u. a. die Frühreife des schwedischen

Weizens, der in Schweden verspätet (im Langtag) ausgesät eine etwa 3 Wochen kürzere Entwicklung erfordert als in Deutschland. Mit der Verschiebung des Blühtermins ist auch eine Änderung des Ertrags verbunden. Verkürzung der täglichen Beleuchtungsdauer bedingt bei Langtagpflanzen

a) Verzögerung der Blütenbildung und damit der Reife,

b) Verminderung des Samenertrags, Erhöhung des Ertrags an vegetativen Pflanzenteilen (Stroh).

Verlängerung des Tages dagegen bewirkt Beschleunigung der Entwicklung und Erhöhung der Ernteerträge an Samen bzw. Früchten.

Abb. 332. Einfluß der Tageslänge auf die Entwicklung der Gerste (Langtagpflanze). Die Zahlen auf den Töpfen geben die Tageslänge an, unter der die Kulturen sich entwickelt haben. (Nach *Maximow*)

2. Die **Kurztagpflanzen** entwickeln sich beschleunigt bei relativ kurzer täglicher Beleuchtungsdauer (bis 12 Stunden). Hier wirkt Langtag im Sinn einer Verlängerung der vegetativen Entwicklungsperiode zugunsten hoher Erträge an vegetativen Pflanzenteilen, wofür aber möglicherweise unvollständiges Ausreifen der Früchte und Samen in Kauf genommen werden muß. Kurztag verringert die Vegetationszeit, aber auch die Erträge. Ausgesprochene Kurztagpflanzen sind u. a. die Gartenbohne (Abb. 333 *A*), die Hirse (Abb. 333 *B*), manche Kartoffel- und Sojarassen, Hanf, Dahlie, Topinambur und andere mehr.

Abb. 333 *A*. Kurztagpflanze. Bohne (Phaseolus vulgaris). Links Tageslänge 18 Stunden, rechts Tageslänge 9 Stunden. (Nach *Maximow*)

Abb. 333 *A*.

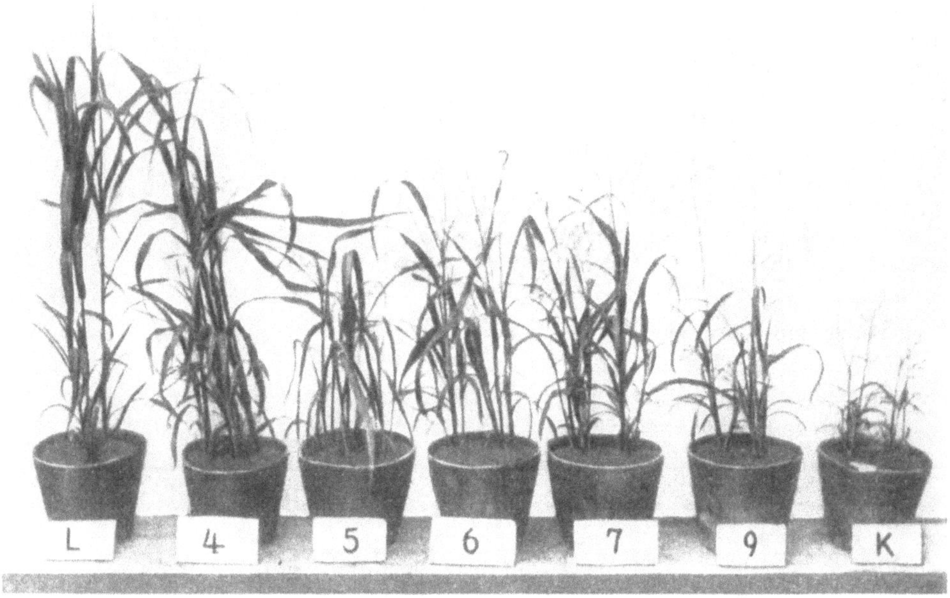

Abb. 333 *B*. Kurztagpflanze. Hirse.
Kurztagnachwirkung auf die Entwicklung der Hirse. *L* bei Langtag, *K* bei Kurztag gezogene Pflanze. *4—9* Pflanzen, die zu Beginn ihrer Entwicklung eine verschiedene Anzahl von kurzen Tagen erhalten haben. (Nach *Maximow*)

3. Die **tagneutralen Pflanzen** reagieren nicht oder nur in geringem Maß auf Schwankung der Tageslänge.

Zur Erzeugung einer photoperiodischen Nachwirkung ist es nötig, das Licht bzw. die Dunkelheit ununterbrochen eine bestimmte Zeit wirken zu lassen. Unterbrechungen heben die vorangegangene Einwirkung wieder auf. Wie schon erwähnt, genügt es, die bestimmte Tageslänge auf die Keimlinge während weniger Tage wirken zu lassen, um entsprechende Nachwirkung zu erzielen. Die Lichtverhältnisse während der späteren Entwicklung der Pflanze sind ohne erhebliche Einwirkung auf die Dauer der vegetativen Entwicklung. Dabei genügen schon sehr geringe Lichtintensitäten, um eine photoperiodische Nachwirkung zu erzeugen. Schon hieraus ist ersichtlich, daß die verfrühte Blütenbildung nicht über die Assimilation und die Anhäufung von Kohlehydraten geht, wie eine ältere Auffassung annahm. Es muß indes bemerkt werden, daß diese geringen Lichtintensitäten zwar zur Anlage der Blüten ausreichen, nicht aber zu deren Entfaltung. Diese letztere bedarf vielmehr höherer Lichtintensitäten, sogar wesentlich höherer als das vegetative Wachstum. Daher entwickeln sich unter ungünstigen Beleuchtungsverhältnissen viele Pflanzen nur mehr vegetativ weiter (Efeu, Maiglöckchen, Maiblume usw.).

Die Unabhängigkeit der photoperiodischen Nachwirkung von der Assimilation ergibt sich auch aus der Wirkung verschiedener Lichtqualitäten hinsichtlich der Entwicklungsbeeinflussung: Das photoperiodische Wirkungsspektrum stimmt keineswegs mit dem Assimilationsspektrum überein. Im einzelnen scheinen bei verschiedenen Pflanzen die einzelnen Spektralbereiche ungleich zu wirken, was auf verschiedene lichtabsorbierende Wirkungsstoffe schließen läßt (vgl. S. 304).

Beeinflussung der Entwicklung durch die Temperatur

Ähnlich wie das Licht vermag auch die Temperatur Nachwirkungen auf die Entwicklung der Pflanze auszuüben. Werden Getreidesamen 1—2 Tage nach ihrer Quellung tiefen Temperaturen ausgesetzt, so gelangen sie rascher zum Schossen (Blütenbildung). Entscheidend für die spätere Entwicklung sind die Temperaturverhältnisse während der ersten Keimungstage (Abb. 334). Unser Wintergetreide vermag nur nach erfolgter Einwirkung der Winterkälte in einem Sommer den ganzen Entwicklungszyklus zu durchlaufen. Sommergetreide kann dagegen auch noch durch die weniger tiefen Keimtemperaturen des Frühjahres zu voller Entwicklung gebracht werden.

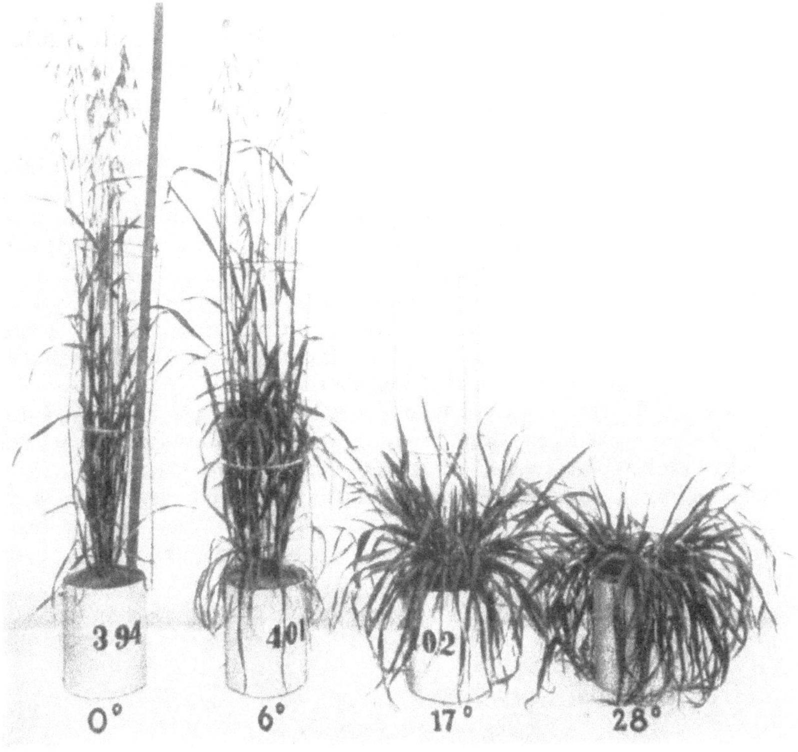

Abb. 334. Einfluß der Keimungstemperatur auf die Entwicklung von Hafer. (Nach *Maximow*)

Die Temperatureinwirkung kann sogar schon im Verlauf der Embryoentwicklung in der Samenanlage vorgenommen werden. Bei niederen Temperaturen (im Herbst) gereifte Samen liefern daher früher blühende Pflanzen als Samen, die im Sommer zur Reife gelangten.

Temperaturnachwirkung (Vernalisation) und photoperiodische Nachwirkung geben dem Pflanzenbauer wichtige Möglichkeiten der Einwirkung auf Vegetationszeit und Ernteertrag in die Hand, die zum Teil in großem Umfang auch bereits praktisch ausgewertet werden. Sie dienen u. a. Bestrebungen, wichtige Kulturpflanzen (Soja) aus klimatisch begünstigten Gegenden auch bei uns zur völligen Reife und zu sicherem Ertrag zu bringen. Manche Pflanzen verlangen zur Abkürzung des Entwicklungsablaufs auch die Einwirkung hoher Temperaturen auf das gequollene Saatgut (Soja, Hirse).

Die Physiologie der Blütenbildung

Wohl kennt man die Beleuchtungs-, Temperatur- und Nährstoffbedingungen, die zur Blütenbildung führen; aber diese Faktoren wirken nicht direkt, sondern steuern nur den Stoffwechsel in einer die Blütenbildung begünstigenden Weise. Die stoffwechselphysiologischen Primärursachen der Blütenbildung dagegen sind zur Zeit noch nicht mit Sicherheit und noch weniger in ihren Einzelheiten bekannt. *Klebs* hatte früher angenommen, daß das Verhältnis von Kohlehydraten zu Mineralstoffen, besonders zum Stickstoff, über die Frage der vegetativen oder reproduktiven Entwicklung entscheide. Die neueren Untersuchungen haben indes diese Annahme nicht bestätigen können, und man neigt heute mehr der alten *Sachs*schen Auffassung zu, wonach nicht quantitative, sondern qualitative Stoffwechselverhältnisse die Entwicklung bestimmen. Man führt die Blütenbildung auf die Existenz und Wirkung **blütenbildender Stoffe** zurück. Diese neuere Auffassung stützt sich auf bemerkenswerte experimentelle Befunde:

1. Stecklinge blühender Mutterpflanzen gelangen früher zu eigener Blütenbildung als Reiser von nicht blühenden Pflanzen.

2. Reiser einer nicht blühenden Löwenmaulrasse auf blühende Rassen aufgepfropft kommen zur eigenen Blütenbildung.

3. Sommeranuelle Reiser des Bilsenkrauts verleihen nach Aufpfropfung auf die Rosette einer 2-jährigen Rasse der Unterlage bereits im ersten Jahr die Fähigkeit zur Blütenbildung.

4. Reiser von Kurztagpflanzen kommen auch unter Langtagbedingungen zur raschen Blütenbildung, wenn man sie auf Langtagunterlagen aufpfropft oder einen Saftstrom aus der Unterlage nach dem Reis ermöglicht. Hieraus ergibt sich der Schluß, daß das blütenbildende Prinzip stofflicher Natur ist (Blühhormone).

5. Zum gleichen Ergebnis führen auch Versuche photoperiodischer Nachwirkung. Zur Erzwingung der vorzeitigen Blütenbildung genügt die entsprechende Belichtung mehr oder weniger großer Blattareale. An der Blütenbildung der nächstliegenden Knospen kann man den Blühhormonstrom, der aus den Blättern nach den Knospen hinzieht, direkt verfolgen.

6. Drosselt man durch Rindenringelung die Ableitung des Blühhormons ab, so kommt der geringelte Zweig zu verstärkter Blütenbildung.

Über die chemische Natur der Blühhormone ist zur Zeit nichts Näheres bekannt; es ist indes wahrscheinlich, daß bei verschiedenen Pflanzen unterschiedliche Blühhormone wirksam sind.

Jahreszeitliche Periodizität

In Gebieten mit ausgeprägter klimatischer Jahresrhythmik macht sich auch eine entsprechende Entwicklungsperiodizität der Pflanzen bemerkbar. Zeiten entwicklungsmäßiger Intensität wechseln mit Ruheperioden ab. Sofern letztere in die klimatisch ungünstige Zeit des Jahres (Winter, Trockenzeit) fallen, ist die Entwicklungshemmung nicht verwunderlich, da offenbar die äußeren Voraussetzungen (Temperatur, Licht, Wasser) einer Entwicklung fehlen. Daß das Gesamtproblem der jahreszeitlichen Periodizität nicht so einfach liegt, sollen einige wenige Beispiele zeigen:

1. Beispiele autonomer periodischer Entwicklung.

a) Manche Bäume mit jahresperiodischem Laubwechsel in tropische Gegenden ohne klimatische Periodizität versetzt, werden nicht zu immergrünen Pflanzen, sondern behalten den periodischen Laubfall bei.

b) Die im Frühsommer angelegten Knospen kommen an vielen Bäumen (Buche) trotz scheinbar günstiger Außenbedingungen erst im folgenden Frühjahr zur weiteren Entfaltung.

c) Viele der in den Tropen heimischen Bäume weisen einen mehr oder weniger regelmäßigen Blattwechsel auf, der in keiner ursächlichen Beziehung zu den klimatischen Verhältnissen steht. Auch in den Tropen machen die Knospen mancher Bäume eine mehr oder weniger lange „Ruheperiode" durch.

d) Manche Samen und Winterknospen vermögen nur zu einer bestimmten Jahreszeit zu keimen. Werden die Samen zu dieser Jahreszeit an der Keimung verhindert, so gewinnen sie erst im folgenden Jahr zu der bestimmten Zeit ihre Keimungsfähigkeit zurück.

e) An tropischen Bäumen finden sich gelegentlich zur selben Zeit Äste in den verschiedensten Laubentwicklungsstadien: Laubfall, austreibende Knospen, kahle und vollbelaubte Äste stehen nebeneinander. Die Entwicklung vollzieht sich hier also nach einem inneren (endonomen) Rhythmus.

f) Der endonome Rhythmus paßt sich in vielen Fällen an den äußeren klimatischen Wechsel an. Wenn daher Pflanzen in Gegenden mit andersartigem klimatischen Rhythmus versetzt werden, kommt es zu einer Störung der Harmonie zwischen innerem Entwicklungs- und äußerem klimatischen jahreszeitlichen Rhythmus.

Aus diesen und noch mancherlei anderen Befunden heraus schrieb eine ältere Auffassung der Pflanze einen inneren, von Außenbedingungen unabhängigen (endonomen) Entwicklungsrhythmus zu, an dem die Pflanze auch unter veränderten Bedingungen angeblich zähe festhalten sollte.

Es ist für die exakte Forschung immer sehr unbefriedigend, vor den verschlossenen Toren einer solchen endonomen Erscheinung stehen zu bleiben. Den Schlüssel zu diesen Toren zu finden, ist nur zu erhoffen, wenn es gelingt, durch den Wechsel der Außenbedingungen die Pflanze ihrem starren, vermeintlich endonomen Rhythmus zu entreißen.

An erfolgreichen Versuchen hierzu hat es denn auch nicht gefehlt.

2. Beispiele für Änderung der Entwicklungsperiodizität.

a) Manche Bäume, wie z. B. der Pfirsich, werden — in die Tropen verpflanzt — immergrün.

b) Durch geeignete Änderung der Außenbedingungen (besonders Licht und Temperatur) gelang es *Klebs*, die Sommerruhe der Buchenknospen aufzuheben und das Versuchsbäumchen 8 Monate lang in ununterbrochener Entwicklung zu halten. Selbst in den Wintermonaten Dezember bis Mai hatte die Versuchspflanze in 5 Wuchsperioden zahlreiche neue Blätter gebildet.

c) In anderen Fällen konnte die natürliche Ruheperiode durch Begießen mit Nährlösungen, durch Entblätterung usw. unterbrochen werden.

d) Durch geeignete Temperatureinwirkung glückte es holländischen Forschern, Frühjahrsblüher, wie Tulpen, Hyazinthen usw., im August zur Blütenbildung zu bringen.

Es gelang also in vielen Fällen, den vermeintlich endonomen Entwicklungsrhythmus durch Beeinflussung von außen her beliebig zu ändern. Daraus geht zumindest hervor, daß mancher Entwicklungsprozeß, der zunächst als endonomer Rhythmus erscheint, doch durch Außenfaktoren bestimmt ist.

Wie erklärt sich nun dieser scheinbare innere Rhythmus; warum wächst unter normalen Verhältnissen eine Knospe der Buche trotz scheinbar optimaler Außenbedingungen nicht im ersten Sommer aus?

a) Sicher ist das, was wir schlechthin als Entwicklungsruhe bezeichnen, kein wirklicher Stillstand der Entwicklung, sondern nur ein solcher des Wachstums. Es ist indes verkehrt, das Wachstum allein zum Erkennungszeichen von Ruhe und Entwicklung machen zu wollen. Nicht immer sind z. B. Differenzierung und Wachstum unlöslich miteinander verknüpft. So kann ein Pollenkorn einen Pollenschlauch ohne innere Ausgestaltung bilden, und umgekehrt hindert das fehlende Wachstum des Schlauches nicht die innere Differenzierung der Zellen.

b) Nicht jede Entwicklungsphase spricht in gleicher Weise auf Außenfaktoren an. So wurde gefunden, daß die ganz jungen Knospen der Hyazinthen bei Temperaturen von 5—$1^1/_2{}^0$ sich nicht weiter entwickeln, weil bei diesen Temperaturen offenbar keine Zellteilungen abliefen. Das darauf folgende Streckungswachstum älterer Knospen konnte dagegen nur durch wesentlich tiefere Temperaturen unterbunden werden. Auch die Blütenentwicklung kann sich bei relativ tiefer Temperatur noch vollziehen.

Diese Befunde erweisen klar, daß die Temperaturminima verschiedener Entwicklungsprozesse (Zellteilung, Zellstreckung, Blütenbildung) durchaus verschieden sind. Man wird diese Erfahrung hinsichtlich der Lage der Kardinalpunkte auch für andere Faktoren verallgemeinern dürfen. Wenn also Außenbedingungen für die Streckung von überwinterten Knospen günstig sind, brauchen sie es nicht für die innere Gestaltung der eben erst angelegten Knospen zu sein. Verwirklicht man optimale Bedingungen für den jeweils unter natürlichen Verhältnissen begrenzenden Teilprozeß der Gesamtentwicklung, so lassen sich scheinbare Ruheperioden gar wohl unterbrechen. Der jahreszeitliche Entwicklungszyklus kann dann zum Teil nicht unerheblich abgekürzt werden. So gelingt es z. B., Hyazinthen und Tulpen unter optimalen Bedingungen ihren ganzen Entwicklungskreislauf in 8 Monaten vollenden zu lassen.

Wenn sich in Pflanzen der endonome Rhythmus ändert (z. B. bei Arten verschiedener örtlicher Herkunft), so beruht dieser Wechsel aller Wahrscheinlichkeit nach auf einer Änderung der Lage der Kardinalpunkte der Außenfaktoren. Wechselt man dann z. B. Pflanzen südlicher und nördlicher Herkunft aus, so kann es leicht zu Disharmonien zwischen innerer und klimatischer Rhythmik kommen: die südlichen Herkünfte beginnen im Norden ihre Entwicklung verspätet, leiden daher unter frühen Herbstfrösten; die nördlichen Herkünfte werden in südlichen Regionen ihre Entwicklung jahreszeitlich vorverlegen und vorzeitig abschließen (vgl. Früh- und Spätsorten unserer Kulturpflanzen).

Was uns als endonomer Rhythmus in der Pflanzenwelt entgegentritt, ist zweifellos in seiner Entstehung nicht einheitlich bedingt. Einer weiteren Analyse wird es wohl gelingen, die Zahl der wirklich endonomen Rhythmen in der Pflanze gegenüber der Zahl der vermeintlichen mindestens ganz erheblich zu verringern.

Korrelation

1. Begriff der Korrelation. Unter dem Begriff der Korrelation faßt die Entwicklungsphysiologie alle entwicklungsmäßigen Beziehungen zwischen den Zellen, Geweben und ganzen Organen einer Pflanze zusammen. Derartige Korrelationszusammenhänge sind in großer Zahl und Mannigfaltigkeit beschrieben worden.

2. Beispiele korrelativer Beeinflussung. Das Austreiben der Achselknospen wird in vielen Fällen durch die kräftig wachsende Endknospe, gelegentlich auch durch das Deckblatt der Achselknospe verhindert. Entfernung dieser Organe bedingt daher eine starke Verzweigung der Pflanze. Dabei kommt es nicht nur zur Entfaltung bereits entwickelter Knospen, sondern auch zur Entwicklung „schlafender Augen". Auch die ungewöhnliche Größe der Blätter an Stockausschlägen ist eine korrelative Erscheinung.

Entfernt man an Kartoffelpflanzen die oberirdischen Triebe, so entwickelt sich ein Teil der unterirdischen Ausläufer statt zu Knollen zu aufrechten grünen Sprossen.

Nach Entfernung des Gipfelsprosses übernimmt bei monopodialen Bäumen (Tanne, Fichte) ein Seitensproß Wachstum und Stellung der Hauptachse.

Die Wurzelbildung am Stecklingsreis nach Abtrennung vom Hauptwurzelsystem, die genannten Beispiele von Polarität (vgl. das folgende Kapitel) und Restitution sind ebenso unter die korrelativen Erscheinungen einzureihen wie die Beziehungen zwischen der Aktivierung des Kambiums und dem jahreszeitlich bedingten Knospenaustrieb.

Korrelative Zusammenhänge sind auch bei der Blüten-, Samen- und Fruchtbildung zu beobachten:

a) Blütenbildung. Auf zweijährige Unterlagen gepfropft, kommen auch erstjährige Knospen zweijähriger Arten zur Blütenbildung (Rübe, Bilsenkraut).

b) Samenbildung. Von der befruchteten Eizelle geht ein Entwicklungsimpuls auf das Nährgewebe und auch auf die am Aufbau der Frucht beteiligten Gewebe (Karpelle, Blütenboden bzw. Blütenachse) über. Nur in Ausnahmefällen entwickeln sich die Früchte ohne Bestäubung der Samenanlagen (Parthenokarpie der Feige, Banane, Mandarine, Sultanine, Gurke und mancher Birnensorten). Umgekehrt kann die Samenschale die Entwicklung des Keimlings hemmen.

3. Die physiologischen Grundlagen der Korrelationen. Die physiologischen Ursachen der geschilderten Korrelationen sind zweifellos nicht einheitlicher Art. Neuere Beobachtungen haben es wahrscheinlich gemacht, daß sie vielfach auf einer von bestimmten Stellen aus geleiteten Verteilung von Wirkungsstoffen beruhen. So spielt die Lenkung des Auxinstroms, vielleicht auch die Verteilung des Biotins und der Zellteilungshormone bei allen korrelativen Erscheinungen des Knospenaustriebs, der Polarität und Regeneration eine bestimmende Rolle. Das gleiche trifft für die Fruchtbildung zu, während an der korrelativen Beeinflussung der Blütenbildung spezifische Blühhormone beteiligt sind. Die Hemmung der Samenkeimung durch Samenschale und Fruchtfleisch wird spezifischen Hemmungsstoffen (z. B. Äthylen) zugeschrieben. Wenn wir auch noch von einer exakten kausalen Erklärung aller korrelativen Einzelfälle weit entfernt sind, so gewinnt man doch den Eindruck, daß sie ähnlich wie die viel auffälligeren Korrelationen am tierischen Organismus auf hormonaler Grundlage beruhen, also auf der Ebene des übergeordneten Stoffwechsels sich abspielen. Dafür sprechen vor allem auch die beobachteten Fälle einer Entwicklungsförderung durch Hormonzusätze (Häutungs- und Verpuppungshormone von Insekten, Organbildungshormone von Amphibien).

Aus vielerlei Versuchsvariationen ergab sich die bedeutungsvolle Erkenntnis, daß das Hormon nur die Entwicklung anregt, während Kern und Plasma der beeinflußten Zelle die Entwicklung lenken und qualitativ bestimmen. Die Spezifität der Entwicklung liegt also nicht im Hormon, sondern in der Plasmastruktur begründet. Korrelation ist somit in vielen Fällen Entwicklungsförderung und Entwicklungshemmung auf hormonaler Grundlage.

Die Polarität

Schon der einzellige Organismus strebt auf dem Wege einer physiologischen und morphologischen Differenzierung eine Arbeitsteilung und Leistungssteigerung an. So entstehen bald zweiseitig symmetrische Zellen mit Spitze und Basis. Diese physiologische oder morphologische Gegensätzlichkeit wird als **Polarität** bezeichnet. Sie tritt uns in einfacher Form als physiologische Polarität bei den Eisenbakterien entgegen, die am einen Ende zweiwertiges Eisen aufnehmen, am anderen dreiwertiges Eisen abscheiden. Die Kambiumzellen sind bipolar tätig, ebenso wie die Endodermiszellen funktionsmäßig einer Saugdruckpumpe gleichen.

Morphologisch fixiert ist eine solche Polarität z. B. bei Flagellaten mit einem geißeltragenden Vorder- und einem zum Festhalten an Unterlagen befähigten Hinterende. Die niedersten Mehrzeller weisen schon frühzeitig einen polaren Gegensatz zwischen einer Hapteren tragenden Basis und einer wachsenden Spitze auf, und mit zunehmender Differenzierung verstärkt sich dieser Gegensatz mehr und mehr. Wurzel- und Sproßvegetationspunkte der höheren Pflanzen differenzieren sich frühzeitig aus und bauen polare Systeme auf.

Sicherlich beruht die Polarität bei niederen und höheren Pflanzen auf unterschiedlichen Grundlagen. Die Polarität der niederen Organismen ist vielfach durch Außenfaktoren bestimmt. So stellt sich die Kernteilungsspindel der Fucuseier in die Lichtrichtung und scheidet eine vom Licht abgewandte Rhizoidzelle von einer wachstums- und entwicklungsfähigen Scheitelzelle. Ähnlich verhalten sich die Schachtelhalmsporen. Auch bei Brutkörpern von Lebermoosen und bei Farnprothallien bestimmt die Beleuchtungsstärke die Ausbildung von Ober- und Unterseite.

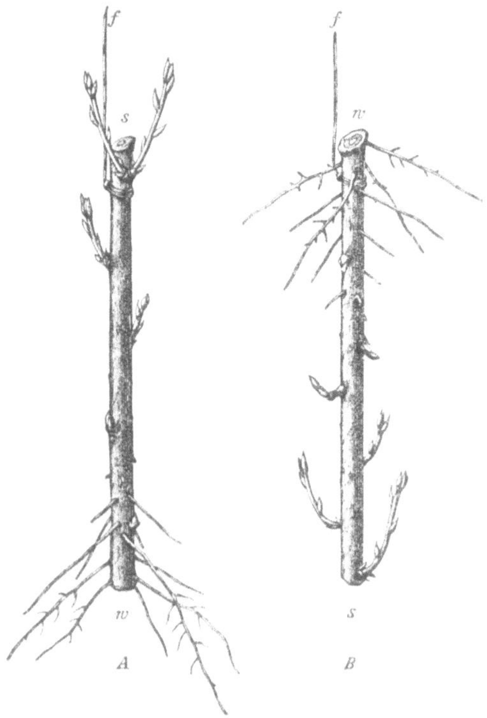

Abb. 335. Polarität an Weidenzweigen. *A* in aufrechter Stellung; *B* in inverser Stellung; (*s*) Sproßpol; (*w*) Wurzelpol; (*f*) Aufhängefaden. (Nach *Pfeffer*)

Die Polarität der höheren Pflanzen unterscheidet sich in doppelter Hinsicht von derjenigen der Thallophyten:

1. Die Polarität ist schon früh im ontogenetischen Entwicklungsgang fixiert,

2. die wichtigsten Auslösungsfaktoren der Polarität sind in die Pflanze selbst verlegt: es sind vor allem die Beziehungen und Bindungen der Zellen untereinander, so daß die Polarität vielfach durch eine Trennung der Gewebskomplexe aufgehoben wird. So wird z. B. der Sproß zur Ausbildung von Wurzeln befähigt, wenn er selbst vom Wurzelsystem getrennt wird (Stecklinge). Umgekehrt vermögen isolierte Wurzeln Sprosse zu bilden. In anderen Fällen wird die Polarität auch in isolierten Gewebsstückchen zäh festgehalten: so wachsen Transplantate vielfach nur an, wenn sie in normale Lage zur Unterlage kommen.

Das bekannteste Beispiel von Polarität ist die Ausbildung von Sprossen am oberen, von Wurzeln am unteren Teil von Weidenstecklingen, unabhängig von der Lage der Stecklinge (Abb. 335).

Jede Durchtrennung eines Stecklings schafft wieder in sich polare Teilstücke. Ähnlich verhalten sich Wurzelstücke des Löwenzahns. Entfernt man jedoch hierbei immer wieder den am oberen Wurzelende gebildeten Kallus, so entwickeln sich auch am basalen Ende Sprosse. Neuere Untersuchungen haben nunmehr die Ursache für diese Polarität in einer ungleichen Wuchsstoffverteilung finden können: Die Wurzelbildung stellt sich stets am auxinreicheren, die Sproßbildung am auxinärmeren Ende ein. Bringt man an das obere Ende des Steckholzes zusätzlich Wuchsstoff, so entstehen auch hier Wurzeln, wie anderseits eine Verarmung des Steckholzes an Wuchsstoff am basalen Ende Sproßbildung erzeugt. Daher vermag an manchen Pflanzen auch die Schwerkraft über eine veränderte Wuchsstoffverteilung hinweg die Polarität zu beeinflussen. Am Efeu und auch am wilden Wein genügt schon eine inverse Lage zur polaren Umstimmung.

Von praktischer Bedeutung ist die an bogig gekrümmten Ästen (z. B. bei Reben) erhöhte Kurztrieb- und Blütenbildung.

Ganz allgemein wird man annehmen dürfen, daß die von der Pflanze so auffällig zur Schau getragene Polarität durchaus labil ist und unter dem Einfluß äußerer und innerer (hauptsächlich korrelativer) Faktoren mancherlei Änderungen unterworfen ist. Dafür sprechen viele Restitutionsbefunde wie auch die Beobachtung, daß z. B. die Orchidee

Listera cordata Wurzelspitzen in Sproßvegetationspunkte umzuwandeln vermag. Naturgemäß verstärkt sich die Stabilität der Polarität im allgemeinen mit der Differenzierungs- und Entwicklungshöhe der Pflanze.

Korrelativ bedingte Neubildungen

Ein im voraus weitgehend festgelegter Entwicklungsgang führt die einzelnen Zellen des Embryo einer ganz bestimmten Differenzierung zu, die die Zelle bzw. ein ganzes Gewebe zu erhöhten Spezialleistungen befähigt. Diese Spezialisierung bezahlt die Zelle mit dem weitgehenden Verlust anderer Fähigkeiten: Die differenzierte Zelle besitzt nicht mehr die freie Entwicklungsfähigkeit und unbeschränkte Bildungspotenz der Eizelle, wie das in dem Verlust der Teilungsfähigkeit der Dauerzelle besonders auffällig zutage tritt.

Für viele Dauerzellen ist diese weitere Entwicklungshemmung jedoch nicht konstitutionell, sondern nur funktionell bedingt durch den korrelativen Einfluß anderer Zellen und Gewebe. Wird diese entwicklungshemmende Verbindung gelöst, so kann u. U. auch die Dauerzelle ihre totipotenten Fähigkeiten wieder zurückgewinnen und vermag sogar wieder, wie die Zygote, eine vollständige neue Pflanze aufzubauen (Regeneration) oder beschädigte Pflanzenteile zu ersetzen (Restitution). Es ist daher nicht verwunderlich, daß korrelative Neubildungsprozesse besonders häufig nach Verwundungen einsetzen. Vielfach werden recht heterogene Erscheinungen unter die Begriffe der Restitution und Regeneration gebracht. Zweckmäßiger wäre es, hierunter nur diejenigen Neubildungen von Zellen, Geweben und Organen zusammenzufassen, die auf einer Wiedererlangung meristematischer Fähigkeiten von Dauerzellen beruhen. Stets wird es hierbei zur Freilegung oder Neubildung von Zellteilungs- und Zellstreckungshormonen kommen. Bei Verwundungen schreiten diese mit Hormonen angereicherten Zellen zu Neubildungen, die im wesentlichen auf Wundverschluß abzielen. In vielen Fällen bleibt es bei dieser Wundverheilung durch Bildung wenig differenzierter Zellen und Gewebe (Kallus) (vgl. Abb. 207). Treten zu den Hormonen der Zellteilung und Zellstreckung noch Differenzierungshormone hinzu, so kann je nach Vollständigkeit der Hormongarnitur ein einzelnes Organ ersetzt oder aber eine ganze Pflanze neu gebildet werden. Wird im normalen Entwicklungsgang der Pflanze eine derartige Verjüngung von Dauerzellen zu meristematischen Anlagen (Knospen) erreicht, so kommt es zur Ausbildung schlafender Augen, d. h. ruhender Vegetationspunkte, die unter dem Gesetz der Korrelation der Gesamtpflanze stehen. Erst wenn die Korrelationsbindungen gelockert werden, kann es zur Weiterentwicklung der angelegten Vegetationspunkte kommen. Hierbei aber handelt es sich nicht um korrelativ bedingte Neubildung von meristematischem Gewebe, sondern nur um Entwicklungsentfaltung von bereits ausgebildeten Vegetationspunkten. In allen beschriebenen Fällen beruht die Neubildung auf einer Veränderung in der Verteilung der Wuchs- bzw. Differenzierungshormone. Bei der Restitution und Regeneration sind diese Verschiebungen durch äußere Eingriffe in den Korrelationsmechanismus bedingt und umfassen Wuchs- und Differenzierungshormone. Bei der Weiterentwicklung schlafender Augen dagegen liegen wohl im wesentlichen Auxinverschiebungen vor, wie sie ganz allgemein beim Austreiben von Knospen an Sproßsystemen ablaufen.

Restitution. Besonders leicht erfolgen Restitutionen bei niederen Pflanzen: So kann man Algenzellen durch Abtöten oder Plasmolysieren der Nachbarzellen zu Restitutionen veranlassen. Hierbei spielt, wie allgemein beim Wachstum, der Zellkern eine entscheidende Rolle. So ersetzt Acetabularia (vgl. Abb. 15) den abgeschnittenen Hut nur vom kernhaltigen Stumpf aus.

Auch bei höheren Pflanzen treten nach Verwundungen Restitutionen auf. Abgetragene Sproß- und Wurzelvegetationspunkte können u. U. wieder ersetzt werden.

An verletzten Sproß- und Wurzelteilen entsteht häufig ein ansehnlicher Kallus, der sich aus teilungsfähigen Zellen aufbaut und daher Ort bevorzugter Sproß- und Wurzelbildung ist. Doch kommt es an vielen Stecklingen auch ohne Kallusbildung zu Wurzelentwicklungen. Wo diese sehr langsam erfolgen, hilft sich der Gärtner durch Absenken und Einbinden in Moos- und Erdballen. Auf die Bedeutung des Wuchsstoffes für derartige Restitutionen ist bereits S. 291 hingewiesen worden.

Regeneration. Nach erfolgter Lösung korrelativer Bindungen kommt es in manchen Pflanzen zu Neubildungen vollständiger Adventivpflanzen aus Einzelzellen oder aus Geweben. Ein bekanntes Beispiel liefert die Begonie. Auf abgeschnittenen Blättern entstehen aus Zellen des Spreitengrundes derartige Adventivpflanzen. Durchtrennen der Hauptrippen bringt auch an beliebigen Stellen der Blattspreite oberhalb der Schnittstelle solche Blattstecklinge zur Entwicklung. Auch die abgetrennten Laubblätter des Usambaraveilchens regenerieren neue Pflanzen. Abgelöste Schuppenblätter mancher Zwiebelpflanzen bringen Brutzwiebel hervor.

Abb. 336.
Adventivpflänzchen auf einem Bryophyllumblatt

Blattbürtige Adventivknospen. In den Blattrandkerben von Bryophyllum calycinum (Abb. 336) gelangen die Adventivknospen schon im normalen Entwicklungsgang der Pflanze zur Ausbildung. Auch auf den Blättern des Wiesenschaumkrauts können präformierte meristematische Gewebskomplexe zu neuen Pflänzchen auswachsen.

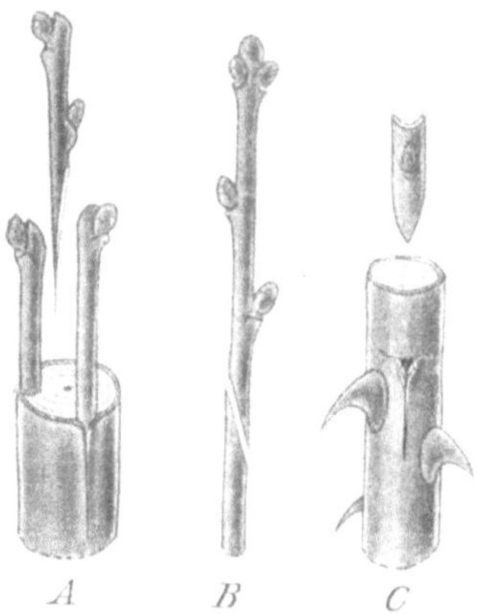

Abb. 337. Veredlungsmethoden.
A Pfropfen; *B* Kopulieren;
C Okulieren. (Nach *Noll*)

Künstlich getrennte Gewebspartien können durch Neubildung von Brückenzellen wieder verbunden werden, ja gelegentlich kommt es sogar zur Verwachsung von Teilstücken einzelner Zellen. Diese Gewebsverwachsung hat große praktische Bedeutung erlangt, denn auf ihr beruhen die gärtnerischen Veredlungsmethoden, die wir je nach Art der Transplantation als **Kopulieren, Pfropfen** oder **Okulieren** bezeichnen (Abb. 337).

In allen Fällen wird eine sogenannte Unterlage mit einem aufgesetzten Edelreis zur Verwachsung gebracht. Diese gelingt im allgemeinen nur bei nahe verwandten Pflanzen. So lassen sich die zur engeren Gruppe der Rosazeen gehörenden Prunoideen Pfirsich, Aprikose, Mirabelle, Pflaume leicht vereinigen, ebenso wie die Vertreter der Pomoideen, z. B. Birne und Quitte oder Birne und Weißdorn, untereinander gut verwachsen, während Prunoideen und Pomoideen einander nicht annehmen. Wenn auch mancherlei wechselseitige Beeinflussung zwischen Unterlage und Reis erfolgt, bleiben die charakteristischen Arteigenschaften beider Komponenten doch unverändert erhalten. Darin liegt der Vorteil solcher Veredlungen begründet: man kann auf ertrags- und qualitätsarme, aber dafür resistente Unterlagen ertragsreiche Sorten transplantieren, die selbst wenig wurzelfest sind. Außerdem verkürzt die Veredlungsmethode den Entwicklungsgang bis zur ertragsfähigen Pflanze und ermöglicht die Vermehrung nicht samenbeständiger Bastarde. Geeignet ausgewählte Unterlagen vermögen in manchen Fällen die Ausbildung von „Fruchtholz" zu fördern.

Wichtig für den Erfolg der Transplantation ist, daß Kambialregionen von Unterlage und Reis zusammenstoßen, da vom Kambium aus die Zellverbindung beider Partner erfolgt.

Beim Kopulieren werden gleichstarke Sprosse von Unterlage und Reis mit Schrägflächen aufeinander gesetzt (Abb. 337 *B*).

Beim Pfropfen (Abb. 337 *A*) wird die Basis des Reises keilförmig zugeschnitten und in die Rinde oder eine passend geschnittene Holzkerbe eingelassen, während beim Okulieren (Abb. 337 *C*) nur eine auf einem Rindenschildchen stehende Knospe (Auge) unter die vorsichtig abgehobene Rinde der Unterlage eingesetzt wird (z. B. bei Rosen und Obstbäumen).

Die Pfropfbastarde. Bei den Pfropfungen kommt es nicht selten sowohl von der Unterlage als auch vom Reis aus zur Ausbildung von Kallusgewebe, das selbst wieder Sproßregenerate erzeugt. Schneidet man derartiges Kallusgewebe an der Verwachsungsstelle durch, so werden unter günstigen Umständen Adventivsprosse gebildet, die aus Kallusgewebe beider Pfropfkomponenten entspringen. Rein äußerlich stellen derartige **Chimären** oder **Pfropfbastarde** Mittelbildungen zwischen beiden Ausgangsformen dar. Diese Zwischenformen entstehen aus Vegetationspunkten, an deren Aufbau Unterlagen- und Reiskallus beteiligt sind. Liefert dabei die eine Komponente die äußere Schale, das Dermatogen des Vegetationskegels, die andere dagegen die inneren Periblem- und Pleromschichten, so entstehen Periklinalchimären. Dieser Fall ist z. B. bei Pfropfbastarden zwischen Tomate und Nachtschatten, wie sie *Winkler* erstmals gelangen, verwirklicht.

In unseren Gärten finden sich schon seit langer Zeit derartige Periklimalchimären unter dem Namen Cytisus Adami = Cytisus Laburnum × Cytisus purpureus, und Crataegus mespilus = Crataegus monogyna × Mespilus germanica.

In anderen Fällen bauen die beiden Pfropfpartner sektoriale Bezirke des Vegetationspunktes auf. Hieraus entstehen dann Sektorialchimären, die der Länge nach verwachsenen Sproßteilen der Pfropfkomponenten gleichen. Erst neuerdings ist es *Winkler* gelungen, an der Schnittstelle Zellreste von Tomate und Nachtschatten zur Verwachsung zu bringen. Hier besitzt dann das aus solcher Mischzelle hervorgehende Gewebe auch wirklichen Mischcharakter und stellt nicht nur ein Mosaik aus unveränderten Zellen beider Partner (wie bei den Chimären) dar. Derartige Pfropfbastarde werden als Bourdonen bezeichnet.

Die Regulationsfähigkeit der Pflanze

Die Gesamtheit aller korrelativer Beziehungen, welche die Pflanze instand setzen, Individuum und Art zu erhalten und einen geschlossenen Entwicklungskreis durchzuführen, bezeichnet man als innere Harmonie. Diese Harmonie stellt ein Ordnungsprinzip dar. Wenn aus einer entwicklungsfähigen Zelle über zahllose Zellteilungen hinweg nicht ein ungeordneter Haufen von Zellen und auch nicht eine unhaltbare Monstrosität entsteht, wenn nicht die Teile in unheilbringender Selbständigkeit die Ganzheit zerstören, so erblicken wir hierin die Auswirkung einer ganzheiterhaltenden Harmonie, die Ordnung, welche jedem Teil den ihm zukommenden Platz und die ihm gebührende Entwicklungsfreiheit zuweist. Diese Harmonie herrscht sowohl in der Sphäre des Stoffwechsels (Funktionsharmonie) wie in derjenigen der pflanzlichen Architektur (Formharmonie). Störungen der Harmonie im einen und anderen Gebiet müssen zu den schwersten Erschütterungen führen. Die Autolyse bietet ein sprechendes Bild einer stoffwechselphysiologischen Disharmonie: Jegliche Koordination der Stoffwechselprozesse ist aufgehoben, jegliche Energiebilanz gestört, das System verfällt entsprechend dem 2. Hauptsatz der Thermodynamik wie ein anorganisches System zunehmender Unordnung.

Ein Bild architektonischer Unordnung tritt uns bereits in vielen Mißbildungen, in Gallen (wo ein fremdes Ordnungsprinzip in die Harmonie der Wirtspflanze einbricht), besonders kraß bei Krebsgeschwülsten entgegen, in denen die Zellen jegliche korrelative Fessel abgeworfen haben und in wilder Zügellosigkeit die innere Harmonie zerstören.

Stoffwechsel und Entwicklung der Pflanze sind nicht das ausschließliche Ergebnis einer festen inneren Harmonie, und diese selbst ist nichts einmalig Fixiertes, sondern eine ganzheiterhaltende Reaktionsweise auf äußere und innere Faktoren. Sie steuert daher Stoffwechsel und Entwicklung in Abhängigkeit von diesen Faktoren. Schwanken diese nur innerhalb enggezogener Grenzen, so werden auch Stoffwechsel und Architektur der Pflanze nur geringfügige Änderungen erfahren. Es entsteht der physiologische und morphologische Normaltypus der Pflanze, der indes selbst keinen anderen Primat vor andersartigen möglichen Typen als denjenigen seiner Häufigkeit für sich in Anspruch nehmen kann. Weichen äußere oder innere Bedingungen von den Normalfaktoren erheblich ab, so werden sich auch Stoffwechsel, Bau und Entwicklung entsprechend ändern müssen, soll der Organismus erhalten bleiben.

Die Fähigkeit der Pflanze, auf Änderungen der Entwicklungsbedingungen mit ganzheiterhaltenden Reaktionen zu antworten und dadurch die gestörte innere Harmonie wiederherzustellen, wird als Regulationsfähigkeit (Selbststeuerung), der einzelne Vorgang als Regulation bezeichnet. Das Ergebnis solcher regulativer Fähigkeit ist die Anpassung der Pflanze an ihren Standort. Diese fällt besonders in die Augen bei pflanzlichen Bewohnern extremer Standorte. Neben mannigfaltiger Verschiedenartigkeit anpassungsmäßiger Veränderungen treten gelegentlich auch überraschende Übereinstimmungen in Bau und Funktion der Besiedler solcher Standorte zutage (morphologische und physiologische Konvergenz). Fortpflanzungs- und Regulationsfähigkeit sind die bezeichnendsten und höchsten Leistungen des lebenden Organismus.

Die Ursachen der spezifischen Entwicklung

Bereits S. 239 ist auf die Bedeutung der artspezifischen Konstitution des lebenden Protoplasmas für die spezifische Lenkung des Entwicklungsganges der Pflanze hingewiesen worden. Diese „innere Struktur" der Pflanze ist durch die experimentellen Arbeiten auf dem Gebiete der Vererbungslehre in neuester Zeit etwas genauer analysiert worden.

Die Vererbung

Anlage und Merkmal. Die größte Bedeutung nicht nur für das Wachstum, sondern auch für die gesamte Entwicklung einer Pflanze spielt eine von der Elterngeneration auf die Kinder übergehende eigentümliche Reaktionsweise gegenüber den Umweltsfaktoren (Vererbung). Aus diesem Grunde weisen die Nachkommen einer Pflanze unter sich und mit der Mutterpflanze einen hohen Grad von Ähnlichkeit, d. h. zahlreiche gleiche Merkmale, auf. Vererbt werden allerdings nicht diese Merkmale selbst, sondern nur die Anlagen, d. h. die Fähigkeit, unter bestimmten Entwicklungsbedingungen bestimmte Merkmale auszubilden.

Beispiel: Bringt man Samen ein und derselben Pflanze einer chinesischen Primelart bei verschiedenen Temperaturen zum Keimen, so ergeben sich Pflanzen verschiedener Blütenfarben.

Keimungsbedingungen	Blütenfarbe
warm (35°) und schattig	weiß
kühl (10—15°)	rot

Es wird also nicht das Merkmal Blütenfarbe, sondern nur die Reaktionsweise, auf Temperatur mit Ausbildung bestimmter Blütenfarbe zu antworten, vererbt. Verantwortlich für die Vererbung dieser Reaktionsnorm ist ein stofflicher Träger, der als Erbanlage, Erbfaktor oder **Gen** bezeichnet wird. Die Gesamtheit der vererbbaren Anlagen faßt man unter dem Begriff des **Erbgutes** oder der **Erbmasse** zusammen. Die äußere Erscheinungsform (Phänotypus) ist also stets durch Erbmasse × Umwelt bedingt und ist aus diesem Grunde kein eindeutiges Bild des Erbgutes (Idiotypus), da ja stets nur eine beschränkte, je nach Umwelt wechselnde Anzahl von Anlagen sich zu Merkmalen entfaltet. Umgekehrt ist Ähnlichkeit des Phänotypus kein sicherer Hinweis für ähnlichen Idiotypus. Nur in völlig gleicher Umwelt entwickeln sich gleiche Idiotypen zu identischen Phänotypen.

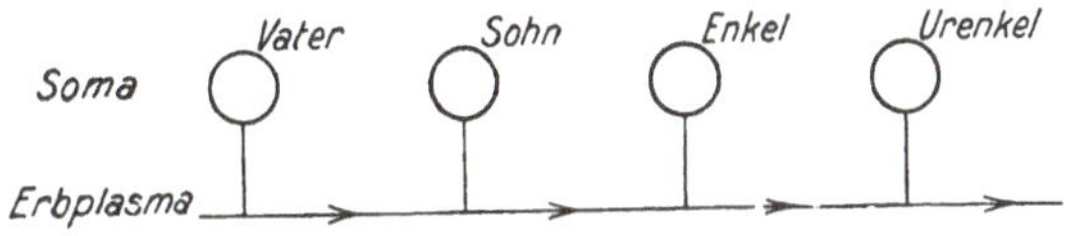

Abb. 338. Erbplasma und Soma bei der Vererbung

In der geschlechtlichen Fortpflanzung vollzieht sich die Vererbung durch die Geschlechtszellen. In ihnen sind wohl die gesamten Anlagen, aber keine endgültigen Merkmale ausgebildet. Nur die somatischen Zellkomplexe (Organe) besitzen entwickelte Merkmale, aber sie gehen ja nicht in den Fortpflanzungsprozeß ein (Abb. 338). Vielmehr kommen die einzelnen Samen in verschiedener Umwelt zur Entwicklung. Die verschiedenen Umweltsbedingungen tragen viele besondere Züge in die Erscheinungsform der Einzelindividuen hinein, die das Artbild stark variieren können. (Vgl. Land- und Wasserformen amphibischer Pflanzen.)

Die Mendelschen Vererbungsgesetze

Die Vererbung der Anlagen erfolgt nach bestimmten Regeln, deren wichtigste bereits *Gregor Mendel* (1865) auf Grund experimenteller Arbeiten beschrieben hatte, ohne daß die wissenschaftliche Welt von diesen grundlegenden Erkenntnissen zunächst Notiz genommen hätte. Erst 35 Jahre später wurden die *Mendel*schen Vererbungsregeln gleichzeitig und unabhängig voneinander durch *Correns*, *de Vries* und *Tschermak* neu entdeckt.

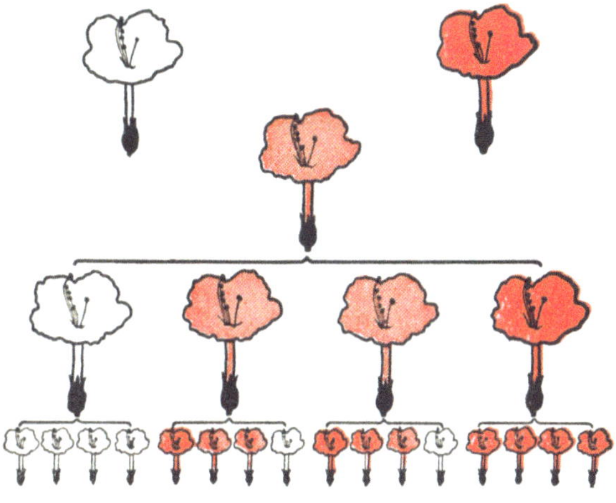

Abb. 339. Kreuzungsversuch zwischen einer roten und einer weißen Rasse der Wunderblume (Mirabilis jalapa). Aufspaltung beim Intermediärtypus

1. Die Uniformitätsregel

Die erste *Mendel*sche Regel ist am klarsten an 2 Rassen der Wunderblume (Mirabilis jalapa) zu demonstrieren, die sich nur in einer Anlage (Gen) unterscheiden, nämlich derjenigen der Blütenfarbe (Abb. 339). Die eine Rasse entwickelt rote, die andere weiße Blüten. Überträgt man Pollen der einen Rasse auf die Narbe der anderen (**Kreuzung**), so entwickeln die entstandenen Samen eine Tochtergeneration (F_1) mit ausschließlich rosafarbenen Blüten. Die erste auf die Kreuzung folgende Tochtergeneration ist stets **einförmig**. Dabei nimmt die F_1-Generation hinsichtlich des bei beiden Eltern ungleichen Merkmals entweder eine Mittelstellung ein (**intermediär**) (Abb. 339), oder aber das

Merkmal des einen Elters überdeckt das homologe des anderen **(Dominanz)**. So dominiert der scharf gesägte Blattrand von Urtica pilulifera über den schwachgezackten (**rezessives** Merkmal) von U. Dodartii (Abb. 340).

Abb. 340. Die Aufspaltung des Dominanztypus. Kreuzung zwischen Urtica pilulifera und Urtica Dodartii. (Nach *Correns*)

2. Die Spaltungsregel

a) Intermediärtypus. Bestäubt man die rosafarbenen F_1-Pflanzen unter sich, so entwickelt sich aus deren Samen eine F_2-Generation, in der die Blütenfarbmerkmale wieder aufspalten: $^1/_4$ der Pflanzen wird rot, $^1/_4$ weiß und $^2/_4$ bleiben rosafarben. Die F_3-Generation der roten Pflanzen bleibt rot, die der weißen Pflanzen weiß, während die der rosablühenden wieder nach dem Schema der F_2-Generation aufspalten (Abb. 339). Die roten und die weißblühenden Pflanzen sind (bezüglich der Blütenfarbe) einheitlich (homozygot), die der rosafarbenen uneinheitlich (heterozygot). Die Gesamtheit der aus einer homozygoten Pflanze durch Selbstbestäubung hervorgegangenen Nachkommenschaft heißt eine reine Linie.

Zahlenverhältnisse bei den einzelnen Generationen einer intermediär aufspaltenden Pflanze:

	P	F_1	F_2	F_3	F_4	F_5
homozygot	2	0	12	56	249	992
heterozygot	0	1	4	8	16	32

Der relative Anteil der Heterozygoten nimmt also in jeder folgenden Generation zugunsten der Homozygoten ab.

b) Dominanztypus. Hier nimmt die F_1-Generation die Gestalt des einen (dominierenden) Elters an. Die heterozygote F_1-Generation spaltet wieder auf, wie beim Intermediärtypus, nur mit dem einen Unterschied, daß hierbei die Heterozygoten jeweils die Gestalt des einen Elters beibehalten. Damit ergibt sich nachstehendes Zahlenschema aufeinanderfolgender Generationen:

	P	F_1	F_2	F_3	F_4	F_5
scharf gesägt	1	1	3	10	36	136
gezackt	1	0	1	6	28	120

Zahlenmäßig geht also mit jeder neuen Generation die Tracht des dominierenden Elters zurück.

Die Erklärung dieser festen Zahlenverhältnisse ergibt sich aus den Forschungsergebnissen über

Die zytologischen Grundlagen der Vererbung.

Viele vergleichende Untersuchungen über die Vererbung von Anlagen einerseits und Änderungen im Chromosomenbestand anderseits haben den Beweis erbracht, daß die *Chromosomen der Kerne die wichtigsten Träger der Vererbung sind.* Die Gene sind auf den Chromomeren der Chromosomen lokalisiert (vgl. S. 108). Bau und Zahl der Chromosomen sind für jede Pflanzenart charakteristisch. Bei der Befruchtung bringen männlicher und weiblicher Gamet je einen Chromosomensatz mit. Die Zygote verfügt infolgedessen über die doppelte Chromosomenzahl (diploid). Der ganze somatische Körper der Pflanze baut sich aus diploiden Zellen auf, und erst die Teilung der Sporenmutterzellen ist mit einer Reduktion der Chromosomenzahl auf den einfachen (haploiden) Satz verbunden. Im Gegensatz zur Äquationsteilung unterbleibt vor der Reduktions-

A = Äquationsteilung B = Reduktionsteilung

Abb. 341.

teilung die Längshalbierung der Chromosomen. Vielmehr legen sich im diploiden Kern der Sporenmutterzellen die homologen Chromosomen je paarweise zu den **Gemini** zusammen (Chromosomenkonjugation), und bei der Diasterbildung wandern nicht Chromosomen*hälften*, sondern *ganze* Chromosomen nach den beiden Polen ab. Wieviel und welche Chromosomen dabei aus dem männlichen und wieviel und welche Chromosomen aus dem weiblichen Chromosomensatz an den einzelnen Pol und damit in die eine und in die andere Tochterzelle kommen, regelt sich nach den Wahrscheinlichkeitsgesetzen. In jedem Fall aber besitzen die aus der Reduktionsteilung hervorgehenden Tochterkerne nur mehr *einfache* Chromosomenzahl. Schematisiert sind in Abb. 341 die Unterschiede zwischen Äquations- und Reduktionsteilung dargestellt.

1. *Der Intermediärtypus.* Unterscheiden sich die Kreuzungspartner, wie z. B. bei Mirabilis, nur in *einem* Gen (Blütenfarbe), so können die beiderlei Gameten mit r (= rote) und w (= weiße Blütenfarbe) definiert werden.

Der Zygote wird somit die Bezeichnung $r \cdot w$ zukommen. Zellen mit diesem Chromosomensatz bauen dann den Bastard auf. Dieser Bastard ist intermediär und wird also rosa gefärbte Blüten aufweisen (F_1-Generation). Schreitet der Bastard zur Ausbildung von Sporen, so tritt Reduktionsteilung ein, wobei zweierlei Gameten entstehen müssen, nämlich solche mit r und andere mit w.

Dann bestehen die folgenden Kombinationsmöglichkeiten:

♂ Gameten ♀ Gameten Zygote (F_2)

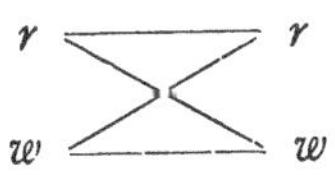

$r \cdot r$, $r \cdot w$, $w \cdot r$, $w \cdot w$.

Es entstehen damit viererlei Zygoten und auch viererlei Pflanzen der F_2-Generation:

rr = rote Blüten	(homozygot)		
rw = rosa ,,	(heterozygot)		rot : rosa : weiß = 1 : 2 : 1.
wr = rosa ,,	(heterozygot)		
ww = weiße ,,	(homozygot)		

2. Der Dominanztypus. Bei Dominanz des einen Gens (G = dominant, g = rezessiv) ergeben sich folgende Verhältnisse:

F_1-Körperzellen: $G \cdot g$ = gesägter Blattrand

F_1-Gameten:

♂		♀
G	⨯	G
g		g

Somit F_2-Körperzellen: $G \cdot G$ = gesägt (homozygot)
$G \cdot g$ = gesägt (heterozygot)
$g \cdot G$ = gesägt (heterozygot)
$g \cdot g$ = ganzrandig (homozygot)

Somit gesägt : ganzrandig = 3 : 1.

Homologe Erbanlagen (Gene) können nicht nur in zwei verschiedenen Formen, sondern auch in größerer Mannigfaltigkeit bei einer Pflanzenart auftreten. So gibt es Löwenmaulrassen mit einem Gen für rote, solche mit einem Gen für fleischfarbene, elfenbeinfarbene, gestreifte usw. Blüten. Je zwei homologe Gene bezeichnet man Alléle. Treten mehr als zwei homologe Gene auf, so spricht man von multiplen Allélen (Löwenmaul).

3. Die Unabhängigkeitsregel

Werden zur Kreuzung Rassen benutzt, die sich nicht nur in einem Anlagenpaar, sondern in zweien oder mehreren unterscheiden, so werden diese Anlagen unabhängig voneinander auf die F_2-Generation verteilt (freie Kombination der Gene, Autonomie der Anlagen, **Unabhängigkeitsregel**).

Ein klassisches Beispiel für die Autonomieregel bietet die Kreuzung zweier Erbsensorten, die sich in 2 Merkmalen unterscheiden (dihybride Kreuzung).

Sorte A erzeugt grüne (Erbfaktor g) und runzlige (Erbfaktor r) Samen.

Sorte B dagegen bildet gelbe (Erbfaktor G) und glatte (Erbfaktor R) Samen aus.

Geschlechtszellen von A besitzen somit die Erbfaktoren g, r.

Geschlechtszellen von B dagegen die Faktoren G, R.

Die Körperzellen des Bastards besitzen somit den Satz ($G\,R + g\,r$) und die Geschlechtszellen von F_1 jeweils

männlich	und	weiblich
$G \cdot R$		$g \cdot r$
$G \cdot r$		$g \cdot R$
$g \cdot R$		$G \cdot r$
$g \cdot r$		$G \cdot R$

Dabei erweist sich gelb (G) dominant über grün (g) und glatt (R) dominant über runzlig (r).

Damit ergibt sich das auf S. 317 (Abb. 342) wiedergegebene Dihybridenschema.

In der F_2-Generation dihybrider Bastarde ist somit eine Spaltung in gelb glatt, gelb runzlig, grün glatt und grün runzlig im Zahlenverhältnis von 9 : 3 : 3 : 1 eingetreten.

Von den 9 gelben glatten Samen ist einer homozygot in bezug auf beide Merkmale (identisch mit Elter A);

8 gelbe und glatte Samen sind heterozygot, und zwar 4 hinsichtlich der Farbe und 4 bezüglich der Struktur der Samenoberfläche;

die 3 gelben runzligen Samen sind homozygotisch in bezug auf die Oberflächenstruktur. Hinsichtlich der Farbe ist nur einer homozygotisch, 2 sind heterozygotisch;

die 3 grünen und glatten Samen sind homozygotisch bezüglich der Farbe; hinsichtlich der Oberflächenstruktur ist nur einer homozygotisch, die beiden anderen sind heterozygotisch;

ein Same endlich ist grün und runzlig und dabei in beiden Merkmalen homozygotisch (identisch mit dem Elter B).

Praktisch bedeutungsvoll ist die Tatsache, daß zwei völlig neue homozygotische Sorten (nämlich gelbe runzlige und grüne glatte) auf Grund neuer **Anlagenkombination** entstanden sind, deren Nachkommen allerdings jeweils nur in einem Fall (*GGrr* und *ggRR*) dieselben Samen wie die Eltern liefern (samenechte Sorten). Diese Tatsache spielt bei der Neuzüchtung von Kulturpflanzen eine bedeutende Rolle. Unsere derzeitigen Rassen der Kulturpflanzen sind zum Teil noch weit von der den Wirtschaftlern vorschwebenden Idealform entfernt. Sie besitzen neben wertvollen noch sehr unbequeme Eigenschaften, die man gerne beseitigt sähe. Dabei ändert sich das Bild der Idealform auch noch nach den Standortsverhältnissen des Anbaugebietes. Neuere Arbeiten zielen nunmehr darauf ab, wertvolle Anlagen von Wildformen der Kulturpflanzen in die bestehenden Kulturformen einzukreuzen (Frost-, Krebs-, Halmfestigkeit usw.) und so schließlich die günstigsten Anlagen vieler Einzelformen in einer Standardsorte zu vereinigen.

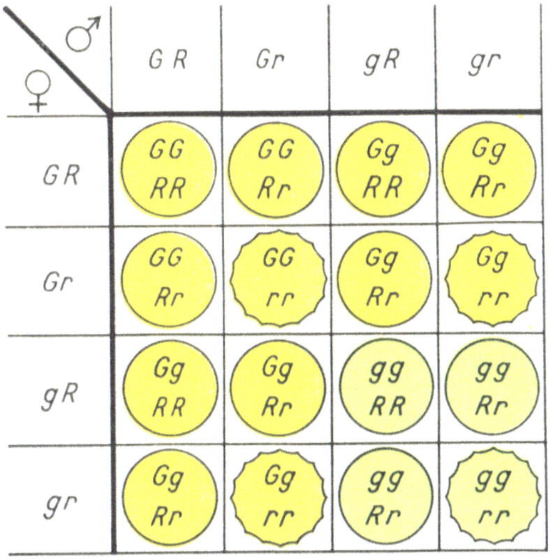

Abb. 342. Dihybridenschema. Kreuzung einer gelben glatten mit einer grünen runzligen Erbsensorte. G = Anlage für gelbe Farbe (dominant); g = Anlage für grüne Farbe (rezessiv); R = Anlage für glatte Oberfläche (dominant); r = Anlage für runzlige Oberfläche (rezessiv)

Auch die Blumengärtnerei macht von derartigen Kreuzungsmöglichkeiten ausgiebigen Gebrauch und erzeugt auf diese Weise Scharen von Hybriden (Bastarden). Die Bastarde selbst zeichnen sich gelegentlich durch verstärkte Wüchsigkeit oder auch durch besondere Blühfreudigkeit aus. Leider bedingt aber auch die Ungleichheit des elterlichen Chromosomensatzes häufig eine Störung bei der Reduktionsteilung, so daß Bastarde nicht selten steril sind. Nur wo es gelingt, die Reduktionsteilung zu verhindern (Polyploidie s. S. 323), können auch Bastarde normal fruchten. Auch in der freien Natur kommt es bei bestimmten Gattungen zu Bastardierungen (Weiden, Habichtskraut, Nelken usw.). Den Landwirten ist sogar die Kreuzung zweier verschiedener Gattungen gelungen (Roggen-Weizenbastard). Auch die vielen Orchideenhybriden sind zu Teil Gattungsbastarde.

Die Rückkreuzung einer F_1-Pflanze (Aa) mit dem einen Elter (AA) führt zur Bildung von 50% Homo- und 50% Heterozygoten.

$$\text{Gameten: } \begin{matrix} A & \rightleftarrows & a \\ A & \leftrightarrows & A \end{matrix}$$

$$\text{Kombinationen: } AA + Aa + AA + Aa\,.$$

Geschlechtsvererbung. Ein ähnlicher Fall tritt bei der Geschlechtsvererbung der Brennessel auf. Hier sind die geschlechtsbestimmenden Gene an gestaltlich differierende

Chromosomen (Geschlechtschromosomen, Heterochromosomen) gebunden (Abb. 343). In den somatischen Zellen der männlichen Pflanze treten zwei verschiedene Geschlechtschromosomen auf (XY), in den Geschlechtszellen weiblicher Pflanzen sind beide Geschlechtschromosomen gleichgestaltet (XX). Es kommt daher zu folgenden Chromosomenkombinationen: XX, YX, XX, YX, d. h. es resultieren 50% männliche und 50% weibliche Pflanzen.

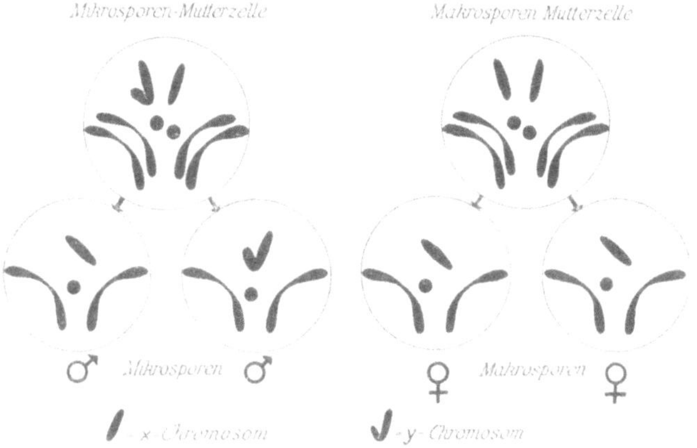

Abb. 343. Schema der Geschlechtschromosomenverteilung bei der Bildung der Pollenkörner und dem Embryosack

Faktorenkoppelung. Die dritte *Mendel*sche Regel der freien Genkombination gilt zunächst nur für den Fall, daß die betreffenden Gene auf verschiedenen Chromosomen untergebracht sind. Da es aber viel mehr verschiedene Gene als Chromosomen gibt, müssen bestimmte Gene auf demselben Chromosom verankert sein. Diese Gene müssen dann auch stets zusammen vererbt werden (Genkoppelung). Das ist zwar häufig der Fall, aber es sind auch Ausnahmen beobachtet worden, wobei die Gene desselben Chromosoms getrennt vererbt wurden. Die zytologische Untersuchung ergab die folgende Erklärung:

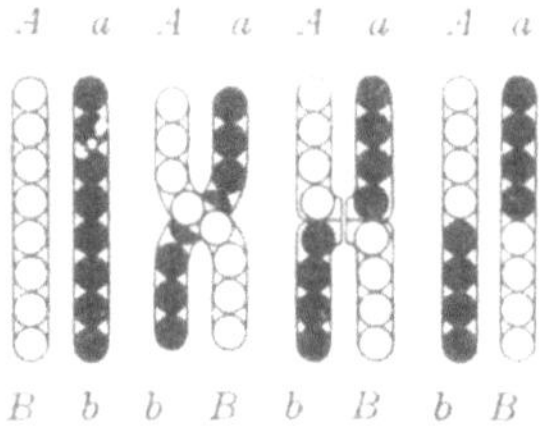

Abb. 344. Schematische Darstellung des Crossing over. Die Stäbe (*AB* und *ab*) stellen homologe Chromosomen, die Kreise einzelne Gene dar

Gelegentlich kommt es vor, daß bei der Reduktionsteilung homologe Chromosomen sich überkreuzen und dabei Teilstücke in der in Abb. 344 dargestellten Weise austauschen (Crossing over).

Die Trennungsmöglichkeit zweier Gene ist um so größer, je größer ihr Abstand auf dem gemeinsamen Chromosom ist. Liegen die Gene in linearer Anordnung etwa in gleichen Abständen voneinander, so ergeben sich für die einzelnen Gene die folgenden Trennungsmöglichkeiten:

	A	B	C	D	E	F	G	H	I	K
A	0	1	2	3	4	5	6	7	8	9
B	1	0	1	2	3	4	5	6	7	8
C	2	1	0	1	2	3	4	5	6	7
D	3	2	1	0	1	2	3	4	5	6
E	4	3	2	1	0	1	2	3	4	5
F	5	4	3	2	1	0	1	2	3	4
G	6	5	4	3	2	1	0	1	2	3
H	7	6	5	4	3	2	1	0	1	2
I	8	7	6	5	4	3	2	1	0	1
K	9	8	7	6	5	4	3	2	1	0

Umgekehrt kann man aus der Häufigkeit des Koppelungsbruchs auf die Lage der Gene am Chromosom Rückschlüsse machen. In Fällen, in denen beides, nämlich Häufigkeit der Koppelungsunterbrechung und Abstand der Gene, bestimmt werden konnte, hat sich die Annahme einer linearen Anordnung der Gene auf dem Chromosom bestätigt. Auf Grund der beobachteten Häufigkeit der Koppelungsunterbrechung hat man für einfache Objekte ganze Chromosomenkarten entworfen (Abb. 345).

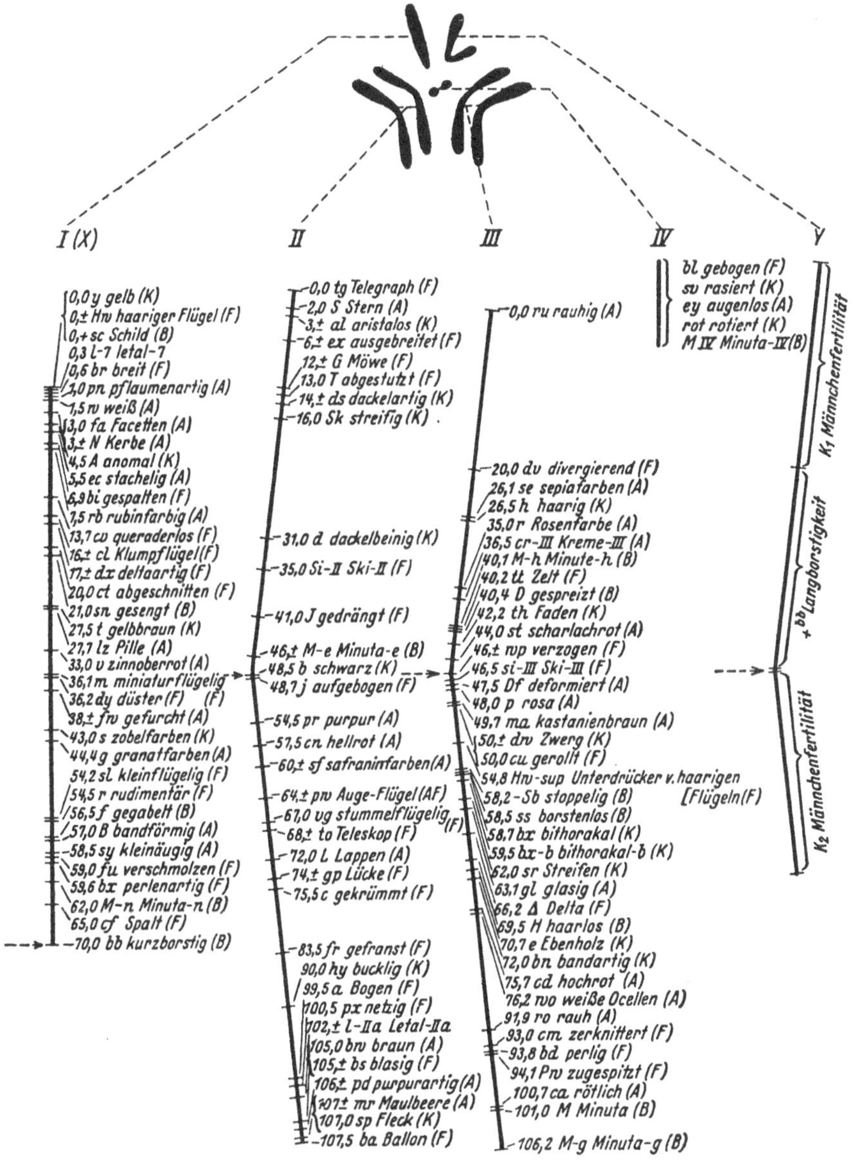

Abb. 345.

Chromosomenkarte von Drosophila melanogaster. (Nach *Baur*, *Fischer*, *Lenz*)

Die Variabilität

1. Modifikationen.

Bringt man Stecklinge einer homozygoten Pflanze an sehr verschiedenartigen Standorten (Höhenlage, Wasserversorgung, Lichtgenuß usw., Abb. 346) zur Entwicklung, so bilden sich Pflanzen recht unterschiedlicher Tracht. Gewinnt man aus all diesen **Standortsmodifikationen** Samen und läßt diese nunmehr auf gemeinsamem Standort zur Entwicklung kommen, so entstehen Pflanzen mit den identischen Merkmalen reiner Linien. Die Standortsmodifikationen sind also im allgemeinen nicht erblich. In den **Dauermodifikationen** halten sich die besonderen Merkmale der Standortsmodifikation durch mehrere Generationen hindurch (fehlender Knollenansatz bei Radieschen auf nährstoffarmem, trockenem Boden). Aber wahrscheinlich sind hieran ernährungsphysiologische Faktoren beteiligt, die erst nach mehreren Generationen ausgeglichen werden. Derartigen Dauermodifikationen fehlt auch das wichtigste Merkmal der erblichen Fixierung, nämlich das Mendeln in Kreuzungsversuchen.

Abb. 346. Modifikationen des Löwenzahns. *A* Ebenenpflanze; *B* Gebirgspflanze

Auch wenn Samen einer reinen Linie am selben Standort ausgesät werden, entwickeln sich dort Pflanzen mit Merkmalsunterschieden, weil eben die Standortsfaktoren und damit auch die Wachstumsbedingungen doch niemals für alle Pflanzen genau dieselben sind (vgl. Mikroklima). Nur die Größe der Abweichung von einem Mittelwert ist für Pflanzen derselben reinen Linie und desselben Standorts charakteristisch. Wenn man z. B. die Samen einer Bohnenpflanze nach ihrer Größe ordnet, so erhält man eine Zufallskurve: Die Zahl der Samen nimmt mit Annäherung an einen mittleren Gewichtswert zu und fällt nach der Seite der großen und kleinen Samen ab. Diese Kurve erklärt sich als Ergebnis der Kombination von Faktoren, die teils das Wachstum fördern, teils hemmen (Zahl der Blätter, der Hülsen, der Samen in einer Hülse, Beleuchtung usw.). Bei freier Kombination von 5 fördernden und 5 hemmenden Faktoren ergibt sich die abgebildete Zufallskurve (*Galthon*sche Kurve, Abb. 347).

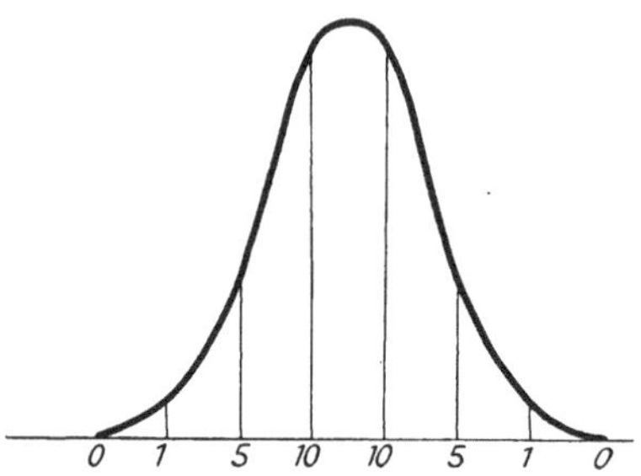

Abb. 347. *Galthon*sche Zufallskurve. Auf der Waagerechten ist die Samengröße (von links nach rechts hin zunehmend), auf der Senkrechten die Zahl der Samen bestimmter Größe angegeben

Verschiedene reine Linien unterscheiden sich durch die Größe ihrer Mittelwerte und die maximalen Abweichungen von diesen Mittelwerten (Abb. 348).

2. Entstehung neuer erbfester Formen.

a) Kombinationen. Die oben geschilderte Erbsenkreuzung hat 2 neue Formen ergeben, nämlich eine solche mit grünen glatten und eine zweite mit gelben runzligen Samen. Diese Neubildungen sind das Ergebnis einer Kombination verschiedener Erbmassen. Dabei entstehen zwar keine neuen Anlagen und Einzelmerkmale, wohl aber treten in den neuen Pflanzen Merkmale in neuer Verbindung auf. Neue Anlagenkombinationen können neue Merkmalskombinationen und damit neuartige Erscheinungsformen erzeugen. Auf die praktische Bedeutung dieser Tatsache für die Pflanzenzüchtung ist bereits S. 317 hingewiesen worden.

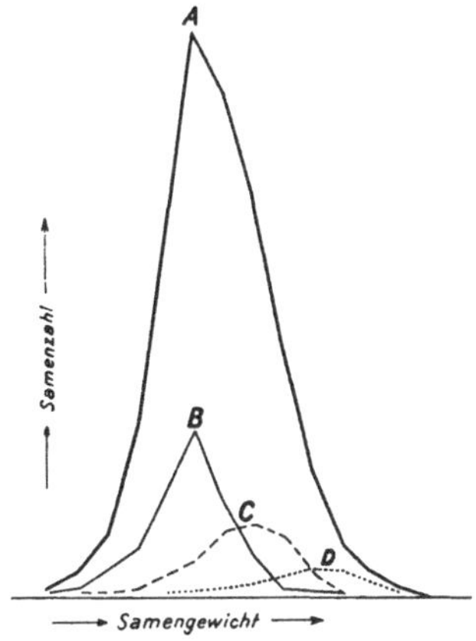

Abb. 348. Gewichtskurven reiner Bohnenlinien. (*B*, *C*, *D*) und des Gesamtmaterials (*A*). (Nach *Johannsen*)

b) Mutationen. Im Jahre 1590 wurde am Heidelberger Schloßberg neben dem gewöhnlichen Schellkraut (Chelidonium majus) plötzlich eine neue Form dieser Art mit geschlitzten Blättern gefunden, die sich bis auf den heutigen Tag erhalten und sich damit als erbfest erwiesen hat. Ähnliche Fälle sind später innerhalb der Gattung Oenothera (Nachtkerze) beobachtet worden.

Diese Neubildungen beruhen auf sprunghaft eintretender Änderung des Erbgefüges und werden als **Mutanten**, der Vorgang selbst wird als **Mutation** bezeichnet (Abb. 349). Heute weiß man, daß derartige Mutationen viel häufiger sind, als man früher angenommen hatte. Unter den Nachkommen einer reinen Linie finden sich fast stets neben den zahlenmäßig weit überwiegenden Normalpflanzen auch Formen, die in irgendwelchen Merkmalen von diesen abweichen. Die Nachzucht erweist, daß diese Merkmalsdifferenzen vererbbar sind, also Mutationen darstellen.

Ein praktisch bedeutungsvolles Beispiel derartiger Mutanten stellt die Süßlupine dar, die sich von der bitteren Stammform durch einen bis auf Spuren verminderten Gehalt an Lupinenalkaloiden unterscheidet, und der als Futterpflanze unserer armen Sandböden eine große Zukunft vorausgesagt wird.

Abb. 349. Zwergwuchsmutation beim Löwenmaul

Die relative Häufigkeit von Mutationen (Mutationsrate) ist im allgemeinen sehr gering, doch zeigen die einzelnen Pflanzen und in ihnen wieder einzelne Gene verschiedene Neigung zur Mutation. Ihre Größenordnung liegt bei etwa 0,00005—0,005%, doch kommen auch Mutationsraten bis 1% vor.

Durch Röntgenbestrahlung konnte die Mutationsrate in Einzelfällen sogar bis auf 13,5% erhöht werden; auch harte γ-Strahlen bis zum Ultraviolettlicht sowie β-Kathodenstrahlen und α-Teilchen erwiesen sich als wirksame Mutationsauslöser. Ausschlaggebend für die Zahl der Mutanten ist die durch Bestrahlung hervorgerufene Ionisation.

Die Häufigkeit der Mutationen in einzelnen Chromosomen wächst mit deren Größe. Diese Gesetzmäßigkeit hat zu der Vorstellung geführt, das Gen als Atomverband zu denken, in dem die Mutation sich als Atomumlagerung oder Bindungsänderung abspielt. Von dieser Primärreaktion führt eine lange Kette von Sekundärreaktionen zur Ausbildung neuer Merkmale. Für diese Auffassung spricht auch die Tatsache, daß durch Sekundärbestrahlung Rückmutation erfolgen kann, ein klarer Hinweis, daß die Bestrahlung nur eine Änderung, keine Zerstörung des Gens bewirkt.

Diese Variabilität der Pflanze erweist die Pflanzenstruktur als etwas Plastisches, das fortlaufender Änderung unterworfen werden kann. Diese Tatsache rechtfertigt Vorstellungen, wie sie lange vorher schon von *Darwin* u. a. über die Entstehung der heutigen Pflanzenformen vertreten worden sind.

Noch *Linné* hat an der Lehre von der Konstanz der Arten festgehalten, die so viele Arten annimmt, „als aus der Hand des Schöpfers hervorgegangen sind", wobei jede Einzelart als das Werk eines besonderen Schöpfungsaktes und daher als etwas Feststehendes, Unveränderliches betrachtet wurde.

Die Deszendenztheorie. Demgegenüber vertrat *Darwin* die Deszendenz- oder Abstammungstheorie, wonach die heute lebenden Formen sich aus älteren einfacheren herausentwickelt haben und selbst nur Durchgangsstufen für künftige Formen darstellen.

Für die Richtigkeit dieser Auffassung sprechen schon alle jene Erfahrungen der alten Pflanzenbeschreiber, die aus einer unverkennbaren Formähnlichkeit heraus zur Zusammenfassung einzelner Pflanzengruppen in Familien usw. schritten, um so schließlich zur Aufstellung eines Systems nach natürlichen Verwandtschaftsbeziehungen zu gelangen. Die eingehende anatomische und später auch die biochemische Erfassung der Pflanzen haben für die verwandten Formen mancherlei bauliche und stoffliche Übereinstimmungen ergeben, die bei den einzelnen Formenkreisen durchaus eigentümliche Prägung besaßen. Selbst bei weitgehender Anpassung an verschiedene Funktionen weisen homologe Organe noch einheitliche Züge und Baupläne auf.

Die Systematiker haben, entgegen der alten Auffassung von der Konstanz der Art, erkannt, daß diese kleinste systematische Einheit keinen morphologisch unveränderlichen Typus, sondern einen größeren oder kleineren Formenkreis darstellt, dessen Abgrenzung gegen andere Formenkreise vielfach nur dem „Takt des Systematikers" überlassen bleibt.

Auch die stufenweise erfolgten Reduktionen (z. B. der Zahl der Staubblätter) innerhalb einer verwandtschaftlichen Gruppe weisen ebenso wie der gelegentliche Rückfall in Merkmale einer überschrittenen Entwicklungsperiode (Atavismus) auf die Plastizität der pflanzlichen Struktur hin.

In viel großartigerer Weise aber hat die Paläontologie zur Aufklärung des phylogenetischen Stammbaumes der Organismen beigetragen und durch Auffindung von Zwischengliedern heute lebender Formenkreise die Verbindung scheinbar völlig isoliert stehender Formen geschaffen. Den direkten Beweis der erblich fixierten Veränderlichkeit von Organismen haben die vielen heute bereits bekannt gewordenen Mutationen geliefert.

Über die Art des Anstoßes zur Veränderung des Erbgutes im Sinne einer Weiterentwicklung oder Anpassung waren die Ansichten lange Zeit geteilt.

Der Lamarckismus ging von der Beobachtung aus, daß viele Pflanzen auf Änderungen der Außenbedingungen mit zweckmäßig erscheinenden Formänderungen und physiologischen Reaktionen antworten. Daraus entwickelte er die Lehre, daß nicht nur Gebrauch und Nichtgebrauch von Organen, sondern sogar schon das Bedürfnis bestimmter Organe Anstoß zu deren Entstehung sei. Heute wissen wir nicht nur, daß derartige Anpassungen gar nicht erblich sind, vielmehr nur Modifikationen darstellen, es ist uns auch bekannt, daß diese Anpassung nicht die Entstehung neuer Anlagen, sondern nur die Entfaltung schon vorhandener bedeutet.

Der Darwinismus entwickelte seine Theorie aus der Vorstellung vom sogenannten Kampf ums Dasein. Die Erde bietet nicht Platz für die Entwicklung sämtlicher alljährlich ausgestreuter Keime. Die Folge davon ist ein scharfer Konkurrenzkampf um den Lebensraum, den schließlich nur die konkurrenzfähigsten, d. h. die am besten an den Standort angepaßten Individuen überstehen. Die Natur trifft somit eine Auslese der Tüchtigsten (Selektion, natürliche Zuchtwahl). Tüchtige und weniger Tüchtige aber entstehen durch eine vom Darwinismus vorausgesetzte Bildung erblicher Varianten mit verschieden günstigen neuen Eigenschaften.

Neuere Auffassungen. Man wird wohl in der Mutation den Ausgang aller phylogenetischen Entwicklung vermuten dürfen. Dabei wird voraussichtlich die Zahl der für den Kampf ums Dasein gleichgültigen oder gar schädlichen neuen Eigenschaften die nützlichen bei weitem überwiegen. Zweifellos spielen viele Unterschiede zwischen den aus gemeinsamer Wurzel hervorgegangenen Pflanzen gar keine Rolle im Kampf ums Dasein (z. B. Änderungen im Blütenbau, die besonders charakteristisch für die phylogenetische Entwicklung sind). Ein Großteil derartiger Mutanten wird bald wieder verschwinden. Bedeuten dagegen die neu erworbenen Eigenschaften eine Begünstigung an bestimmtem Standort, wirken sie sich also im Sinne einer Anpassung aus, so wird der natürlichen Zuchtwahl hier gewiß eine auswählende Wirkung zur Erhaltung der angepaßten Formen zukommen. Auffällig möchte die Tatsache erscheinen, daß die Gesamtentwicklung doch im ganzen in der Richtung einer Höherentwicklung geht. Überblickt man eine ganze solche Entwicklungsreihe, so ist man von der Folgerichtigkeit der Fortführung kleiner Anfänge bis zu einem vorläufigen Endzustand durch viele Einzelglieder hindurch überrascht. Es ist ebenso bequem wie nichtssagend, hierin nur die Wirkung eines „inneren Bildungstriebes" sehen zu wollen, der ebenso unkontrollierbar ist, wie die sogenannte Lebenskraft der Organismen. Aussichtsreicher erscheint eine kausale Betrachtungsweise, die an jene Vorstellung anknüpft, die in den Genen bestimmte Atomgruppierungen sieht, deren Umbau zu den Mutationen führt. Damit fällt die Mutation unter die Gesetzmäßigkeit chemischer Prozesse, die einer reaktionskinetischen Betrachtungsweise unterzogen werden können. Es liegt dann nahe, in den Entwicklungsstufen gerichtete chemische Kettenreaktion zu sehen. Solche sind aus der reinen Chemie wohl bekannt, und wenn man die neuerdings entdeckte beherrschende Bedeutung der Wirkungsstoffe bei der Gestaltung der Organismen berücksichtigt, liegen solche Gedankengänge nicht mehr so fern. Gerade die enge chemische Verwandtschaft bestimmter in den Dienst einer einheitlichen Funktion gestellter Wirkungsstoffe (Bewegungsstoff und Geschlechtsstoff von Chlamydomonas, männliche und weibliche Sexualstoffe usw.) zeigt die biochemische Grundlage von biologischen Entwicklungen besonders eindringlich. Was *Butenandt* von den Wirkungsstoffen sagt, gilt vielleicht auch für die Gene: „Wenn der Pflanze eine neue Grundsynthese gelungen ist, dann spielt sie gleichsam mit ihr, indem sie den Grundstoff an leicht beeinflußbaren Atomgruppen abändert und so neue Entwicklungen einleitet." Natürlich folgt auch dieses „Spiel" in Wirklichkeit einer streng kausalen Reaktionskinetik. Der Anstoß zu solchen Änderungen im Bau der Gene kann sowohl von außen her (vgl. oben) wie auch aus besonderer Konstellation der inneren Bedingungen heraus erfolgen.

Unterbleibt in einem oder gar in beiden Gameten die Reduktionsteilung, so entsteht aus der Zygote eine neue Pflanze mit erhöhtem Chromosomensatz (Polyploidie). Nicht selten ist mit der Erhöhung des Chromosomensatzes ein verstärktes Wachstum bis zu Riesenformen verbunden. So besitzt die gewöhnliche Walderdbeere 14 Chromosomen, die größere Moschuserdbeere bereits 21 und die Großformen unserer Kulturrassen weisen sogar einen Chromosomensatz von 42—56 auf. Ähnliche Verhältnisse liegen auch bei manchen Obstsorten vor. Willkürliche Polyploidie kann durch Verabreichung von Colchicin (dem Gift der Herbstzeitlose) erzeugt werden.

Plasmatische Vererbung

Die *Mendel*schen Regeln können nur Gültigkeit haben, wenn die Anlagenübertragung durch die auf den Chromosomen lokalisierten Gene (das Genom) geschieht. Anlagen, die in Plastiden oder im Zytoplasma untergebracht sind, werden so wenig wie ihre Träger nach den *Mendel*schen Regeln vererbt. Daß es derartige Anlagen gibt, erkennt man aus der Ungleichheit reziproker Kreuzungen, wobei das eine mal Pollen der Pflanze *A* auf die Narbe der Pflanze *B*, das andere mal Pollen von *B* auf die Narbe von *A* übertragen wird. Die Ursache für die Ungleichheit der Bastarde solcher reziproker Kreuzungen kann nur in dem Umstand liegen, daß die Eizelle sehr viel mehr Plasma und Plastiden mitbekommt als das Spermatozoid. Daher gleichen solche Kreuzungen stets mehr dem weiblichen Elter; die Anlagen für die abweichenden Merkmale liegen also im Plasma oder in den Plastiden. Die Gesamtheit der im Plasma lokalisierten Erbfaktoren wird als Plasmon, diejenige der in den Plastiden liegenden Anlagen als Plaston bezeichnet. Da diese Differenzen zwischen reziproken Kreuzungen sich als erbfest erweisen, kann es sich nicht nur um die Nachwirkung eines im mütterlichen Plasma übertragenen Wirkungsstoffes, sondern es muß sich um eine Strukturvererbung handeln.

Physiologie der Bewegungen

Die ältere Biologie betrachtete die Bewegungsfähigkeit als ausschließliche Leistung des Tierreichs, die der ortsgebundenen Pflanze völlig abgehen sollte. Nachdem das Mikroskop dann den Blick in die Kleinlebewelt eröffnet hatte, erkannte man, daß viele niedere Pflanzen (Bakterien, Blaualgen) oder doch bestimmte Entwicklungsstadien (Schwärmsporen, Gameten) zum Teil recht lebhafte Bewegungen ausführten. Aber die im Boden verhaftete höhere Pflanze schien die Bewegungsfähigkeit völlig eingebüßt zu haben. Das trifft hinsichtlich der freien Ortsbewegung der Gesamtpflanze auch durchaus zu, aber die Bewegungsfähigkeit einzelner Pflanzenteile ist auch für die höhere Pflanze eine lebensnotwendige Leistung. Sie blieb uns nur deshalb so lange verborgen, weil die Bewegungen der Pflanzenorgane sehr langsam ablaufen. Nur in seltenen Fällen ist die Bewegung für das unbewaffnete Auge unmittelbar erkennbar. Diese Sonderfälle, bewegliche Staubfäden, Insektivoren und besonders die sogenannte Sinnenpflanze, erregen auch heute noch uneingeschränkte Bewunderung des Laien. Neuerdings enthüllt nun der Film mit geschickt eingestellten Zeitaufnahmen, daß jede Pflanze im Verlauf ihrer Entwicklung und in Anpassung an bestimmte Standortsverhältnisse sehr lebhafte „zielbewußte" Bewegungen ausführt. Welche wilde Bewegungslust herrscht in Wirklichkeit in einem Keimbeet! Schlangenartig umschlingen junge Triebe von Kletterpflanzen die gefundene Stütze, und mit der Genauigkeit einer Uhr heben und senken sich die Fiederblätter vieler Leguminosen im tagesrhythmischen Lichtwechsel.

Die meisten dieser Bewegungen sind mehr als ein munteres Spiel, sie stehen als zweckdienliche, ja unentbehrliche Reaktionen im Kampf ums Dasein. Besonders den gerichteten Bewegungen kommt entscheidende Bedeutung im Kampf um Licht, Nährstoffe und Wasser zu. Vor allem an pflanzlich dicht besiedelten Standorten (Wiese, tropischer Regenwald) entscheidet die Geschwindigkeit der Bewegung zum lebenspendenden Licht hin den erbitterten Kampf mit den Standortkonkurrenten.

Es wäre daher falsch, in der Bewegungsfähigkeit der Pflanze eine nebensächliche Leistung sehen zu wollen. Sie bestimmt vielmehr die Orientierung der Pflanze im Raum und reguliert weitgehend die Beziehungen zu den äußeren Wachstums- und Entwicklungsfaktoren.

Übersicht über die Bewegungsformen

Nach Art, Auslösung und Ablaufmechanismus können die pflanzlichen Bewegungen in ein reichgegliedertes Schema eingeordnet werden.

1. Die ganze Pflanze oder Plasmateile vermögen einen Ortswechsel vorzunehmen (**lokomotorische Bewegungen**). Diese Bewegungsform ist hinsichtlich ganzer Pflanzen im wesentlichen auf niedere Formen beschränkt. Man teilt diese lokomotorischen Bewegungen in 2 Gruppen ein:

a) Bewegungen im Plasma. An deren Zustandekommen haben Oberflächenspannungsänderungen entscheidenden Anteil.

b) Ortswechsel frei beweglicher Organismen. Die letzteren Bewegungen sind Reizbewegungen, d. h. sie werden durch äußere Ursachen ausgelöst, die auch die Bewegungsrichtung bestimmen (gerichtete lokomotorische Reizbewegung = Taxien). Die Natur dieser Reize ermöglicht eine weitere Unterteilung (vgl. Schema der Taxien). Der Ortswechsel der Pflanze verschwindet mit der Ausbildung von Haftorganen und der dauernden Befestigung an einer Unterlage.

2. Bei höheren Pflanzen äußert sich daher die Bewegungsfähigkeit nur mehr an **einzelnen Organen** in Form von Krümmungen. Die Bewegungsauslösung ist bei toten und bei lebenden Zellen grundsätzlich verschieden. Bei ersteren erzeugen rein physikalisch bedingte Schwankungen im Wassergehalt der Zellwand oder des Saftraums die Bewegung (hygroskopische Bewegungen). Im lebenden Organismus sind alle Bewegungen an die Struktur und die Reaktionsfähigkeit der lebenden Substanz (Protoplasma) gebunden. Die autonomen Bewegungen laufen bereits ab, wenn die allgemeinen Lebensbedingungen für Wachstum und Entwicklung der Pflanze gegeben sind. Bei den Reizbewegungen dagegen leitet stets ein Reiz die zur Lageveränderung führende Reaktionskette ein. Die Reizbewegungen spielen die bedeutsamste Rolle im Leben der höheren Pflanze. Hinsichtlich des Mechanismus der Krümmung unterscheidet man Wachstumsbewegungen und Turgorbewegungen. Diejenigen Reizbewegungen, die in bestimmter Richtung zum auslösenden Reiz erfolgen, werden als Tropismen von den durch innere Faktoren in der Bewegungsrichtung im voraus festgelegten Nastien (die ohne Beziehung zur Reizrichtung ablaufen) unterschieden. Die ungleiche Natur des auslösenden Reizes ermöglicht eine weitere Unterteilung der Tropismen und Nastien (vgl. Schema).

Schema der Pflanzenbewegungen

I. Lokomotorische Bewegungen

1. Plasmabewegungen
   - a) Rotation
   - b) Zirkulation
2. Ortswechsel freibeweglicher Organismen (Taxien)
   - a) Phototaxis
   - b) Chemotaxis

II. Krümmungsbewegungen

1. Krümmumgsbewegungen toter Gewebe (hygroskopische Krümmung)
2. Krümmungsbewegungen lebender Gewebe
   - a) *Autonome Bewegungen*
     - α) Wachstumsbewegungen
     - β) Turgorbewegungen
   - b) *Reizbewegungen*
     - α) Gerichtete Reizbewegungen (Tropismen):
       Phototropismus
       Geotropismus
       Chemotropismus
       Haptotropismus
       Traumatotropismus
     - β) Ungerichtete Reizbewegungen (Nastien):
       Photonastie
       Thermonastie
       Chemonastie
       Nyktinastie
       Seismonastie

I. Die lokomotorischen Bewegungen

1. Plasmaströmung und Chloroplastenbewegung

Die Plasmaströmung ist bereits früher (S. 99) als Hinweis auf den Flüssigkeitscharakter des Plasmas geschildert worden. Sie läuft in manchen Zellen unter normalen Bedingungen ab, in anderen Fällen bedürfen die Zellen eines Anstoßes von außen, um ihr Plasma in Bewegung zu bringen. Derartige Reize können Licht- und Temperaturänderungen, Verletzungen oder auch chemische Einflüsse sein. Besonders manchen Aminosäuren kommt eine stark anregende Wirkung zu. Histidin wirkt noch in Konzentrationen von 1 mg in 30—80 Liter Wasser. Die Anwesenheit von Sauerstoff ist Voraussetzung für das Zustandekommen der Bewegung. Ob diese das Plasma selbst oder nur die sichtbaren Teilchen erfaßt, ist nicht eindeutig entschieden. Auch über den Mechanismus der Bewegung ist wenig Sicheres bekannt. Wahrscheinlich ist er gar nicht einheitlicher Art. Möglicherweise spielen Oberflächenspannungsänderungen und elektrische Potentialdifferenzen eine Rolle. Ebenso unklar ist die biologische Bedeutung der ganzen Erscheinung; ihre Beteiligung am Stofftransport ist in vielen Fällen zweifelhaft.

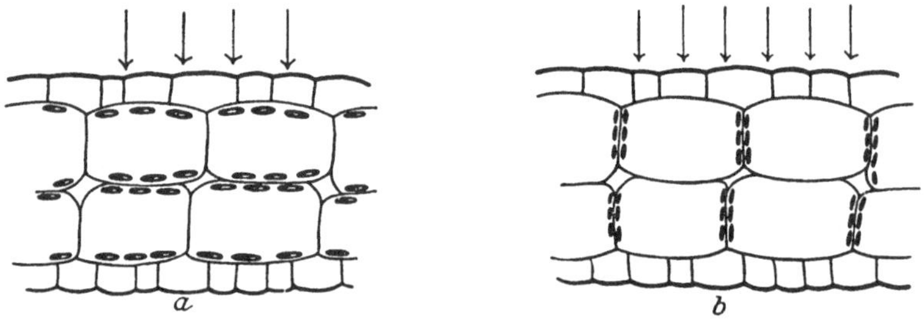

Abb. 350. *a* Chloroplastenstellung in schwachem Licht; *b* Chloroplastenstellung in vollem Sonnenlicht. Die Pfeile geben die Lichtrichtung an. (Nach *Stahl*)

Verständlicher ist die durch Lichtwirkung verschiedener Intensität angeregte Bewegung der Chloroplasten: bei gedämpftem Tageslicht lagern sich die Plastiden an die quer zum Lichteinfall liegenden Querwänden an und bieten dem Licht ihre Flachseite dar (Abb. 350*a*); im vollen Sonnenlicht dagegen wandern die Chloroplasten an die in der Lichtrichtung liegenden Zellwände und weichen so einer schädlichen Strahlungsintensität aus (Abb. 350*b*). Daher nehmen viele Blätter im vollen Sonnenlicht eine hellgrüne, im Schatten eine tiefgrüne Farbe an.

2. Ortswechsel freibeweglicher Organismen (Taxien)

Diese Bewegungen dienen dazu, die Organismen in Regionen günstiger Wirkung äußerer Faktoren zu bringen. Ihrer Entstehung nach sind sie Reizbewegungen. Nach der Natur des auslösenden Reizes unterscheidet man Photo- und Chemotaxis. Man spricht von topischen Taxien, wenn sich die Organismen in die Richtung des Konzentrationsgefälles des Lichtes oder gelöster Stoffe einstellen und entsprechend bewegen. Erfolgt die Bewegung nach dem Reiz hin, so liegt positive, bei Entfernung vom Reizherd negative Taxis vor. Vielfach entscheidet die Reizintensität über das Verhalten der Organismen, die dann eine optimale Intensitätszone aufsuchen.

Organismen mit phobotaktischen Bewegungen reagieren nur auf einseitige Faktorenänderung mit rückwärtigen Schreckbewegungen, während die gegensinnige Faktorenänderung ohne Wirkung auf die Bewegung bleibt. Wirken niedrige Konzentrationen und Intensitäten phobisch, so landet der Organismus in Zonen hoher Faktorenintensität, die ihn wie in einer Falle gefangen halten.

Phototaxis. Bei der Phototaxis wirkt das Licht als richtungsbestimmender Reiz der Bewegung. Positiv phototaktisch reagieren (mindestens bis zu einer optimalen Lichtintensität) viele grüne (assimilierende) Einzeller. Der Lichtreiz wird in gefärbten plasmatischen Bestandteilen der Zelle aufgefangen; sicherlich dient der Augenfleck vieler Schwärmer und Flagellaten der Lichtorientierung. Durch geeignet angebrachte Lichtfenster an verdunkelten Behältern lassen sich diese Organismen leicht an bestimmte Stellen locken.

An manchen Bakterien und Blaualgen hat man beim Übergang von Licht zur Dunkelheit rückläufige Schreckbewegungen beobachtet, so daß diese Organismen leicht in Lichtfallen zu fangen sind.

Chemotaxis. Andere Organismen werden in ihrer Ortsbewegung durch chemische Reize bestimmt. Dadurch vermögen diese Organismen optimale Konzentrationen der Reizstoffe aufzusuchen. So sammeln sich aerobe Bakterien an Stellen hoher Sauerstoffspannung, Schwefelbakterien suchen Orte ausreichender O_2- und SO_2-Konzentrationen auf. Ganz allgemein spielt die positive Chemotaxis für die Heterotrophen eine entscheidende Rolle beim Nahrungserwerb. Gegenüber Giften verhalten sich manche Organismen negativ chemotaktisch (Alkalien, Säuren); jedoch fehlt es auch nicht an Beispielen positiver Chemotaxis gegenüber Zellgiften.

Von hervorragender Bedeutung ist die Chemotaxis für die Gametenbewegung: so werden Farnspermatozoiden durch Äpfelsäure in den Archegonienhals gelockt; beim Bärlapp spielt Zitronensäure, bei Lebermoosen Eiweiß, bei Laubmoosen Rohrzucker eine chemotaktisch entsprechende Rolle; bei Chlamydomonas ist das Crocetin der sexuelle Anlockungsstoff. Die Pollenschläuche und in ihrem Innern die männlichen Sexualzellen werden von Stoffen der Narbe und Samenanlage in ihrer Wachstums- bzw. Bewegungsrichtung bestimmt.

Auch ungleiche Temperaturverteilung ebenso wie galvanische Ströme können lokomotorische Bewegungen bei Organismen auslösen und richten.

II. Krümmungsbewegungen

Die verschiedenen Arten von Krümmungen sollen an einem vierkantigen prismatischen Stab als Modell dargelegt werden (Abb. 351). Erfahren von den vier gleichlangen Kanten zwei gegenüberliegende Flanken ungleiche Längenänderungen, so tritt eine in einer Ebene liegende Krümmung nach der relativ kürzeren Kante hin ein. Ob dabei die beiden Flanken ungleich verlängert oder ungleich verkürzt worden sind, oder ob die eine Flanke verlängert und die andere verkürzt wurde, ist für das Zustandekommen der Krümmung unwesentlich. Die Stärke der Krümmung wird zweckmäßig am Krümmungsradius gemessen, der sich mit zunehmender Krümmung verkleinert. Wandern die Flanken ungleicher Ausdehnung oder Verkürzung um den Stab herum, so entsteht eine Drehung oder Torsion, wenn die Mittelachse gestreckt bleibt. Folgt sie jedoch den jeweiligen Krümmungen der Flanken, so tritt die Krümmung aus der Ebene heraus und wird dreidimensional in Form einer Spirale.

Abb. 351. Vierkantprisma. *1* gerade; *2* gekrümmt; *3* gedreht; *4* gewunden. (Nach *Jost*)

Jegliche Krümmung entsteht somit auf der Grundlage ungleicher Längenänderung gegenüberliegender Flanken. Die Längenänderungen selbst können verschiedene Ursachen haben:

a) ungleiches Wachstum,
b) ungleiche Turgoränderung,
c) ungleiche Änderungen im Quellungszustand von Membranen oder im Wassergehalt von toten Zellen.

Über die beiden ersten Krümmungsmechanismen verfügen naturgemäß nur lebende Zellen (Wachstums- und Turgorkrümmungen); der unter c) genannte Krümmungsmechanismus kann auch an toten Organen ablaufen (hygroskopische Krümmungen).

1. Die hygroskopischen Bewegungen

Biologische Bedeutung kommt diesen Bewegungen nur beim Ausstreuen der Samen und Sporen aus ihren bereits abgestorbenen Behältern zu.

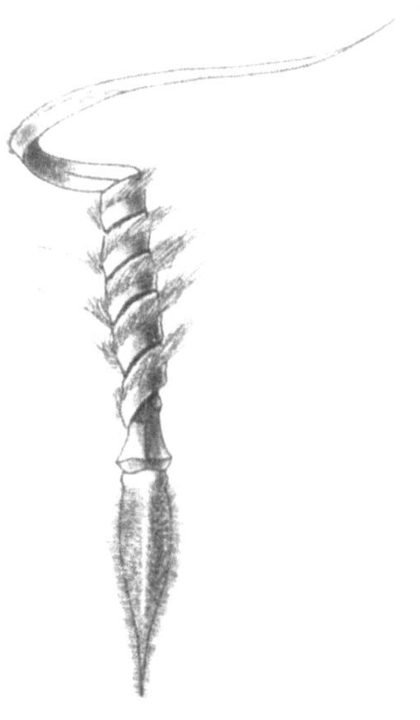

Abb. 352. Teilfrucht des Reiherschnabels mit stark gedrehtem Griffel

a) Quellungsbewegungen treten bei ungleicher Wassergehaltsänderung in Membranen auf. Das Quellungswasser ist in den feinen Intermizellarräumen der Elementarbausteine (z. B. Zellulosemizellen) eingelagert. Der Anteil der Intermizellarräume an der gesamten Wanddicke ist in der Querrichtung zu den langen Mizellen am größten, in der Längsrichtung der Mizellen dagegen am kleinsten. Schwankungen im Wassergehalt müssen daher in der Querrichtung zur Mizell-Lage am stärksten als Längen- bzw. Dickenänderung in Erscheinung treten. Die Mizell-Lagerung bestimmt daher weitgehend die Auswirkung der Wassergehaltsschwankungen von Membranen auf deren Länge und Dicke. Damit aber wird die Mizell-Lagerung auch zum bestimmenden Faktor der Krümmungen; neben ihr spielt naturgemäß die Quellbarkeit der Intermizellarsubstanz eine bedeutsame Rolle. Auf dieser anatomischen Grundlage beruht der Öffnungsmechanismus zahlreicher Samen- und Sporenbehälter (Kapselfrüchte, Mooskapseln usw.). Die ungleiche Längenänderung ruft Spannungen in dem toten Gewebe hervor, die schließlich in gewaltsamen Zerreißungen ausgeglichen werden. Dabei werden dann die Samen und Sporen zum Teil auf erhebliche Entfernungen von der Mutterpflanze abgeschleudert und verbreitet (vgl. S. 94). Auch die Einrollungs- und Entfaltungsbewegungen der sogenannten Rose von Jericho beruhen auf ungleichen Quellungsänderungen von Blattober- und Blattunterseite. Durch spiralige Bewegungen des Griffels vermag die Erodiumfrucht sogar Ortsbewegungen durchzuführen und sich in die Erde einzubohren (Abb. 352).

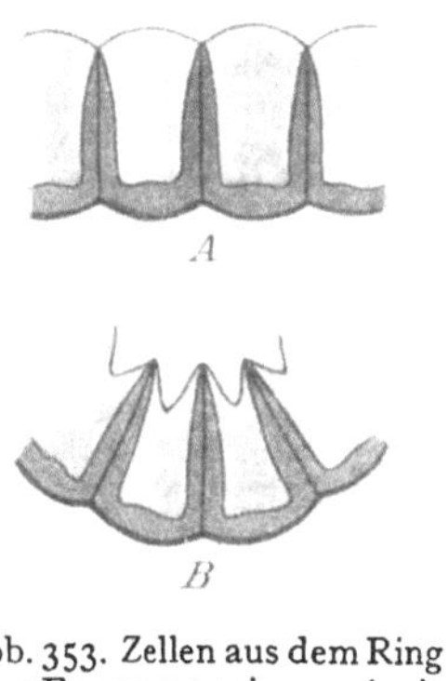

Abb. 353. Zellen aus dem Ring eines Farnsporangiums. *A* mit Wasser gesättigt; *B* nach erfolgtem Wasserentzug. (Nach *Noll*)

b) Ein eigentümlicher Kohäsionsmechanismus liegt der Öffnung der Farnsporangien zugrunde. Die Zellen des Anulus (Abb. 353 u. 130*B*) sind auf den inneren tangentialen und den beiden radialen Seitenwänden mit kräftigen Wandverstärkungen ausgerüstet. Beim Wasserverlust der Ringzellen folgt die dünne Außenwand durch Einfaltung der eintretenden Volumverkleinerung. Dadurch entsteht ein Zug in der Richtung des Ringes, der schließlich zum ruckartigen

Aufreißen der Kapsel an den unverstärkten Zellen führt, wobei die Sporen ausgeschleudert werden. Überschreitet der Zug die Kohäsionskraft des Wassers, so löst sich dieses von der Außenwand ab und der Ring nimmt seine ursprüngliche Form wieder an, d. h. die Kapsel schließt sich wieder. Hygroskopische Bewegungen liegen auch der Öffnung der Staubbeutel der höheren Pflanze zugrunde.

2. Krümmungsbewegungen lebender Pflanzenteile

a) Die autonomen Bewegungen

Die autonomen Bewegungen sind scheinbar unzertrennlich mit dem normalen Stoff- und Formwechsel der Pflanzen verknüpft und daher auch in ihrem Ablauf nur an die allgemeinen Lebensbedingungen der Pflanze gebunden.

a) Autonome Wachstumskrümmungen (Nutationen). Mit dem Zeitraffer durchgeführte kinematographische Aufnahmen erweisen, daß die Spitzen vieler scheinbar geradlinig wachsender Sprosse in Wirklichkeit spiralige Bewegungen ausführen. Die Durchführung derartiger Zirkumnutationen kommt dadurch zustande, daß die im Wachstum geförderten Flanken gleichsam rund um den Sproß wandern. Besonders auffällig sind die Nutationen bei Blütensprossen der Küchenzwiebel, die sich im Verlauf ihrer Streckung vorübergehend mit der Spitze bis zur Erde krümmen, um sich dann gerade aufzurichten. Bei kletternden und windenden Pflanzen spielen die Nutationen die Rolle von Suchbewegungen nach geeigneten Stützen.

Viele Entfaltungsbewegungen sind ebenfalls zu den autonomen Krümmungen zu zählen. So erfolgt die Entfaltung von Knospen wie auch die Aufrollung der Farnblätter durch verstärktes Wachstum der Oberseite der jungen Blätter.

Auch die scharf hakenförmige Krümmung mancher Keimstengel bis zur Durchbrechung des Bodens ist autonom bedingt. Umgekehrt ist die rückläufige Ausgleichungsbewegung mancher Reizkrümmung ebenfalls eine autonome Bewegung.

b) Die Variationsbewegungen vieler mit einem Gelenkpolster am Grund des Blattstiels ausgerüsteter Blätter beruhen auf autonomen Turgorschwankungen in den peripheren Zellen der Gelenkpolster: Verringerung des Turgors bewirkt ein Senken des Blattes, bedingt durch das Blattgewicht, Auffüllung und Straffung dieser Zellen hebt das Blatt wieder in die Ausgangsstellung zurück. Manche Pflanzen führen mit den Blättern schwingende Bewegungen mit erstaunlicher Schnelligkeit aus. Geschwindigkeit und Größe des Ausschlags sind zwar in gewissem Umfang von Außenbedingungen bestimmt, aber das Einsetzen der Bewegung erfolgt ohne besonderen Reiz von außen. Es müssen für das Zustandekommen der Bewegungen nur die allgemeinen Lebensbedingungen gewährleistet sein. Beim Absinken einzelner Außenfaktoren unter das Wachstums- bzw. Stoffwechselminimum können, ebenso wie bei Darbietung von Giften, Starrezustände eintreten.

b) Die Reizbewegungen

Reiz und Reizwirkung

Wenn eine Zelle oder ein Organ vom Zustand der Ruhe in den der vollen Lebensentfaltung (Aktivität) übergeht, so bedeutet das weniger den Aufbau hochaktiver Systeme, als vielmehr die Beseitigung von Entwicklungshemmungen. Die ruhende Zelle ist gewissermaßen in voller Alarmbereitschaft; es bedarf nur eines Anstoßes, um sie zu voller Lebensbestätigung anzuregen. Dieser Anstoß muß die Fesseln beseitigen, welche die hochgespannte Energie gebunden halten. Nicht nur der Übergang von Ruhe zur Entwicklung, sondern jedweder Aktivitätswechsel der Zelle ist Auf- oder Abbau von Hemmungen für den Zerfall energetisch hochwertiger Systeme. Die von der Zelle selbst bewirkte Anpassung der Lebenstätigkeit an die wechselnden Bedürfnisse eines mehr oder weniger vorherbestimmten Entwicklungsganzen bezeichnen wir als innere Harmonie, ihre Wiederherstellung nach erfolgter Störung als Regulation.

Erfolgt der Anstoß zu einer Aktivitätsänderung der Zelle von außen her durch Veränderung der Außenfaktoren, so bezeichnen wir diesen Anstoß zum Aktivitätswechsel als **Reiz.** Die durch den Reiz ausgelöste Änderung in der Lebenstätigkeit der Zelle oder eines Organs nennt man die Reizreaktion. Ihrer Wirkung nach gleichen daher Reizwirkungen in mancher Hinsicht den Fermentreaktionen, denn auch die Fermente wirken durch die Verminderung von Reaktionswiderständen beschleunigend auf den Stoffwechsel der Zelle. Die Wirkungsmechanismen von Ferment- und Reizreaktionen sind jedoch durchaus nicht gleichartig. Während das Ferment direkt auf ein bestimmtes Stoffsystem einwirkt, wird die Reizwirkung über komplizierte Plasmareaktionen geleitet.

Aus diesen Überlegungen wird verständlich, daß zwischen der Reizstärke und dem Ausmaß der ausgelösten Reizreaktion nur insoweit quantitative Beziehungen bestehen können, als die Beseitigung der Reaktionshemmungen von der Reizstärke abhängig ist. Das ist vielfach nur in sehr engem Bereich der Reizstärke der Fall, und daher fällt in vielen Reizreaktionen ein krasses Mißverhältnis zwischen dem Energieaufwand bei der Reizung und dem Ausmaß der in der Reizreaktion freigelegten Energie auf. Das wird verständlich, wenn man bedenkt, daß der Energiegehalt der gehemmten Reaktion nicht von der Größe des Sperrhakens abhängt. Die Einstellung des Dampfventils bei der Lokomotive, Beseitigung eines Sperrhakens, Abdrücken des Gewehrhahns, Einschalten des elektrischen Stromes usw. sind gern gebrauchte Analogien zur Reizwirkung. Löst ein Reiz gar keine oder sofort die Reaktion in voller Stärke aus, so spricht man von einer Alles- oder Nichtsreaktion (Ausstoßung des Fruchtinhaltes bei der Spritzgurke, Kontraktion des Herzmuskels).

In anderen Fällen zeigen sich quantitative Beziehungen zwischen Reizstärke und Reizreaktion (*Weber*sches Gesetz).

Die direkte Reizwirkung besteht nach Ansicht *Bünnings* in der Beeinflussung eines besonders hochempfindlichen Systems. Dabei handelt es sich wahrscheinlich um eine Änderung im physikalischen (z. B. Kolloid-) Zustand dieses Systems. Diese reizbedingte Veränderung wird als **Erregungsvorgang** bezeichnet und besteht in einem Zerfall des labilen Systems, der schließlich zum Refraktärstadium geringster Reizempfindlichkeit führt. Aber in einem regulativ gesteuerten Prozeß baut die Zelle das Erregungssystem wieder auf und gewinnt dadurch ihre Reaktionsfähigkeit wieder. Es spricht mancherlei dafür, daß der Zerfallsprozeß in vielen Fällen die Semipermeabilität des Plasmas aufhebt. Im normalen Zustand läßt das Plasma Kationen leichter austreten als Anionen. Die ersteren sammeln sich daher an der äußeren Plasmagrenzschicht und erzeugen hier ein erhöhtes positives elektrisches Potential gegenüber der inneren Plasmaschicht. Wird durch den Reiz die Permeabilität des Plasmas lokal erhöht, so werden auch die Ionendoppelschichten an der betreffenden Plasmastelle vernichtet und damit das positive Potential der Außenmembran abgebaut. Die Folge hiervon ist ein gegen die Reizstelle hin gerichteter elektrischer Aktionsstrom von den unveränderten Plasmastellen aus. Solche Aktionsströme treten in erhöhtem Ausmaß auch bei Verwundungen auf; die reizbedingte Erregung gleicht daher einer von der Zelle leicht und rasch wieder heilbaren Verwundung.

Dabei bleibt die Erregung gewöhnlich nicht auf die Reizstelle beschränkt, sondern sie breitet sich aus. Ob hierbei der von der Reizstelle ausgehende elektrische Reiz oder aber ein spezifischer sich ausbreitender Erregungsstoff der Reizleitung zugrunde liegt, ist nicht eindeutig entschieden. Immerhin spricht die Tatsache, daß in verschiedenen Fällen ein solcher Erregungsstoff isoliert und zum Teil auch chemisch schon näher beschrieben werden konnte, für die letztere Auffassung. Die gewonnenen Präparate lösten noch in Verdünnungen von 1 : 100000000 bei der Sinnpflanze (Mimosa) Erregungsvorgänge aus.

Tropismen

Tropismen sind durch äußere Reize ausgelöste Wachstumskrümmungen, die einzelne Pflanzenorgane in eine ganz bestimmte Lage zur Reizquelle bringen (gerichtete Reizbewegungen). Nur wachstumsfähige Organe können tropistische Krümmungen ausführen. Aus diesem Grunde treten bei den noch rasch wachsenden Keimlingen die tropistischen Krümmungen besonders deutlich in Erscheinung. Die biologische Bedeutung dieser Bewegungen liegt darin, die verschiedenen Pflanzenorgane in optimale Lage zu all den Faktoren zu bringen, die lebenswichtige Funktionen dieser Organe maßgeblich beeinflussen. Man kann diese Krümmungen daher auch als Orientierungsbewegungen bezeichnen: sie weisen der Wurzel den Weg zum Wasser und Mineralsalze spendenden Boden, sie bringen Sproß und Blätter in günstige Lage zu Licht, Kohlensäure, Temperatur usw. Daher sind diese Krümmungen und die sie auslösenden Reizfaktoren von wesentlicher Bedeutung für eine günstige Entwicklung und Stoffproduktion der Pflanze. Die richtenden Reize können verschiedener Natur sein; in allen Fällen aber müssen sie die Wachstumsintensität beeinflussen. Dieser Einfluß auf das Wachstum braucht freilich kein direkter zu sein. Wir wissen heute, daß die Reizwirkung in den meisten dieser Wachstumsbewegungen über eine ungleiche Verteilung der Streckungswuchsstoffe erfolgt, die ihrerseits erst das ungleiche Wachstum gegenüberliegender Flanken erzeugt.

Zu einer Reizkrümmung kann es indessen nur kommen, wenn ein Organ von einem Reiz einseitig getroffen wird, oder wenn die Reizstärke auf gegenüberliegenden Flanken ungleich groß ist. Im letzteren Fall muß allerdings das Verhältnis der gegensinnig auftreffenden Reizstärken einen bestimmten Mindestwert erreichen (*Weber*sches Gesetz).

Die angestrebte Einstellung zur Reizquelle ist bei einzelnen Organen recht unterschiedlich. Die orthotropen Organe stellen sich in die Reizrichtung, indem sie sich bei einseitiger Reizeinwirkung der Reizquelle nähern (positive Reaktion) oder sich von ihr entfernen (negative Reaktion). Die plagiotropen Organe finden ihre Ruhestellung in senkrechter oder schräger Lage zur Reizrichtung.

Nach der Natur des wirksamen Reizes unterscheidet man phototropische, geotropische, chemotropische usw. Krümmungen.

Der Phototropismus (Heliotropismus). Phototropische Krümmungen werden durch einseitigen Lichteinfall ausgelöst. Dabei krümmen sich die meisten Sproßachsen positiv phototropisch (Zimmerpflanzen neigen dem Fenster zu, Kartoffelkeime wachsen meterlang der nächsten Lichtquelle entgegen).

Die Blätter stellen sich transversal phototropisch, während manche Wurzeln und andere Organe, wie Haftwurzeln, Ranken, Luftwurzeln, sich von der Lichtquelle wegkrümmen.

Bestimmend für die endgültige Ruhelage ist scheinbar die Richtung des einfallenden Lichtes; in Wirklichkeit sind es jedoch die auf die einzelnen Organteile wirkenden ungleichen Lichtintensitäten, die eine phototropische Krümmung auslösen. Ruhelage stellt sich bei orthotropen Organen erst dann ein, wenn diese Organe allseitig gleich stark beleuchtet werden.

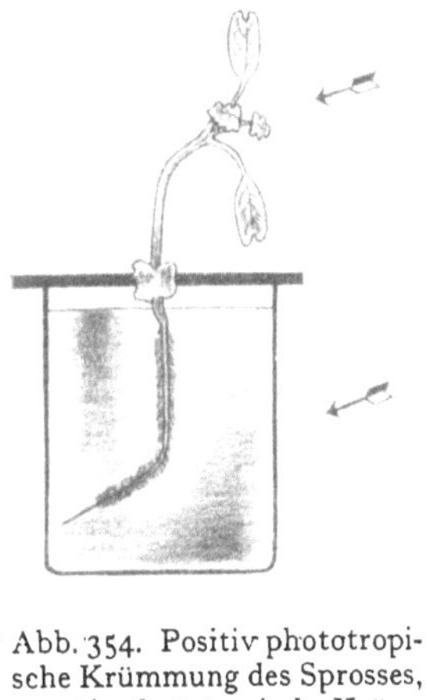

Abb. 354. Positiv phototropische Krümmung des Sprosses, negativ phototropische Krümmung der Wurzel eines Senfkeimlings. (Nach *Noll*)

1. Positiver Phototropismus. Wie genau sich einzelne Pflanzen auf die Lichtquelle einzustellen vermögen, beweist ein kleiner, auf Kuh- und Pferdedung wachsender Pilz (Pilobolus, Abb. 355). Die Sporangienträger dieses Pilzes führen positiv phototropische Krümmungen aus. Bei erreichter Reife werden die Sporangien in der Richtung der Achse des Sporangienträgers abgeschleudert. Bedeckt man eine derartige

Pilzkultur mit einem Dunkelsturz, der nur an einer Stelle ein kleines Lichtfenster trägt, so werden die Sporangien alle nach diesem Lichtfenster hin abgeschleudert, ein Beweis, wie scharf die Sporangienträger in die Lichtrichtung eingestellt waren.

Wie bereits erwähnt, sind die meisten Sproßachsen der höheren Pflanzen positiv phototropisch.

Die positiv phototropische Krümmung kommt durch rascheres Wachstum der der Lichtquelle abgewandten Flanke des Sprosses zustande.

2. Negativer Phototropismus. Dieser findet sich bei manchen Wurzeln (Senf, Keimwurzel der Mistel), bei Sprossen, die auf eine dunkle Unterlage zuwachsen sollen, z. B. beim kletternden Efeukeimstengel, sowie bei Ranken mit Haftscheiben (vgl. Abb. 121).

3. Transversaler Phototropismus. Diese Reaktionsweise tritt uns häufig bei Blättern entgegen: Ein von unten her beleuchtetes Blatt der Kapuzinerkresse wendet im Verlauf einiger Tage die Blattoberseite nach unten. Bei Schrägbeleuchtung stellen die Blätter ihre Fläche senkrecht zum einfallenden Licht. Die hierzu nötigen Krümmungen bzw. Torsionen führt gewöhnlich der Blattstiel aus.

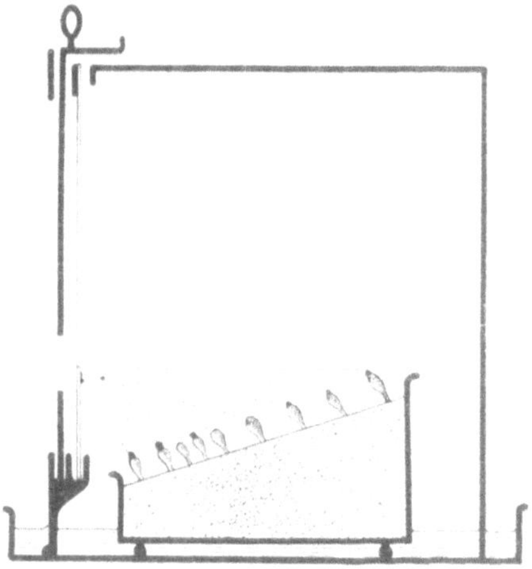

Abb. 355. Phototropische Krümmung der Sporangienträger von Pilobolus nach dem Lichtfenster zu. (Nach *Noll*)

Bei überoptimaler Bestrahlungsintensität und auch im Dienste einer Transpirationsverminderung stellen Pflanzen sehr sonniger Standorte ihre Blattflächen vertikal in die Medianebene (Kakteen, Eukalyptus und Akazien). Das auffallendste Beispiel unserer heimischen Flora bietet die Kompaßpflanze (Lactuca scariola). Gelegentlich erleichtern auch Blattpolster an der Blattstielbasis durch Turgorbewegung die Einstellung der Blätter in ihre optimale Lichtlage.

Der phototropische Charakter einzelner Pflanzenteile ist jedoch nicht eindeutig fixiert, er kann vielmehr von äußeren und inneren Bedingungen variiert werden. So ist die Lichtintensität selbst ein solcher Veränderungsfaktor: Haferkeimlinge wechseln mit steigender Lichtintensität mehrmals von positivem zu negativem Phototropismus und umgekehrt. Eine Umstimmung durch innere Entwicklungsfaktoren erkennt man am Blütenstiel von Linaria cymballaria, der zur Zeit der Blüte positiv, im Verlauf der Fruchtbildung und Reife dagegen negativ phototropisch reagiert.

Wesen und Mechanismus der phototropischen Krümmungen

Die Auslösung der phototropischen Krümmung erfolgt auf einseitigen Lichtreiz, der vielfach an bestimmten Stellen der Pflanzen aufgenommen wird (Reizperzeption). Die Reizaufnahme ist in jedem Fall eine Lichtabsorption. Diese erfolgt in einem bestimmten chemischen Stoff. Die Empfindlichkeitskurve der Pflanzen gegenüber Licht verschiedener Wellenlänge zeigt, daß vor allem blaues Licht stark wirksam ist, also auch bevorzugt von dem Perzeptionsstoff absorbiert wird. Dieser selbst muß daher reich an Komplementärfarbe der wirksamen Strahlen, also gelb gefärbt sein. Neuerdings hat man als Perzeptionsstoff vieler phototropischer Krümmungen das Karotin ermittelt, dessen Lichtabsorptionskurve mit der phototropischen Lichtwirkungskurve weitgehend übereinstimmt. Die Lichtperzeptionsorgane der phototropischen Krümmung sind daher

Orte hohen Karotingehalts. Das trifft auch für das beststudierte Objekt, die Haferkoleoptile zu: hier ist es die karotinreiche Spitze, welche den Lichtreiz aufnimmt. Der unterhalb der Spitze liegende Koleoptilenteil ist viel weniger empfindlich gegen einseitige Beleuchtung. Zwar registriert auch die Basis einseitige Belichtung, aber die hierdurch ausgelöste Krümmung folgt einem andern Mechanismus als die durch die Spitze vermittelte Wachstumsbewegung.

Die Spitzenperzeption. Die Spitze nimmt den Lichtreiz nur auf, vermag aber selbst die Wachstumskrümmung (Wachstumsreaktion) nicht durchzuführen. Das vollbringt vielmehr der unterhalb der Spitze liegende Teil der Koleoptile. Einige Zeit nach Aufnahme des Lichtreizes (Reaktionszeit) sieht man direkt unterhalb der Spitze die erste Krümmung auftreten; diese schreitet dann langsam basalwärts fort (Abb. 356). Lichtperzeption und Reaktion sind also in diesem Organ lokal getrennt.

Abb. 356. Verlauf der phototropischen Krümmung bei der Haferkoleoptile

Die Basisperzeption zeigt gegenüber der Spitzenperzeption die folgenden Unterschiede:

1. Das spektrale Wirkungsmaximum ist vom Blau nach dem Ultraviolett verschoben.
2. Die Reaktionszeit zwischen Reizaufnahme und Eintritt der Krümmung ist stark verkürzt.

Es liegt somit in der Basis der Koleoptile ein anderer Perzeptionsstoff vor, und die Reaktionskette zwischen Reizaufnahme und Krümmung ist kürzer. Eine Erklärung dieser auffallenden Beobachtungen vermag die Auxintheorie der Wachstumskrümmung zu geben.

Die Auxintheorie der phototropischen Krümmungen. Die Übertragung des Lichtreizes vom Ort der Aufnahme zu dem der Krümmungsreaktion macht die Annahme einer Reizleitung nötig. Wir haben bereits S. 290 darauf hingewiesen, daß es sich hierbei um die Leitung eines Reizstoffes handeln muß. Neuere Untersuchungen haben dann erwiesen, daß die Zellstreckungshormone (Auxine) diese Reizstoffe sind.

In der Koleoptilenspitze bewirkt die einseitige Lichtabsorption eine ungleiche Verteilung des Wuchsstoffes derart, daß in der belichteten Flanke eine Wuchsstoffverringerung gegenüber der unbelichteten Flanke eintritt. Infolgedessen wandert auch auf der belichteten Koleoptilenseite weniger Wuchsstoff nach der darunterliegenden Wachstumszone ab als auf der beschatteten Gegenflanke. Die ungleiche Wuchsstoffverteilung in der Wachstumszone äußert sich in einem ungleichen Wachstum der beiden Flanken. Da nun der Wuchsstoff in der Koleoptile in suboptimalen Konzentrationen vorhanden ist, muß die wuchsstoffreiche Schattenseite stärkeres Streckungswachstum zeigen als die auxinärmere belichtete Flanke; demzufolge krümmt sich die Koleoptile der Lichtquelle zu. Die Reaktionszeit erklärt sich in diesem Fall aus der Wuchsstoffleitung nach der Streckungszone. Den Mechanismus der Beziehungen zwischen einseitiger Lichtabsorption und ungleicher Wuchsstoffverteilung kennen wir heute noch nicht mit Sicherheit.

In der Koleoptilenbasis scheint das perzipierte Licht direkt zu wirken: Versuche haben ergeben, daß das Auxin durch Ultraviolettbestrahlung chemisch verändert und physiologisch inaktiviert wird. Diese Auxinzerstörung verläuft viel schneller als die Auxinwanderung; daher ist die Reaktionszeit bei der Basiskrümmung auch entsprechend verkürzt.

Es scheint im übrigen zweifelhaft, ob sich alle phototropischen Krümmungen so einfach durch Wuchsstoffverschiebung bzw. Zerstörung erklären lassen. Es sprechen manche Befunde dafür, daß auch die Reaktionsfähigkeit des Plasmas auf das Auxin durch das Licht beeinflußt werden kann. In solchen Fällen (Rettichkeimlinge) treten dann Lichtwachstumskrümmungen auch bei gleichmäßiger Wuchsstoffverteilung auf.

Reizmengengesetz. Zur Auslösung einer phototropischen Krümmung muß die Pflanze einseitig von einer bestimmten Anzahl von Lichtquanten getroffen werden. Diesen minimalen Lichtwert, der eben noch eine Krümmungsreaktion auslöst, nennt man den Schwellenwert. Er ist in jedem Fall das Produkt aus Belichtungszeit × Belichtungsintensität. Bei sonst gleicher Versuchsanstellung bewirkt eine einseitige Belichtung mit 25 MK während 1 Sekunde denselben Effekt wie eine Belichtung mit 1 MK während 25 Sekunden. Gleiche Reizmengen (MKS.) erzeugen gleiche Krümmungswirkungen (Reizmengengesetz).

Sinkt die Reizmenge unter den Schwellenwert herab, so folgt dem Reiz keine Reaktion; trotzdem aber wird der unterschwellige Reiz von der Pflanze auch aufgenommen. Das zeigt sich darin, daß mehrere nacheinander gebotene unterschwellige Reize zusammen dieselbe Reaktion ergeben wie die Summe der Reizwerte in einmaliger Einwirkung (Summation der Reize, *Talbot*sches Gesetz). Voraussetzung hierfür ist, daß die unterschwelligen Werte zeitlich nicht zu weit auseinander liegen. Wo solche intermittierenden Reize eine größere Krümmungswirkung ausüben als die ununterbrochene Belichtung mit gleicher Reizmenge, müssen Dunkelreaktionen die Rolle von begrenzenden Faktoren im natürlichen Ablauf der Krümmung spielen.

Bei gleichzeitiger Beleuchtung von verschiedenen Seiten folgt die Krümmung (entsprechend dem Parallelogramm der Kräfte) der Resultante der Einzelkomponenten. Gegensinnig einwirkende Reizmengen schwächen sich ab. Um nach einer Seite eine Krümmung zu erzwingen, muß das Verhältnis der gegensinnigen Reize einen bestimmten Minimalwert erreichen. Bei den Sporangienträgern des Schimmelpilzes Phycomyces muß der stärkere Reiz den schwächeren um etwa $^1/_5$ übertreffen, um eine Krümmung zu erzeugen.

Der Geotropismus. Neben dem Licht ist es vor allem die Anziehungskraft der Erde, die einen richtenden Reiz auf die Bewegungen von Pflanzenorganen ausübt. Auch hierbei stellen sich die Organe in bestimmte Richtung zur Reizquelle, in diesem Falle zum Erdradius.

Positiver Geotropismus bestimmt die Wachstumsrichtung der Hauptwurzeln, die daher senkrecht nach unten wachsen. Legt man eine gerade gewachsene Hauptwurzel waagerecht, so krümmt sich bald die Spitze nach unten, und der weitere Wurzelzuwachs stellt sich senkrecht zum horizontalliegenden Basalteil. Bringt man in Abständen von 2 mm von der Wurzelspitze aus 5 Tuschemarken auf der Wurzel an (Abb. 357), so erkennt man, daß die stärkste Krümmung in die 3. Zone, d. h. in die Zone des stärksten Streckungswachstums zu Beginn des Versuches, fällt. Die geotropische Krümmung kommt durch ungleiches Streckungswachstum der oberen und unteren Wurzelflanke zustande. Genauere Messungen haben ergeben, daß in Horizontallage die untere Flanke der Wurzel schwächer, die obere dagegen stärker wächst als in lotrechter Wurzelstellung.

Mechanismus der geotropischen Krümmung. Über die Ursachen dieses ungleichen Flankenwachstums waren die Ansichten älterer Forscher sehr geteilt, bis *Knight* diese Frage durch einen instruktiven Fundamentalversuch klärte: er befestigte an der Peripherie eines um eine horizontale Achse rotierenden Rades eine Anzahl auskeimender

Bohnensamen, deren Würzelchen nach den verschiedensten Richtungen orientiert wurden. Durch diese Versuchsanstellung wurde zweierlei erreicht:

1. Die Wirkung der Schwerkraft wurde praktisch aufgehoben, da sie jeden Augenblick an einer anderen Flanke des Keimlings ansetzte.
2. An Stelle der Schwerkraft wirkte die Fliehkraft auf die Pflanzen ein.

Nach wenigen Tagen schon machte sich die Fliehkraft des sich rasch drehenden Rades in einer einheitlichen Ausrichtung der jungen Keimlinge bemerkbar: die Wurzeln wuchsen alle in der Richtung des Radius nach außen, die Sprosse stießen schließlich alle im Mittelpunkt des Rades zusammen.

Die Schwerkraft läßt sich also durch die Fliehkraft ersetzen. Bringt man die Keimlinge auf dem Rand einer um eine senkrechte Achse rasch rotierenden Scheibe an, so stellen sich die Wurzeln schräg nach außen, die Sprosse schräg nach innen, jeweils also in eine Resultantenstellung zu den beiden Kräftekomponenten Schwer- und Fliehkraft.

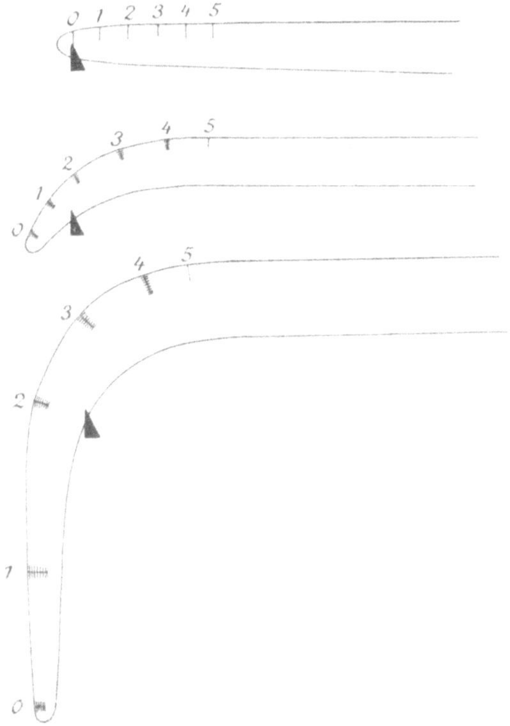

Abb. 357. Wachstumszonen einer sich geotropisch krümmenden Wurzel der Pferdebohne (Vicia faba). (1—5) Tuschemarken. (Nach *Sachs*)

Damit war erwiesen, daß die Schwerkraft richtenden Einfluß auf die Organe ausübt, und daß diese Reizquelle durch andere mechanische Kräfte ersetzbar ist. *Knight* hatte von dem Mechanismus der Schwerkraftwirkung noch eine sehr primitive Vorstellung. Er nahm an, daß sich die weiche, horizontal gelegte Wurzel einfach unter dem Einfluß ihres Eigengewichtes senkte, wie sich etwa eine erweichte Siegellackstange durchbiegt. Aber diese mechanische Theorie kam mit zwei experimentellen Befunden in Widerspruch:

1. Sie vermag den negativen Geotropismus der Sprosse in keiner Weise zu erklären,
2. sie widerspricht dem Befund, daß die senkrecht abwärts wachsende Wurzel in Quecksilber einzudringen vermag, obwohl der Auftrieb in dieser Flüssigkeit um ein Vielfaches das Eigengewicht des eingetauchten Wurzelteils übertrifft.

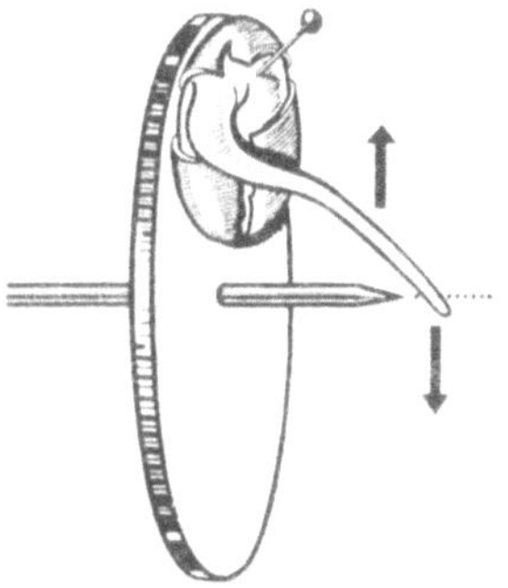

Abb. 358. *Piccards* Methode zum Nachweis der alleinigen Reizempfindlichkeit der Wurzelspitze für Zugwirkungen

Die bewegungsauslösende Kraft steht somit in krassem Mißverhältnis zur geleisteten Arbeit, sie wirkt also nur als Reiz. Die geotropische Krümmung ist damit als Reizbewegung gekennzeichnet, hervorgerufen durch ungleiche Beeinflussung des Wachstums auf der oberen und unteren Flanke.

a) Die **Reizaufnahme** erfolgt in der Wurzelspitze. Das beweist *Piccards* Versuchsanstellung (Abb. 358): ein Keimling wird auf einer um eine horizontale Achse drehbaren Scheibe so angebracht, daß die Wurzelspitze nur 1—2 mm über die Achsenlinie hinausreicht. Setzt man die Scheibe in Rotation, so unterliegen Basis und Wurzelspitze gegensinnigen Fliehkräften. Die Krümmung folgt dann stets der an der Wurzelspitze angreifenden Kraft.

b) Übertragung des Reizes auf das Plasma (Plasmaerregung). In den Zellen der Wurzelspitzen beobachtete man Stärkekörner, die selbst bei Kohlehydratmangel nicht oder nur zögernd in den Abbaustoffwechsel einbezogen werden (vgl. Abb. 192). Man war daher geneigt, diesen Stärkekörnern eine Sonderaufgabe zuzuschreiben. Da diese Körperchen in jeder Wurzellage sich an der unteren Zellwand ansammeln, glaubte man, ihnen eine den Statolithen („Gehörsteinchen") mancher Krebse vergleichbare Rolle bei Einstellung der Gleichgewichtslage zuschreiben zu dürfen: Die schweren Stärkekörner fallen stets auf die nach unten gekehrte Plasmaschicht und erzeugen dort einen Reiz, der zur Orientierung der Wurzel ausgenutzt wird. Eine derartige Mitwirkung der Statolithenstärke bei der geotropischen Reaktion ist nicht ganz ausgeschlossen, aber eine allgemeine Bedeutung kommt dieser Einrichtung nicht zu, denn es gibt auch stärkefreie geotropisch reagierende Wurzeln. Wir sind vielmehr geneigt, wie beim Zustandekommen der phototropischen, so auch bei der Georeaktion dem Auxin eine entscheidende Rolle zuzuschreiben: stets zeichnet sich die schwächer wachsende Wurzelflanke durch erhöhten Wuchsstoffgehalt aus. Diese Konzentrationsdifferenz entsteht in derselben Weise wie beim Phototropismus, nur ist hier die Schwerkraft Ursache der ungleichen Wuchsstoffverteilung. Die Reizaufnahme in der Wurzelspitze erzeugt dort eine Querverschiebung des Wuchsstoffs nach der unteren Spitzenseite hin, so daß er in ungleicher Konzentration in die obere und untere Flanke der Wachstumszone abströmt. Da die tatsächliche Wuchsstoffkonzentration in der Wurzel überoptimal ist, muß das Wachstum auf der auxinreicheren Unterseite stärker gehemmt sein als auf der auxinärmeren Oberseite. Auch hier vollzieht sich die Reizleitung von der perzipierenden Spitze nach der Wachstums- und Reaktionszone hin als Wuchsstofftransport. Um eine ausreichende Wuchsstoffdifferenz in den gegenüberliegenden Flanken der Spitze zu schaffen, muß die Schwerkraft eine Mindestzeit auf die waagerecht oder schräg liegende Wurzel wirksam sein (Präsentationszeit). Die Reaktionszeit bezeichnet die Zeit zwischen Reizaufnahme und erkennbarem Krümmungsbeginn. Resultantengesetz, *Weber*sches und Reizmengengesetz gelten wie beim Phototropismus.

Negativer Geotropismus tritt uns bei den meisten oberirdischen Sprossen entgegen. Die aufrechte Stellung der Sproßachsen der höheren Pflanzen ist der Ausdruck negativ geotropischer Orientierung. Wird die Sproßachse durch äußere Einflüsse aus ihrer Ruhelage gebracht, so stellen sich die noch wachstumsfähigen Teile der Hauptachse nach kurzer Zeit wieder senkrecht. Ein praktisch wichtiges Beispiel hierfür bieten die Getreidehalme nach Lagerung infolge von Regen und Sturm: Die Unterseite der Halmknoten nehmen erneut das Wachstum auf und richten dadurch den Halm auf (Abb. 359), wobei die Knotenoberseite gleichzeitig zusammengedrückt wird. Hält man die reizempfindliche Sproßspitze von Keimlingen oder abgeschnittenen Sproßstücken dauernd in Horizontallage, so rollen sich die Sprosse geradezu knäuelartig auf.

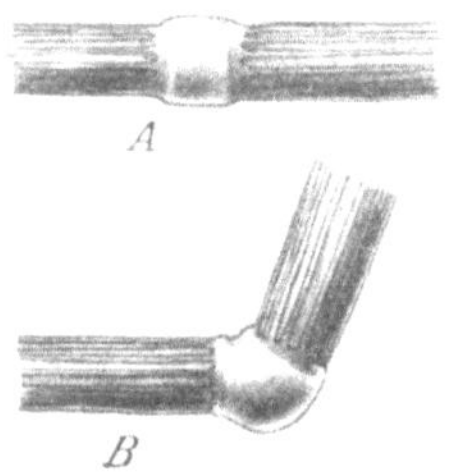

Abb. 359. Grasknoten. *A* kurz nach erfolgter Lagerung des Halmes; *B* nach Aufrichtung des Halmes. (Nach *Noll*)

Für die einseitige Auxinverschiebung hat man ein elektrisches Potentialgefälle zwischen Ober- und Unterseite verantwortlich gemacht (geoelektrisches Phänomen).

Die Auxinverteilung in negativ geotropischen Organen ist dieselbe, wie wir sie in der positiv geotropischen Wurzel kennengelernt haben: stets erweist sich die Unterseite des sich krümmenden Organs auxinreicher als die Oberseite. Da jedoch Sprosse ein viel höheres Auxinoptimum als Wurzeln besitzen, bleibt die tatsächliche Wuchsstoffkonzentration stets suboptimal. Die Streckung des Sprosses wächst daher mit der Auxinkonzentration. Aus diesem Grunde ist die auxinreichere Unterseite des Sprosses im Gegensatz zu den Verhältnissen in der Wurzel im Wachstum stärker gefördert als die auxinärmere Oberseite. In Sproß und Wurzel erzeugt daher die Schwerkraft eine gleichsinnige Wuchsstoffverschiebung nach der erdnahen Flanke hin; die gegensinnige Reaktion von Sproß und Wurzel beruht auf ungleicher Reaktionsempfindlichkeit des Sproß- und Wurzelplasmas gegenüber dem Wuchsstoff.

Plagiogeotropismus. Findet ein Organ seine Ruhelage nicht in der Richtung der Erdradien, bildet es in seiner Ruhelage vielmehr einen Winkel zur Senkrechten, so nennen wir diese Einstellung plagiogeotropisch. So bilden Seitenwurzeln bestimmte Winkel mit der Hauptwurzel, die Seitensprosse solche mit der Hauptachse. Rhizome finden häufig in der Horizontalen ihre Ruhelage. Die dorsiventralen Organe (vor allem die Blätter) reagieren ebenfalls plagiogeotropisch, finden ihre Ruhelage aber nur dann, wenn eine bestimmte Seite (morphologische Oberseite) nach oben gekehrt ist. Zum Teil wird nach erfolgter Störung der Ruhelage die Normallage auch durch Torsionen einzelner Organe (Blattstiele, Fruchtknoten der Orchideen) wiederhergestellt.

Abb. 360. Windepflanzen. *A* linkswindende Bohne; *B* rechtswindender Hopfen. (Nach *Pfeffer*)

Die Schlingpflanzen. Die Schling- oder Windepflanzen sind raschwüchsige Kletterpflanzen (Lianen), deren Waffe im Kampf ums lebenspendende Licht eben ihre ungewöhnliche Wachstumsgeschwindigkeit ist. Mit geringen Samenreserven müssen sie (vielfach in stark gedämpftem Licht) meterlange Sprosse aufbauen. Diese werden im Interesse weitgehender Stoffsparung in Form langer fädiger Achsen ausgebildet, die sich selbst nicht zu tragen vermögen und daher einer Stütze bedürfen. Die besprochenen Nutationen (vgl. S. 329) zur Aufsuchung der Stütze („Suchbewegungen") sind autonomer Natur. Trifft der Sproß auf eine solche Stütze, so hört die autonome Nutation auf, und die weitere Windung beruht auf lateralgeotropischer Krümmung. Daß auch negativer Geotropismus in den Windepflanzen wirksam ist, erhellt aus der Tatsache, daß Windepflanzen waagerechte oder schräg nach unten gerichtete Stützen nicht umwinden können. Die nachträgliche Verengung der Windungen und die straffe Befestigung an der Stütze erfolgt vielfach durch Sproßtorsionen. Die meisten Pflanzen winden (von oben gesehen) nach links (im Gegensinn des Uhrzeigers); der windende Sproß steigt also von links unten nach rechts oben an (Ackerwinde, Bohne usw.). Eine rechtswindende Pflanze ist der Hopfen (Abb. 360).

Völlig unempfindlich gegen Schwerkraftwirkungen (ageotrop) sind die Nebenwurzeln 2. und 3. Ordnung (Saugwurzeln).

Chemotropismus. Den chemotaktischen Bewegungen der freibeweglichen Organismen entsprechen die chemotropischen Krümmungen der festgewachsenen Pflanzen. Der Bewegungsreiz geht von einem Konzentrationsgefälle bestimmter chemotropisch wirksamer Stoffe aus. Das sich bewegende Organ findet daher seine Ruhestellung in der Richtung des Konzentrationsgefälles. Je nachdem sich das Organ der Reizquelle zu- oder von ihr wegkrümmt, bezeichnet man die Reaktionsweise als positiven bzw. negativen Chemotropismus. Die Reaktionsweise eines Organs ist häufig von der Konzentration des Reizstoffes abhängig. Das Organ sucht eine optimale Konzentration des Reizstoffes auf; gegen überoptimale Konzentration verhält es sich daher negativ, gegen unteroptimale Konzentration positiv chemotropisch.

Die Krümmung selbst beruht auf ungleichem Wachstum gegenüberliegender Flanken. Der Reiz wird von der Spitze der Organe aufgenommen, während die Reaktion von einer bestimmten Wachstumszone durchgeführt wird; auch hier muß daher eine Reizleitung stattfinden.

Beispiele chemotropischer Krümmungen geben unter anderem die Wurzeln. Hier sollen allgemein Kationen negative, Anionen positive chemotropische Krümmungen auslösen. Auf Pollenschläuche wirken Zucker stark chemotropisch ein, wahrscheinlich auch spezifische Narbenstoffe. Auch Wasserdampfspannung, Sauerstoffgehalt und andere Außenfaktoren können als richtende Reize wirksam werden. Pilzhyphen reagieren besonders auffällig auf Stickstoffverbindungen wie Pepton, Aminosäuren, Ammoniumverbindungen, vor allem auch auf Amide. Die chemotropischen Krümmungen besitzen hohe biologische Bedeutung, weil sie die Organe in günstige Ernährungs-, Durchlüftungs- und Wasserverhältnisse bringen. Im Dienste der Nährstoffversorgung stehen auch die chemotropischen Bewegungen der Fangtentakeln mancher Insektivoren (Sonnentau), die bezeichnenderweise vor allem durch Eiweißabbauprodukte beeinflußt werden.

Negativ chemotropisch verhalten sich die Organe vielfach Zellgiften gegenüber.

Traumatotropismus. Wird ein Organ, z. B. eine Wurzel, beschädigt, so tritt natürlich an dieser Stelle eine Wachstumshemmung und demzufolge möglicherweise eine Krümmung auf. Diese rein mechanische Krümmung hat nichts mit Traumatotropismus zu tun. Eine traumatische Krümmung muß vielmehr eine Reizbewegung sein. Eine solche liegt vor, wenn beispielsweise die Wurzelspitze einseitig verwundet wird und die Wachstumszone dann eine Krümmung ausführt. Die Frage, ob hierbei das Auxin oder aber das Traumatin die Rolle des Reizstoffes spielt, bedarf noch einer weiteren Klärung. Danach wird auch erst zu entscheiden sein, ob es sich um eine Zellstreckungs- oder Zellteilungsreaktion handelt.

Haptotropismus. Auch mechanische Reizung ohne erkennbare Verwundung kann Krümmungen auslösen. Derartige haptotropische Krümmungen sind besonders an **Ranken** häufig zu beobachten. Die Reizung muß dabei von festen Körpern ausgehen; Flüssigkeiten (Regen) vermögen keinen haptotropischen Reiz auszuüben, wohl aber schon ein feinstes Baumwollfädchen. Die Reizaufnahme erfolgt bei Ranken gewöhnlich allseitig. An ihr sind in manchen Fällen Fühltüpfel, das sind mit Plasma erfüllte, nach außen erweiterte Lücken in der Epidermisaußenwand, maßgeblich beteiligt. Die Krümmung kann — wie bei den Kürbisranken — nur nach einer bestimmten Seite oder nach allen Seiten hin erfolgen (und zwar stets positiv, also zur Reizquelle hin). Die Reizwelle breitet sich von der Reizstelle in vielen Fällen auf die ganzen Ranken aus. Die Folge ist dann nicht nur eine einfache Umschlingung der Unterlage, sondern eine spiralige Aufwicklung der Ranke und damit eine Heranziehung der Pflanze an die umwundene Stütze. Dabei schwingt der mittlere Rankenteil wie eine Schaukel um die beiden festen Enden und bildet schließlich den Wendepunkt zweier gegensinniger Teilspiralen. Danach verholzt die Ranke in erheblichem Umfang, wodurch ihre Zugfestigkeit stark erhöht wird.

Die Ranken des wilden Weins bilden an ihrem Ende kleine Köpfchen aus, die gegen jegliche Unterlage eine klebrige Flüssigkeit ausscheiden und schließlich mit allen Unebenheiten der Unterlage so stark verwachsen (Haftscheibe), daß eher die Ranke reißt, als daß die Haftscheibe sich löst.

Die biologische Bedeutung der Rankenausbildung deckt sich mit jener der windenden Sprosse.

Nastische Bewegungen

Die Nastien unterscheiden sich von tropistischen Krümmungen darin, daß die Krümmungs- bzw. Bewegungsrichtung unabhängig von der Lage der Reizquelle erfolgt, also endonomer Natur ist. Nicht die Reizrichtung, sondern das Organ selbst bestimmt die Bewegungsrichtung. Gewöhnlich handelt es sich hierbei um die Bewegung dorsiventraler Organe, wobei die Bewegungsebene senkrecht zum entfalteten Organ steht. Der Krümmungsmechanismus beruht entweder auf ungleichem Wachstum oder auf ungleichen Turgorschwankungen gegenüberliegender Flanken.

1. Wachstums-Nastien.

Thermonastie und Photonastie bewirken in vielen Fällen das Öffnen und Wiederschließen der Blüten durch ungleiches Wachstum der Blütenblattober- und -unterseiten (Abb. 361). Temperaturbedingt sind diese Bewegungen z. B. bei den Blüten von Tulpe und Herbstzeitlose, wie auch bei denjenigen von Eranthis und Krokus.

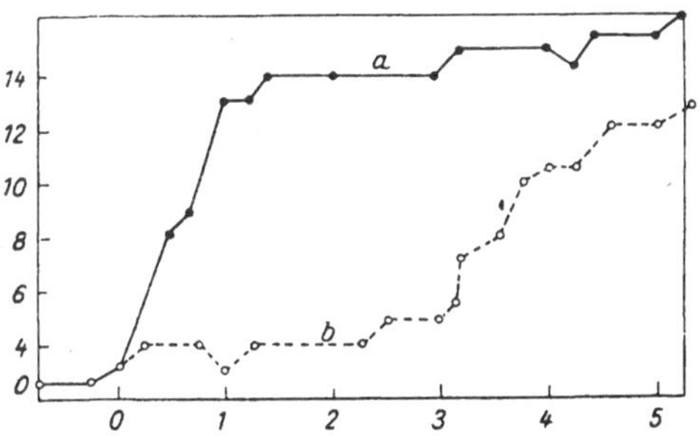

Abb. 361. Wachstum eines Blütenblattes von Krokus bei Temperaturerhöhung von 9,8° auf 20,8° C. *a* Innenseite; *b* Außenseite. Abszissenachse: Zeit in Stunden. Ordinatenachse: Wachstum. (Nach *Wiedersheim*)

Abb. 362. Öffnen der Krokusblüte. *a* geschlossene Blüte aus dem Freien; *b* 5 Minuten nach Einbringen ins warme Zimmer

Die Öffnung der Krokusblüten (Abb. 362) erfolgt bei einer Temperaturerhöhung von 15—20° bereits innerhalb weniger Minuten; andererseits spricht die Blüte noch auf Temperaturdifferenzen bis zu $^1/_2$° herab an. In anderen Fällen, z. B. bei Kompositen, Kakteen usw., bewirkt das Licht ungleiches Wachstum der Ober- und Unterseiten der Blütenblätter und damit Öffnung der Blüten. Bei den Nachtblühern setzt das verstärkte Oberseitenwachstum der Blütenblätter bei Dunkelheit ein. Die Temperatur- bzw. Lichtminimalpunkte der Blütenöffnung liegen für die einzelnen Pflanzen sehr verschieden, so daß im täglichen Licht- und Temperaturrhythmus die einzelnen Pflanzenarten ihre Blüten zu ungleicher Tageszeit öffnen (Blumenuhr).

Chemonastie. Chemonastische Bewegungen führen die Randtentakeln vom Sonnentaublatt aus. Berührt ein Insekt das Köpfchen einer Randtentakel, so löst das Köpfchensekret offenbar eine Spur der Insektensubstanz auf, die als Reiz wirkt. Diese wird nach der Tentakelbasis geleitet und löst dort eine nach dem Blattinneren gerichtete Wachstumskrümmung der Tentakel aus. Dabei wird das Insekt mitgerissen und auf die Köpfchen einzelner Scheibententakeln gebracht, die diesen Reiz weiterleiten, so daß sich alle Scheibententakeln tropistisch nach der Reizstelle hin krümmen, während die Randtentakeln eine stets nach der Blattmitte gerichtete nastische Krümmung ausführen. Dabei wird das gefangene Insekt von dem Köpfchensekret übergossen und einer extrazellulären Verdauung zugeführt. Die hohe chemonastische Empfindlichkeit der Randtentakeln erhellt aus dem Befund, daß bereits 0,0004 mg Ammonphosphat hinreichen, um eine nastische Krümmung der Tentakeln auszulösen.

2. Nastische Bewegung auf der Grundlage von Turgorschwankungen.

Nyktinastie. Hierher gehören vor allem die tagesrhythmischen (nyktinastischen) Blattbewegungen (Schlafbewegungen: Bohne, Klee, Robinie, Goldregen usw.). Viele Pflanzen halten tagsüber ihre Blätter in senkrechter Lage zum Lichteinfall. Mit einsetzender Dämmerung senken sich die Blätter oft bis zu lotrechter Stellung (Abb. 363). Häufig wird diese Bewegung vom Blattstiel ausgeführt, der sich dabei in einem Gelenkpolster nach unten senkt. Diese Bewegung vollzieht sich infolge einer auf beiden Seiten des Gelenkpolsters ungleichen Turgoränderung.

Abb. 363. Desmodium gyrans.
A Tagstellung, *B* Nachtstellung der Blätter. (Nach *Darwin*)

Ihrer Entstehung nach ist diese sogenannte Schlafbewegung nicht einheitlicher Natur; sie setzt sich vielmehr aus einer autonomen rhythmischen und einer photonastisch bedingten Bewegung zusammen. Der Bewegungsrhythmus als solcher ist autonom. Das zeigen die Bewegungen von Pflanzen, die unter völlig konstanten Bedingungen aufgezogen werden. Aber das rhythmische Intervall ist von Außenbedingungen, vor allem vom Licht (zum Teil auch von der Temperatur) abhängig. Erhöhung der Temperatur beschleunigt den Rhythmus; ebenso wirkt einsetzende Beleuchtung stets auf Blattentfaltung hin. Die Pflanze folgt dabei mit ihrem Bewegungsrhythmus weitgehend dem Beleuchtungsrhythmus, so daß man künstlich die Bewegungsperiode von 24 Stunden auf 12,6, ja sogar bis auf 3 Stunden herabsetzen kann.

Bei extrem hoher Lichtintensität setzt in manchen Fällen eine gegensinnige Bewegung der Blätter ein: sie werden dann (z. B. bei der Robinie) nach oben zusammengeschlagen (Tagesschlaf). Mit den physiologischen Vorgängen beim tierischen Schlaf haben diese nyktinastischen Bewegungen übrigens nicht das geringste gemein.

Seismonastie. Wie die haptotropischen Krümmungen werden auch die seismonastischen Bewegungen durch mechanische Reize ausgelöst. Während die haptotropische Ranke jedoch nur durch Berührung mit festen Körpern gereizt wird, wirken bei den seismonastischen Bewegungen Erschütterungen jeglicher Art (z. B. Regentropfen) als Reiz. Das Paradebeispiel für die Demonstration seismonastischer Bewegung ist seit Jahrzehnten die „Sinnpflanze" Mimosa pudica, ein tropischer Halbstrauch von einigen Dezimetern Höhe.

Die Abb. 364 *A* zeigt die Pflanze im Normalzustand. An dem holzigen Stämmchen sitzen zusammengesetzte Blätter. Am Ende des langen, schräg nach oben gestellten Blattstiels entspringen fingerartig mehrere Teilblättchen, die selbst wieder gefiedert sind. Der Blattstiel 1. Ordnung sitzt mit einem Gelenkpolster an der Sproßachse; sein oberes Ende trägt an Gelenkpolstern die Blattstiele 2. Ordnung, an denen dann die Einzelblättchen mit kleinen Gelenken aufsitzen. Diese Gelenkpolster kann die Pflanze wie Scharniere gebrauchen. Die Achsen dieser Scharniere sind an den Blattstielen verschiedener Ordnung räumlich ungleich orientiert. Wird nun die Pflanze durch Stoß, Berührung, Ätzung, Verbrennung etwa an den Endblättchen gereizt, so klappen diese senkrecht nach oben. Dabei bleibt die Reaktion nicht stehen; es findet vielmehr eine ausgiebige und zum Teil sehr rasche Weiterleitung des Reizes statt, demzufolge gleichsinnige Bewegung der Fiederblättchen durch das ganze Teilblättchen hindurchläuft und von der Basis aus auf die übrigen Teilblättchen überspringt, in denen sich dann die Fiederblättchen in spitzenwärts fortschreitender Bewegung senkrecht nach oben klappen. Darauf bewegen sich die Blattstiele 2. Ordnung seitlich aufeinander zu, und nach kurzer Pause senkt sich der primäre Blattstiel mit dem ganzen Blatt bis weit unter die Horizontale (Abb. 364 *B*).

A *B*

Abb. 364. Die Sinnpflanze Mimosa pudica. *A* in ungereiztem Zustand; *B* nach erfolgter Reizreaktion

Bei kräftiger Reizung werden auch noch die Nachbarblätter von der Bewegung ergriffen; im Gegensatz zum primär gereizten Blatt breitet sich die Bewegung in den Nachbarblättern spitzenwärts aus. Nach einem kurzen Refraktärstadium spielen sich (allerdings stark verlangsamt) rückläufige Bewegungsprozesse ab, bis nach etwa einer halben Stunde die Pflanze wieder ihre Normaltracht angenommen hat.

Seismonastische Bewegungen vermag auch die Insektivore Dionaea auszuführen. Bei Berührung der Blattoberseite klappen die beiden Blatthälften zusammen, wobei randständige Borsten übereinander greifen. Diese Bewegung verläuft so rasch, daß das Insekt keine Zeit mehr zum Entfliehen findet und nun in der Falle einer langsamen Verdauung durch die Pflanze anheimfällt.

Im Dienste der Bestäubung steht die seismonastische Bewegung der Staubfäden bestimmter Pflanzen. Bei Berührung an der Basis der Innenseite schnellen die Staubfäden des Sauerdorns (Berberis) ruckartig nach innen. Langsamer erfolgt eine ähnliche Bewegung der Staubfäden bei der Zimmerlinde (Sparmannia africana). Manche Kompositen besitzen gegen Stoßreiz empfindliche kontraktile Staubfäden. Bei Zusammenziehung der Staubfäden fegt der Griffel den Pollen aus der Antherenröhre heraus und überträgt ihn auf das den Bewegungsreiz auslösende Insekt. Auch die Narben mancher Pflanzen können Erschütterungsbewegungen ausführen.

Der Mechanismus der Bewegung soll hier nur am Beispiel der Mimosa besprochen werden. Die Bewegung ist zweifellos eine Lebenserscheinung, die an bestimmte allgemeine Lebensbedingungen gebunden ist. Unter 15° und über 40° bleibt die Bewegung aus (Kälte- und Wärmestarre), ebenso bei Narkotisierung der Pflanze und bei Sauerstoffmangel.

Die Bewegung selbst beruht auf einer einseitigen Herabsetzung des Turgors am Gelenkpolster. Hierdurch tritt eine Entspannung der Zellwände und damit eine Verkürzung auf dieser Seite ein. Die Ursache der plötzlichen Turgorabnahme liegt in einer Permeabilitätserhöhung der Zellen der betroffenen Gewebe. Die Folge hiervon ist eine ausgiebige Auspressung von Flüssigkeit aus den Zellen in die Interzellularräume hinein. Dieser Vorgang ist an einer dunklen Verfärbung der entsprechenden Gelenkpolsterseiten schon makroskopisch erkennbar. Im Erholungsstadium wird dann unter Aufnahme der ausgepreßten Flüssigkeit die normale Permeabilität der Zelle wieder aufgebaut.

Die Reizaufnahme glaubt man in einer Zerstörung von Plasmagrenzschichten sehen zu dürfen, die eben die Permeabilität weitgehend regulieren.

Die Reizleitung erfolgt wahrscheinlich in zweierlei Weise, nämlich einerseits als Weiterleitung eines Erregungszustandes und andererseits als Ableitung eines am Reizort entstandenen Reizstoffes, für dessen reale Existenz beweiskräftige experimentelle Befunde (ähnlich denen beim Nachweis des Auxins) vorliegen. Bei der Leitung dieses Hormons (Wirkung bis Verdünnung 1 : 100000000) spielt wahrscheinlich der Siebteil der Leitbündel eine entscheidende Rolle. Bei sehr starker Reizung (Verwundung) kann der Reiz mit Geschwindigkeiten bis zu 2 m pro Sekunde geleitet werden.

Die biologische Bedeutung dieser auffälligen Reaktionsfähigkeit der Mimosa ist noch durchaus ungeklärt.

SACHREGISTER

Bemerkungen: Die halbfetten Zahlen weisen auf Abbildungen im Text hin

FSC
www.fsc.org
MIX
Papier | Fördert gute Waldnutzung
FSC® C083411

Kolibri 360 GmbH
Ferdinand-Jühlke-Straße 7
99095 Erfurt, Deutschland
produktsicherheit@kolibri360.de